高等职业教育畜牧兽医类专业教材
四川省"十四五"职业教育省级规划教材
中国轻工业"十三五"规划教材

动物解剖生理（第二版）

张 平 唐丽江 主编

中国轻工业出版社

图书在版编目（CIP）数据

动物解剖生理 / 张平，唐丽江主编. --2 版. --
北京：中国轻工业出版社，2024.9. --ISBN 978-7
-5184-5068-8

Ⅰ. Q954.5；Q4

中国国家版本馆 CIP 数据核字第 2024WH7921 号

责任编辑：贾 磊　　责任终审：白 洁
文字编辑：田超男　　责任校对：吴大朋　　封面设计：锋尚设计
策划编辑：贾 磊　　版式设计：华 艺　　责任监印：张 可

出版发行：中国轻工业出版社（北京鲁谷东街 5 号，邮编：100040）
印　　刷：三河市万龙印装有限公司
经　　销：各地新华书店
版　　次：2024 年 9 月第 2 版第 1 次印刷
开　　本：720×1000　1/16　印张：31.25
字　　数：600 千字
书　　号：ISBN 978-7-5184-5068-8　定价：68.00 元
邮购电话：010-85119873
发行电话：010-85119832　010-85119912
网　　址：http://www.chlip.com.cn
Email：club@chlip.com.cn
版权所有　侵权必究
如发现图书残缺请与我社邮购联系调换
240341J2X201ZBW

本书编委会

主　编

张　平（成都农业科技职业学院）
唐丽江（成都农业科技职业学院）

副主编

贾燕青（杨凌职业技术学院）
罗丹丹（成都农业科技职业学院）
郭　蓉（成都农业科技职业学院）

参　编

黄　兴（成都农业科技职业学院）
白彩霞（黑龙江职业学院）
何婷婷（甘孜职业学院）
吴翠蓉（成都农业科技职业学院）
李　宇（成都农业科技职业学院）
郭雅旭（成都农业科技职业学院）
王　勤（达州职业技术学院）

审　稿

顾以韧（西南民族大学）
曹　昊（成都旺江农牧科技有限公司）

第二版前言

本教材根据国家新修订的《中华人民共和国职业教育法》《"十四五"职业教育规划教材建设实施方案》和《职业院校教材管理办法》的精神编写,可供全国高等职业院校畜牧兽医类专业师生使用,也可供相关技术人员参考。

通过广泛调研,编写者在修订中,本着"以任务驱动为导向,以职业能力培养的达成度为核心"的编写理念,遵循以"岗"设新标准、以"赛"为新驱动、以"证"塑新成果、以"课"作新呈现的教材开发原则,在保留第一版教材精华的基础上,依托省级精品在线开放课程和国家级思政示范课程的建设成果,精心策划达成各项目教学目标的策略,使教材具有如下特点。

1. 坚持以畜种为主线进行编写,分为大型常见家畜(牛、羊、猪)、家禽和小型常见家畜三大类型,将"动物疫病防治员"等畜牧兽医相关职业高级工的国家职业标准、畜牧兽医类技能比赛技术要点、"执业兽医师"职业证书考试大纲等涉及解剖生理的新技术、新工艺、新规范、新要求纳入教材内容。以项目二大型常见家畜解剖生理特点(牛、羊、猪)为基础和核心,对其解剖构造和生理功能进行了详细编写,其他畜种则主要编写了特征,让学习者在全面学习到共性的知识和技能的同时,精准掌握到个性和复杂的特性,助力学习者高效服务乡村振兴和现代畜牧业转型升级。

2. 通过任务的驱动,助力学生为解决问题而积极主动学习。在对接后续课程需求的基础上,按照畜牧产业升级和技术进步要求,校企共建按照畜牧兽医相关职业活动领域工作过程的逻辑,细化各工作项目学习任务,以任务、案例等为载体,把工作实践过程设计成学习过程,将典型工作任务和职业工作过程的经验、思政元素和知识纳入到教材内容,构建出以提升能力为核心的教材结构,共设计出 5 个教学模块,19 个学习项目,52 个工作任务。

3. 引入信息化资源,在重难点知识和技能点后,随附数字动画资源,以二维码的形式呈现,扫码即可观看。未来,将持续更新信息化资源,通过"一键导入"方式使得数字资源常用常新，构建出课、库、教材一体化的建设之路。

4. 围绕"坚定理想信念、爱党爱国、爱社会主义、爱人民、爱集体"的思政主线，新版教材每个学习项目（模块五除外）除知识目标、能力目标外，新增思政目标，要求学生具备诚信、敬业的社会主义核心价值观，良好的职业形象和职业习惯，医者仁心的奉献精神，求真务实、开拓创新的科学精神和吃苦耐劳的坚毅品格，同时将相关思政育人元素有机融入了教材内容。

5. 注重学生动手能力培养，除28个技能工作任务外，另设计了模块五综合技能训练与生理实验部分，包括5个综合技能实训和3个生理实验，指导和规范学习者技能操作和技能提升，助力学习者将知识内化于心，外化于行。

编者队伍由学校和企业人员组成，且均具有多年丰富的临床实践经验和教学经验。本教材由成都农业科技职业学院张平、唐丽江任主编，张平、黑龙江职业学院白彩霞统稿。具体分工如下：张平编写模块二的项目六；唐丽江编写模块三和模块五；杨凌职业技术学院贾燕青编写模块二的项目三和项目四；成都农业科技职业学院罗丹丹编写模块二的项目一和项目七；成都农业科技职业学院郭蓉编写模块一；成都农业科技职业学院黄兴编写模块四的项目一和项目二；甘孜职业学院何婷婷编写绪论和模块二的项目二；成都农业科技职业学院吴翠蓉编写模块二的项目九和项目十；成都农业科技职业学院李宇编写模块四的项目三；成都农业科技职业学院郭雅旭编写模块二的项目五；达州职业技术学院王勤编写模块二的项目八。全书由西南民族大学顾以韧研究员和成都旺江农牧科技有限公司曹昊经理审定。

在编写过程中，参阅了大量的相关书籍和资料，在此谨向相关作者表示真诚的谢意。同时，由于编者水平有限，书中难免有疏漏和不足之处，恳请广大读者提出宝贵意见。

编者

2024年春

第一版前言

根据2014年全国职业教育工作会议、《国务院关于加快发展现代职业教育的决定》和《国家中长期教育改革和发展规划纲要（2010—2020年）》的精神，为适应现代经济发展、产业升级和技术进步需要，我们编写了本教材。

本教材在编写中始终遵循课程内容与职业标准对接、教学过程与生产过程对接的原则，以及"厚基础、重实践、强能力"的教学理念，按照"知识适度够用、技能扎实过硬""教中学、学中做"、校企共建共育的高职人才培养实现方式，以工作过程和知识应用为原则，职业技能鉴定（考核）项目为依据，淡化学科体系，彰显课程的职业性、实践性和开放性高职教育特色。同时，为便于学生通过全国执业兽医资格考试，本教材编写时参考了《全国执业兽医资格考试大纲（兽医全科类）》中动物解剖学、组织学及胚胎学和动物生理学的考试大纲，使得本教材内容重点知识突出，难点介绍详尽。

本教材把常见畜禽（牛羊、猪、禽）的解剖构造和生理功能作为重点编写内容，同时也加重了快速发展的陪伴动物（犬、猫）的内容；在编写方式上，将传统的按照动物机体系统编写模式改为了按照畜种分类进行编写，将不同畜种各器官系统的形态结构和生理功能结合在一起进行编写，充分突出了动物机体的形态结构与生理功能相统一的原则。

本教材共分6个模块25个项目，每个项目前面除介绍知识内容和技能目标外，还新编了"科苑导读"或"案例导入"，以便增加课堂的趣味性和情境性，让学生在情景中体验、在体验中发现、在发现中学习，实现以学生为中心的职业教育模式；同时为遵循"过程与结果并重"的原则，项目后设置有"项目思考"，部分项目后设置有"实操训练"，由表及里，内化学生职业素养。本教材可供高等职业院校畜牧兽医及相关专业学生使用，也可供相关技术人员参考。

本教材由张平、白彩霞、杨惠超任主编，由张平统稿。具体编写分工如下：成都农业科技职业学院张平编写模块一的项目一，模块二的项目二、项目七；黑龙江职业学院白彩霞编写模块二的项目一、项目三、项目四；辽宁职业学院杨惠超编写模块二的项目五、项目六、项目八、项目九；成都农业科技职业学院刘海燕编写模块三；成都农业科技职业学院唐丽江编写模块五；黑龙江农业工程职业学院王龙编写模块一的项目二至项目四，模块六的项目一至项目三；内蒙古农业大学职业技术学院沈向华编写模块四的项目一至项目四、项目六；内蒙古农业大学职业技术学院史冬艳编写模块二的项目十、项目十一，模块四的项目五、项目七，模块六的项目四；张平、四川省水产学校谢光美和四川省德阳市旌阳区畜牧食品局阳蓉编写绪论。

在编写过程中，编者参阅了大量的相关书籍和资料，在此谨向相关作者表示真诚的谢意。同时，由于编者知识水平有限，书中难免有疏漏和不足之处，恳请专家同行批评和指正。

编者
2017 年春

目 录

绪论

一、动物解剖生理的内容 ··· 1
二、学习动物解剖生理的意义 ····································· 2
三、学习动物解剖生理的方法 ····································· 2

模块一 动物体基本结构

项目一 认知细胞 ·· 6
一、细胞的形态与大小 ··· 10
二、细胞的构造和功能 ··· 11
三、细胞的生命活动 ··· 20
四、细胞的兴奋性 ··· 24
五、细胞的生物电现象 ··· 26

项目二 认知组织 ·· 32
一、上皮组织 ··· 39
二、结缔组织 ··· 45
三、肌组织 ··· 54
四、神经组织 ··· 57
五、组织结构立体形态和断面形态 ······························· 63

项目三 认知有机体 ·· 64
一、器官 ··· 67

二、系统 ………………………………………………………………… 69
三、有机体 ……………………………………………………………… 69
四、畜（禽）主要部位名称 …………………………………………… 70

模块二 大型常见家畜解剖生理特点（牛、羊、猪）

项目一 认知运动系统 …………………………………………… 76
一、骨骼 ………………………………………………………………… 80
二、肌肉 ………………………………………………………………… 92

项目二 认知被皮系统 …………………………………………… 104
一、皮肤 ………………………………………………………………… 108
二、皮肤衍生物 ………………………………………………………… 111

项目三 认知消化系统 …………………………………………… 117
一、概述 ………………………………………………………………… 121
二、消化系统构造 ……………………………………………………… 124
三、消化生理 …………………………………………………………… 146

项目四 认知呼吸系统 …………………………………………… 163
一、呼吸系统构造 ……………………………………………………… 169
二、呼吸生理 …………………………………………………………… 178

项目五 认知泌尿系统 …………………………………………… 187
一、泌尿系统大体解剖构造 …………………………………………… 190
二、泌尿系统显微解剖构造 …………………………………………… 193
三、泌尿生理 …………………………………………………………… 197

项目六 认知生殖系统 …………………………………………… 202
一、生殖系统构造 ……………………………………………………… 209
二、生殖生理 …………………………………………………………… 225

项目七 认知心血管系统 ………………………………………… 243
一、心脏 ………………………………………………………………… 247
二、血管 ………………………………………………………………… 251

三、血液 ……………………………………………………………………… 257
四、心脏生理 …………………………………………………………………… 268
五、血管生理 …………………………………………………………………… 273
六、心血管活动的调节 …………………………………………………………… 279

项目八 认知免疫系统 …………………………………………………………… 282
一、免疫器官 …………………………………………………………………… 287
二、免疫细胞 …………………………………………………………………… 294
三、淋巴 ………………………………………………………………………… 295

项目九 认知神经系统 …………………………………………………………… 298
一、神经系统构造 ……………………………………………………………… 301
二、神经生理 …………………………………………………………………… 311
三、感觉器官 …………………………………………………………………… 317

项目十 认知内分泌系统 ………………………………………………………… 321
一、概述 ………………………………………………………………………… 324
二、内分泌腺 …………………………………………………………………… 326
三、内分泌生理 ………………………………………………………………… 330
四、体温 ………………………………………………………………………… 337

模块三 家禽解剖生理特点

项目一 认知家禽运动与被皮系统 ……………………………………………… 344
一、家禽的骨骼 ………………………………………………………………… 348
二、家禽的肌肉 ………………………………………………………………… 351
三、禽类的皮肤及皮肤衍生物 ………………………………………………… 353

项目二 认知家禽内脏系统 ……………………………………………………… 356
一、家禽消化系统 ……………………………………………………………… 362
二、家禽呼吸系统 ……………………………………………………………… 368
三、家禽泌尿系统 ……………………………………………………………… 372
四、家禽生殖系统 ……………………………………………………………… 374

项目三 认知家禽心血管、免疫系统及体温 …………………………………… 380
一、家禽心血管系统 …………………………………………………………… 383

二、家禽免疫系统 …… 384
三、家禽的体温 …… 386

模块四　小型常见家畜解剖生理特点

项目一　认知犬解剖生理特点 …… 390
一、犬运动系统与被皮系统 …… 394
二、犬内脏系统 …… 404

项目二　认知猫解剖生理特点 …… 419
一、猫运动系统与被皮系统 …… 423
二、猫内脏系统 …… 427

项目三　认知家兔解剖生理特点 …… 435
一、家兔运动系统与被皮系统 …… 441
二、家兔内脏系统 …… 447

模块五　综合技能训练与生理实验

项目一　综合技能训练 …… 458
综合技能训练一　羊解剖及结构特点观察 …… 458
综合技能训练二　猪解剖及结构特点观察 …… 462
综合技能训练三　家禽解剖及结构特点观察 …… 467
综合技能训练四　宠物活体触摸和主要内脏器官体表投影位置的确定 …… 470
综合技能训练五　家兔解剖及结构特点观察 …… 474

项目二　生理实验 …… 478
实验一　小肠吸收观察 …… 478
实验二　尿分泌观察实验（影响尿产生因素实验） …… 479
实验三　反射弧分析 …… 481

附录　马、猪和鸡的血液涂片显微模式图 …… 484

参考文献 …… 487

绪 论

一、动物解剖生理的内容

动物解剖生理是研究正常动物有机体的形态、构造及其生命活动规律的科学，包括动物解剖和动物生理两部分的内容。二者的研究内容不同，但有着密切联系。动物机体形态与构造决定其生理功能，而生理功能需要通过一定的细胞、组织、器官和系统起作用。

（一）动物解剖学

动物解剖学是研究正常动物有机体的形态结构及其发生发展规律的科学。根据研究对象和方法的不同，可分为大体解剖学、显微解剖学和胚胎学。

1. 大体解剖学

大体解剖学是借助于刀、剪刀等解剖器械，用分离切割的方法，通过肉眼或解剖观察，研究动物体各器官的正常形态、结构、位置及相互关系的科学。根据研究目的的不同，又分为系统解剖学、局部解剖学、比较解剖学等。系统解剖学是研究动物体各个系统的解剖结构。局部解剖学是按动物体不同部位研究局部器官形态、结构及相互位置关系。比较解剖学是研究和比较不同动物同类器官的形态结构。

2. 显微解剖学

显微解剖学也称组织学，是借助光学显微镜或电子显微镜研究动物体微细结构及其功能关系，研究内容包括细胞、基本组织和器官组织。

3. 胚胎学

胚胎学是研究动物体发生发展规律的科学。主要研究从受精卵开始到个体形成，整个胚胎发育过程中形态、结构及功能的变化规律，又称发生学。

（二）动物生理学

动物生理学是研究动物有机体正常生命活动或功能活动规律的科学。动物生理学的任务是研究动物机体各细胞、器官和系统的正常活动过程和规律，揭示各细胞、器官和系统功能表现的内在机制，探究不同器官、系统间的相互联系，阐明机体各组成部分的功能是如何进行有序协调并适应复杂多变的生存环境，从而维持个体的生存和种系的繁衍。动物机体的构造和功能复杂，在研究和探讨动物体生理活动规律及本质时，需要采用不同的研究方法，主要是通过观察和实验，并对观察到的现象和实验得出的结果进行综合分析、推理和归纳，才能得出较为全面的结论。

二、学习动物解剖生理的意义

动物解剖生理是畜牧兽医专业的一门核心专业基础课程，具有较强的理论性和实践性。它与动物病理、动物药理、兽医临床诊断、动物繁育与改良等专业课程有着密切的联系，是学习这些课程的基础，也是全国执业兽医资格考试（兽医全科类）的必考科目。通过学习动物解剖生理，可以掌握动物各系统、器官、组织的正常形态、结构、功能以及各系统、器官间的相互关系；熟悉动物体内发生的各项生理活动的规律及本质，为后续专业知识技能的学习和从事畜牧兽医工作打下坚实的理论基础。

在畜牧兽医工作中，能正确地诊断家畜（禽）疾病、分析病因、对症治疗、进行科学的饲养管理，就需要掌握家畜（禽）正常的形态构造和生理功能。随着畜牧业的集约化生产和消费者对高品质、安全、绿色、健康畜产品的需求日益增加，养殖工作者只有掌握家畜（禽）的解剖构造及其生命活动规律，并能主动地运用这些规律，进行合理地饲养、科学地繁育改良、有效地防治疾病，才能保证畜牧业可持续发展。

三、学习动物解剖生理的方法

动物解剖生理是一门理论知识较多、实践性较强的课程。课程中讲述的各组织、器官和系统的形态构造和功能复杂，给学生的理解记忆造成了困难。因此，学习动物解剖生理，切忌死记硬背，应归纳总结记忆。动物体是一个有机的统一体，其体内的任何器官、系统都是整体不可分割的一部分，它们之间相互影响、相互配合进行着各项生命活动。在学习局部器官结构和功能时，既要联系与其相关的器官或系统进行记忆，也要考虑不同种类畜禽的特征，善于归纳总结其中的共同点和不同点。

动物机体各组织、器官的形态结构与功能之间有着不可分割的联系，在掌握各种微细结构的同时，又要掌握其结构与功能的关系。当已知某组织或器官具有某种功能时，就要探讨它的结构是什么。比如，巨噬细胞是机体重要的免疫细胞，其细胞内含有许多的溶酶体，使它具有消化分解异物的功能。只有把形态结构和功能密切联系起来，才能学深学活。

在学习过程中，还应加强理论联系实际，提高学习效率和学习兴趣。一是在学习过程中多思考，勤观察，借助图谱、标本、模型等理解较为复杂抽象的解剖结构；二是将形态结构和生理功能结合起来，将书本内容与兽医临床实践和畜牧生产结合起来；三是注重实习实训，将理论知识用于实际操作，强化实践技能训练，增强动手能力。

总之，学习动物解剖生理应正确认识动物体的形态构造与生理功能之间的关系。要勤于观察，善于思考，力求融会贯通，举一反三，学以致用。

模块一

动物体基本结构

项目一 认知细胞

知识目标

1. 掌握细胞的基本结构及其功能。
2. 了解细胞的生命活动。
3. 掌握细胞兴奋性的概念。
4. 掌握细胞的生物电现象。

能力目标

1. 能识别细胞基本结构。
2. 能识别细胞器。

思政目标

培养学生热爱生命、珍爱生命、尊重生命的情操。

工作项目

工作项目	血常规检测分析技术
前导知识	血常规是指通过观察血细胞数量的变化以及形态分布特点判断血液状况及疾病的检查，它是临床兽医学中最基础也是最能判断动物身体状况的必备基础检查项目，因此在动物临床疾病诊断中应用最广、对辅助诊断最有价值。基本上所有的

续表

前导知识	内科疾病的筛查都需要检查血常规。 　　血液是由血浆和血细胞两部分组成，它通过循环系统与全身各个组织器官密切联系，参与机体呼吸、运输、防御、调节体液渗透量和酸碱平衡等各项生理活动，维持机体正常新陈代谢和内外环境平衡。血液中的细胞和可溶性成分的改变以及异常成分的出现，不仅能反映血液系统本身的生理、病理变化，也能反映出机体各个部分脏器的病理变化。
工作要求	（1）将填写任务工单一的空缺部分作为本项目学习的载体之一，认真阅读、深度思考，助力完成任务工单二，为理解和认识细胞作为生命体的基本结构单位及在机体生命活动中的重要性打下基础。 （2）将任务工单一填写的答案拍照上传本章节的学习平台，作为平时成绩的组成部分。

学习任务

任务工单一

学习任务	解读宠物血常规检查结果		
任务描述	在掌握细胞基本结构特点及功能基础上，能读懂血常规检查的结果。		
任务名称	序号	操作要领	操作方法
解读宠物血常规检查结果	1	检查结果解读	***动物医院 五分类血细胞分析检验报告单 样本编号：24　　　　　动物姓名：酸奶　样本类型：全血 动物类型：猫　　　　　性别：雌　　　　年龄：7月 检验时间：2023-10-14 10:27:27 参数名称　　　　　　　　结果　单位　　　参考范围　　低　正常　高 白细胞总数（WBC）　　L　5.23　10^9/L　5.5-19.5 中性粒细胞数目（NEU#）L　2.86　10^9/L　3.12-12.58 中性粒细胞百分比（NEU%）　54.7　%　　38-80 淋巴细胞数目（LYM#）　　1.84　10^9/L　0.73-7.86

续表

任务名称	序号	操作要领	操作方法						
解读宠物血常规检查结果	1	检查结果解读	参数名称	结果	单位	参考范围	低	正常	高
			淋巴细胞百分比（LYM%）	35.2	%	12–45			
			单核细胞数目（MON#）	0.17	10^9/L	0.07–1.36			
			单核细胞百分比（MON%）	3.2	%	1–8			
			嗜酸性粒细胞数目（EOS#）	0.36	10^9/L	0.06–1.93			
			嗜酸性粒细胞百分比（EOS%）	6.9	%	1–11			
			嗜碱性粒细胞数目（BAS#）	0.00	10^9/L	0–0.12			
			嗜碱性粒细胞百分比（BAS%）	0.0	%	0–1.2			
			异型淋巴细胞数目（ALY#）	0.01	10^9/L				
			异型淋巴细胞百分比（ALY%）	0.1	%				
			巨大未成熟细胞数目（LIC#）	0.00	10^9/L				
			巨大未成熟细胞百分比（LIC%）	0.0	%				
			中性粒–淋巴细胞比率（NLR）	1.55					
			红细胞总数（RBC）	9.50	10^12/L	4.6–10.2			
			血红蛋白浓度（HGB）	143	g/L	85–153			
			红细胞压积（HCT）	42.3	%	26–47			
			平均红细胞体积（MCV）	44.5	fL	38–54			
			平均红细胞血红蛋白含量（MCH）	15.0	pg	11.8–18			
			平均红细胞血红蛋白浓度（MCHC）	337	g/L	290–360			
			红细胞分布宽度变异系数（RDW-CV）	20.1	%	16–23			
			红细胞分布宽度标准差（RDW-SD）	30.6	fL	26.4–43.1			

续表

任务名称	序号	操作要领	操作方法
解读宠物血常规检查结果	1	检查结果解读	参数名称　　　　　　　结果　　单位　　参考范围　　低　正常　高 血小板数目（PLT）　　　333　　10^9/L　100–518 平均血小板体积（MPV）　13.1　　fL　　9.9–16.3 血小板分布宽度（PDW）H 18.2　　　　　12–17.5 血小板压积（PCT）　　　0.44　　%　　0.09–0.7 大血小板比率（P-LCR）　57.3　　% 大血小板数目（P-LCC）　191　　10^9/L 血小板-淋巴细胞比率 180.94（PLR） （1）此报告中共涵盖了_____个种类细胞的测定结果。 （2）根据该患宠血常规检查分析报告单，出现异常的参数分别是_____、_____和_____，分别表现为数量_____（增多/减少）、_____（增多/减少）和_____（增高/下降）。
	2	注意事项	（1）了解患病动物的基本情况。 （2）注意多种因素的综合分析，包括生理性因素、病情及病程的不同、药物等对检测结果的影响。 （3）对疾病的正确诊断一定要结合临床症状及其他检验结果。
任务要求			答案填写完成后，将此任务工单拍照上传学习平台。

任务工单二

学习任务	识别细胞的组成与结构
任务描述	利用切片、图片、模型、虚拟仿真软件等资源，识别细胞结构特点与功能。
操作步骤	（1）利用切片、图片、模型、虚拟仿真软件等资源识别细胞结构及特点。 （2）利用切片、图片、模型、虚拟仿真软件等资源识别细胞器的结构特点。 （3）利用切片、图片、模型、虚拟仿真软件等资源识别细胞核结构特点。

> 必备知识

动物作为生物有机体中的一种，虽然其形态结构复杂，生理功能多样，但都是由细胞和细胞间质共同构成。细胞是组成生物体最基本的单位，在其基础上，一些形态和功能相关的细胞组合在一起构成组织、器官、系统，最后由各个系统有机结合形成有机体。动物的生长发育、衰老死亡等生命活动都离不开细胞。

一、细胞的形态与大小

（一）细胞的形态

细胞的形态多种多样，有球形或近球形，有立方形，有柱状，有长筒形、长纺锤形等，如图1-1中的细胞。

细胞形状的多样性，反映了细胞形态与其功能相适应的规律。例如肌肉细胞细长，可以做伸缩动作；红细胞呈两面凹的圆饼状，可以携带更多的氧气；神经细胞细长且有很多分支或突起，便于接受和传导刺激等。

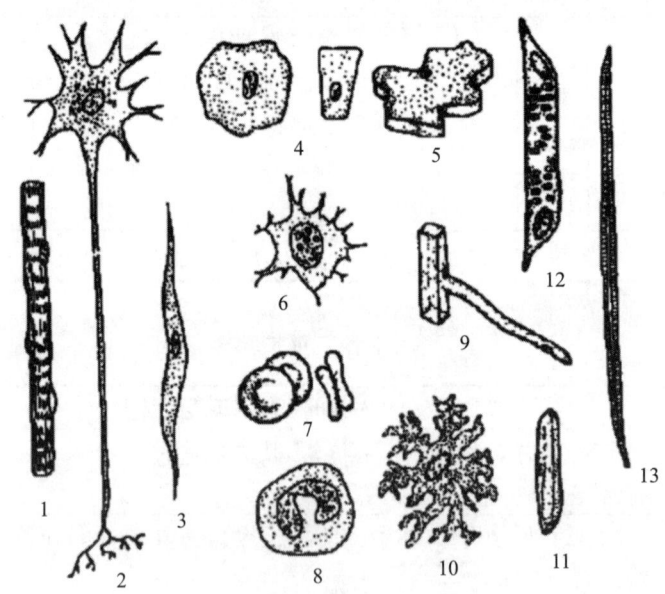

1—横纹肌细胞；2—神经细胞；3—平滑肌细胞；
4—上皮细胞；5—表皮细胞；6—骨细胞；7—红细胞；8—白细胞；
9—根毛细胞；10—色素细胞；11—形成层细胞；12—导管细胞；13—纤维细胞。

图1-1 各种形态的细胞

（二）细胞的大小

细胞一般很小，用显微镜才能观察到，并且不同种类的细胞间大小差距悬殊。现已知最小的细胞是支原体，直径仅约 0.1μm，要用电镜才能看到；最大的细胞，如鸵鸟的蛋黄，直径可达 70mm；最长的细胞，如长颈鹿的神经细胞可长达 3m 以上。一般动物的细胞直径在 10～30μm。

二、细胞的构造和功能

动物体内的细胞种类虽然繁多，大小、形态差别大，结构和功能也各异。但在光学显微镜下，细胞基本结构都是由细胞膜、细胞质和细胞核三部分构成（图 1-2）。

（一）细胞膜

细胞膜是包裹在细胞最外面的，具有一定通透性的一层薄膜。

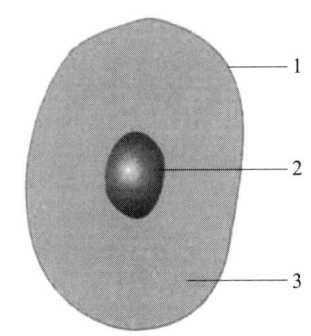

1—细胞膜；2—细胞核；3—细胞质。
图 1-2　细胞的基本结构模式图

1. 细胞的结构

（1）细胞的结构在光学显微镜下一般难以分辨。

（2）在电子显微镜下，细胞膜可以分为明暗相间的三层结构，其中内外两层电子密度高，中间层电子密度低。通常又将具有上述三层结构图像的膜称为单位膜。

在细胞质内的某些细胞器也具有三层结构的膜，称之为细胞内膜，它也是单位膜。细胞膜和细胞内膜统称生物膜。

2. 细胞膜的化学组成

细胞膜主要是由两层类脂质分子、蛋白质和糖类，还有水和金属离子等组成。

目前普遍公认的关于细胞膜结构的学说，是 1972 年由桑格（S. J. Singer）和尼克森（G.Nicolson）提出的流动镶嵌模型（图 1-3）。

该学说认为其两层脂质成分主要是磷脂，磷脂是极性分子，包括亲水的头部和疏水的尾部。亲水的头部朝向膜的内、外表面，而疏水的尾部则伸入膜的内部，构成细胞基本骨架；蛋白质主要是球形蛋白质，有的镶嵌在双层脂质分子之间，称为膜内在蛋白或整合蛋白，有的附着在脂质双分子层表面，称为膜外周蛋白或周边膜蛋白。流动镶嵌模型主要强调膜的流动性和膜蛋白分布的不对称性，即认为细胞膜是液态、流动的，而不是固定不变的结构。

构成细胞膜的不同蛋白质具有不同的功能。它们有的是转运内外物质的载体、接受激素及一些药物的受体、具有催化作用的酶、被其他细胞识别的表面

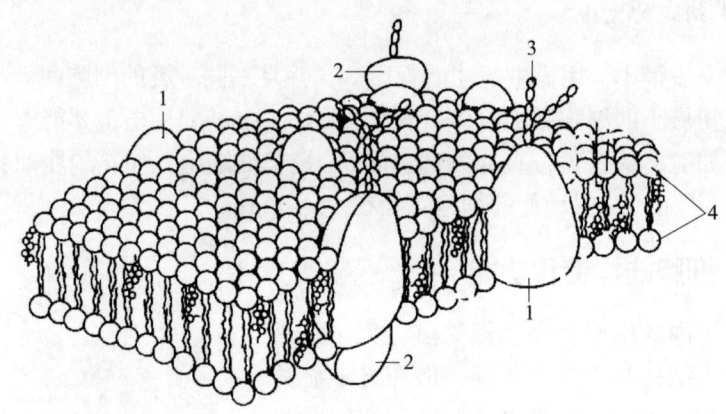

1—整合蛋白；2—膜外周蛋白；3—多糖；4—磷脂双分子层。
图1-3 细胞膜的流动镶嵌模型

标志、具有个体特异性的抗原、能量的转化器以及与细胞的运动、分裂和吞噬功能有关的蛋白质等。

此外，细胞膜上还有少量的糖类物质，主要是与蛋白质或脂质相结合，称为糖蛋白和糖脂。糖类在膜上的分布是不对称的，全部都处于细胞膜的外侧。糖蛋白和糖脂在细胞的抗原结构、受体、细胞免疫反应、细胞间信号传导和相互识别、血型及细胞癌变等接受外界信息方面具有重要作用。

3. 细胞膜的生理功能

（1）维持细胞形态结构完整。

（2）保护细胞内含物，为细胞生命活动提供相对稳定的环境。

（3）参与细胞识别、细胞粘连、细胞运动和细胞免疫反应。

（4）进行物质转运。物质转运功能是细胞膜的重要功能。细胞膜可以根据细胞生理活动的需要，控制物质进入或离开细胞和细胞器。作为一种具有高度选择性的物质运输屏障，细胞膜常见的物质转运形式有以下几种（图1-4和图1-5）。

①简单扩散：这是物质由高浓度向低浓度穿过细胞膜自由扩散的过程。物质的进出主要决定于膜内外该物质的浓度，整个过程不需要细胞提供能量，也没有膜蛋白的协助，因此又称为单纯扩散。以简单扩散方式转运的是比较疏水的物质或小的不带电荷的极性分子，如 O_2、N_2、CO_2、固醇类激素、H_2O 等。

②协助扩散：如糖、氨基酸、核苷酸以及细胞代谢物等具有极性或较大的物质，从高浓度向低浓度扩散，虽不需要细胞提供能量，但需要膜内一种特殊的转运（内在）蛋白的协助，它有两种解释。一种解释是认为通过载体蛋白（协助转运的膜蛋白）与特定的转运物质结合，形成一种复合体的形式，经过

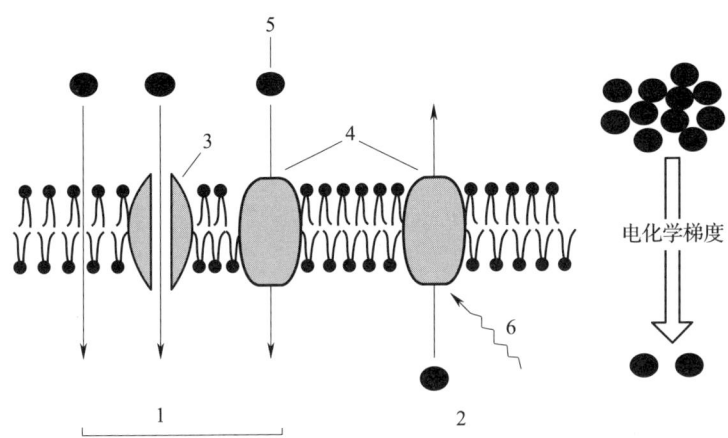

1—被动运输（简单扩散和协助扩散）；2—主动运输；
3—孔道蛋白；4—载体蛋白；5—被运输的分子；6—能量。
图1-4 被动运输和主动运输模式图

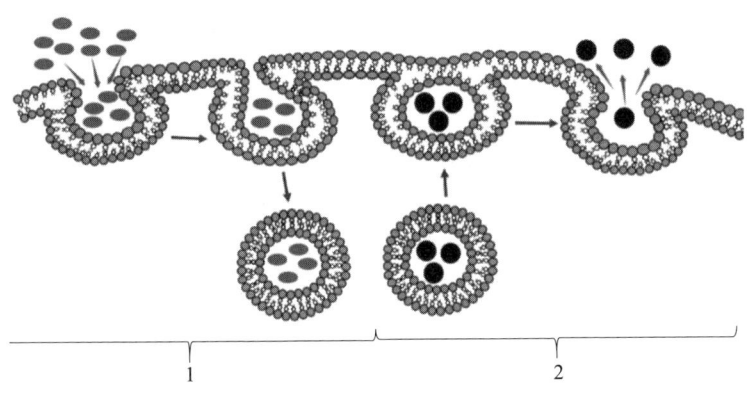

1—胞吞作用；2—胞吐作用。
图1-5 胞吞和胞吐作用模式图

一系列的构象改变将溶质分子从膜的一侧带到膜的另一侧。另外一种解释认为协助转运的蛋白是横穿过膜的通道蛋白（门通道），通道蛋白有两种构象，一种是关闭的不允许被转运物质通过的构象，另一种是形成孔道使被转运物质易于穿过的构象，通过孔道的开闭完成物质的跨膜转运。

③主动运输：指某些物质依靠转运蛋白，逆浓度梯度进行的跨膜运输方式。此过程需要消耗来自细胞内 ATP 水解产生的能量。参与主动运输的转运蛋白常被称为"泵"。主动运输的例子很多，目前高等动物体内研究比较清楚的是在膜上存在的各种"泵"，如 Na^+-K^+ 泵、Ca^{2+} 泵等。主动运输普遍存在于动

植物和微生物细胞中，是生物体内细胞最重要的物质转运形式。

④胞吞和胞吐作用：胞吞作用是指细胞膜内陷形成囊泡（称为胞吞泡），将外界物质裹进并输入细胞的过程，又称为内吞。胞吞作用分为两种类型，如果胞吞物为溶液，形成的囊泡较小，则这种作用称为胞饮作用；如果胞吞物为大的颗粒性物质（如微生物和细胞碎片），形成的囊泡较大，则称为吞噬作用。胞吐作用是指某些物质通过在细胞内形成膜包裹的小泡，当小泡与细胞膜接触时，两种膜上的蛋白质在接触面发生构型改变，由此形成孔道，小泡内的物质则由此暂时性通道排出细胞外的过程，又称为外排作用。胞吐作用最重要的类型是激素和神经递质的分泌。

胞吞和胞吐作用是针对某些大分子和颗粒性物质如蛋白质、多核苷酸、多糖等的跨膜运送，这种形式的运输过程中涉及膜的融合与断裂，因此也需要消耗能量，属于主动运输。

（二）细胞质

细胞质是位于细胞膜与细胞核之间，生活状态下呈半透明的胶状物质。细胞质由基质、内含物、细胞器组成。

1. 基质

基质是指细胞质中的液体部分，呈均匀透明而无定形的胶状，内含水、无机盐、氨基酸、糖类、脂质、蛋白质、核苷酸、RNA 和多种酶类等，是细胞执行功能和化学反应的重要场所。

2. 内含物

内含物是细胞内储存的具有一定形态的营养物质和一些代谢产物，包括糖、脂肪、蛋白质和色素等，不是细胞器。内含物的数量和形态会随着细胞不同生理状态和病理情况，发生增减、丧失等变化。

3. 细胞器

细胞器是指细胞质中具有特定形态结构并执行一定生理功能的微小器官。根据细胞器上是否有膜结构，分为膜性细胞器和非膜性细胞器两类。膜性细胞器包括线粒体、高尔基复合体、内质网、溶酶体等，非膜性细胞器包括中心体、核糖体、微管和微丝等（图1-6）。

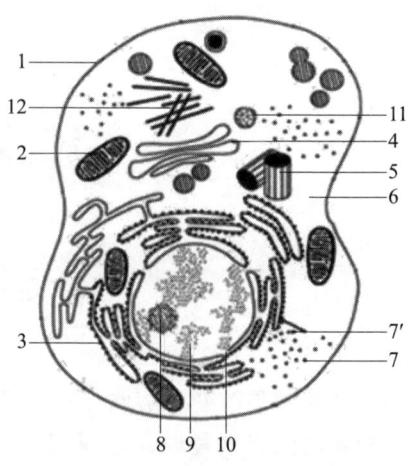

1—细胞膜；2—线粒体；3—内质网；
4—高尔基复合体；5—中心体；
6—细胞质；7—游离的核糖体；
7′—附着于内质网的核糖体；8—细胞核；
9—染色质；10—核孔；
11—溶酶体；12—微管。

图1-6 动物细胞亚显微结构模式图

（1）线粒体　除大多数哺乳动物的成熟红细胞外，几乎所有细胞内都存在线粒体。在光镜下，线粒体呈短杆状或颗粒状；电镜下，线粒体为大小不等的圆形或圆柱形小体，它是由内外两层单位膜构成的封闭囊状叠套结构。内外两膜之间有膜间腔（外室），内膜所围成的腔隙称为内室，内室中充满线粒体基质。外膜光滑，封闭状，包裹整个线粒体；内膜向腔内折叠形成板状或管状嵴，称为线粒体嵴（图1-7）。线粒体嵴的形成增大了线粒体内膜的表面积。在不同种类的细胞中，线粒体嵴的数目、形态和排列方式可能有较大差别。需要较多能量的细胞，线粒体嵴的数目一般也较多，如氧化代谢能力强的心肌细胞，其线粒体嵴数量多。线粒体是细胞进行有氧呼吸的主要场所，内含多种氧化酶，参与细胞内物质的氧化，提供细胞各种生命活动所需能量，是细胞中的能量制造工厂，所以也把它叫作细胞的"动力工厂"或"能量供应站"。

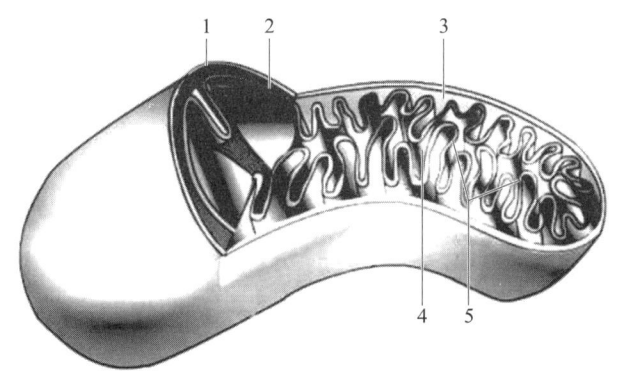

1—外膜；2—内膜；3—膜间腔；4—基质；5—嵴。
图1-7　线粒体结构模式图

（2）高尔基复合体　多位于细胞核附近。光镜下，高尔基复合体为网状结构，因此又称之为内网器。电镜下，高尔基复合体由单位膜构成的扁平囊泡、大囊泡和小囊泡结构组成。一般多个扁平囊泡重叠在一起，略呈弓形（图1-8）。弓形囊泡的凸面称为形成面，或未成熟面（顺面），小囊泡多集中在此附近。小囊泡是由临近高尔基体的内质网以出芽的方式形成，负责将物质（蛋白质）从内质网转运到高尔基体中。凹面称为分泌面，或成熟面（反面）。高尔基复合体的主要功能是形成分泌颗粒，并能合成多糖类，参与溶酶体的形成。它可以将内质网合成的蛋白质进行加工、分拣与运输，然后分门别类地送到细胞特定的部位或分泌到细胞外。它被称为"细胞内的加工工厂"。

（3）内质网　普遍存在于一般细胞中，是细胞质内由一层单位膜所形成的囊状、泡状和管状结构，通常与细胞膜、核膜、高尔基体相连，且常伴有许多线粒体。由于它靠近细胞质的内侧，故称为内质网。根据内质网膜外表面是否有核糖体附着，通常将内质网分为粗面内质网和滑面内质网两种类型（图1-9）。

①粗面内质网：因有核糖体颗粒附着而得名。多为排列整齐的扁平囊状结构。主要功能与蛋白质的合成、加工及转运有关。因此，在蛋白质分泌功能旺盛的细胞中，粗面内质网发达，如浆细胞、胰腺细胞等。

②滑面内质网：表面无核糖体附着。电镜下呈光滑的小管、小泡样网状结构，常与粗面内质网相通。滑面内质网是一种多功能的细胞器，在不同细胞或同一细胞的不同生理时期，常表现出完全不同的功能特性。它主要与类固醇、糖、脂质的合成与运输，解毒作用及激素的灭活等作用有关。

内质网是细胞内一个重要的代谢环境，外与细胞膜相连，内与细胞核核膜的外膜相通，形成一个精细的膜系统，并将细胞内的各种结构有机地联结成一个整体，有效地增加细胞内的膜面积，具有承担细胞内物质运输的作用，使各种反应能高效进行。

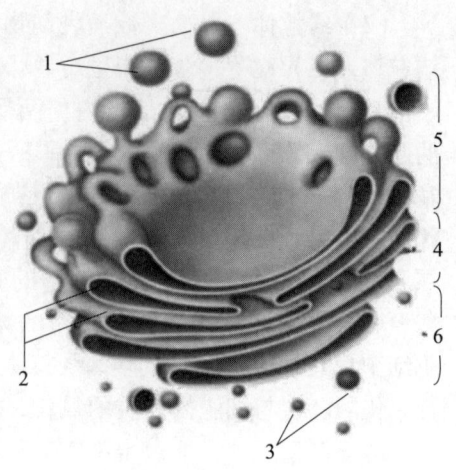

1—大囊泡；2—扁平囊泡；3—小囊泡；
4—中间膜囊；5—反面；6—顺面。

图1-8　高尔基复合体结构模式图

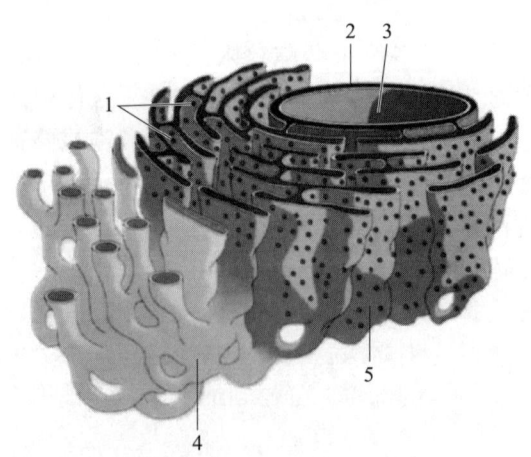

1—核糖体；2—核膜；3—细胞核；4—滑面内质网；5—粗面内质网。

图1-9　滑面内质网与粗面内质网结构关系示意图

（4）溶酶体　是由一层单位膜包裹而成的球囊状结构，内含多种酸性水解酶，普遍地存在于各类组织细胞之中。

溶酶体既可以通过异噬作用，清除进入细胞内的外源性异物，这与机体的防御功能有关，也可以通过自噬作用，清除细胞内的残余物或衰老死亡的结构，这是细胞结构自我更新的过程，有利于维持细胞正常的生理功能。溶酶体被称为是细胞内重要的"清道夫"。

（5）中心体　位于细胞核附近。光学显微镜下，它是由两个互相垂直的中性粒和周围物质构成；在电子显微镜下可以看到中心粒的超微结构，呈圆筒状小体，在横切面上，可以看到中心粒圆筒状的壁是由9组三联体微管盘绕成环状结构（图1-10）。其功能与细胞的分裂有关。

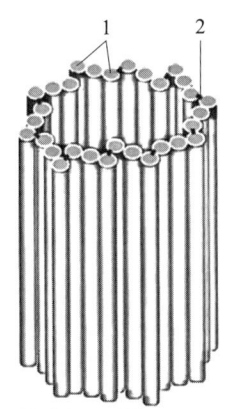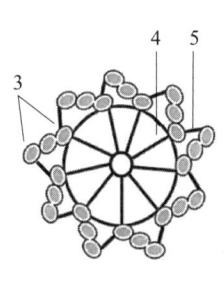

1，3—三联体微管；2，5—连接原纤维；4—辐射状原纤维。
图1-10　中心粒的结构模式图

（6）核糖体　又称为核蛋白体，是由蛋白质和核糖核酸（rRNA）构成的椭圆形致密颗粒状结构。核糖体无单位膜包裹。在电镜下，可观察到每个核糖体由大小两个亚基构成。大亚基略呈圆锥形，小亚基略呈弧形。核糖体往往并不是单个独立地执行功能，而是由多个核糖体串连在一条mRNA分子上，形成多聚核糖体，以高效进行肽链的合成（图1-11）。此外，根据核糖体的分布部位，若游离于细胞基质中，称为游离核糖体（游离核蛋白体）；若附着在内质网的表面，则形成粗面内质网（图1-9）。

核糖体的主要功能是合成细胞生长发育所需要的蛋白质。附着在内质网的核糖体主要合成分泌蛋白，如抗体、消化酶等，而游离核糖体主要合成结构蛋白，如膜蛋白等，它们供细胞的生长、代谢、增殖等使用。

（7）微管和微丝　微管是由微管蛋白和微管结合蛋白组成的一种中空的管状结构。微管参与纤毛、鞭毛、基体、中心体、纺锤丝的形成，还可以参与细

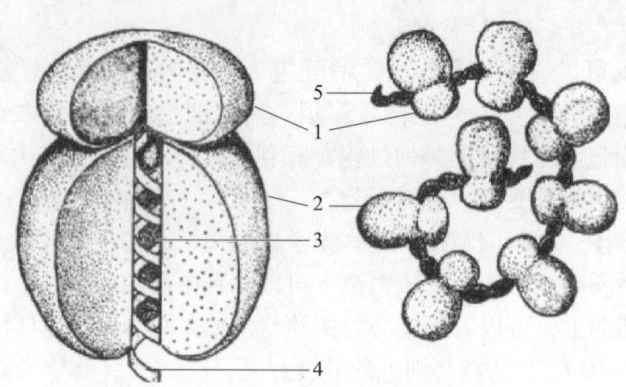

1—小亚基；2—大亚基；3—中心管；4—新生肽链；5—mRNA。

图 1-11　核糖体和多聚核糖体结构图

胞器的定位和物质运输等功能。

微丝，又称为肌动蛋白丝，是由肌动蛋白亚单位组成的螺旋状纤维。微丝在肌肉细胞中占细胞总蛋白的 10%，结构稳定，组成了肌细胞的收缩单位。微管和微丝共同参与构成细胞骨架、维持细胞形态，参与细胞的运动、分裂及细胞内的物质运输，还参与肌肉收缩，如肌细胞的微丝称为肌微丝，具有收缩功能（图 1-12）。

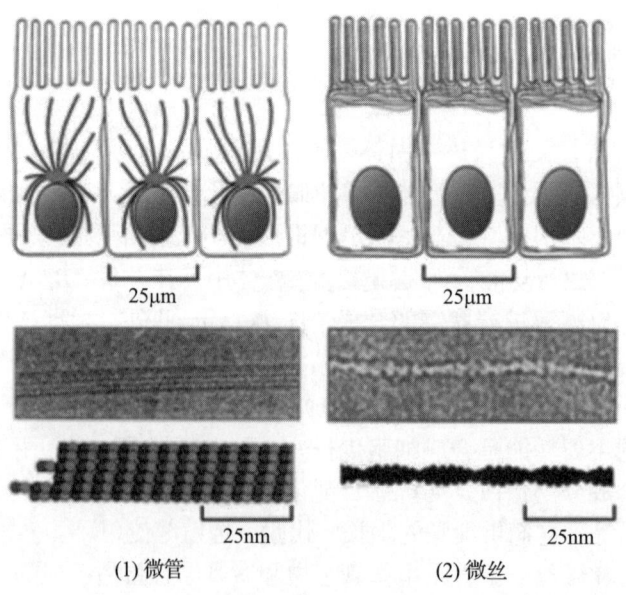

图 1-12　细胞骨架示意图

(三) 细胞核

细胞核是真核细胞内最大、最重要的细胞器，是细胞生命活动的控制中心，是真核细胞和原核细胞的最大区别。细胞核在细胞的代谢、生长、分化中起着重要作用，它与细胞的其他结构是相互依存、统一整体的关系，在细胞的生命活动中起着重要的作用。

1. 细胞核的大小

高等动物细胞核的直径通常在 5~10μm。不同生物体细胞核大小有所不同，生长旺盛的细胞，核较大；分化成熟的细胞则核较小。

2. 细胞核的形态

不同生物体细胞形态各不相同。细胞核的形态与细胞的形态相关，如球形细胞的核为球形，柱状细胞的核为长椭圆形，扁平细胞的核为扁平形等。此外，细胞核的形态还常与细胞类型及发育时期有关。

3. 细胞核的结构

每个细胞通常只有一个核，但有些细胞为双核甚至多核，如肝细胞和骨骼肌细胞。细胞核均主要由核膜、核仁、核基质和染色质构成（图 1-13）。

（1）核膜 又称为核被膜，是包在细胞核表面的一层薄膜。电镜下的核膜是双层单位膜结构。两层膜之间的间隙叫做核周隙。核周隙与内质网腔相通。核膜的化学成分主要为蛋白质和脂质，此外还有少量的 DNA 和 RNA。所含有的酶类和脂质都与内质网相似。

（2）核孔 细胞核与细胞质之间的界膜上的孔，是细胞核与细胞质之间进行物质交换的通道。

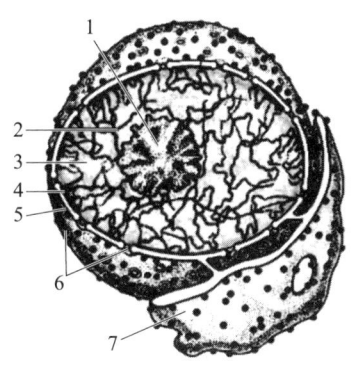

1—核仁；2—染色质；3—核基质；
4—核膜内层；5—核膜外层；
6—核孔；7—粗面内质网。

图 1-13 细胞核的结构模式图

（3）核仁 真核细胞分裂间期细胞核中最明显的结构，光镜下为均匀、海绵状的球体。每个细胞中有核仁 1~2 个，甚至多个，个别细胞无核仁（如中性粒细胞）。核仁的大小、形状、数量因生物种类、细胞类型和细胞代谢状态而异，通常蛋白质合成旺盛的细胞核仁大，如卵母细胞、分泌细胞；不具备蛋白合成能力的细胞核仁小或无。核仁在细胞核中的位置通常不固定，在生长旺盛的细胞中，常趋向核的边缘。

核仁的化学成分主要是蛋白质、DNA 和 RNA。它的功能是合成 rRNA 和组装核糖体大、小亚基的前体。

（4）核基质　又称为核质，为无结构的胶状物质，因此又叫核液，是细胞核行使各种功能活动的内环境。核基质内含水、各种酶和无机盐等无机成分，与细胞质的基质相近。

（5）染色质　染色质是分裂间期细胞核内能被碱性染料着色的物质，它是动物体遗传物质的存在形式，是一种由DNA、组蛋白、非组蛋白及少量RNA等构成的细丝状复合结构，形态不规则，弥散分布于细胞核内，高倍镜下呈纤维状。

①细胞发生有丝分裂或减数分裂时，染色质复制后反复缠绕凝聚而成的条状或棒状结构，称为染色体。实际上，染色质与染色体是遗传物质在细胞周期不同阶段的不同存在形式（图1-14）。

②在有丝分裂中期，染色质高度凝集，染色体形态、结构特征明显，可作为染色体一般形态和结构的标准。中期染色体是由着丝粒相连的两条姐妹染色单体构成，两条染色单体通过着丝粒相连，着丝粒到染色体两端之间的部分称为染色体臂。由于着丝粒的位置不同，分为长臂和短臂（图1-15）。

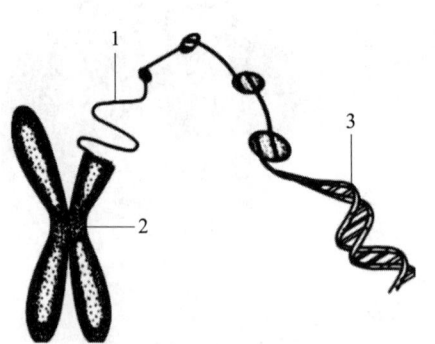

1—染色质；2—染色体；3—DNA。

图1-14　染色质和染色体的关系图解

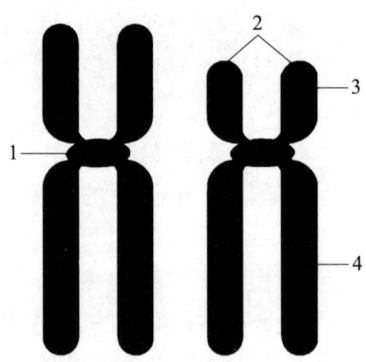

1—着丝粒；2—姐妹染色体；3—短臂；4—长臂。

图1-15　染色体的结构模式图

③染色体具有种属特异性，同种生物细胞的染色体数目相同。一些常见动物的染色体数目：牛有60条，山羊有60条，猪有38条，鸡有78条，鸭有80条。

④在正常动物体细胞中，染色体都是成对存在。其中一对染色体与性别的决定有关，称为性染色体，其余的为常染色体。哺乳动物的两条性染色体组成与性别有关，雄性动物的性染色体为XY，雌性动物的性染色体为XX，而家禽等鸟类的性染色体组成与哺乳动物正好相反，雄性的为ZZ，雌性的为ZW。

三、细胞的生命活动

活的细胞都具有以下生命活动现象。

(一)细胞的新陈代谢

新陈代谢是生命活动最基本的特征,是一切生命活动的基础。细胞在其整个生命活动过程中,不断从外界摄取营养物质,进入机体的营养物质在体内经过消化、吸收、代谢,转变为自身所需,同时又将代谢产生的废物排到体外,这一过程叫做新陈代谢。根据代谢方向,新陈代谢包括同化作用和异化作用。生物体从外界环境中摄取养分,经过机体内一系列的化学变化,将其转化为自身体组织,并储存能量的过程称为同化作用(或合成代谢);同时,生物机体内原有的物质又不断分解,释放出其中的能量,并且把分解的终产物排出体外的过程称为异化作用(或分解代谢)。同化作用和异化作用既相互对立又相互统一,共同决定着生物体的存在和延续。

细胞的一切活动都是建立在新陈代谢基础上,新陈代谢停止,细胞也就死亡。

(二)细胞的感应性

感应性是指细胞处于不停变化的环境中,对外界的各种刺激,如光、电、温度等都能产生相应反应的能力。如肌细胞受到刺激后收缩;腺细胞受到刺激发生分泌;神经细胞受到刺激会产生兴奋与传导;浆细胞在受到抗原物质刺激后产生抗体;细菌、异物的刺激会使吞噬细胞发生变形运动和吞噬等。以上均是细胞受到刺激后发生的反应,以维持机体的正常功能。

(三)细胞的运动

某些细胞在不同环境条件的刺激下,可表现出不同的运动形式,用于维持机体正常的生理功能或适应环境条件的改变。常见的如气管和支气管上皮的纤毛运动、精子的鞭毛运动、肌细胞的舒缩运动、吞噬细胞的变形运动等。

(四)细胞的生长与增殖

细胞的生长与增殖是生物体繁衍和延续的基础。

1. 细胞的生长

细胞的生长主要是指细胞体积的增大,但细胞不能无限长大,体积的增大导致细胞表面积相对缩小,影响其代谢。

2. 细胞的增殖

当细胞长到一定阶段时,就以分裂的方式进行增殖。通过生长和增殖,产生新的细胞,以促进机体的生长发育、细胞更新、创伤修复及个体延续子嗣。细胞分裂的方式有四种,其中真核细胞主要是无丝分裂、有丝分裂和减数分裂。

（1）无丝分裂　低等动物（如细菌）增殖的主要方式。分裂过程首先是胞核拉长，从中间断裂，随后细胞一分为二，形成两个子细胞，细胞分裂的过程不涉及纺锤丝的形成和染色体的组装。分裂后遗传物质不一定平均分配给两个子细胞（图1-16）。

（2）有丝分裂　有丝分裂也称间接分裂，是高等真核生物体细胞分裂的主要方式。在细胞经过DNA复制、染色体组装等一系列的复杂变化后，细胞中形成有丝分裂器，将遗传物质平均分配到两个子细胞中，整个过程即为有丝分裂。根据分裂细胞形态和结构的变化，可将连续的有丝分裂过程人为地划分为间期、前期、中期、后期、末期5个时期（图1-17）。

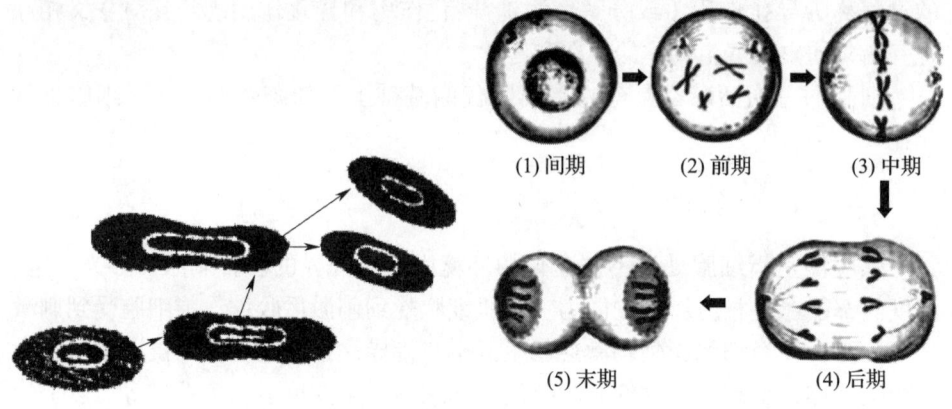

图1-16　无丝分裂过程　　　　图1-17　有丝分裂示意图

（3）减数分裂　减数分裂发生于有性生殖的配子成熟过程中，又被称为成熟分裂，其主要特征是DNA只复制一次，细胞连续分裂两次，所产生的子细胞中染色体数目比亲代细胞减少一半（图1-18）。

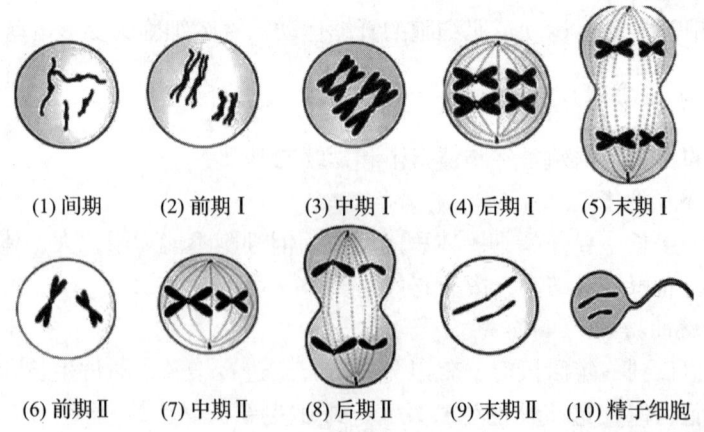

图1-18　减数分裂示意图

（五）细胞的分化

1. 细胞分化的概念

细胞的分化是指在个体发育中，由一个或一种细胞增殖产生的后代，在形态、结构和生理功能上向着不同方向稳定变化的过程。细胞分化时遗传物质不发生改变。

2. 细胞分裂与分化的关系

细胞分裂和细胞分化是多细胞生物个体发育过程中的两个重要事件，两者之间有密切的联系（图 1-19）。

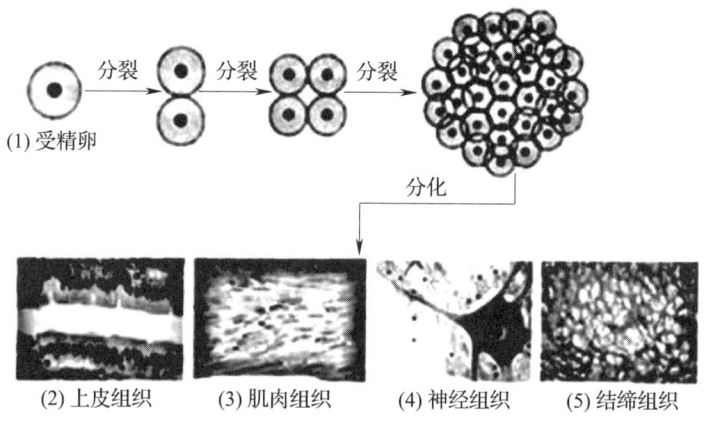

图 1-19　细胞的分裂与分化示意图

（1）通常细胞在增殖（细胞分裂）的基础上进行分化，通过细胞分裂增加细胞的数量，通过细胞分化增加细胞的种类。

（2）正常情况下，细胞的不断分裂，通常伴随着细胞的逐步分化。

（3）细胞分化程度愈低，分裂速度愈快，分裂能力愈大；细胞分化程度愈高，分裂速度愈慢，分裂能力愈小。

通过分化，多细胞生物体中的细胞趋向专化，有利于提高各种生理活动的效率，是生物个体发育的基础。

3. 细胞分化的影响因素

细胞分化受多种因素的调节，既受到内部遗传的影响，也受外界环境的影响。如某些激素、维生素、化学药物等因素，都可引起细胞的异常分化或抑制细胞分化。

1-1　细胞的分化（动画）

（六）细胞的衰老与死亡

细胞的衰老与死亡在生物体内经常地发生着，是细胞正常的发育过程，也是机体发育的必然规律。

1. 细胞的衰老

细胞衰老是指细胞在正常条件下发生的生理功能衰退和增殖能力减弱以及形态发生改变并趋向死亡的现象。细胞衰老是机体衰老和老年病发病的基础。

细胞衰老时,其结构变化主要表现为核固缩、结构不清、染色加深,核质比减小;内质网、线粒体等细胞器减少,色素、脂褐素等沉积于细胞内;其生化改变主要表现为酶活性与含量下降、水分减少、氨基酸和蛋白质合成速率下降等。

2. 细胞的死亡

细胞死亡是指细胞生命现象的终结,有细胞坏死和细胞凋亡两种形式。

(1) 细胞坏死是指在外来致病因子作用下,细胞生命活动被强行终止所致的病理性、被动性的死亡过程。

(2) 细胞凋亡又称程序性细胞死亡,即在一定时间内,细胞按一定的程序发生死亡,这种细胞死亡具有严格的基因时控性和选择性。贯穿于生物体全部的生命活动中。

细胞坏死是受到物理、化学因素或严重的病理性刺激引起的细胞损伤和死亡,是被动的非正常死亡过程,而细胞凋亡则是一个主动的过程,是细胞的自然死亡,能够维持内环境稳定,更好地适应生存环境,普遍存在于人类及多种动植物发育过程中。

四、细胞的兴奋性

(一) 细胞兴奋性的概念

细胞的兴奋性是指在内外环境因素作用下,活细胞内部的新陈代谢能力发生改变的能力。能够引起活细胞的新陈代谢发生改变的各种因素,叫做刺激。刺激分为物理刺激(如声、光、电、温度等)、化学刺激(如酸、碱、药物等)和生物刺激(如细菌、病毒等)等。

细胞的兴奋性是一切活细胞共同具有的特征,是活细胞对内外环境变化发生适应的基础。动物机体中各种细胞兴奋性的高低不一致。兴奋性高低的主要标志是细胞内部新陈代谢过程改变的速度,以及引起这些改变所需要的刺激强度,改变越快,引起改变所需的刺激强度越小,兴奋性就越高。机体内神经细胞、肌细胞和腺细胞对于刺激产生兴奋的能力比较强,通常将它们称之为可兴奋细胞,其中以神经细胞的兴奋性最高。

(二) 刺激与兴奋

各种刺激并不是对所有细胞都能引起反应。在一定条件下能够引起某种细胞兴奋反应的刺激，称做适宜刺激；相反，在一定条件下不能引起某种细胞兴奋反应的刺激，则称做不适宜刺激。不同的细胞有不同的适宜刺激。例如，一定频率的声波是能引起内耳听细胞的兴奋反应的适宜刺激，而对机体其他细胞则是不适宜刺激。同一种细胞不一定只有一种适宜刺激，而是可以有好几种。例如，体内多种激素往往是同一种靶细胞的适宜刺激，食物的味道是味觉细胞的适宜刺激等。

1. 刺激强度与兴奋的关系

适宜的刺激引起细胞反应还需一定的强度，如果刺激的强度不够就不能引起反应。在一定时间内，能引起细胞产生反应的最低刺激强度称为阈值或阈强度。兴奋性越高，刺激阈值就越低。如果刺激强度达到阈值，就会引起细胞的最大反应。低于阈值的过低刺激称为阈下刺激。单个的阈下刺激不能引起细胞的反应。

2. 刺激作用时间与兴奋的关系

刺激作用于可兴奋细胞的时间也是引起兴奋的必要条件。一般来说，细胞的兴奋性越低，需要刺激的时间就越长。

刺激强度和刺激作用时间是引起细胞发生反应的两个必要条件，两者之间存在密切的相互关系。刺激强度越小，引起细胞反应的刺激时间就越长；相反，刺激强度越大，所需的刺激时间就越短。两者的关系可以用强度-时间曲线来表示（图1-20）。

曲线上任何一点都代表具有一定刺激强度和时间的阈值，它表示了细胞兴奋性的普遍规律。

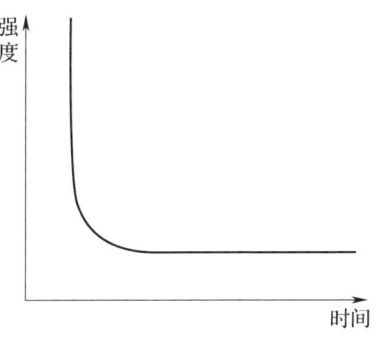

图1-20　强度-时间曲线

（三）兴奋性的变化

同一组织在不同状态下，兴奋性也会发生变化，尤其是受到刺激时会发生较大变化。以神经细胞为例，当它受到刺激后，细胞兴奋时的兴奋性变化分为以下四个时期（图1-21）。

1. 绝对不应期

绝对不应期也称为绝对乏兴奋期，细胞完全缺乏兴奋性的时期，对任何新刺激都不发生反应。

2. 相对不应期

处于相对不应期的细胞的兴奋性开始逐渐恢复，但还没有达到正常水平，原来的阈刺激不能引起反应，较强的刺激才能引起反应。

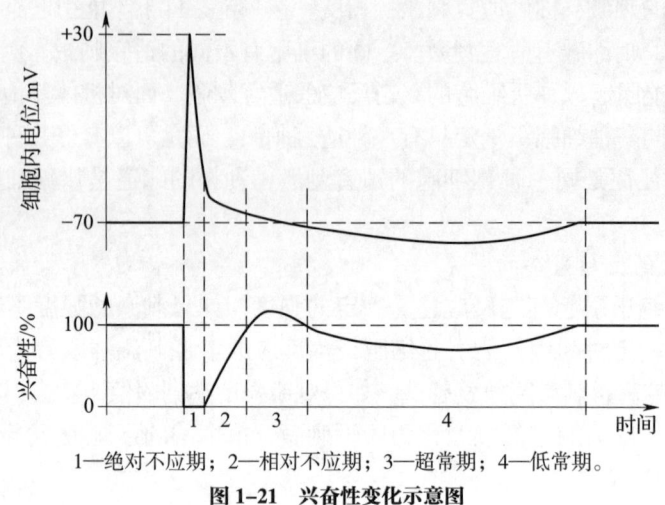

1—绝对不应期；2—相对不应期；3—超常期；4—低常期。

图 1-21　兴奋性变化示意图

3. 超常期

超常期在相对不应期之后出现，此时细胞的兴奋性略高于正常水平，原来的阈下刺激也能引起反应。

4. 低常期

低常期细胞兴奋性再次降低至正常水平以下。此期持续时间较长，最后兴奋性逐渐恢复正常。

五、细胞的生物电现象

一切有生命的细胞或组织无论是在安静或活动时都伴有电现象，称为生物电现象。生物电现象是细胞的基本特征之一，普遍存在于生物体内，与细胞的兴奋性、肌细胞收缩、腺细胞分泌、神经冲动的产生及传导都有密切的联系。

目前，生物电在医学实验和临床的疾病诊断中起着十分重要的作用，因此学习生物电现象是学习生理的重要基础。

细胞水平的生物电现象主要有两种表现形式，一种是在安静时所具有的静息电位，另一种是受到刺激时产生的动作电位。

（一）静息电位

1. 静息电位的概念

细胞在安静时，即未受到刺激时，存在于细胞膜两侧的电位差，称为跨膜静息电位，简称静息电位。各种不同的细胞有各自稳定的静息电位，如神经细胞和肌细胞的静息电位为 $-65mV$ 至 $-100mV$。只要细胞未受到外界刺激而且保持正常的新陈代谢，静息电位就能稳定在某一个恒定的水平。

2. 静息电位的极化

细胞静息时，静息电位表现为膜两侧内负外正的状态，称为极化。静息电位增大（膜内负电位增大）称为超极化。静息电位减小（膜内负电位减小），称为去极化。细胞膜去极化后，膜电位再向静息电位方向恢复极化的状态，称为复极化。极化和静息电位是同一种现象的两种表述方式，是细胞处于静止状态的标志。

3. 静息电位产生的机制

关于静息电位产生的机制，目前用1902年德国生理学家伯恩斯坦提出的"膜学说"进行解释。该学说认为，生物电产生的前提条件，一是细胞内外某些离子的分布和浓度不均衡（细胞内 K^+ 浓度高，而细胞外 Na^+ 和 Cl^- 浓度高）；二是细胞膜在不同状态下对离子的通透性不同。

在静息状态下，细胞膜内的 K^+ 浓度高于膜外，且此时膜对 K^+ 的通透性高，K^+ 以易化扩散的形式向膜外移动，但是带负电荷的大分子蛋白质不能通过膜，从而留在了膜内，因此就形成了膜内电位为负而膜外电位为正，当 K^+ 运动达到了电-化学平衡时，膜内外两侧的电位就是静息电位。所以总体来说，细胞内外 K^+ 的不均衡分布和静息状态下细胞膜主要对 K^+ 有通透性是静息电位产生的基础（图1-22）。

1-2 静息电位形成机制（动画）

静息电位主要是 K^+ 外流所致，是 K^+ 的平衡电位。

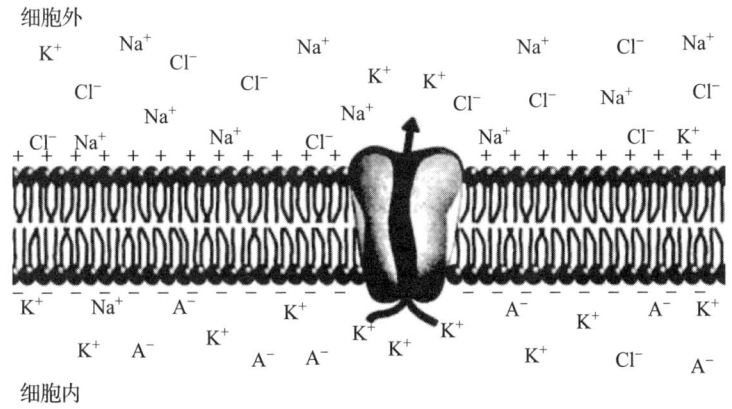

图1-22 静息电位产生机制示意图

（二）动作电位

1. 动作电位的概念

细胞接受刺激时，在静息电位的基础上发生一次快速而短暂的、可扩布性的电位变化。动作电位是细胞处于兴奋的标志。

2. 动作电位产生的过程

动作电位分成去极化、反极化、复极化三个过程（图1-23）。

（1）去极化 当细胞受到刺激时，膜内电位迅速升高，从-70mV升高到0mV，膜内存在的负电位消失，即膜电位的极化状态消失。

（2）反极化 继去极化后，膜内电位继续升高，从0mV升高到30mV，膜电位变为内正外负。一般为叙述简便，常把去极化和反极化统称为去极化或除极化。

（3）复极化 由去极化、反极化向极化状态恢复的过程，即膜内电位达到顶峰后开始下降，恢复至原来静息电位水平。

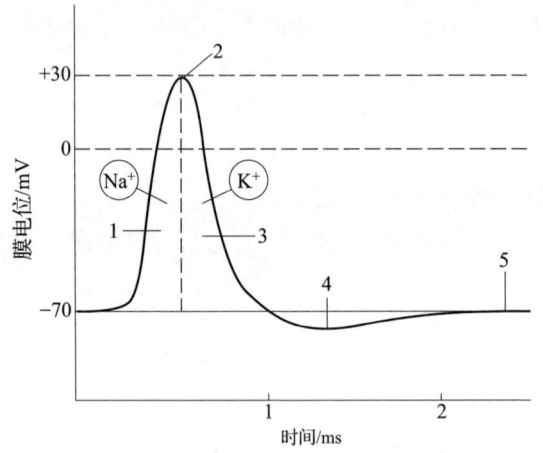

1—去极化；2—动作电位；3—复极化；4—超极化；5—静息电位。

图1-23 可兴奋细胞动作电位过程示意图

在动作电位过程中（图1-24），构成动作电位主要部分的曲线呈尖峰状，称为峰电位。峰电位下降至最后恢复到静息电位之前，膜两侧电位还要经历较长时间的一些微小波动，称为后电位。一般先持续较短时间的负后电位，再出现一段时程较长的正后电位，最后恢复到原来水平（复极化）。

峰电位和后电位反映细胞兴奋周期的不同时期。峰电位是细胞兴奋活动的表现；后电位是细胞完成兴奋后进行恢复过程的反映。峰电位出现时间大体上相当于绝对不应期；峰电位下降的最后时间与相对不应期相当；负后电位则相当于超常期；正后电位则对应低常期。

3. 动作电位产生的机制

当细胞受到有效刺激时，Na^+通道被激活，Na^+顺浓度差向细胞内移动，膜内负电位减小，当减小到阈电位时钠通道大量快速开放，Na^+大量快速内

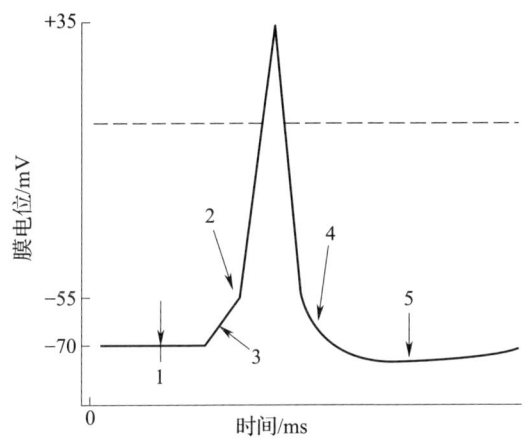

1—刺激伪迹；2—阈电位；3—局部电位；4—负后电位；5—正后电位。
图1-24　动作电位过程变化曲线

流，膜内负电位减小到消失再到正电位，这个过程是 Na^+ 内流导致的，称为 Na^+ 的平衡电位。Na^+ 通道失活，K^+ 通透性变大，K^+ 快速外流，膜内电位迅速下降，直到变为静息值。这时细胞外 K^+ 浓度增加，细胞内的 Na^+ 浓度增加，离子分布没有恢复到静息状态，这样将影响下次动作电位的产生。而这种状态恰好激活 Na^+-K^+ 泵，它把 Na^+ 逆浓度差泵到膜外，把 K^+ 逆浓度差泵到膜内，使离子的分布也恢复到静息状态，保证了细胞接受新的刺激而产生反应（图1-25）。

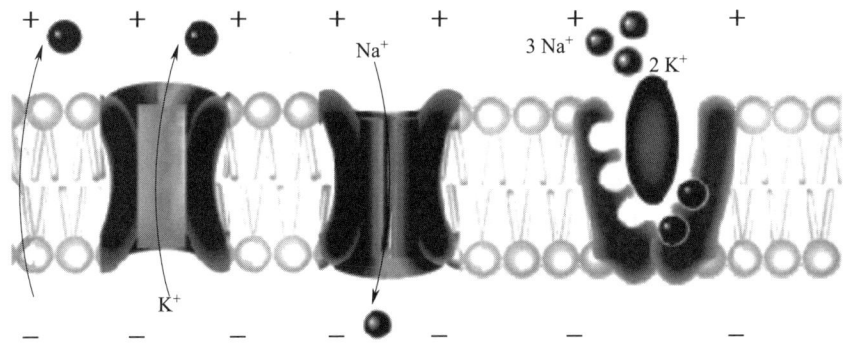

图1-25　动作电位产生机制

4. 动作电位的传导

细胞某一部位兴奋产生动作电位后，动作电位并不停留在原发部位，而是沿着膜向四周传播，直到整个细胞膜都产生动作电位为止。动作电位在同一细胞上的传播称为传导。

（1）传导机制

目前用"局部电流学说"来解释动作电位的传导机制（图1-26）。该学说以无髓神经纤维为例，当膜受到刺激时，兴奋部位的膜两侧电荷分布为内正外负（反极化），而相邻静息部位则是内负外正，由于两部位间存在电位差，且膜两侧的溶液都是导电的，可发生电荷的移动，形成局部电流。局部电流的运动方向是在膜外的正电荷由未兴奋段移向已兴奋段，而膜内的正电荷由已兴奋段移向未兴奋段。局部电流的作用是使未兴奋段膜内电位升高，而膜外电位降低，细胞膜发生去极化。当去极化达到阈电位时，引发该段出现动作电位。因此，动作电位的传导就是由兴奋部位通过局部电流"刺激"作用，传导到未兴奋部位，如此循环往复，使动作电位沿整个细胞膜传播。动作电位沿神经纤维（细胞）的传播就是神经冲动。

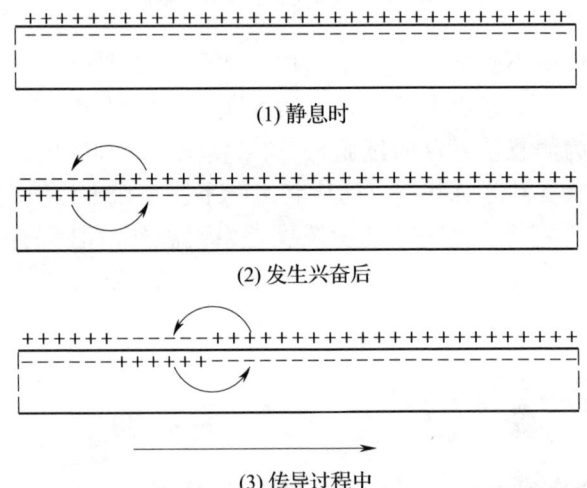

图1-26 神经纤维动作电位传导模式图
（弯箭头表示膜内外局部电流的流动方向，直箭头表示兴奋传导方向）

兴奋在无髓神经纤维和有髓神经纤维的传导有所不同。在有髓鞘神经纤维，局部电流仅在郎飞结（又称神经纤维结）之间发生，即在发生动作电位的郎飞结与静息的郎飞结之间产生。这种传导方式称为跳跃式传导，传导速度快（图1-27）。

无髓神经纤维的传导速度比有髓神经纤维要慢，一般是近距离依次传导，且耗时耗能。

（2）传导特点

① "全或无"现象：细胞受到刺激后，刺激强度达不到阈强度，则不产生动作电位，但如果一旦产生动作电位，就达到最大。

② 不衰减传导：动作电位的幅度不会因传导距离的增加而减小。

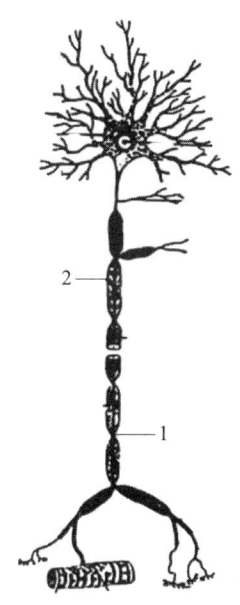 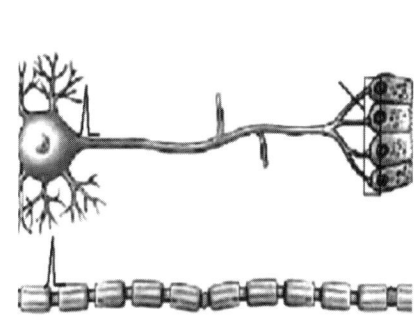

(1) 有髓神经纤维结构模式图　　　　　　　　(2) 局部电流传导模式图

1—郎飞结；2—髓鞘。

图 1-27　有髓神经纤维的动作电位传导模式图

项目二 认 知 组 织

> 知识目标

1. 掌握组织的概念。
2. 掌握四大基本组织的结构、分布和功能。

> 能力目标

1. 能正确使用显微镜。
2. 能熟练使用显微镜观察各类组织切片。
3. 能运用组织切片辅助动物疾病病理的临床诊断。

> 思政目标

1. 培养学生"积极进取、奋发向上"的精神，并引导学生将这种精神应用到学习和生活中。
2. 培养学生敏锐的观察力和果断的决策能力，提升学生在面对复杂问题时迅速作出正确判断的能力。

工作项目

工作项目	食管上皮组织的异型性
前导知识	细胞分化形成了不同的细胞群，每个细胞群都是由形态相似、结构和功能相同的细胞连合在一起形成的，这样的细胞群叫组织。 　　机体的四大组织分别是上皮组织、结缔组织、肌肉组织和神经组织，其中上皮组织分布在体表、管形脏器的内壁等结构处，如食管。食管内壁的上皮组织主要是鳞状上皮（又名复层扁平上皮），由鳞状上皮细胞构成。据科学家研究，在环境变化、食物等的影响下，动物的食管等部位会发生癌变，影响动物的健康和生存。为了对疾病做出诊断，通常将癌变组织制成组织切片，在显微镜下观察，并与正常组织比较，会发现病变细胞形态在结构、大小等方面发生了明显变化。这种异常组织细胞结构形态与其相应的正常组织存在的一定差异，病理学上通常称之为异型性。
工作要求	（1）将填写任务工单一（食管正常组织和肿瘤组织切片对比观察）的空缺部分作为本项目学习的载体之一，积极探索、深度思考，助力高质量完成任务工单二和任务工单三，为未来开展临床疾病诊疗打下基础。 （2）将任务工单一填写的答案拍照上传本章节的学习平台，作为平时成绩的组成部分。

学习任务

任务工单一

学习任务	食管正常组织和肿瘤组织切片对比观察
任务描述	在掌握正常动物上皮组织细胞形态结构特点基础上，查阅资料，完成食管正常组织和肿瘤组织切片对比观察。

续表

任务名称	序号	操作要领	操作方法
食管正常组织和肿瘤组织切片对比观察	1	组织切片观察	 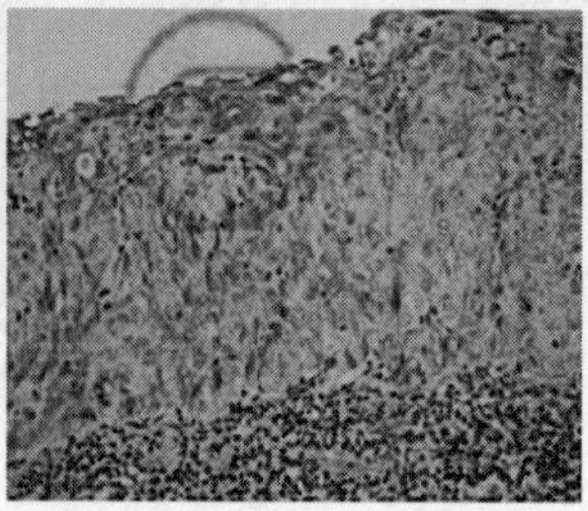 左图为食管的正常鳞状上皮组织切片图，右图为食管鳞状细胞原位癌组织病理切片图。对比两张图片，右图出现显著的细胞异型性，即细胞极性紊乱，核大、深染，核质比例增高，核分裂相增多。而正常的鳞状上皮细胞基底细胞应该只有2层，且排列整齐；细胞分层有规律，最底层为_____（细胞名称），中间层应该为_____（细胞名称），最表层应该为_____（细胞名称）；细胞核从基底层到表层逐渐变____（大/小），细胞体积由_____（大/小）到_____（大/小）。
	2	注意事项	（1）切片观察时不能放反。 （2）整个工作过程应爱护实验器械和切片，操作前应回顾显微镜使用方法。 （3）按照从低倍物镜到高倍物镜的顺序进行观察。
任务要求			答案填写完成后，将此任务工单拍照上传学习平台。

任务工单二

学习任务	显微镜的正确操作要点
任务描述	在了解显微镜用途、原理及掌握其构造的基础上，查阅资料，掌握显微镜的正确操作要点。

续表

任务名称	序号	操作要领	操作方法
显微镜的构造与使用	1	取镜	操作者持镜时必须是右手握镜臂、左手托镜座的姿势，不可单手提取。
	2	安放	将显微镜轻放置于平整的实验台上，镜座距实验台边缘一手掌宽，约10cm，镜检时姿势要端正。

续表

任务名称	序号	操作要领	操作方法
显微镜的构造与使用	3	识别显微镜的构造	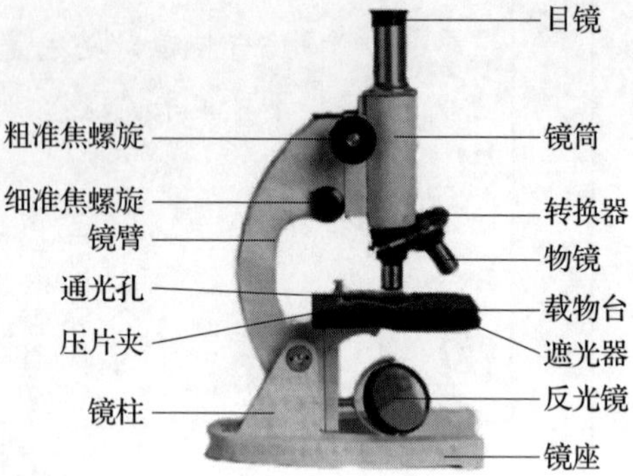 图示显微镜各部分名称：目镜、镜筒、转换器、物镜、载物台、遮光器、反光镜、镜座、粗准焦螺旋、细准焦螺旋、镜臂、通光孔、压片夹、镜柱。 （1）机械部分 镜座：是直接与实验台相接触的部分。 镜柱：与镜座相连接的部分，与镜座一起支持和稳定整个显微镜。 镜臂：与镜柱连接的弯曲部分，把持移动显微镜时使用。 镜筒：目镜和物镜之间的金属筒，上端有目镜，下端装有转换器。 粗准焦螺旋：旋转它可使物镜与切片间距离改变。 细准焦螺旋：旋转一周可使镜筒升降 0.1mm。 载物台：放组织切片的平台，中央有圆形或椭圆形的通光孔。 压片夹：可固定组织切片。 转换器：位于镜筒下部，装有各种倍数的物镜，用于转换物镜。 （2）光学部分 目镜：安装在镜筒上端，目镜上的数字表示放大倍数，有 10 倍、15 倍、16 倍和 25 倍等。 物镜：安装在转换器上，可分低倍、高倍和油镜三种。低倍物镜有 4 倍、10 倍、20 倍、25 倍；高倍物镜有 40 倍、45 倍；油镜一般为 100 倍。显微镜的放大倍数等于目镜和物镜倍数的乘积。

续表

任务名称	序号	操作要领	操作方法
显微镜的构造与使用	3	识别显微镜的构造	反光镜：有平面和凹面。凹面聚光效果好。无反光镜的显微镜直接安装灯泡作光源。 遮光器：调节通光量。 通光孔：通过光线。
	4	光源调整（对光）	接通电源，开启显微镜电源开关，进行显微镜对光。转动转换器，将低倍物镜旋至镜筒正下方，对准通光孔，调整载物台（距离物镜1cm），转动遮光器，调节光亮度，同时转动反光镜，使其朝向光源，使视野内亮度均匀合适，同时调整目镜间距。注意镜检时姿势要端正。
	5	切片的取放	通过载玻片边缘或专设拿片部位拿取标本片。正面朝上将标本片置于载物台上，用压片夹固定。
	6	低倍物镜的观察	转动粗准焦螺旋使载物台徐徐上升（注意将头偏于一侧，两眼从侧面注视载物台的上升程度，防止压碎标本片），然后将低倍物镜移至镜筒正下方，左眼自目镜观察，右眼睁开，同时转动粗准焦螺旋，物镜上升到一定高度，待观察的标本片出现模糊影像后，旋动细准焦螺旋至观察的物像清晰为止。然后转至其他低倍物镜观察。观察时，操作者要养成两眼同时睁开观察的习惯，以左眼观察视野，右眼用以绘图。
	7	高倍物镜的转换	用转换器将高倍物镜旋转至镜筒下方，并转动细准焦螺旋完成调节（要注视物镜，避免碰到切片，造成损坏）。一般情况不允许使用粗准焦螺旋调节载物台的高度，但有些显微镜在转换高倍物镜时，必须先转动粗准焦螺旋，使载物台下移以使镜头远离切片，物镜转化高倍物镜后，再转动粗准焦螺旋，使载物台上移，到物镜接近组织切片时，再用细准焦螺旋调节至图像清晰。

续表

任务名称	序号	操作要领	操作方法
显微镜的构造与使用	8	高倍物镜的观察	高倍物镜移至工作位置后，调节亮度和准焦螺旋至观察的标本片出现清晰影像，观察切片的细微结构。
	9	复原归位	观察结束后，将载物台降低至最低位置，取下标本片并放到指定位置。用擦镜纸擦拭物镜和目镜，用绸布清洁显微镜机械部分，将物镜偏离通光孔，呈"八"字，将亮度调至最小，并将其他结构部位复位，关闭电源，收好电源线，盖上显微镜防护罩，放回原处。
	10	注意事项	（1）整个工作过程应本着爱护实验器材的原则，使用显微镜应避免粗暴的操作或碰击，甚至私拆任何部件，造成损坏。 （2）不在阳光直射，灰尘多和有振动的地方使用。 （3）显微镜在使用或者存放时应避免灰尘、潮湿、过冷、过热及含有酸碱性的蒸汽。 （4）长期停用后复用时，需要先进行擦拭再使用。
任务要求			答案填写完成后，将此任务工单拍照上传学习平台。

任务工单三

学习任务	识别四大基本组织
任务描述	利用标本、图片、模型、虚拟仿真软件等资源，识别上皮组织、结缔组织、肌肉组织和神经组织，描述对应组织的种类、分布与构造，并进行举例。
操作步骤	（1）利用标本、图片、模型、虚拟仿真软件等资源，识别上皮组织的种类及构造，并能够辨认各种上皮。 （2）利用标本、图片、模型、虚拟仿真软件等资源，识别结缔组织的基本形状和构造，并熟记各种结缔组织的区别。

续表

操作步骤	（3）利用标本、图片、模型、虚拟仿真软件等资源，识别肌肉组织的特点，并能区分三种不同的肌肉。 （4）利用标本、图片、模型、虚拟仿真软件等资源，识别神经组织的形态与结构。

必备知识

组织是由形态相似、功能相关的细胞和细胞间质所组成的细胞群，在机体内执行一定的功能。高等动物体具有很多不同形态和不同功能的组织。根据组织形态结构和功能特点，动物组织可分为上皮组织、结缔组织、肌肉组织和神经组织四大基本组织（图1-28）。

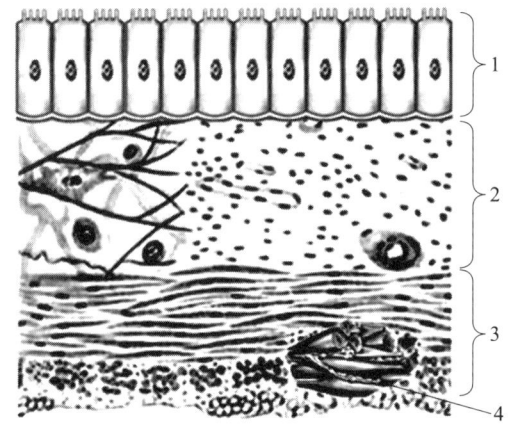

1—上皮组织；2—结缔组织；3—肌组织；4—神经组织。
图1-28 基本组织

一、上皮组织

（一）上皮组织的分布、功能和结构特点

1. 分布

上皮组织简称上皮，在体内分布很广，大多覆盖在机体体表或体内各种器官、管道、囊、腔的内表面及内脏器官的表面，有的可向深部下陷成腺体。

2. 功能

上皮组织具有保护、吸收、排泄、分泌、呼吸等作用。

3. 结构特点

上皮组织是由密集的细胞和少量细胞间质构成。

(1) 上皮细胞成层分布，细胞多，细胞之间被少量细胞间质黏合。

(2) 细胞有极性。面向体表或内腔的、不与任何组织相连的一面称游离面，与游离面相对的另一面朝向深部的结缔组织，称基底面。

(3) 没有血管，其营养的获取和代谢产物的排出通过基膜的渗透实现。

(4) 神经末梢丰富。

(二) 上皮组织的分类

根据上皮组织的分布、结构与功能的不同，可分为被覆上皮、腺上皮和感觉上皮等（图1-29）。

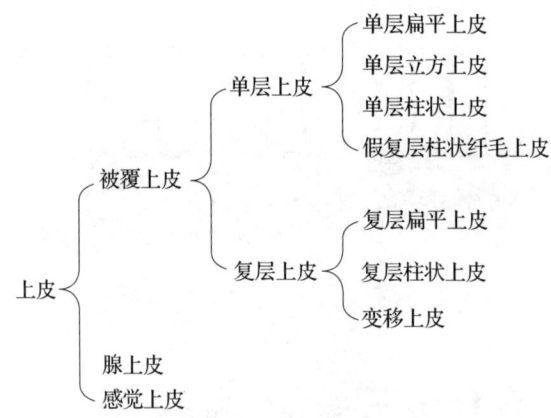

图1-29 上皮组织的分类

1. 被覆上皮

被覆上皮是上皮组织中分布最广的一类上皮，根据细胞排列层数，分为单层上皮和复层上皮。根据细胞的形态，单层上皮和复层上皮又可进一步进行划分（图1-29）。

(1) 单层上皮 单层上皮由一层细胞组成。根据细胞形态，分为单层扁平上皮、单层立方上皮、单层柱状上皮和假复层柱状纤毛上皮。

①单层扁平上皮：由一层扁平细胞构成。从表面看，细胞呈多边形，边缘为锯齿状，相邻细胞互相嵌合；从垂直方向看，细胞呈梭形，胞核椭圆形，含核部分稍厚（图1-30）。其中分布在内脏器官外表面的上皮称为间皮，分布于心脏、血管内表面的上皮称为内皮。间皮和内皮表面光滑，使器官不会粘连在一起，也有利于血细胞在血管中运行。

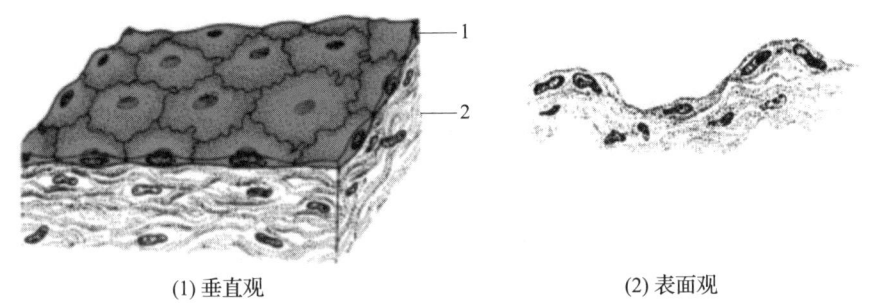

(1) 垂直观　　　　　　　　　　(2) 表面观

1—扁平细胞；2—结缔组织。

图 1-30　单层扁平上皮结构模式图

②单层立方上皮：由一层立方形细胞构成。从表面看，细胞呈多边形；从侧面看，细胞为正方形，胞核呈圆形，位于细胞中央（图 1-31）。单层立方上皮主要分布于肾小管、甲状腺滤泡、外分泌腺的小导管等处，具有分泌和吸收等功能。

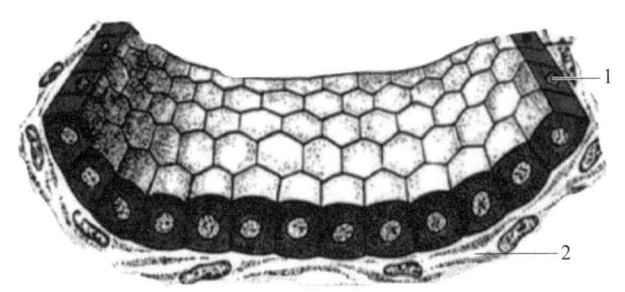

1—立方形细胞；2—结缔组织。

图 1-31　单层立方上皮结构模式图

③单层柱状上皮：由一层柱状细胞构成。从表面看，细胞呈多边形；从侧面看，细胞为长方形，细胞核椭圆形，靠近细胞基部。在肠管的柱状细胞间，有许多散在的形似高脚酒杯的杯状细胞，其胞核呈三角形，位于细胞基部。杯状细胞是单细胞腺，能分泌黏液，具有润滑和保护作用（图 1-32）。单层柱状上皮主要分布在胃、肠、子宫、输卵管的内表面等部位，具有吸收、分泌和保护作用。

④假复层柱状纤毛上皮：由 4 种形态不同、高低不等的柱状细胞、杯状细胞、梭形细胞和锥形细胞组成。细胞从侧面观似复层，细胞核不在同一平面上，但细胞的基底端均附于同一基膜上，实为单层上皮，故称假复层（图 1-33）。假复层柱状纤毛上皮主要分布于各级呼吸道、附睾管、输精管上皮黏膜等处，具有保护、分泌和排出分泌物等功能。

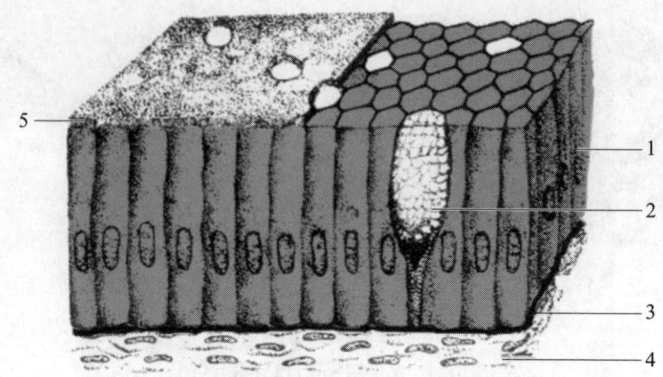

1—柱状细胞；2—杯状细胞；3—基膜；4—结缔组织；5—纹状缘。
图 1-32　单层柱状上皮结构模式图

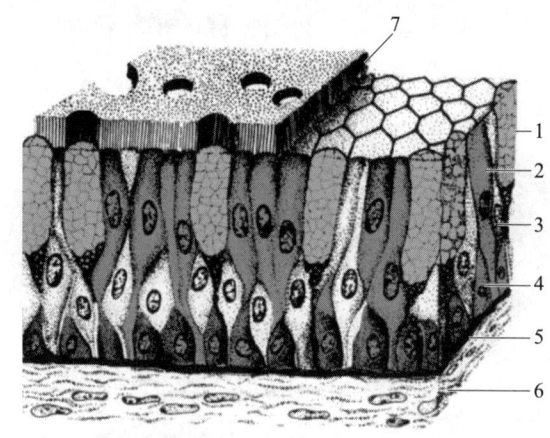

1—柱状细胞；2—杯状细胞；3—梭形细胞；
4—锥形细胞；5—基膜；6—结缔组织；7—纤毛。
图 1-33　假复层柱状纤毛上皮结构模式图

（2）复层上皮　复层上皮由多层细胞构成。根据其表层细胞形态，又可分为复层扁平上皮、复层柱状上皮和变移上皮。

①复层扁平上皮：属于最厚的一类上皮，由多层细胞构成。基底层细胞呈立方形或矮柱状；中间层细胞为多边形；近浅层细胞呈扁平形。浅层细胞很快死亡脱落，由基底层细胞不断分裂增殖加以补充（图 1-34）。分布在表皮的复层扁平上皮表层细胞含角质蛋白，形成角质层，称角化复层扁平上皮，如皮肤的表皮等，具有很强的保护和抗磨损作用。分布在有些器官腔面的上皮角质蛋白含量较少，不形成角质层，称非（未）角质化的复层扁平上皮，如口腔、食管、阴道、尿道外口等器官的表面上皮，这类上皮的修复能力强、耐摩擦，可防止外物侵入，具有很强的保护作用。

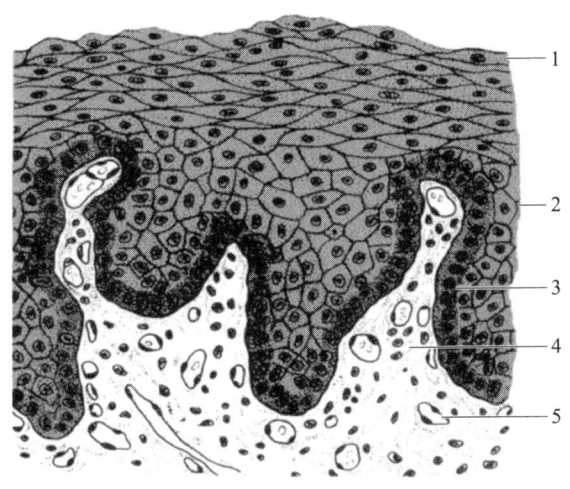

1—扁平细胞；2—多边形细胞；3—基底层细胞；4—结缔组织；5—血管。
图 1-34　复层扁平上皮结构模式图

②复层柱状上皮：由多层细胞构成。该上皮的深层细胞为矮柱状或立方形；中层细胞为柱状或多边形；表层细胞为柱状，排列整齐（图 1-35）。复层柱状上皮见于眼睑结膜和马尿道阴茎部，具有保护作用。

③变移上皮：又可称为移行上皮。其细胞的层数和形状随所在器官的功能状态而改变。主要分布在膀胱、输尿管和肾盂的腔面。例如，膀胱处于收缩状态时，上皮细胞层数较多，表层细胞大，呈立方形，称为盖细胞，中间层细胞为多边形，基层细胞为矮柱状；膀胱扩张时，上皮细胞层数变少，细胞变扁（图 1-36）。变移上皮具有保护作用。

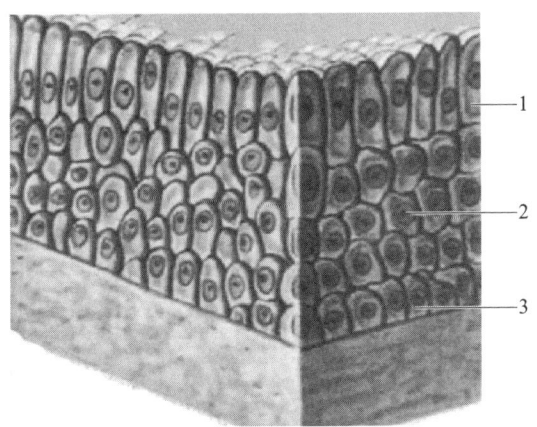

1—表层细胞；2—中层细胞；3—深层细胞。
图 1-35　复层柱状上皮结构模式图

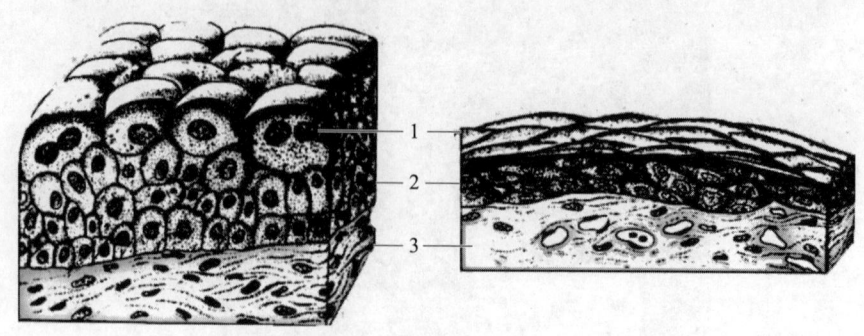

1—表层细胞；2—中间层细胞；3—基层细胞。
图1-36 变移上皮结构模式图

（3）被覆上皮特化的结构　为了适应不同的功能，某些上皮细胞的游离面、侧面和基底面上有若干具有重要生理功能的特殊结构（图1-32、图1-33），如小肠柱状细胞表面的微绒毛，肾小管上皮细胞上的刷状缘，呼吸道、输卵管、附睾管上分布的可运动纤毛。

2. 腺上皮和腺

腺上皮由具有分泌功能的腺上皮细胞构成。以腺上皮为主要成分组成的器官称为腺或腺体。

（1）腺细胞的分泌方式　局部分泌、顶浆分泌、全浆分泌、透出分泌。

（2）腺的分类　根据腺的生理功能及其是否具排出管，可分为外分泌腺和内分泌腺（图1-37）。

①外分泌腺：由分泌部和导管两部分组成。分泌部又称腺泡，内有腺腔；导管由单层或复层上皮构成，可输送腺细胞分泌物。腺细胞的分泌物通过导管排到腺体腔或体外，因此又称为有管腺。唾液腺、泪腺、汗腺、皮脂腺、肠腺、肝腺和胃腺都是外分泌腺。按构成腺体的腺细胞数，外分泌腺可分为单细胞腺与多细胞腺；根据腺导管有无分支，可分为单腺和复腺；根据分泌部的形态，可分为管状腺、泡状腺和管泡状腺。

②内分泌腺：不经过导管而将分泌物直接分泌到血管或淋巴管，进而输送到全身的腺称为内分泌腺或无管腺。内分泌腺的分泌物称为激素，作用于特定的器官或细胞。

3. 感觉上皮

感觉上皮由上皮细胞特化而成，具有感受功能，如嗅觉上皮、味觉上皮、视觉上皮、听觉上皮等，具有嗅觉、味觉、视觉、听觉等功能。

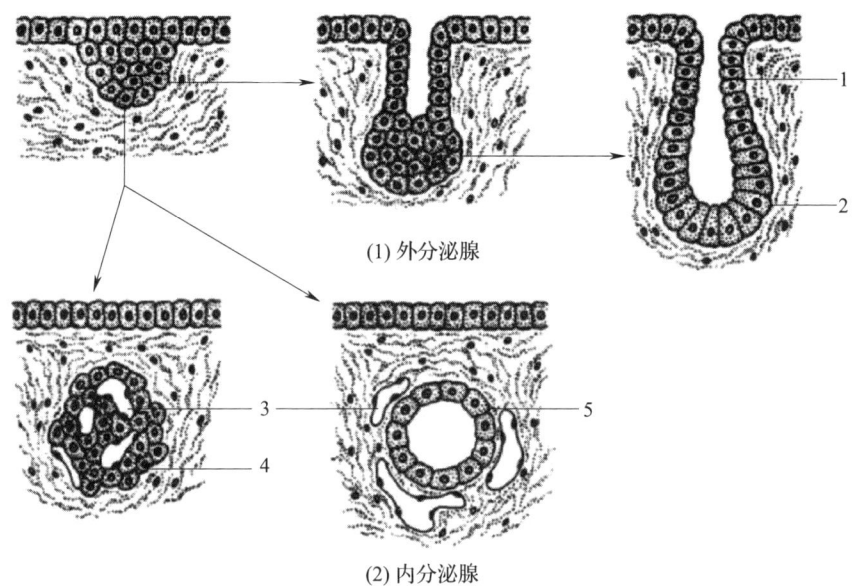

1—导管；2—分泌部；3—毛细血管；4—腺细胞囊；5—腺泡。
图 1-37　内分泌腺和外分泌腺结构模式图

二、结缔组织

结缔组织由细胞和大量的细胞间质构成。其中细胞数量少、种类多，分散在细胞间质中，分布无极性；细胞间质成分多，由基质和纤维成分组成，基质为无定形物质，可呈液态、胶态和固态，纤维呈细丝状，并还有不断循环更新的组织液；结缔组织有血管和淋巴管，但不直接与外界环境接触。

结缔组织又称支持组织，是动物机体内分布最广泛、形态结构最多样化的一类组织。如皮肤表皮以下的真皮、真皮下面的疏松结缔组织、脂肪组织，血液、肌腱、韧带、软骨和骨等，具有连接、支持、防卫、修复、营养和运输等作用。根据结构和功能的特点，结缔组织分为固有结缔组织、软骨组织、骨组织和血液4种类型。

（一）固有结缔组织

固有结缔组织根据结构和功能又可分为疏松结缔组织、致密结缔组织、脂肪组织和网状组织。

1. 疏松结缔组织

疏松结缔组织也称为蜂窝组织，其结构疏松、柔软，由排列疏松的纤维与分散在纤维间的多种细胞构成的，纤维和细胞埋在基质中。疏松结缔组织广泛分布在器官、组织和细胞之间,具有连接、支持、营养、防御、保护和修复功能。

疏松结缔组织由细胞、纤维和基质构成。

(1) 细胞　疏松结缔组织的细胞部分包括成纤维细胞、巨噬细胞、浆细胞、肥大细胞、脂肪细胞、未分化的间充质细胞(图1-38)。

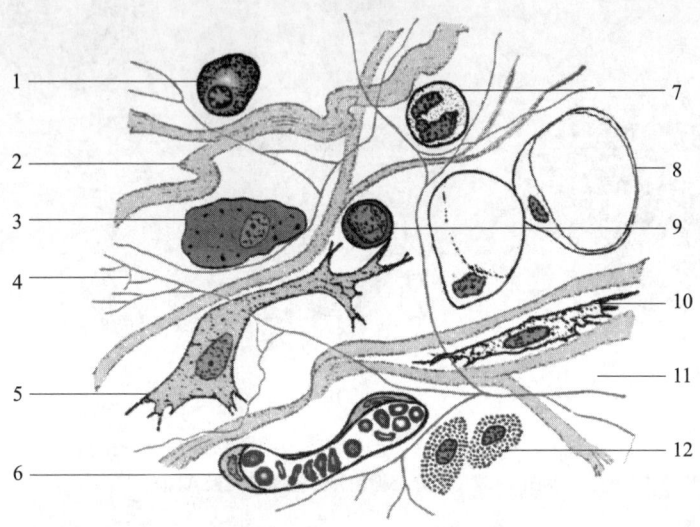

1—浆细胞；2—胶原纤维；3—巨噬细胞；
4—弹性纤维；5—成纤维细胞；6—毛细血管；7—中性粒细胞；
8—脂肪细胞；9—淋巴细胞；10—纤维细胞；11—基质；12—肥大细胞。

图1-38　疏松结缔组织结构模式图

① 成纤维细胞：疏松结缔组织的主要细胞。细胞呈星状,扁平多突起；胞质丰富,呈弱嗜碱性；细胞核较大,扁圆形,色浅,核仁明显。电镜下,胞质内含丰富粗面内质网、游离核糖体和高尔基复合体。成纤维细胞能合成和分泌胶原蛋白和弹性蛋白,从而生成三种纤维和基质。成纤维细胞功能不活跃的时候,胞体变小,呈长梭形,突起少,胞核小,着色深,核仁不明显,变成纤维细胞(图1-39)。

② 巨噬细胞：来源于血液的单核细胞,它在体内分布广泛,具有强大吞噬功能,分布于疏松结缔组织内的

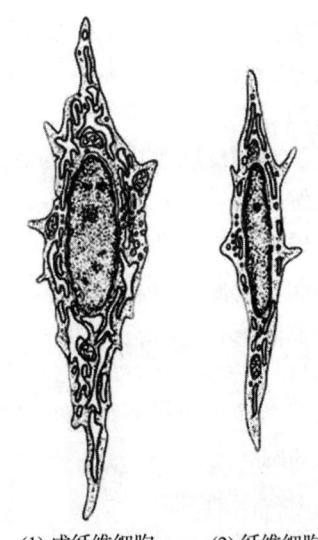

(1) 成纤维细胞　　(2) 纤维细胞

图1-39　成纤维细胞和纤维细胞超微结构模式图

巨噬细胞又称组织细胞。其细胞形态多样，一般为圆形、椭圆形或不规则形等，功能活跃时，常在细胞表面伸出短小的突起结构，称为伪足；核小；胞质多为嗜酸性，内含丰富的溶酶体和吞噬体等（图1-40）。巨噬细胞具有吞噬作用；有趋化性和定向运动的能力；有分泌功能；能引起淋巴细胞的免疫应答。

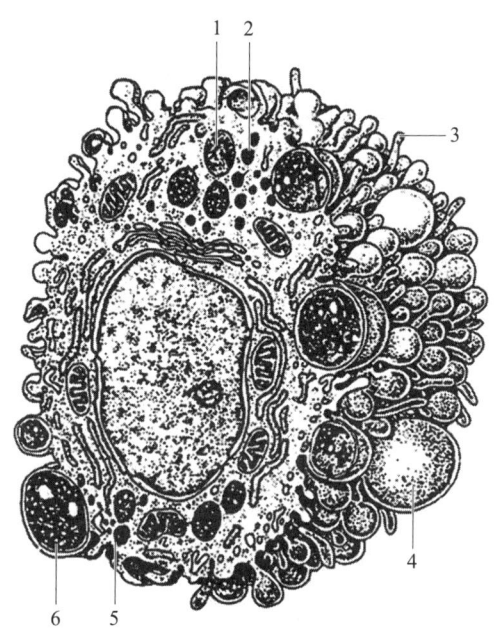

1—次级溶酶体；2—初级溶酶体；3—微绒毛；4—空泡；5—残余体；6—吞噬体。
图1-40 巨噬细胞超微结构立体模式图

③浆细胞：浆细胞由B细胞转化而来，又称效应B细胞，多见于消化道、呼吸道固有结缔组织内及慢性炎症部位。该细胞呈卵圆形或圆形，核圆，排列成车轮状，胞质嗜碱性，内有大量平行排列的粗面内质网和游离的核糖体及发达的高尔基复合体。浆细胞可合成和分泌抗体（即免疫球蛋白）和多种细胞因子，参与机体的体液免疫。

④肥大细胞：分布广，常沿小血管或淋巴管分布。细胞胞体较大，形态为圆形或卵圆形；核小而圆，多位于中央，染色深；胞质内充满粗大的异染性嗜碱性颗粒，内含组胺、白三烯、肝素和嗜酸性粒细胞趋化因子等。

⑤脂肪细胞：细胞胞体较大，呈圆球形，胞质内含有大量脂滴，使胞核被挤压至细胞一侧，呈新月形（图1-41）。多成群分布，具有合成与储存脂肪、参与脂质代谢的功能。

⑥未分化的间充质细胞：保留在成体结缔组织内的一些较原始的细胞，它们保持着间充质细胞多向分化的潜能。

（2）纤维　纤维成分包括胶原纤维、弹性纤维和网状纤维。

①胶原纤维：数量最多，分布最广。胶原纤维是结缔组织中的主要纤维成分，新鲜时呈白色，故又称为白纤维，苏木精–伊红染色法（HE染色）呈粉红色。其化学成分为胶原蛋白，在细胞外聚合为胶原原纤维，进而再经少量黏合质（蛋白多糖和糖蛋白）黏结成波浪形的胶原纤维，粗细不同、长短不一，有分支，交织分布。胶原纤维韧性大，抗拉力强。

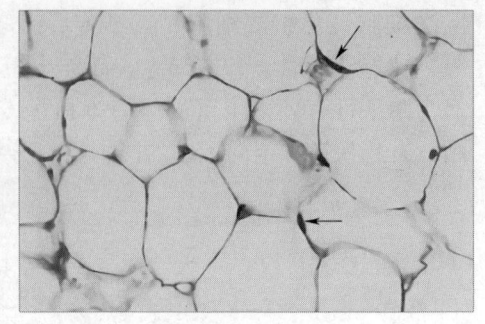

图1-41　脂肪细胞结构模式图
（图中箭头所指为细胞核）

②弹性纤维：弹性纤维富有弹性，其含量较胶原纤维少，呈丝状，弹性大但韧性差。新鲜时呈黄色，故又称黄纤维，苏木精–伊红染色不易着色。其常与胶原纤维交织在一起，使疏松结缔组织既有弹性又有韧性，这种特点对某些器官（如肺）和组织保持形态位置的相对恒定，又具有一定的可变性是非常有利的。

③网状纤维：数量很少，纤维较细，分支多，亦交织成网。用镀银法染色后呈黑色，故又称嗜银纤维。其化学成分也是胶原蛋白，弹性和韧性均较弱。网状纤维多分布在结缔组织与其他组织交界处，如肾小管和毛细血管周围，造血器官和内分泌腺中较多，构成微细的支架。

（3）基质　是一种无定型稠状的胶体物质，无色而透明。主要成分为透明质酸（一种黏多糖），基质中还含有大量的组织液。

2. 致密结缔组织

致密结缔组织分布于真皮、骨膜、韧带、肌腱、项韧带等处，是以纤维为主要成分的固有结缔组织，且纤维（主要为弹性纤维和胶原纤维）粗大，排列紧密，而细胞与基质少，有固定的形态，有很强的支持、连接、保护功能。根据纤维的性质和排列方式，可分为以下3种类型。

（1）规则致密结缔组织　纤维顺着受力的方向平行排列成束。基质和细胞很少，位于纤维之间，细胞成分主要是腱细胞，它是一种形态特殊的成纤维细胞，胞核扁椭圆形，着色深（图1-42）。规则致密结缔组织主要构成肌腱和腱膜。

（2）不规则致密结缔组织　胶原纤维方向不一、交织成板层结构，纤维之间含少量基质和成纤维细胞（图1-43）。不规则致密结缔组织主要见于真皮、硬脑膜、巩膜及许多器官的被膜等。

（3）弹性组织　以弹性纤维为主，如项韧带和黄韧带，以适应脊柱运动。

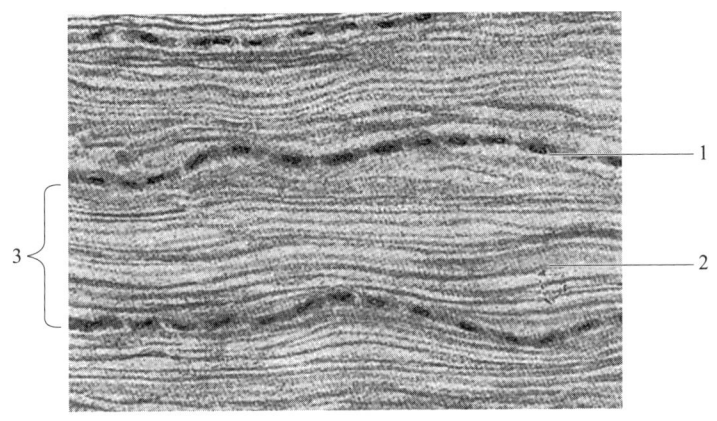

1—腱细胞；2—胶原纤维；3—胶原纤维束。
图 1-42　规则致密结缔组织（肌腱，HE 染色，高倍）

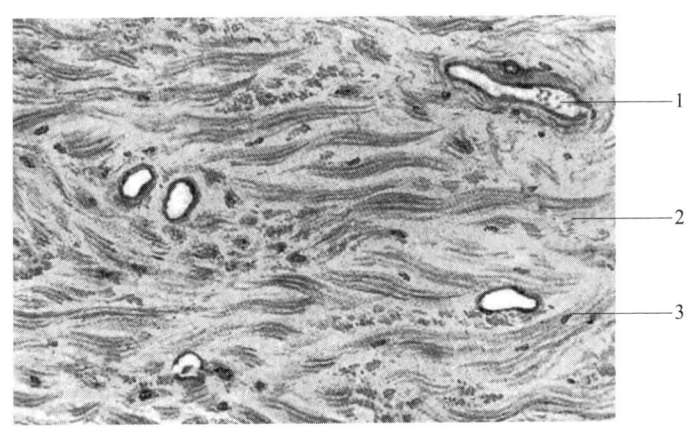

1—小静脉；2—成纤维细胞；3—胶原纤维。
图 1-43　不规则致密结缔组织（真皮，HE 染色，高倍）

3. 脂肪组织

脂肪组织是聚集成团的脂肪细胞和少量网状纤维构成，被疏松结缔组织分成许多脂肪小叶。脂肪细胞呈圆形或多角形，细胞质内充满大量脂滴，细胞核因而常被挤向细胞一侧，呈一狭窄的指环状（图 1-44）。根据脂肪细胞结构和功能不同，脂肪组织又可分为黄（白）色脂肪组织和棕色脂肪组织。前者即为我们通常认识的脂肪，棕色脂肪组织主要是在新生儿和幼小的哺乳动物体内，成人体内也有少量。脂肪组织广泛分布于皮下、肠系膜、腹膜、网膜以及肾、心等器官周围，主要功能是储存脂肪，并参与能量代谢，支持、保护和维持体温。

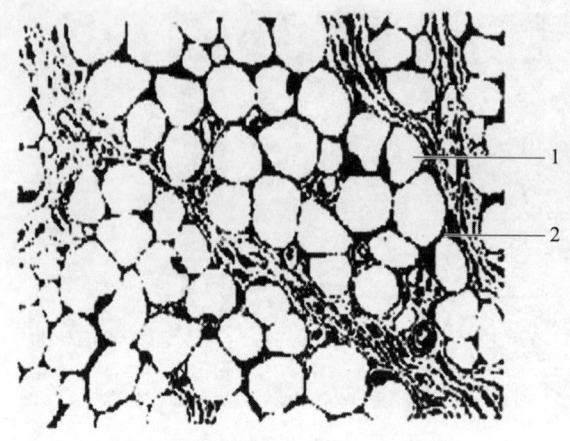

1—脂肪细胞；2—结缔组织。
图1-44 脂肪组织结构模式图

4. 网状组织

网状组织是淋巴器官和造血器官的基本成分，由网状细胞、网状纤维、基质及少量巨噬细胞构成。网状细胞呈星状多突起，且突起彼此连接成网，核大色浅，核仁明显，网状细胞产生的网状纤维细而分支多，紧贴于网状细胞的表面，成为网状细胞的支架（图1-45）。网状组织是造血器官和淋巴器官的基本组成成分，主要分布在淋巴结、脾脏、胸腺和骨髓等组织器官当中，构成它们的支架。网状组织还可为淋巴细胞发育和血细胞发生提供适宜的微环境。

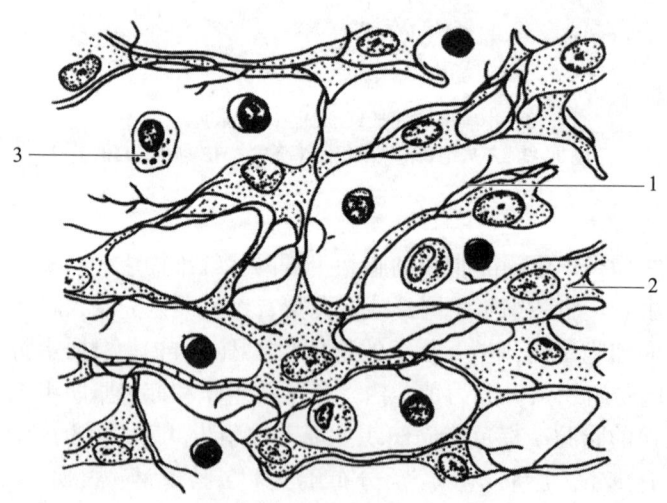

1—网状纤维；2—网状细胞；3—巨噬细胞。
图1-45 网状组织结构模式图

（二）软骨组织和软骨

1. 软骨组织

软骨组织是由少量的软骨细胞、大量的纤维和基质构成。软骨细胞三五成群地埋在软骨基质形成的软骨陷窝中，纤维和基质构成间质，间质呈固体的凝胶状。软骨组织可支撑重量和减少磨擦，起支架作用，并影响骨的发生和生长。

2. 软骨

软骨组织及其周围的软骨膜构成软骨。大多数软骨组织表面均有一层致密结缔组织构成的软骨膜，它可分为两层，外层较致密，含少量血管；内层较疏松，富含细胞、血管及神经。因软骨内无血管，软骨膜能保护及营养软骨，同时对软骨的生长有重要的作用。根据基质中纤维的种类和数量，软骨分为透明软骨、纤维软骨和弹性软骨（图 1-46）。

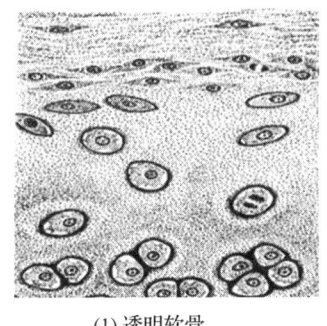 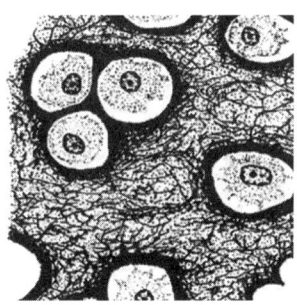 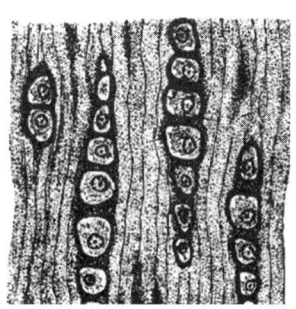

(1) 透明软骨　　　　　　　　(2) 弹性软骨　　　　　　　　(3) 纤维软骨

图 1-46　三种类型软骨的结构光镜图

（1）透明软骨　分布较广，主要分布于关节软骨、肋软骨、气管等处，弹性差。软骨细胞位于基质的陷窝内，细胞形态多样，散在或聚集成群。基质是透明凝胶状的固体，主要成分是糖蛋白。胶原纤维散乱在基质内。

（2）纤维软骨　主要分布在椎间盘、关节盘及耻骨联合等处，韧性好。纤维软骨细胞小而少，成行分布于纤维束之间，基质少，有大量交叉或平行排列的胶原纤维束。

（3）弹性软骨　主要分布于在耳廓、会厌等处。弹性软骨中的软骨细胞位于软骨陷窝内，基质中含有大量交织分布的弹性纤维，交织成网，弹性好。

（三）骨组织

骨组织是体内最坚硬的结缔组织，由骨细胞、纤维和基质构成，具有支撑形体、保护内脏、进行运动和造血等功能。骨组织与骨膜及骨髓构成骨。

1. 骨细胞

骨细胞位于骨陷窝内，呈扁椭圆形，骨陷窝是骨板内或骨板之间形成的小腔，内有向周围呈放射状排列的细小管道，称为骨小管。骨细胞上的多个细长突起伸入骨小管内，与其他细胞形成缝隙连接，与骨陷窝和骨小管内的组织液进行物质交换（图1-47）。

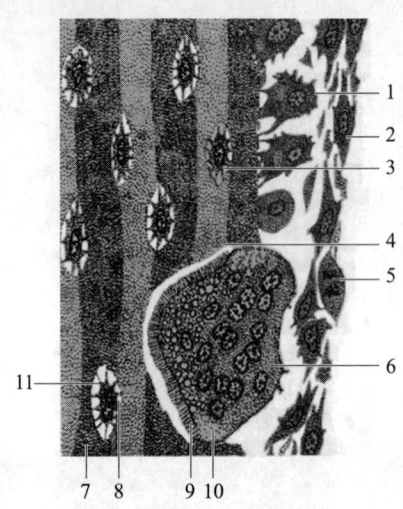

1—成骨细胞；2—骨祖细胞；3—骨细胞；4—溶解中的骨基质；5—骨原细胞分裂；
6—破骨细胞；7—骨板；8—骨陷窝；9—皱褶缘；10—亮区；11—骨小管。

图1-47　骨细胞结构模式图

2. 纤维

骨组织内的纤维属胶原纤维，按作用力方向排列成层，各层之间交错排列，如胶合板，层间夹有骨细胞。

3. 基质

骨基质为钙化的细胞间质，由有机物和无机物两种成分构成。有机物含量少，主要为骨胶纤维（与胶原纤维相似），还有少量无定形基质，含骨钙蛋白和骨磷蛋白；无机物主要是钙盐，又称为骨盐，成分是羟基磷灰石结晶，细针状。动物体内90%的钙以骨盐的形式储存在骨内。骨胶纤维聚集成束，分层排列，与钙质化的基质黏合在一起，形成骨板。这是骨基质存在的基本方式。相邻骨板的纤维相互垂直，有效地增强了骨的支持力。

（四）血液

血液是流动于心血管内的液态组织，由血浆和血细胞组成。血浆是一种淡黄色液体，是血液的细胞间质，占全血的55%，主要成分为水（约占90%），而血细胞占全血的45%，包括红细胞、白细胞和血小板（图1-48）。

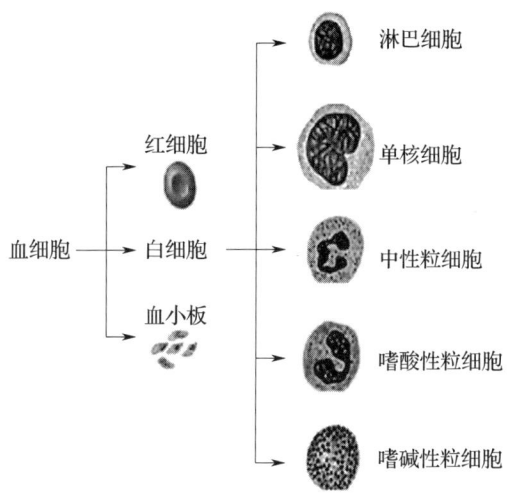

图 1-48 血细胞的分类

1. 红细胞

红细胞为血液中最多的一种细胞，呈双面凹陷、圆盘状，无细胞核（禽有核）和细胞器，因含血红蛋白（Hb）而显红色。主要功能是运输氧气与二氧化碳。红细胞的数量和大小，与动物种类、年龄、性别、生理状况、居住地海拔高度等有关。

2. 白细胞

白细胞为无色、球形、有核的细胞，较红细胞大，数量较红细胞少，雌雄无明显差异，幼年动物较成年动物稍多。白细胞可分为有粒白细胞（包括中性粒细胞、嗜酸性粒细胞、嗜碱性粒细胞 3 种）和无粒白细胞（包括淋巴细胞和单核细胞 2 种）。

（1）中性粒细胞　白细胞中最多的一种，呈球形，胞质呈无色或极浅的淡红色，有许多弥散分布的细小的浅红或浅紫色特有颗粒。细胞核呈杆状或 2~5 分叶状，叶与叶间有细丝相连。中性粒细胞具趋化作用、吞噬作用和杀菌作用。

（2）嗜酸性粒细胞　呈球形，细胞核常分 2 叶，胞质中可见大小一致、分布均匀的嗜酸性颗粒，含有溶酶体酶、芳基硫酸酯酶、组胺酶及四种阳离子蛋白。参与变形运动和趋化性，通过释放组胺酶与芳基硫酸酯酶抑制过敏反应，还可杀灭寄生虫。

（3）嗜碱性粒细胞　呈球形。细胞核不规则，常被胞质颗粒所掩盖，细胞质中可见大小不一、分布不均的嗜碱性颗粒，内含肝素、组胺及嗜酸性粒细胞趋化因子，胞质中还含白三烯。颗粒物质常覆盖在细胞核上，因此细胞核呈分叶状、"S"形或不规则形，色浅，但常不清楚。嗜碱性粒细胞具有抗凝血、参与过敏反应的功能，与肥大细胞相似。

（4）淋巴细胞　呈球形。在光学显微镜下观察淋巴细胞，按直径不同区分为大、中、小3种。血液中主要是小淋巴细胞和一定数量的中淋巴细胞。淋巴细胞的细胞核大而圆，染色较深，一侧常有凹陷；胞质少而嗜碱性，染色为天蓝色，内含大量游离核糖体、少量嗜天青颗粒。根据淋巴细胞的发育部位、表面、抗原、受体及功能等不同，可将淋巴细胞分为T细胞和B细胞等多种，分别参与细胞免疫和体液免疫。还有一种NK细胞，较T细胞、B细胞少，而体积略大，是中淋巴细胞，可直接杀伤靶细胞。

（5）单核细胞　血液中最大的血细胞，也是白细胞中体积最大的一种。单核细胞呈球形或椭圆形，细胞核有卵圆形、肾形、马蹄铁形或不规则形，常偏位，着色浅，胞质较多，嗜碱性，但因含大量细小的嗜天青颗粒而染成灰蓝色，颗粒含过氧化物酶；进入组织后可变成巨噬细胞，具有变形运动能力和趋化性、吞噬功能，参与免疫应答。

3. 血小板

血小板是体内最小的血细胞。血小板在电子显微镜下呈橄榄形或双凸圆盘状，也有梭形或不规则形，无细胞核。血小板主要是促进止血和加速凝血，同时还有维护毛细血管壁完整性的功能。血小板还能释放肾上腺素，引起血管收缩，促进止血。

三、肌组织

肌组织是一种特殊分化的组织，主要由肌细胞组成，肌细胞之间无特有的细胞间质，但有少量结缔组织及血管、淋巴管和神经分布。肌细胞呈细长纤维状，又称之为肌纤维。肌纤维是由更细的肌原纤维组成，肌纤维的细胞膜称肌膜，细胞质称肌浆（质）。通过肌纤维的收缩和舒张活动，机体可以完成多种运动，如躯体运动、心脏跳动等。

根据肌细胞的形态结构和功能，又可分为骨骼肌、心肌和平滑肌。其中骨骼肌的活动受躯体运动神经支配，而平滑肌和心肌的活动受植物神经支配。

（一）骨骼肌

骨骼肌多附着在骨骼上，其基本成分是骨骼肌纤维。在光镜下，肌纤维呈长圆柱状，细胞核多达几百个，扁圆形，紧贴在肌纤维膜下，肌浆内有大量肌原纤维；电镜下，纵切面的肌原纤维有明暗相间的横纹，故又称为横纹肌（图1-49）。横纹分为明带（I带）与暗带（A带），交替排列，相邻肌原纤维的明带与暗带准确地排在同一水平面上。每一肌原纤维是由许多更细的肌丝组成的。肌丝有2种，粗的为肌球蛋白丝，存在于暗带；细的为肌动蛋白丝，存在于明带，粗细肌丝有规则地相间排列。暗带的中部色淡，称 H 线，明带的中部色深，称 Z 线。肌原纤维中在两个 Z 线中间的一段叫做肌节。一个肌节是由 $\frac{1}{2}$I 带 +A 带 + $\frac{1}{2}$I 带构成，它是组成骨骼肌纤维的结构和功能单位（图 1–50）。

骨骼肌收缩强而有力，不持久，易疲劳，受意识支配，又称为随意肌。

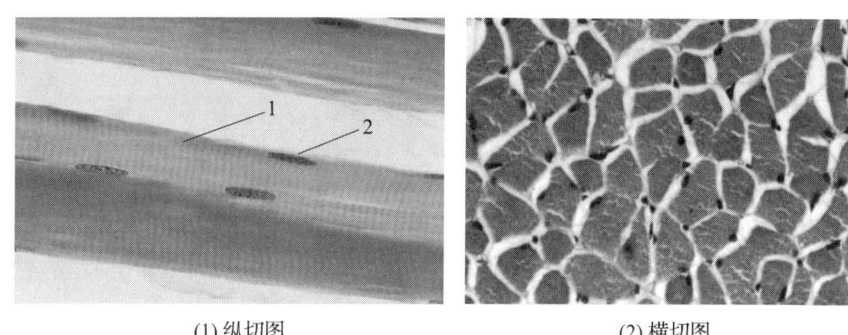

(1) 纵切图　　　　　　　　　　　(2) 横切图

1—肌纤维纵切面；2—细胞核。

图 1–49　骨骼肌纤维组织切片图

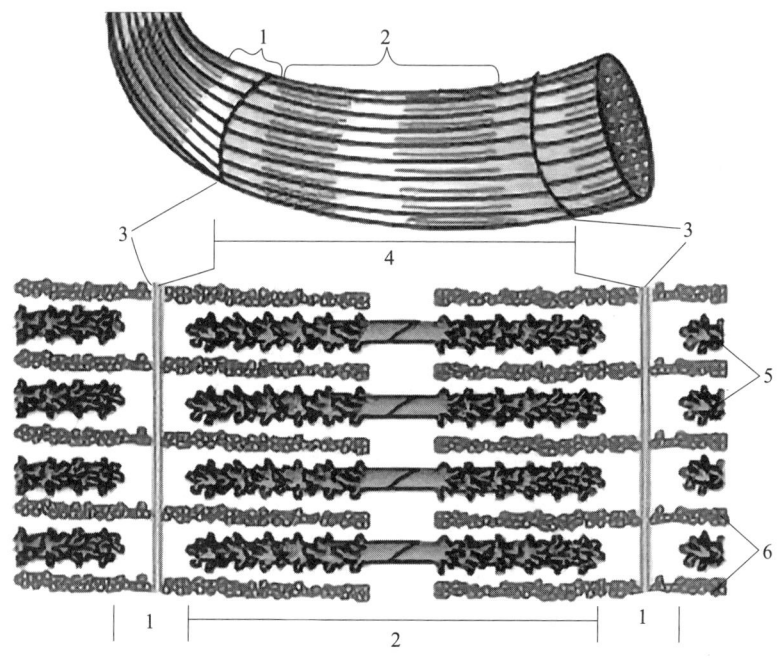

1—明带；2—暗带；3—Z 线；4—肌节；5—肌球蛋白；6—肌动蛋白。

图 1–50　肌节结构模式图

目前公认的骨骼肌纤维收缩原理是"肌丝滑动学说",该学说认为,由于两种肌丝相互滑动,即肌动蛋白丝在肌球蛋白丝之间滑动引起骨骼肌的收缩与舒张。肌丝滑动学说最直接的证明是骨骼肌收缩时,暗带长度不变,明带长度缩短,同时暗带中的 H 带也相应地变窄。暗带长度不变说明在肌肉收缩时,粗肌丝没有缩短。明带长度的缩短和 H 带同时相应地变窄,表明细肌丝也没有缩短,只是向暗带中央移动,和粗肌丝发生了更大程度的重叠(图 1-50)。

1-3 肌丝滑动学说（动画）

（二）心肌

心肌主要分布于心壁及心脏周围的大血管,无再生能力,为心脏所特有的组织,主要由心肌纤维构成。心肌不受意识支配,属于不随意肌,收缩有力不易疲劳。

心肌纤维呈短的圆柱状,有分支,连接成网,横纹不明显。每个心肌纤维一般有 1~2 个细胞核,较大,呈椭圆形,位于肌纤维中央。心肌纤维的显著特点在于其有一个肌膜分化成的特殊结构,称为闰盘,该结构是心肌细胞之间的界限,它是由相邻两细胞膜凹凸相嵌,紧密连接而成,能使心肌细胞连接在一起,起固定作用,对兴奋传导也有重要作用（图 1-51）。广义的心肌细胞有两类,包括工作细胞（心房和心室的一般细胞）和特殊分化的心肌细胞（窦房结、房室交界区、房室束和浦肯野纤维等,即心脏起搏传导系统中的心肌细胞）。

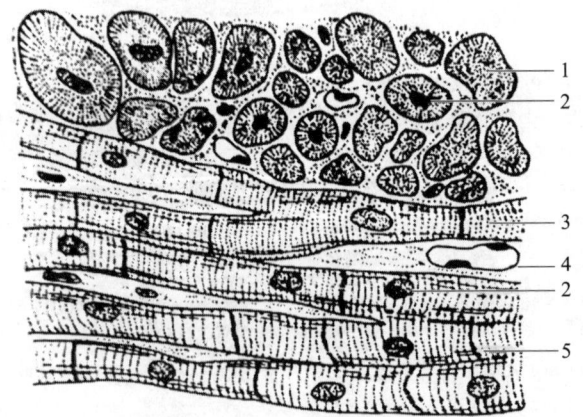

1—细胞核；2—闰盘；3—肌纤维纵切面；4—毛细血管；5—闰盘。
图 1-51　心肌细胞光镜图

(三)平滑肌

平滑肌的肌纤维呈长梭形,但长短不一,成束整齐排列,无横纹;只有一个细胞核,呈椭圆形,位于细胞中央(图1-52)。平滑肌一般主要分布于如胃肠道、泌尿生殖道等内脏器官管壁和血管壁内,其活动不受意志支配,属于不随意肌,收缩缓慢而持久,不易疲劳。

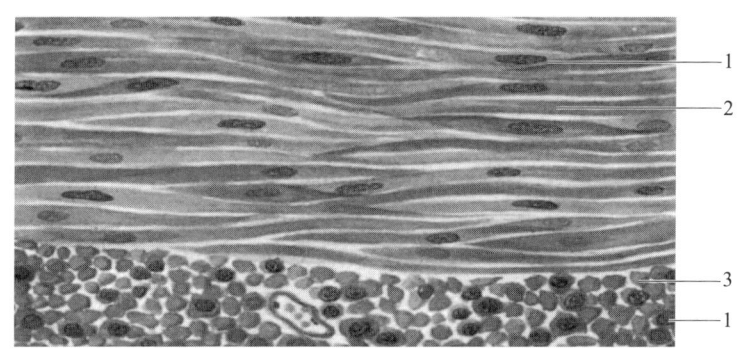

1—肌细胞核;2—肌纤维纵切面;3—肌纤维横切面。
图1-52 平滑肌光镜图
(上为纵切,下为横切)

四、神经组织

神经组织是神经系统的主要构成部分。神经组织由神经元和神经胶质细胞构成,它在体内分布广泛,参与构成脑、脊髓、神经等。

(一)神经元

神经元即神经细胞,是神经系统的结构功能单位,即传递兴奋的单位,可接受刺激、传递信息,有的神经元还具有内分泌功能。神经元是由胞体和突起两部分构成(图1-53)。

1. 神经元的结构

(1)胞体 神经元的胞体是整个神经细胞的代谢和营养中心,位于脑、脊髓及神经节内。胞体的形状有圆形、梨形、梭形、锥形和星形等。神经元外都有神经膜包围,有接受刺激和传导神经冲动的功能。胞体的结构包括细胞膜、细胞核及细胞质,其中细胞质和细胞核是神经元的中心。

①细胞膜:单位膜,接受刺激,产生及传递冲动。

②细胞质:又称为核周体,是位于细胞核周围的细胞质。除与一般的细胞质相同外,还有尼氏体和神经原纤维两种特殊的细胞质。尼氏体为嗜碱性物

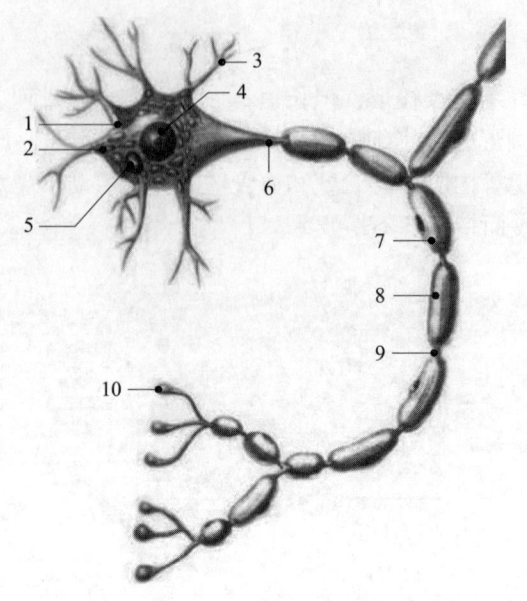

1—线粒体；2—尼氏体；3—树突；4—细胞核；5—溶酶体；
6—轴突；7—神经膜；8—髓鞘；9—郎飞结；10—轴突终末。
图1-53 神经元结构模式图

质，光镜下呈颗粒或小块状，如虎皮花纹，因此又称为虎斑，主要功能是合成更新细胞器所需的结构蛋白、合成神经递质所需的酶类以及肽类的神经调质。神经原纤维是神经细胞中的重要组成部分，为嗜银性细丝状（胞质内呈棕黑色的细丝），交织成网，并向树突和轴突延伸，可达到突起的末梢部位，在神经元构成细胞支架，参与物质运输。

③细胞核：位于胞体中央，呈圆形，核膜清楚，核仁大而明显。

（2）突起　由胞体发出，分为树突和轴突。每个神经元只有1个轴突，而有1个或多个树突。

①树突：较短，有分支，呈树枝状分布。树突的功能是接受其他神经元传来的冲动，并将冲动传向胞体。

②轴突：一般神经元只有1个轴突。轴突是一条细而长的突起，其起始部位呈丘状隆起，称为轴丘。轴突末端有较多分支，能与其他神经元的树突或胞体接触，或者直接进入器官或组织内部。轴突能把胞体的冲动传递给下一个神经元或效应器。

2. 神经元的类型

神经元可分别按照神经元的功能、神经元突起的数目以及神经元释放的神经递质进行分类。

（1）按神经元功能分为感觉神经元（传入神经元）、运动神经元（传出神经元)(图 1-54)、联络神经元(中间神经元)。

(2)按突起数目分为假单极神经元、双极神经元与多极神经元等(图 1-55)。

(3)按神经元释放的神经递质分为胆碱能神经元、肾上腺素能神经元、肽能神经元、氨基酸能神经元。

3. 神经纤维

神经纤维主要功能是传导冲动,它由轴突(轴索)和包裹在外面的神经胶质细胞构成。在中枢神经系统内,神经纤维由轴突外包少突胶质细胞构成;周围神经系统内由轴突外包神经膜细胞构成。

(1)根据有无髓鞘,神经纤维可分为有髓神经纤维和无髓神经纤维(图 1-56)。有髓神经纤维以轴突(轴索)为中轴,表面包绕起绝缘作用的髓鞘和神经膜。髓鞘是节段性地、直接包在轴索外面的脂蛋白,由施万细胞构成。两个节段相接处缩细,称郎飞结。有髓神经主要分布在中枢神经系统和周围神经系统,如脑神经;无髓神经纤维则是由轴索和神经膜所包裹,无髓鞘。无髓神经主要分布在植物神经的节后纤维。

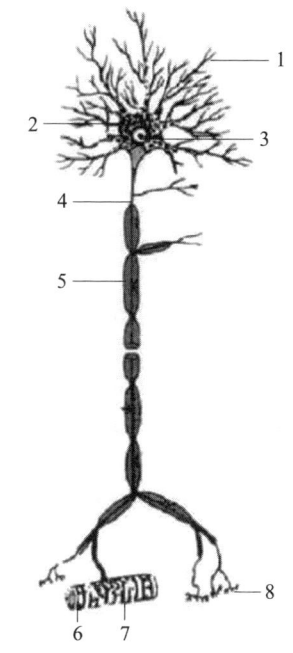

1—树突;2—尼氏体;3—细胞核;
4—轴突;5—髓鞘;6—骨骼肌纤维;
7—运动终板;8—轴突终末。

图 1-54 运动神经元结构模式图

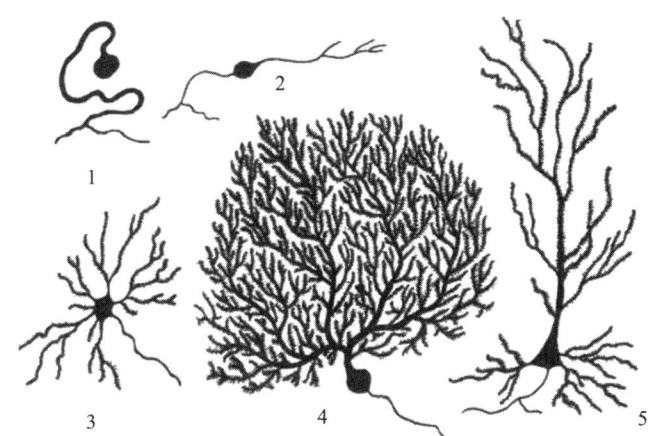

1—假单极神经元;2—双极神经元;3~5—多级神经元。
图 1-55 神经元的分类(按突起数目分)

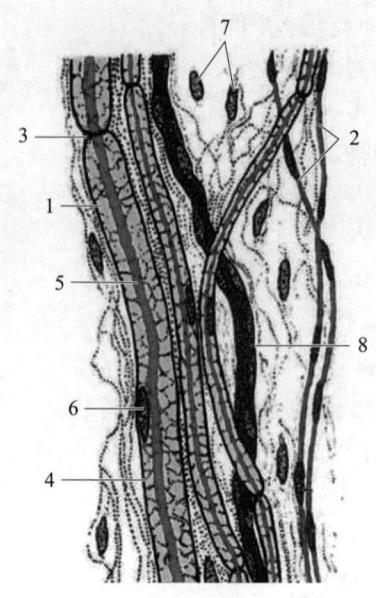

1—有髓神经纤维；2—无髓神经纤维；3—郎飞结；4—髓鞘；
5—轴突；6—施万细胞核；7—成纤维细胞；8—毛细血管。
图1-56 有髓神经纤维和无髓神经纤维结构模式图

（2）根据功能不同，神经纤维可分为感觉神经纤维和运动神经纤维。感觉神经纤维把兴奋从外周传向脑和脊髓（即中枢神经系统），故又称为传入神经纤维；运动神经纤维把兴奋从中枢神经系统传向外周，故又称为传出神经纤维。

4. 神经末梢

神经末梢是外围神经的纤维终末部分终止于其他组织中所形成的特有结构，分布于各种器官和组织内，包括感受器和效应器两部分。

按其功能不同，分为感觉神经末梢和运动神经末梢。

（1）感觉神经末梢　又称传入神经末梢，是感觉神经元周围突的末端。主要分布在皮肤、肌肉和内脏内，又称感受器，接受外界和体内的刺激，能感受痛、压等感觉。

（2）运动神经末梢　又称传出神经末梢，是运动神经元轴突末端，它可以把神经冲动传导到肌肉和腺体组织上，使它们产生运动和分泌活动。通常将传出神经末梢及其所支配的肌肉或腺体一起称为效应器。

5. 神经元之间的联系——突触

神经元之间或神经元与非神经元之间彼此接触、并借以传递信息的部位称为突触。

（1）突触的结构　电子显微镜下的突触是由突触前膜、突触间隙和突触后膜构成。突触前膜是前一个神经元轴突末端的轴膜与另一个神经元接触处特化增厚的部分；突触间隙是突触前膜和突触后膜之间的间隙；突触后膜则是指后一个神经元的细胞膜。在靠近突触前膜的轴突处含有大量突触小泡，内含化学物质——神经递质（如乙酰胆碱、去甲肾上腺素等），突触后膜上有蛋白质性质的受体，它能与突触前膜释放的相应的神经递质结合，从而使突触后膜产生兴奋或抑制（图1-57）。

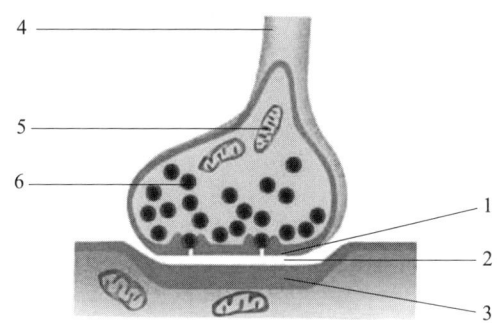

1—突触前膜；2—突触间隙；3—突触后膜；4—轴突；5—线粒体；6—突触小泡。

图1-57 突触的亚显微结构模式图

（2）突触的传递过程　当神经冲动传导到突触前膜时，突触小泡就向突触前膜移动，与突触前膜接触融合后就将递质释放到突触间隙里，递质与突触后膜的特异性受体结合，改变了对离子的通透性，使突触后膜兴奋或抑制，这样就使兴奋从一个神经元传到另一个神经元。

（3）突触的分类　根据突触接触的部位分为轴突-树突突触、轴突-胞体突触、轴突-轴突突触等（图1-58）；根据神经冲动通过突触的方式分为电突触（以电流传递信息）、化学突触（以神经递质为信息传递媒介）。

（二）神经胶质细胞

神经胶质细胞，即神经胶质，是不具有兴奋传导功能的一种辅助细胞。此种细胞数量多，夹杂在神经元之间，具有很多突起，但无树突和轴突之分。突起相互交织成网，围绕着神经细胞。神经胶质细胞对神经细胞起支持、营养、保护和绝缘作用，分布在中枢和外周神经系统中，可分为中枢神经胶质细胞以及周围神经胶质细胞（图1-59）。

1. 中枢神经胶质细胞

中枢神经胶质细胞主要包括施万细胞、少突胶质细胞、小胶质细胞等，主要作用是形成髓鞘，起神经保护和神经传导的作用，同时可促进神经修复，保持神经完整性。

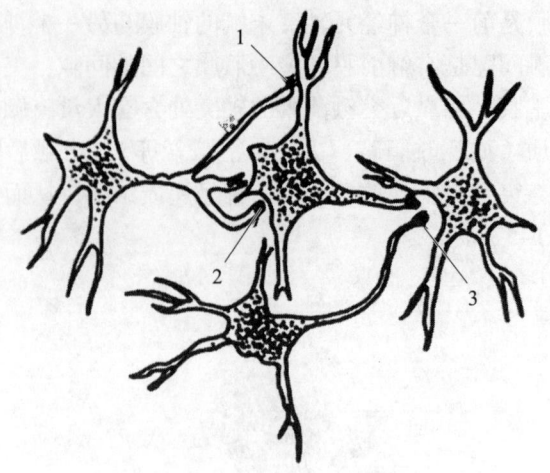

1—轴突-树突；2—轴突-胞体；3—轴突-轴突。
图1-58 突触的不同接触部位

1-4 突触
（动画）

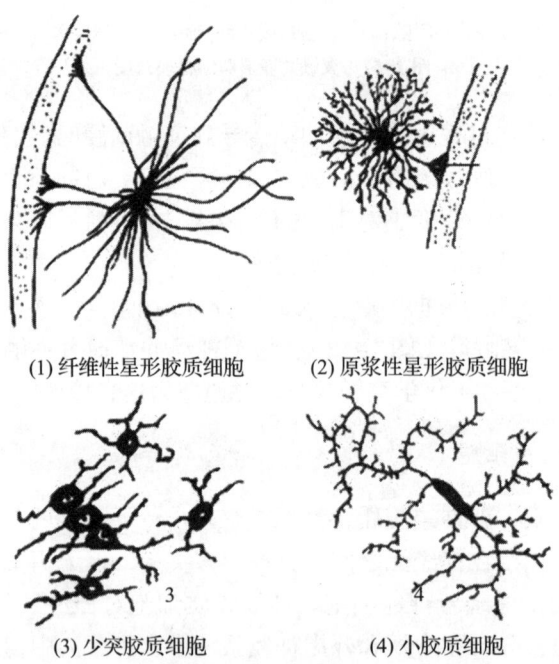

(1) 纤维性星形胶质细胞　　(2) 原浆性星形胶质细胞

(3) 少突胶质细胞　　(4) 小胶质细胞

图1-59 神经胶质细胞

2. 周围神经胶质细胞

周围神经胶质细胞主要包括星形胶质细胞，位于神经节，也可形成髓鞘并促进神经传导，同时具有营养、保护神经的作用。

五、组织结构立体形态和断面形态

细胞和组织均是立体结构，但在光镜和电镜下观察到的细胞和组织都是结构断面的形态。由于所切断面的不同，一个细胞所呈现的形态各异（图1-60），有的断面能见到细胞核，但有的断面则缺细胞核。由于所切部位的不同，核的大小形态也各异，因此只能根据少数断面的形态来论断细胞和细胞核的形态、大小以及某种细胞器的多少等。

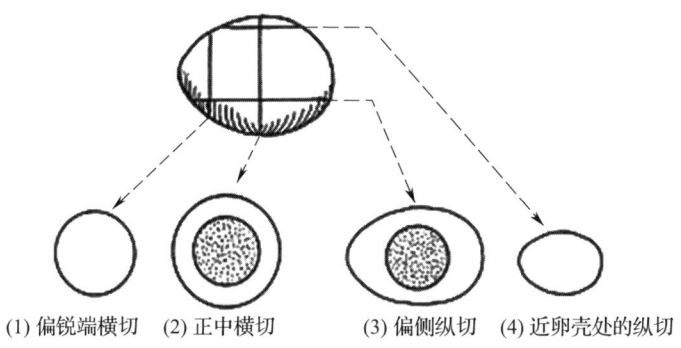

(1) 偏锐端横切　(2) 正中横切　(3) 偏侧纵切　(4) 近卵壳处的纵切

图1-60　鸡蛋各种切面模式图

管状结构由于所切方位的不同，呈现完全不同的断面形态。当其横切时，在切片上呈一圆圈；当斜切时，则呈椭圆形（图1-61）；沿管状器官长轴相一致的方向所作的切面，即纵切的断面在切片上呈两条相互平行的线条，中间夹有管腔；沿着壁面向腔面平切的切面，其图像与纵切一致，但缺管腔。因此，在观察切片时要善于分析切片中出现的各种现象，把断面形态和立体形态结合起来。

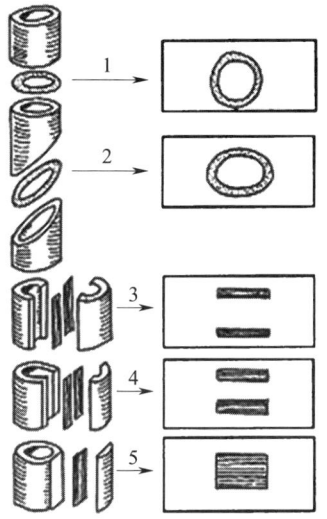

1—横切；2—斜切；3—正中纵切；
4—偏外纵切；5—管壁纵切。

图1-61　管状结构不同方位的切面示意图

项目三　认知有机体

> **知识目标**

1. 熟知器官的概念。
2. 熟知系统的概念。
3. 了解有机体的概念。
4. 熟知机体功能的调节方式。
5. 熟悉畜禽体表主要部位划分和名称。
6. 掌握主要的方位术语。

> **能力目标**

1. 能描述动物体的结构层次：细胞、组织、器官、系统、个体。
2. 能在活体上熟练指出畜禽体表的部位名称。

> **思政目标**

1. 引导学生在社会生活中注重团队合作，培养学生的团队协作能力。
2. 加强对学生大局意识和整体观念的引导，提升学生处理个人与集体关系的能力。

> 工作项目

工作项目	宠物犬骨折内固定术
前导知识	用金属螺钉、钢板、髓内针、钢丝或者骨板直接在断骨内或者断骨外面将骨折断端连接固定起来的手术称为骨折内固定术。
前导知识	对于小动物,如猫和狗等来说,由于其生理特性,摔倒、重物轧压、肌肉牵引、被撞、奔跑、跳跃时扭闪等都极易引起动物四肢长骨发生骨折,包括前肢的桡骨、尺骨、肱骨,后肢的胫骨、腓骨以及股骨。不同的方位术语便于不同身体位置的准确表达,是描述动物特征的基础,也有助于动物临床诊断和治疗疾病。
工作要求	(1)将填写任务工单一的空缺部分作为本项目学习的载体之一,积极探索、深度思考,助力高质量完成任务工单二,为未来临床实践打下基础。 (2)将任务工单一填写的答案拍照上传本章节的学习平台,作为平时成绩的组成部分。

> 学习任务

任务工单一

学习任务	完善宠物犬的骨折内固定手术方案		
任务描述	在识别畜禽主要部位及方位术语名称的基础上,查阅资料,完成宠物犬后肢骨骨折内固定手术的方案。		
任务名称	序号	操作要领	操作方法
完善宠物犬的骨折内固定手术方案	1	临床检查	患犬经初诊发现,其右后肢拖行在后面,不能抬起,不愿行动,触诊发现后肢骨折,皮肤没有破损,该犬受伤以来饮食正常,精神状态良好。
	2	影像学检查	经X射线检查可见,该犬后肢股骨的_____(远端/近端)有短斜骨折。

续表

任务名称	序号	操作要领	操作方法
完善宠物犬的骨折内固定手术方案	2	影像学检查	
	3	确定手术方案	根据以上影像学检查的结果确诊为骨折，单纯采用外固定没办法治愈，需要采取手术的方法治疗，即在骨折骨骼的骨髓腔内打髓内针，外加在骨折部位的_____（内/外侧）打内固定骨板。

续表

任务名称	序号	操作要领	操作方法
完善宠物犬的骨折内固定手术方案	4	注意事项	（1）了解患犬的身体情况。 （2）手术中密切关注患犬的各项生理指标，整个工作过程应本着尊重和爱护动物之心，力求把对动物的伤害降到最低。 （3）做好术后观察记录、护理工作等。
任务要求			答案填写完成后，将此任务工单拍照上传学习平台。

任务工单二

学习任务	识别畜禽体表主要部位和方位
任务描述	利用图片、模型、活体动物等资源，正确识别畜禽体常用的方位术语。
操作步骤	（1）利用图片、模型、活体动物、虚拟仿真软件等资源正确划分畜禽各部位。 （2）利用图片、模型、活体动物、虚拟仿真软件等资源正确识别畜禽三个基本切面。 （3）利用图片、模型、活体动物、虚拟仿真软件等资源正确掌握畜禽躯体常用术语。 （4）利用图片、模型、活体动物、虚拟仿真软件等资源正确掌握畜禽四肢常用术语。

必备知识

一、器官

器官是由几种不同组织按照一定规律有机结合在一起，在体内占有一定位置，具有一定的形态结构，并执行一定功能，如心、肺、脑等。器官是由不同组织组成的，根据器官的形态结构，器官又分为中空性器官与实质性器官。

（一）中空性器官

中空性器官是内部有较大空腔的器官，形态为管状或囊状，如食管、气管、肠等器官呈管状，有明显的空腔；而胃、膀胱、子宫等器官呈囊状，也有明显的空腔。不同的中空性器官虽然在形态、功能上各有不同，但其结构特点主要体现在管壁上。一般管壁的组织结构主要分为4层，从内向外依次为黏膜、黏膜下层、肌层和浆膜（外膜）（图1-62）。

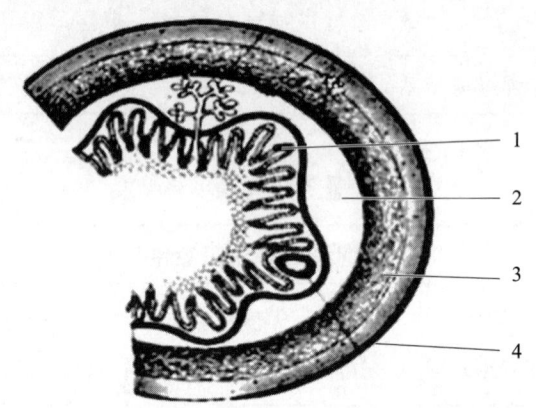

1—黏膜；2—黏膜下层；3—肌层；4—浆膜。
图1-62 中空性器官结构模式

1. 黏膜

黏膜通常为粉红色或红色，柔软而湿润，具有一定伸展性，具有保护、分泌和吸收等功能。从内向外分黏膜上皮、固有层和黏膜肌层。

2. 黏膜下层

黏膜下层由疏松结缔组织构成，含有较大的血管、淋巴管、神经丛，在某些器官处还含有腺体。

3. 肌层

肌层通常由两层平滑肌构成，内层的环形肌和外层的纵行肌。

4. 浆膜

浆膜由薄层疏松结缔组织构成。

（二）实质性器官

实质性器官是内部没有大空腔的器官，如肝、脾、肾等，这些器官均较柔软。它们的结构由实质和间质两部分组成。

1. 实质部分

实质部分是器官结构和功能的主要部分，指直接代表这个器官主要功能特征的某一种组织。

2. 间质部分

间质部分指器官的辅助成分，一般均由结缔组织构成，并覆盖在器官的外表面，称之为被膜。它们通常深入到实质部分，将器官分成多个小叶，如肺的肺小叶。间质是血管、淋巴管和神经等通过的地方，通常把形成凹陷的这个地方称为门，如肾门、肝门、肺门等。间质部分对实质部分有支持和营养作用。

二、系统

若干个形态结构不同、功能上密切相关的器官联合起来，彼此分工合作，共同完成体内某一方面的生理功能，这些器官就构成一个系统。如口腔、咽、食管、胃、小肠、大肠、肛门及消化腺（肝、胰、肠腺、唾液腺等）等器官有机地联系起来组成消化系统，共同完成对食物的消化、吸收功能。一个生物个体含有多种执行不同功能的系统，通过它们的协调活动，才实现了生物体的生长、发育等全部生命活动。

每个动物体都是由运动系统、被皮系统、消化系统、呼吸系统、泌尿系统、生殖系统、循环系统、内分泌系统、淋巴系统、神经系统和感觉器官等组成。其中的消化系统、呼吸系统、泌尿系统和生殖系统位于体腔中，因此又合称为内脏，构成内脏的器官称为内脏器官。

三、有机体

有机体也称生物体，是由许多系统构成的统一有机整体。体内各系统、器官之间有着密切的联系，在功能上相互影响，互相配合，倘若某一部位发生变化，就能影响其他有关部位的功能活动。同时，有机体与周围环境必须经常地保持平衡，环境的变化会引起功能的变化，进而影响器官的形态结构。有机体与其生活的周围环境相统一，需要通过神经调节、体液调节和器官、组织的自身调节来实现。

（一）神经调节

神经调节是指神经系统对各个器官、系统的活动进行的调节。神经调节的基本方式是反射。反射是指在神经系统的参与下，机体对内外环境的变化所产生的应答性反应。例如饲料进入口腔，就引起唾液分泌等。实现反射的径路，叫反射弧。反射弧一般由

1-5 神经调节（动画）

五个环节构成,即感受器→传入神经→反射中枢→传出神经→效应器。完整的反射弧是实现反射活动的结构基础,如果反射弧的任何一部分遭到破坏,反射活动就不能实现。

神经调节的特点是反应迅速、作用部位精确,但作用持续时间短,因此作用的范围较受限。

（二）体液调节

体液调节是由机体内分泌腺和具有内分泌功能的内分泌细胞分泌的某些特殊化学物质,经体液运输到全身组织细胞,并与细胞上相应的受体结合,产生一系列生物学效应,发挥其生理活动调节作用。此外,组织中的一些代谢产物,如乳酸、CO_2 等局部体液因素,也会对机体有一定调节作用。

1-6 体液调节（动画）

体液调节作用比较缓慢,但持续时间较长,作用范围较广。

动物体的各项生命活动主要受神经系统的调节,同时也受体液的调节,正是由于这两种调节的共同协调,相辅相成,动物体才能进行正常的生命活动,并且适应内外环境的不断变化。它们的调节合称为神经-体液调节。但从整个有机体看,神经调节占主要地位。

（三）自身调节

自身调节是神经调节和体液调节的补充,指的是机体许多组织细胞在不依赖于神经或体液因素作用下,自身对周围环境的变化发生的适应性反应。这种反应是该器官和组织及细胞自身的生理特性。如血管壁中的平滑肌受到刺激时发生舒缩反应。

自身调节调节幅度小、灵敏度低,只在受刺激的局部发生作用。

四、畜（禽）主要部位名称

为了便于说明畜（禽）各部位的名称,将其分为头部、躯干部和四肢三大部分。以骨骼为基础进行各部分的划分（图1-63）。

（一）家畜体表主要部位名称

1. 头部

（1）颅部　包括枕部、顶部、额部、颞部、眼部、耳郭部。

（2）面部　包括眶下部、鼻部、鼻孔部、唇部、咬肌部、颊部、颏部。

2. 躯干部

（1）颈部　包括颈背侧部、颈侧部和颈腹侧部。

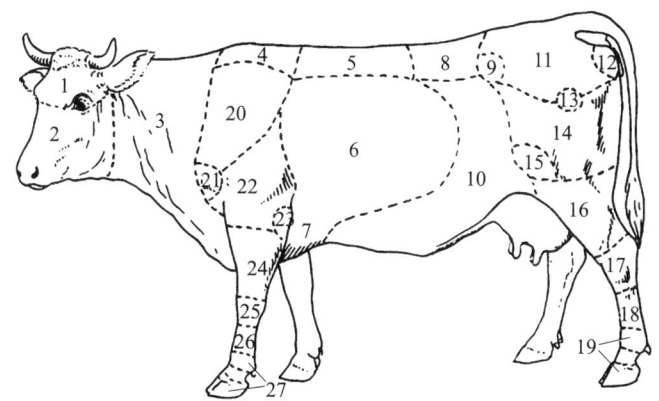

1—颅部；2—面部；3—颈部；4—鬐甲部；5—背部；6—肋部；
7—胸骨部；8—腰部；9—髋结节；10—腹部；11—荐臀部；12—坐骨结节；
13—髋关节；14—股部；15—膝部；16—小腿部；17—跗部；18—跖部；19—趾部；
20—肩胛部；21—肩关节；22—臂部；23—肘部；24—前臂部；25—腕部；26—掌部；27—指部。

图 1-63　家畜（牛）各部位名称

（2）背胸部　包括背部、胸侧部（肋部）和胸腹侧部。背部包括背部和鬐甲部，胸侧腹部包括胸前部和胸骨部。

（3）腰腹部　包括腰部和腹部。

（4）荐臀部　包括荐部和臀部。

（5）尾部　包括尾尖、尾体和尾根。

3. 四肢

（1）前肢部　包括肩部（肩带部）、臂部、前臂部和前脚部。

（2）后肢部　包括股部（大腿部）、小腿部、膝部、小腿部和后脚部。

（二）家禽体表主要部位名称

家禽体表也分为头部、躯干部和四肢（图 1-64）。

1. 头部

头部分为肉冠、肉髯、喙、鼻孔、眼、耳孔、脸等。

2. 躯干部

躯干部分为颈部、胸部、腹部、背腰部、尾部等。

3. 四肢

（1）前肢部　前肢衍变成翼，分为臂部、前臂部等。

（2）后肢部　分为股、胫、飞节、跖、趾和爪等。

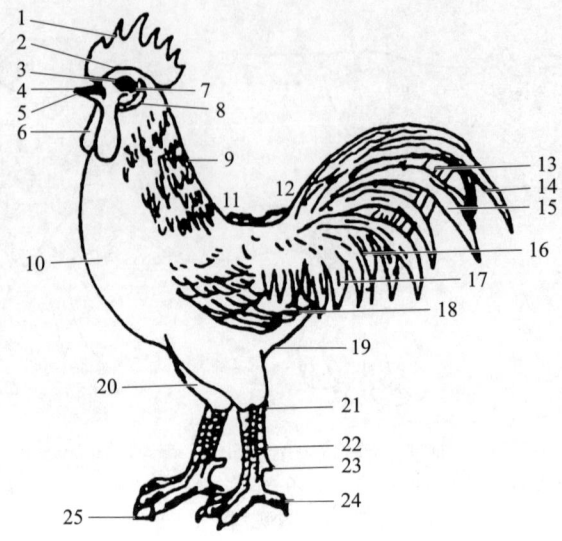

1—冠；2—头顶；3—眼；4—鼻孔；5—喙；6—肉髯；7—耳孔；8—耳叶；9—颈和颈羽；10—胸；11—背；12—腰；13—主尾羽；14—大翅羽；15—小翅羽；16—覆尾羽；17—鞍羽；18—翼羽；19—腹；20—胫；21—飞节；22—跖；23—距；24—趾；25—爪。

图 1-64　家禽外貌各部位名称

（三）方位术语

为了更好地理解和描述动物体各部位、各种器官解剖学结构和位置关系，人为提出了轴、面和方位术语等，这是学习解剖学必须掌握的基本知识（图 1-65）。

1. 轴

动物体身体的长轴（或纵轴）是从头端到尾端，即动物体与地面相平行的轴，而垂直于长轴的轴为横轴。四肢和各器官的长轴均以纵长的方向为标准，如四肢的长轴是四肢的上端至下端，与地面垂直。

2. 面

动物体方向位置是以动物正常驻立姿势为标准，以 3 种不同的互相垂直的假想平面，即矢状面、额面、横切面来确定的。

（1）矢状面

矢状面是与畜体长轴平行而与地面垂直的切面。其中把畜体等分成左、右对称两个部分的叫正中矢状面，正中矢状面只有一个。与正中矢状面相平行的所有切面均称为侧矢状面，有无数个。

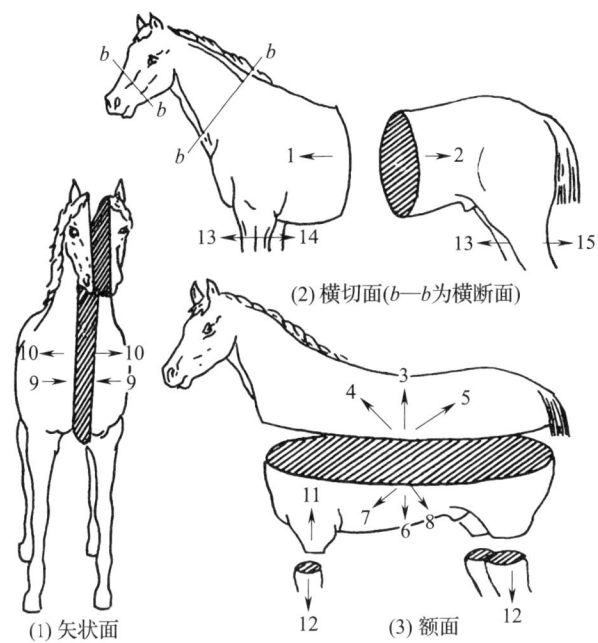

1—前侧；2—后侧；3, 13—背侧；4—前背侧；5—后背侧；6—腹侧；7—前腹侧；8—后腹侧；9—内侧；10—外侧；11—近端；12—远端；14—掌侧；15—跖侧。

图 1-65　三个基本切面及方位

（2）横切面

横切面是与畜体长轴相垂直的切面，把畜体分成前、后两部分。与器官长轴相垂直的切面也叫横切面。

（3）额面

额面又称为水平面，与地面平行，与矢状面、横切面垂直，有无数个。可将畜体分为背侧和腹侧两部分。

3. 方位术语

（1）用于躯干的术语

①前侧、后侧：是相对的两点，以某一横断面为参照面，近头侧的为前侧（头侧），近尾侧的为后侧（尾侧）。

②背侧、腹侧：以某一额面为参照面，下面的（或近地面）为腹侧，上面的（或背离地面）则为背侧。

③内侧、外侧：以正中矢状面为参照，靠近正中矢状面的为内侧，远离的为外侧。

④内、外：以某一腔壁为参照，位于内部者为内，位于其外者为外。与内侧和外侧意义不同。

⑤浅、深：近体表者为浅，反之为深。

（2）用于四肢的术语

①近端、远端：对某一部位而言，靠近躯干的一侧为近侧，靠近躯干的某一点为近端。反之称为远侧及远端。

②背侧、掌侧和跖侧：四肢的前面为背侧；前肢的后面称掌侧；后肢的后面称跖侧。

③桡侧：前肢的内侧为桡侧。

④尺侧：前肢的外侧为尺侧。

⑤胫侧：后肢的内侧为胫侧。

⑥腓侧：后肢的外侧为腓侧。

模块二
大型常见家畜解剖生理特点
（牛、羊、猪）

项目一 认知运动系统

知识目标

1. 了解骨的化学成分和物理特性。
2. 了解肌肉的构造。
3. 掌握骨和关节的构造。
4. 掌握牛（羊、猪）全身主要骨和关节的位置。
5. 掌握牛（羊、猪）全身主要肌肉的位置。

能力目标

1. 能在活体牛（羊、猪）上识别全身主要骨、关节和骨性标志。
2. 能在活体牛（羊、猪）上识别全身主要肌肉和肌性标志。

思政目标

1. 树立正确的运动观念，提高学生科学运动意识。
2. 树立远大目标，鼓励学生争做国家的"肱""股"之臣。

工作项目

工作项目	猪的肌肉注射
前导知识	临床上，对猪进行免疫或者生病治疗时，常常用到肌肉注射。由于肌肉内血管丰富，注入的药液吸收较快，另外，由于肌肉内

续表

前导知识	感觉神经分布较少，所以引起的疼痛较轻，因此肌肉注射是最常用的注射方法。注射部位一般选择在肌肉丰满的臀部或颈部。
工作要求	（1）将填写任务工单一（猪的肌肉注射）的空缺部分作为本项目学习的载体之一，积极探索、深度思考，助力高质量完成任务工单二和任务工单三，为未来临床开展家畜疾病预防及诊疗工作打下基础。 （2）将任务工单一填写的答案拍照上传本章节的学习平台，作为平时成绩的组成部分。

学习任务

任务工单一

学习任务	猪的肌肉注射		
任务描述	在观察识别活体猪的头部、躯干部和四肢的主要骨、关节和骨性标志、肌肉性标志的基础上，查阅资料，完成猪的颈部肌肉注射和臀部肌肉注射。		
任务名称	序号	操作要领	操作方法
猪的肌肉注射	1	保定	15kg 以内的猪，可由助手双手分别握两前肢提起保定。 15kg 以上的猪，可用一门板将猪拦至猪栏的一角，使猪群相互挤在一起，无法移动，这样每注射一头，在其两耳之间的脑顶上作一带颜色的记号，以免重注和漏注。
	2	消毒	（1）在颈部耳后根 3~4 个手指处用 5% 碘酊和 75% 的酒精消毒。 （2）在臀部中缝两指处用 5% 碘酊和 75% 的酒精消毒。

续表

任务名称	序号	操作要领	操作方法
猪的肌肉注射	3	颈部肌肉注射	（1）按猪的大小、肥瘦、注射种类和药量，选择适宜的注射器及针头。 （2）抽完药液后，在注射之前应先排出针筒内空气和气泡。 （3）注射部位为_____。 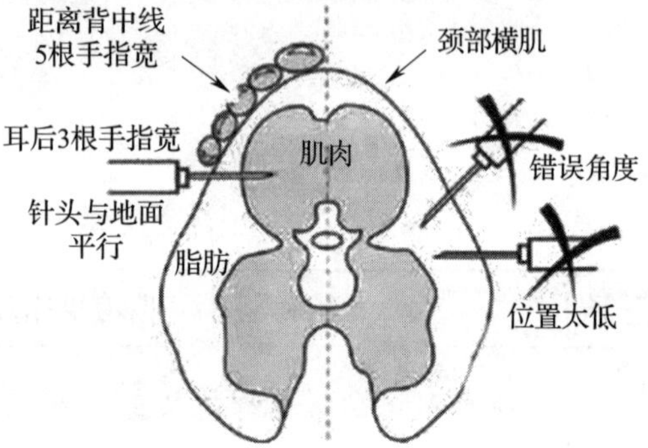 （图示：距离背中线5根手指宽、颈部横肌、耳后3根手指宽、肌肉、针头与地面平行、脂肪、错误角度、位置太低）
	4	臀部肌肉注射	（1）按猪的大小、肥瘦、注射种类和药量，选择适宜的注射器及针头。 （2）抽完药液后，在注射之前应先排出针筒内空气和气泡。 （3）注射部位为_____，注射时注射器同猪脊背平行即可。
	5	注意事项	（1）严格遵循无菌操作。 （2）整个工作过程应本着尊重和爱护动物之心，操作前应熟记器官位置、形态和操作要领，操作时动作应干脆利落，力求把动物的应激反应降到最低。
任务要求			答案填写完成后，将此任务工单拍照上传学习平台。

任务工单二

学习任务	牛（羊、猪）的主要骨、关节和骨性标志的观察
任务描述	利用标本、图片、模型、活体动物、虚拟仿真软件等资源，识别头部、躯干部、四肢的主要骨、关节和骨性标志。
操作步骤	（1）利用标本、图片、模型、虚拟仿真软件等资源观察，识别牛（羊、猪）头部、躯干部和四肢的主要骨、关节和骨性标志。 （2）利用活体牛（羊、猪）观察，识别牛（羊、猪）头部、躯干部和四肢的主要骨、关节和骨性标志。

任务工单三

学习任务	牛（羊、猪）主要肌肉的观察
任务描述	利用标本、图片、模型、活体动物、虚拟仿真软件等资源，识别头部、躯干部和四肢的主要肌肉和肌性标志。
操作步骤	（1）利用标本、图片、模型、虚拟仿真软件等资源观察，识别牛（羊、猪）头部、躯干部和四肢的主要肌肉和肌性标志。 （2）利用活体牛（羊、猪）观察，识别牛（羊、猪）头部、躯干部和四肢的主要肌肉和肌性标志。

必备知识

运动系统包括骨骼和肌肉。骨骼由骨和骨连结组成，构成动物体的支架，以保持体型、保护脏器和支持体重。肌肉附着于骨骼上，肌肉收缩时，以关节为支点，使骨的位置移动而产生各种运动。因此，在运动中，骨起杠杆作用，关节是运动的枢纽，肌肉则是运动的动力。此外，骨还具有造血和储藏钙、磷的作用。

骨骼和肌肉共同构成畜体的轮廓和外型。位于皮下的一些骨性突起和肌肉，可以在动物体表看到或触摸到，在畜牧生产和兽医临床中常用作体尺测量、内部器官位置确定和取穴的标志。

一、骨骼

(一)骨骼概述

1. 骨

家畜每块骨都是一个复杂的器官,具有一定的形态和功能。骨主要由骨组织构成,坚硬而有弹性,富有血管、淋巴管和神经,具有新陈代谢和生长发育的特点,并具有改建和再生能力。骨基质内沉积大量的钙盐和磷酸盐,是畜体钙、磷库,参与钙、磷的代谢与平衡。

(1) 骨的形态　骨的形状是多种多样的,因形态和功能不同可分为长骨、短骨、扁骨和不规则骨4种类型。

①长骨:主要分布在四肢的游离部,呈圆柱状。两端膨大,称骺;中部较细,称骨干或骨体。骨干中的空腔称骨髓腔,容纳骨髓。长骨的作用是支持体重和形成运动中杠杆。如股骨、臂骨等。

②短骨:呈不规则的立方形,多成群分布于四肢的长骨间。除支持作用外,还有分散压力和缓冲震动的作用。如腕骨、跗骨等。

③扁骨:为板状,主要位于颅腔、胸廓的周围和四肢的带部,能保护脑、心、肺等重要器官。如颅骨、髋骨、肩胛骨、肋骨等。

④不规则骨:形状不规则,一般构成畜体的中轴,具有支持、保护和供肌肉附着的作用。如椎骨等。

(2) 骨的构造　骨由骨膜、骨质、骨髓、血管和神经构成(图2-1)

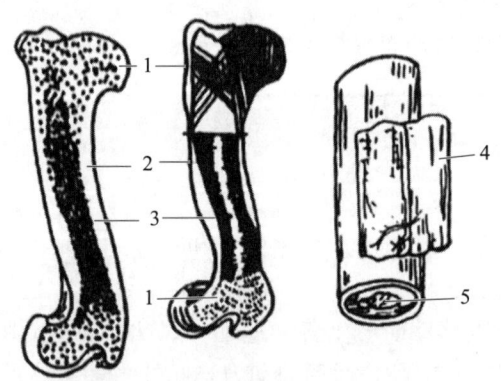

(1)臂骨的正断面　(2)骨松质的结构　(3)骨膜

1—骨松质;2—骨密质;3—骨髓腔;4—骨外膜;5—骨内膜。

图2-1　骨的构造

①骨膜：是覆盖在骨表面的一层致密结缔组织膜，呈粉红色。骨膜分为深、浅两层。浅层为纤维层，富有血管和神经，具有营养和保护作用；深层为成骨层，富含成骨细胞，参与骨的形成，在骨受损时，成骨层有修补和再生骨质的作用，因此在进行骨折手术时，要注意保护骨膜。

②骨质：是构成骨的主要成分，可分为骨密质和骨松质。骨密质由排列紧密的骨板构成，坚硬致密，耐压性强，分布在长骨的骨干和其他类型骨的外层；骨松质呈海绵状，结构疏松，分布在长骨的两端和其他类型骨的内部。骨密质和骨松质在骨内的这种分布，使骨既轻便又坚固，适于运动。

③骨髓：位于长骨的骨髓腔和骨松质的间隙内。胎儿和幼龄动物的骨髓全为红骨髓。随着年龄的增长，骨髓腔内的红骨髓逐渐被黄骨髓代替，因此成年动物有红、黄两种骨髓。红骨髓主要分布在长骨两端、短骨、扁骨及不规则骨的骨松质内，有造血功能。黄骨髓填充在长骨的骨髓腔内，主要由脂肪组织构成，无造血功能。动物失血过多时，黄骨髓可变成红骨髓恢复造血功能。

④血管和神经：骨具有丰富的血液供应，分布在骨膜上的小血管经骨表面的小孔进入，并分布于骨密质，较大的血管称滋养动脉，穿过滋养孔分布于骨髓。骨膜、骨质和骨髓均有丰富的神经分布。

（3）骨的化学成分和物理特性　骨是体内最坚硬的组织，能承受相当大的压力和张力，并具有很显著的弹性。骨的这种性质与骨的化学成分有着密切的关系。

骨的化学成分包括有机物和无机物。有机物主要是骨胶原（蛋白质），决定骨的弹性、韧性；无机物主要是磷酸钙和碳酸钙，决定骨的坚固性。有机物和无机物的比例随动物的年龄、营养及生活条件的不同而改变。幼年动物骨内有机物含量多，故弹性和韧性大，不易骨折，但柔软易弯曲变形；老年动物骨内则无机物含量增多，故脆性较大，易发生骨折。成年动物的骨约含1/3的有机物和2/3的无机物，这样的比例使骨具有最大的坚固性。妊娠和泌乳的母畜骨内的钙质可被胎儿吸收或随乳汁排出，造成无机物的减少，易发生软骨病和生产瘫痪。因此，应注意饲料成分的合理调配，以预防软骨病和奶牛生产瘫痪的发生。

2-1　骨的构造（动画）

2. 骨连结

骨与骨之间的连结部位称为骨连结。骨连结按构成形式和功能不同分为两大类：直接连结和间接连结。

（1）直接连结　两骨之间借纤维结缔组织或软骨相连，其间无腔隙，不活动或仅有小范围活动。直接连结分为3种类型。

①纤维连结：两骨之间以纤维结缔组织连结，比较牢固，一般无活动性。如头骨间的连结。这种连结老龄时常骨化，变成骨性结合。

②软骨连结：两骨之间借软骨连结，基本不能运动。由透明软骨连结的，

到老龄时常骨化为骨性结合，如长骨骨骺与骺软骨之间的连结等；由纤维软骨连结的，终生不骨化，如椎骨间的椎间盘等。

③骨性结合：两骨相对面以骨组织连结，完全不能运动。这种连结常由纤维连结和软骨连结骨化而成。如荐骨椎体间的结合，髂骨、耻骨和坐骨间的结合等。

（2）间接连结　又称关节或滑膜连结，骨与骨之间可灵活运动的连结。如四肢的关节等。

①关节的构造：关节由关节面、关节软骨、关节囊、关节腔及辅助装置等构成（图2-2）。

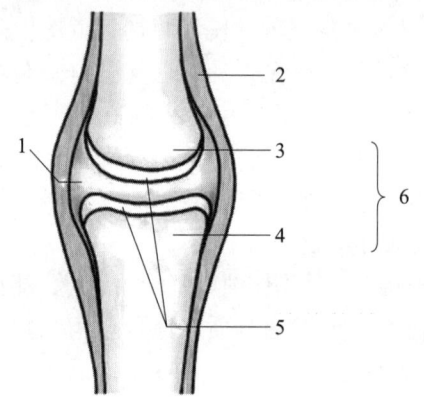

1—关节腔；2—关节囊；3—关节头；4—关节窝；5—关节软骨；6—关节面。

图2-2　关节的构造模式图

2-2　关节的构造（动画）

关节面是骨与骨相接触的光滑面，骨质致密光滑，表面附有关节软骨。形状彼此相互吻合，其中的一个面略凸，称关节头；另一个面略凹，称关节窝。

关节软骨是附着在关节表面上的一层透明软骨，光滑而具有弹性和韧性，可减少运动时的冲击和摩擦。

关节囊是包在关节周围的结缔组织囊。关节囊分内、外两层，外层为纤维层，由致密结缔组织构成，厚而坚韧，有保护和连结作用；内层为滑膜层，由疏松结缔组织构成，薄而柔软，紧贴于纤维层内面，有丰富的血管网，能分泌透明的滑液，有营养软骨和润滑关节的作用。关节因外伤（如挫伤、扭伤）引起滑膜损伤而引发关节炎。

关节腔是关节软骨和关节囊之间的密闭腔隙，内有少量淡黄色的滑液，有润滑关节、缓冲震动及营养关节的作用。

关节的辅助装置是适应关节功能而形成的一些结构，主要有韧带和关节盘。韧带是在关节囊外连在相邻两骨间的致密结缔组织带，以加强关节的稳固性。关节盘是位于两关节面之间的纤维软骨板,有加强关节的稳固性和缓冲震动作用,多在活动性大的关节内分布,如下颌关节、股胫关节。

②关节类型:不同的分类方法可把关节分成不同的类型。

根据构成关节骨的数目,可把关节分成单关节和复关节。单关节由相邻两块骨构成,如肩关节;复关节由多块骨构成,如腕关节、膝关节等。

根据关节运动轴的数目,可把关节分成单轴关节、双轴关节和多轴关节三类。单轴关节一般由中间有沟或峰的滑车关节面构成,只能沿横轴做屈、伸运动,如肘关节;双轴关节由椭圆形的关节面和相应的关节窝构成,能做屈、伸运动及左右摆动,如寰枕关节;多轴关节由半球形的关节面和相应的关节窝构成,能做屈、伸、内收、外展及旋转运动,如肩关节和髋关节等。

(二)全身骨骼的构成

家畜全身骨骼,按其所在的部位分为头部骨骼、躯干骨骼、前肢骨骼和后肢骨骼(图2-3)。

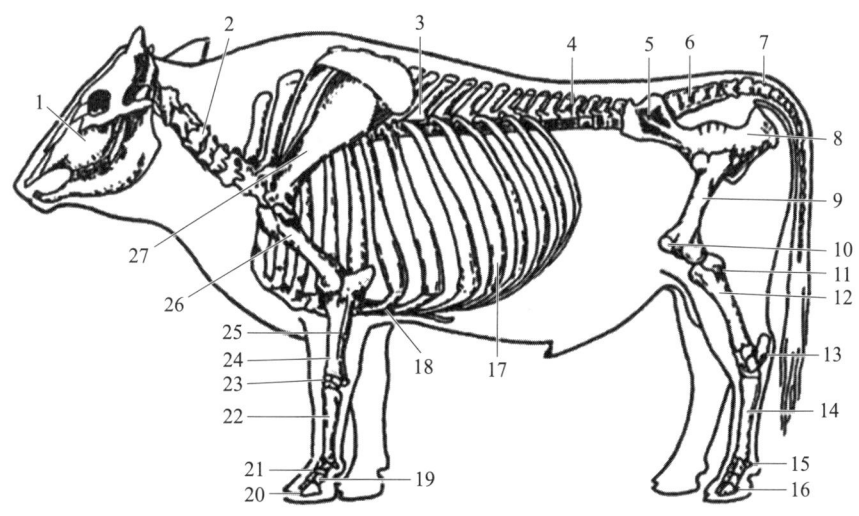

1—头骨;2—颈椎;3—胸椎;4—腰椎;5—髂骨;
6—荐骨;7—尾椎;8—坐骨;9—股骨;10—髌骨;11—腓骨;12—胫骨;
13—跗骨;14—跖骨;15—近籽骨;16—远籽骨;17—肋;18—胸骨;19—中指节骨;
20—远指节骨;21—近指节骨;22—掌骨;23—腕骨;24—桡骨;25—尺骨;26—肱骨;27—肩胛骨。

图2-3 牛的全身骨骼

1. 头部骨骼

(1)头骨的组成 头骨多为扁骨和不规则骨,分为颅骨和面骨两部分(图2-4、图2-5)。

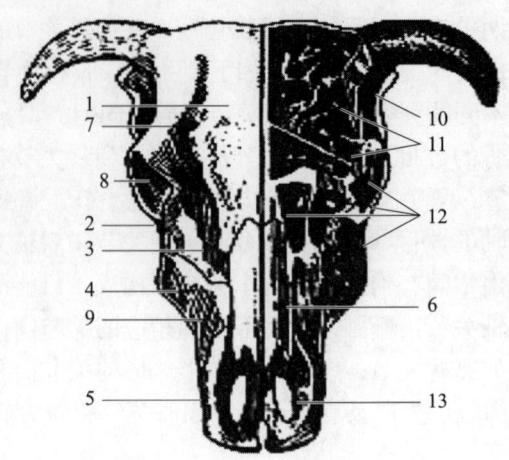

1—额骨；2—颧骨；3—泪骨；4—上颌骨；5—颌前骨；6—鼻骨；
7—眶上孔；8—眼眶；9—眶下孔；10—颞窝；11—额窦；12—上颌窦；13—腭裂。

图 2-4　牛头骨背面

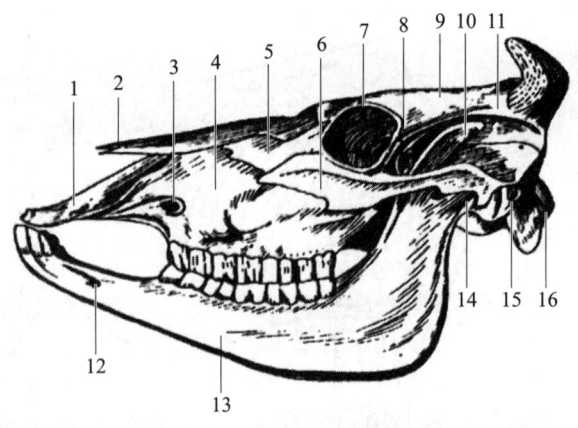

1—颌前骨；2—鼻骨；3—眶下孔；4—上颌骨；5—泪骨；6—颧骨；7—眼眶；8—眶上突；
9—额骨；10—冠状突；11—顶骨；12—颌孔；13—下颌骨；14—下颌髁；15—外耳道；16—枕髁。

图 2-5　牛头骨侧面

①颅骨：位于头部后上方，主要围成颅腔并形成听觉器官的支架，容纳并保护脑。颅骨包括成对的额骨、颞骨、顶骨和不成对的顶间骨、枕骨、蝶骨以及筛骨。

枕骨位于颅骨后部，构成颅腔的后底壁，后方中部有枕骨大孔与椎管相通。在枕骨大孔的两侧有卵圆形的关节面，称为枕髁，与寰椎构成寰枕关节。

顶骨和顶间骨构成颅腔顶壁及后壁，与枕骨愈合。

额骨发达，构成颅腔的整个顶壁。后外方伸出角突，供角附着。前下方向两侧伸出眶上突，形成眼眶的上界。后缘与顶骨之间形成额隆起，为头骨的最高点。额骨内、外骨板之间形成发达的额窦。

颞骨位于头骨的后外侧，形成颅腔两侧壁，分为鳞颞骨、岩颞骨。鳞颞骨向外前方伸出的突起和面骨中的颧骨突起连成颧弓。其腹侧有一光滑的横行关节面为颞髁，与下颌骨成关节。岩颞骨在鳞颞骨后方，构成听觉器官的支架。

筛骨位于颅腔前壁，介于鼻腔和颅腔之间，上有许多小孔，有嗅神经通过。

蝶骨位于颅腔底壁，形似蝴蝶，由蝶骨体、两对翼和一对翼突构成。

②面骨：构成颜面的基础，位于头部前下方，形成口腔、鼻腔、眼眶的支架。由不成对的犁骨、下颌骨、舌骨和成对的鼻骨、泪骨、颧骨、上颌骨、颌前骨、翼骨、鼻甲骨等构成。

鼻骨构成鼻腔的顶壁，短而窄，几乎前后等宽。

泪骨位于眼眶前部。其眶面有一泪囊窝，为骨性鼻泪管的开口。

颧骨位于泪骨下方，构成眼眶下壁。颧骨向后方伸出颞突，与颞骨的颧突形成颧弓。

上颌骨构成鼻腔侧壁、底壁和口腔顶壁。上颌骨的外侧面宽大，有面结节和眶下孔。上颌骨的下缘有臼齿齿槽。上颌骨内、外骨板之间形成发达的上颌窦。

颌前骨位于上颌骨前方，骨薄而扁平，前方中部有一裂缝为切齿裂。颌前骨上没有切齿齿槽。鼻骨与颌前骨交界处为鼻颌切迹。

鼻甲骨是附于鼻腔侧壁上的两对卷曲的薄骨片，形成鼻腔黏膜的支架。

下颌骨是面骨中最大的一块骨，分为左、右两半，每半分为下颌骨体和下颌支两部分。下颌骨体位于前方，骨体厚，前缘上方有切齿齿槽，后方有臼齿齿槽，切齿齿槽和臼齿齿槽之间的平滑区为齿槽间隙。下颌支位于后方，呈上下垂直的板状，上部后方有一平滑的关节面为下颌髁，与颞髁构成下颌关节；下颌髁的前方有一突起称冠状突。两侧下颌骨体及下颌支之间的空隙为下颌间隙。下颌骨体与下颌支交界的腹侧略凹的部位为下颌血管切迹，供颌外动静脉通过。

舌骨位于下颌间隙后部，由数块小骨构成，支持舌根、咽及喉。

（2）鼻旁窦（副鼻窦） 是鼻腔附近一些头骨内的含气腔体的总称，因直接或间接与鼻腔相通，故称为鼻旁窦。主要有额窦和上颌窦（图2-6）。

额窦很大，延伸于整个额部、颅顶壁和部分后壁，并与角突的腔相连通。正中有一隔，将左、右两窦分开。

上颌窦主要在上颌骨、泪骨和颧骨内。上颌窦在眶下管内侧的部分很发达，伸入上颌骨腭突与腭骨内，故又称为腭窦。

鼻旁窦有减轻头骨质量、温暖和湿润空气及对发声起共鸣的作用。因鼻黏膜和鼻旁窦内的黏膜相延续，当鼻黏膜发炎时，可蔓延引起鼻旁窦炎。

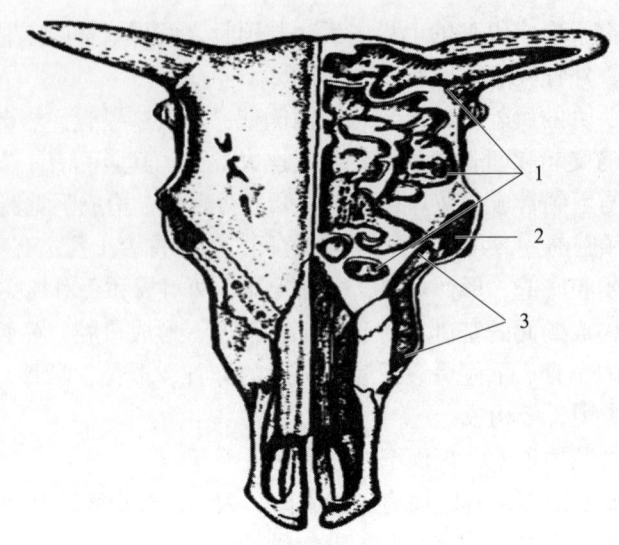

1—额窦；2—眼眶；3—上颌窦。
图 2-6　牛的额窦和上颌窦

（3）头骨连接　头骨除颞骨和下颌骨构成头部唯一的颞下颌关节外，其余均为缝隙连接，骨与骨之间不能活动，主要保护眼、脑等器官。颞下颌关节的活动性大，主要进行开闭口腔和左右活动等动作。

（4）头部骨性标志　额隆起、眶上突、齿槽间隙、鼻颌切迹、下颌间隙、下颌血管切迹、角突、额窦、颧弓、颞窝、上颌窦和面结节等。

2. 躯干骨骼

（1）躯干骨　包括椎骨、肋、胸骨。躯干骨构成脊柱和胸廓。

①椎骨：可分为颈椎、胸椎、腰椎、荐椎和尾椎。牛有 7 块颈椎，13 块胸椎，6 块腰椎，5 块荐椎，10～20 块尾椎。各椎骨前后贯穿形成脊柱。椎骨由椎体、椎弓和椎突 3 部分构成（图 2-7 所示）。

椎体呈短柱状，位于椎骨腹侧，前面略凸为椎头，后面略凹为椎窝。

椎弓是位于椎体背侧的拱形骨板。椎弓和椎体围成椎孔，所有的椎孔相连形成椎管，内容纳脊髓。椎管两侧各有一排椎间孔，有脊神经通过。

椎突由椎弓伸出，一般有 3 种，分别为棘突、横突、关节突。棘突是由椎弓背侧向上伸出的单支突起；横突是从椎弓基部向两侧伸出的一对突起；关节突是从椎弓背侧的前、后缘伸出，有前、后两对关节突，相邻椎骨的关节突构成关节。

各部椎骨因所执行的功能及所在部位不同，其形态结构有所差异。第 1 颈椎呈环状，又称寰椎，第 2 颈椎又称枢椎，第 3～6 颈椎形态结构相似，第 7 颈椎与胸椎相似。胸椎棘突发达，第 2～6 胸椎棘突最高，是构成鬐甲的骨质

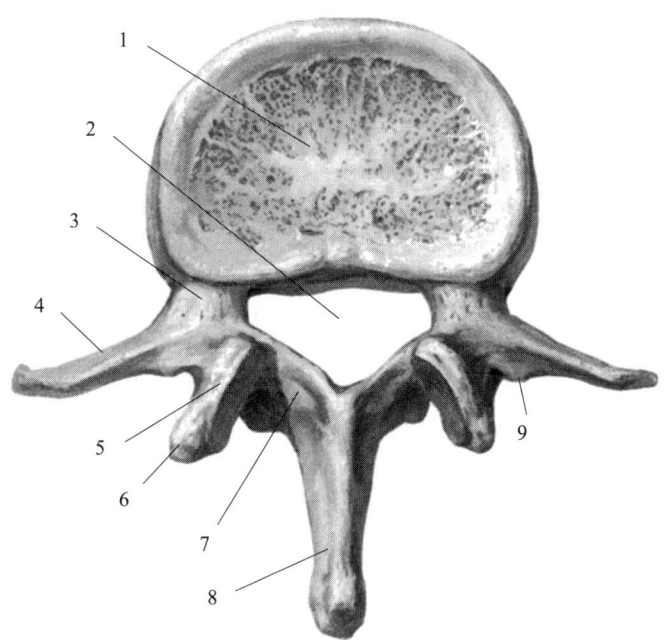

1—椎体；2—椎孔；3—椎孔根；4—横突；5—关节突；6—乳突；7—椎弓；8—棘突；9—副突。
图 2-7　椎骨的构造

基础。腰椎横突长，构成腹腔顶壁的骨质基础。荐椎愈合在一起称荐骨，构成盆腔顶壁的骨质基础。第 1 荐椎椎体腹侧前缘略凸为荐骨岬。最后腰椎和第 1 荐椎之间的空隙为腰荐间隙，是临床上硬膜外腔麻醉部位。尾椎腹侧有一血管沟，供尾中动脉通过，牛可在此进行脉搏检查。

②肋：左、右成对的弓形长骨，连于胸椎、胸骨间，构成胸廓侧壁。相邻两肋之间的空隙为肋间隙。肋的对数与胸椎块数相同，牛（羊）有 13 对肋。每根肋包括上端的肋骨和下端的肋软骨。

肋骨的椎骨端前方有肋骨小头，与胸椎的肋窝形成关节；肋骨小头的后方有肋结节，与胸椎横突成关节。

肋软骨由透明软骨构成。前 1～8 对肋的肋软骨直接与胸骨相连，称为真肋。后几对肋的肋软骨借结缔组织依次连于前位肋软骨上，称为假肋。最后肋骨与假肋肋软骨依次连结所形成的弓形结构，称为肋弓。

③胸骨：位于胸廓底壁的正中，由 7 块胸骨片借软骨连结而成，呈上下略扁的船形。胸骨由前向后分为胸骨柄、胸骨体和剑状软骨（剑突）3 部分。胸骨柄、胸骨体的两侧有肋窝，与真肋的肋软骨直接成关节。

④胸廓：由胸椎、肋和胸骨共同构成。呈前小后大的圆锥形，胸廓前口由第 1 胸椎、第 1 对肋和胸骨柄围成；胸廓后口由最后 1 个胸椎、左右肋弓和剑

状软骨围成。胸廓前部的肋骨短而粗，具有较大的坚固性，以保护心、肺并便于连接前肢；胸廓后部的肋细而长，具有较大的活动性，以适应呼吸运动。胸廓内包括胸腔和部分腹前部。

（2）躯干骨连接　躯干骨的连接包括脊柱连结和胸廓连结。

①脊柱连结：分为椎体间连结、椎弓间连结和脊柱总韧带。椎体间连结是相邻椎骨的椎体间借椎间盘软骨连结，活动性较小；椎弓间连结是相邻椎骨的前后关节突间形成的滑动关节；脊柱总韧带是分布在脊柱上起连结加固作用的辅助结构，除椎骨间短的韧带外，还有3条贯穿脊柱的长韧带，即棘上韧带、背纵韧带、腹纵韧带。

棘上韧带位于棘突顶端，由枕骨伸至荐骨。棘上韧带在颈部变得宽大，称项韧带。项韧带由弹性纤维构成，呈黄色，分为背侧的索状部和腹侧的板状部。项韧带的作用是辅助颈部肌肉支持头部。

背纵韧带位于椎体的背侧面，在椎管的底壁上，起于枢椎，止于荐骨。

腹纵韧带位于椎体的腹侧面，并紧紧附于椎间盘上，由胸椎中部开始，止于荐骨。

②胸廓连结：包括肋椎关节和肋胸关节。肋椎关节是肋骨上端与胸椎构成的关节；肋胸关节是真肋的肋软骨与胸骨构成的关节。

（3）躯干骨性标志　主要有腰椎横突、鬐甲、肋、肋弓、肋间隙、腰荐间隙、剑状软骨、荐骨岬等。

3. 前肢骨骼

（1）前肢骨　包括肩胛骨、臂骨、前臂骨、腕骨、掌骨、指骨和籽骨（图2-8）。

①肩胛骨：三角形的扁骨，斜位于胸侧壁的前上部。其上缘有肩胛软骨附着，外侧面有一纵行的嵴，称为肩胛冈。肩胛冈前上方为冈上窝，后下方为冈下窝。肩胛冈下端有一突起称为肩峰。肩胛骨内侧面的凹窝为肩胛下窝，远端的关节窝是肩臼。

②臂骨：又称肱骨，为一管状长骨。由前上方斜向后下方。近端前方内外侧有臂骨结节，结节间是臂二头肌沟；后方有球形的臂骨头和肩臼成关节。臂骨骨干呈扭曲的圆柱状，外侧有三角肌结节，远端有与桡骨成关节的髁状关节面，髁的后面有一深的肘窝（鹰嘴窝）。

③前臂骨：包括桡骨和尺骨。成年后两骨彼此愈合，两骨间的缝隙为前臂间隙。桡骨位于前内侧，大而粗，近端与臂骨成关节，远端与近列腕骨成关节。尺骨位于后外侧，近端粗大，突向后上方，称肘突（鹰嘴）；远端稍长于桡骨。

④腕骨：由6块短骨组成，排成上、下2列。近列4块，由内向外依次为桡腕骨、中间腕骨、尺腕骨和副腕骨。远列2块，内侧一块较大，由第2、第3腕骨构成；外侧一块为第4腕骨。

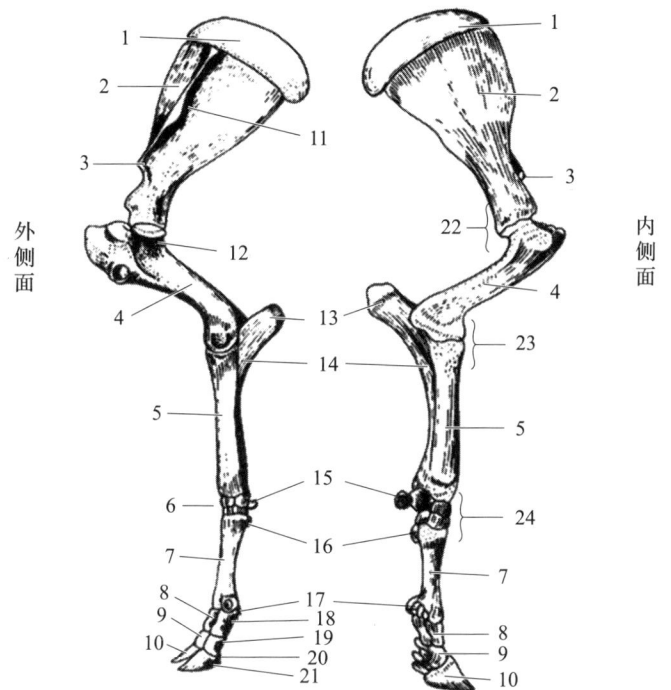

1—肩胛软骨；2—肩胛骨；3—肩峰；4—臂骨；5—桡骨；6—腕骨；7—第3、第4掌骨；
8—第3指系骨；9—第3指冠骨；10—第3指蹄骨；11—肩胛冈；12—大结节；13—肘突；
14—尺骨；15—副腕骨；16—掌骨；17—近籽骨；18—第4指系骨；19—第4指冠骨；20—远籽骨；
21—第4指蹄骨；22—肩关节；23—肘关节；24—腕关节。

图 2-8　牛的前肢骨骼

⑤掌骨：牛有 3 块掌骨，即第 3、第 4、第 5 掌骨。第 3、第 4 掌骨发达，称为大掌骨。第 5 掌骨为小掌骨，为一圆锥形小骨，附于第 4 掌骨的近端外侧。大掌骨的近端骨干愈合在一起，只有其远端分开。

⑥指骨：牛有 4 个指，即第 2、第 3、第 4、第 5 指。其中第 3、第 4 指发育完整，称主指。每指有 3 个指节骨，依次为系骨、冠骨和蹄骨。第 2、第 5 指退化，不与地面接触，称悬指，每指仅有两个指节骨，即冠骨和蹄骨。

⑦籽骨：块状小骨，分为近籽骨和远籽骨。近籽骨共 4 块，位于大掌骨下端与系骨之间的掌侧；远籽骨 2 块，位于冠骨与蹄骨的掌侧。

（2）前肢关节　前肢与躯干间不形成关节，借强大的肩带肌与躯干连接。前肢各骨之间以关节的形式相连，自上而下依次为肩关节、肘关节、腕关节、指关节（包括系关节、冠关节和蹄关节）。这些关节主要进行屈、伸运动。

①肩关节：由肩胛骨的肩臼和臂骨头构成，角顶向前，属多轴关节。
②肘关节：由臂骨远端和前臂骨的近端构成，角顶向后，属单轴关节。
③腕关节：为复关节，由前臂骨远端、腕骨和掌骨近端构成，角顶向前。

④系关节：又称球节。由掌骨远端、近籽骨和系骨近端构成。在系关节的掌侧尚有悬韧带等弹力装置，以固定系关节，使之成一定的角度，防止过度背屈。

⑤冠关节：由系骨远端、冠骨近端构成。

⑥蹄关节：由冠骨远端、远籽骨和蹄骨近端构成。

（3）前肢骨性标志　肩胛冈、肩峰、肘突、球节等。

4. 后肢骨骼

（1）后肢骨　包括髋骨、股骨、膝盖骨、小腿骨、跗骨、跖骨、趾骨和籽骨（图2-9）。

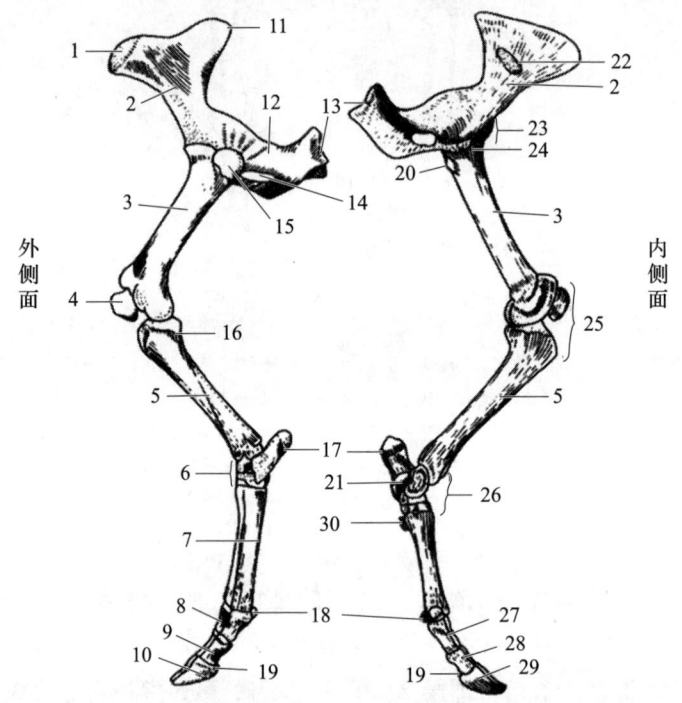

1—髋结节；2—髂骨；3—股骨；4—膝盖骨；5—胫骨；6—跗骨；
7—第3、第4跖骨；8—第4趾系骨；9—第4趾冠骨；10—第4趾蹄骨；
11—荐结节；12—坐骨；13—坐骨结节；14—闭孔；15—大转子；16—腓骨；17—跟骨；
18—近籽骨；19—远籽骨；20—小转子；21—距骨；22—髂骨的耳状面；23—髋关节；
24—耻骨；25—膝关节；26—跗关节；27—第3趾系骨；28—第3指冠骨；29—第3指蹄骨。

图2-9　牛的后肢骨骼

①髋骨：由髂骨、耻骨和坐骨结合而成。三骨结合处形成一个深的杯状关节窝，称髋臼。髂骨位于背外侧，其前部宽而扁，呈三角形，称髂骨翼；后部呈三棱形，称髂骨体。髂骨翼的外侧面称臀肌面，内侧面（骨盆面）称耳状面，外侧角粗大称髋结节，内侧角称荐结节。耻骨位于腹侧前方，坐骨位于腹

侧后部。两骨之间的结合处，分别称为耻骨联合和坐骨联合，合并称为骨盆联合。两侧坐骨后缘形成坐骨弓，弓的两端突出且粗糙，称坐骨结节。

②股骨：大的管状长骨，由后上方斜向前下方，近端内侧有一球形的股骨头，外侧有一粗大的突起称为大转子。远端粗大，前方为滑车状关节面，与髌骨成关节；后方为股骨髁，与胫骨成关节。

③膝盖骨：又称髌骨，略呈三角形，位于股骨远端的前方。其前面粗糙，供肌腱、韧带附着，后面为光滑的关节面，与股骨远端滑车状关节面成关节。

④小腿骨：包括胫骨和腓骨。胫骨发达，呈棱柱形。近端粗大，有内、外髁，与股骨成关节；远端有滑车状关节面，与胫跗骨成关节。腓骨位于胫骨外，已退化，为一向下的小突起。

⑤跗骨：5 块短骨排成 3 列。近列跗骨 2 块，内侧是距骨，外侧是跟骨，跟骨近端粗大，向后上方突起，称跟结节；中列 1 块为中央跗骨；远列 2 块，第 1 跗骨小，第 2、第 3 跗骨愈合。

⑥跖骨、趾骨、籽骨：分别与前肢相应的掌骨、指骨和籽骨相似。但跖骨、趾骨较细长些。

（2）后肢关节　为保持站立时的稳定，后肢各关节与前肢相适应，除趾关节外，各关节的方向相反。后肢关节由上向下依次为荐髂关节、髋关节、膝关节、跗关节、趾关节（包括系关节、冠关节和蹄关节）。

①荐髂关节：由荐骨翼和髂骨翼的耳状面构成，结合紧密，几乎不能活动，主要作用是连接后肢与躯干。荐骨与髋骨间尚有荐髂韧带和荐坐韧带，参与骨盆的构成。

②髋关节：髋臼和股骨头构成，关节角顶向后。属多轴关节，能进行多方面运动，如内收、外展、旋转等，但主要做屈、伸运动。

③膝关节：复关节，由股骨远端、髌骨和胫骨近端构成。包括股髌关节和股胫关节。关节角顶向前。股髌关节由股骨远端的滑车关节面和髌骨构成；股胫关节由股骨远端的髁和胫骨的关节面构成。膝关节是多轴关节，但由于受到肌肉和韧带的限制，主要做屈、伸运动。

④跗关节：又称飞节，由小腿骨远端、跗骨和跖骨近端构成的复关节。关节角顶向后，为单轴关节，主要做屈、伸运动。

⑤系关节、冠关节和蹄关节：其构造与前肢指关节相同。

（3）骨盆　顶壁由荐骨和前 3 尾椎构成，两侧壁为髂骨和荐坐韧带，底壁为趾骨和坐骨。骨盆腔具有保护盆腔内脏和传递推力的作用，在母畜又是娩出胎儿的骨性产道。故母畜的骨盆腔较公畜的骨盆腔大而宽敞。牛的髋骨背侧面见图 2-10。

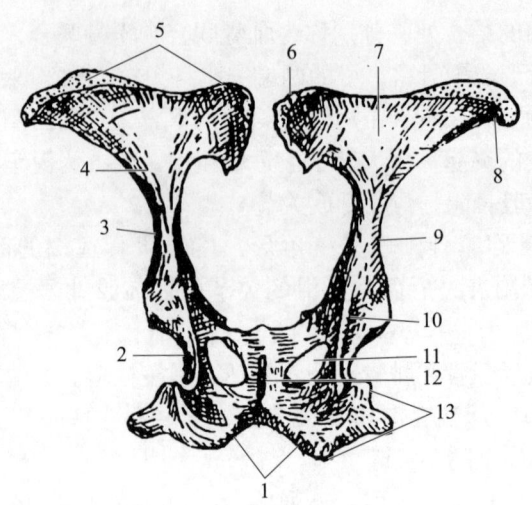

1—坐骨弓；2—坐骨小切迹；3—髂骨体；4—臀肌线；5—髂骨翼；6—荐结节；
7—臀肌面；8—髋结节；9—坐骨大切迹；10—坐骨棘；11—闭孔；12—骨盆联合；13—坐骨结节。

图 2-10　牛的髋骨背侧面

（4）后肢骨性标志　髋结节、坐骨结节、荐结节、坐骨弓、骨盆联合、跟结节、飞节等。

二、肌肉

（一）肌肉概述

运动系统的肌肉属于横纹肌，因其附着在骨骼上，故称骨骼肌。每块肌肉都是一个器官，都具有一定的形态构造和功能。

1. 肌肉的形态和构造

（1）肌肉的形态　畜体肌肉的形状多种多样，根据形态可将其分为长肌、短肌、阔肌和环形肌 4 种（图 2-11）。长肌收缩时运动的幅度较大、多分布于四肢；短肌收缩时运动幅度小，如脊柱周围的肌肉，主要存在于脊柱相邻椎骨之间，有利于稳定关节；阔肌多见于胸、腹壁，除收缩时使躯干运动外，还起支持和保护内脏的作用；环形肌分布在自然孔周围，收缩时可缩小或关闭自然孔。

（2）肌肉的构造　每一块肌肉均由肌腹和肌腱两部分构成（图 2-12）。

①肌腹：肌肉中有收缩能力的部分，由横纹肌纤维借结缔组织结合而成。肌纤维是肌肉的实质部分，结缔组织则为间质部分。由结缔组织把肌纤维先集合成小肌束，再集合成大的肌束，然后集合成肌肉块。包在肌纤维外的膜称肌内膜，包在肌束外面的称肌束膜，包在肌肉块外面的称肌外膜。间质内有血管、神经、脂肪，对肌肉起联系、支持和营养作用。

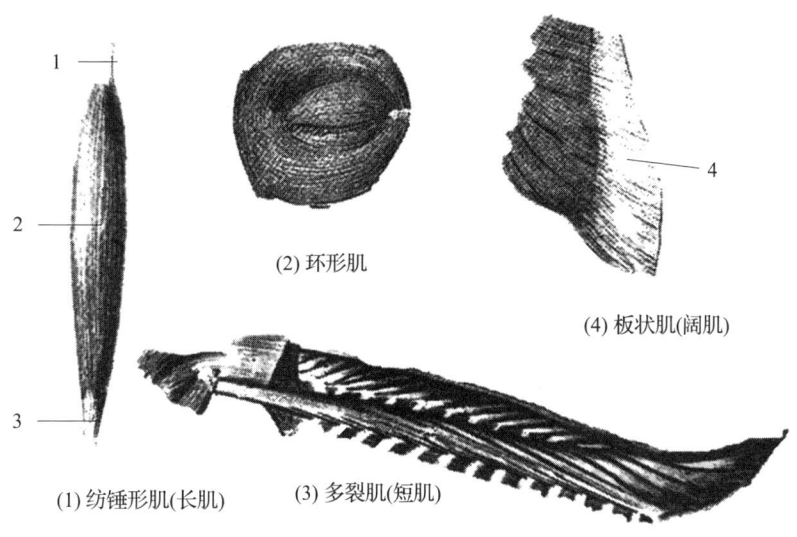

1—肌头；2—肌腹；3—肌尾；4—肌腱。

图 2-11 肌肉的形态

②肌腱：由致密结缔组织构成，借肌内膜连接在肌纤维的端部或肌腹中，故有的肌肉块的肌腱位于两端，有的肌腱位于中间或某一部位。纺锤形肌肌腱多呈圆索状，阔肌的肌腱多呈薄膜状。肌腱不能收缩，但具有很强的韧性和抗张力，其纤维伸入到骨膜和骨质中，将肌肉牢固地附于骨上。

2. 肌肉的起止点

每一块肌肉一般都附着在2块以上的骨上，跨越一个或两个以上的关节，肌肉多附着于软骨、筋膜、韧带或皮肤上。肌肉收缩时，不动的一端为起点，动的一端为止点，但这不是固定的，当活动改变时，起止点也相应地改变。

3. 肌肉的种类及命名

肌肉一般按作用、形态、位置、结构、起止点及纤维方向等特征命名。有的以单一特征命名，如按起止点命名的臂头肌、胸头肌；有的以几个特征综合命名，如腕桡侧伸肌、腹外斜肌等。肌肉按其收缩时所产生的结果不同分为伸肌、屈肌、内收肌、外展肌、旋肌、张肌、括约肌等。

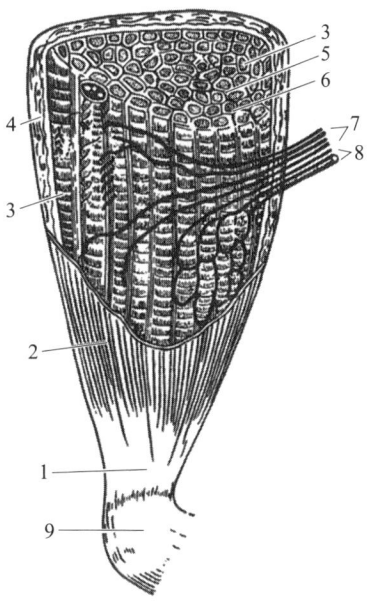

1—肌腱；2—肌腹；3—肌纤维；
4—肌外膜；5—肌束膜；6—肌内膜；
7—神经；8—血管；9—骨。

图 2-12 肌肉构造示意图

4. 肌肉的辅助器官

在肌肉的周围，还有一些肌肉的辅助器官，主要有筋膜、黏液囊和腱鞘等。

（1）筋膜　覆盖在肌肉表面的结缔组织膜，可分为浅筋膜和深筋膜。

①浅筋膜：位于皮下，由疏松结缔组织构成，覆盖在肌肉的表面。浅筋膜内有血管、神经、脂肪或皮肌分布。浅筋膜有联系深部组织、储存营养、保护及参与体温调节等作用。

②深筋膜：位于浅筋膜深面，由致密结缔组织构成，致密而坚韧，包围在肌群的表面，并伸入肌间，附着于骨上，有支持和连接肌肉的作用。

（2）黏液囊　是密闭的结缔组织囊，囊壁薄，内衬滑膜，有少量的黏液。黏液囊多位于骨的突起与肌肉、腱、韧带和皮肤之间，分别称肌下、腱下、韧带下和皮肤下黏液囊。黏液囊有减少摩擦的作用。关节附近的黏液囊与关节腔相通，称滑膜囊。

（3）腱鞘　是卷曲成长筒状的黏液囊，分内、外两层。外层为纤维层，厚而坚固，由深筋膜增厚而成；内层为滑膜层，又分壁层和脏层。壁层紧贴在纤维层的内面，脏层紧包在腱上，由壁层折转而来，壁、脏两层空隙间有少量的滑液。腱鞘包围于腱的周围，多位于四肢关节部，有减少摩擦、保护肌腱的作用。

（二）全身主要肌肉的分布

家畜全身肌肉按其所在部位可分为皮肌、头部肌肉、躯干肌肉和四肢肌肉（图2-13）。

1. 皮肌

皮肌是位于浅筋膜内的薄层骨骼肌。因其紧贴皮肤，故该肌舒缩时可使皮肤颤动，以此驱逐蚊蝇、抖掉灰尘和水滴等。皮肌并不覆盖全身，根据其部位可分为面皮肌、颈皮肌、肩臂皮肌和躯干皮肌。

2. 头部肌肉

头部肌肉主要分为面部肌和咀嚼肌。

（1）面部肌　位于口腔、鼻孔、眼孔周围的肌肉，分为开张自然孔的开肌和关闭自然孔的括约肌。

①开肌：起于面部，止于自然孔周围。主要有鼻唇提肌、鼻外侧开肌、上唇提肌、下唇降肌等。

②括约肌：位于自然孔的周围，有关闭自然孔的作用。主要有口轮匝肌和颊肌。

（2）咀嚼肌　起于颅骨，止于下颌骨的肌肉。当咀嚼肌收缩时可使下颌骨运动，出现张口、闭口、咀嚼及吸吮动作。咀嚼肌可分为开口肌和闭口肌。开口肌主要是二腹肌，闭口肌主要有咬肌、翼肌和颞肌。

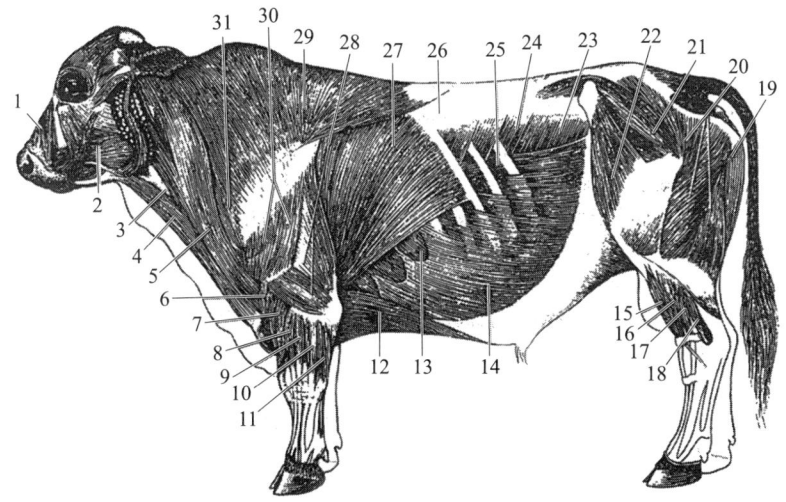

1—鼻唇提肌；2—咬肌；3—颈静脉沟；4—胸头肌；5—臂头肌；
6—臂肌；7—腕桡侧伸肌；8—指内侧伸肌；9—指总伸肌；10—指外侧伸肌；
11—腕尺侧伸肌；12—胸深后肌；13—下锯肌；14—腹外斜肌；15—趾长伸肌；
16—腓骨长肌；17—趾外侧伸肌；18—趾深屈肌；19—半腱肌；20—股二头肌；21—臀中肌；
22—股阔筋膜张肌；23—腹内斜肌；24—后上锯肌；25—肋间外肌；26—腰背筋膜；
27—背阔肌；28—臂三头肌；29—斜方肌；30—三角肌；31—肩胛横突肌。

图 2-13　牛的全身浅层肌肉

3. 躯干的主要肌肉

躯干肌肉可分为脊柱肌、颈腹侧肌、胸壁肌、腹壁肌。

（1）脊柱肌　是支配脊柱活动的肌肉，可分为脊柱背侧肌群和脊柱腹侧肌群。

①脊柱背侧肌群：位于脊柱背侧，很发达。两背侧肌群同时收缩可伸脊柱并提举头颈和尾；一侧收缩可使脊柱向左或右侧弯曲。主要有背最长肌和髂肋肌，两者之间的沟称髂肋肌沟。

背最长肌是体内最大的肌肉，呈三棱形，位于胸腰椎棘突与肋的椎骨端、腰椎横突所形成的三棱形沟内。起于髂骨前缘及腰荐椎，向前止于最后颈椎及前部肋骨近端。

髂肋肌位于背最长肌腹外侧，狭长分节，由一系列斜向前下方的肌束组成。起于腰椎横突末端及后 8 个肋的前缘，向前止于所有肋的后上缘。

②脊椎腹侧肌群：主要是位于颈椎、腰椎腹侧的一些肌群，不发达。两腹侧肌群同时收缩可屈头、颈、腰尾部，一侧收缩可使头颈尾偏向一侧。主要有腰小肌和腰大肌。

腰小肌位于腰椎腹面的两侧，狭长。

腰大肌位于腰椎横突的腹外侧，较大，部分被腰小肌覆盖。

（2）颈腹侧肌　颈腹侧肌位于颈部气管、食管及大血管的腹侧和两侧，为长带状肌。有胸头肌、肩胛舌骨肌和胸骨甲状舌骨肌。

①胸头肌：位于颈部腹外侧皮下，臂头肌的下缘。胸头肌与臂头肌之间的沟称为颈静脉沟，内有颈静脉，为牛、羊采血和输液的常用部位。

②肩胛舌骨肌：位于颈侧部，臂头肌的深面，在颈前部形成颈静脉沟的底。

③胸骨甲状舌骨肌：位于气管腹侧。

（3）胸壁肌　主要有肋间肌和膈。

①肋间肌：位于肋间隙内，分肋间外肌和肋间内肌2层。

肋间外肌位于肋间隙的表层，肌纤维从前上方斜向后下方。收缩时，牵引肋骨向前外方，使胸腔横径扩大，助吸气。

肋间内肌位于肋间隙的深层，肌纤维从后上方斜向前下方。收缩时，牵引肋骨向后内方，使胸腔缩小，助呼气。

②膈：位于胸腹腔之间，为圆顶状的板状肌，凸面向前，周围为肌质，中央为腱质。收缩时，膈顶后移，扩大胸腔纵径，助吸气；舒张时，膈顶回位，助呼气。

膈有3个裂孔：上方的是主动脉裂孔；下方的是腔静脉裂孔；中间的是食管裂孔。分别有主动脉、后腔静脉及食管通过。

（4）腹壁肌

①腹壁肌：构成腹腔侧壁和底壁的板状肌，由4层纤维方向不同的薄板状肌构成。由外向内依次为腹外斜肌、腹内斜肌、腹直肌和腹横肌。除腹直肌外其余3层肌的上部均为肌腹，下部为腱膜。

腹外斜肌为腹壁肌的最外层，肌纤维由前上方斜向后下方。起于第5至最后肋的外面，起始部为肌质，至肋弓下约一掌处变为腱，止于腹白线。

腹内斜肌为腹壁肌的第2层，肌纤维由后上方斜向前下方。起于髋结节及腰椎横突，向前下方伸延，至腹侧壁中部转为腱，止于最后肋后缘及腹白线。

腹直肌为腹壁肌的第3层，肌纤维纵行，呈宽带状，位于腹白线两侧的腹底壁内。起于胸骨和后部肋软骨，止于耻骨前缘。

腹横肌为腹壁肌的最内层，较薄。起于腰椎横突及肋弓内侧，肌纤维上下行走，以腱膜止于腹白线上。

腹肌的作用：腹壁肌各层肌纤维走向不同，彼此重叠，加上被覆在腹肌表面的腹黄筋膜（一层坚韧的腹壁筋膜），构成柔软而富有弹性的腹壁，对腹腔脏器起着重要的支持和保护作用。腹肌收缩，能增大腹压，协助呼气、排便和分娩等活动。

②腹白线：位于腹底壁正中线上，剑状软骨与耻骨联合之间，由两侧腹肌腱膜交织而成。在腹白线中部稍后方有一瘢痕称为脐。由于腹白线上没有大的

血管和神经，因此腹腔剖开手术大多沿腹白线进行。

③腹股沟管：位于股内侧的腹壁上，为腹外斜肌和腹内斜肌的一个斜行的楔形裂隙。管的内口通腹腔，称腹环，长约15cm；外口通皮下，称皮下环，长约10cm。腹股沟管是胎儿时期睾丸及附睾从腹腔下降到阴囊的通道，公畜管内有精索，母畜的腹股沟管内仅供血管、神经通过。动物出生后如果腹环过大，小肠等器官可进入管内，形成疝。因此临床的腹壁疝、腹股沟管疝和阴囊疝发生的解剖学因素是腹股沟管的存在。

4. 前肢的主要肌肉

前肢主要肌肉包括肩带肌和作用于前肢各关节的肌肉（图2-14、图2-15）。

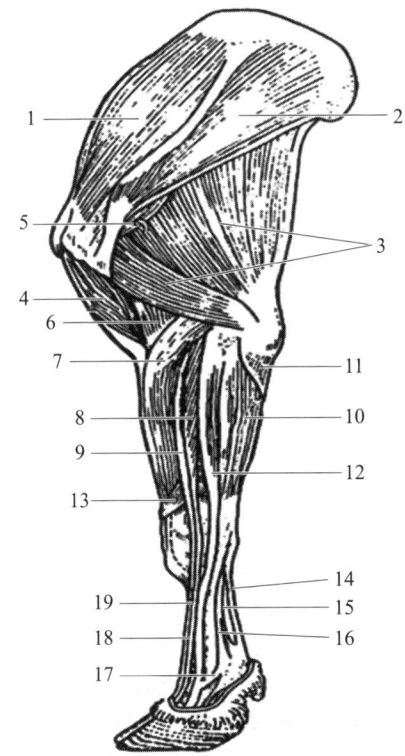

1—冈上肌；2—冈下肌；3—臂三头肌；
4—臂二头肌；5—小圆肌；6—臂肌；
7—腕桡侧伸肌；8—指总伸肌；9—指内侧伸肌；
10—腕尺侧伸肌；11—指深屈肌尺骨头；
12—指外侧伸肌；13—拇长外展肌；
14—指浅屈肌腱；15—指深屈肌腱；
16—悬韧带；17—悬韧带的分支；
18—指总伸肌腱；19—指内侧伸肌腱。

图2-14 牛前肢外侧肌

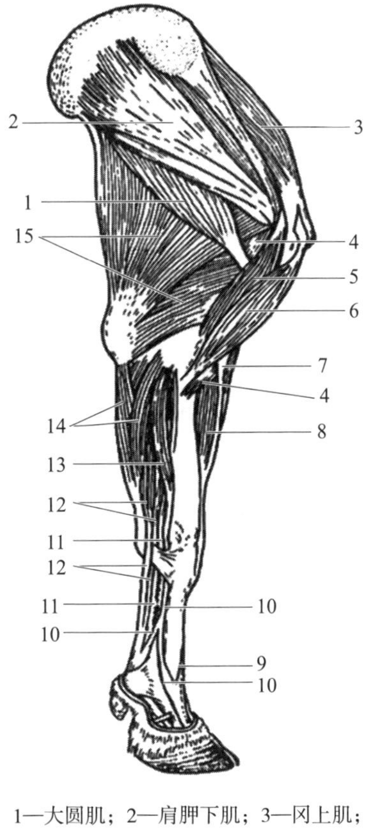

1—大圆肌；2—肩胛下肌；3—冈上肌；
4—臂肌；5—喙臂肌；6—臂二头肌；
7—臂二头肌纤维束；8—腕桡侧伸肌；
9—指内侧伸肌腱；10—悬韧带及其分支；
11—指深屈肌腱；12—指浅屈肌腱；
13—腕桡侧屈肌；14—腕尺侧屈肌；
15—臂三头肌。

图2-15 牛前肢内侧肌

（1）肩带肌　是连接前肢与躯干的肌肉，大多数为板状肌。起于躯干骨，止于肩胛骨、臂骨及前臂骨。肩带肌收缩时能使肩胛骨、臂骨前后摆动，以此扩大前肢的活动范围，并可提举躯干。根据其所在的位置分为背侧肌群和腹侧肌群。由于家畜的前肢与躯干间没有关节，完全靠肩带肌连接，因此这些肌肉负重很大，常在跌挫或猛进时，发生损伤而造成脱膊。

①背侧肌群：主要有斜方肌、菱形肌、臂头肌和背阔肌。

斜方肌为扁平的三角形肌，起于项韧带索状部、棘上韧带，止于肩胛冈。斜方肌分颈、胸两部分，颈斜方肌纤维由前上方斜向后下方，胸斜方肌纤维由后上方斜向前下方。

菱形肌位于斜方肌和肩胛软骨深面，起于第2颈椎至第5胸椎之间的项韧带索状部、棘上韧带及胸椎棘突，止于肩胛软骨内侧面，分为颈、胸两部分。

臂头肌为带状肌，前宽后窄，位于颈侧部皮下浅层，构成颈静脉沟上界。起于枕骨、颞骨、下颌骨，止于臂骨。该肌可以牵引前肢向前，伸肩关节、提举或侧偏头颈。

背阔肌是位于胸侧壁上部的扇形板状肌，肌纤维由后上方斜向前下方。以宽阔的腱膜起于腰背筋膜，向下止于臂骨内侧的圆肌结节。该肌可向后上方提举前肢，屈肩关节。

②腹侧肌群：主要有腹侧锯肌和胸肌。

腹侧锯肌是一宽大扇形肌，下缘锯齿状，分颈、胸两部分。颈腹侧锯肌位于颈部外侧，发达，几乎全为肌质；胸腹侧锯肌位于胸外侧，较薄，表面和内部混有厚而坚韧的腱层。

胸肌是位于胸壁腹侧和肩臂内侧之间的强大肌群，分胸浅肌和胸深肌，有内收和摆动前肢的作用。

（2）作用于肩关节的肌肉　分布于肩胛骨的外侧面及内侧面。起于肩胛骨，止于臂骨，跨越肩关节。作用于肩关节的肌肉有伸肌、屈肌、内收肌和外展肌。由于动物的肩关节主要做屈伸运动，所以，内收肌和外展肌的作用不明显，主要起固定和屈肩关节的作用。

①冈上肌：位于冈上窝中，全为肌质。起于冈上窝和肩胛软骨，止于臂骨内、外侧结节，有伸展及固定肩关节的作用。

②冈下肌：位于冈下窝内，大部分被三角肌覆盖，有外展和固定肩关节的作用。

③三角肌：位于冈下肌的浅层，呈三角形。以腱膜起于肩胛冈、肩胛骨后角及肩峰，止于臂骨三角肌结节，有屈肩关节的作用。

④肩胛下肌：位于肩胛骨内侧的肩胛下窝内，可内收前肢。

⑤大圆肌：位于肩胛下肌后方，呈带状，有屈肩关节的作用。

（3）作用于肘关节的肌肉　分布于臂骨周围。伸肌主要有臂三头肌、前臂筋膜张肌，屈肌主要有臂二头肌、臂肌。

①臂三头肌：位于肩胛骨后缘与臂骨形成的夹角内，呈三角形，是前肢最强大的一块肌肉。它以长头和内、外侧头分别起于肩胛骨及臂骨的内、外侧，止于尺骨的鹰嘴，有伸肘关节的作用。

②前臂筋膜张肌：位于臂三头肌后缘，是一狭长肌肉。起于肩胛骨后角，止于鹰嘴，有伸肘关节的作用。

③臂二头肌：位于臂骨前面，呈纺锤形。起于肩胛结节，止于桡骨近端前内侧，有屈肘关节的作用。

④臂肌：位于臂骨前内侧的肌沟内，有屈肘关节的作用。

（4）作用于腕关节、指关节的肌肉　这部分肌肉的肌腹多在前臂部，至腕关节附近移行为腱，分为背外侧肌群和掌侧肌群。

①背外侧肌群：位于前臂骨的背侧面和外侧面，由前向后依次为腕桡侧伸肌、指内侧伸肌、指总伸肌、指外侧伸肌和腕斜伸肌，是腕、指关节的伸肌。

②掌侧肌群：位于前臂骨的掌侧面和内侧面，由内向外依次是腕桡侧屈肌、腕尺侧屈肌和腕外侧屈肌，是腕、指关节的屈肌。

③前臂正中沟：位于前肢内侧，桡骨内后缘和腕桡侧屈肌之间的沟，内有正中动脉、正中静脉和正中神经行走。

5. 后肢的主要肌肉

后肢肌肉是推动躯体前进的主要动力，以伸肌最强大。牛后肢外侧肌和内侧肌示意图见图 2-16 和图 2-17。

（1）作用于髋关节的肌肉　伸肌主要有臀肌、臀股二头肌、半腱肌和半膜肌。屈肌主要是股阔筋膜张肌。此外，还有对髋关节起内收作用的股薄肌和内收肌。

①臀肌：位于臀部的皮下，发达。起于髂骨翼和荐坐韧带，前与背最长肌筋膜相连，止于股骨大转子。臀肌有伸髋关节作用，并参与竖立、踢蹴及推进躯干的作用。

②臀股二头肌：位于臀肌后方，股后外侧皮下。起点有两个头，椎骨头起于荐骨；坐骨头起于坐骨结节。向下以腱膜止于膝部、胫部和跟结节。该肌有伸髋关节、膝关节和跗关节的作用。

③半腱肌：位于臀股二头肌后方，起于坐骨结节，止于胫骨嵴及跟结节。作用同臀股二头肌。半腱肌与臀股二头肌构成股二头肌沟。股二头肌沟内有全身最粗的坐骨神经，因此臀部肌肉注射应该避开此部位。

④半膜肌：位于半腱肌后内侧，起于坐骨结节，止于股骨远端和胫骨近端。作用同臀股二头肌。

⑤股阔筋膜张肌：位于股部前方浅层。起于髋结节，向下呈扇形展开，止于髌骨和胫骨近端，有屈髋关节、伸膝关节的作用。

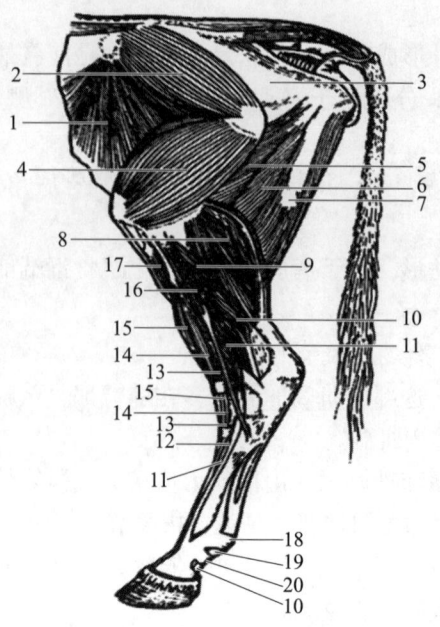
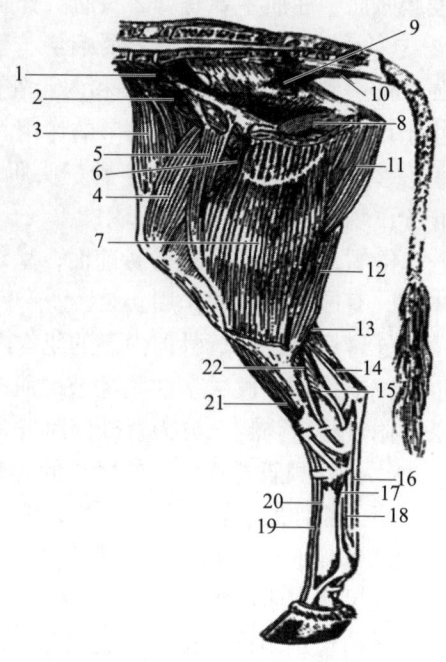

1—腹内斜肌；2—臀中肌；3—荐结节阔韧带；
4—股外侧肌；5—内收肌；6—半膜肌；
7—半腱肌；8—腓肠肌；9—比目鱼肌；
10—趾深屈肌及其腱；11—趾外侧伸肌及其腱；
12—趾短伸肌；13—趾长伸肌；
14—趾内侧伸肌及其腱；15—第3腓骨肌及其腱；
16—腓骨长肌；17—胫骨前肌；
18—跖趾关节掌侧环状韧带；
19—趾浅屈肌腱；20—趾近侧环状韧带。

图 2-16 牛后肢外侧肌

1—腰小肌；2—髂腰肌；3—阔筋膜张肌；
4—股直肌；5—缝匠肌；6—耻骨肌；
7—股薄肌；8—闭孔内肌；9—尾骨肌；
10—荐尾腹侧肌；11—半膜肌；12—半腱肌；
13—腓肠肌；14—趾浅屈肌；15—趾深屈肌；
16—趾浅屈肌腱；17—悬韧带；18—趾深屈肌腱；
19—趾长屈肌腱；20—趾内侧伸肌腱；
21—第3腓骨肌；22—趾长屈肌。

图 2-17 牛后肢内侧肌

⑥股薄肌：位于股内侧皮下，有内收后肢的作用。

⑦内收肌：位于半膜肌前方，股薄肌深层，呈三棱形，有内收后肢的作用。

（2）作用于膝关节的肌肉　伸肌主要有股四头肌，位于股骨前方和两侧，被股阔筋膜张肌覆盖。有4个头，分别是直头、内侧头、外侧头和中间头。直头起于髂骨体，其余3个头分别起于股骨内侧、外侧和前面，向下止于髌骨。屈肌主要是位于胫骨近端后面的腘肌。

（3）作用于跗关节的肌肉　伸肌主要有位于小腿后方的腓肠肌、趾浅屈肌和趾深屈肌。其中腓肠肌发达，有2个肌腹呈纺锤形，有内、外2个肌头分别起于股骨远端后面的两侧，在小腿中部合成一强腱，止于跟结节。屈肌主要有位于胫骨背侧的胫骨前肌、第3腓骨肌和腓骨长肌。跟腱为位于小腿后部的圆形强腱，由腓肠肌肌腱、趾浅屈肌腱、臀股二头肌腱和半腱肌腱合成，连与跟结节上，有伸跗关节的作用。

（4）作用于趾关节的肌肉　伸肌位于小腿背外侧，主要有趾内侧伸肌、趾长伸肌和趾外侧伸肌。屈肌位于小腿跖侧。小腿和后脚部的肌肉多为纺锤形，肌腹多位于小腿上部，在跗关节附近变为肌腱。肌腱在通过跗关节处大部分包有腱鞘。

（三）肌肉的收缩功能

骨骼肌占动物体重的一半左右，是运动系统的动力器官。骨骼肌的活动受躯体神经直接控制。它的功能是引起或制止各种关节的活动，借以完成躯体运动、呼吸运动、维持躯体平衡和其他各种复杂的运动。

1. 骨骼肌的特性

（1）骨骼肌的物理特性　骨骼肌有展性、弹性、黏性等物理特性。当骨骼肌受到牵拉或其他外力作用时就被拉长，这就是展性。当外力解除后，它又会缓慢地恢复原状，这就是弹性。骨骼肌的展性和弹性都不是很完全的。当肌肉变形时，由于分子内部摩擦很大，产生一定的阻力，所以变形缓慢而不完全。

骨骼肌的展性和弹性是保证肌肉收缩的必要条件；而黏性则使收缩产生阻力，导致收缩能力减弱。骨骼肌的功能状态良好时，展性和弹性增大而黏性减小，因而肌肉收缩迅速而有力。相反，当骨骼肌的功能状态不良时，如疲劳、循环障碍等，展性和弹性减小而黏性增大，因而肌肉收缩减慢、减弱，甚至暂时失去收缩功能。骨骼肌的展性和弹性比平滑肌小，所以骨骼肌收缩时的长度变化比平滑肌小。骨骼肌的黏性也比平滑肌小，所以骨骼肌收缩的速度比平滑肌快。

（2）骨骼肌的生理特性　骨骼肌有兴奋性、传导性和收缩性等生理特性。

骨骼肌纤维有很高的兴奋性，显著高于心肌和平滑肌。骨骼肌兴奋性的主要特点是在正常状态下，只能接受躯体运动神经传来的神经冲动。因此，骨骼肌与支配它的运动神经的联系破坏后，它就失去运动能力而陷于瘫痪。在不同状态下，骨骼肌的兴奋性会发生变化。例如，适当拉长肌肉使兴奋性增大，疲劳使兴奋性下降。骨骼肌受到运动神经纤维传来的冲动而发生兴奋后，也像心肌一样，会暂时失去兴奋的能力，出现不应期。但骨骼肌的不应期比心肌短得多。

骨骼肌有传导兴奋的能力。肌纤维上任何一点发生的兴奋，都能沿着肌纤维传播。但传播的范围只能局限在同一条肌纤维内，不能传播到另一条肌纤维。心肌与骨骼肌不同，单个心肌细胞的兴奋能够传播到邻近的细胞和心脏的其他部分。骨骼肌纤维传导兴奋的这一特点是神经系统对骨骼肌收缩进行精细调节的重要条件。骨骼肌纤维传导兴奋的另一个特点是传导速度比心肌和平滑肌快。

骨骼肌兴奋后，能够在外形上表现明显缩短的现象，这种特性叫收缩性，它是骨骼肌最重要的生理特性。骨骼肌的各种重要生理功能都是通过收缩活动而实现的。骨骼肌收缩的特点是速度快、强度大，但不能持久。

兴奋性、传导性和收缩性3种生理特性是相互联系和不可分割的。正常时，骨骼肌纤维的某一点先接受运动神经纤维传来的神经冲动而兴奋，然后兴奋沿着这条肌纤维迅速传播，引起整条肌纤维兴奋，最后使整条肌纤维发生收缩反应。

2. 骨骼肌的生物电活动和代谢变化

（1）电活动　肌纤维受刺激时，能产生动作电位并迅速传播。运动神经的冲动是节律性的，因此肌纤维也出现节律性的动作电位。一条骨骼肌纤维收缩时，由于兴奋的肌纤维数量和动作电位频率不同，收缩的程度和综合电位变化也不相同。使用电学仪器将这种综合电位变化引导出来，加以放大、并描记出来的曲线图，称为肌电图。在临床诊断中，肌电图是判断神经肌肉功能状态和诊断神经肌肉疾病的重要依据。

（2）代谢　骨骼肌收缩所需要的能量全部来源于三磷酸腺苷（ATP）分解成二磷酸腺苷（ADP）时所释放的能量，其中1/3用来做功，其余2/3转化为热能。所用掉的ATP通过线粒体内进行氧化磷酸化过程产生ATP来补充，而氧化磷酸化所需要的能量靠脂肪酸、葡萄糖和肌糖原在肌纤维内氧化分解所释放的化学能提供。当肌肉强直收缩时ATP的分解速度很快，而肌纤维从血液中摄取营养或线粒体产生ATP的速度来不及补充ATP消耗时，则启动肌纤维中储存的磷酸肌酸，使ADP迅速磷酸化生成ATP和肌酸；当线粒体内ATP浓度恢复时，肌酸则重新被ATP磷酸化作为能量储备。

3. 骨骼肌的类型和生长发育

（1）骨骼肌的类型　动物的骨骼肌分红肌和白肌。骨骼肌中红肌纤维占优势的称为红肌，白肌纤维占优势的称为白肌。红肌的肌纤维含有丰富的肌红蛋白和线粒体，线粒体含有带红色的细胞色素，使肌纤维呈红色。肌红蛋白能与氧迅速结合生成氧合肌红蛋白，起着储备氧的作用。当肌纤维内的含氧量降低时，氧合肌红蛋白分解而释放氧，以供给能源物质的有氧氧化和氧化磷酸化作用的需要。此外，红肌纤维由于含有丰富的线粒体，在有氧条件下可迅速产生ATP。

红肌的收缩比较缓慢但持久，所以称为慢肌。这是由于红肌中肌球蛋白的ATP酶活力较低，分解ATP的速度较慢，因此使红肌收缩时氧和能量物质消耗较少，机械工作效率也较高。用于维持家畜正常姿势的骨骼肌通常是红肌。

白肌的收缩速度较快但易疲劳。由于白肌主要从糖原酵解中获得能量，通常白肌纤维储存大量的糖原。

（2）骨骼肌的生长和发育　骨骼肌在有神经支配前已经分化，这时肌纤维的生理反应近似慢肌，肌膜上广泛分布乙酰胆碱受体，对神经递质敏感。当终板形成时，乙酰胆碱受体则集中于终板膜。由脊髓腹角小 α 运动神经元支配的神经纤维形成慢肌。这种神经元及所其支配的全部慢肌纤维组成的功能单位，称为Ⅰ型运动单位。由脊髓腹角大 α 运动神经元支配的神经纤维，发育成快肌。这种神经元及所其支配的全部快肌纤维组成的功能单位，称为Ⅱ型运动单位。

成年时肌肉的大小和力量增大，随着骨骼生长，肌细胞通过两端增加肌节而变长，也可能有相反的变化，如缺乏运动时肌肉两端肌节减少而变短。肌肉生长主要通过"肥大"过程（肌细胞内增加肌原纤维），使肌肉的生理直径和力量都增大。骨骼肌可通过肌肉组织卫星细胞分化而生成新的肌纤维，这一过程称为增生。

项目二　认知被皮系统

> **知识目标**

1. 掌握皮肤的结构。
2. 熟悉毛的结构,了解动物换毛的机制和方式。
3. 掌握乳房的结构,熟悉各家畜乳房的形态特点。
4. 熟悉蹄的结构。
5. 了解皮肤腺的结构。

> **能力目标**

1. 能分辨皮肤的各层结构。
2. 能熟练进行被毛及皮肤的检查。
3. 熟悉蹄和乳腺的形态结构。

> **思政目标**

引导学生尊重、关爱和善待动物。

> **工作项目**

工作项目	被皮及皮肤的检查
前导知识	皮肤覆盖于动物体表,是家畜最大的器官,具有保护、感觉、调节体温、排泄、储存营养物质和吸收等功能。临床上可通过视诊和

续表

前导知识	触诊来观察家畜皮肤的颜色、温度、湿度、弹性、肿胀及皮肤病理变化等情况，诊断家畜的疾病。如正常情况下，牛、羊鼻镜是湿润的；患病时鼻镜会出现干燥、龟裂等症状。 被毛覆盖于皮肤表面，具有保温作用。健康动物的被毛平顺且富有光泽。若患有螨病、疥癣、湿疹等皮肤病，会出现局部被毛脱落。若家畜长期营养不良，可见被毛粗乱、无光泽且容易脱落。 因此，临床上可采用视诊和触诊的手段对家畜的被毛和皮肤进行检查，判断家畜是否健康。
工作要求	结合本节学习内容，按照学习任务的要求，识别皮肤及皮肤腺的形态构造，熟悉家畜被毛及皮肤的检查方法，并将检查过程和结果上传至本章学习平台。

学习任务

任务工单一

学习任务	识别家畜皮肤的形态结构
任务描述	利用标本、图片、模型、虚拟仿真软件等资源，识别皮肤各层结构的形态特点。
操作步骤	（1）利用标本、图片、模型、虚拟仿真软件等资源，识别皮肤表皮、真皮、皮下组织的形态、位置和各层结构之间的位置关系。 （2）利用标本、图片、模型、虚拟仿真软件等资源，识别毛的结构，观察毛囊、毛球、毛乳头和竖毛肌的形态、位置。 （3）利用标本、图片、模型、虚拟仿真软件等资源，识别皮脂腺的形态、结构和位置。

任务工单二

学习任务	家畜被毛的检查
任务描述	家畜被毛的状态是判断家畜是否健康的重要标志之一。临床上，可采用视诊和触诊的手段观察家畜被毛的光泽、清洁度及脱落情况，为疾病的诊断提供可靠依据。
任务名称	检查方法
家畜被毛的检查	检查时，主要观察家畜被毛的光泽、分布情况、清洁度以及是否容易脱落等。健康家畜的被毛整洁、平顺、富有光泽且生长牢固，不易脱落。 家畜被毛粗乱、无光泽、容易脱落、换毛延迟，可见于长期营养不良和慢性消耗性疾病等。家畜体表局部被毛脱落，可见于体外寄生虫感染、湿疹、疥癣等皮肤疾病。家畜后肢和尾部被毛被粪便、尿液或其他排泄物污染，应注意腹泻、尿失禁和子宫疾病等。

任务工单三

学习任务		家畜皮肤的检查	
任务描述		通过视诊和触诊来检查家畜皮肤的颜色、温度、湿度、弹性及其他各种病理变化，以判断家畜的健康状态。	
任务名称	序号	检查项目	检查方法
家畜皮肤的检查	1	颜色	家畜皮肤的颜色检查，一般在浅色或无色素部分检查。皮肤颜色苍白，多见于大出血、内出血或贫血性疾病。皮肤黄染是黄疸性疾病的症状，如肝片吸虫病、焦虫病、急性肝炎等。皮肤颜色呈蓝紫色（发绀），见于猪的亚硝酸盐中毒、蓝耳病等；仔猪耳尖、鼻盘颜色发绀，常见于仔猪副伤寒。猪的皮肤上出现点状出血点，指压不褪色，常见于猪瘟；猪的皮肤上出现大小不规则的红色疹块，指压褪色，常见于猪丹毒。
	2	温度	采用触诊的方法检查皮温。家畜不同部位的皮肤，其温度也不同。牛、羊适于皮温测定的部位为鼻镜、角根、耳、背部及四肢。猪适于皮温测定的部位为耳及鼻端。

续表

任务名称	序号	检查项目	检查方法
家畜皮肤的检查	3	湿度	皮肤湿度与汗腺分泌有关，可通过观察汗液的分泌情况进行判断。汗液分泌增多，除气温过高、湿度过大或运动之外，多属于病态。全身性出汗，常见于高热性疾病（如日射病、热射病等）、剧痛性疾病、严重呼吸困难的疾病。局部性出汗，常与外围神经损伤或局部炎症有关。牛、羊鼻镜及猪鼻面干燥，表示已发生疾病。
	4	皮肤弹性	检查皮肤弹性时，将皮肤提起呈皱襞状，然后放开，健康家畜提起的皮肤皱襞放开后快速恢复为原状。若皮肤弹性降低，皱襞恢复慢，多见于营养不良、大出血、脱水（严重腹泻、呕吐）及各种皮肤病和慢性病。老龄家畜的皮肤弹性会下降。
	5	皮肤肿胀	（1）皮下气肿：肿胀边缘界限不清楚，一般情况下无热痛反应，触诊有气体窜动的感觉和捻发音。 （2）皮下水肿：皮肤紧张而弹性降低，触诊有捏粉状，指压有痕，有凉感，无热痛反应。炎性水肿有热痛反应。 （3）脓肿、血肿和淋巴外渗：多为圆形凸起，触诊有波动感，三者可以通过穿刺抽取内容物予以鉴别。 （4）其他肿物：疝，腹壁、脐部或阴囊部触诊呈波动感，深部触诊可摸索到疝孔；体表局限性肿物，如肿瘤、淋巴结肿大或骨质增生等。
	6	疹疱	偶蹄家畜若患口蹄疫，可见口腔黏膜、蹄叉、乳房出现水疱。丘疹，呈圆形的皮肤隆起，由小米粒到豌豆大，为皮肤乳头层发生浸润所致，见于湿疹、皮炎等。荨麻疹，其特征为皮肤表面出现散在"鞭痕状"隆起，常伴有剧痒，呈急发急散，不留任何痕迹，常见于各种过敏反应。

任务工单四

学习任务	识别家畜蹄和乳腺的形态结构
任务描述	利用标本、图片、模型、虚拟仿真软件等资源，识别家畜蹄和乳腺的形态结构。
操作步骤	（1）利用标本、图片、模型、虚拟仿真软件等资源，识别家畜蹄的形态结构。 （2）利用标本、图片、模型、虚拟仿真软件等资源，识别家畜乳腺的形态结构。

必备知识

被皮系统由皮肤和皮肤衍生物构成。皮肤被覆于动物体表，直接与外界环境接触，是一道天然屏障，具有保护、感觉、调节体温、排泄、储存营养物质和吸收等作用。皮肤衍生物是由皮肤演变而成特殊的器官，具有一定形态构造和功能，包括毛、角、蹄、枕、皮肤腺以及禽类的冠、肉髯、羽毛、喙和爪等。

一、皮肤

（一）皮肤的结构

皮肤由表皮、真皮和皮下组织构成（图2-18），以皮下组织与深层组织相连。

1. 表皮

表皮位于皮肤最表层，由角化的复层扁平上皮构成。表皮内有丰富的神经末梢，能接受疼痛等刺激，但无血管和淋巴管分布。动物体表不同部位的表皮厚薄不一，长期受摩擦和压力的部位表皮较厚，角化明显。表皮由深至浅依次为生发层、颗粒层、透明层和角质层，其中透明层是鼻镜、乳头的无毛皮肤特有的一层。

（1）生发层　位于表皮的最深层，与真皮相连。其细胞增殖能力很强，可不断产生新的细胞，以补充表层角化脱落的细胞。生发层又分为基底层和棘细胞层。

①基底层：位于生发层的最深处，由一层低柱状的基底细胞组成，核为卵圆形，染色深，基底层与真皮相连接，具有吸收真皮营养的作用。基底细胞是表皮干细胞，不断分裂、增殖形成新细胞并向表层推移，以补充表层死亡脱落的细胞。在皮肤创伤愈合中，基底细胞具有重要的再生修复功能。

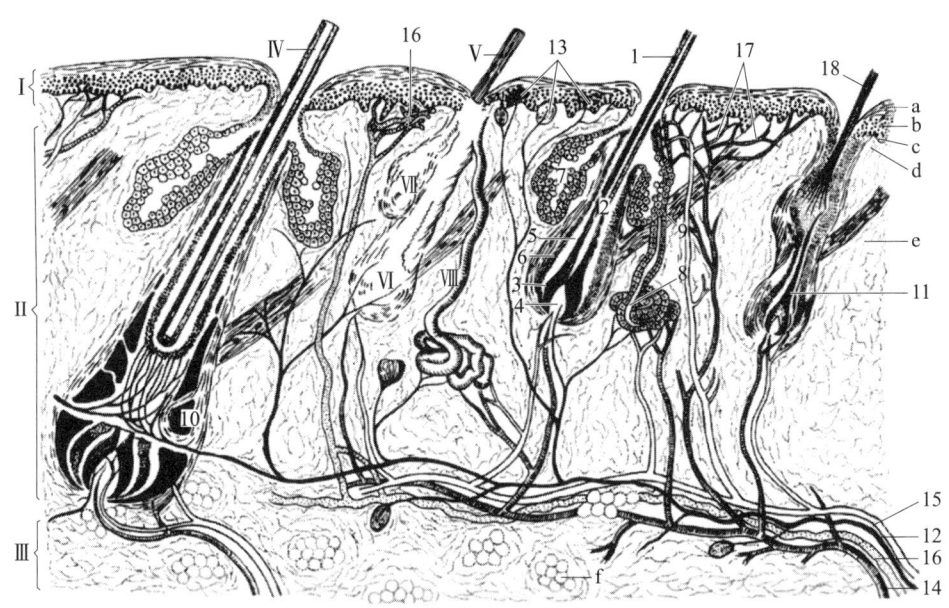

Ⅰ—表皮；Ⅱ—真皮；Ⅲ—皮下组织；
Ⅳ—触毛；Ⅴ—被毛；Ⅵ—毛囊；Ⅶ—皮脂腺；Ⅷ—汗腺；
1—毛干；2—毛根；3—毛球；4—毛乳头；5—毛囊；6—根鞘；7—皮脂腺断面；
8—汗腺断面；9—竖毛肌；10—毛囊内的血窦；11—新毛；12—神经；
13—皮肤的各种感受器；14—动脉；15—静脉；16—淋巴管；17—血管丛；18—脱落的毛；
a—表皮角质层；b—颗粒层；c—生发层；d—真皮乳头层；e—网状层；f—皮下组织内的脂肪组织。

图 2-18 皮肤结构模式图

②棘细胞层：位于基底层的上方，由数层体积较大、呈多边形的棘细胞构成，细胞表面有许多小的棘状突起，相邻细胞的棘状突起由桥粒相连。

生发层中含有黑素细胞，是生成黑色素的主要细胞。黑素细胞的细胞体多分散于基底细胞之间，其突起伸入基底细胞和棘细胞之间。细胞内的黑色素既能决定皮肤和被毛颜色，还能防止日光中紫外线损伤深部组织。

（2）颗粒层　位于棘细胞层上方，由 3~5 层梭形细胞组成。细胞器趋于退化，细胞核逐渐固缩，细胞质中有强嗜碱性的透明角质颗粒，颗粒的数量和大小向表层逐渐增加。

（3）透明层　位于颗粒层之外，由几层扁平细胞组成，细胞开始死亡，细胞核及细胞器已消失，细胞界限不清。透明层细胞的超微结构与角质层相似。

（4）角质层　位于表皮最表层，由多层扁平角质细胞组成，细胞已完全角质化，细胞质内充满角质蛋白，细胞核和细胞器已退化。老化的角质层不断脱落，形成皮屑。

2. 真皮

真皮位于表皮之下，是皮肤最厚、最主要的一层，由致密结缔组织构成，内含大量的胶原纤维和弹性纤维，故有较强的弹性和韧性，可用于鞣制皮革。真皮内含丰富的血管、淋巴管和神经，能输送营养和感受外界刺激。此外，真皮内还有毛囊、汗腺和皮脂腺等结构。临床上常用的皮内注射就是将药物注入真皮内。真皮可分为乳头层和网状层，两者间无明显的界限。

（1）乳头层　紧靠表皮，较薄，此层的结缔组织向表皮突出形成许多乳头状隆起，称为真皮乳头。真皮乳头使表皮和真皮接触面积扩大，连接更加牢固，并有利于表皮从真皮组织液中获得营养。一般来说，表皮较厚，无毛或少毛的皮肤真皮乳头高而细；表皮薄和多毛的皮肤真皮乳头很小，甚至没有。

（2）网状层　位于乳头层下方，较厚的致密结缔组织，内有粗大的胶原纤维束和丰富的弹性纤维交织。网状层内有血管、淋巴管、神经、竖毛肌、毛囊、皮脂腺和汗腺等结构。

3. 皮下组织

皮下组织又称浅筋膜，位于皮肤的最深层，由含有脂肪的疏松结缔组织构成。皮下组织将皮肤与深部组织连在一起，并分布有血管、淋巴管和神经，临床上常用的皮下注射，就是将药物注入皮下组织内。

动物机体各部位的皮下组织发达程度不同，凡皮下组织发达的地方，皮肤的移动性较大，形成皮肤褶。四肢活动范围较大的部位形成永久性皮肤褶，如前肢的肘褶，后肢的膝褶。黄牛颈腹侧皮肤形成特殊的皮肤褶——垂皮。在骨突起的部位，皮下组织常形成皮下黏液囊，内含少量黏液，可减少活动时与皮肤的摩擦。营养状况良好的家畜，皮下组织中含有大量的脂肪组织，家畜皮下脂肪的蓄积，对越冬保温和缓冲外界压力起重要作用。

（二）皮肤的功能

皮肤是家畜的重要保护器官，既能保护体内组织器官免受物理、化学和生物等有害因素的损害，又能防止体内水分、电解质和各种营养的丢失。此外，散在皮肤表皮棘细胞层浅部的朗格汉斯细胞可对抗侵入皮肤的病原微生物。

皮肤具有吸收功能，可吸收脂溶性的物质，如脂溶性维生素、脂溶性激素和重金属的脂溶性盐等，完整的皮肤只能吸收少量的水分。

皮肤里分布着多种的感受器，能感受触、压、疼、痒、冷、热等感觉，是家畜重要的感觉器官。

皮肤可通过排汗排出体内代谢物质，并具有调节体温、分泌皮脂、合成维生素 D 和进行呼吸作用的功能。

二、皮肤衍生物

（一）毛

毛是一种角化的表皮结构，坚韧而有弹性，覆盖于皮肤表面，是热的不良导体，有保温作用。

1. 毛的形态和分布

家畜的被毛主要为粗毛和细毛。猪、牛、马的被毛多为粗毛，短而直；绵羊的被毛多为细毛，细长而柔软，头部和四肢为粗毛。在畜体的某些部位长有特殊的长毛，如猪颈背部的猪鬃，公山羊颏部的髯。此外，有些部位的长毛根部具有丰富的神经末梢，称为触毛，如牛、羊唇部的长毛。

家畜体表被毛的分布随家畜种类的不同而异，猪的被毛常为3根集合为一簇，其中一根为主毛，较长；绵羊的被毛常以10~20根为一簇；牛和马的被毛均匀分布。

毛在畜体表面呈一定方向排列，称毛流。畜体的不同部位毛流的排列形式不同。如点状集合性毛流，毛的尖端向一点集合；点状分散性毛流，毛的尖端从一点向四周分散；旋毛，毛干围绕一中心点以旋转方式向四周放射排列；线状集合性毛流，毛的尖端从两侧集中成一条线；线状分散性毛流，毛的尖端向两侧分成一条线。一般来说，毛流的方向与外界气流和雨水在体表流动的方向相适应。

2. 毛的结构

家畜的被毛斜向生长在皮肤内，露在皮肤表面的部分为毛干，埋于皮肤内的部分为毛根。包围在毛根周围由上皮组织和结缔组织形成的管状鞘结构为毛囊。毛根末端和毛囊下部相连，形成膨大部为毛球，细胞分裂能力很强，是毛的生长点。毛球底部向内凹陷，内有真皮的结缔组织、血管和神经纤维伸入，称为毛乳头，毛乳头可为毛的生长提供营养。在毛囊的一侧，自毛囊下三分之一处斜行伸向表皮的束状平滑肌为竖毛肌，竖毛肌受交感神经支配，遇冷或感情冲动时收缩使毛竖立，还可压迫皮脂腺排出其分泌物。

3. 换毛

毛有一定寿命，生长到一定时期就衰老脱落，被新毛所代替，这个过程称为换毛。

换毛机制：毛有一定的生长周期，处于生长期的毛，其毛囊较长，毛球膨大，毛乳头血流丰富，毛球的细胞分裂活跃；由生长期转入退化期是换毛的开始，此时毛囊逐渐变短，毛球及毛乳头变小萎缩，毛乳头的血管衰退，血流停止，毛球的细胞停止分裂并逐渐角化萎缩，毛根与毛球、毛囊连接不牢，易脱落。在旧毛脱落之前，先在毛囊底部形成新的毛球和毛乳头，开始长新毛。新毛长入原有的毛囊内，旧毛被新毛推出而脱落。

换毛的方式有季节性换毛和持续性换毛。季节性换毛一般在每年春秋两季各进行一次，如骆驼、兔。持续性换毛不受时间和季节的限制，如绵羊的细毛、猪鬃等。

（二）皮肤腺

皮肤腺包括汗腺、皮脂腺和乳腺。

1. 汗腺

汗腺位于皮肤的真皮和皮下组织内，为单曲管状腺。汗腺可分为分泌部和导管部。分泌部盘曲成团（猪、绵羊和马）或蜿蜒弯曲（牛、山羊），位于真皮深层和皮下组织中，其周围分布有丰富的毛细血管，主要作用是产生汗液。汗腺分泌部的上皮细胞呈矮柱状或立方形，上皮细胞和基膜之间分布有具有收缩能力的肌上皮细胞，该细胞的收缩有助于汗液的排出。导管部为细而直的管道，管壁由两层较矮的立方细胞构成，在接近毛囊处转变为复层扁平上皮，导管由真皮深部上行，一般开口于毛囊，无毛的皮肤则穿过表皮，直接开口于皮肤表面。

不同种类的动物汗腺的分布规律存在差异，如牛面部和颈部的汗腺较发达，水牛的汗腺不如黄牛的发达；猪的汗腺比较发达，趾间的汗腺分布最为密集；马和绵羊的汗腺较发达且分布广泛；犬的汗腺不发达，汗腺集中于鼻尖和足跖部。

汗腺具有分泌汗液的功能，在高温环境中，排汗可散热降温。汗液的主要成分是水，汗液的排出能补充表皮角质层散失的水分，以保证皮肤角质层的含水量。此外，汗液中还含有氯化钠、尿素、尿酸和氨等代谢产物，故汗腺也具有排泄功能，可通过汗液将体内的代谢产物排出体外。

2. 皮脂腺

皮脂腺在真皮内，位于毛囊和竖毛肌之间，为分支泡状腺。皮脂腺分为分泌部和导管部，分泌部由一个或几个大的腺泡构成，其周边是一层较小的干细胞，干细胞不断增殖，部分干细胞内形成脂滴，并向腺泡中心移动。腺泡中心的细胞较大，呈多边形，细胞质内充满脂滴。在近导管处，腺细胞解体并排出皮脂。导管部短，管壁由复层扁平上皮构成，在有毛的部位其开口于毛囊，在无毛部位则直接开口于皮肤的表面。皮脂腺分泌皮脂，具有滋润皮肤和被毛的作用。家畜除角、蹄、爪、乳头及鼻唇镜等处的皮肤没有皮脂腺外，全身均分布有皮脂腺。家畜中，猪的皮脂腺不发达，马的皮脂腺较发达，绵羊的皮脂与汗液混合成脂汗，脂汗的好坏可影响羊毛的弹性、坚固性和染色性质等。

动物的被皮内有一些特殊的皮肤腺，是汗腺和皮脂腺的变形结构。由汗腺衍生的，如外耳道皮肤的耵聍腺、牛的鼻唇镜腺、羊的鼻镜腺和猪的腕腺等；由皮脂腺衍生的，如肛门腺、包皮腺、阴唇腺和睑板腺等。

3. 乳腺

乳腺为复管泡状腺，是哺乳动物所特有的。雌雄动物均有乳腺，但只有雌性动物的乳腺才能充分发育形成发达的乳房并具有泌乳能力，雄性动物的乳房仅具有雏形，无泌乳功能。

2-3 犬肛门腺的清洁（动画）

（1）乳房的结构　乳房由皮肤、筋膜和实质构成。乳房的皮肤薄而柔软，除乳头外，均长有稀疏的细毛。皮肤内分布有汗腺和皮脂腺。皮肤内面为筋膜，分为浅筋膜和深筋膜。浅筋膜由疏松结缔组织构成，是腹壁浅筋膜的延续，使乳房皮肤具有活动性，乳头皮下无浅筋膜。深筋膜位于浅筋膜深层，由致密结缔组织构成，内含大量的弹性纤维，在两侧乳房之间形成乳房中隔，即乳房悬韧带。乳房悬韧带向上与腹黄膜相连，并同皮肤一起将乳房固定于腹底壁两侧。

深筋膜的结缔组织伸入乳腺实质中，将乳腺分隔成许多腺小叶。每个腺小叶是一个分支管道系统，由分泌部和导管部组成。分泌部包括腺泡和分泌小管，腺泡与分泌小管相连，分泌小管汇入小叶间导管而成为导管部。分泌部的周围有丰富的毛细血管网，可从血液中获取营养物质生成乳汁。导管部由许多小的输乳管汇合成较大的输乳管，较大的输乳管再汇合成大的乳道，通入腺乳池和乳头乳池，再经乳头管向外开口。乳头管内衬黏膜，其黏膜下有平滑肌和弹性纤维，平滑肌在乳头管口处形成括约肌。（图2-19）

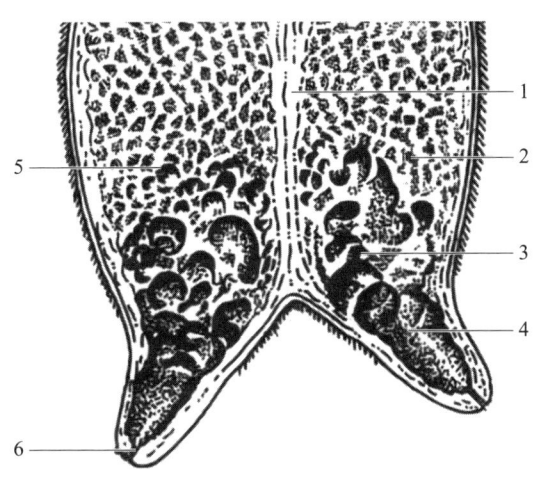

1—乳房中隔；2—腺小叶；3—乳池腺部；4—乳池乳头部；5—乳道；6—乳头管。

图2-19　牛的乳房构造（纵切面）

（2）各种家畜乳房的特点　牛的乳房呈倒置圆锥形，位于耻骨部的腹下壁，两股之间。母牛有4个乳房，且紧密结合为一个整体，左右以明显的纵行的间沟为界，前后以浅的横沟为界。牛有2对乳头，分别位于每个乳房下方，有时在乳房后部有一对发育不全的副乳头，无分泌乳汁的功能。乳头呈圆柱状或圆锥状，前列的 2 个乳头较后列长，乳头顶端有乳头孔，为乳头管的开口。乳头的大小和形状，决定是否适合机械挤奶。在乳房的后部与阴门裂之间，有明显的呈线状毛流的皮肤褶，称为乳镜。乳镜在鉴定产乳能力时具有重要作用，乳镜越大，乳房越能舒展，其中所含的乳量就越多。羊的乳房位于腹股沟部，分左、右 2 个乳房，每个乳房上有一个圆锥形的乳头，乳头基部较大的乳池，每个乳头有一个乳头管的开口。山羊的乳房呈圆锥形，绵羊的乳房呈扁平的半球形。猪的乳房位于胸部和腹部正中部的两侧。乳房数目因品种而异，一般为 5~8 对，多的可达 10 对，少的则有 4 对。乳池小，每个乳房有 1 个乳头，每个乳头上有 2~3 个乳头管的开口。

（三）蹄

蹄是牛、羊、猪等蹄类动物的指（趾）端着地的部分，由皮肤演变而成。蹄的结构与皮肤结构类似，也具有表皮、真皮和少量的皮下组织。蹄的表皮完全角质化形成蹄匣，为蹄的角质层，其质地坚硬，无血管和神经分布；蹄的真皮部为肉蹄，内含丰富的血管和神经，呈鲜红色，感觉灵敏。蹄壁和蹄底真皮直接与蹄骨的骨膜紧密结合，无皮下组织，以保证活动时不致松动；蹄缘和蹄冠部有少量的皮下组织；蹄叉（马）和蹄球（牛）的皮下组织发达且弹性纤维丰富，具有一定弹性，能缓冲地面给蹄部的冲击。蹄具有承受体重和有利于行走的作用。根据动物的蹄数可分为奇蹄动物（马）和偶蹄动物（牛、羊、猪）两类。

1. 牛蹄、羊蹄的结构

牛、羊为偶蹄动物，每肢的指（趾）端有 4 个蹄，从内向外分别称第 2、第 3、第 4、第 5 指（趾）蹄。其中第 3、第 4 指（趾）端蹄发达，直接与地面接触，称为主蹄。第 2、第 5 指（趾）端蹄较小，位于主蹄的后上方并附着于系关节掌（跖）侧面，不与地方接触，称为悬蹄（图 2-20）。

（1）主蹄的结构　主蹄的形状与远指（趾）端节骨相似，呈三面棱锥形，由蹄匣、肉蹄和皮下组织构成。

①蹄匣：蹄的最外层，分为蹄缘角质、蹄冠角质、蹄壁角质、蹄底角质和蹄球角质 5 部分。蹄缘角质，是蹄角质近端与皮肤直接连接的无毛部分，呈半环形窄带，柔软有弹性，可减轻蹄匣对皮肤的压迫，内面有许多角质小管，蹄缘真皮乳头伸入其中。蹄冠角质，为蹄缘表皮下方颜色较浅的环状角质带，其内面凹陷成沟，称蹄冠沟。蹄冠沟沟底有许多角质小管，蹄冠真皮乳头伸入其中。蹄壁角质位于蹄冠下方，质地坚硬，从外向内分为外、中、内 3 层结构。外层又称釉层，位于最表层，由角化的扁平细胞构成，幼畜明显，成年时脱落。中层又称冠状层，是蹄壁角质最厚的一层，由许多纵行排列的角质小管和管间角质构成，富有弹性和韧性，有保护蹄内组织和负重的作用。内层又称

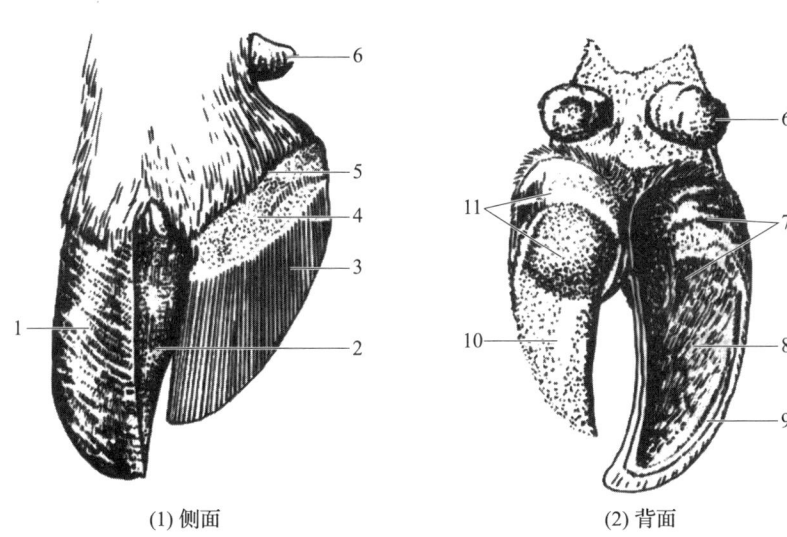

(1) 侧面　　　　　　　　(2) 背面

1—蹄的远轴面；2—蹄的轴面；3—蹄壁真皮；4—蹄冠真皮；
5—蹄缘真皮；6—悬蹄；7—蹄球；8—蹄底；9—蹄白线；10—蹄底真皮；11—蹄球真皮。

图 2-20　牛蹄结构（除去一侧的蹄匣）

小叶层，是最内层的结构，由许多纵向排列的角质小叶构成。其角质小叶与蹄壁真皮的真皮小叶嵌合，使蹄匣和肉蹄之间牢固结合。蹄底角质为蹄匣底面的前部，与地面接触，呈微凹的三角形，与蹄壁角质底缘之间以浅白色的环状线（蹄白线）分开。蹄白线是装蹄铁时下钉的定位标志。蹄底角质的背面有许多角质小管的开口，容纳蹄底真皮上的乳头。蹄球角质，位于蹄底角质的后方，呈球状隆起，由较柔软的角质构成。

②肉蹄：蹄的真皮层，位于蹄匣内，分为蹄缘真皮、蹄冠真皮、蹄壁真皮、蹄底真皮、和蹄球真皮 5 部分。蹄缘真皮，也称肉缘，位于蹄缘沟中的半环带状组织，上接皮肤的真皮，下接蹄冠真皮。肉缘深面的致密结缔组织与骨膜相接，表面有细而短的乳头，插入蹄缘角质的小孔中以滋养蹄缘。蹄冠真皮，也称肉冠，位于蹄冠沟中，为肉蹄较厚的部分，其皮下组织发达，表面有毛状乳头经蹄冠沟中的漏斗状小孔插入角质小管中。蹄壁真皮，也称肉壁，与蹄骨的骨膜紧密结合，表面有许多纵向排列的乳头突起称肉小叶，肉小叶嵌入蹄壁角质小叶中。蹄底真皮，也称肉底，与蹄底角质相适应，表面有较小的乳头，插入蹄底角质的小孔中。蹄球真皮，也称肉球，位于蹄球角质深层，皮下组织发达，富含弹性纤维，构成指（趾）端的弹力结构。

③皮下组织：蹄缘和蹄冠的皮下组织薄，蹄壁和蹄底无皮下组织，肉壁和肉底直接与蹄骨的骨膜紧密结合，防止松动；蹄球的皮下组织发达，富含弹性纤维，具有减轻地面冲击力的作用。

（2）悬蹄的结构　悬蹄的结构和主蹄相似，也分为蹄匣、肉蹄和皮下组织。蹄匣为锥状角质小囊，角质壁也有角质轮，角质较软，内表面也有角质小管的开口和角小叶。肉蹄内含有发达的弹性纤维。

2. 猪蹄的结构

猪属于偶蹄动物，有2个主蹄和2个悬蹄，蹄的结构与牛蹄相似，但猪蹄的蹄底较小，蹄球较发达。一般猪前肢的蹄较后肢的蹄短、宽。无论前肢、后肢，其内侧的主蹄或悬蹄都比外侧的短小。

（四）角

角是覆盖在反刍动物额骨后方两侧角突表面的皮肤衍生物。角可分角根（基）、角体和角尖3部分。角根与额部的皮肤相连续，此处角质软而薄，有稀疏的毛。角体是由角根向角尖延续部分，角质会逐渐变厚。角尖的角质最厚，甚至成为实体。角的表面有环状隆起，称为角轮。角轮之间的部分称轮节。牛的角轮在角根部最明显，向角尖则逐渐消失。羊的角轮较明显，几乎遍布全角。畜牧生产中，可通过角轮来估测牛的年龄。不同种类、品种、性别、年龄以及个体，其角的形状、大小、弯曲的方向等方面存在差异。

项目三　认知消化系统

> **知识目标**

1. 掌握体腔和浆膜的主要结构。
2. 掌握消化系统的组成。
3. 掌握牛（羊、猪）消化器官的形态、位置、构造和功能。
4. 理解消化和吸收的含义，了解糖、蛋白质、脂肪的消化和吸收的过程。

> **能力目标**

1. 能识别动物体表部位、方位及解剖剖面，在标本上识别体腔的构成。
2. 能在活体牛（羊、猪）上确定胃、肠的体表投影位置。
3. 能在新鲜标本上识别牛（羊、猪）消化器官的形态、颜色、质地和构造。
4. 能在显微镜下识别胃、肠、肝的组织构造。
5. 能解释反刍、嗳气、食管沟反射以及生物学消化等消化特点。

> **素质目标**

1. 树立健康膳食理念，建立科学饲养与无抗养殖意识，遵守职业操守。
2. 结合粪污无害化处理，强化学生的绿色生态意识，增强生态共同体构建意识。

> 工作项目

工作项目	瘤胃切开术
前导知识	在牛羊养殖中,前胃疾病具有相对较高的发病率,在一定程度上会损伤牛羊的消化功能与胃部器官,虽然致死率不高,但明显降低牛羊的生产性能,会严重损害养殖户的经济效益。瘤胃切开术常用于牛羊瘤胃疾病的手术治疗,也可用于创伤性网胃炎、瓣胃阻塞及误食异物等的治疗和急性消化性中毒的紧急排毒治疗等。当前胃出现异常,且常规检查或治疗方法不能起到良好的作用时,瘤胃切开术能起到较好的检查和治疗作用。
工作要求	(1)将填写任务工单一(瘤胃切开术的手术方案)的空缺部分作为本项目学习的载体之一,积极探索、深度思考,助力高质量完成任务工单二,为未来临床开展动物消化疾病诊疗打下基础。 (2)将任务工单一填写的答案拍照上传本章节的学习平台,作为平时成绩的组成部分。

> 学习任务

任务工单一

学习任务	完善瘤胃切开术的手术方案			
任务描述	在识别瘤胃、网胃、瓣胃和皱胃等消化器官的形态、构造、位置和各器官之间的位置关系的基础上,查阅资料,完成瘤胃切开术手术方案的制定。			
任务名称	序号	操作要领	操作方法	
瘤胃切开术手术方案	1	术前准备	(1)动物准备　有严重瘤胃臌气的通过_____(工具)放气或_____(方法)放气;纠正水、电解质平衡紊乱和代谢性酸中毒。 (2)器械准备　常用腹部外科手术器械1套、胃冲洗设备、温盐水及导管等。	

续表

任务名称	序号	操作要领	操作方法
瘤胃切开术手术方案	2	保定与麻醉	（1）保定　六柱栏内站立保定或右侧卧保定。 （2）麻醉 ①六柱栏内保定：可用局部浸润麻醉，也可用椎旁或_____（器官）阻滞传导麻醉。 ②右侧卧保定：采用全身麻醉，同时配合局部椎旁或腰旁神经阻滞传导麻醉。
	3	术部切口	（1）左肷部前切口　在左侧腰椎横突下方8~10cm，距最后肋弓5cm左右，作一与最后肋骨平行的切口，切口长15~25cm，必要时，也可切除最后肋骨作为肷部前切口。 （2）左肷部中切口　在左侧髋结节与最后肋骨联线的中点，距_____（器官）下方6~8cm处垂直向下作15~25cm的腹壁切口，切口长度根据手术要求适当改变其长度。 （3）左肷部后切口　左侧髋结节与最后肋骨连线上，在第4或第5腰椎横突下6~8cm处，_____（方向）向下切开15~25cm。
	4	手术方法	（1）打开手术通路　按开腹术操作规程分层切开分离腹壁，充分暴露瘤胃。 （2）瘤胃切开方法　将_____（器官）拉出皮肤切口外，四周塞紧生理盐水大纱布，然后固定。选择少血管处全层切开瘤胃壁，然后在瘤胃切口上装置洞巾。 （3）瘤胃探查：探查内容物的性状及是否有异物。 （4）关闭手术通路 除去洞巾，冲洗和清理瘤胃创口。自下而上进行瘤胃壁全层连续缝合，然后再次冲洗和清理瘤胃创口。 对瘤胃浆膜及肌层进行内翻缝合。腹膜进行连续缝合，然后分层连续缝合腹壁各肌层。 结节缝合皮肤，涂擦抗生素软膏，安装结系保护绷带。

续表

任务名称	序号	操作要领	操作方法
瘤胃切开术手术方案	5	注意事项	（1）皮肤、皮下组织、腹外斜肌、腹内斜肌作垂直地面的手术切口，腹横肌钝性分离，这样可以得到宽大的手术通路。 （2）牛的腹壁肌层较薄，在_____（位置）部切口分离时，注意区别腹膜与瘤胃壁，避免过早地切开胃壁。 （3）为防止感染，冲洗瘤胃创口以及缝合完每一层均可使用适量的抗生素。 （4）瘤胃缝合前向里面填入1.5~2.5kg青干草，以刺激胃壁恢复收缩能力，促进反刍。 （5）术后36~48h禁食，不限饮水，待瘤胃蠕动恢复、出现反刍后，才可开始给予少量优质饲料。
任务要求			答案填写完成后，将此任务工单拍照上传学习平台。

任务工单二

学习任务	识别家畜消化器官的一般结构
任务描述	利用标本、图片、模型、活体动物、虚拟仿真软件等资源，识别口腔、食管、瘤胃、网胃、瓣胃、皱胃、小肠、大肠、肝和胰的形态、构造、位置和各器官之间的位置关系。
操作步骤	（1）利用标本、图片、模型、活体动物、虚拟仿真软件等资源，识别食管、瘤胃、网胃、瓣胃、皱胃、小肠、大肠、肝和胰的形态、位置和各器官之间的位置关系。 （2）利用标本、图片、模型、虚拟仿真软件等资源识别瘤胃、网胃、瓣胃、皱胃、小肠和大肠形态和结构。 （3）利用切片、图片、模型、虚拟仿真软件等资源识别肝和胰的被膜和实质。 （4）利用切片、图片、显微镜等资源识别食道、真胃、小肠、肝的组织结构。 （5）在活体牛上，指出瘤胃、网胃、瓣胃、皱胃、小肠和大肠的体表投影位置。

> 必备知识

一、概述

（一）消化系统的组成

消化系统包括消化管和消化腺两部分。消化管为食物通过的管道，起于口腔，经咽、食管、胃、小肠、大肠，止于肛门（图 2-21、图 2-22）。消化腺为分泌消化液的腺体，包括唾液腺、胃腺、肠腺、肝和胰等。其中胃腺和肠腺分别位于胃壁和肠壁内，称壁内腺；唾液腺、肝和胰在消化管外形成独立的腺体，其分泌物经腺导管进入消化管，称为壁外腺。

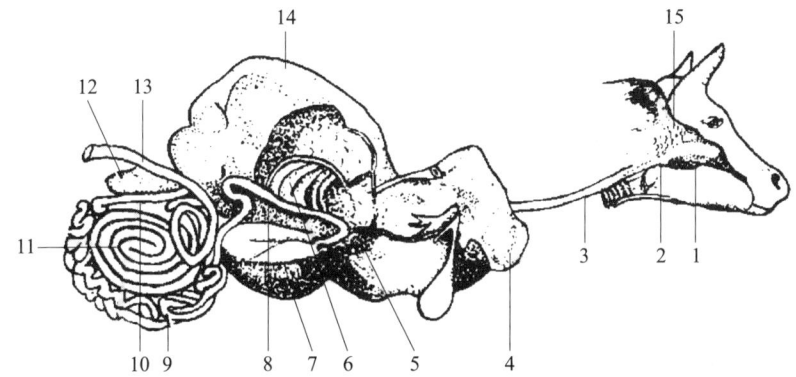

1—口腔；2—咽；3—食管；4—肝；5—网胃；6—瓣胃；7—皱胃；
8—十二指肠；9—空肠；10—回肠；11—结肠；12—盲肠；13—直肠；14—瘤胃；15—腮腺。

图 2-21　牛消化系统模式图

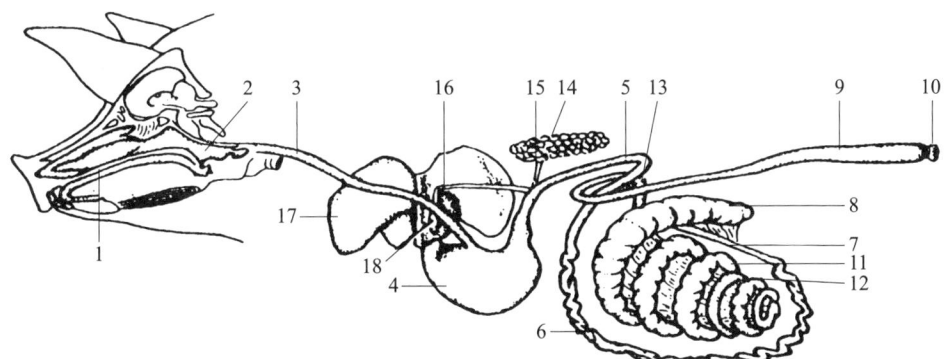

1—口腔；2—咽；3—食管；4—胃；5—十二指肠；6—空肠；7—回肠；
8—盲肠；9—直肠；10—肛门；11—结肠圆锥向心回；12—结肠圆锥离心回；
13—结肠终袢；14—胰；15—胰管；16—胆总管；17—肝；18—胆囊。

图 2-22　猪的消化器官

（二）腹腔和骨盆腔

1. 腹腔

腹腔是体内最大的腔，其前壁为膈，后通骨盆腔，两侧与底壁为腹肌与腱膜，顶壁为腰椎和腰肌。绝大多数内脏器官位于腹腔内，为了便于说明各器官的位置，可将腹腔划分为10个部分（图2-23），具体划分方法如下。

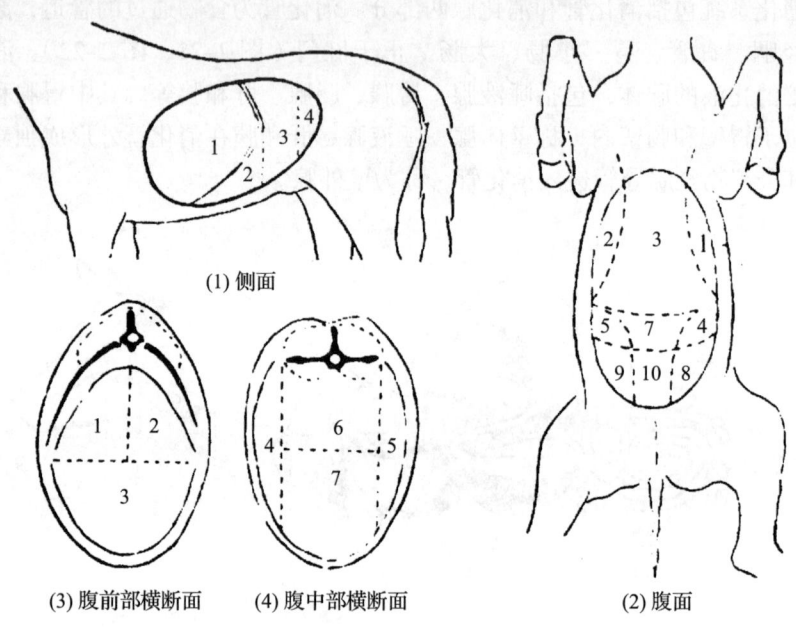

1—左季肋部；2—右季肋部；3—剑状软骨部；4—左髂部；
5—右髂部；6—腰部；7—脐部；8—左腹股沟部；9—右腹股沟部；10—耻骨部。

图 2-23 腹腔分区

通过两侧最后肋骨后缘最突出点和髋结节前缘各做一个横断面，将腹腔首先划分为腹前部、腹中部和腹后部。

腹前部：又分为3部分。以肋弓为界，肋弓以下为剑状软骨部；肋弓以上、正中矢状面两侧为左、右季肋部。

腹中部：又分为4部分。沿腰椎两侧横突顶点各做一个侧矢面，将腹中部分为左、右髂部和中间部；在中间部沿第1肋骨的中点作额面，将中间部分为背侧的腰部和腹侧的脐部。

腹后部：又分为3部分。把腹中部的两个侧矢面平行后移，使腹后部分为左、右腹股沟部和中间的耻骨部。

2. 骨盆腔

骨盆腔是腹腔向后的延续部分，其顶壁为荐骨和前3~4个尾椎，两侧壁为髂骨和荐坐韧带，底壁为耻骨和坐骨，呈前宽后窄的圆锥形。骨盆腔前口由荐骨岬、髂骨体和耻骨前缘围成；后口由前几个尾椎、荐坐韧带后缘及坐骨弓围成。骨盆腔内有直肠、输尿管、膀胱及母畜的尿道、子宫后部和阴道或公畜的输精管、尿生殖道骨盆部和副性腺等。

（三）腹膜和腹膜腔

腹膜是衬在腹腔和骨盆腔内的浆膜。其中紧贴于腹腔和骨盆腔内壁表面的部分，称为腹膜壁层；壁层从腹腔顶壁折转而覆盖在内脏器官外表面的部分，称为腹膜脏层。腹膜壁层和脏层之间的腔隙称腹膜腔，内有少量浆液，具有润滑作用，可减少脏器运动时相互间的摩擦。

腹膜从腹腔内壁、骨盆腔内壁移行到脏器，或从某一器官移行到另一器官，形成许多皱褶，分别称为系膜、网膜和韧带。系膜是连于腹腔顶壁与肠管之间宽而长的腹膜褶，将肠悬吊在腹腔内，如空肠系膜；韧带是连于腹腔、骨盆腔与脏器之间或脏器与脏器之间的腹膜褶，如胃脾韧带、肝韧带、子宫阔韧带等；网膜是连于胃与其他脏器之间的腹膜褶，因其呈网格状，所以称为网膜。网膜是双层的浆膜褶，根据其位置不同分为大、小网膜。网膜内含有结缔组织、脂肪、淋巴结及分布到脏器的血管、神经等，起着联系和固定脏器的作用。

（四）消化管的一般构造

消化管各段在形态、功能上各有特点，但其管壁的组织结构基本一样，除口腔外，一般均可分为4层，由内向外依次为黏膜层、黏膜下层、肌层和外膜（图2-24）。

1. 黏膜层

黏膜层是消化管的最内层，色泽淡红，富有伸展性。当管腔空虚时，常形成皱褶。黏膜层具有保护、吸收和分泌等功能。黏膜层又可分为3层。

（1）黏膜上皮　是直接接触消化管内物质、执行功能活动的主要部分。口腔、咽、食管、瘤胃、网胃、瓣胃及肛门为复层扁平上皮，有保护作用。皱胃、肠为单层柱状上皮，有吸收作用。

（2）固有层　由疏松结缔组织构

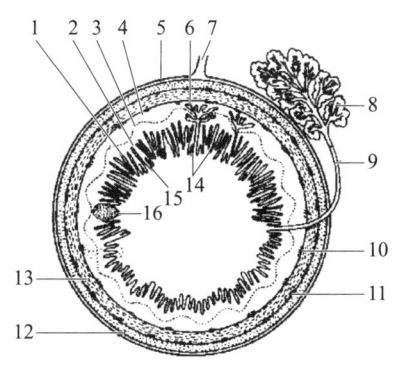

1—肠腺；2—固有层；
3—黏膜肌层；4—黏膜下层；
5—浆膜；6—十二指肠腺；7—肠系膜；
8—壁外膜；9—腺导管；10—黏膜下丛；
11—肌间神经丛；12—纵行肌；13—环形肌；
14—小肠绒毛；15—黏膜上皮；16—淋巴小结。

图2-24　消化管壁构造模式图

成，具有支持和营养上皮的作用。内含丰富的血管、神经、淋巴管、淋巴组织和腺体等。肠黏膜的固有层内还有淋巴小结。

（3）黏膜肌层　是固有层下的薄层平滑肌。收缩时可使黏膜形成皱褶，有利于物质吸收、血液流动和腺体分泌物的排出。

2. 黏膜下层

黏膜下层是位于黏膜层和肌层之间的一层疏松结缔组织，使黏膜具有一定的活动性。内含较大的血管、淋巴管和神经丛。在食管和十二指肠，此层内还含有腺体。

3. 肌层

除口腔、咽、食管和肛门的管壁为横纹肌外，其余各段均由平滑肌构成。一般可分为内层的环行肌和外层的纵行肌2层。环行肌收缩可使管腔缩小，纵行肌收缩可使管道缩短而管腔变大。2层肌肉的交替收缩和舒张，可以使内容物向一定方向移动。2层肌肉之间有肌间神经丛和结缔组织。

4. 外膜（或浆膜）

外膜（浆膜）为富有弹性纤维的疏松结缔组织层，位于管壁的最表面，有连接周围各器官的作用。在食管颈段、直肠后部与周围器官相连接处称为外膜；而在食管胸、腹段以及胃肠外膜表面尚有一层间皮覆盖，合称为浆膜。浆膜表面光滑，并能分泌浆液，有润滑作用，可以减少器官间运动时的摩擦。

二、消化系统构造

（一）口腔

口腔是消化管的起始部，具有采食、咀嚼、吸吮、味觉和吞咽等功能。口腔前壁为唇，两侧壁为颊，顶壁为硬腭，底壁为下颌骨和舌，后壁为软腭。前由口裂与外界相通，后以咽峡与咽相连。口腔以齿弓为界分为口腔前庭和固有口腔：齿弓与唇、颊之间的空隙为口腔前庭；齿弓以内的空隙称为固有口腔。

口腔内面衬有黏膜，富有血管，呈粉红色，常有色素沉着。黏膜上皮为复层扁平上皮，细胞不断脱落、更新，脱落的上皮细胞混入唾液中。如果口腔黏膜潮红、苍白、黄染、湿润、干燥以及破损等可能预示着某些疾病，因此是临床检查的可视黏膜之一。

1. 唇

唇分上唇和下唇，上、下唇的游离缘共同围成口裂。以口轮匝肌为基础，内衬黏膜，外被皮肤。唇黏膜具有唇腺，开口于唇黏膜上（图2-25）。

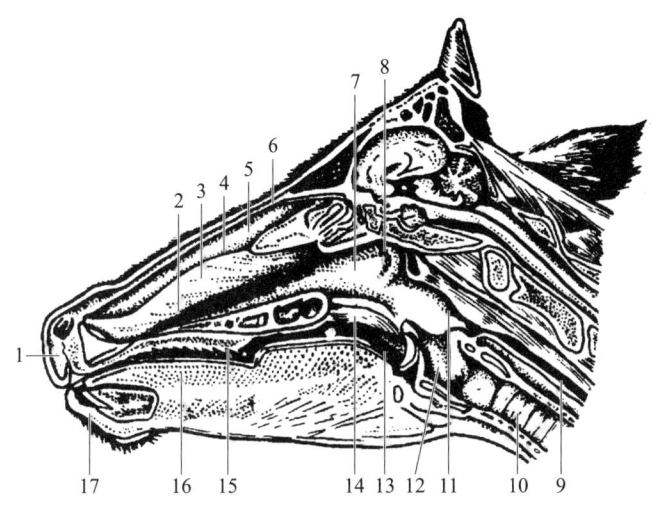

1—上唇；2—下鼻道；3—下鼻甲；4—中鼻道；5—上鼻甲；6—上鼻道；
7—鼻咽部；8—咽鼓管咽口；9—食管；10—气管；11—喉咽部；12—喉；
13—口咽部；14—软腭；15—硬腭；16—舌；17—下唇。

图 2-25 牛头纵剖面

牛唇短厚、坚实、不灵活。上唇中部和两鼻孔之间的无毛区，称鼻唇镜。羊唇薄而灵活，可以啃食低矮的草。羊上唇中间有明显的纵沟，两鼻孔间形成无毛的鼻镜。鼻唇镜或鼻镜内含有鼻唇腺，常分泌一种水样液体，因液体蒸发，故鼻唇镜或鼻镜湿润、低温，是牛、羊健康的标志。猪唇活动性不大，上唇短而厚，与鼻端一起形成吻突，下唇小而尖，口裂大，口角与第 3~4 前臼齿相对，口角处的唇肌中的唇腺少而小。

2. 颊

颊构成口腔的侧壁，主要由颊肌构成，外覆皮肤，内衬黏膜。颊黏膜上有颊腺和腮腺管开口。牛、羊的颊黏膜上有尖端朝后的锥状乳头。猪颊腺分颊背侧腺和颊腹侧腺，排成 2 行，与上、下颊齿相对，从口角伸至咬肌，颊腺有许多排泄管开口于颊前庭。腮腺管开口与第 4 或第 5 颊齿相对。

3. 硬腭

硬腭构成口腔的顶壁（图 2-26）。硬腭黏膜厚而坚实，上皮高度角质化。硬腭正中有一纵行的腭缝，腭缝两侧为横行的腭褶，腭褶上有角质化的锯齿状乳头，利于磨碎食物。硬腭的前端有一菱形的小隆起，称为切齿乳头，切齿乳头两侧有鼻腭管的开口，鼻腭管的另一端通鼻腔。牛、羊的硬腭前端无切齿，由该处黏膜形成厚而致密的角质层，称为齿板。猪硬腭狭而长，构成固有口腔的顶壁。

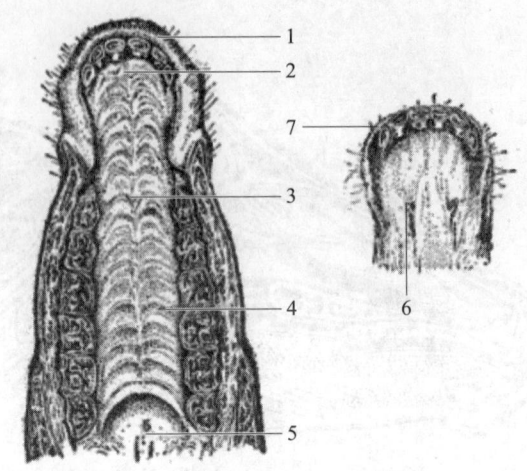

1—上唇；2—切齿乳头；3—腭缝；4—腭褶；5—软腭；6—舌下肉阜；7—下唇。

图 2-26 口腔顶壁和底壁

4. 软腭

软腭由硬腭延续而来，构成口腔后壁。软腭以横纹肌构成的腭肌为基础，黏膜内含有腺体和淋巴组织。软腭与舌根之间的腔隙称为咽峡，为口腔与咽之间的通道。软腭在吞咽过程中起活性瓣的作用。呼吸时，软腭下垂，空气经咽到喉或鼻腔；吞咽时，软腭提起，关闭鼻咽部，同时会厌软骨翻转盖住喉口，食物由口腔经咽入食管。猪软腭短而厚，位置近水平，向后伸至会厌口腔面的中部，游离缘正中有小的悬雍垂，口腔面正中沟两侧有腭帆扁桃体，呈卵圆形，黏膜表面有许多扁桃体隐窝。

5. 舌

舌位于口腔底，占据固有口腔的绝大部分。舌运动灵活，参与采食、吸吮、咀嚼、吞咽、发声，并有感受味觉等功能。

舌可分舌尖、舌体和舌根3部分。舌尖是舌前端游离的部分；舌体位于两侧臼齿之间，附着于口腔底的下颌骨上；舌根为舌体后部附着于舌骨上的部分。舌尖和舌体交界处的腹侧有2条黏膜褶与口腔底相连，称为舌系带。舌系带两侧各有一突起称为舌下肉阜（俗称卧蚕），是颌下腺的开口处。

牛舌主要由横纹肌构成，表面被覆黏膜。舌背面的黏膜上有许多大小不一、形态各异的突起，称为舌乳头。牛的舌乳头可分为3种：锥状乳头、菌状乳头、轮廓乳头。锥状乳头为尖端的乳头，呈圆锥形，分布于舌尖和舌体的背面；菌状乳头呈大头针帽状，数量较多，散布于舌背和舌尖的边缘；轮廓乳头排列于舌背和舌尖的两侧，每侧8~17个。其中锥状乳头上皮有很厚的角质层，上皮中无味蕾，仅起一般感觉和机械保护作用；而后2种乳头的黏膜上皮中含有许多圆形小体,称为味蕾,可感受味道。舌根背侧和两侧的黏膜内有大量的淋巴组织,称为舌扁桃体。牛舌宽厚有力,是采食的主要器官。舌背后部有一隆起,称舌圆枕。

猪舌长而窄,舌尖薄而尖,舌背黏膜上分布有5种舌乳头。菌状乳头小,以舌两侧较多;丝状乳头细而柔软;圆锥状乳头长,软而尖,位于舌根部;轮廓乳头2~3个,位于舌体和舌根交界处;叶状乳头有1对,卵圆形,由5~6个小叶组成。舌系带有2条,其附着处外侧有极不明显的舌下阜。

6. 齿

齿是采食和咀嚼的器官,有切断、撕裂和磨碎食物的作用,由坚硬的骨组织构成。齿镶嵌于上、下颌骨的齿槽内,排列成弓形,分成上齿弓和下齿弓。每侧齿弓由前向后顺序排列为切齿、犬齿和臼齿。其中切齿由内向外又分别称为门齿、内中间齿、外中间齿、隅齿;臼齿可分为前臼齿和后臼齿(图2-27)。齿在出生后逐个长出,除后臼齿外,其余齿到一定年龄时均按一定顺序进行脱换。脱换前的齿称为乳齿,个体较小、乳白色,磨损较快;脱换后的齿称恒齿,相对较大、坚硬、颜色较白。

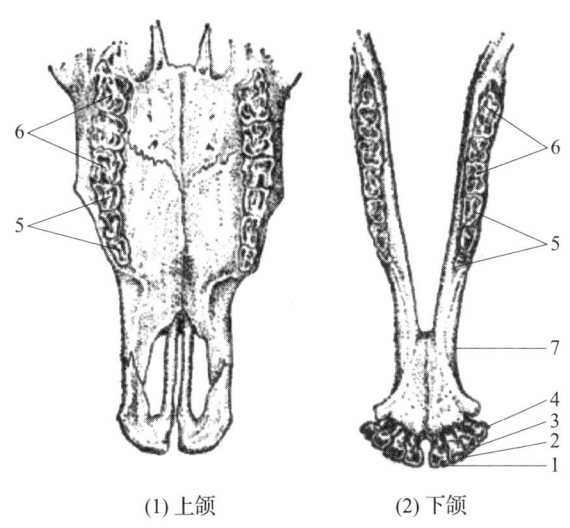

(1) 上颌　　　　(2) 下颌

1—门齿;2—内中间齿;3—外中间齿;4—隅齿;5—前臼齿;6—后臼齿;7—下颌骨。

图 2-27　牛的齿

齿的位置和数目可齿式表示:

$$\frac{上齿弓}{下齿弓} = 2\begin{pmatrix} 切齿 & 犬齿 & 前臼齿 & 后臼齿 \\ 切齿 & 犬齿 & 前臼齿 & 后臼齿 \end{pmatrix}$$

牛恒齿式:$2\begin{pmatrix} 0 & 0 & 3 & 3 \\ 4 & 0 & 3 & 3 \end{pmatrix} = 32$　　　　牛乳齿式:$2\begin{pmatrix} 0 & 0 & 3 & 0 \\ 4 & 0 & 3 & 0 \end{pmatrix} = 20$

猪恒齿式：$2\left(\dfrac{3\ 1\ 4\ 3}{3\ 1\ 4\ 3}\right)=44$ 　　　猪乳齿式：$2\left(\dfrac{3\ 1\ 0\ 3}{3\ 1\ 0\ 3}\right)=28$

齿在外形上可分3部分：埋在齿槽内的部分称齿根；露于齿龈外的称齿冠；二者之间被齿龈覆盖的部分称为齿颈。齿龈为包在齿颈外的一层黏膜，与骨膜紧密相连，呈淡红色，有固定齿的作用。齿龈发生紫色或潮红等现象，是一种病理变化。

齿由齿质、釉质（珐琅质）和齿骨质构成。齿质位于内层，呈淡黄色，构成齿的主体；齿冠部齿质的外面包以光滑、坚硬、乳白色的釉质，是体内最坚硬的组织；齿根部齿质的外面被有略呈黄色的齿骨质；齿的中心部为齿髓腔，内有富含血管、神经的齿髓，对齿有营养作用（图2-28、图2-29）。

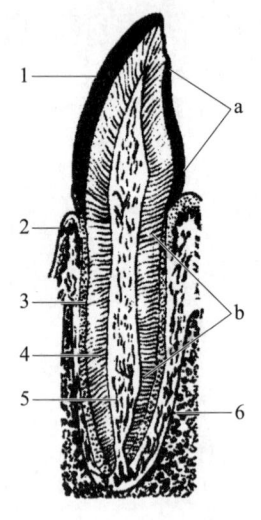

a—齿冠；b—齿颈和齿根；
1—釉质；2—齿龈；3—齿骨质；
4—齿质；5—齿髓腔；6—下颌骨。
图 2-28　牛切齿（短冠齿）的构造

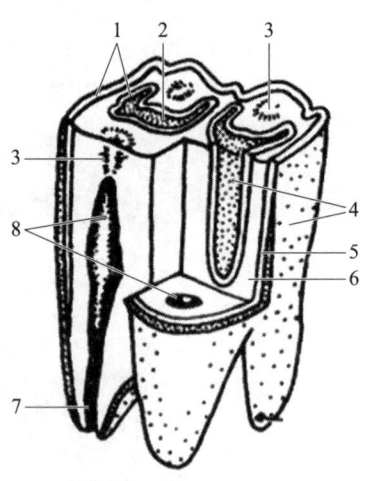

1—釉质；2—齿坎；3—齿星；4—齿骨质；
5、6—齿质；7—齿根管；8—齿髓腔。
图 2-29　牛臼齿（长冠齿）的构造

牛无上切齿和犬齿，代之以坚硬角质化的齿板，下切齿齿冠呈铲形。

在生产上，可根据切齿的出齿、换齿以及齿面磨损程度来判断牛的年龄。犊牛出生时第1对门齿已长成，3月龄左右，其他乳切齿也陆续长齐。1.5岁乳门齿开始脱成永久齿，此后每年按顺序脱换1对乳切齿，到5岁时，4对乳切齿全部换成永久齿，俗称"齐口"。5岁以后主要依据切齿的磨面形状大致判定牛的年龄，初呈线状或带状，进而呈横椭圆形、近圆形、圆形、三角形，最后呈中间凸起的纵椭圆形等。

猪齿除犬齿是长冠齿外，其余均为短冠齿。齿冠、齿颈、齿根分区明显。

恒切齿呈圆锥形，上、下切齿各有3对，即门齿、中间齿和边齿。上切齿较小，方向近垂直，相邻两齿间有间隙。门齿最大，边齿最小；下切齿较大，方向呈水平，中间齿和边齿紧密相邻，中间齿最大，边齿最小。犬齿很发达。下犬齿比上犬齿长。公猪的下犬齿长15~18cm，呈弯曲、长而尖的三棱形，弯向后外方，突出于口裂之外。公猪上犬齿长6~10cm，呈锥形，弯向后外方。上、下犬齿经常摩擦使下犬齿始终保持尖锐。母猪的犬齿不如公猪的发达。乳犬齿小。臼齿为丘型齿，由前向后体积逐渐增大。第1前臼齿小而简单，又称狼齿，无乳齿。臼齿呈结节状，适合于压碎食物。猪出生时有8个乳齿，即上、下颌第3切齿和犬齿，为防止新生仔猪咬伤母猪乳头，通常在出生后数小时内将其剪掉。

7. 唾液腺

唾液腺分泌唾液参与消化，主要有腮腺、颌下腺和舌下腺3对，另外还有一些小的壁内腺，如唇腺、颊腺等（图2-30）。

腮腺：位于耳根下方，下颌骨后缘。牛、羊的腮腺为淡红褐色，呈狭长的倒三角形，其腺管开口于第5上臼齿相对应的颊黏膜上。猪的腮腺很发达，呈三角形，淡黄色，为浆液型腺。

颌下腺：牛的颌下腺比腮腺大，位于下颌骨的内侧，后部被腮腺覆盖，呈淡黄色，长而弯曲，腺管开口于舌下肉阜。猪颌下腺为混合型腺，较小，呈扁圆形，淡红色，位于腮腺深面和下颌支内侧，被腮腺覆盖。

舌下腺：位于舌体和下颌骨之间的黏膜下，淡黄色，腺体分散，腺管很多，分别开口于口腔底部黏膜上。牛的舌下腺分上、下2部分，上部为多口舌下腺，又称短管舌下腺，下部为单口舌下腺，又称长管舌下腺。猪舌下腺主要为黏液型腺，与牛的相似，位于舌体和下颌支之间的黏膜下，呈扁平长带型，分2部分。

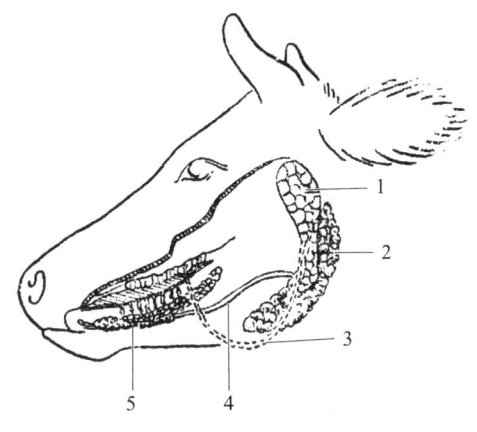

1—腮腺；2—颌下腺；
3—腮腺管；4—下颌腺管；5—舌下腺。

图2-30 牛的口腔腺

（二）咽

咽位于口腔、鼻腔的后方，喉和食管的前上方，是消化和呼吸的共同通道。咽可分为鼻咽部、口咽部和喉咽部：鼻咽部位于鼻腔后方软腭背侧，是鼻腔向后的延续；口咽部位于软腭和舌根之间；喉咽部位于喉口背侧，很短。

咽有7个孔与周围邻近器官相通：前上方经2个鼻后孔通鼻腔；前下方经

咽峡通口腔；后背侧经食管口通食管；后腹侧经喉口通气管；两侧壁各有一耳咽管口通中耳。猪喉咽部底壁在喉突起两侧有深而明显的梨状隐窝，喉口开放时食物可通过梨状隐窝，因此，猪能够同时呼吸和吞咽。

咽峡是软腭和舌根构成的咽与口腔之间的通道，其侧壁黏膜上有扁桃体窦，窦壁内分布有腭扁桃体。

咽壁由黏膜、肌肉和外膜3层构成。咽黏膜衬于咽腔内面，含有咽腺和淋巴组织；咽的肌肉为横纹肌，有缩小和开张咽腔的作用；外膜为覆盖在咽肌外面的一层纤维膜。

（三）食管

食管是将食物由咽送入胃的肌质管道，分为颈、胸、腹3段。颈段起始于喉和气管的背侧，至颈中部逐渐转向气管的左侧（给牛投胃管时可以从左侧观察胃管投入情况），经胸前口入胸腔，又转向气管的背侧，并继续向后延伸，经膈的食管裂孔进入腹腔与胃的贲门相连。

（四）胃

胃位于腹腔内，是消化管的膨大部分，前接食管处形成贲门，后形成幽门通十二指肠。

1. 牛（羊）胃

牛、羊的胃是多室胃，由瘤胃、网胃、瓣胃和皱胃4个胃组成（图2-31、图2-32）。其中前3个胃无消化腺，主要作用是储存食物、发酵和分解粗纤维，称前胃；第4胃有消化腺，能分泌胃液，进行化学消化，又称真胃。

（1）瘤胃　瘤胃呈前后稍长、左右略扁的椭圆形，容积最大，占4个胃容积的80%。位于腹腔左侧，其下部还伸到腹腔右侧。瘤胃前端与第7~8肋肋间隙相对，后端达骨盆前口。左侧（壁面）与脾、膈及腹壁相接触，右侧（脏面）与瓣胃、皱胃、肠、肝、胰等相邻，背侧借腹膜和结缔组织附于膈脚和腰肌的腹侧面，腹侧缘隔着大网膜与腹腔底相接触。瘤胃手术一般在左髂部进行。瘤胃叩诊、触诊或听诊在左肷部进行。

瘤胃的前端和后端可见到较深的前沟和后沟，两条沟分别沿瘤胃的左、右侧延伸，形成了较浅的左纵沟和右纵沟。瘤胃的内壁有与上述各沟相对应的肉柱。肉柱是以环行肌和纵行肌为基础，内含有大量的弹性纤维，有加固瘤胃壁和促进瘤胃运动的作用。沟和肉柱共同围成环状，把瘤胃分成背囊和腹囊两部分。由于瘤胃前沟和后沟较深，所以在瘤胃背囊和腹囊的前、后分别形成前背盲囊、后背盲囊、前腹盲囊和后腹盲囊。在后背盲囊和后腹盲囊之前，分别有后背冠状沟和后腹冠状沟（图2-33、图2-34）。

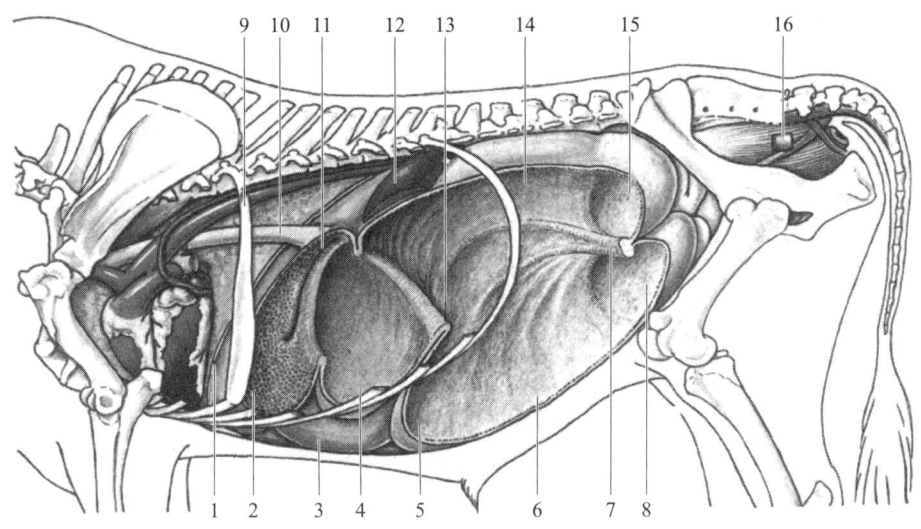

1—膈；2—网胃；3—皱胃；4—前背盲囊；
5—前腹盲囊；6—瘤胃腹囊；7—瘤胃后柱；8—后腹盲囊；9—第7肋骨；
10—食管；11—食管沟；12—脾；13—瘤胃前柱；14—瘤胃背囊；15—后背盲囊；16—直肠。

图 2-31　牛内脏左侧

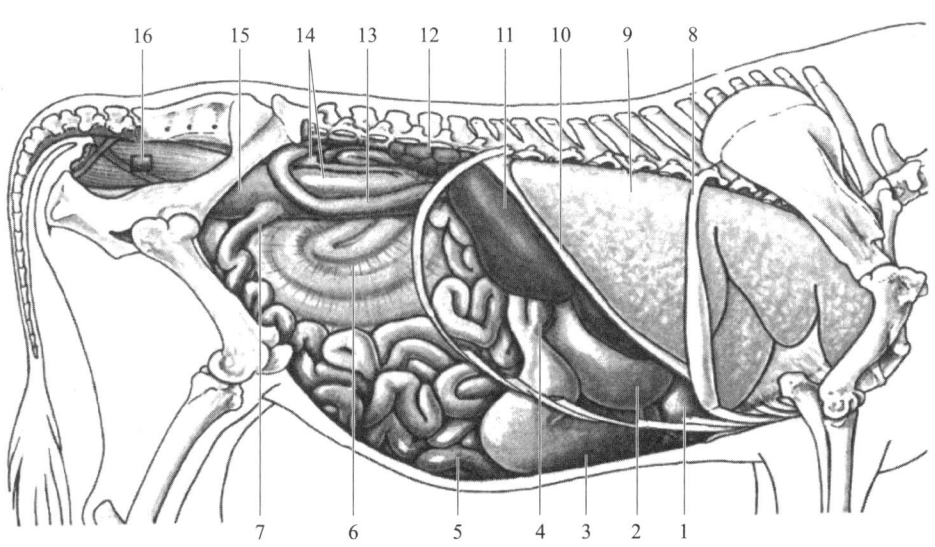

1—网胃；2—瓣胃；3—皱胃；4—胆囊；5—空肠；6—结肠旋襻；7—回肠；
8—第7肋骨；9—肺；10—膈；11—肝；12—肾；13—十二指肠；14—结肠初襻；15—盲肠；16—直肠。

图 2-32　牛内脏右侧

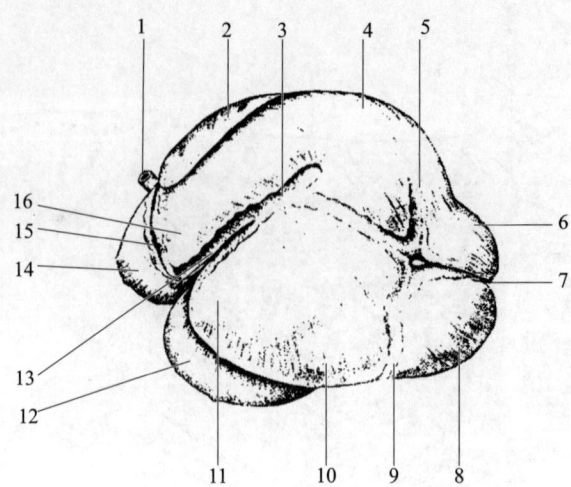

1—食管；2—脾；3—左纵沟；4—瘤胃背囊；
5—后背冠状沟；6—后背盲囊；7—后沟；8—后腹盲囊；9—后腹冠状沟；
10—瘤胃腹囊；11—前腹盲囊；12—皱胃；13—前沟；14—网胃；15—瘤网胃沟；16—前背盲囊。

图 2-33　牛胃左侧

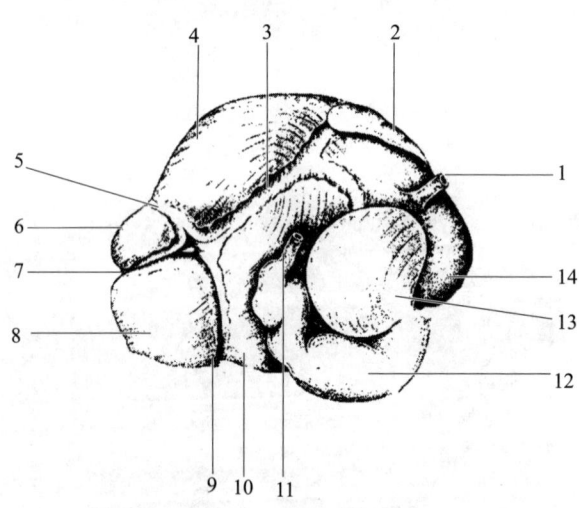

1—食管；2—脾；3—右纵沟；
4—瘤胃背囊；5—后背冠状沟；6—后背盲囊；7—后沟；8—后腹盲囊；
9—后腹冠状沟；10—瘤胃腹囊；11—十二指肠；12—皱胃；13—瓣胃；14—网胃。

图 2-34　牛胃右侧

瘤胃和网胃之间有瘤网口相通，口背侧形成一个穹隆，称为瘤胃前庭。前庭顶壁有贲门，与食管相通。

瘤胃黏膜呈棕黑色或棕黄色，无腺体，表面有无数密集的乳头，乳头大小不等，以瘤胃腹囊和盲囊内的最发达，乳头内含丰富的毛细血管。但肉柱和前庭的黏膜上无乳头，颜色较淡。

（2）网胃　网胃呈梨状，前后稍扁。容积最小，占4个胃容积的5%。网胃位于季肋部正中矢状面，瘤胃背囊的前下，与第6～8肋相对。网胃的后面（脏面）较平，与瘤胃背囊相连，上端有较大的瘤网口与瘤胃相通，右下方有网瓣口与瓣胃相通。网胃的前面（壁面）较突出，与膈、肝相接触，而膈的前面紧邻心脏和肺。由于网胃的位置靠前靠下，当牛吞入尖锐金属异物后容易留在网胃，当网胃第二次强有力收缩时可穿透网胃壁，引起创伤性网胃炎，严重时还穿过膈而伤及心包和心脏，继发创伤性心包炎和心肌炎。可在网胃区即左腹壁下方剑状软骨突起后方，相当于第6～7肋间强行叩诊或用拳轻击进行检查。

网胃黏膜形成许多网格状的皱褶，呈蜂巢状，又叫蜂巢胃。皱褶上密集角质乳头。

在网胃壁内面有一条螺旋状的沟，称为食管沟（图2-35）。此沟起自贲门，沿瘤胃前庭和网胃右侧壁向下伸延到网瓣口。沟两侧隆起的黏膜褶，称为食管沟唇。犊牛的食管沟唇发达，功能完善，吮乳时可闭合成管，使乳汁直接沿食管沟和瓣胃沟直达皱胃；而成年牛的食管沟则闭合不严。

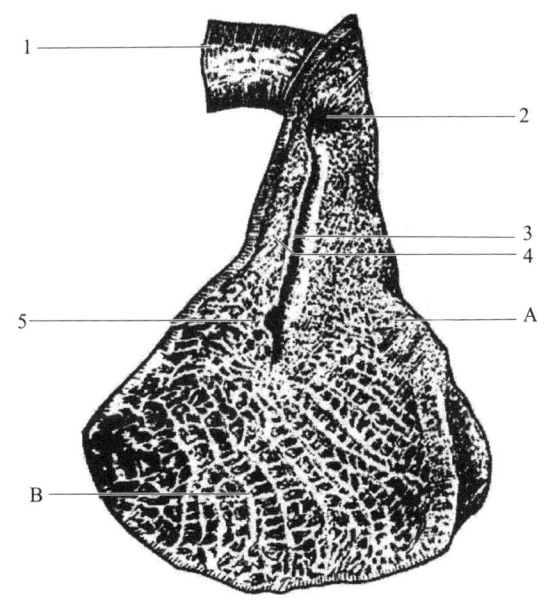

A—瘤胃褶；B—网胃黏膜；
1—食管沟；2—贲门；3—食管沟右唇；4—食管沟左唇；5—网瓣口。
图2-35　牛的食管沟

（3）瓣胃　瓣胃呈两侧稍扁的球形，很坚实，占4个胃容积的7%~8%。瓣胃位于右季肋部，与第7~11肋下半部相对，肩关节水平线通过瓣胃中线。壁面（右面）隔着小网膜与膈、肝等接触；脏面（左面）与瘤胃、网胃及皱胃等贴连。瓣胃听诊或强触诊检查位置是在右侧第7~9肋间，沿肩端水平线上下2~3cm范围内进行。临床上瓣胃容易发生阻塞，一般在右侧第9肋间隙与肩关节水平线上下2cm的部位进行穿刺，将药物直接注入瓣胃中，使瓣胃内容物软化。

瓣胃黏膜表面覆盖有角质化的复层扁平上皮，并形成百余片大小、宽窄不同的叶片，故又称"百叶肚"。叶片呈新月形，凸缘附着于胃壁；凹缘游离。瓣叶按宽窄分大、中、小和最小4级，呈有规律地相间排列。瓣叶上密布粗糙角质乳头，在消化中可将食物榨干、磨碎。在瓣胃口两侧的黏膜，各形成一个皱襞，称瓣胃帆，有防止皱胃内容物逆流入瓣胃的作用。在瓣胃底部有一瓣胃沟，前接网瓣口与食管沟相连，后接瓣皱口与皱胃相通，细粒饲料和液态饲料可经此沟直接进入皱胃。

羊的瓣胃比网胃小，是4个胃中最小的，呈卵圆形，约与第9、第10肋相对。位置比牛高些，不与腹壁接触。

（4）皱胃　皱胃呈长囊状，前端粗大称为胃底部，与瓣胃相连，后端狭窄称幽门部，与十二指肠相接。小弯凹而向上，与瓣胃接触；大弯凸而向下，与腹腔底壁贴连。皱胃占4个胃总容积的7%~8%。位于右季肋部和剑状软骨部，与第8~12肋相对。左邻网胃和瘤胃的腹囊，下贴腹腔底壁。皱胃的视诊、触诊和听诊检查位置是在右侧第9~11肋间，沿肋弓下进行。临床上皱胃容易发生位置改变，一般把左方变位称皱胃变位，右方变位称皱胃扭转，前者发病率高，后者病情重。一般选在右侧第12、第13肋后下缘作为穿刺点。

皱胃是4个胃中唯一有腺体的胃，黏膜表面光滑、柔软，在底部形成12~14条纵行的螺旋形大皱襞。黏膜表面被覆单层柱状上皮，黏膜内有腺体，按其位置、颜色和腺体的不同分为贲门腺区（靠近瓣皱口、色较淡）、胃底腺区（位于胃底部、色深红）和幽门腺区（靠近幽门、色黄），可分泌消化液，对食物进行初步消化（图2-36）。

消化管各段在形态、功能上各有特点，但其管壁的组织结构基本一样，除口腔外，一般均可分为4层，由内向外依次为黏膜层、黏膜下层、肌层和外膜。

黏膜上皮为单层柱状上皮，黏膜内含有大量腺体，因而黏膜层较厚。

胃底腺区最大，位于胃底部，是分泌胃液的主要部位。在其黏膜的固有层内有大量的胃腺。胃腺主要由3种腺细胞构成，即主细胞、壁细胞和颈黏液细胞。主细胞，呈矮柱状或锥体形，数量较多，个体较小，可分泌胃蛋白酶原和

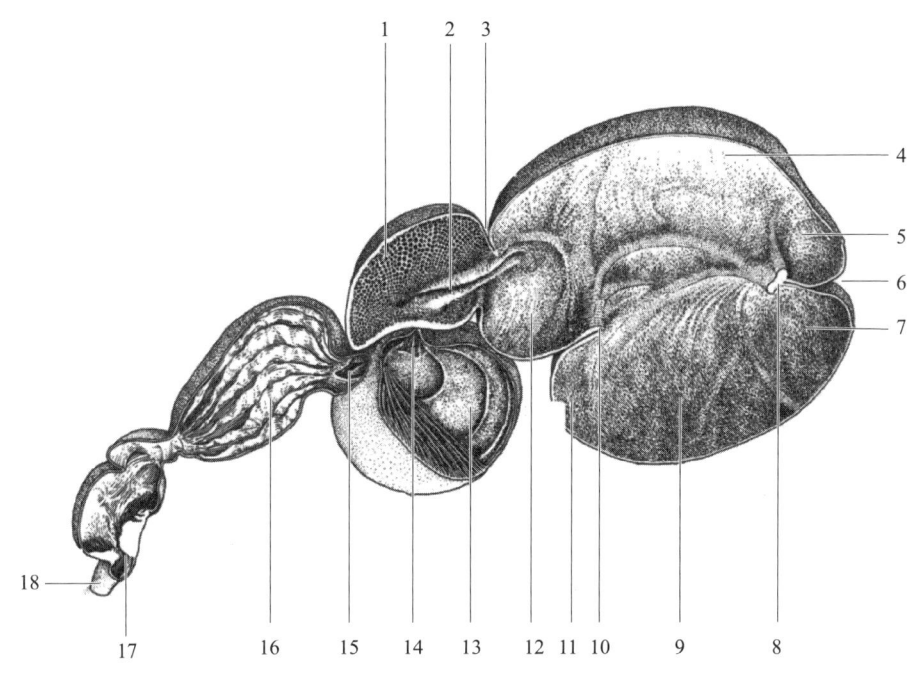

1—网胃小房；2—食管沟；3—瘤网沟；
4—瘤胃背囊；5—后背盲囊；6—瘤胃后沟；7—后腹盲囊；
8—瘤胃后柱；9—瘤胃腹囊；10—瘤胃前柱；11—前腹盲囊；12—前背盲囊；
13—瓣胃叶；14—网瓣口；15—瓣皱口；16—皱胃螺旋褶；17—幽门；18—十二指肠。

图 2-36 牛胃内部构造

胃脂肪酶，犊牛还能分泌凝乳酶；壁细胞，呈圆形或钝三角形，数量较少，个体较大，能分泌盐酸；颈黏液细胞，成群分布在腺体的颈部，分泌黏液，保护胃黏膜。贲门腺区和幽门腺区较小，黏膜内的腺体主要由黏液细胞构成，能分泌碱性黏液，保护胃黏膜。皱胃的肌层可分为内斜、中环、外纵 3 层，其中中环行肌发达，在幽门部增厚，形成幽门括约肌（图 2-37）。

牛胃容量与年龄、体格大小等有关系，一般中等体型牛容量为 135～180L；大型牛为 180～270L。4 个胃的大小比例也与年龄、食物性质等有关系。新生犊牛因吃奶，皱胃发达，瘤胃、网胃之和仅相当皱胃的 1/2。10～12 周后，由于瘤胃逐渐发育，皱胃仅为其容积的一半，此时瓣胃仍很小。出生后 4 个月左右，随着消化植物饲料能力的不断增强，前胃迅速增大，前 2 胃之和约达皱胃的 4 倍，到 1.5 岁时，瓣胃和皱胃的容积近于相等，4 个胃的容积达成年时的比例（图 2-38）。

网膜是联系胃的双层的浆膜褶，分为大、小网膜。大网膜发达，覆盖在肠管右侧面和瘤胃腹囊的表面，分为浅、深 2 层。浅层起于瘤胃的左纵沟，向下绕过瘤胃腹囊到腹腔右侧，继续沿右侧腹壁向上延伸，止于十二指肠第二段和皱胃大弯；浅层由瘤胃后沟折转到右纵沟，转为深层。深层向下绕过肠管到肠管的右侧面，沿浅层向上止于十二指肠。小网膜比大网膜面积小，起于肝的脏面，绕过瓣胃外侧，止于皱胃小弯和十二指肠起始部。

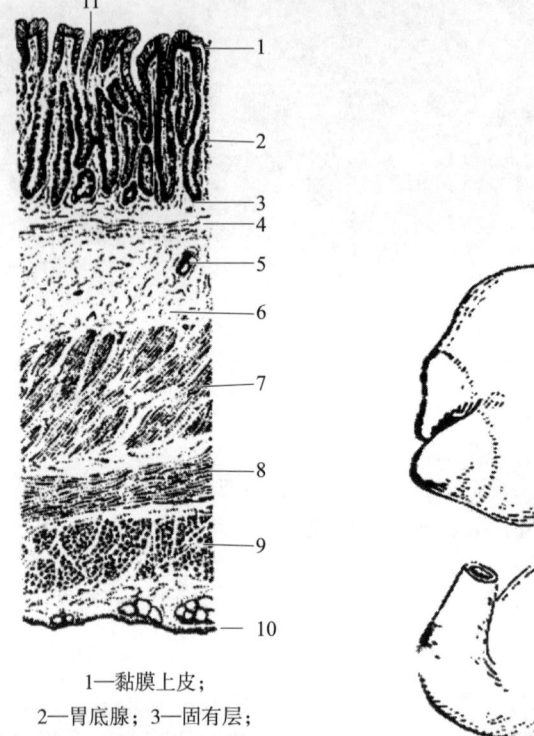

1—黏膜上皮；
2—胃底腺；3—固有层；
4—黏膜肌层；5—血管；
6—黏膜下层；7—内斜行肌；8—中环行肌；
9—外纵行肌；10—浆膜；11—胃小凹。

图 2-37　胃底部横切

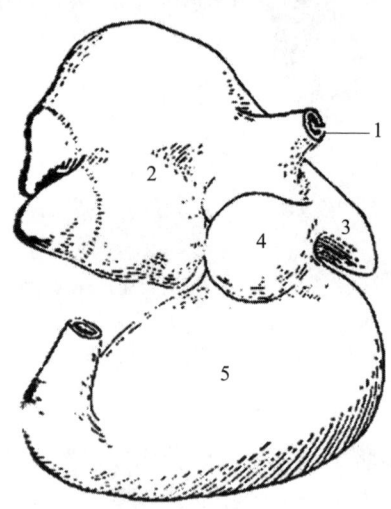

1—食管；2—瘤胃；
3—网胃；4—瓣胃；5—皱胃。

图 2-38　犊牛胃右侧

2. 猪胃

猪胃为单室混合型胃，呈U形囊状，横卧于腹前部，容积较大，5~8L，大部分在左季肋部，小部分在剑突部，仅幽门部位于右季肋部。当胃完全充满食物时，胃大弯可向后伸达剑状软骨与脐之间的腹腔底壁及与第9~12肋软骨相对的腹壁接触。胃壁面朝前，与肝和膈相邻；脏面朝后，与肠、大网膜、肠系膜和胰相邻。胃的左侧部大而圆，在近贲门处有一盲突，为胃憩室，其顶端向后向右。右侧部（幽门部）小，急转向上，与十二指肠相连。在幽门处的小弯侧有幽门圆枕，长3~4cm，与其对侧的唇形隆起相对，有关闭幽门的作用（图2-39）。

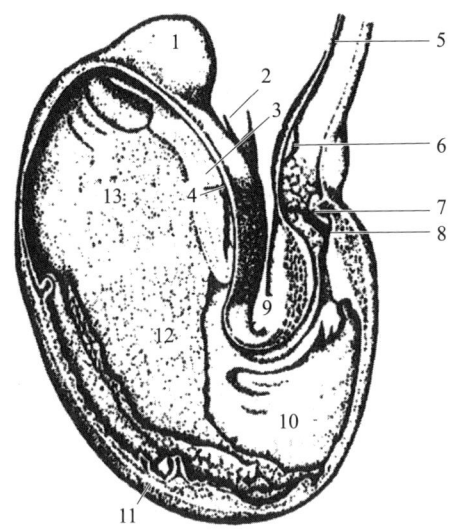

1—胃憩室；2—食管；3—无腺部；4—贲门；5—十二指肠；6—十二指肠憩室；7—幽门；
8—幽门圆枕；9—胃小弯；10—幽门腺区；11—胃大弯；12—胃底腺区；13—贲门腺区。
图 2-39 猪胃黏膜

猪胃黏膜分无腺部和腺部。无腺部面积小，在贲门周围，向左侧延伸至胃憩室，呈白色。腺部的面积大，分 3 个腺区。猪的贲门腺区最大，几乎占据胃的 1/3，包括胃底、胃憩室和胃体的近侧部，向下达胃的中部。胃底腺区次之，主要位于胃体的右侧部，沿胃大弯分布，呈红棕色。幽门腺区最小，位于幽门部，呈灰红色至黄色，有不规则的皱褶。小网膜与牛的相似，联系胃小弯与肝的十二指肠。大网膜发达，分浅、深 2 层，2 层之间形成网膜囊，联系胃大弯与十二指肠、横结肠、脾、胃膈韧带等。大网膜网膜孔位于肝尾状叶基部，腹侧界为门静脉，背侧界为后腔静脉，后界为胰体，通网膜囊前庭。在营养良好情况下，猪大网膜富含脂肪而呈网格状，俗称网油。

（五）肠

肠起自幽门，止于肛门。可分为大肠和小肠 2 部分（图 2-40、图 2-41）。小肠细长而弯曲，是食物消化吸收的主要部位，可分为十二指肠、空肠、回肠 3 段。大肠可分为盲肠、结肠和直肠 3 段，前接回肠，后通肛门。

1. 肠的形态、位置
（1）牛（羊）肠
①小肠

a. 十二指肠：长约 1m，位于右季肋部和腰部，以短的十二指肠系膜附于结肠终端的外侧，位置较固定，分为 3 段。第一段起自幽门向前向上伸延，在

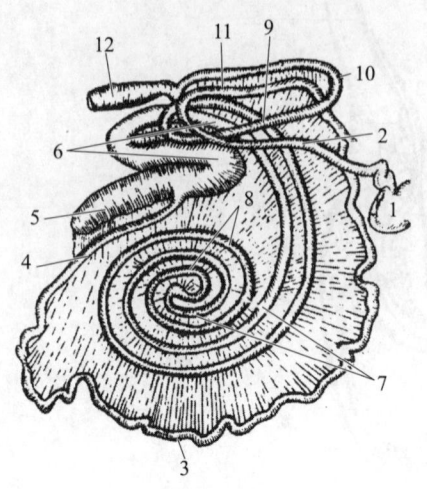

1—胃；2—十二指肠；3—空肠；4—回肠；
5—盲肠；6—结肠近袢；7—结肠旋袢向心回；
8—结肠旋袢离心回；9—结肠远袢；
10—横结肠；11—降结肠；12—直肠。

图 2-40 牛肠模式图

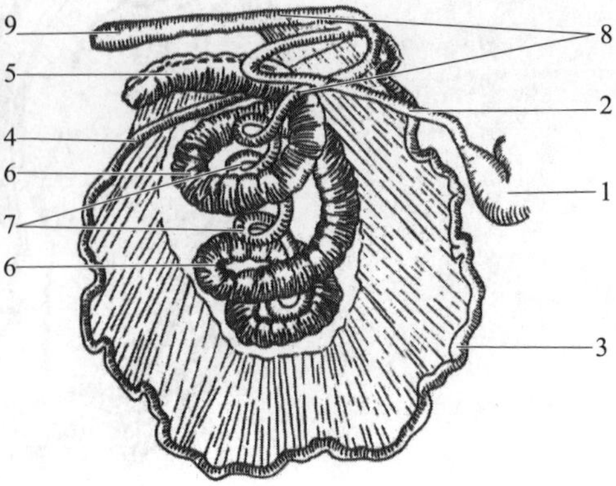

1—胃；2—十二指肠；3—空肠；
4—回肠；5—盲肠；
6—结肠圆锥向心回；7—结肠圆锥离心回；
8—结肠终袢；9—直肠。

图 2-41 猪肠模式图

肝的脏面形成"乙"状弯曲；第二段由此向后伸延，到髋结节附近，向上并向前折转形成后（髋）曲；第三段由此向前，与结肠末端平行到右肾腹侧与空肠相接。在十二指肠后曲的黏膜上有胆管和胰管的开口。十二指肠后部有与结肠相连的十二指肠结肠韧带，大体解剖时，此韧带作为与结肠分界的标志。

b. 空肠：小肠中最长的一段。牛羊的空肠位于腹腔右侧，形成无数肠圈，由宽的空肠系膜悬挂于结肠盘周围，形似花环。空肠的右侧和腹侧，隔着大网膜与腹壁相邻，左侧与瘤胃相邻，背侧为大肠，前面为瓣胃和皱胃。后部的肠圈因肠系膜较长而游离性较大，常绕过瘤胃后方而到左侧。

c. 回肠：较短，约 50cm，与空肠无明显分界，不形成肠圈，肠管较直、肠壁较厚。自空肠的最后肠圈起，几乎呈直线地向前上方伸延至盲肠腹侧，止于回盲口，此处黏膜形成一回盲瓣。在回肠与盲肠之间有一三角形的回盲韧带，常作为回肠与盲肠的分界标志。

②大肠：牛的大肠长 6.4～10m，位于腹腔右侧和骨盆腔。管径比小肠略粗，黏膜表面平滑，肠壁不形成纵肌带和肠袋。

a. 盲肠：长 50～70cm，管径较大，呈长圆筒状，位于右髂部。盲肠起自于回盲口，沿右髂部的上部向后延伸，盲端可达骨盆腔入口处，其前端移行为结肠，两者以回盲口为界。

b. 结肠：长 6～9m，借总肠系膜附着于腹腔顶壁。其起始部的管径与盲肠相似，以后逐渐变细。可分为初祥、旋祥和终祥3部分。初祥起自回盲口，整个初祥形成"乙"状弯曲，达第2、第3腰椎腹侧，移行为旋祥；旋祥位于瘤胃右侧，呈一扁平的圆盘状，分为向心回和离心回，向心回以顺时针方向向内旋转约2圈（羊约3圈）至中心曲，离心回自中心曲起按相反方向旋转约2圈（羊约3圈），移行为终祥；终祥离开旋祥后，向后延伸到骨盆腔入口处，再折转向前延伸，至最后胸椎的腹侧和肝附近，从初祥开始一直到此处即所谓的升结肠。接着升结肠从右侧绕过肠系膜前动脉根部向左急转，此段较短的肠管即所谓的横结肠，悬于较短的横结肠系膜下。横结肠再折转向后伸延至骨盆腔入口处，此段较直的肠管即所谓的降结肠，附于较长的降结肠系膜下，故其活动性较大。降结肠后部形成"S"形弯曲，此曲又称乙状结肠。

c. 直肠：短而直，牛羊直肠长约40cm，位于骨盆腔内，前连结肠，后端以肛门与外界相通。牛羊直肠以直肠系膜连于骨盆腔顶壁，不形成直肠壶腹。

（2）猪肠

①小肠

a. 十二指肠：位置固定，位于右季肋部和腰部，长40~90cm，系膜短。在第10~12肋间隙平面起始于幽门，前部在肝的脏面向后背侧延伸，在右肾紧前方形成水平的"乙"状曲。降部在右肾腹侧与结肠之间向后延伸至右肾腹侧。升部由此折转向左越过中线，再转向前行，与降结肠相邻，两者之间有十二指肠结肠韧带相连。在肠系膜前动脉前方，升部转向右行，移行为空肠。在距幽门2~5cm处，胆总管开口于十二指肠大乳头，在距幽门10~12cm处，胰管开口于十二指肠小乳头。十二指肠腺分布于从幽门起到空肠达3~5m的黏膜层内。成年猪的十二指肠长度为3~5m。

b. 空肠：大部分位于腹腔右半部，小部分位于腹腔左侧后部。空肠至胃和肝向后伸至骨盆入口，与腹腔右壁广泛接触，其内侧与升结肠和盲肠相邻，背侧与十二指肠、胰、右肾、降结肠后部、膀胱及母畜的子宫相邻。当胃空虚时，空肠祥在升结肠前方移向左侧，与胃的脏面和肝的左叶广泛接触。

c. 回肠：长0.7~1m，管壁较厚，肠管较直，在左腹股沟部直接与空肠相连，走向前背内侧，末端斜向突入盲肠与结肠交界处的肠腔内，形成回肠乳头，长2~3cm，顶端有回肠口。空肠和回肠内有大量的淋巴孤结和淋巴集结，淋巴孤结呈白色，包埋于黏膜内；淋巴集结呈长带状隆起，有20~30个，平均长约10cm，表面有无数深而不规则的凹陷。

②大肠：成年猪大肠的长度约是体长的3倍，长3.5~6m，直径为5cm，管径比小肠粗，重量平均占体重的1.44%，借系膜悬吊于两肾之间的腹腔顶壁，各段形成数目不同的肠带和肠袋。

a. 盲肠：呈短而粗的圆锥状盲囊，长 20~30cm，直径 8~10cm，位于左髂部，从左肾的后下部起，向后下方延伸到结肠圆锥的后方。肠壁有 3 条肠带和 3 列肠袋。

b. 结肠：长 3~4m，结肠位于胃后方，主要在腹腔左侧半，起始部的管径与盲肠的相似，以后逐渐变细，可分为升结肠、横结肠和降结肠。升结肠在结肠系膜中盘曲形成结肠旋襻（结肠圆锥），椎体宽，朝向背侧，附着于腰部和左腹外侧区，椎顶向下向左与腹腔底壁接触。结肠圆锥由向心回和离心回组成。向心回位于结肠圆锥的外轴，肠管较粗，有 2 条肠带和 2 列肠袋，它在第 3 腰椎平面起始于盲肠，从背侧面观察，以顺时针方向绕中心轴向下旋转 3 周至椎顶，折转方向为离心回，折转处称中央曲。离心回位于结肠圆锥的内心，肠管较细，无肠带和肠袋，以逆时针方向绕中心轴向上旋转 3 周至椎底。离心回最后一圈经十二指肠升部腹侧面，延肠系膜根右侧向前延伸，移行为横结肠。当胃中度充盈时，结肠圆锥占据腹腔左侧半部的中部和前 1/3，与左侧的腹壁广泛接触，其前方为胃和脾，右侧、后方和腹侧为空肠，背侧为胰、左肾、十二指肠升部、横结肠和降结肠。升结肠借升结肠系膜附着于肠系膜跟左侧面。横结肠在肠系膜根的前方由右侧伸至左侧，于胰左叶左端前缘处，折转向后移行为降结肠。降结肠靠近正中平面向后延伸至盆骨前口，移行为直肠。

c. 直肠：位于骨盆腔内，在肛管前方形成明显的直肠壶腹。

2. 肠的组织构造

（1）小肠壁：可分为黏膜层、黏膜下层、肌层、浆膜 4 层，突出特征是黏膜层具有肠绒毛（图 2-42）。

①黏膜层：小肠的黏膜形成许多环形的皱褶，表面有许多指状突起，称为肠绒毛。绒毛由上皮和固有膜组成。上皮覆盖在绒毛的表面，为单层柱状上皮，由柱状细胞、杯状细胞等组成。每个柱状细胞的顶端有 2000~3000 个微绒毛（纹状缘），使细胞的表面积增加 20 倍以上，增大了消化和吸收的面积，有利于消化和吸收；杯状细胞位于柱状细胞之间，细胞体膨大如杯形，分泌黏液，可润滑和保护上皮。固有膜存在于绒毛的中轴，内有大量的肠腺、血管、淋巴管、神经和各种细胞成分。此外，固有膜内尚有淋巴小结，有的单独存在，称为淋巴孤结（分布在空肠和十二指肠）；有的集合成群，称为淋巴集结（主要分布于回肠）。固有膜中央有一条贯穿绒毛全长的毛细淋巴管称中央乳糜管，其周围有毛细血管网。固有膜内还有分散的平滑肌与绒毛长轴平行，收缩时绒毛缩短，使绒毛毛细血管和中央乳糜管中所吸收来的营养物质随血液和淋巴进入较深层的血管和淋巴管中，绒毛的这种不断伸展与收缩，促进了营养物质的吸收和运输。

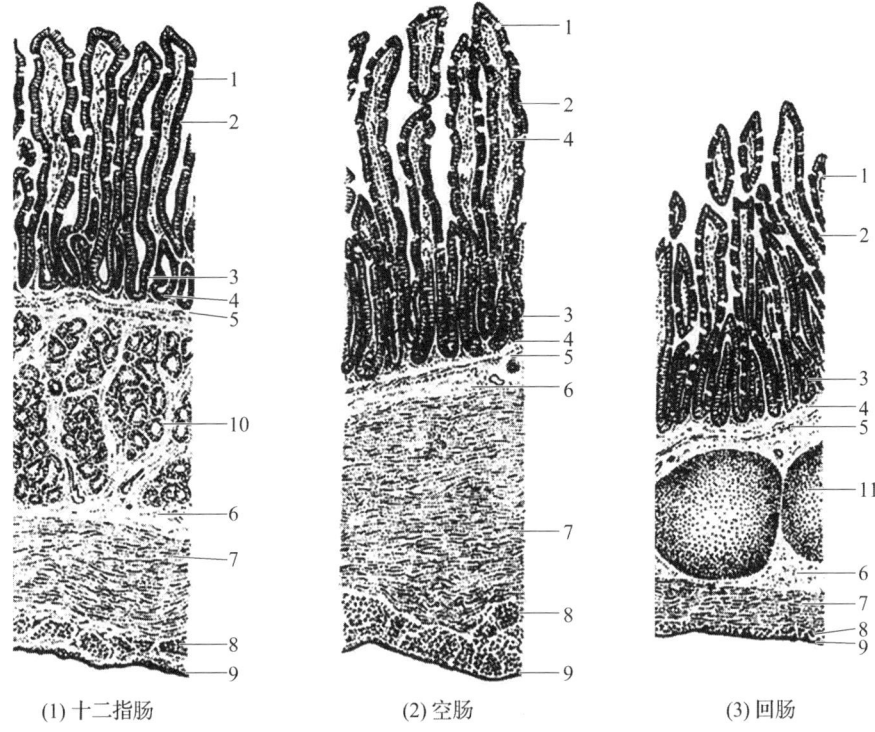

(1) 十二指肠　　　(2) 空肠　　　(3) 回肠

1—上皮；2—肠绒毛；3—肠腺；4—固有膜；5—黏膜肌层；
6—黏膜下层；7—内环行肌；8—外纵行肌；9—浆膜；10—十二指肠腺；11—淋巴集结。

图2-42　低倍镜下小肠横切

②黏膜下层：由疏松结缔组织构成。在十二指肠黏膜下层内有十二指肠腺，其分泌物可在十二指肠黏膜表面形成屏障，以对抗胃酸对十二指肠黏膜的侵蚀。

③肌层：由内层的环行肌和外层的纵行肌2层平滑肌构成。

④浆膜：由薄层结缔组织和间皮构成，表面光滑而湿润，有减少摩擦的作用。

（2）大肠壁：大肠壁也由4层构成。主要有以下特点，黏膜没有环形皱襞，黏膜表面没有绒毛，也无纹状缘；黏膜上皮中杯状细胞多，分泌碱性黏液，中和粪便发酵的酸性产物；大肠腺比较发达，直而长，分泌物不含消化酶，但含溶菌酶；淋巴孤结较多，淋巴集结很少；肌层特别发达。

（六）肛门

肛门位于尾根下方，是消化管的末段，外为皮肤，内为黏膜。皮肤和黏膜之间有平滑肌形成的内括约肌和横纹肌形成的外括约肌，控制肛门的开闭。

（七）肝

1. 肝的形态、位置

肝是动物体内最大的腺体，位于腹前部，膈的后方，大部分偏右或全部偏右，一般呈红褐色，扁平状，肝的背缘较钝，有食管切迹，腹缘薄锐，有较深的切迹将肝分叶。切迹将肝分为左、中、右3叶，其中中叶又以肝门为界，分为背侧的尾叶和腹侧的方叶，尾叶向右突出的部分称为尾状突。

肝前面稍隆突为膈面，有后腔静脉通过；后面凹陷为脏面，脏面中央有肝门。肝门是门静脉、肝动脉、肝神经、肝管、淋巴管由此出入肝。肝门下方有胆囊，胆囊有储存和浓缩胆汁的作用。

牛（羊）肝呈不规则的长方形，较厚实，棕红色或棕黄色，位于右季肋部，紧贴膈。肝门下方有胆囊，以胆管开口于十二指肠的"乙"状弯曲，距幽门 50~70cm。牛肝分叶虽不明显，但也可分为左叶、右叶、方叶和尾叶（图 2-43）。

猪肝较大，重 1.0~2.5kg，占体重的 1.5%~2.5%，呈淡至深的红褐色，中央厚而边缘薄。位于腹腔最前部，大部分位于右季肋部，小部分位于左季肋部和剑状软骨部，肝的左侧缘伸达第 9 肋间隙和第 10 肋，右侧缘伸达最后肋区间隙的上部，腹侧缘伸达剑状软骨后方 3~5cm 处的腹腔底壁。肝以 3 个深的叶间切迹分为 4 叶，即左外叶、左内叶、右内叶和右外叶。左外叶最大，右内叶内侧有不发达的中叶，方叶呈楔形，位于肝门腹侧，不达肝腹侧缘，尾状突伸向右上方，无乳头状。胆囊位于肝右内叶与方叶之间的胆囊窝内，呈长梨形，不达肝腹侧缘。胆囊管与肝管在肝门处汇合形成胆总管，开口于距幽门 2~5cm 处的十二指肠大乳头。猪肝的小叶间结缔组织很发达，肝小叶分界清楚，肉眼清晰可见，为 1~2.5mm 大小的暗色小粒，肝也不易破裂。

2. 肝的组织构造

肝的表面被覆一层浆膜，并形成左右冠状韧带、镰刀韧带、三角韧带、圆韧带与周围器官相连。小猪的镰状韧带和圆韧带明显。浆膜下有一层富含弹性

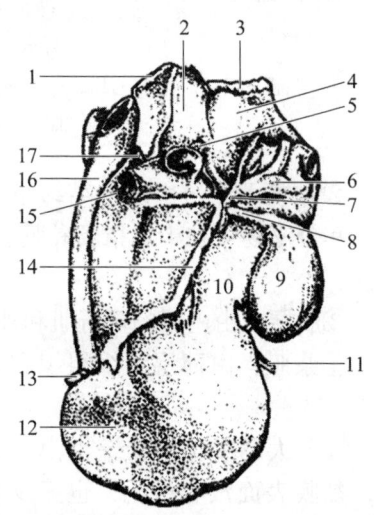

1—肝肾韧带；2—尾状突；3—右三角韧带；
4—肝右叶；5—肝门淋巴结；6—十二指肠；
7—胆管；8—胆囊管；9—胆囊；10—方叶；
11—肝圆韧带；12—肝左叶；13—左三角韧带；
14—小网膜；15—门静脉；
16—后腔静脉；17—肝动脉。

图 2-43 牛肝脏面

纤维的结缔组织，结缔组织随血管、神经、淋巴管等进入肝的实质，构成肝的支架，并将肝分成许多肝小叶（图2-44）。

（1）肝小叶

肝小叶是肝的基本结构单位，呈不规则的多边棱柱状。其中轴贯穿一条静脉，称中央静脉。在肝小叶的横断面上，可见到肝细胞呈索状排列组合在一起，称为肝细胞索，并以中央静脉为中心，向周围呈放射状排列。肝细胞索有分支，彼此吻合成网，网眼间形成窦状隙，又称肝血窦，实际上是不规则膨大的毛细血管，窦壁由内皮细胞构成，窦腔内有枯否氏细胞，可吞噬细菌、异物。

肝从立体结构上看，肝细胞的排列并不呈索状，而是呈不规则的互相连接的板状，称为肝板。细胞之间有胆小管，它以盲端起始于中央静脉周围的肝板内，也呈放射状，并彼此交织成网。肝细胞分泌的胆汁经胆小管流向位于小叶边缘的小叶间胆管，许多小叶间胆管汇合成肝管，开口于十二指肠近胃端。

肝细胞呈多面形，胞体较大，界限清楚，细胞核有1~2个，大而圆，位于细胞中央。

（2）肝的血液循环

肝脏的血液供应有2个来源，一是门静脉，二是肝动脉（图2-45）。

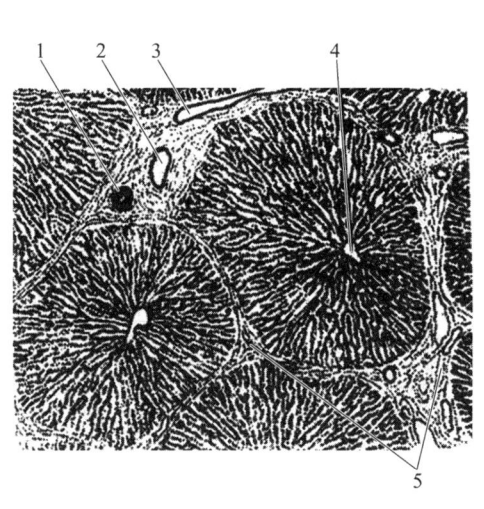

1—小叶间动脉；2—小叶间静脉；
3—小叶间胆管；4—中央静脉；5—小叶间结缔组织。

图2-44　低倍镜下肝的组织切片

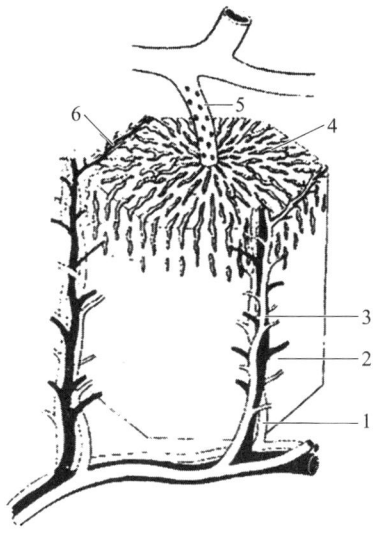

1—小叶间动脉；
2—小叶间静脉；3—小叶间胆管；
4—肝血窦；5—中央静脉；6—终末支。

图2-45　肝小叶模式图

门静脉：汇集胃、脾、肠、胰的血液，经肝门入肝，在肝小叶间分支形成小叶间静脉，再分支进入肝小叶内，开口于窦状隙，然后血液流向小叶中心的中央静脉，再汇合成小叶下静脉（在小叶间结缔组织内单独行走），最后汇集成数支肝静脉，入后腔静脉。门静脉血主要来自胃肠，所以血液内既含有经消化吸收来的营养物质，又含有消化吸收过程中产生的毒素、代谢产物及细菌、异物等有害物质。其中，营养物质在窦状隙处可被吸收、储存或经加工、改造后再排入血液中，运到机体各处，供机体利用；而代谢产物、细菌、异物等有毒、有害物质，则可被肝细胞结合或转化为无毒、无害物质，细菌、异物可被枯否氏细胞吞噬。因此，门静脉属于肝脏的功能血管。

肝动脉：来自腹主动脉的分支，经肝门入肝后，在肝小叶间分支形成小叶间动脉，并伴随小叶间静脉分支后，进入窦状隙和门静脉血混合。部分分支还可到被膜和小叶间结缔组织等处。这支血管由于是来自主动脉，含有丰富的氧气和营养物质，可供肝细胞本身物质代谢使用，所以是肝的营养血管。

（3）门管区　由肝门进出肝的3个主要管道（门静脉、肝动脉和肝管），以结缔组织包裹，总称为肝门管。3个管道在肝内分支，并在小叶间结缔组织内相伴而行，分别称为小叶间静脉、小叶间动脉和小叶间胆管。其中小叶间静脉的管径最大，管腔不规则，管壁薄，仅由一层内皮和一薄的结缔组织构成；小叶间动脉管径最小，管壁厚，由内皮和数层环行平滑肌纤维构成；小叶间胆管管径也小，管壁由单层立方上皮组成。在门管区内还有淋巴管、神经伴行。

（4）肝的排泄管　肝细胞分泌的胆汁排入胆小管内。胆汁是从小叶中央向周边运送，在肝小叶边缘，胆小管汇合成短小的小叶内胆管。小叶内胆管穿出肝小叶，汇入小叶间胆管。小叶间胆管向肝门汇集，最后形成肝管出肝。

3. 肝的生理功能

肝是体内的一个重要器官，不仅能分泌胆汁参与消化，而且又是体内代谢中心，体内很多代谢都在肝内完成。此外，肝还具有造血、解毒、排泄、防御等功能。

（1）分泌功能　肝的主要功能是分泌胆汁，肝汁具有促进脂肪消化、脂肪酸和脂溶性维生素的吸收等作用。

（2）代谢功能　肝细胞内可进行蛋白质、脂肪和糖的分解、合成、转化和储存，很多代谢都离不开肝脏，且能储存维生素A、维生素D、维生素E、维生素K及大部分B族维生素。

（3）解毒功能　从肠道吸收来的毒物或代谢过程中产生的有毒、有害物质，或经其他途径进入机体的毒物或药物，在肝内通过转化和结合作用变成无毒或毒性小的物质，排出体外。如将氨基酸代谢中脱出的氨（对机体有毒）转化成无毒的尿素，通过肾脏排出。

（4）防御功能　窦状隙内的枯否氏细胞，具有强大的吞噬作用，能吞噬侵入窦状隙的细菌、异物和衰老的红细胞。

（5）造血功能　肝是胚胎时期的造血器官，可制造血细胞。成年动物的肝只形成血浆中的一些重要成分，如清蛋白、球蛋白、纤维蛋白原、凝血酶原、肝素等。

（八）胰

1. 胰的形态、位置

胰一般呈淡红黄色，形态不规则，位于腹腔顶部，靠近十二指肠。胰可分3个叶，靠近十二指肠的部位叫中叶（或胰头），左侧的部位为左叶，右侧的部位叫右叶。胰有一输出管开口于十二指肠。

牛胰呈近似四角形，质地柔软，位于腹腔背侧，十二指肠弯曲内（图2-46）。猪胰呈三角形，灰黄色，分为胰体和左、右2叶。胰位于最后2个胸椎和前2个腰椎的腹侧，胰管由右叶走出，开口于距幽门10~12cm处的十二指肠小乳头。胰的质量主要取决于营养状态而不是体重，如体重100kg以上的猪，胰的质量为110~150g。

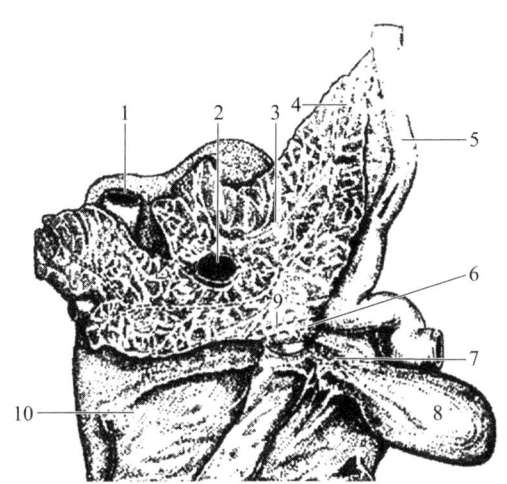

1—后腔静脉；2—门静脉；3—胰；4—胰管；5—十二指肠；6—胆管；
7—胆囊管；8—胆囊；9—肝管；10—肝。

图2-46　牛胰腹侧面

2. 胰的组织构造

胰的外面包有一层薄层结缔组织被膜，结缔组织伸入腺体实质，将腺体分成许多小叶。胰的实质可分为外分泌部和内分泌部（图2-47）。

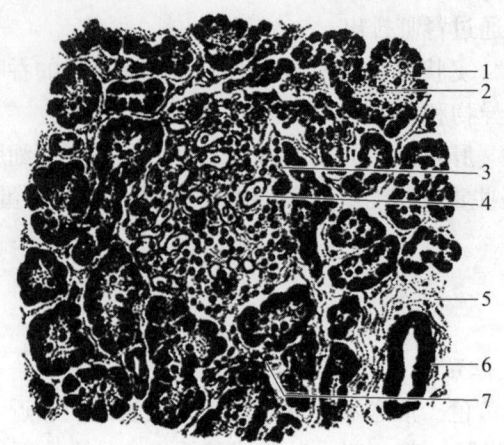

1—腺泡；2—泡心细胞；3—胰岛；4—毛细血管；5—小叶间结缔组织；6—小叶间导管；7—闰管。
图 2-47　胰的组织构造

（1）外分泌部　属消化腺，由许多腺泡和导管组成，占腺体的绝大部分。腺泡呈球状或管状，腺腔很小，均由腺细胞组成。细胞合成的分泌物，先排入腺腔内，再由各级导管排出胰。腺泡的分泌物称胰液，一昼夜可分泌 6～7L，经胰管注入十二指肠，有消化作用。

（2）内分泌部　位于外分泌部的腺泡之间，由大小不等的细胞群组成，形似小岛，故名胰岛。胰岛细胞呈不规则索状排列，且互相吻合成网状，网眼内有丰富的毛细血管和血窦。胰岛细胞主要分泌胰岛素和胰高血糖素，经毛细血管进入血液，有调节血糖代谢的作用。

三、消化生理

（一）概述

1. 消化和吸收的含义

家畜在生命活动过程中，必须不断地从环境中摄取营养物质，以满足机体各种生命活动的需要。营养物质存在于饲料中，如蛋白质、糖、脂肪、无机盐、维生素、水等。其中水、无机盐、维生素一般可直接被机体吸收利用。而蛋白质、糖、脂肪都是高分子化合物，必须在消化管内经过物理的、化学的和生物的作用，转变成结构简单的可溶性小分子物质，如氨基酸、甘油、脂肪酸、葡萄糖、挥发性脂肪酸、小肽等，才能被机体吸收利用。

饲料在消化道内分解成可吸收的小分子物质的过程，称为消化。

被消化的物质以及进入体内的水、无机盐、维生素等通过消化道黏膜上皮细胞进入血液和淋巴的过程，称为吸收。

2. 消化方式

饲料在消化管内完成消化的方式主要有 3 种。

（1）机械性消化　通过咀嚼、反刍、胃肠运动等，使大块饲料变成小块饲料，并沿消化管向后移动的一种消化方式。其作用主要是磨碎、压迫饲料，使其更好地与消化液混合，以利于化学性消化和生物学消化；使食糜更好地与消化管壁贴近，有利于养分的吸收；促进内容物后移，有利于消化残余物的运送与排出。

（2）化学性消化　是指消化腺所分泌的酶和植物性饲料本身的酶对饲料的消化。它的作用是将结构复杂的饲料分解为简单物质以便吸收，如将蛋白质分解为氨基酸，多糖分解为单糖，脂肪分解为脂肪酸和甘油等。

酶是体内细胞产生的一种具有催化作用的特殊蛋白质，通常称为生物催化剂。具有消化作用的酶称为消化酶，由消化腺产生，多数存在于消化液中，少数存在于肠黏膜脱落细胞或肠黏膜内。消化酶多为水解酶，具有高度的特异性，即一种酶只能影响某一种营养物质的分解过程，对其他物质无作用。如淀粉酶只能加快淀粉的分解，对蛋白质、脂肪及双糖都无作用。根据酶的作用对象的不同，可将其分为 3 种类型：蛋白分解酶、脂肪分解酶和糖分解酶。

酶的活性受各种因素的影响，如温度、酸碱度、激动剂、抑制剂等。温度对酶的活性影响最大，通常 37～40℃是消化酶的最适宜温度，此时酶促反应的速度最大，但当温度达到 60℃时，酶的活性即受到破坏；酶对环境的 pH 非常敏感，每一种酶各有其特殊适合的环境，有的在酸性环境中最佳（如胃蛋白酶），有的则在碱性环境中最好（如胰蛋白酶），有的则在中性环境中最活跃（如唾液淀粉酶）；有些物质能增强酶的活性，称为激动剂，如氯离子是淀粉酶的激动剂；有些物质能使酶的活性降低甚至完全消失，称为抑制剂，如重金属（Ag、Cu、Hg、Zn 等）离子。

有些消化酶在腺细胞内产生后的储存期间或刚从细胞分泌出来时是没有活性的，称为酶原。酶原必须在一定条件下才能转化为有活性的酶，这一转化过程称酶致活。完成这一致活过程的物质称致活剂。如胃蛋白酶刚产生时，没有消化能力，称为胃蛋白酶原，经胃液中盐酸的作用变成胃蛋白酶后，才能发挥其消化蛋白质的作用，盐酸即是胃蛋白酶原的致活剂。

（3）生物学消化　是指消化管内的微生物所参与的消化过程。它的作用是撕碎饲料，并使饲料发酵分解。这种消化在草食动物消化中特别重要。因为畜禽本身的消化液中不含纤维素酶，可是饲料却含大量的纤维素、半纤维素。而微生物可产生纤维素酶，对纤维素类的消化起了关键性作用。

在消化过程中，以上 3 种消化是同时进行并相互协调，使食物与消化液完全混合，达到完全消化和吸收。

3. 消化管平滑肌的特性

机械性消化的基础是依靠肌肉的收缩。整个消化道多数部分（胃、肠）是由平滑肌组成的。平滑肌具有下列生理特性。

（1）兴奋性低，收缩缓　要启动收缩，需要较长时间，收缩后要恢复原有长度也较慢。

（2）富有展长性　能适应实际需要而伸展，因此，胃、肠等器官可以容纳比自身体积大好几倍的食物。

（3）紧张性　平滑肌经常保持在一种微弱的持续收缩状态，具有一定的紧张性，使胃肠等保持一定的形状和位置。

（4）自律性收缩　平滑肌离体后，保持在适宜的环境溶液内，仍能作自律性收缩。

（5）对化学、温度和机械牵张刺激较为敏感　微量的生物活性物质常能显著地引起它的兴奋。如乙酰胆碱稀释一亿倍，还能使兔的离体小肠收缩加强；肾上腺素在千万分之一浓度，就能降低兔离体小肠的紧张性，而停止收缩。

4. 胃肠道功能的调节

胃肠的分泌、运动和吸收功能受神经和体液调节。

（1）神经调节　胃肠功能受植物性神经系统和胃肠壁内在神经丛控制。

胃肠平滑肌受交感神经和副交感神经的双重支配。一般地说，副交感神经兴奋时，胃肠运动增加，腺体分泌增加；刺激交感神经可使它们的活动受到抑制。正常情况下，副交感神经的作用是重要的。

副交感神经、交感神经和胃肠道壁内的壁内神经丛发生联系。胃肠壁内神经丛分2类：位于纵行肌和环行肌之间的称肌间神经丛；位于黏膜下的，称黏膜下神经丛。神经丛包括大量神经节和无髓神经纤维，这些纤维有来自肠壁或黏膜上的化学、机械或压力感受器的传入纤维，构成一个完整的局部神经反应系统。

（2）体液调节　除了全身性作用的激素（如生长激素促进消化系统的生长发育、甲状腺素促进消化液分泌等）以外，调节胃肠功能活动的体液因素主要是胃肠激素。胃肠道黏膜内存在大量的内分泌细胞所分泌的激素总称为胃肠激素。它们单个地夹杂于黏膜上和腺体细胞之间，从形态和功能上可将这些细胞分为多种，分别分泌不同的激素。因此认为消化道是体内最大、最复杂的内分泌器官。胃肠激素在化学结构上都是多肽，它们的生理作用主要是调节作用、激素释放作用和营养作用。

（二）消化道各部的消化特点

1. 口腔的消化

饲料在动物口腔内的消化包括采食、饮水、咀嚼和吞咽过程。

（1）采食和饮水　主要依靠视觉和嗅觉去寻找、鉴别食物，积极采食是食欲旺盛、畜体健康的重要临床指征。牛主要依靠既长、灵活而有力的舌将饲料卷入口内，因此舌是牛的主要采食器官。绵羊和山羊主要靠舌和切齿采食，绵羊上唇有裂隙，能啃咬短的牧草。食物入口腔后，又借味觉和触觉加以评定，并把其中不适宜的物质从口中吐出。猪有坚硬的吻突，可以掘地寻食，靠尖形下唇将食物送入口腔。喂食时每次猪都力图占据食槽有利的位置，有时将2个前肢踏在食槽中采食，如果食槽易于接近，个别猪甚至钻进食槽，站立食槽的一角，以吻突沿着食槽拱动，将食料搅弄出来，抛洒满地。猪在白天采食6~8次，比夜间多1~3次，每次采食时间持续10~20min。仔猪每个昼夜吸吮次数因年龄不同而有差异，为15~25次，占昼夜总时间的10%~20%，大猪的采食量和摄食频率随体重的增大而增加。拱地觅食是猪采食行为的突出特征。

牛羊饮水时，先把上下唇合拢，中间留一小缝，伸入水中，然后下颌下降，舌向咽后部移，使口腔内形成负压，水便被吸入口腔。仔畜吮乳也是靠下颌和舌的节律性运动来完成。猪的饮水量相当大，饮水与采食同时进行。仔猪出生后就需要饮水，主要来自母乳中的水分，仔猪吃料时饮水量约为干料的2倍。成年猪的饮水量除饲料组成外，还取决于环境温度。采食混合料的仔猪，每个昼夜饮水9~10次，采食湿料的平均2~3次，采食干料的猪每次采食后需要立即饮水，自由采食的猪通常采食与饮水交替进行，限制饲喂的猪则在吃完料后才饮水。1月龄前的仔猪就可学会使用自动饮水器饮水。

（2）咀嚼　摄入口内的饲料，被送到上下颌臼齿间，在咀嚼肌的收缩和舌、颊部的配合运动下，食物被压磨粉碎，并混合唾液。牛采食未经充分咀嚼（咀嚼15~30次），待反刍时再咀嚼。猪咀嚼食物较细致，咀嚼时多做下颚的上下运动，横向运动较少。咀嚼时有气流自口角进出，因而随着下颚上下运动，发出咀嚼所特有的响声。

咀嚼的次数、时间与饲料的状态有关，一般湿的饲料比干的饲料咀嚼次数少、咀嚼的时间短。据统计乳牛一天内咀嚼的总次数约为42000次，因此，对饲料进行加工如适度的切短（秸秆2~3cm、青草4~5cm）、磨碎等，可减少咀嚼次数，节省能量，提高饲料利用效率。

（3）吞咽　吞咽是由多种肌肉参与的复杂反射动作，是在舌、咽、喉、食管及贲门的共同作用下，使食团从口腔进入胃的过程。吞咽时呼吸暂时停止，以防止食物误入气管。咽部疾病可影响吞咽过程。

（4）唾液　唾液是由唾液腺分泌的一种无色、略带黏性的液体。相对密度1.001~1.009，一般都是碱性，pH约8.2；其一昼夜的分泌量牛为100~200L、绵羊8~13L。成年猪一昼夜唾液分泌量为15~18L，其中腮腺分泌的约占一半。

唾液的成分主要为水（98.5%~99.4%）、少量有机物和无机物。有机物主要为黏蛋白；无机物主要有钾、钠、钙的氯化物、磷酸盐和碳酸氢盐等。唾液的主要作用有以下几个方面。

①湿润软化饲料，便于咀嚼和吞咽。唾液中的黏液能使嚼碎的饲料形成食团，并增加光滑度，便于吞咽。

②溶解饲料中的可溶性物质，刺激舌的味觉感受器，引起食欲，促进各种消化液的分泌。

③帮助清除一些饲料残渣和异物，清洁口腔。

④反刍动物的唾液含有大量缓冲物质碳酸氢盐和磷酸盐，可中和瘤胃微生物发酵产生的有机酸，用以维持瘤胃内适宜的酸碱度。

⑤水牛等动物汗腺不发达，可借唾液中水分蒸发来调节体温。

⑥反刍动物有大量尿素经唾液进入瘤胃，参与机体的尿素再循环，以减少氮的损失。

2. 咽和食管的消化

咽和食管均是食物通过的管道。食物在此不停留，不进行消化只是借肌肉的运动向后推移。

3. 胃的消化

（1）前胃的消化　瘤胃主要进行生物学消化，饲料中70%~85%的可消化干物质和约50%的粗纤维都在瘤胃内消化。网胃相当于一个"中转站"，一方面将粗硬的饲料返送回瘤胃，另一方面将稀软的饲料送入瓣胃。瓣胃相当于一个"过滤器"，收缩时把饲料中较稀软的部分送入皱胃，而把粗糙部分留在叶片间揉搓研磨，以利于下一步继续消化。前胃中瘤胃消化在动物的整个消化过程中占有特别重要的地位。

①瘤胃内微生物及其生存条件

A. 瘤胃内环境：瘤胃内的食物和水分提供微生物繁殖所需要的营养物质；瘤胃内通常为39~41℃，为微生物生存繁殖提供适宜的温度；瘤胃内容物的含水量相对稳定，渗透压维持于接近血液的水平；饲料发酵产生大量的酸类，被唾液中大量的碳酸氢盐和磷酸盐所缓冲，使pH变动在5.5~7.5；瘤胃上部气体通常含CO_2、CH_4及少量N_2、H_2、O_2等气体，H_2、O_2主要随食物进入胃内，O_2迅速地被微生物繁殖所利用，导致瘤胃内容物高度乏氧。瘤胃内所有这些条件都特别适于微生物的生长和繁殖，因此瘤胃可以看作是一个供厌氧微生物高效繁殖的活体发酵罐。

B. 瘤胃内微生物及其作用：瘤胃内微生物主要是厌氧性纤毛虫、细菌和真菌，种类甚为复杂，并随饲料种类，饲喂制度及动物年龄等因素而变化。据测定，1g瘤胃内容物中约含细菌150亿~250亿，纤毛虫60万~180万，总体积约占瘤胃液的3.6%，其中细菌和纤毛虫各占一半。

a. 纤毛虫：瘤胃的纤毛虫有全毛和贫毛两大类，都严格厌氧，依靠体内的酶发酵糖类产生乙酸、丁酸、乳酸、CO_2、H_2和少量丙酸，水解脂质，氢化不饱和脂肪酸，降解蛋白质。此外纤毛虫还能吞噬细菌。

瘤胃内纤毛虫的数量和种类明显地受瘤胃内pH的影响。当因饲喂高水平淀粉（或糖类）的日粮，pH降至5.5或更低时，纤毛虫的活力降低，数量较少或完全消失。此外纤毛虫的数量也受饲喂次数的影响，次数多，数量也多。

反刍动物在瘤胃内没有纤毛虫的情况下，个体也能良好生长。不过在营养水平较低的情况下，纤毛虫能提高饲料的消化率和利用率，动物体储氮和挥发性脂肪酸产生都大幅增加。纤毛虫蛋白质的生物价与细菌相同（约为80%），但消化率超过细菌蛋白（纤毛虫91%，细菌74%）。同时纤毛虫的蛋白质含丰富的赖氨酸等必需氨基酸，品质超过细菌。

b. 细菌：瘤胃中最主要的微生物是细菌，数量大，种类多，极为复杂，随饲料种类、采食后时间和动物状态而变化。瘤胃内的细菌，大多数是不形成芽孢的厌氧菌，偶有形成芽孢的厌氧菌；牛链球菌和某些乳酸杆菌等非严格厌氧的细菌有时也很多。

此外，还有分解蛋白质和氨基酸或脂质的细菌，合成蛋白质和维生素的菌群，其中有些菌群既能分解纤维素又能利用尿素。总之，瘤胃饲料中的碳水化合物，在多种不同细菌的协同或相继作用下，通过相应酶系统的作用，产生挥发性脂肪酸、CO_2和CH_4等，并合成蛋白质和B族维生素供畜体利用。

c. 真菌：瘤胃内存在的厌氧性真菌，含有纤维素酶，能够分解纤维素。

瘤胃内微生物之间存在彼此制约互相共生的关系。纤毛虫能吞噬和消化细菌作为自身的营养，或利用菌体酶类来消化营养物质。瘤胃内存在的多种菌类，能协同纤维素分解菌分解纤维素。纤维素分解菌所需的氮，在不少情况下，是靠其他微生物的代谢来提供的。更换饲料不宜太快，以便使微生物逐渐适应改变的饲料，避免动物发生急性消化不良。

②瘤胃微生物的消化代谢过程：饲料在瘤胃内微生物的作用下，可发生下列复杂的消化过程。

A. 纤维素的分解和利用：纤维素是反刍动物饲料中的主要糖类物质，其中的大部分可在瘤胃内细菌和纤毛虫体内纤维素分解酶的协同或相继作用下逐级分解，最后形成挥发性脂肪酸、CO_2 和 CH_4 等。

$$纤维素 \rightarrow 纤维二糖 \rightarrow 葡萄糖 \rightarrow \begin{pmatrix} 丙酮酸 \\ 乳\ 酸 \end{pmatrix} \rightarrow 挥发性脂肪酸 + CH_4 + CO_2$$

挥发性脂肪酸主要是乙酸、丙酸和丁酸，其比例大体为 70：20：10，但随饲料种类不同而发生显著的变化。日粮的营养水平较低时，乙酸、丙酸的比例升高，丁酸比例降低，以及总挥发性脂肪酸水平较低；日粮含丰富的蛋白质时，乙酸比例下降，丁酸上升，总挥发性脂肪酸水平升高；日粮中含有大量淀粉时，丙酸比例升高；日粮含可溶性糖很高时，则丁酸比例增高。挥发性脂肪酸中的乙酸和丁酸是泌乳期反刍动物生成乳脂的主要原料，被乳牛瘤胃吸收的乙酸约有 40% 为乳腺所利用；丙酸是反刍动物血液葡萄糖的主要来源，占血糖的 50%~60%。乙酸也能提供动物的代谢能。因此挥发性脂肪酸是合成乳脂和体脂的主要原料，而且提供机体所需的 60%~70% 的能量，所以反刍动物以粗饲料为主、精饲料为辅进行饲养。

B. 其他糖的分解和合成：饲料中的淀粉、葡萄糖和其他糖类在瘤胃微生物的作用下分解，可产生低级脂肪酸、CO_2 和 CH_4 等。同时瘤胃微生物还能利用饲料分解所产生的单糖和双糖合成糖原，储存于微生物体内，待进入小肠后被消化分解为葡萄糖，成为反刍动物体内葡萄糖的重要来源之一。泌乳牛吸收入血液的葡萄糖约有 60% 被用来合成牛乳。

C. 蛋白质的分解和合成：瘤胃微生物主要是利用饲料蛋白质和非蛋白氮，构成微生物蛋白，当经过皱胃和小肠时，又被分解为氨基酸，供动物机体吸收利用。

a. 瘤胃内蛋白质分解和氨的产生：进入瘤胃内的饲料蛋白质，一般有 30%~50% 未被分解而排入后段消化道，其余 50%~70% 在瘤胃内被微生物蛋白酶分解为肽和氨基酸。大部分氨基酸又在微生物脱氨基酶的作用下脱去氨基生成氨、CO_2 和有机酸，从而降低了饲料蛋白的利用率。为此饲料处理上提出过瘤胃蛋白技术即经过技术处理（物理法、化学法和包埋法）将饲料蛋白质保护起来，避免在瘤胃内被发酵、降解，直接进入小肠被消化吸收，从而提高饲料蛋白质的利用率。近年来有人试用甲醛溶液或鞣酸预处理饲料蛋白质后再喂牛、羊，可显著降低蛋白质被瘤胃微生物分解的量，提高日粮中蛋白质的利用率。对高品质饲料蛋白质的过瘤胃保护十分必要，但对劣质饲料蛋白质的保护没有实际意义。

饲料中的非蛋白质含氮物，如尿素、铵盐、酰胺等被微生物分解也产生氨。除了一部分氨被微生物利用外，一部分则被瘤胃壁代谢和吸收，其余则进入瓣胃。

b. 瘤胃内微生物对氨的利用：瘤胃微生物能直接利用氨基酸合成蛋白质或先利用氨合成氨基酸后，再转变为微生物蛋白，这些微生物蛋白进入小肠后被消化吸收，成为体内蛋白质的重要来源。微生物利用氨合成氨基酸还需要碳链和能量。挥发性脂肪酸、CO_2 和糖类都是碳链的来源。

c. 瘤胃的尿素再循环作用：瘤胃内的氨除了被微生物利用外，其余的被瘤胃壁迅速吸收入血，经血液运送到肝，在肝内经鸟氨酸循环变成尿素。尿素经血液循环一部分随唾液进入瘤胃，一部分随尿排出。在低蛋白日粮情况下，反刍动物就依靠这种内源性的尿素再循环作用节约氮的消耗，维持瘤胃内适宜的氨浓度，以利微生物蛋白质的合成。

在畜牧生产中，可用尿素来代替日粮中约 30% 的蛋白质，降低饲养成本。但因尿素在瘤胃内脲酶作用下迅速分解，产生氨的速度为微生物利用氨速度的 4 倍，容易使瘤胃内储积氨过多而发生氨中毒。故必须通过抑制脲酶活性、制成胶凝粉或尿素衍生物使其释放氨的速度延缓，并在日粮中供给易消化糖类，使微生物合成蛋白质时能获得充分能量，才能提高它的利用率和安全性。

D. 维生素的合成：瘤胃微生物能合成某些 B 族维生素（硫胺素、核黄素、生物素、吡多醇、泛酸、维生素 B_{12}）、维生素 K 及维生素 C，供动物机体利用。因此，一般日粮中少量缺乏这些维生素不致影响成年反刍动物的健康。但突然饲喂大量淀粉日粮时，瘤胃内的硫胺素浓度显著降低。

幼龄犊牛和羔羊，由于瘤胃还没有发育完全，微生物区系没有充分建立，有可能患 B 族维生素缺乏症。当日粮中钴的含量不足时，由于缺钴瘤胃微生物不能完全合成维生素 B_{12}，导致成年反刍家畜出现食欲抑制，幼畜生长不良。

E. 脂肪的消化：饲料中的甘油三酯和磷脂能被瘤胃微生物水解，生成甘油和脂肪酸等物质。其中甘油多半转变成为丙酸，而脂肪酸的最大变化是不饱和脂肪酸加水氢化，变成饱和脂肪酸。因此，反刍动物体脂和乳脂与非反刍动物相比，具有较大量的饱和脂肪酸，硬度大、熔点高。

③前胃运动：前胃的运动是互相密切配合的，先是网胃，然后是瘤胃，瓣胃运动与网胃协同进行。

网胃运动：网胃最先收缩，接连收缩 2 次，第一次只收缩网胃容积的一半即进行舒张，收缩力量较弱，可将漂浮在网胃上部的粗饲料压回瘤胃；接着进行第二次强有力的收缩，胃腔几乎全部消失，收缩的结果是使胃内容物一部分返回瘤胃，一部分进入瓣胃。这种收缩一般 30~60s 重复一次。第二次收缩时如网胃内有异物（如铁钉）可发生创伤性网胃炎或心包炎。反刍时，在网胃第一次收缩之前还增加一次收缩，使胃内食物逆呕回口腔。

瘤胃运动：在网胃第二次收缩后，紧接着瘤胃收缩。瘤胃收缩有两种波形，第一种为 A 波，先由瘤胃前庭开始，沿背囊由前向后，然后转为腹囊，接着又沿腹囊由后向前，同时食物在瘤胃内也顺着收缩的次序和方向移动和混合，并把一部分内容物推向瘤胃前庭和网胃；在收缩之后，有时瘤胃还可发生一次单独的附加收缩，称为 B 波，B 波由瘤胃本身产生，起始于后腹盲囊，行进到后背盲囊及前背盲囊，最后到达主腹囊，此次收缩与反刍及嗳气有关，而与网胃收缩没有直接联系。瘤胃的收缩可以从左髂部看到、听到或摸到。正常的瘤胃运动次数，休息时平均 1.8 次/min，进食时 2.8 次/min，反刍时 2.3 次/min。每次瘤胃运动持续的时间为 15～25s。瘤胃每次蠕动可出现逐渐增强又逐渐减弱的沙沙声，似吹风样或远雷声。当牛患前胃积食或迟缓时，瘤胃收缩的次数减少或停止，声音也随之减弱或消失。因此听诊和触诊瘤胃是判定牛胃消化活动是否正常的重要标志。

瓣胃运动：瓣胃收缩缓慢而有力，它与网胃收缩相配合。当网胃第二次收缩时，瓣胃舒张，网瓣孔开放，压力降低，于是一部分食糜由网胃移入瓣胃，其中液体部分可通过瓣胃沟直接进入皱胃，较粗糙的部分则进入瓣叶之间，进行研磨后再送入皱胃。瓣胃蠕动时发出细弱的捻发音，于采食后较为明显。

前胃运动受反射性调节。刺激口腔感受器以及刺激前胃的机械感受器和压力感受器都能引起前胃运动增强；刺激网胃感受器，除引起收缩加速，还出现反刍和逆呕。前胃各部还受其后段负反馈性抑制调节。例如，当皱胃充满时，瓣胃的运动变慢；瓣胃充满时，瘤胃和网胃的收缩减弱；刺激十二指肠的化学或机械感受器，引起前胃运动的抑制。

④反刍：反刍动物在摄食时，饲料往往不经充分咀嚼即吞入瘤胃，在瘤胃内浸泡和软化。当休息时，较粗糙的饲料（秸秆不能切得过短）刺激网胃、瘤胃前庭和食管沟黏膜的感受器，能将这些未充分咀嚼的饲料逆呕回口腔，再进行仔细咀嚼、混合唾液后再吞咽入胃，这一过程称反刍。反刍可分为 4 个阶段，即逆呕、再咀嚼、再混唾液和再吞咽。

反刍是与动物摄食粗饲料相联系的。犊牛大约在出生后 3～4 周出现反刍，此时犊牛开始选食草料，瘤胃内有微生物滋生，如训练犊牛及早采食粗料，则反刍可提前出现。实验证实，喂以成年牛逆呕出来的食团，犊牛的反刍可提前 8～10d 出现。成年动物一般在饲喂后 0.5～1h 出现反刍，每次反刍平均为 40～50min，然后间隔一段时间再开始第二次反刍。这样一昼夜进行 6～8 次（幼畜可达 16 次），每天用在反刍上的时间为 7～8h。

反刍是反刍动物最重要的生理功能，其生理意义是充分咀嚼，帮助消化；混入唾液，中和胃内容物发酵时产生的有机酸；排出瘤胃内发酵产生的气体；促进食糜向后部消化道的推进。动物有病和过度疲劳都可能引起反刍的减少或停止，因此反刍是反刍动物健康的标志。

⑤嗳气：瘤胃内由于微生物的强烈发酵，不断产生大量的气体，主要是

CO_2 和 CH_4，间有少量的 H_2、O_2、N_2、H_2S 等，其中 CO_2 占 50%~70%，CH_4 占 30%~50%。瘤胃发酵的产气量、速度以及气体的组成，随饲料的种类、饲喂后的时间而有显著差异。健康动物瘤胃内 CO_2 比 CH_4 多，但饥饿或气胀时，则 CH_4 量大大超过 CO_2 量。

瘤胃内的气体一部分被胃壁吸收入血经肺排出，一部分被瘤胃微生物利用，一小部分随同饲料残渣经胃肠道排出，其余大部分气体则通过食管排出。我们把通过食管排出气体的过程，称为嗳气。嗳气是一种反射动作，当瘤胃气体增多，胃壁张力增加时，就兴奋瘤胃背盲囊和贲门括约肌处的牵张感受器，经过迷走神经传到延髓嗳气中枢。中枢兴奋就引起背盲囊收缩，开始瘤胃第二次收缩，由后向前推进，压迫气体移向瘤胃前庭，同时前肉柱与瘤胃、网胃肉褶收缩，阻挡液状食糜前涌，贲门区的液面下降，贲门口舒张，于是气体被驱入食管。牛嗳气平均 17~20 次/h。如嗳气停止，则会引起瘤胃臌气。

牛、羊初春放牧，常因啃食大量幼嫩青草而发生瘤胃臌气。其机制是幼嫩青草迅速由前胃转入皱胃及肠内，刺激这些部位的感受器，反射性抑制前胃运动。同时，由于瘤胃内饲料急剧发酵产生大量气体，不能及时排除，于是形成急性臌气。

⑥食管沟反射：食管沟起自贲门，止于网瓣口。犊牛和羔羊在吸吮乳汁或饮水时，能反对性地引起食管沟唇闭合成管状，使乳汁或水由食管经食管沟和瓣胃沟直接进入皱胃，不在前胃内停留。若用桶给犊牛喂乳时，由于缺乏吸吮刺激，食管沟闭合不完全，部分乳汁会溢入瘤胃和网胃，引起异常发酵，导致腹泻。

食管沟闭合反射随着动物年龄的增长而减弱。某些化合物质尤其是 $NaCl$ 和 $NaHCO_3$ 溶液可使 2 岁牛的食管沟闭合。$CaSO_4$ 溶液能引起绵羊食管沟的闭合反射，但不能引起牛的食管沟闭合。在临床实践中，利用这些化学药品闭合食管沟的特点，可将药物直接输送到皱胃，以达到治疗的目的。

（2）真胃（皱胃）的消化　真胃是反刍动物的有腺部分，分胃底和幽门 2 部分，能分泌胃液，主要进行化学消化。

①胃液的消化作用：胃液是胃黏膜各腺体所分泌的混合液，为无色透明、常含黏丝的酸性液体，胃液除水分外，主要由盐酸、消化酶、黏蛋白、内因子和无机盐组成。

盐酸：反刍动物皱胃内的盐酸浓度较低，对胃的消化有重要的作用。盐酸是胃蛋白酶原的致活剂，为胃蛋白酶提供酸性环境；使蛋白质膨胀变性，有利于胃蛋白酶的消化；杀死进入胃内的细菌和纤毛虫，有利于菌体蛋白和虫体蛋白的消化吸收；进入小肠，可促进胰液、胆汁的分泌，胆囊收缩；造成酸性环境有助于铁、钙等矿物质的吸收。

消化酶：胃消化酶是由胃底腺的腺细胞分泌的，主要有胃蛋白酶和凝乳酶。胃蛋白酶刚分泌出来时无活性，在胃酸或已激活的胃蛋白酶作用下转变为有活性的胃蛋白酶，可使蛋白质初步分解。胃蛋白酶作用的适宜环境约为 pH 为 2，在 pH 低于 6 的酸性环境中也有活性，pH 大于 6 时，酶活性消失。凝乳酶含量较多，犊牛的含量更多，主要作用是使乳汁凝固，延长乳在胃内停留的时间，以加强胃液对乳的消化，这种酶哺乳期幼畜胃液内含量较高，哺乳期结束，则逐渐减少，甚至消失。

胃黏液：主要成分是黏蛋白，由颈黏液细胞分泌出来后，在胃的内壁上形成厚 1.0~1.5mm 的中性或弱碱性黏液层，覆盖在胃黏膜的表面，一方面使胃免受饲料的机械损伤，另一方面中和胃酸，防止胃蛋白酶对胃壁的消化，保护胃黏膜。

内因子：能与食物中维生素 B_{12} 结合成复合物，以利于维生素 B_{12} 在小肠内吸收。当胃液中缺乏内因子时，机体就会因维生素 B_{12} 的缺乏而影响红细胞成熟，引起巨幼红细胞性贫血。

胃腺功能对饲料的特征有惊人的适应性，长期用一定的营养制度来饲养动物，能使胃腺分泌活动定型。如果改变营养制度，则必须经过一段时间后，才能建立起新的胃腺分泌定型。所以，改变饲养管理制度必须缓慢进行，骤然改变，超过胃腺的适应能力，往往造成消化功能紊乱，畜牧生产中需引起注意。

②真胃的运动：胃壁有纵行、环行、斜行 3 层平滑肌，这些肌肉的收缩和舒张产生胃的运动。真胃运动的主要功能是混合胃内容物、增加胃内压和推送胃内容物排入十二指肠。真胃主要进行紧张性收缩、蠕动和排空。

紧张性收缩：瓣胃食糜进入皱胃后不久，皱胃便开始紧张性收缩，胃内压力逐渐增高，使胃液渗入食物，并协助推动食物向幽门方向移动。

蠕动：皱胃从胃底部开始，向幽门方向呈波浪式推进并不断增强。蠕动一方面使胃内食物和胃液充分混合，另一方面使胃内食物向幽门移行，并通过幽门进入十二指肠。

排空：随着皱胃的蠕动，食物分批地由胃排入十二指肠的过程称为胃排空。排空取决于许多因素，其中最主要的是幽门两侧的压力差和酸度差。当胃内压或酸度高于十二指肠并达到一定数值时，则可反射性地引起幽门括约肌舒张，食糜即由胃内进入十二指肠。反之，胃内容物的排空受到抑制。胃的排空速度取决于食物的性质和动物的状况。流体和粥状食物一般在食后几分钟就很快离开胃；粗糙和较硬食物在胃内滞留时间较长。动物处于惊慌不安、疲劳等情况下，会引起胃的排空抑制，因此饲养管理时应加以注意。

2-4 食物的消化（动画）

（3）猪胃的消化　猪胃是消化道的膨大部分，其机制与牛羊真胃相似，饲料在此进行化学性消化和机械性消化。

①胃黏膜消化：胃黏膜层是胃进行化学性消化的最重要部分，它由上皮层、固有层和黏膜肌层3部分组成。上皮层主要是单层柱状上皮细胞，它分泌黏液故又称为表面黏液细胞。固有层含有大量腺体，分泌腺中包含多种分泌细胞，可分为外分泌细胞和内分泌细胞两种。前者的分泌物进入消化腔；后者则进入血液。胃黏膜的外分泌细胞包括分泌酸的壁细胞、分泌酶的主细胞和黏液细胞。根据分部位置和结构特点，胃腺可分为贲门腺、胃底腺和幽门腺。胃底腺又名泌酸腺，位于胃底和胃体，约占胃黏膜总面积的80%；幽门腺和贲门腺主要由黏液细胞组成，分泌黏液。胃黏膜的内分泌细胞分泌激素。胃泌素是最主要的内分泌激素，由胃窦的G细胞分泌。黏膜肌层由平滑肌组成，分内环行和外纵行2层，他们的活动有利于分泌物的排出。猪胃的各黏膜区，在不同日龄生长速度不同，如仔猪在哺乳后期，贲门腺区生长最为迅速，其面积约占胃的一半，断奶后幽门腺区的生长速度则更快。

②胃液：胃液是胃黏膜各腺体所分泌的混合液，为无色透明、常含黏丝的酸性液体。主要有壁细胞的酸性分泌物和含有胃蛋白酶、黏蛋白、电解质的非细胞的碱性分泌物2部分组成。胃液的组成随分泌率而起变化。在高分泌率时，通常为强酸性和水样液体，而饥饿时则较黏稠而酸性较低。胃液的酸性由盐酸所决定，纯净胃液的pH一般为0.5~1.5，分泌旺盛时为1或低于1。猪胃液是连续分泌，以食后2~3h分泌量最大，且分泌量与日粮数量及组成密切相关，喂青贮料时分泌量增加。成年猪一昼夜分泌的胃液总量可达6~8L。

4. 肠的消化

（1）小肠的消化　经胃消化后的液体食糜进入小肠，经过小肠的运动和胆汁、胰液、小肠液的化学消化作用，大部分营养物质被消化分解，并在小肠内被吸收。因此，小肠是重要的消化吸收部位。

①胆汁：是由肝细胞分泌的黏稠、具有强烈苦味的黄绿色液体，肝胆汁是弱碱性，胆囊胆汁呈弱酸性。胆汁分泌后储存在胆囊中，需要时胆囊收缩，将胆汁经胆囊管排入十二指肠。胆汁中不含消化酶，除水外，还有胆酸盐、胆色素、胆固醇、卵磷脂和无机盐等，其中胆酸盐和碱性无机盐与消化有关，其他都是排泄物。猪的胆汁是橙黄色、有黏性、味苦的弱碱性液体，pH为8.0~9.4。

胆酸盐的作用：增强脂肪酶的活性；降低脂肪的表面张力，使脂肪乳化成微小颗粒，有利于脂肪的消化吸收；与脂肪酸结合成水溶性复合物，促进脂肪酸的吸收；促进脂溶性维生素（维生素A、维生素D、维生素E、维生素K）的吸收；刺激小肠的运动。因此，胆汁对脂肪消化具有极其重要的意义。胆汁中的碱性无机盐主要是碳酸氢钠，可中和一部分由胃入肠的酸性食糜，维持肠内适宜的 pH，有利于小肠的消化。胆盐排到小肠后，绝大部分由小肠黏膜吸收入血，再入肝脏重新形成胆汁，即为胆盐的肠-肝循环。胆盐在小肠被吸收后，还成为促进胆汁自身分泌的一个体液因素。

②胰液：是胰腺腺泡分泌的无色、无臭透明的碱性液体，pH 为 7.8~8.4。由水、消化酶和少量无机盐组成。胰液中的消化酶包括胰蛋白分解酶、胰淀粉酶、胰脂肪酶、胰核酸酶以及双糖酶等。无机盐中除了含有 Cl^-、Na^+、K^+、Ca^{2+} 等外，还含有含量最高的碳酸氢盐。

胰蛋白分解酶：主要包括胰蛋白酶、糜蛋白酶和羧肽酶，刚分泌出来时均为无活性的酶原，其中胰蛋白酶原可自动催化或经肠激酶激活转变为胰蛋白酶，糜蛋白酶和羧肽酶可被胰蛋白酶激活。胰蛋白酶和糜蛋白酶共同作用，水解蛋白质为多肽，而羧肽酶则分解多肽为氨基酸。

胰淀粉酶：在 Cl^- 和其他无机离子的作用下被激活，可将淀粉和糖原分解为麦芽糖和糊精。

胰脂肪酶：胰脂肪酶原在胆酸盐的作用下被激活，将脂肪分解为甘油和脂肪酸，是胃肠道内消化脂肪的主要酶。

胰核酸酶：包括核糖核酸酶和脱氧核糖核酸酶，使相应的核酸部分地水解为单核苷酸。

胰液中还有麦芽糖酶、蔗糖酶、乳糖酶等双糖酶，可将双糖分解为单糖。

碳酸氢盐：胰液中的碳酸氢盐主要是中和由胃进入十二指肠的酸性食糜，使肠黏膜免受强酸的侵蚀，同时也为小肠内多种消化酶的活动提供适宜的 pH 环境。

③小肠液：是由小肠黏膜内各种腺体分泌的混合物。纯净的小肠液是无色或灰黄色的混浊液，呈弱碱性（pH 8.2~8.7）。小肠液内含有肠激酶、双糖酶（蔗糖酶、麦芽糖酶、乳糖酶）、淀粉酶、肠肽酶及肠脂肪酶等消化酶，主要是对前部消化器初步分解过的营养物质进行彻底的消化。如肠肽酶将多肽分解成氨基酸，肠脂肪酶将脂肪分解成脂肪酸和甘油，肠双糖酶将双糖分解成单糖，肠激酶可激活胰蛋白酶原。

④小肠的运动（机械消化）：食糜进入小肠后刺激肠壁上的感受器引起小肠的运动。小肠运动是靠肠壁平滑肌的舒缩来实现的。其生理作用是使食糜与消化液充分混合，有利于消化；使食糜紧贴肠壁黏膜，有利于吸收；蠕动还有利于食糜向后推移。小肠运动形式有蠕动、分节运动和钟摆运动三种。为防止食糜过快进入大肠，有时还出现逆蠕动。

A. 蠕动：是一种速度缓慢、使食糜向大肠方向波状推进的运动。蠕动是肠壁相邻环行肌依次收缩、舒张的运动。小肠某一部分的环行肌收缩，邻近部位的环行肌舒张，接着原来舒张的环行肌又收缩，这样连续进行好像蠕虫的运动。蠕动的速度一般每分钟数厘米。此外，还有一种进行速度很快（5~25cm/s）和推进距离较长的蠕动，称为蠕动冲。它由进食时吞咽动作或食糜进入十二指肠所引起，可将食糜从小肠始端一直推送到末端。在十二指肠和回肠末段有时还出现逆蠕动，与蠕动比较，除了方向相反外，收缩力量较弱，传播范围也较小。逆蠕动与蠕动相配合，使食糜在肠管内来回移动，以便有足够的时间进行消化和吸收。

B. 分节运动：是以环行肌自律性收缩与舒张为主的运动。当食糜进入肠管的某段后，该段肠管许多点同时出现收缩，将食糜分成许多节段。随后原来收缩的环行肌舒张，原来舒张的环行肌收缩，使原来的小节分为两半，后一半与后段的前一半合并成新小节。如此继续几十分钟后，由蠕动把食糜推到下一段肠管，又在一个新肠段进行同样的运动。空腹时几乎不出现分节运动，进食后才逐渐加强。小肠各段分节运动的强度及频率以十二指肠最高，其次空肠，回肠最低。分节运动在反刍动物的小肠中最常见。分节运动使食糜切断、合拢、翻转与肠壁黏膜充分接触，有利于营养物质的消化和吸收。

C. 钟摆运动：以纵行肌自律性舒缩为主的运动。当食糜进入一段小肠后，该段肠的一侧纵行肌发生节律性的舒张或收缩，对侧相应的纵行肌收缩或舒张，使肠管时而向左、时而向右摆动，食糜随之充分混合并与肠壁充分接触，有利于营养物质的消化和吸收。这种节律性运动的次数和强度由前向后逐渐减弱。

（2）大肠的消化　食糜经小肠消化和吸收后，剩余部分进入大肠。由于大肠腺只能分泌少量碱性黏稠的消化液，含消化酶甚少或不含。所以大肠的消化除依靠随食糜而来的小肠消化酶继续作用外，主要靠微生物进行生物学消化。

大肠由于蠕动缓慢，食糜停留时间较长，水分充足，温度和酸度适宜，有大量的微生物在此生长、繁殖，如大肠杆菌、乳酸杆菌等。这些微生物能发酵分解纤维素，产生大量的低级脂肪酸（乙酸、丙酸和丁酸）和气体。低级脂肪酸被大肠吸收，作为能量物质利用，气体则经肛门排出体外。另外，大肠内的微生物还能合成 B 族维生素和维生素 K。

反刍动物对纤维素的消化、分解，主要在瘤胃内进行。大肠内的生物学消化作用远不如瘤胃，只能消化少量的纤维素，作为瘤胃消化的补充。

猪大肠液的主要成分是黏液，酶较少。小肠液中的部分消化酶随食糜进入大肠，还继续进行消化作用。但是，食糜中的绝大多数营养物质经过小肠之后已被消化和吸收，进入大肠的内容物，大都是难于消化的物质，主要是植物性饲料中的纤维素。即猪大肠内的消化过程同草食动物相似，以微生物消化为主。1g盲肠内容物中含有细菌1亿~10亿，以乳酸杆菌和链球菌占优势，还有大量的大肠杆菌和少量其他类型细菌。猪对饲料中粗纤维的消化，几乎完全靠大肠内纤维素分解菌的作用。猪大肠内食糜的酸碱度接近中性（pH 6~7），又保持厌氧状态，温度、湿度等均适合于微生物的生长繁殖。猪食物通过大肠的时间（20~40h）比通过胃和小肠的时间（2~16h）还长，因而也有利于微生物的生长。猪饲料中的部分纤维素和其他糖类被细菌等微生物发酵之后，产生乳酸、乙酸、丙酸等低级脂肪酸，可被大肠黏膜吸收，供动物机体利用。猪大肠内的细菌也能分解蛋白质、多种氨基酸及尿素等含氮物质，产生氨、胺类及有机酸。此外，猪大肠内的细菌还能合成B族维生素和高分子脂肪酸。食糜经大肠消化和吸收后，其残余部分和大肠内脱落的上皮细胞、大量微生物等逐渐浓缩而形成粪便，排出体外。猪每天排粪4~8次。

（3）肠音　由于大肠、小肠的运动，内容物在肠腔移位而产生的声音称肠音。小肠音如流水音或含漱音，大肠音因肠腔宽大，似鸠鸣音，呈断断续续的"咕—咕"声。通过对肠音的听诊，可了解肠的运动状况，对临床诊断有重要意义。

5. 吸收

食物经过复杂的消化过程，分解为简单的物质。这些简单物质以及矿物质和水分，经过消化道上皮进入血液和淋巴的过程，称为吸收。

（1）吸收的部位　消化道的不同部位对物质的吸收程度不同。这主要取决于该部位消化管的组织构造、食物的消化程度以及食物在该部位停留的时间。口腔和食管基本上不吸收；前胃可吸收大量低级脂肪酸和氨；真胃只吸收少量水分和醇类；小肠可吸收大量的营养物质和水；大肠主要吸收水分、挥发性脂肪酸和其他少量营养物质。

小肠是吸收的主要部位。小肠具有适于吸收各种物质的结构，如小肠长，盘曲多，黏膜具有环状皱褶，并拥有大量指状的肠绒毛，绒毛表面又有微绒毛，具有很大的吸收面积；食物在小肠内已被充分消化，适于吸收；食物在小肠内停留时间也长。小肠不仅吸收经采食摄入的营养物质，也吸收每日分泌到消化道的各种消化液的营养。

（2）吸收的机制　营养物质在消化道的吸收大致可分为被动转运和主动转运。

①被动转运：主要包括滤过、弥散、渗透等作用。肠黏膜上皮是一层薄的通透膜，允许小分子物质通过。当肠腔内压超过毛细血管和毛细淋巴管内压时，水和其他一些物质可以滤入血液和淋巴液，这一过程称滤过作用；当肠黏膜两侧压力相等，但浓度不同时，溶质分子可从高浓度侧向低浓度侧扩散，这一过程称弥散作用；当黏膜两侧的渗透压不同时，水则从低渗透压一侧进入高渗透压一侧，直至两侧溶液渗透压相等，这一过程称渗透作用。

②主动转运：是指某些物质在肠黏膜上皮细胞膜上载体的帮助下，由低浓度一侧向高浓度一侧转运的过程。所谓载体，是一种运载营养物质进出上皮细胞膜的膜蛋白。营养物质转运时，在上皮细胞的肠腔侧，载体与营养物质结合成复合物，复合物穿过上皮细胞膜进入细胞内，营养物质与载体分离被释放入细胞中，进而进入血液中，而载体则又返回到细胞膜肠腔侧。这样循环往复，主动吸收各营养物质，如单糖、氨基酸、钠离子、钾离子等。

（3）营养物质的吸收过程

①糖的吸收：可溶性糖（主要是淀粉）在淀粉酶和双糖酶的作用下分解为单糖（葡萄糖、果糖、半乳糖），在小肠被吸收后，经门静脉送到肝脏，一些单糖也能经淋巴液转运。单糖的吸收是耗能的主动转运过程；纤维素在微生物作用下，分解成低级脂肪酸，在瘤胃被吸收，经门静脉入肝。

②蛋白质的吸收：蛋白质在胃蛋白酶、胰蛋白酶、羧肽酶和肠肽酶的作用下，被分解为各种氨基酸，氨基酸被小肠黏膜吸收入血，经门静脉入肝。氨基酸的吸收是主动转运，需要提供能量。未经消化的天然蛋白质及蛋白质的不完全分解产物只能被微量吸收进入血液。

③脂肪的吸收：摄入的脂肪大约有95%被吸收。脂肪在胆酸盐和胰脂肪酶、肠脂肪酶的作用下，分解为甘油和脂肪酸，甘油和脂肪酸少部分直接进入血液，经门静脉入肝，大部分在细胞内重新合成中性脂肪，经中央乳糜管进入淋巴液。

④水分的吸收：水的吸收主要在小肠。小肠主要借助渗透、滤过作用吸收水分。

⑤无机盐的吸收：主要在小肠中以水溶液状态被吸收。不同的盐类，吸收的难易不一样，单价盐类如氯化钠和氯化钾等较易吸收，二价及多价盐类如氯化钙和氯化镁等则吸收很慢，能与钙结合而沉淀的盐类如磷酸盐、硫酸盐、草酸盐等则不易被吸收。

钠由钠泵主动转运进行吸收。铁的吸收主要在小肠上段，是以亚铁的形式通过主动转运的方式进行吸收。钙盐只能在水溶液状态，且不能被肠腔内任何物质沉淀的情况下，才能被吸收，钙的吸收也是主动转运，需要充分的维生素D。肠内容物偏酸以及脂肪食物都会影响钙的吸收。由钠泵所产生的电位使负离子Cl^-、HCO_3^-向细胞内转移，负离子也可独立地转移。

⑥维生素的吸收：脂溶性维生素（维生素A、维生素D、维生素E、维生素K）沿全部小肠吸收，而以十二指肠和空肠吸收为主。水溶性维生素除维生素B_{12}外，主要在小肠前段被吸收；而维生素B_{12}需要与来源于胃黏膜的内因子结合成复合物后，才能被空肠及回肠前段被大量吸收，并在吸收细胞内停留1~4h后，再转入血液中。

6. 粪便的形成和排粪

食糜经消化吸收后,其中的残余部分进入大肠后段,由于水分被大量吸收而逐渐浓缩,形成粪便。随大肠后段的运动,被强烈搅和,并压缩成团块。

排粪是一种复杂的反射动作。粪便停留在直肠内,量小时,肛门括约肌处于收缩状态。当粪便聚积到一定量时,刺激肠壁压力感受器,通过盆神经(传入神经)传至荐部脊髓(低级排粪中枢),再传至延脑和大脑皮层(高级中枢),由高级中枢发出冲动传至大肠后段,引起肛门括约肌舒张和后段肠壁收缩,且在腹肌收缩配合下,增加腹压进行排粪。因此,腰荐部脊髓和脑部损伤,会导致排粪失禁。

项目四　认知呼吸系统

> **知识目标**

1. 了解呼吸系统的组成。
2. 掌握呼吸道和肺的形态、位置和构造。
3. 了解呼吸运动、气体交换和气体运输等呼吸生理知识。
4. 理解胸内负压的产生和生理意义。
5. 理解神经和体液因素对呼吸运动的影响。

> **能力目标**

1. 能在活体牛（羊、猪）上确定肺的体表投影位置。
2. 能在新鲜标本上识别牛（羊、猪）肺的形态构造。
3. 能在显微镜下识别肺的组织构造。
4. 能正确判断呼吸式、听取呼吸音和测定呼吸频率。

> **素质目标**

通过识别不同动物肺脏差异，培养学生严谨细致精益求精的工作精神。

> 工作项目

工作项目	胸部叩诊和听诊
前导知识	呼吸系统是动物机体与外界环境进行气体交换、维持生命活动的重要系统，同时也是异物、病原侵入的主要门户，所以呼吸系统疾病发病率较高、且难于区分，尤其是幼龄、老弱、役用家畜和冬春气候寒冷骤变季节。胸肺部的检查是呼吸系统检查的重点。一般用视诊、触诊、叩诊和听诊检查，其中以叩诊和听诊最重要、最常用。 叩诊是指对动物体表的某一部位进行叩击，根据所产生的音响的性质，来推断内部病理变化或某些器官的投影轮廓。 听诊是指直接用耳朵或借助器械间接地听取动物内脏器官在运动时发出的各种音响，以音响的性质去推断病理变化的一种诊断方法。
工作要求	（1）将填写任务工单一（完善胸部叩诊和听诊操作步骤）的空缺部分作为本项目学习的载体之一，积极探索、深度思考，助力高质量完成任务工单二，为未来临床开展呼吸系统疾病诊疗打下基础。 （2）将任务工单一填写的答案拍照上传本章节的学习平台，作为平时成绩的组成部分。

> 学习任务

任务工单一

学习任务	完善胸部叩诊和听诊操作步骤			
任务描述	在识别喉、气管、支气管以及肺的形态、构造、位置和各器官之间的位置关系的基础上，查阅资料，完成胸部叩诊和听诊操作步骤的制定。			
任务名称	序号	操作要领	操作方法	
胸部叩诊和听诊操作步骤	1	叩诊	（1）叩诊方法 ①直接叩诊法：用手指或叩诊锤直接向动物体表的一定部位叩击的方法，以判断其内容物性状、含气量及紧张度。	

续表

任务名称	序号	操作要领	操作方法
胸部叩诊和听诊操作步骤	1	叩诊	②间接叩诊法：又分指指叩诊法与锤板叩诊法。本法主要适用于检查肺脏、心脏及胸腔的病变；也可用以检查肝、脾的大小和位置。 指指叩诊法：主要用于中、小动物的叩诊。通常以左手的中指紧密地贴在检查部位上（用做叩诊板）；用由第二指关节处呈90°屈曲的右手中指做叩诊锤，并以右腕做轴而上、下摆动，用适当的力量垂直地向左手中指的第二指节处进行叩击。 锤板叩诊法：即用叩诊锤和叩诊板进行叩诊。通常适用于大家畜。一般以左手持叩诊板，将其紧密地放于检查的部位上，用右手持叩诊锤，以腕关节做轴，将锤上、下摆动并垂直地向叩诊板上连续叩击2~3次，以听取其音响。 （2）肺部叩诊部位 ①牛肺部叩诊：牛肺叩诊区呈三角形，上界为与脊柱平行的直线，前界为自肩胛骨后角沿肘肌向下所划的类似"＿＿"形的曲线，止于第＿＿肋间，后界由第＿＿肋骨与上界交点开始，向下向前经髋结节水平线与第＿＿肋骨的交点，肩关节水平线与第8肋骨的交点所连接的弓形线，止于第4肋间的下方。 **公牛的肺叩诊区**（髋结节水平线、肩关节水平线）

续表

任务名称	序号	操作要领	操作方法
胸部叩诊和听诊操作步骤	1	叩诊	**母牛的肺叩诊区** ②猪肺部叩诊：上界距背中线4~5指宽，后界由第____肋骨处开始，向前向下，经坐骨结节线与第____肋间的交点，经肩端线与第____肋间的交点，而止于第____肋间的弧线。 **猪的肺叩诊区** （7、9、11、14分别为第7、第9、第11、第14肋骨） （3）肺叩诊区的变化 ①肺叩诊区扩大（2~3cm）：后界后移，是肺过度膨胀和胸腔积气的结果。见于急性、慢性肺气肿；气胸对侧（健肺代偿性肺气肿）。 ②肺叩诊区缩小（2~3cm）：前界后移、下移见于心肥大、心扩张、心包积液及牛创伤性心包炎等；后界前移见于肺萎缩、腹腔器官膨大或腹腔积液。 （4）肺叩诊音的变化 ①正常叩诊音：大家畜一般为清音，以肺的中1/3最为清楚；而上1/3与下1/3声音逐渐变弱。而肺的边缘则近似半浊音，健康小动物的肺区叩诊音近似鼓音。

续表

任务名称	序号	操作要领	操作方法
胸部叩诊和听诊操作步骤	1	叩诊	②异常叩诊音： 散在性浊音区，提示小叶性肺炎； 成片性浊音区，提示大叶性肺炎； 水平浊音，主要见于渗出性胸膜炎或胸腔积水； 过清音，见于小叶性肺炎实变区的边缘、大叶性肺炎的充血期与吸收期，亦可见于肺疾患时的代偿区； 鼓音主要见于肺泡气肿和气胸； 破壶音主要见于肺空洞（结核、脓肿）。
	2	听诊	（1）听诊方法 ①直接听诊法：在听诊部位放置一块听诊布，检查者将耳直接贴在动物被检部位进行听诊，因不卫生、不安全，临床较少使用。 ②间接听诊法：借助听诊器进行听诊。 检查者正确戴上听诊器，一手按在动物某一部位作支点，另一手持集音头密贴欲检部位仔细听诊。 （2）正常呼吸音　正常支气管呼吸音是一种类似将舌抬高而呼气时所发出的"赫赫"音，是空气通过_____（部位）时产生气流旋涡所致。此音沿气管、支气管传入，健康家畜在颈部喉、气管处明显。 支气管呼吸音有生理和病理2种。健康马，由于解剖生理的特殊性，_____（器官）听不到支气管呼吸音。其他动物肺区前部，接近较大支气管的体表处，可听到支气管呼吸音，但并非纯粹的支气管呼吸音，而是带有_____（器官）呼吸音的混合性呼吸音。犬在其整个肺部都能听到明显的"呋""赫"混合性呼吸音。

续表

任务名称	序号	操作要领	操作方法
胸部叩诊和听诊操作步骤	2	听诊	（3）注意事项 ①为了排除外界音响的干扰，应在安静的室内进行。 ②听诊器两耳塞与外耳道相接要松紧适当，过紧或过松都影响听诊的效果。听诊器的集音头要紧密地放在动物体表的检查部位，并要防止滑动。听诊器的胶管不要与手臂、衣服、动物被毛等接触、摩擦，以免产生杂音。 ③听诊时要聚精会神，并同时注意动物的活动与动作，如听诊呼吸音时要注意呼吸动作，并注意与传导来的其他器官的声音相鉴别。 ④听诊胆怯易惊或性情暴烈的动物时，要由远而近地逐渐将听诊器集音头移至听诊区，以免引起动物的反抗。听诊时仍须注意安全。
任务要求			答案填写完成后，将此任务工单拍照上传学习平台。

任务工单二

学习任务	识别家畜呼吸器官的一般结构
任务描述	利用标本、图片、模型、活体动物、虚拟仿真软件等资源，识别喉、气管、支气管以及肺的形态、构造、位置和各器官之间的位置关系。
操作步骤	（1）利用标本、图片、模型、活体动物、虚拟仿真软件等资源，识别喉、气管、支气管以及肺的颜色、形态、质地和各器官之间的位置关系。 （2）利用标本、图片、模型、虚拟仿真软件等资源识别肺的形态、分叶和结构。 （3）利用切片、图片、显微镜等资源识别肺内的小支气管、细支气管、呼吸性细支气管、肺泡管、肺泡囊和肺泡的组织结构。 （4）在活体牛上，指出肺的体表投影位置。

必备知识

家畜在生命活动过程中，必须不断地从外界吸入 O_2，呼出体内 CO_2。机体与外界进行气体交换的过程称为呼吸。呼吸主要是通过呼吸系统来完成。

一、呼吸系统构造

呼吸系统由鼻、咽、喉、气管、支气管和肺等器官，以及胸膜和胸膜腔等辅助器官组成（图2-48）。鼻、咽、喉、气管和支气管是气体进出肺的通道，称为呼吸道，亦称上呼吸道，它们由骨或软骨作为支架，围成开放性的管腔，便于气体自由通过，同时对吸入空气进行加温、湿润和清除尘埃等异物。此外，鼻有嗅觉功能，喉与发音有关。肺是气体交换的器官，主要由许多薄壁的肺泡构成，总面积非常大，有利于进行气体交换。呼吸道和肺在辅助器官的协助下共同完成呼吸功能。

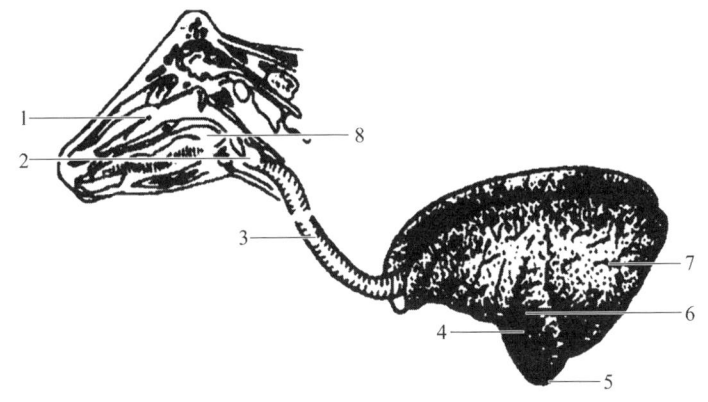

1—鼻腔；2—喉；3—气管；4—心切迹；
5—左肺中叶；6—左肺前叶前部；7—左肺后叶；8—咽。

图 2-48　牛呼吸系统组成模式图

（一）鼻

鼻既是气体出入肺的通道，又是嗅觉器官，对发音也有辅助作用，包括鼻腔和副鼻窦（图2-49）。

1. 鼻腔

鼻腔是呼吸道的起始部，前端经鼻孔与外界相通，后端经鼻后孔与咽相通，腹侧由硬腭与口腔隔开，正中由鼻中隔将鼻腔分成左、右不相通的2部分。每侧鼻腔可分为鼻孔、鼻前庭和固有鼻腔3部分。

（1）鼻孔 是鼻腔的入口，由内外侧鼻翼围成。鼻翼为包有软骨和肌肉的皮肤褶，有一定的弹性和活动性。牛的鼻孔小，呈不规则的椭圆形，鼻翼厚而不灵活，两鼻孔间与上唇中部形成鼻唇镜。羊的两鼻翼间形成鼻镜。猪鼻尖与上唇一起构成吻突，是掘地觅食的器官，吻突表面被覆薄而敏感的皮肤，形成盘状的吻镜，长有短而稀的触毛，皮肤表面有小沟，含有吻腺和触觉感受器。猪鼻孔小，呈卵圆形，位于吻突上，由内、外侧鼻翼围城，并有吻骨和软骨支撑。

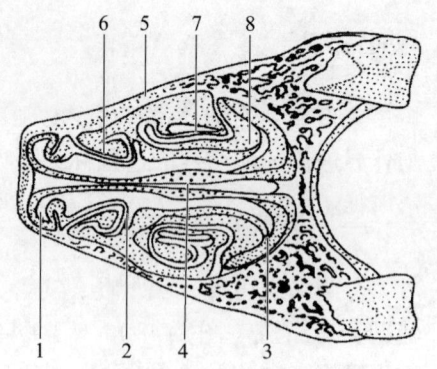

1—上鼻道；2—中鼻道；3—下鼻道；
4—鼻中隔；5—总鼻道；6—上鼻甲骨；
7—中鼻甲骨；8—鼻静脉丛。

图 2-49 鼻腔横断面

（2）鼻前庭 为鼻腔前部衬有皮肤的部分，相当于鼻翼所围成的空腔。鼻前庭的皮肤是由面部皮肤折转而来，着生鼻毛，可滤过空气。鼻泪管开口于鼻前庭。

（3）固有鼻腔 位于鼻前庭之后，由骨性鼻腔覆以黏膜构成。鼻腔侧壁上有上、下 2 个纵行的鼻甲骨，将每侧鼻腔分成上、中、下 3 个鼻道。上鼻道较窄，位于鼻腔顶壁与上鼻甲之间，通鼻黏膜的嗅区；中鼻道位于上、下鼻甲之间，通副鼻窦；下鼻道最宽大，位于下鼻甲和鼻腔底壁之间，经鼻后孔与咽相通。鼻中隔两侧面与鼻甲骨之间为总鼻道，与上、中、下 3 个鼻道相通。

猪鼻腔较狭长，左右鼻腔相通，上鼻甲狭长，从筛板小孔伸至鼻骨前端，分为前、中、后 3 部分，中部卷曲成上鼻甲窦。下鼻甲短而宽，从第 5 臼齿水平伸至犬齿水平处，与中鼻道和下鼻道相通；下鼻甲后部形成下鼻甲窦。鼻泪管开于鼻前庭底壁，出生后逐渐萎缩，但在下鼻甲后部的第二个开口则是终生保持功能。

固有鼻腔内表面衬有鼻黏膜，因其结构与功能不同，可分为呼吸区和嗅区。呼吸区占鼻腔的中部，呈粉红色。上皮为假复层柱状纤毛上皮，杯状细胞较多，上皮纤毛的摆动有助于排除黏液和吸入的灰尘。固有层由结缔组织构成，含有丰富的血管和腺体，能温暖、湿润、清洁吸入的空气。嗅区位于鼻腔的后上部，上皮细胞间有大量的嗅细胞，具有嗅觉作用。

2. 副鼻窦

在鼻腔周围的头骨内，有些含气的腔体，称副鼻窦（鼻旁窦）。副鼻窦经狭窄的裂隙与鼻腔相通，窦黏膜与鼻黏膜相连。牛的鼻旁窦主要有额窦和上颌窦，其中额窦较大，与角突的腔相通。猪的上颌窦位于上颌骨后部和颧骨内，在老龄猪还扩展入腭骨和颧弓,鼻上颌口在第6臼齿水平开口于中鼻道,被上鼻甲遮掩。成年猪额窦很发达,前额窦位于眶内侧、前方和后方的额骨内,开口于鼻腔后部的上鼻道;后额窦位于额骨和枕骨内,在老龄猪还扩展至颞骨内,开口于中鼻道。鼻旁窦有减轻头骨重量、温暖和湿润空气以及对发声起共鸣的作用。

(二)咽

见消化系统。

(三)喉

喉既是空气进出肺的通道,又是发声的器官。喉位于下颌间隙的后方,在头颈交界处的腹侧,悬于两个舌骨大角之间。前端以喉口与咽和鼻相通,后端与气管相通。猪的喉较长,从枕骨底部伸至第4或第5颈椎平面。喉主要由喉软骨、喉黏膜和喉肌构成。

1. 喉软骨

喉软骨构成喉的支架,包括不成对的环状软骨、甲状软骨、会厌软骨和成对的杓状软骨。各喉软骨借韧带彼此相连,共同构成喉的软骨基础(图2-50)。

环状软骨:由透明软骨构成,外形呈指环状。其前缘以弹性纤维与甲状软骨相连,后缘借弹性纤维与气管相连。

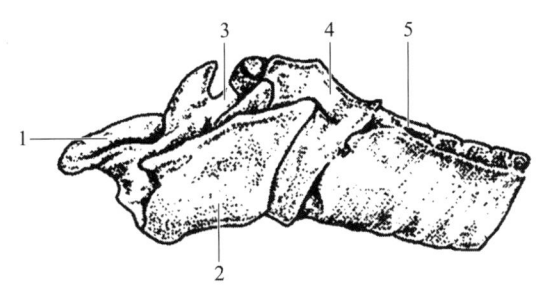

1—会厌软骨;2—甲状软骨;3—杓状软骨;4—环状软骨;5—气管软骨环。

图 2-50 牛的喉软骨

甲状软骨:是较大的喉软骨,构成喉腔的侧壁和底壁。猪的甲状软骨较长,甲状软骨板后部较高,无前角。

会厌软骨和杓状软骨:位于喉前部,二者共同围成喉口,并与咽相通。喉口与背侧的食管口相邻。会厌软骨的表面被覆黏膜,称为会厌。会厌具有弹性和韧性,其前端游离并向舌根翻转,吞咽时可盖住喉口,防止食物误入喉和气管。

2. 喉黏膜

喉的内腔称喉腔，由软骨围成的管状腔。在喉腔中部的侧壁上有一对明显的黏膜褶称声带，两侧声带之间的狭窄裂隙称为声门裂，气流通过时振动声带便可发声。喉腔在声门裂以前的部分称为喉前庭，以后的部分称为喉后腔（或声门下腔）。

喉腔内表面衬以黏膜，喉黏膜由上皮和固有层构成。被覆于喉前庭和声带的上皮为复层扁平上皮，喉后腔的黏膜上皮为假复层柱状纤毛上皮。固有层由结缔组织构成，内含少量的淋巴小结和管泡状喉腺，可分泌黏液和浆液，有润滑声带等作用。喉黏膜有丰富的感觉神经末梢，受到刺激会引起咳嗽，从而将异物排出。

3. 喉肌

喉肌属于横纹肌，附着于喉软骨的外侧，收缩时可改变喉的形状，引起吞咽、呼吸及发声等活动。

（四）气管和支气管

气管和支气管是连接喉与肺之间的通道，支气管是气管的分支，二者形态和结构基本相似。气管为一圆筒状长管，位于颈椎、胸椎腹侧，前端接喉，后端进入胸腔。气管在心基上方分为右尖叶支气管（右上支气管），随后又分出左、右2条主支气管，分别进入左、右肺，并继续分支形成支气管树。

气管和支气管组织构造基本相似，均由黏膜层、黏膜下层、外膜组成（图2-51）。

1. 黏膜层

黏膜层包括黏膜上皮、固有层。黏膜上皮为假复层柱状纤毛上皮，上皮细胞间夹杂着大量的杯状细胞。杯状细胞可以分泌黏液，黏附气流中的尘粒和细菌。纤毛则向喉部摆动，将黏液排向喉腔，经咳嗽排出。固有层由疏松结缔组织构成，其中弹性纤维较多，深部纤维大都呈纵行排列。在固有层内还有弥散的淋巴组织，有局部免疫功能。

2. 黏膜下层

黏膜下层由疏松结缔组织构

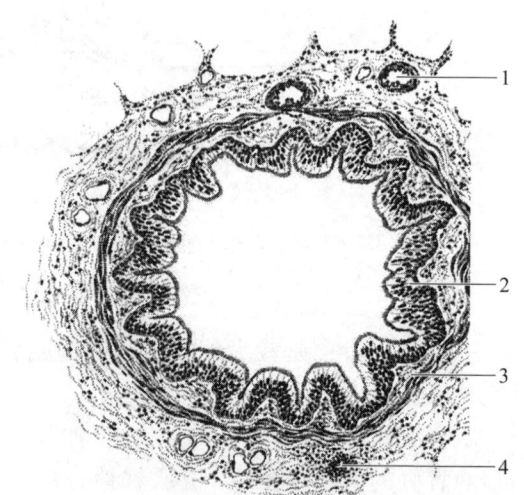

1—血管；2—黏膜；3—黏膜下层；4—气管腺。
图2-51 气管构造模式图

成，与固有层之间无明显的界限。其中含有丰富的血管、神经、脂肪细胞和气管腺。气管腺为混合腺，腺体的分泌物排入管腔，与杯状细胞分泌的黏液共同在黏膜表面形成黏液层，可黏附异物和细菌，并可溶解吸入的有害气体。

3. 外膜

外膜是气管的支架，由透明软骨和结缔组织构成。"U"形软骨环的缺口朝向背侧，缺口之间有弹性纤维膜连接，膜内有平滑肌束，可使气管适度舒缩。相邻软骨环借韧带相连，使气管适度延长。在气管软骨外面包有结缔组织，内有血管、神经和脂肪组织。

（五）肺

1. 肺的位置、形态

肺位于胸腔内纵隔两侧，左、右各一，通常右肺略大于左肺，两肺占据胸腔的大部分。健康的肺呈粉红色，海绵状，质地柔软而富有弹性。左、右肺一起类似圆锥形，锥底朝向后方。肺有三个面和三个缘（图2-52）。

三个面：肋面、纵隔面和膈面。肋面在外侧，略凸，与胸腔侧壁接触，有肋压迹；纵隔面在内侧，较平，与纵隔接触，有心压迹、食管压迹和主动脉压迹，在心压迹的后方有肺门，是支气管、肺动脉、肺静脉、支气管动脉、支气管静脉、淋巴管和神经出入肺的门户；膈面在后下方，较凹，与膈接触。

三个缘：背缘钝而圆，位于肋椎沟中；腹缘薄而锐，位于胸外侧壁与纵隔间的沟内，有豁口状的心切迹和叶间切迹，是肺分叶的依据。动物左肺心切迹略大于右肺心切迹，使心脏左壁在此处外露，兽医临床常将左肺心切迹作为心脏听诊部位；后缘薄而锐，位于胸外侧壁与膈之间。

肺的分叶：牛、羊的左肺分为3叶，由前向后顺次为前叶（尖叶）、中叶（心叶）和后叶（膈叶）。右肺分为4叶，前叶（尖叶）、中叶（心叶）、后叶（膈叶）和纵隔面上的副叶。其中右尖叶分为第一尖叶和第二尖叶，并与右尖叶支气管相连。猪肺形如底面被斜截面而平卧的圆锥体，分叶与牛、羊相似，很明显，右肺比左肺略大，其体积比为4∶3。

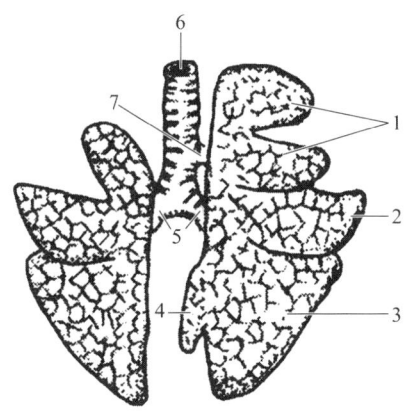

1—尖叶；2—心叶；3—膈叶；4—副叶；
5—支气管；6—气管；7—右尖叶支气管。

图2-52 牛肺分叶模式图

2. 肺的体表投影位置

临床牛肺的听诊或叩诊可根据背缘线和后缘线来确定其体表投影位置。背缘线是第 1 肋的 1/2 和第 12 肋上端的连线，或距脊柱背线 10cm。后缘线由 4 点连成的弧线来定，4 点分别是第 12 肋上端、髋结节水平线与第 11 肋交点、肩关节水平线与第 8 肋的交点和第 4 肋间隙下缘。

猪的听诊或叩诊区为上界距背中线 4~5 指宽，后界是由第 11 肋处开始，向前向下，经坐骨结节线与第 9 肋间的交点，经肩端线与第 7 肋间的交点，而止于第 4 肋间的弧线。

3. 肺的血管

肺的血管可分功能性血管和营养性血管。功能性血管是肺动脉和肺静脉，营养性血管是支气管动脉和支气管静脉。

（1）肺动脉和肺静脉　肺动脉是大动脉，内含静脉血，从右心室出发，经肺门入肺，与支气管伴行，并随支气管分支而分支，最后形成包围肺泡周围的毛细血管网，与肺泡内的气体进行交换，使静脉血变成动脉血（含氧较多的血液）。由毛细血管网汇成小静脉，再逐渐汇合成肺静脉。肺静脉在肺内并不与肺动脉伴行，直至形成较大的肺静脉时才与肺动脉和支气管伴行，最后经肺门出肺，进入左心房。

（2）支气管动脉和支气管静脉　支气管动脉是胸主动脉的分支，经肺门进入肺内，也与支气管伴行，沿途形成毛细血管网，营养各级支气管、肺动脉、肺静脉、小叶间结缔组织和肺胸膜。支气管静脉汇注于奇静脉，进入右心房。

4. 肺的组织构造

肺的表面覆有一层浆膜（肺胸膜），浆膜深面的结缔组织伸入肺内，将肺实质分隔成众多肉眼可见的肺小叶。

肺小叶是以细支气管为轴心，由更细的呼吸性细支气管和所属的肺泡管、肺泡囊、肺泡构成的相对独立的肺结构体，一般呈锥体形，锥底朝肺表面，锥尖朝肺门。动物小叶性肺炎是单个小叶或一群小叶的炎症，而大叶性肺炎常侵犯一个肺叶、一侧肺叶或全肺。

支气管由肺门进入肺内，反复分支，形成树枝状，称为支气管树。支气管分支称为小支气管。小支气管分支到管径为 1mm 以下时称为细支气管。细支气管再分支，管径为 0.35~0.5mm 时称为终末细支气管。终末细支气管继续分支为呼吸性细支气管，管壁上出现散在的肺泡，开始有呼吸功能。呼吸性细支气管再分支为肺泡管，肺泡管再分支为肺泡囊。肺泡管和肺泡囊主要由肺泡围成（图 2-53）。

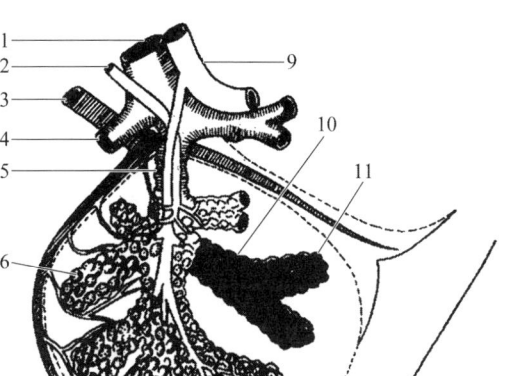

1—细支气管；2—支气管动脉；3—肺静脉；4—终末细支气管；5—呼吸性支气管；
6—肺泡；7—毛细血管网；8—肺胸膜；9—肺动脉；10—肺泡管；11—肺泡囊。

图 2-53 肺小叶模式图

肺的实质由肺内各级支气管和无数肺泡组成。其中从小支气管到终末细支气管的各级管道，主要作用是保障和控制肺通气，故称为肺的导气部；从呼吸性细支气管开始到肺泡管、肺泡囊、肺泡，具有气体交换的功能，称为肺的呼吸部。

（1）肺的导气部 肺的导气部是气体出入肺的通道，包括各级小支气管、细支气管、终末细支气管。组织结构与气管、支气管基本相似，也由黏膜、黏膜下层和外膜构成，只是管径逐渐变小，管壁逐渐变薄，组织结构逐渐简化。

①各级小支气管：管壁仍可分为黏膜、黏膜下层和外膜。黏膜上皮为假复层柱状纤毛上皮，但逐渐变薄，杯状细胞减少。固有层的平滑肌逐渐增多，故黏膜逐渐出现皱襞。黏膜下层的气管腺逐渐减少。外膜的软骨呈片状，且逐渐减少。

②细支气管：黏膜上皮由假复层柱状纤毛上皮逐渐过渡为单层柱状上皮。杯状细胞、腺体、软骨片逐渐减少几乎消失，环行平滑肌相对增多，黏膜呈明显的皱襞。由于细支气管无软骨片支撑，当某些病因引起管壁平滑肌痉挛时，管腔发生闭塞，便发生呼吸困难。

③终末细支气管：管壁变得更薄。上皮为单层柱状上皮，杯状细胞、腺体、软骨片均消失，环行平滑肌由多变少，皱襞消失。

（2）肺的呼吸部　肺的呼吸部包括呼吸性细支气管、肺泡管、肺泡囊和肺泡（图2-54）。

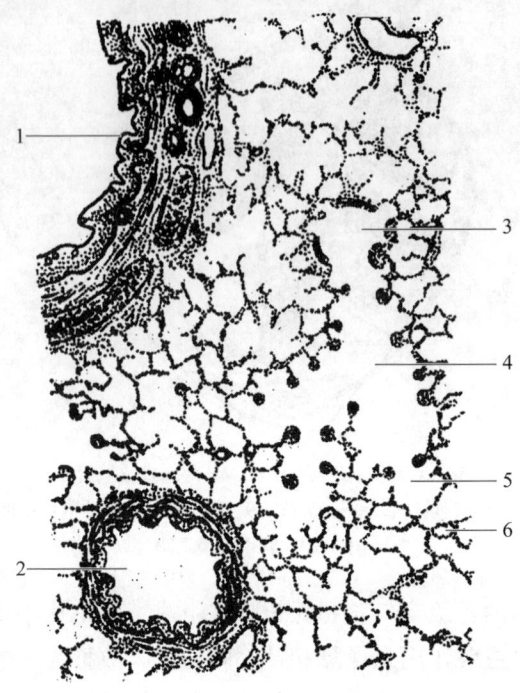

1—支气管；2—细支气管；3—呼吸性支气管；4—肺泡管；5—肺泡囊；6—肺泡。
图2-54　肺的微细结构

①呼吸性细支气管：管壁上有肺泡开口，开始具有气体交换作用，其上段管壁仍为单层柱状纤毛上皮，以后逐渐移行为单层立方上皮，纤毛消失，接近肺泡开口处变为单层扁平上皮。上皮下有薄层固有膜，内有弹性纤维和分散的平滑肌纤维。

②肺泡管：管壁有许多肺泡的开口，末端与肺泡囊相通。管壁不完整，在相邻肺泡开口之间，固有层内有少量平滑肌束，上皮为单层立方上皮或扁平上皮。

③肺泡囊：由数个肺泡围成的公共腔体，呈梅花状，囊壁为肺泡壁。

④肺泡：是气体交换的场所，呈半球状，开口于肺泡囊、肺泡管或呼吸性支气管。肺泡内表面的肺泡上皮由Ⅰ型和Ⅱ型肺泡细胞构成。

Ⅰ型细胞：占肺泡内表面的95%，细胞扁平很薄，核椭圆形，稍突入于肺泡腔内。Ⅰ型细胞为气体交换提供了一个广而薄的面，使气体易于通过。在Ⅰ型细胞和邻近毛细血管内皮细胞之间各有一层基膜。因此，肺泡和血液间的气体交换，必须经过肺泡上皮、上皮基膜、血管内皮基膜和血管内皮等4层结构，这些结构所构成的气血屏障，是气体交换必须通过的薄层结构。

Ⅱ型细胞：较少，呈圆形或立方形，胞核圆形，染色较浅，位于Ⅰ型细胞之间。Ⅱ型细胞可分泌表面活性物质（主要成分是二棕榈酰卵磷脂），在肺泡腔内表面形成脂蛋白物质层，可降低肺泡表面气-液接触的表面张力，维持肺泡的形状，使肺泡呼气之末不致因表面张力而完全塌陷。而且Ⅱ型细胞又是Ⅰ型细胞的后备细胞，当Ⅰ型细胞受损伤时，Ⅱ型细胞可变为Ⅰ型细胞，以保持呼吸膜的完整性。

相邻肺泡的肺泡壁之间形成肺泡隔，隔内有丰富的毛细血管网、弹性纤维、成纤维细胞和肺的巨噬细胞。肺泡隔中的毛细血管网紧贴肺泡上皮，这样的结构有利于肺泡和血液之间发生气体交换。肺泡隔内的大量弹性纤维使肺泡具有良好的弹性，吸气时能扩张，呼气时能回缩。肺巨噬细胞能吞噬吸入的灰尘、细菌、异物和渗出的红细胞等。肺泡腔内吞噬尘粒后的巨噬细胞又称尘细胞，可随呼吸道分泌物排出。

相邻肺泡之间有小孔相通，称肺泡孔。它是肺泡间气体通路，有沟通和平衡相邻肺泡内气体的作用。当细支气管阻塞时，可通过肺泡孔与邻近肺泡建立侧支通气，有利于气体交换。但在肺部感染时，病原菌亦可经此孔扩散、蔓延。

（六）胸腔、胸膜和纵隔

1. 胸腔

胸腔是以胸廓为框架并附着胸壁肌和皮肤的截顶圆锥状体腔，顶壁是胸椎，两侧壁是肋和肋间肌，底壁是胸骨，后壁是膈肌。前口呈竖长的卵圆形，由第1胸椎、第1对肋和胸骨柄围成。后口呈倾斜的卵圆形，较大，由最后胸椎、最后1对肋、肋弓和剑状软骨围成（图2-55）。胸腔在胸壁肌群的帮助下可扩大和缩小。胸腔内容纳心、肺、胸腺、大血管、淋巴管、食管和气管等器官。

2. 胸膜

胸膜为一层光滑的浆膜，分别覆盖在肺的表面和衬贴于胸腔壁的内面。覆盖在肺表面的称为胸膜脏层，又称肺胸膜；衬贴于胸腔内表面和纵隔表面的称为壁层，壁层又按所在部位分为肋胸膜、膈胸膜和纵隔胸膜。肋胸膜衬贴在肋及肋间肌内面；膈胸膜贴在膈肌上；纵隔胸膜贴在纵隔两侧。

胸膜腔是胸膜壁层与脏层之间的腔隙，胸膜腔左、右各一，互不相通，胸膜腔内压力比大气压低，并有少量浆液，有润滑作用。胸膜炎时，胸膜腔出现大量渗出液（胸膜腔积水），或者胸膜壁层与脏层间发生粘连，影响动物的呼吸运动。

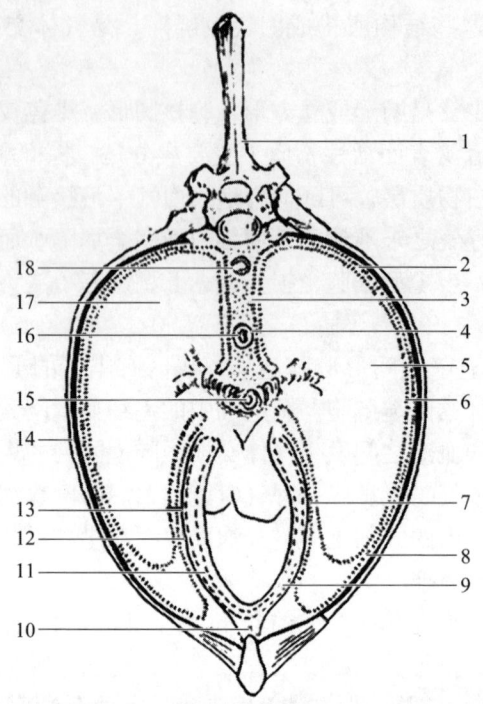

1—胸椎；2—肋胸膜；3—纵隔；4—纵隔胸膜；5—左肺；6—肺胸膜；
7—心包胸膜；8—胸膜；9—心包腔；10—胸骨心包韧带；11—心包浆膜脏层；
12—心包浆膜壁层；13—心包纤维层；14—肋骨；15—气管；16—食管；17—右肺；18—主动脉。

图 2-55 胸腔横断面模式图

3. 纵隔

纵隔是两侧纵隔胸膜及其之间器官和组织的总称。纵隔内夹有胸腺、心包、心脏、气管、食管和大血管等。纵隔位于胸腔正中，将胸腔分为左、右两个互不相通的腔。

二、呼吸生理

机体与外界环境之间的气体交换，称为呼吸。呼吸是家畜生命活动的重要特征。呼吸过程包括外呼吸、气体运输和内呼吸 3 个环节。外呼吸是气体（O_2 和 CO_2）在肺泡和血液间的交换，因其在肺内进行，又称肺呼吸（包括肺通气和肺换气）；内呼吸是血液与组织液之间的气体交换，因是在组织内进行，又称组织呼吸。血液流经肺部时获得氧，通过循环带给全身，同时把组织产生的 CO_2 运至肺部排出体外。

（一）呼吸运动

呼吸肌群的交替收缩和舒张引起胸腔和肺有节律地扩大和缩小称为呼吸运

动，包括吸气运动和呼气运动。其中，胸腔和肺一同扩大使外界空气进入肺泡的过程称吸气；胸腔和肺一同缩小将肺泡内气体逼出体外的过程称呼气。参与呼吸运动的吸气肌主要是肋间外肌和膈肌，呼气肌主要是肋间内肌和腹肌。

1. 吸气和呼气动作的产生

（1）吸气过程　吸气过程是一个主动过程。平静呼吸时，吸气运动由肋间外肌和膈肌收缩来完成。肋间外肌收缩引起胸腔两侧壁的肋骨开张，胸骨稍下降，结果使胸腔的左、右径和上、下径增大；膈肌收缩，膈顶后移，使胸腔前、后径增大。胸腔扩大，肺也随之扩张，肺泡内压会迅速降低。当外界气压相对高于肺内压时，空气便从经呼吸道进入肺泡，完成吸气。

（2）呼气过程　动物平静呼吸时，呼气运动不是由呼气肌收缩引起的而是由肋间外肌和膈肌舒张所致。呼气过程是一个被动过程。吸气过程一停止，肋间外肌和膈肌立即舒张，肋骨、膈顶和胸骨"宽息回位"，使胸腔和肺得以收缩，肺泡内气压会迅速上升。当外界气压相对低于肺内压时，肺泡气体经呼吸道呼出体外。

当动物剧烈运动或不安时，不仅肋间外肌和膈肌舒张，肋间内肌和腹壁肌群也参与呼气，使胸腔和肺缩得更小，肺内压升得更高，于是呼气比平时更快更多，此时吸气也会相应加强。

2. 胸内负压及其意义

（1）胸内负压　胸膜腔是密闭的，没有气体，仅有少量浆液。这层浆液有两方面作用：一是在两层胸膜之间起润滑作用；二是浆液分子有内聚力，可使两层胸膜贴在一起，不易分开。胸膜腔的密闭性和两层胸膜间浆液分子的内聚力对于维持肺的扩张状态和肺通气具有重要的生理意义。

家畜吸气时，肺能随胸腔一同扩张的根本原因在于胸内负压。胸膜腔内的压力总是低于外界大气压，低于大气压的压力一般称为负压，因此胸膜腔内压也称为胸内负压。胸内负压可用连有检压计的针头刺入胸膜腔内直接测定。测定结果表明，无论吸气还是呼气过程，胸膜腔内压力始终低于大气压。

胸内负压是动物出生后发展起来的。胎儿时期胸腔容积极小，肺内无空气，是实体组织。胎儿出生后胸廓随着新生仔畜躯体伸展而扩大，肺被动牵拉而扩张，扩张状态的肺具有一定的弹性回缩力，使胸腔的脏层能抵消一部分大气压后与胸膜壁层分离，不含气体的胸膜腔便出现了负压现象。胸内负压的形成与作用于胸膜腔的两种力量有关：一是肺内压，它使肺泡扩张；二是肺的回缩力，它使肺泡缩小。胸膜腔内的压力就是这两种作用相反的力的代数和。可用下列公式表示。

$$胸膜腔内压 = 肺内压 - 肺的回缩力$$

在吸气之末和呼气之末，肺内压等于大气压。故胸膜腔内压 = 大气压 - 肺的回缩力。若以大气压作为生理上的零单位，则胸膜腔内压 =- 肺回缩力。

可见，胸膜腔负压实际上是由肺的回缩力造成的。动物吸气时，肺回缩力增大，胸膜腔负压也更大；呼气时，肺回缩力减少，胸膜腔的负压也相应减小。

（2）胸内负压的生理意义　首先胸内负压使肺处于持续扩张状态，不致因回缩力而完全塌陷，从而能持续地与周围血液进行气体交换。其次胸内负压使胸腔内大的腔静脉血管、淋巴管处于扩张状态，有助于静脉血和淋巴液的回流及右心充盈；尤其是在做深吸气时，胸内压降得更低，进一步促进血液回心。最后，胸内负压还可使胸部食管处于扩张状态，有利于动物的呕吐和反刍动物的逆呕。

如果胸膜腔因某种原因使密闭性被破坏，外界气体或肺泡内气体立即进入胸膜腔，即形成气胸。比如动物因胸膜壁穿透或肺结核穿孔造成胸膜腔破裂时，胸内负压便随着胸膜腔进气而消失，两层胸膜彼此分开，肺将因其本身的回缩力而塌陷，发生呼吸功能障碍。此时，即使胸腔运动仍在发生，肺却减小或失去了随胸廓运动而运动的能力，其程度视气胸的程度和类型而异。显然，气胸时，肺的通气功能受到明显影响，胸腔内大静脉和淋巴液回流也将受阻，甚至因呼吸、循环功能严重障碍而危及生命。

3. 呼吸式、呼吸频率和呼吸音

（1）呼吸式　根据在呼吸过程中呼吸肌活动的强度和胸腹部起伏变化的程度，可将呼吸式分为胸式呼吸、腹式呼吸和胸腹式呼吸 3 种类型（方式）。呼吸时以肋间外肌活动为主，胸壁起伏明显者称为胸式呼吸；以膈肌活动为主，腹壁起伏明显者称为腹式呼吸；肋间肌和膈肌同等程度地参与运动，胸壁和腹壁一起起伏的呼吸运动方式为胸腹式呼吸。

健康家畜中除狗外（胸式呼吸）均为胸腹式呼吸。只有在胸部或腹部活动受到限制时才可能单独出现胸式或腹式呼吸。比如家畜妊娠后期，胃扩张、腹膜炎等腹部脏器发生病变时，腹部运动受到限制，呼吸时主要靠肋间外肌的活动来完成，因而以胸式呼吸为主；肋骨骨折或胸膜炎等胸部脏器发生病变时，胸部运动受到限制，呼吸时主要靠膈肌的活动来完成，因而以腹式呼吸为主。因此，观察家畜的呼吸式对临床疾病诊断具有重要的实际意义。

（2）呼吸频率　健康家畜安静状态下每分钟呼吸的次数为呼吸频率。健康牛的呼吸频率为 10～30 次/min，羊的呼吸频率为 10～20 次/min，猪的呼吸频率为 10～30 次/min。可以通过观察呼吸式或感知鼻孔处气流等方法测定。

呼吸频率因动物种类不同而异，同时还受年龄、外界温度、生理状况、海拔高度、使役以及疾病等因素的影响。如幼年家畜呼吸频率比成年的略高；在气温高、寒冷、高海拔、使役等条件下，呼吸频率也会增高；乳牛泌乳高峰期呼吸频率会高于平时；家畜患某些疾病如肺水肿等时，呼吸频率高于健康家畜的 4~5 倍。因此诊断中应综合考虑并加以区别。

（3）呼吸音　家畜呼吸时，气体通过呼吸道及出入肺泡产生的声音叫呼吸音。在胸廓表面和颈部气管附近，可以听到 3 种呼吸音。

①肺泡呼吸音：类似"v"的延长音，是由于空气进入肺泡，引起肺泡壁紧张所产生。正常肺泡呼吸音在吸气时能较清楚地在肺区听到。肺泡音的强弱决定于呼吸运动的深浅、肺组织的弹性及胸壁的厚度。当动物剧烈呼吸时，如用力、兴奋、疼痛等，则肺泡音加剧。当肺部气体含量减少时，如肺炎初期或肺泡受到液体压力时则肺泡呼吸音减弱。

②支气管呼吸音：类似"ch"的延长音，是由于气流通过声门裂时，产生气流旋涡所引起的呼吸音。正常情况下，在喉头和气管可听到（在呼气时能听到较清楚的支气管音），小动物和很瘦的大动物也可在肺的前部听到。

③支气管肺泡音：由于肺泡呼吸音和支气管呼吸音混合在一起而形成。任何疾患引起肺泡音或支气管音减弱时，均可产生这种不定性呼吸音。

临床上当喉、气管和肺部发生病变时，如炎症、肿胀、管道狭窄以及肺泡破裂等发生时，会出现各种病理性的呼吸音。如啰音表明支气管中存有分泌物（渗出液、漏出液、血液和吸入物）而发出的声音。摩擦音表明胸膜脏层和壁层之间膜面粗糙，伴随着呼吸而产生。

（二）气体交换

实验证实，在家畜吸入的气体和呼出的气体中，O_2 和 CO_2 含量有显著的变化，即吸入气体中 O_2 的含量较呼出多，而呼出气体中 CO_2 的含量比吸入气多。这说明家畜在呼吸过程中进行了气体交换。气体交换发生在肺和全身组织，交换动力是气体分压差，交换的先决条件是气体通透膜的通透性。

气体分压是指混合气体中某种气体在总混合气体中所占的压力份额。在混合气体中某气体的浓度越高，其气体分压也越高，反之则越低。根据气体分子扩散原理，在通透膜两侧，若某种气体的分压不相等（即有气体分压差），则该气体分子可通过通透膜，由分压高的一侧扩散到分压低的一侧。

1. 肺换气

肺泡与肺毛细血管之间的交换称为肺换气，它是外呼吸环节中的中心环节。

（1）肺换气的过程　气体在肺泡与血液间的交换是通过呼吸膜进行的。呼吸膜是肺泡和毛细血管之间的薄膜，由肺泡上皮、肺泡上皮基膜、毛细血管基膜和毛细血管内皮构成,又叫气血屏障,呼吸膜很薄,气体分子可自由通过。呼吸膜两侧的 O_2 和 CO_2 分压差是换气的主要动力。由于肺泡内的氧分压(13.83kPa)高于毛细血管内的氧分压(5.32kPa);而二氧化碳分压刚好相反,毛细血管内的二氧化碳分压(6.12kPa)高于肺泡内的 CO_2 分压(5.32kPa),因此肺换气的结果是肺泡中的 O_2 进入血液,血液中的 CO_2 进入肺泡,血液由静脉血变成动脉血。

(2) 影响肺换气的因素

①呼吸膜的厚度:呼吸膜总厚度约 0.5μm,个别仅有 0.2μm,O_2 和 CO_2 分子极易通过。家畜患有肺炎和肺水肿时,呼吸膜厚度增加,造成气体分子扩散速率降低,影响肺换气。

②呼吸膜的面积:呼吸膜为 O_2 和 CO_2 在肺部气体交换提供了巨大的表面积。呼吸膜面积增大,扩散的气体量一般会增多。在家畜运动或使役时,呼吸膜面积会增大;在肺气肿、肺不扩张和毛细血管栓塞等疾病时,呼吸膜面积会减少,从而影响肺换气。

③肺血流量:体内的 O_2 和 CO_2 靠血液循环运输,所以单位时间内肺血流量增多会影响呼吸膜两侧的 O_2 和 CO_2 的分压,从而影响肺换气。

2. 组织换气

机体毛细血管网与网间分布的细胞之间的气体交换称为组织换气,是机体呼吸生理中的核心环节。

(1) 组织换气的过程 气体在血液与组织细胞间的交换,是通过气体分子通透膜进行的。气体分子通透膜是由组织细胞膜、组织毛细血管壁以及两者之间的组织液构成,具有良好的气体通透性,O_2 和 CO_2 也极易通过。换气动力是通透膜两侧存在 O_2 和 CO_2 分压差。由于组织细胞在代谢过程中不断消耗 O_2,产生 CO_2,因此组织细胞内氧分压(5.32kPa)低于周围动脉血中氧分压(13.3kPa),而组织细胞内二氧化碳分压(6.12kPa)高于动脉血中的二氧化碳分压(5.32kPa),所以 O_2 进入组织细胞中,CO_2 进入血液,血液由动脉血变回静脉血。组织换气使组织细胞得到 O_2 的供应,CO_2 得以排出,因此组织换气(内呼吸)是整个呼吸的核心,若其发生障碍,必将导致窒息,引起动物体死亡。

(2) 影响组织换气的因素

①通透性:在正常情况下,气体分子通透膜具有很强的通透性。但在组织水肿等病理情况,通透性会降低,影响组织换气。

②全身血液循环障碍:在心力衰竭、局部贫血、淤血等病理情况下,会出现全身血液循环障碍,组织换气会受到影响,严重时会引起局部缺氧。

2-5 气体交换(动画)

（三）气体运输

在呼吸过程中，血液担任气体运输的任务。血液以物理溶解和化学结合 2 种方式，不断地将 O_2 从肺运到组织，同时将 CO_2 从组织细胞运到肺部。其中，化学结合占绝大部分。O_2 和 CO_2 在血液中的物理溶解量虽然很少，但很重要。物理溶解是化学结合前的必要过程，不论肺换气还是组织换气，进入血液的 O_2 和 CO_2 都是先溶解，提高其气体分压，再出现化学结合。反之，O_2 和 CO_2 从血液中释放时，也是以溶解的形式先逸出，使气体分压降低，引起化合结合的 O_2 分离出来补充失去的溶解氧气。物理溶解和化学结合两者之间保持动态平衡。

1. 氧的运输

O_2 进入血液后，以两种方式运输。

（1）少量 O_2 直接溶解在血液中，随血液运输到各组织细胞利用，此种方式运输的 O_2 仅占 0.8%~1.5%。

（2）大多数 O_2 主要是与红细胞内的血红蛋白（Hb）结合，以氧合血红蛋白（HbO_2）的形式运输，此种方式运输的 O_2 占 98.5%~99.2%。

红细胞内的血红蛋白是一种结合蛋白，由 1 分子珠蛋白和 4 分子亚铁血红素结合而成。血红蛋白的功能主要是运输血液中的 O_2 和 CO_2。血红蛋白在运输 O_2 和 CO_2 之前先与它们结合，在运输末发生化学解离，使 O_2 和 CO_2 分别又转变为溶解状态。

血红蛋白与 O_2 结合有下列特征。

（1）反应快、可逆、不需酶的催化，受氧分压影响。当血液流经氧分压较高的肺毛细血管时，血红蛋白与 O_2 结合形成氧合血红蛋白；当血液流经氧分压较低的体毛细血管和组织时，氧合血红蛋白迅速解离，释放 O_2，成为去氧血红蛋白。

氧合血红蛋白呈鲜红色，动脉血中含量较多；去氧血红蛋白呈暗红色，静脉血中含量大。因此，动脉血较静脉血鲜红。当皮肤或黏膜表层毛细血管中的去氧血红蛋白含量增加到较高水平时，皮肤或黏膜会出现青紫色，称为发绀，是缺氧的表现。

（2）血红蛋白与 O_2 结合，其中铁仍为二价，所以不是氧化而是氧合。

（3）只有在血红素的 Fe^{2+} 和珠蛋白结合的情况下，才具有运输 O_2 的功能，单独的血红素不具有运输 O_2 的功能。血红蛋白中血红素的 Fe^{2+} 若转为 Fe^{3+}，血红蛋白也会失去运输 O_2 的能力。

（4）1 分子血红蛋白可与 4 分子氧结合。

从 O_2 的运输形式可以看出，血红蛋白在运输过程中起着重要作用，当血红蛋白因中毒而丧失运输 O_2 的功能时，就会引起机体缺氧。

CO 中毒是由于 CO 与血红蛋白亲和力比 O_2 与血红蛋白亲和力大 210 多倍，而碳氧血红蛋白（HbCO）解离速度却是氧合血红蛋白的 1/2100。因此，CO 既妨碍血红蛋白与 O_2 结合，又妨碍 O_2 的解离，从而造成严重的缺氧。由于碳氧血红蛋白呈樱桃红色，因此 CO 中毒时，表现为皮肤、可视黏膜（口腔黏膜、睑结膜等）呈樱桃红色，严重时，因毛细血管收缩，可视黏膜呈苍白。

亚硝酸盐中毒时，血红蛋白中的二价铁在氧化剂作用下氧化成三价铁，形成高铁血红蛋白。一方面 Hb（Fe^{3+}）丧失携带 O_2 的能力；另一方面提高剩余 Hb（Fe^{2+}）与 O_2 的亲和力，造成缺氧。临床表现为皮肤、可视黏膜呈咖啡色。

2. 二氧化碳的运输

CO_2 在血液中的运输形式有 3 种。

（1）约有 5% 的 CO_2 直接溶解于血液中，随血液运输。

（2）约 7% 的 CO_2 与血红蛋白结合成氨基甲酸血红蛋白（HbNHCOOH），这种方式运输的 CO_2，比例虽小，但效率很高，占肺排出 CO_2 的 20%~30%。

CO_2 与血红蛋白的结合是可逆的，不需要酶的催化。在组织毛细血管处，CO_2 与血红蛋白结合成氨基甲酸血红蛋白；在肺毛细血管处，CO_2 与血红蛋白分离，释放出的 CO_2 扩散到肺泡中，随着呼气排出体外。

（3）88% 的 CO_2 以碳酸氢盐的形式运输。经组织换气，CO_2 扩散进入血液，先部分溶解于血浆，并与水结合成碳酸。由于血浆中缺乏碳酸酐酶，此反应只以缓慢速度进行。随着进入血浆的 CO_2 增多，二氧化碳分压随之增高，于是 CO_2 扩散进入红细胞内。由于红细胞内含碳酸酐酶，进入红细胞内的 CO_2 在碳酸酐酶的作用下，与水反应生成碳酸，碳酸又迅速解离成碳酸氢根和氢离子。

$$CO_2 + H_2O \rightleftharpoons H_2CO_3 \rightleftharpoons H^+ + HCO_3^-$$

当红细胞内的碳酸氢根浓度大于血浆中的碳酸氢根浓度时，碳酸氢根由红细胞扩散入血浆中。在红细胞内，碳酸氢根与 K^+ 结合成碳酸氢钾；在血浆中，碳酸氢根与 Na^+ 结合成碳酸氢钠。以上各反应均是可逆的，当碳酸氢盐随血液运到肺部毛细血管时，因二氧化碳分压较低，以上反应向相反的方向进行，CO_2 解离出来，经扩散进入肺泡，随呼气排出体外。

$$Na^+（或 K^+）+ HCO_3^- \rightleftharpoons NaHCO_3（KHCO_3）$$

（四）呼吸运动的调节

呼吸运动是一种节律性活动，有机体通过神经调节和体液调节来实现呼吸的节律性并控制呼吸的深度和频率。

1. 神经调节

（1）呼吸中枢　在中枢神经系统内，有许多调节呼吸运动的神经细胞群，统称为呼吸中枢。它们分布于大脑皮层、间脑、脑桥、延髓和脊髓等处。

脊髓是调节呼吸运动的初级中枢，它发出的肋间神经和膈神经支配肋间肌和膈的活动。如果在延髓和脊髓之间横切，则动物自主节律性呼吸立即停止并不能恢复，这表明脊髓不能产生节律性呼吸。

如果在脑桥和延髓之间横切，动物仍有节律性呼吸，但呼吸节律不规则，呈喘息样呼吸。这表明延髓呼吸中枢是产生节律性呼吸的基本中枢，而正常呼吸节律的形成，还有赖于脑桥的调节作用。延髓呼吸中枢分为吸气中枢和呼气中枢，两者之间存在交互抑制关系，即吸气中枢兴奋时，呼气中枢抑制，引起吸气运动；呼气中枢兴奋时，吸气中枢则抑制，引起呼气运动。

如果在中脑和脑桥之间横切，动物呼吸无明显变化，呼吸节律保持正常。这表明正常的呼吸节律是脑桥和延髓呼吸中枢共同形成的。

大脑皮层可以随意控制呼吸运动，使之变慢、加快或暂时停止。

总之，动物正常的节律性呼吸，是延髓呼吸中枢调节的结果，而延髓呼吸中枢的兴奋性又受肺部传来的迷走神经传入纤维和脑桥呼吸调整中枢的影响，呼吸调整中枢又受脑的高级部位乃至大脑皮层的控制。

（2）呼吸的反射性调节　主要是肺牵张反射及喷嚏和咳嗽等防御性反射。

①肺牵张反射：肺的牵张反射是肺扩张或缩小时引起对吸气和呼气的反射性呼吸变化。吸气终末肺扩张到一定程度时，肺泡壁上的肺牵张感受器受到刺激而产生兴奋，发放冲动增加，冲动沿迷走神经传入延髓的呼吸中枢，引起呼气中枢兴奋，同时吸气中枢抑制，从而停止吸气而产生呼气；呼气之后，肺泡缩小，不再刺激肺泡壁上牵张感受器，呼气中枢转为抑制，于是又开始吸气。吸气运动之后，又是呼气运动，如此循环往复，形成了节律性的呼吸运动，上述过程称为肺牵张反射。

②防御性呼吸反射：主要有咳嗽反射和喷嚏反射，二者均属于防御性反射。

咳嗽反射：喉、气管和支气管的黏膜上有感受器，对机械刺激和化学刺激很敏感，当受炎性分泌物等化学性刺激时，则产生冲动通过迷走神经传入延髓，触发一系列反射，称为咳嗽反射。咳嗽反射对呼吸道有清洁作用，将呼吸道内异物或分泌物排出，以维持呼吸道畅通。

喷嚏反射：鼻黏膜上也有敏感的感受器，刺激物作用于鼻黏膜时而产生兴奋，冲动沿三叉神经传入延髓，触发一系列反射，称为喷嚏反射，其作用在于清除鼻腔内的异物。

2. 体液调节

调节呼吸运动的体液因素主要是血液中的 CO_2 浓度、O_2 浓度和酸碱度。血液中的 O_2 和 CO_2 的浓度是调节呼吸中枢活动的重要因素，它使呼吸过程能更精确地适应机体活动的需要。

（1）CO_2 浓度对呼吸运动的影响　血液中保持一定浓度的 CO_2，是维持呼吸中枢的正常兴奋性所必需。呼吸中枢对 CO_2 浓度的改变十分敏感，实验证实，血液中 CO_2 含量稍微升高，即可引起呼吸加深加快，增大肺的通气量，从而排出过多的 CO_2。反之，血液中 CO_2 含量稍微降低时，可以出现呼吸暂停，直至血液中 CO_2 逐渐积蓄到一定浓度后，呼吸才逐渐恢复。但 CO_2 过度增加也会使呼吸麻痹。

一般认为，CO_2 对呼吸运动的影响，主要是由作用于延髓的化学感受器而引起的。只有当延髓的化学感受器敏感性降低（如深度麻醉），外周化学感受器（颈动脉体和主动脉体）才起主要作用。

（2）缺氧对呼吸运动的影响　血液中缺氧往往与血液中 CO_2 过量同时存在，因此缺氧引起呼吸增强，加大肺的通气量，以增加 O_2 的摄取。如缺氧严重，将严重抑制呼吸中枢，使呼吸减弱，甚至停止呼吸。

血液缺氧对延髓呼吸中枢无直接的兴奋作用，它主要是通过外周化学感受器的刺激而引起呼吸变化的。CO_2 浓度和缺氧对呼吸的影响有着交互作用。肺泡内氧分压越低，机体对 CO_2 的敏感性越大。相反，肺泡内 CO_2 浓度增高，机体对缺氧的反应越强。

（3）血液中氢离子浓度对呼吸运动的影响　血液中氢离子浓度升高，可以兴奋呼吸中枢，使呼吸加深加快。反之，血液中氢离子浓度降低，可以抑制呼吸中枢，使呼吸减弱。因此，在家畜发生酸中毒时，有呼吸增强的症状。

血液中氢离子浓度的改变主要作用于外周化学感受器，对于中枢化学感受器的刺激，不如 CO_2 明显，这是因为 CO_2 较易投入脑脊液的缘故。

总之，以上三种因素对呼吸运动的调节是相互影响的。如缺氧可以加大 CO_2 对呼吸的刺激效应，氢离子浓度升高可使呼吸中枢对二氧化碳分压的兴奋效应提高等。可见，在正常生理条件下，常常不是单一因素在起作用，而是多种因素的共同调解。

项目五 认知泌尿系统

知识目标

1. 掌握家畜泌尿系统的组成。
2. 掌握家畜肾脏、膀胱的体表投影位置、形态特征和一般结构。
3. 掌握尿液生成的过程。
4. 理解影响尿液生成的因素。

能力目标

1. 能识别家畜泌尿系统各器官的形态特征。
2. 能识别肾脏的组织构造。
3. 能准确找到牛、羊、猪肾脏的体表投影位置。
4. 能运用泌尿生理规律为畜牧业生产实践服务。

思政目标

1. 通过猪膀胱手术任务的引导,培养学生严谨、细心、耐心的品质,以及不怕苦、不怕脏、不怕累的劳动精神。
2. 从肾脏的宏观结构出发,逐步引导学生深入了解肾脏的微观结构,培养学生从不同层面和角度理解和分析问题的能力,强化对事物整体把握和长远发展规律的认识。

> 工作项目

工作项目	猪膀胱结石手术
前导知识	膀胱尿道结石是指膀胱形成了固体块状物，是猪生产养殖中较为多发的疾病。患猪初期仅表现排尿纤细，后表现为排尿困难、淋漓或无尿，长期不采取措施，结石将堵塞膀胱颈或尿道，导致膀胱破裂，死亡率高。相较于母猪，公猪体内雄激素分泌较多，结石发生概率较大。用手术取出结石是膀胱结石理想的治疗方案，在手术时，需要术者对其泌尿系统构造有清晰的认识，方可手术成功。
工作要求	填补任务工单一（猪膀胱结石手术方案）、高质量完成任务工单二（家畜泌尿系统各器官的识别），为未来临床家畜泌尿系统疾病的诊疗打下基础。

> 学习任务

任务工单一

学习任务	完善猪膀胱结石手术方案			
任务描述	在识别肾脏、输尿管、膀胱、尿道的形态、构造、位置和各器官之间的位置关系的基础上，查阅资料，完成猪膀胱结石手术方案的制定。			
任务名称	序号	操作要领	操作方法	
猪膀胱结石手术	1	保定	将猪放倒在手术台上，固定四肢，仰卧保定。	
	2	麻醉	肌肉注射舒泰，期间根据病猪状态可追加注射。	
	3	术部消毒	在倒数1、2对乳头之间用5%碘酊和75%的酒精消毒，覆盖创巾。	
	4	取结石	（1）在倒数1、2对乳头之间腹中线切口，长10~15cm，切开腹壁，剪开腹膜，如膀胱已破可见尿液外涌，未破可见充盈大而充血的____（器官），切开膀胱缓慢放出尿液。	

续表

任务名称	序号	操作要领	操作方法
猪膀胱结石手术	4	取结石	（2）术者手指顺切口伸入膀胱，沿____（位置）触摸，直至摸到大小不等的颗粒状结石。向膀胱内注入生理盐水，反复冲洗、吸出，直至结石全部清除。 （3）将导尿管经____（器官）缓慢插入尿道，另一端接注射器加压向管内注水，疏通尿道。 （4）膀胱切口连续内翻缝合，将膀胱复位还原至腹腔内，生理盐水清洗腹腔，使用可吸收线进行皮内缝合。
	5	注意事项	整个工作过程应本着尊重和爱护动物之心，操作前应熟记器官位置、形态和操作要领，操作时，如果动物出现苏醒迹象，应及时补注麻醉剂，力求把动物的应激反应降到最低。
任务要求	答案填写完成后，将此任务工单拍照上传学习平台。		

任务工单二

学习任务	家畜泌尿系统各器官的识别
任务描述	利用标本、图片、模型、活体动物、虚拟仿真软件等资源，识别肾脏、输尿管、膀胱、尿道的形态、构造、位置和各器官之间的位置关系。
操作步骤	（1）利用标本、图片、模型、活体动物、虚拟仿真软件等资源，识别肾脏、输尿管、膀胱、尿道的形态、位置和各器官之间的位置关系。 （2）利用标本、图片、模型、虚拟仿真软件等资源识别肾脏中肾叶、皮质、髓质、肾乳头、肾小盏等构造。 （3）利用标本、图片、模型、虚拟仿真软件等资源识别不同家畜肾脏的类型。

> 必备知识

一、泌尿系统大体解剖构造

家畜泌尿系统由肾、输尿管、膀胱和尿道组成（图2-56）。肾是生成尿液的器官。输尿管为输送尿液至膀胱的管道。膀胱为暂时储存尿液的器官。尿道是排出尿液的管道。机体在新陈代谢过程中产生各种代谢终产物，如尿素、尿酸和多余的水分及无机盐类等，其中一部分由肺、皮肤和肠道排出，其他大部分由血液带到肾脏，在肾脏内形成尿液，以尿的形式排出体外。同时泌尿系统还参与体内水、电解质、渗透压和酸碱平衡的调节，并通过其内分泌功能产生肾素、前列腺素等多种生物活性物质，调节体内其他生理功能。如果泌尿系统的功能发生障碍，代谢产物就会蓄积体内，从而破坏机体内环境的恒定，影响新陈代谢的正常进行，严重时甚至危及生命。

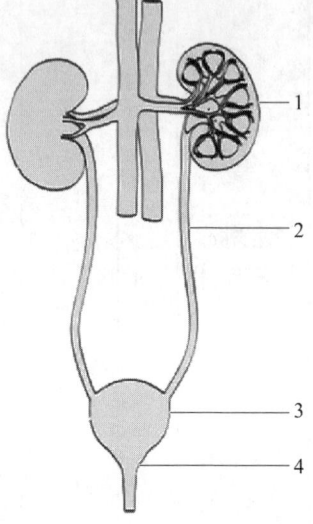

1—肾脏；2—输尿管；
3—膀胱体；4—膀胱颈。
图2-56 泌尿系统的组成及各器官的位置

（一）肾

1. 肾的一般结构

肾是成对的实质性器官，左右各一。营养良好的家畜肾的周围包有脂肪，称为肾脂肪囊。肾的表面包有一层由致密结缔组织构成的纤维膜，称为被膜。被膜与实质连接不紧密，正常时容易剥离。肾的内侧缘中部凹陷称为肾门，是肾的血管、淋巴管、神经和输尿管出入的地方。肾门向肾深部扩大形成的腔隙为肾窦，窦内有肾盏、肾盂、血管及输尿管的起始部。

肾实质由许多肾叶组成，每一肾叶可分为皮质和髓质（图2-57）。肾皮质位于周围，血管丰富，新鲜时呈红褐色，切面上可见许多红色小颗粒，为肾小体。肾髓质位于内部，色较浅，由许多呈圆锥形的肾锥体构成。锥底宽大与皮质相连，锥尖钝圆，称肾乳头，与肾盂或肾盏相对。肾皮质与肾髓质互相穿插，皮质伸入肾锥体之间的部分，称为肾柱，髓质伸入皮质的部分，称为髓放线。

2. 肾的类型

不同家畜由于肾叶连合的程度不同，其外形和内部构造也不同，根据肾叶愈合情况，可分为以下4种类型。

（1）复肾［图2-58（1）］ 由许多小而相对独立的肾囊组成，每一个肾囊包含肾脏的整个组织结构，相对独立。复肾存在于鲸科动物中，有助于提高其对水分的调节能力，使得整个肾脏系统在处理大量废物时更加高效。

（2）有沟多乳头肾［图2-58（2）］ 相邻肾叶仅中部合并，皮质和肾乳头彼此分开，肾表面具有许多较深的叶间沟。肾脏的剖面上可见独立的肾乳头。家畜中牛肾属此类型。

（3）平滑多乳头肾［图2-58（3）］ 各肾叶皮质完全合并，肾表面光滑无分界，但每一肾叶仍保留有独立的肾乳头，被肾小盏包住。肾小盏开口于肾盂及其分支肾大盏内。家畜中猪肾属此类型，人肾也属此类型。

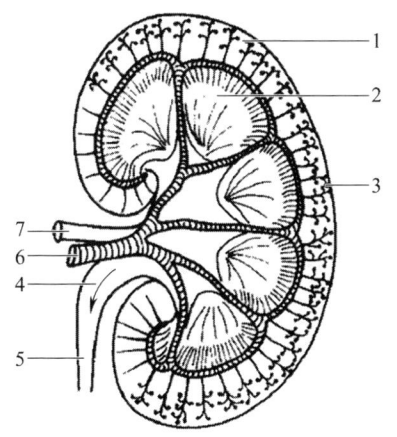

1—皮质；2—髓质；3—肾小体；4—肾盂；5—输尿管；6—肾动脉；7—肾静脉。

图 2-57　肾的大体结构

（4）平滑单乳头肾［图2-58（4）］ 各肾叶的皮质和髓质完全合并，肾乳头也愈合为一个总乳头，称肾嵴，突入输尿管在肾内形成的肾盂中。大多数哺乳动物的肾属此种类型，家畜中羊属此类型，马、犬和兔也属此类型。

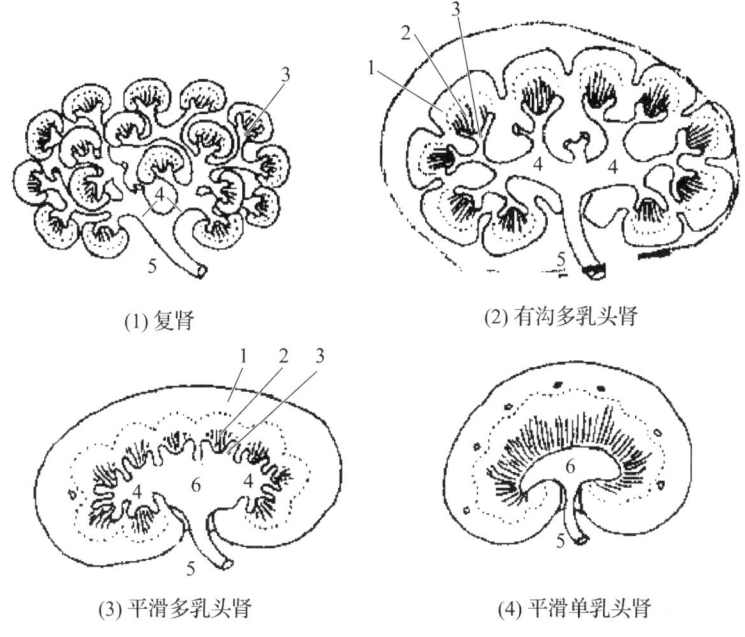

(1) 复肾　　　　　　　　　　(2) 有沟多乳头肾

(3) 平滑多乳头肾　　　　　　(4) 平滑单乳头肾

1—皮质；2—髓质；3—肾盏管；4—肾窦；5—输尿管；6—肾盂。

图 2-58　肾的类型

3. 家畜肾的形态构造特点

（1）牛肾　牛右肾呈上下压扁的长椭圆形（图2-59），位于右侧第12肋间隙至第2~3腰椎横突腹侧。背侧面隆凸，与腰下肌邻接；腹侧面较平，与肝、胰、十二指肠、结肠近祥等接触；左肾的形态与位置比较特殊，呈三棱形，通常位于第2~5腰椎椎体腹侧，有较长的系膜，其位置常因瘤胃充盈程度而左右移动。初生犊牛由于瘤胃不发达，左、右肾位置近乎对称。牛肾属有沟多乳头肾。牛输尿管在肾窦内不膨大形成肾盂，而是分为2条肾大盏，肾大盏分出若干短支，每一短支再分出几个肾小盏，包围每一个肾乳头。

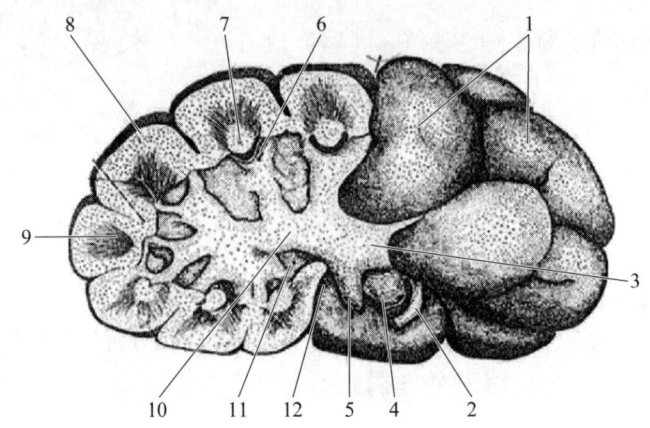

1—肾叶；2—输尿管；3—肾盂；4、5—输尿管；6—肾小盏；7—肾乳头；
8—皮质；9—髓质；10—集收管；11—肾窦；12—肾门。

图2-59　牛肾脏外观及纵切模式图

（2）羊肾　两肾均呈豆形。右肾位于前三个腰椎横突腹侧。左肾在瘤胃背囊后方，以短的系膜悬于第4~5腰椎横突腹侧，瘤胃充满时可推至正中线右侧。羊肾属平滑单乳头肾。

（3）猪肾　左、右肾均呈上下压扁的长椭圆形，位于前4个腰椎横突腹侧，脂肪囊发达。肾门位于肾内侧缘中部。右肾前端不与肝接触。猪肾为平滑多乳头肾。皮质完全合并，表面光滑无沟；髓质形成明显的肾锥体，肾乳头有8~12个。输尿管在肾窦内扩大形成漏斗状的肾盂，向前后分出2支肾大盏，后者再分出8~12个肾小盏，包围每一个肾乳头。猪肾的皮质较厚。

（二）输尿管

输尿管为将尿液从肾输送到膀胱的一对细长管道。起自肾盂（猪、羊）或肾大盏（牛），出肾门后，左、右侧输尿管沿腹腔顶壁向后延伸进入骨盆腔，斜穿膀胱颈背侧壁，在膀胱内延伸3~5cm，防止尿液逆流。牛、羊左侧输尿管的位置常因左肾位置的变化而异。猪的输尿管起始部管径较大，向后逐渐变小，而且稍弯曲。

输尿管由黏膜、肌层和浆膜3层构成。黏膜有纵行皱褶，上皮为变移上皮。肌层较发达，由平滑肌构成，分为内纵行、中环行和外纵行肌层。外膜大部分为浆膜，靠近肾的一段由疏松结缔组织构成。

（三）膀胱

膀胱是暂时储存尿液的器官，呈梨形或长卵圆状，前端钝圆，称膀胱尖（顶），中部膨大，称膀胱体，后端狭窄，称膀胱颈，膀胱颈延续为尿道，以尿道内口与之相通。膀胱的形状和位置随所含尿液多少而有所不同，空虚时缩小而壁增厚，位于骨盆腔内；充满时则扩大而壁变薄，向前突入腹腔内。公畜膀胱的背侧与直肠、尿生殖襞、输精管末部、精囊腺等毗邻，母畜膀胱的背侧与子宫、子宫阔韧带和阴道邻接。

膀胱由黏膜、肌层和浆膜3层构成。黏膜上皮为变移上皮，空虚时有许多皱褶。膀胱肌层为平滑肌，较厚，一般可分为内纵肌、中环肌和外纵肌，以中环肌最厚。在膀胱颈部环肌层形成膀胱括约肌。膀胱外膜随部位不同而异，膀胱顶部和体部为浆膜，颈部为结缔组织外膜。

（四）尿道

尿道为将尿液从膀胱排出的肌性管道，以尿道内口接膀胱颈，尿道外口通体外。公畜的尿道兼有排尿和排精的作用，故又称尿生殖道，外口开口于阴茎头的尿道外口。公畜尿道较长，一部分位于骨盆腔内，称为骨盆部，另一部分经坐骨转到阴茎的腹侧，称为阴茎部。母畜的尿道外口开口于尿道前庭腹侧壁的前部、阴瓣的后方，在开口处的腹侧面有一凹陷，称为尿道憩室，导尿时应避免插入憩室内。

二、泌尿系统显微解剖构造

（一）肾组织学构造

不同家畜肾的形状虽不相同，但结构上都由被膜和实质2部分构成。被膜是包裹在肾外面的结缔组织膜，分内、外2层：外层为含有胶原纤维和弹性纤维的致密层；内层由疏松结缔组织构成，其中含有网状纤维和数量不同的平滑肌纤维。

2-6 肾脏的组织构造（动画）

肾的实质可分为外周的皮质部和深部的髓质部。髓质由许多直行的小管组成，呈条纹状结构，并延伸到皮质称髓放线。两条髓放线之间的皮质称皮质迷路。每个髓放线及其周围的皮质迷路构成肾小叶，小叶间有小叶间动脉和静脉。

肾的实质主要是由许多泌尿小管和少量的间质组成。泌尿小管包括肾单位和集合管系。

1. 肾单位

肾单位是肾的结构和功能的基本单位，由肾小体和肾小管组成（图2-60）。根据肾小体在皮质中分布的部位，可将肾单位分为皮质肾单位和髓旁肾单位。皮质肾单位又称浅表肾单位，其肾小体分布在皮质的浅层，数量较多。髓旁肾单位的肾小体位于皮质深部近髓质处，其肾小体体积较大。

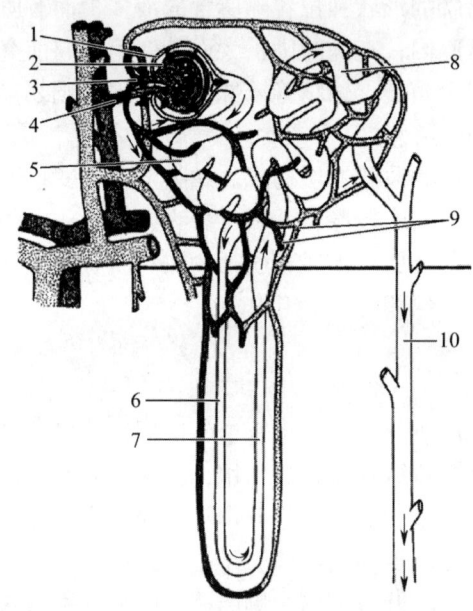

1—肾小囊；2—肾小球；3—入球小动脉；4—出球小动脉；5—近曲小管；
6—髓袢降支；7—髓袢升支；8—远曲小管；9—毛细血管；10—集合小管。

图2-60 肾单位结构模式图

（1）肾小体 肾小体是肾单位的起始部，位于皮质迷路内，呈球形，由血管球和肾小囊2部分组成（图2-61）。肾小体的一侧有血管极，是血管球的血管出入处；血管极的对侧称作尿极，是肾小囊接肾小管处。

①血管球：又称肾小球，本质是一团盘曲的毛细血管，位于肾小囊内。入球小动脉由血管极进入肾小体，分成数小支，每个小支再分成许多相互吻合的毛细血管袢。这些毛细血管袢又逐步汇合成一支出球小动脉，从血管极离开肾小体。入球小动脉较粗，出球小动脉较细，从而使血管球内保持较高的血压。同时血管球毛细管属有孔型，孔上无隔膜封闭，易于水和小分子物质通过而滤出到肾小囊内，形成原尿。

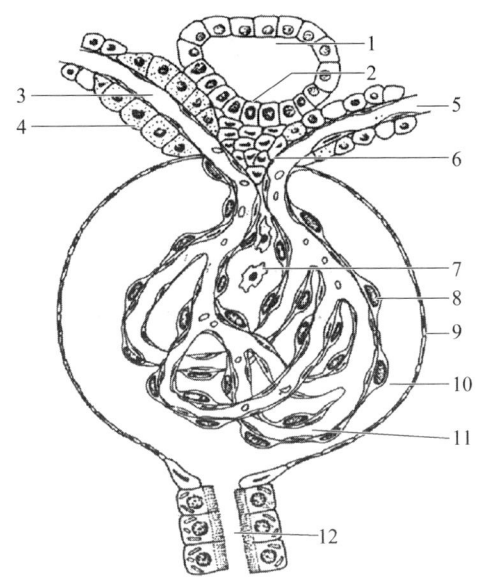

1—远曲小管；2—致密斑；3—入球小动脉；4—球旁细胞；
5—出球小动脉；6—球外系膜细胞；7—球内系膜细胞；8—足细胞；
9—囊腔壁层；10—肾小囊腔；11—毛细血管袢；12—近曲小管。

图 2-61　肾小体结构模式图

②肾小囊：是肾小管起始端膨大凹陷形成的双层杯状囊，囊内有血管球。囊壁分壁层和脏层，两层间有一狭窄的腔隙称肾小囊腔，与肾小管直接连通。肾小囊腔内容纳血管球滤出的原尿。

囊腔壁层的细胞为单层扁平上皮，在血管极处折转为囊腔脏层。脏层的细胞为多突起的细胞，称足细胞。足细胞与血管球毛细血管内皮细胞下的基膜紧贴。在电镜下，可见足细胞伸出几个大的初级突起，每个初级突起又垂直分出许多指状的次级突起。突起间的间隙称为裂孔，裂孔上覆盖有裂孔膜。足细胞紧贴在肾小球毛细血管外面，是重要的过滤装置，通过足细胞次级突起的胀大或收缩，调节裂孔的大小，从而影响其通透性。毛细血管内的物质渗入肾小囊的囊腔时，必须通过毛细血管的有孔内皮细胞、基膜和裂孔膜3层结构，这3层结构统称为肾小体滤过膜或滤过屏障。

（2）肾小管　肾小管是由单层上皮围成的细长而弯曲的小管，起始于肾小囊，依次为近曲小管、髓袢和远曲小管，主要具有重吸收和排泄作用。

①近曲小管：肾小管中长而弯曲的部分，位于肾小体附近。近曲小管上皮细胞呈锥状，上皮细胞的游离缘有密集的微绒毛，称刷状缘。刷状缘增加了近曲小管的重吸收能力，当原尿流经近曲小管后，几乎所有葡萄糖、氨基酸、蛋白质和85%以上的水、无机盐等均在此处被重吸收。

②髓袢：是从皮质进入髓质，又从髓质返回皮质的"U"形小管，前接近曲小管，后接远曲小管。髓袢可分为降支和升支。髓袢降支有一细段，细段上皮薄，有利于水分及离子的通过，主要功能是重吸收水分，使尿液浓缩。

③远曲小管：位于皮质内，比近曲小管短而且弯曲少，管壁由单层立方上皮构成，上皮细胞表面无刷状缘，管腔大，其末端汇入集合管。远曲小管的作用主要是重吸收水分和钠，还可以排钾。

2. 集合管系

集合管系由弓形集合小管、直集合小管和乳头管3部分构成。弓形集合小管起始端与远曲小管末端相连，呈弓形，进入髓放线，汇入直集合小管，直集合小管由皮质向髓质下行，与其他直集合小管汇合，在肾乳头处移行为较大的乳头管，开口于肾盏或肾盂内。集合小管有进一步浓缩尿液的作用。

3. 肾小球旁器

肾小球旁器是位于肾小体血管极三角区的球旁细胞和致密斑组成的特殊结构。

（1）球旁细胞　入球小动脉进入肾小囊处，其管壁的平滑肌细胞演变为上皮样细胞，称为球旁细胞。细胞呈立方形或多角形，胞质内有分泌颗粒，颗粒内含有肾素，可促进血管收缩升高血压。

（2）致密斑　由远曲小管起始部靠近血管极侧的上皮细胞演变而成，细胞呈柱状，排列紧密，称为致密斑。致密斑可感受远曲小管内滤液的 Na^+ 浓度的变化，并将信息传递至球旁细胞，调节肾素的分泌。

（二）肾的血液循环

1. 肾血液循环的途径

肾动脉是腹主动脉的一个分支，肾动脉入肾门后伸向皮质，并沿途分支出许多小的入球小动脉。入球小动脉进入肾小囊内形成毛细血管球，之后汇合成出球小动脉。这种动脉间毛细血管缠绕成血管球是肾内血液循环的一个特点。出球小动脉离开肾小囊后，在皮质和髓质的肾小管周围再次分支形成毛细血管网，称为球后毛细血管网。这些毛细血管网又汇合成小静脉，小静脉在肾门处汇集成肾静脉，经肾门出肾后汇入后腔静脉。

2. 肾血液循环的特点

肾动脉直接来自腹主动脉，口径粗、行程短、血流量大；入球小动脉短而粗，出球小动脉长而细，因而血管球内的血压较高；动脉在肾内两次形成毛细血管网，即血管球和球后毛细血管网，第二次形成的毛细血管血压很低，便于物质的吸收。

三、泌尿生理

机体在新陈代谢过程中所产生的废物必须及时排除,否则可引起机体中毒,甚至死亡。肺脏、胃肠、肾脏以及皮肤均参与机体代谢物的排出。如肺脏通过呼气排出 CO_2 以及少量的水分和挥发性物质;皮肤通过汗腺分泌排出部分水分、少量尿素和氯化钠;肾脏以尿的形式排出尿素、肌酐、水以及进入体内的药物,是机体重要的排泄器官。此外,泌尿系统还参与体内水、电解质和酸碱平衡的调节活动。

(一)尿的成分与理化特性

尿液来源于血液,尿的化学组成及理化特性不仅可以反映泌尿系统的功能状态,同时反应体内物质代谢情况及全身功能状态。因此临床实践中,常进行尿液的化验检查,进行某些疾病的诊断。

1. 尿液的成分

尿是由水、有机物和无机物组成的。其中水分占 95% 以上,有机物和无机物占 3% 以上。有机物主要是尿素,其次是尿酸、肌酐、肌酸、氨、尿胆素等。无机物主要是氯化钠、氯化钾,其次是碳酸盐、硫酸盐和磷酸盐。在使用药物时,尿液中还会有药物的分解产物。

2. 尿液的理化特性

尿的颜色、透明度、酸碱度常因动物种类、饲料性质、饮水量等不同而变化。草食动物的尿液一般呈碱性,淡黄色;肉食动物尿液呈酸性;杂食动物尿液的酸碱性随饲料性质而变化。刚排出的尿为清亮的水样液,如放置时间较长,则因尿中碳酸钙逐渐沉淀而变得浑浊。

(二)尿的生成过程

尿的生成是由肾单位和集合管系协调活动完成的,包括 2 个阶段:一是肾小球的滤过作用,生成原尿;二是肾小管和集合管的重吸收、分泌、排泄作用,生成终尿。

1. 肾小球的滤过作用

由于肾脏血管球内血压较高,当血液流经肾小球毛细血管时,除了血细胞和大分子蛋白质外,血浆中的水和其他小分子溶质(如葡萄糖、氯化物、无机磷酸盐、尿素、肌酐及少量小分子蛋白质等)都能通过肾小球滤过膜滤过到肾小囊腔内形成原尿。因此,原尿中除了不含血细胞和大分子蛋白外,其他成分与血浆基本相同。

2-7 肾小球的滤过作用(动画)

原尿的生成取决于2个条件：一是肾小球滤过膜的通透性，这是原尿产生的前提条件；二是有效滤过压，是原尿滤过的必要动力。

（1）肾小球滤过膜及通透性　肾小球滤过膜由3层构成：内层是肾小球毛细血管内皮细胞，极薄，内皮之间有许多贯穿的微孔；中间层为非细胞结构的极薄的内皮基膜，膜上有许多网孔，是滤过膜的主要滤过屏障；外层是肾小囊脏层，表面有足状突起的足细胞，足细胞的突起间有许多缝隙。一般认为基膜的孔隙较小，对大分子物质的滤过起到机械屏障作用。另外，在滤过膜上还覆盖有带负电荷的糖蛋白结构，能阻止带负电荷的物质通过，起到电学屏障作用。在病理情况下，滤过膜上带负电荷的糖蛋白减少或消失，就会导致带负电荷的血浆蛋白滤过量比正常时明显增加，从而出现蛋白尿。

（2）肾小球有效滤过压　肾小球滤过作用的动力是肾小球有效滤过压，是存在于滤过膜两侧起促进和阻止滤过力量的代数和。起促进滤过作用的力量是毛细血管血压，阻止滤过作用的力量有血浆胶体渗透压和肾小囊内压。因此，肾小球有效滤过压可用下式表示。

肾小球有效滤过压＝肾小球毛细血管血压－（血浆胶体渗透压＋肾小囊内压）

在正常情况下，肾小球毛细血管血压为9.3kPa，血浆胶体渗透压为3.3kPa，肾小囊内压为0.67kPa，计算得出有效滤过压为5.3kPa。即肾小球入球小动脉端的血压（促进滤过压力）大于血浆胶体渗透压与肾小囊内压之和（阻止滤过压力），从而保证了原尿生成。而到了出球端，有效滤过压约为0kPa。

由此可见，在入球小动脉端有效滤过压为正值，有原尿生成。随着水分子和晶体物质的不断滤出，血浆胶体渗透压逐渐升高，有效滤过压则逐渐降低，直至有效滤过压降至零，就达到滤过平衡，滤过停止。

2. 肾小管和集合管的重吸收、分泌和排泄作用

原尿由肾小囊流经肾小管各段和集合管后形成终尿。终尿与原尿比较，不论质和量都发生很大改变。这种改变的主要原因是原尿流经肾小管时，各种物质经肾小管的上皮细胞吸收重新回到血液中去，这个过程称作重吸收利用。同时，管壁上皮细胞也向管腔分泌和排泄某些物质。小管液经过肾小管和集合管管壁，上皮细胞选择性重吸收小管液中的水分和各种物质与分泌后成为终尿，最后排出体外。据测定，牛两侧肾脏每天产生的原尿在450L以上，而每天排出的终尿只有6～14L，终尿量仅占原尿量的不到3%。

原尿的成分除了不含血浆蛋白外，其他成分与血浆基本相同，经过肾小管和集合管的重吸收和分泌作用，使原尿中对机体有用的物质重新被吸收入血，对集体无用或者有害的物质随终尿排出，终尿的量与成分和原尿大不相同（表2-1）。

表 2-1 肾脏对正常血浆成分的过滤量、重吸收量与排泄量

单位：mg/min

物质	过滤量	重吸收量	排泄量
Na^+	540	537	3.3
Cl^-	630	625	5.3
HCO_3^-	300	300	0.3
K^+	28	24	3.9
葡萄糖	140	140	0
尿素	53	28	24
肌酐	1.4	0	>1.4

（1）肾小管和集合管的重吸收

①葡萄糖的重吸收：葡萄糖重吸收的部位主要在近曲小管前半段。原尿中葡萄糖的浓度与血糖的浓度相同，但正常尿液中几乎不含葡萄糖，这说明葡萄糖全部被肾小管重吸收回到了血液中。肾小管重吸收葡萄糖有一个浓度限度，也就是说当管内葡萄糖的浓度超过这一限度，就不能被完全重吸收，葡萄糖会随终尿排出，表现为糖尿。这一浓度限度称为肾糖阈，肾糖阈是检验肾功能的重要标准。

②氨基酸的重吸收：氨基酸主要吸收部位在近曲小管，几乎可被完全重吸收。

③ Na^+、Cl^-、HCO_3^- 的重吸收：Na^+ 的吸收主要在近球小管，由于 Na^+ 的主动转运形成小管内外两侧的电位差，使 Cl^- 和 HCO_3^- 顺电位差被动重吸收。在 Na^+ 重吸收的同时，还伴有负离子、葡萄糖、氨基酸等的协同转运，并促进 Na^+-H^+ 的交换，有利于 H^+ 的排出。

④ K^+、PO_4^{3-} 的重吸收：在近球小管处被重吸收，是主动转运过程。甲状旁腺素能抑制 PO_4^{3-} 的吸收，促进其排出。

⑤水的重吸收：原尿中 65%～70% 的水在近球小管处被重吸收。由于 Na^+、HCO_3^-、葡萄糖、氨基酸和 Cl^- 等被重吸收，降低了小管液的渗透压，水通过渗透作用被重吸收。

可以看出，在正常情况下，凡对机体有用的物质几乎全部被重吸收（如葡萄糖、氨基酸、K^+、无机盐等）或大部分被重吸收（如水、Na^+、Cl^- 等）；对机体无用的物质，则少量被重吸收（如尿素、尿酸等）或完全不被重吸收（如肌酐）。

（2）肾小管和集合管的分泌与排泄 肾小管上皮细胞通过自身的代谢活动能向管腔分泌 H^+、K^+、NH_3 等物质，此外，还能将进入血液中的某些物

质，如青霉素、酚红等排入管腔中。一般习惯称前者为分泌作用，后者为排泄作用。

① H^+的分泌：肾小管细胞内CO_2和H_2O在碳酸酐酶的催化下生成H_2CO_3，并解离出H^+和HCO_3^-。H^+与小管液中的Na^+进行交换，H^+被分泌至管腔。

② NH_3的分泌：远球小管和集合管上皮细胞在谷氨酰胺酶的作用下，谷氨酰胺脱氨基作用生成NH_3，并通过膜分泌到小管液中，再与分泌出的H^+结合生成NH_4^+，NH_4^+与负离子结合成铵盐，随尿排出。

③ K^+的分泌：终尿中的K^+是由远曲小管和集合管所分泌的。由于Na^+的重吸收在小管两侧形成电位差（管内为负、管外为正），促进K^+从组织液被动扩散进入小管液。

④ 其他物质的排泄：肌酐及对氨基马尿酸可经肾小球滤出，又可以从肾小管排泄。青霉素、酚红等进入体内的外来物质，主要通过近球小管的排泄而排出体外。

2-8 尿的生成（动画）

（三）影响尿生成的因素

1. 影响肾小球滤过的因素

（1）肾小球有效滤过压的改变　正常情况下，有效滤过压比较稳定。但当构成肾小球有效滤过压的3个因素变化时，有效滤过压也随之发生变化，影响尿的生成。动物在创伤、出血、烧伤等情况下，会使肾小球毛细血管血压降低，有效滤过压降低，从而导致原尿生成量减少，出现少尿或无尿。当静脉注射大量生理盐水引起单位容积血液中血浆蛋白含量减少，血浆胶体渗透压降低，同时毛细血管血压升高。因此，肾小球有效滤过压升高，原尿生成增多，出现多尿。当输尿管、肾盂有结石或肿瘤压迫肾小管时，尿液流出受阻，肾小囊腔的内压增高，有效滤过压降低，原尿生成量减少，发生少尿。

（2）肾小球滤过膜通透性　当肾小球毛细血管或肾小管上皮受到损害时，会影响滤过膜的通透性。在发生急性肾小球肾炎时，会使肾小球毛细血管管腔狭窄甚至阻塞，以致有效滤过面积减少，肾小球滤过率降低，结果出现少尿甚至无尿。当机体缺氧或中毒时，肾小球毛细血管壁通透性增加，使原尿生成量增加，同时，会引起血细胞和血浆蛋白滤过，出现血尿或蛋白尿。

2. 影响肾小管和集合管重吸收和分泌的因素

（1）原尿中溶质浓度的改变　当原尿中溶质浓度增加超过肾小管对溶质的重吸收限度时，原尿的渗透压升高，妨碍肾小管对水的重吸收，于是尿量增加，称为渗透性利尿。例如，当静脉注射高渗葡萄糖后，血糖浓度升高，原尿中糖的浓度也随之增加，当超过肾小球重吸收的限度（肾糖阈）时，部分糖因不能被重吸收而使原尿的渗透压升高，影响肾小管上皮细胞对水的重吸收作用，从而使尿量增加。由于增加原尿中溶质的浓度能减少肾小管对水的重吸收作用，故在临床上有时给病畜服用不被肾小管重吸收的物质，提高小管液中溶质的浓度，从而阻碍水的重吸收，借此达到利尿和消除水肿的目的。

（2）肾小管上皮细胞的功能状态　当小管上皮细胞因某种原因而被损害时，往往会影响它的正常重吸收功能，从而使尿的质和量发生改变。例如，当机体因根皮苷中毒时，能引起肾小管上皮细胞功能发生障碍，使它重吸收葡萄糖的能力大大减弱，于是有较多的葡萄糖随尿排出，并因终尿中含有较多的葡萄糖而使尿量和排尿次数都有所增加。

（3）激素的影响　影响尿生成的激素主要有抗利尿激素和醛固酮。

抗利尿激素的作用是提高远曲小管和集合管上皮细胞对水的通透性，促进水的重吸收，从而使排尿量减少。在反刍动物，抗利尿激素还能增加 K^+ 排出。血浆晶体渗透压升高和循环血量的减少，均可引起抗利尿激素的释放增加，创伤及一些药物也能引起抗利尿激素的分泌，减少排尿量。相反，当血浆晶体渗透压降低和循环血量增加时，抗利尿激素的释放受到抑制。例如，当动物大量饮清水后，会使血浆晶体渗透压降低，抗利尿激素释放减少，尿量增多，此现象为水利尿。

醛固酮对尿生成的调节的机制是其能促进远曲小管对 Na^+ 的重吸收，同时促进 K^+ 排出。即醛固酮有保 Na^+ 排 K^+ 作用。此外，甲状旁腺素能促进肾小管对钙的重吸收，抑制磷的重吸收。降钙素能促进钙、磷从尿中排出，抑制近曲小管对 Na^+ 和 Cl^- 的重吸收，使尿量和尿 Na^+ 的排出增加。

在临床上需要特别注意的是，上述提到的影响尿生成的因素并不是单一的，大多时候是若干影响因素同时发生的，需要结合临床表现综合考虑，形成治疗方案。

项目六 认知生殖系统

> **知识目标**

1. 掌握家畜雄性生殖系统的组成及各器官形态特征和功能。
2. 掌握家畜雌性生殖系统的组成及各器官形态特征和功能。
3. 理解性成熟、体成熟和性季节的概念及对生产实践的意义。
4. 掌握雄性和雌性动物生殖生理的规律及特点。
5. 掌握动物的泌乳规律。

> **能力目标**

1. 能识别家畜雄性和雌性生殖系统各器官的形态特征。
2. 能识别睾丸和卵巢的组织构造。
3. 能运用动物生殖生理的规律特点为畜牧业生产实践服务。
4. 能运用动物的泌乳规律为畜牧业生产实践服务。

> **思政目标**

1. 通过猪的阉割任务引导学生从临床兽医的视角学习和探索，提升学生的专业逻辑思维能力。
2. 带领学生学习生命诞生的全过程，强化学生对敬畏、尊重、善待和拯救生命的理解和认识。

工作项目

工作项目	猪的阉割技术
前导知识	摘除或破坏雄性动物的睾丸、附睾、精索及雄性动物的卵巢、子宫统称为阉割术,雄性动物的阉割术又称为去势术。 　　我国地方猪种及其杂交后代,性成熟较早,一般3~5月龄即可交配受孕。及早阉割使仔猪性情安静,食欲增加,易沉积脂肪,提高增重速度,并且肉的品质也能得到改善。若不阉割育肥,后期肉脂会有异味。因此,我国凡作肉猪用的公、母仔猪,在肥育前都要阉割。经试验证明,阉割的公猪比不阉割的公猪增重高10%,阉割的母猪比不阉割的母猪多产脂肪7.6%。而饲料的转换率,阉割的公、母猪都比未阉割的高。去势的时间,一般在出生后30~35d,体重5~7kg,也有些生产条件好的养猪场,在仔猪出生后3d对公猪阉割。
工作要求	(1)将填写任务工单一(小公猪阉割手术方案)和任务工单二(小母猪阉割手术方案)的空缺部分作为本项目学习的载体之一,积极探索、深度思考,助力高质量完成任务工单三和任务工单四,为未来临床开展家畜繁殖工作和产科疾病诊疗打下基础。 　　(2)将任务工单一和任务工单二填写的答案拍照上传本章节的学习平台,作为平时成绩的组成部分。

学习任务

任务工单一

学习任务	完善小公猪阉割手术方案			
任务描述	在识别睾丸、附睾、输精管、精索、副性腺、阴囊等雄性生殖器官的形态、构造、位置和各器官之间的位置关系的基础上,查阅资料,完成小公猪阉割手术方案的制定。			
任务名称	序号	操作要领	操作方法	
小公猪阉割手术方案	1	保定	左侧倒卧保定,术者右手提右后腿跗部,左手捏住右侧膝襞部将猪左侧卧倒于地面,随即用左脚踩住颈部,右脚踩住尾部。	

续表

任务名称	序号	操作要领	操作方法
小公猪阉割手术方案	1	保定	
	2	术部消毒	在____（部位）用5%碘酊和75%的酒精消毒。
	3	固定睾丸	左手掌外缘将右后肢压向前方，中指屈曲压在阴囊颈前部，同时用拇指及食指将____（器官）固定在阴囊内，将____（器官）纵轴与阴囊纵缝平行。
	4	切开阴囊和总鞘膜	右手持刀，切开阴囊和总鞘膜，暴露出____（器官）和____（器官）。

续表

任务名称	序号	操作要领	操作方法
小公猪阉割手术方案	5	摘除睾丸	向外拖拽____（器官）和____（器官），随后左手固定精索，右手持刀切断精索，摘除睾丸、附睾和部分精索，创口消毒。
	6	注意事项	（1）小猪下痢或身体异样，不能去势。 （2）整个工作过程应本着尊重和爱护动物之心，操作前应熟记器官位置、形态和操作要领，操作时动作应干脆利落（不能把任何结缔组织留挂在皮肤上），力求把动物的应激反应降到最低。
任务要求			答案填写完成后，将此任务工单拍照上传学习平台。

任务工单二

学习任务	完善小母猪阉割手术方案
任务描述	在识别卵巢、输卵管、子宫等雌性生殖器官的形态、构造、位置和各器官之间的位置关系的基础上，查阅资料，完成小母猪阉割手术方案的制定。

续表

任务名称	序号	操作要领	操作方法
小母猪阉割手术方案	1	保定	右侧倒卧保定,术者用左手握住猪左后肢的跗部,右手捏住猪左侧膝襞部,将猪右侧卧于地面,右脚踩住颈部,左脚踩住充分向后伸展的左后肢的跗部,使猪的前躯侧卧,后躯仰卧,头颈、躯干及后肢呈一直线。
	2	术部消毒	左手中指抵在左侧髂结节上,大拇指用力按压左侧腹壁,使拇指与中指的连线与地面垂直,此时拇指按压部即为术部,或左侧倒数第2个乳头外方1~2cm处,术部用5%碘酊和75%的酒精消毒。
	3	阉割	右手持手术刀,用食指控制刀刃的长度,在左手拇指按压处前方垂直一次性刺破腹壁,切口长0.5~1cm,见有腹水流出,稍加扩创,子宫角随着涌出。然后右手捏住脱出的子宫角及卵巢,轻轻向外拉,左右手的拇、食指轻轻地轮换往外挤压子宫和卵巢,两手其他三指交换压迫腹壁切口,将两侧____(器官)和____(器官的一部分)拉出后,用手指捻挫断____(器官的一部分),除去两侧____(器官)和____(器官的一部分)。切口消毒,提起后肢稍稍摆动一下,即可放开小母猪。

续表

任务名称	序号	操作要领	操作方法
小母猪阉割手术方案	3	阉割	(1) 切开皮肤 (2) 子宫角由切口冒出 (3) 导出并摘除两侧子宫角及卵巢
	4	注意事项	（1）保定要稳定，手脚需配合好。 （2）切开部位要准确。 （3）需空腹进行，以便卵巢和子宫角能顺利及时涌出。

续表

任务名称	序号	操作要领	操作方法
小母猪阉割手术方案	4	注意事项	（4）若上述操作不能达到目的时，应及时将小母猪倒立保定，扩大创口，找到卵巢和子宫角并摘除，最后缝合创口，完成消毒。 （5）小猪下痢或身体异样，不能阉割。 （6）整个工作过程应本着尊重和爱护动物之心，操作前应熟记器官位置、形态和操作要领，操作时动作应干脆利落（不能把任何结缔组织留挂在皮肤上），力求把动物的应激反应降到最低。
任务要求			答案填写完成后，将此任务工单拍照上传学习平台。

任务工单三

学习任务	识别家畜雄性生殖器官的一般结构
任务描述	利用标本、图片、模型、活体动物、虚拟仿真软件等资源，识别睾丸、附睾、输精管、精索、副性腺、尿生殖道、阴囊、阴茎和包皮的形态、构造、位置和各器官之间的位置关系。
操作步骤	（1）利用标本、图片、模型、活体动物、虚拟仿真软件等资源，识别睾丸、附睾、精索、副性腺、尿生殖道、阴囊、阴茎和包皮的形态、位置和各器官之间的位置关系。 （2）利用标本、图片、模型、虚拟仿真软件等资源识别睾丸和附睾的头、体和尾以及睾丸被膜和实质。 （3）利用标本、图片、模型、虚拟仿真软件等资源识别精索、阴囊的构造。 （4）利用标本、图片、模型、虚拟仿真软件等资源识别精囊腺、前列腺和尿道球腺的形态、位置。

任务工单四

学习任务	识别家畜雌性生殖器官的一般结构
任务描述	利用标本、图片、模型、活体动物、虚拟仿真软件等资源，识别卵巢、输卵管、子宫、阴道、尿生殖前庭和阴门的形态、构造、位置和各器官之间的位置关系。
操作步骤	（1）利用标本、图片、模型、活体动物、虚拟仿真软件等资源，识别卵巢、输卵管、子宫、阴道、尿生殖前庭和阴门的形态、位置和各器官之间的位置关系。 （2）利用标本、图片、模型、虚拟仿真软件等资源识别输卵管的漏斗部、壶腹部和峡部。 （3）利用标本、图片、虚拟仿真软件等资源识别子宫角、子宫体和子宫颈及牛羊的子宫肉阜。

必备知识

生殖系统是产生生殖细胞（精子或卵子），繁殖新个体，延续后代，分泌性激素，维持第二性征的系统。家畜生殖系统有明显的性别差异，可分为雄性生殖系统和雌性生殖系统。

一、生殖系统构造

（一）公畜生殖器官

雄性生殖系统由睾丸、附睾、输精管、尿生殖道、副性腺、阴囊、阴茎和包皮组成（图2-62）。睾丸是产生精子、分泌雄性激素的器官；附睾、输精管、尿生殖道是生殖管道；副性腺有精囊腺、前列腺和尿道球腺，可分泌精清，与精子共同组成精液；阴茎是交配器官；包皮是皮肤折转而形成的管状皮肤鞘，容纳和保护阴茎。

1. 睾丸

（1）睾丸的形态位置 睾丸为雄性生殖器，椭圆形，与附睾一起位于阴囊内。睾丸可分为头、体、尾3部分，血管与神经进入的一端为睾丸头，有附睾头附着。牛（图2-63）、羊睾丸呈长椭圆形，长轴方向与地面垂直；猪睾丸较大，呈椭圆形，长轴斜位，头端朝向前下方，尾端朝向后上方而接近肛门。

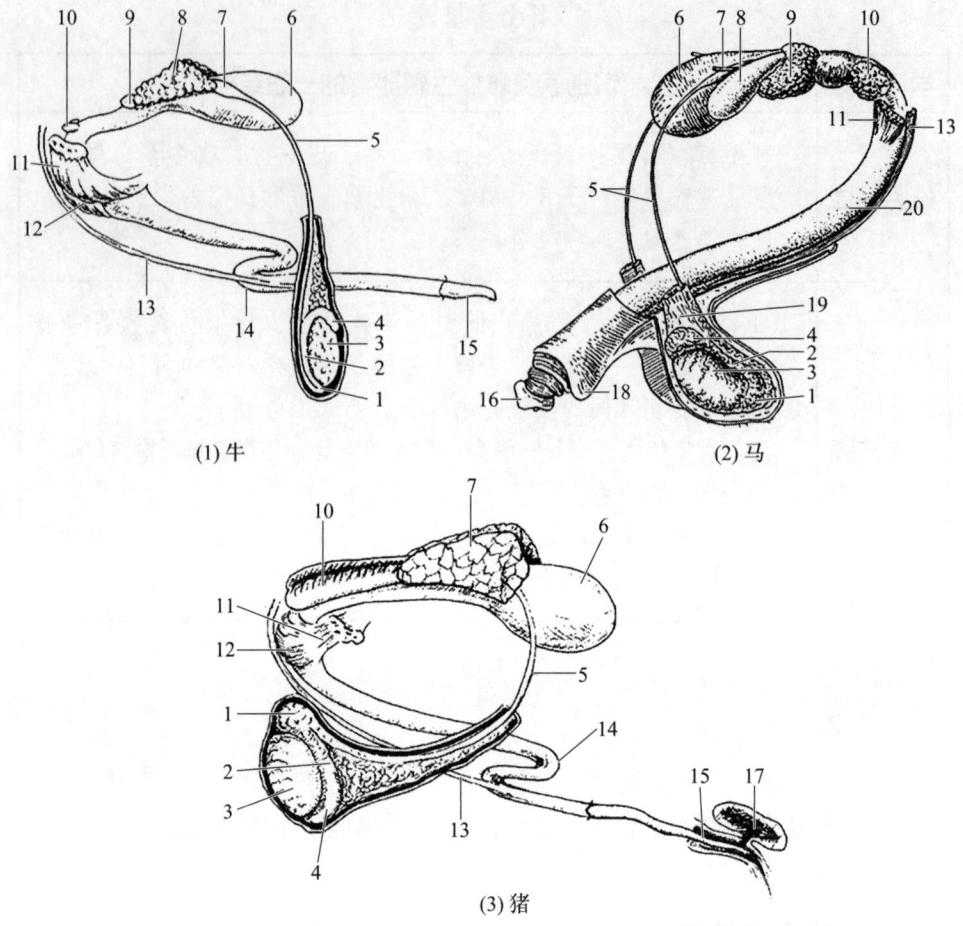

1—附睾尾；2—附睾体；3—睾丸；4—附睾头；5—输精管；6—膀胱；7—输精管壶腹；8—精囊腺；9—前列腺；10—尿道球腺；11—坐骨海绵体；12—球海绵体肌；13—阴茎缩肌；14—乙状弯曲；15—阴茎头；16—龟头；17—包皮盲囊；18—包皮；19—精索；20—阴茎。

图2-62 公畜生殖器官模式图

家畜在胚胎时期，睾丸位于腹腔内，在肾脏附近。出生前后，睾丸和附睾一起经腹股沟管下降至阴囊中，这一过程，称为睾丸下降。如果有一侧或两侧睾丸没有下降到阴囊，称单睾或隐睾，这样的家畜生殖功能弱或无生殖功能，不宜作种畜用。

（2）睾丸的组织结构　睾丸由被膜和实质构成。

睾丸的外面包以浆膜，又称固有鞘膜。固有鞘膜下面与之紧密相连的是厚而坚韧的结缔组织膜，称白膜，将睾丸实质包于其内。由于白膜缺乏弹性，睾丸内部不断有液体和精子形成，因而压力较大，使睾丸有坚实感，当切开白膜时，睾丸实质常从切口流出。白膜的结缔组织从睾丸头端呈索状伸入睾丸内，延长轴向睾丸尾端延伸，形成睾丸纵隔（图 2-64）。从纵隔向白膜分出许多睾丸小隔，将睾丸实质分为许多睾丸小叶。以上白膜、纵隔和小隔，构成睾丸的组织支架。

在每一睾丸小叶内，除了结缔组织形成的间质外，主要为两三条长而紧密盘曲的曲细精管（图 2-64），这是精子生成的场所。曲细精管直径只有 0.1~0.2mm，每根曲细精管长达 75cm 左右；在公牛，所有曲细精管的总长据估计可达 4500m。小叶内的曲细精管向纵隔会聚并汇合为直细精管，进入纵隔后相互吻合，形成睾丸网。最后，睾丸网在睾丸头处汇合成 6~12 条较粗的睾丸输出小管，穿出睾丸头的白膜，进入附睾头。在曲细精管之间，分布有散在的细胞团，为睾丸间质细胞，其功能是分泌雄激素。

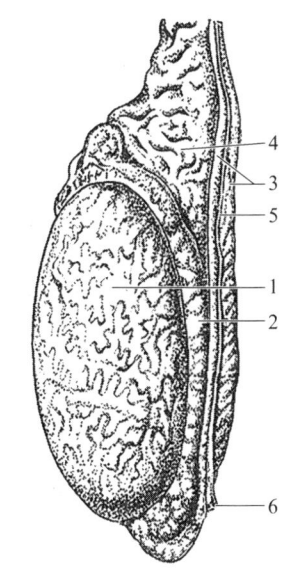

1—睾丸；2—附睾；3—输精管及褶；
4—精索；5—睾丸系膜；6—附睾尾韧带。
图 2-63 公牛睾丸和附睾模式图（外侧面）

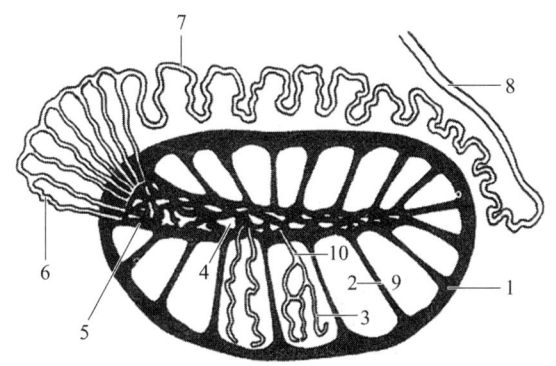

1—白膜；2—睾丸间隔；3—曲细精管；4—睾丸网；5—睾丸纵隔；
6—输出小管；7—附睾管；8—输精管；9—睾丸小叶；10—直细精管。
图 2-64 睾丸结构模式图

曲细精管是精子发生的场所，管壁由内层的基膜和外层的生殖上皮组成。生殖上皮具有 2 种细胞，一种叫支持细胞，呈高柱状或锥形，游离端朝向管腔，常有多个精子的头部嵌附其上，供给精子营养；另一种叫生精细胞，在性成熟后的家畜，生精细胞可分为精原细胞、初级精母细胞、次级精母细胞、精细胞和精子几个不同发育阶段（图 2-65、图 2-66）。

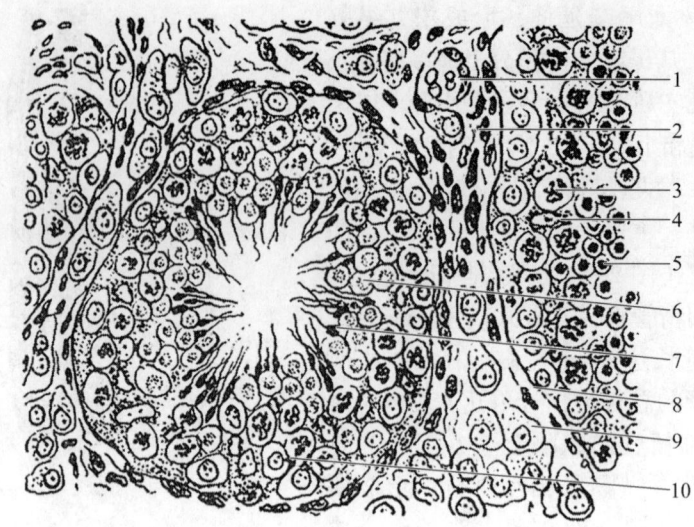

1—毛细血管；2—间质组织；3—初级精母细胞；4—足细胞；
5—精子细胞；6—次级精母细胞；7—精子；8—基膜；9—间质细胞；10—精原细胞。

图 2-65　睾丸曲细精管结构模式图

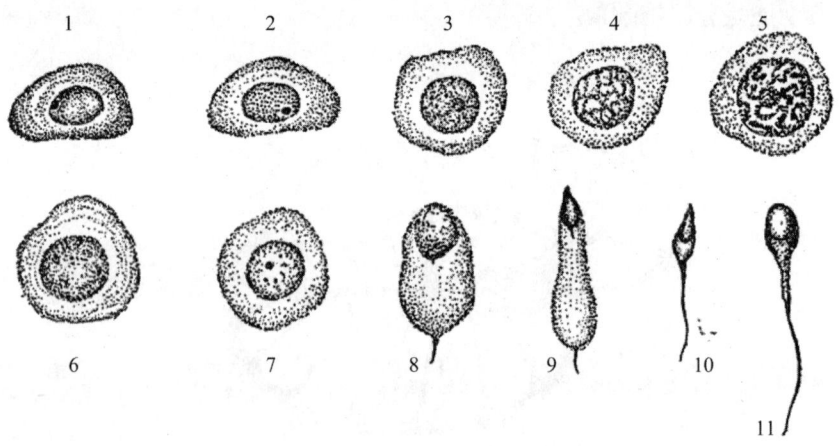

1~3—各型精原细胞；4、5—初级精母细胞；
6—次级精母细胞；7—精子；8~11—变态过程中的精子。

图 2-66　各期生精细胞形态模式图

2. 附睾

附睾附着于睾丸上，可分为附睾头（与睾丸头对应）、附睾体和附睾尾，是精子逐渐成熟和储存的地方。附睾头是睾丸网分出的6~12条睾丸输出小管构成的，其数目因家畜种类而异。各小管最后汇注入一条附睾管，后者很长，紧密盘曲，构成较狭的附睾体和突出于睾丸尾端的附睾尾。附睾管的管径逐渐增粗，出附睾尾后延续为输精管，折返向附睾头方向而行。

睾丸输出小管和附睾管都具有分泌功能，对精子除供给营养外，还有促进精子继续成熟的作用。精子在附睾中获得运动功能，具有受精能力。

3. 输精管

输精管为输送精子的细管，在睾丸尾处由附睾管延续而来，起始于附睾尾（图2-63）。转折后包于输精管系膜内，经腹股沟管入腹腔，再向后进入骨盆腔，与输尿管一同行在膀胱背侧的尿生殖褶内继续向后延伸，两输精管末端开口于尿生殖道起始部背侧壁的精阜上。输精管在膀胱背侧的尿生殖褶内膨大，形成输精管膨大部，称为输精管壶腹，其黏膜内的腺体称为壶腹腺，分泌物有稀释、营养精子的作用。

4. 精索

精索是包有血管、淋巴管、神经、平滑肌束以及输精管的浆膜襞，是睾丸和附睾表面的固有鞘膜的延伸。精索呈扁的近圆锥状形，长短因家畜的种类而有不同。精索的底与附睾头相连，向上逐渐变细，上达腹股沟管内环。去势时需结扎或切断精索，同时采取止血措施。

5. 阴囊

阴囊是腹壁形成的囊袋，位于两股之间，借腹股沟管与腹腔相通，藏纳睾丸、附睾和部分精索。

阴囊壁的结构与腹壁相似，可分为皮肤、肉膜、阴囊筋膜、睾外提肌和鞘膜（图2-67）。

（1）阴囊皮肤　薄而柔软，含有较多的汗腺和皮脂腺；有的具有色素，颜色较深，有的被覆有细而短的毛，皮肤沿中线形成阴囊缝，为阴囊中隔的位置。

（2）肉膜　与阴囊皮肤紧贴，不易分离，由含有弹性纤维的结缔组织和平滑肌束组成。肉膜沿阴囊的正中矢状面形成阴囊中隔，将阴囊腔分成左右两个互不相通的腔。阴囊皮肤和肉膜以内的各层构成睾丸和精索被膜。肉膜有调节阴囊内温度的作用，天冷时肉膜收缩，使阴囊皱缩，散热面积减小；天热时肉膜松弛，阴囊下垂。

（3）阴囊筋膜　位于肉膜深面，由腹壁深筋膜和腹外斜肌腱膜延伸而来，将肉

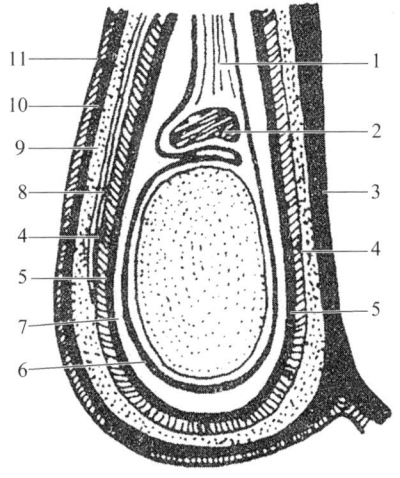

1—精索；2—附睾；3—阴囊中隔；
4—总鞘膜纤维层；5—总鞘膜；
6—固有鞘膜；7—鞘膜腔；8—睾外提肌；
9—筋膜；10—肉膜；11—皮肤。

图2-67　阴囊结构模式图

膜与总鞘膜较疏松地连接起来。

（4）睾外提肌 又称提睾肌，是由腹内斜肌分出的横纹肌，经腹股沟管而分布于阴囊外侧壁，肌肉外面包有薄的筋膜。

（5）鞘膜 包括总鞘膜和固有鞘膜2部分。总鞘膜由腹壁筋膜和腹膜壁层延续而来，为附着在阴囊最内面的鞘膜。由总鞘膜折转而被覆在精索、附睾和睾丸表面的为固有鞘膜，是由腹膜脏层延续而成。在总鞘膜和固有鞘膜之间的腔隙，叫鞘膜腔，内有少量浆液。鞘膜腔向上延续，进入腹股沟管变细变窄，叫鞘膜管，以鞘膜管口与腹腔相通。在鞘膜管口过大的情况下，小肠可脱入鞘膜管或鞘膜腔内，形成腹股沟疝或阴囊疝，须进行手术治疗。固有鞘膜和总鞘膜之间折转处形成的浆膜褶，称为睾丸系膜。附睾尾与阴囊之间相连的睾丸系膜下端加厚的部分称为附睾尾韧带或阴囊韧带。去势时切开阴囊壁后，必须剪断阴囊韧带和睾丸系膜，方可将睾丸和附睾摘除。

6. 尿生殖道

雄性尿道兼有排尿和排精作用，故又称为尿生殖道。其前端接膀胱颈，沿骨盆腔底壁向后延伸，绕过坐骨弓，再沿阴茎腹侧的尿道沟，向前延伸至阴茎头末端，以尿道外口开口于外界。

尿生殖道分为骨盆部和阴茎部2个部分，两者间以坐骨弓为界。在两部交界处，尿生殖道的管腔稍变窄，称为尿道峡。在峡部后方，尿生殖道壁上的海绵体层稍变厚，形成尿道球或称尿生殖道球。

（1）骨盆部（图2-68）。指自膀胱颈到坐骨弓这一段。在骨盆起始部背侧壁的中央有一圆形隆起，称为精阜。精阜上有一对小孔，为输精管及精囊腺排泄管的共同开口。此外，在骨盆部还有其他副性腺的开口。

（2）阴茎部 骨盆部的直接延续，自坐骨弓起，经左、右阴茎脚之间进入阴茎的尿道沟。此部的海绵体层比骨盆部稍发达，内层的横纹肌称为球海绵体肌，其发达程度和分布情况因家畜而异；外层称为坐骨海绵体肌，有助于阴茎的勃起，又称为阴茎勃起肌。

7. 副性腺

家畜的副性腺包括精囊腺、前列腺和尿道球腺（图2-69、图2-70），其分泌物与输精管壶腹部的分泌物，以及睾丸生成的精子共同组成精液。副性腺分泌物有稀释、营养精子，改善阴道内环境等作用，有利于精子的生存和运动。凡幼年去势的家畜，副性腺不能发育（图2-70）。猪副性腺发达，每次射精量大。

（1）精囊腺 为一对，位于膀胱颈背侧的尿生殖道褶中、输精管的外侧。每侧精囊腺导管与同侧输精管共同开口于精阜。牛、羊、猪的精囊腺较发达，呈分叶状腺体。

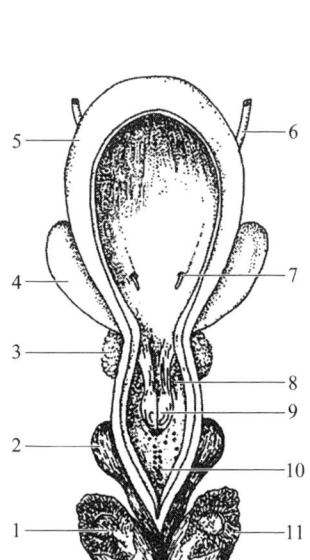
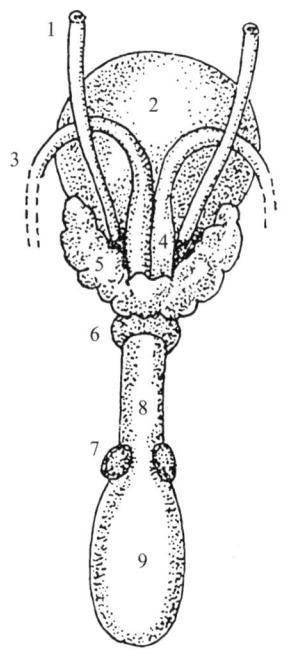

1—阴茎海绵体；2—尿道球腺；3—前列腺；
4—精囊腺；5—膀胱；6—输尿管；
7—输尿管口；8—前列腺管口；9—精阜；
10—尿道球腺导管开口；11—坐骨海绵体断面。

图 2-68　膀胱及尿生殖道骨盆部侧剖面

1—输尿管；2—膀胱；3—输精管；
4—壶腹腺；5—精囊腺；
6—前列腺；7—尿道球腺；
8—尿生殖道骨盆部；9—阴茎球。

图 2-69　牛副性腺模式图

（2）前列腺　位于尿生殖道起始部背侧，一般可分腺体部和扩散部（壁内部），这两部以许多导管成行地开口于精阜附近的尿生殖道内。前列腺的发育程度与动物的年龄有密切的关系，幼龄时较小，到性成熟期较大，老龄时又逐渐退化。

牛和猪的前列腺分为腺体部和扩散部，腺体部很小，横位于尿道起始部的背侧，扩散部发达；羊的前列腺无腺体部，仅有扩散部。

（3）尿道球腺　成对存在，位于尿道骨盆部末端，坐骨弓附近，被球海绵体覆盖，输出管开口于尿生殖道骨盆部末端的背侧黏膜上。牛尿道球腺为胡桃状，猪尿道球腺发达。

8. 阴茎

阴茎是雄性排尿、排精和交配的器官，附着于两侧的坐骨结节，经左、右股部之间向前延伸至脐部的后方，分为阴茎头、阴茎体和阴茎根3部分。

牛、羊的阴茎呈圆柱状，细而长。阴茎体在阴囊后方，呈"乙"状弯曲，勃起时伸直。阴茎头长而尖，游离端形成阴茎头帽。羊的阴茎头伸出

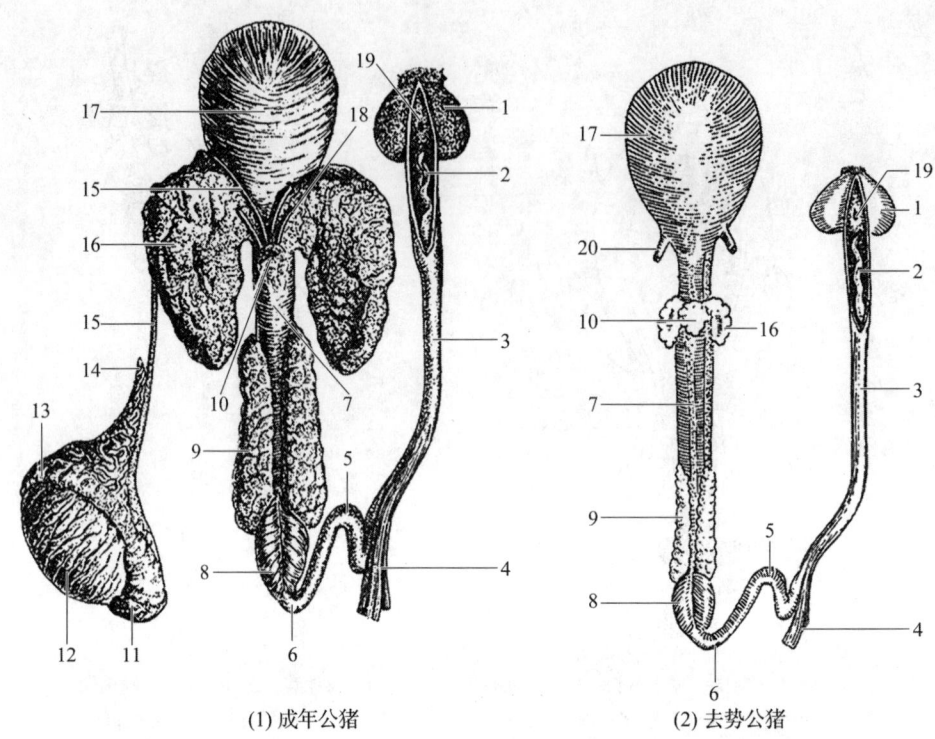

(1) 成年公猪　　　　　　　　(2) 去势公猪

1—包皮盲囊；2—剥开包皮盲囊的阴茎头；3—阴茎；4—阴茎缩肌；
5—阴茎"乙"状弯曲；6—阴茎根；7—尿生殖道骨盆部；8—球海绵体肌；
9—尿道球腺；10—前列腺；11—附睾尾；12—睾丸；13—附睾头；14—精索的血管；
15—输精管；16—精囊腺；17—膀胱；18—精囊腺排出管；19—包皮盲囊入口；20—输尿管。

图 2-70　公猪生殖器官模式图

长（3~4cm）尿道突，尿道外口位于尿道突尖端（图2-71）。猪的阴茎与牛相似，阴茎体有"乙"状弯曲，位于阴囊的前方；阴茎头尖细呈螺旋状（图2-72），勃起时明显。

9. 包皮

阴茎根和阴茎体包于躯干内，而阴茎游离部和头部则藏于皮肤褶形成的腔中，此皮肤褶称为包皮。包皮有容纳和保护阴茎头的作用，由2层构成，外层与周围皮肤构造相似，沿包皮口转折为内层。

被覆阴茎游离部和阴茎头的皮肤分布有大量的感觉神经末梢。包皮的内层无被毛和皮肤腺，但分布有淋巴小结和包皮腺，其分泌物与脱落的上皮细胞形成包皮垢，具特殊腥臭味。

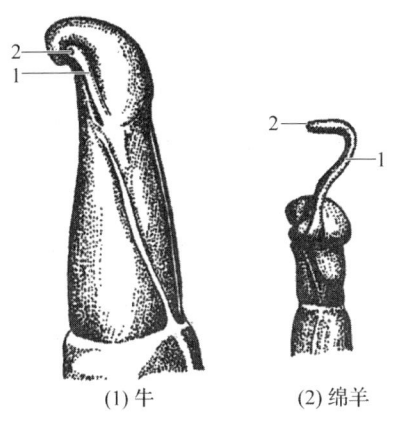
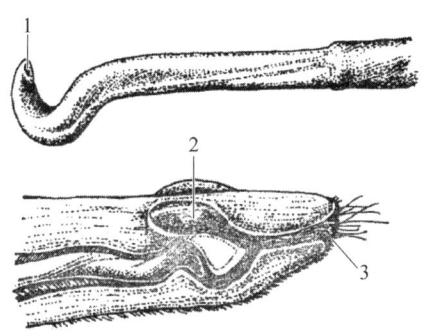

(1) 牛　　(2) 绵羊

1—尿道突；2—尿道外口。

图 2-71　牛、羊阴茎前部模式图

1—尿道外口；2—包皮盲囊；3—包皮口。

图 2-72　猪阴茎前部模式图

（二）母畜生殖器官

母畜生殖器官由卵巢、输卵管、子宫、阴道、尿生殖前庭和阴门组成（图 2-73）。卵巢、输卵管、子宫和阴道为内生殖器官，尿生殖前庭和阴门为外生殖器官。

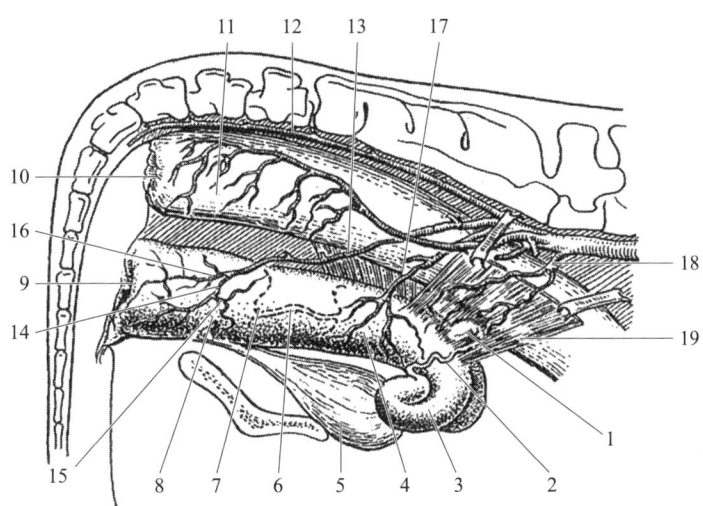

1—卵巢；2—输卵管；3—子宫角；4—子宫体；5—膀胱；6—子宫颈背；7—子宫颈阴道部；8—阴道；9—阴门；10—肛门；11—直肠；12—荐中动脉；13—髂内动脉；14—尿生殖道动脉；15—子宫后动脉；16—阴部内动脉；17—子宫中动脉；18—子宫卵巢动脉；19—子宫阔韧带。

图 2-73　母牛生殖器官位置关系模式图（右侧观）

1. 卵巢

（1）卵巢形象和位置　卵巢是雌性生殖腺，椭圆形，位于腹腔内，是产生卵子和分泌雌性激素的器官，其形状和大小因畜种、个体、年龄及性周期而异（图2-74）。卵巢由卵巢系膜附着于腰下部，经产母猪稍坠向前下方。血管、神经和淋巴管由此出入卵巢，此处称为卵巢门。卵巢的解剖特征之一是没有排卵管道，卵细胞定期由卵巢破壁排出，排出的卵细胞落入输卵管起始部。母牛的卵巢呈侧扁的卵圆形，成年牛右侧的卵巢常比左侧的稍大，未怀过孕的母牛的卵巢稍向后移，多在骨盆腔内，经产母牛的卵巢位于腹腔内，在耻骨前缘的前下方。母羊的较圆、较小。猪随着发育，卵巢将由表面光滑，逐渐变成桑葚状，到性成熟后的葡萄状。

（2）卵巢组织结构　卵巢由被膜和实质构成（图2-75）。

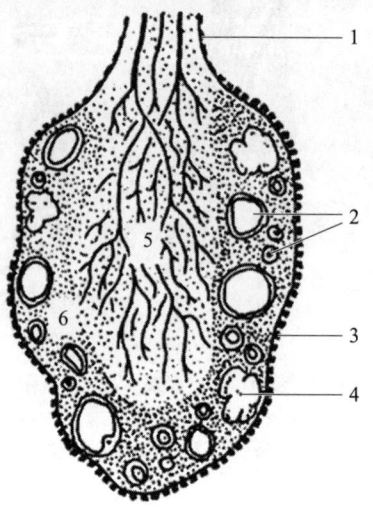

1—浆膜；2—卵泡；3—生殖上皮；
4—黄体；5—髓质；6—皮质。

图2-74　牛卵巢模式图

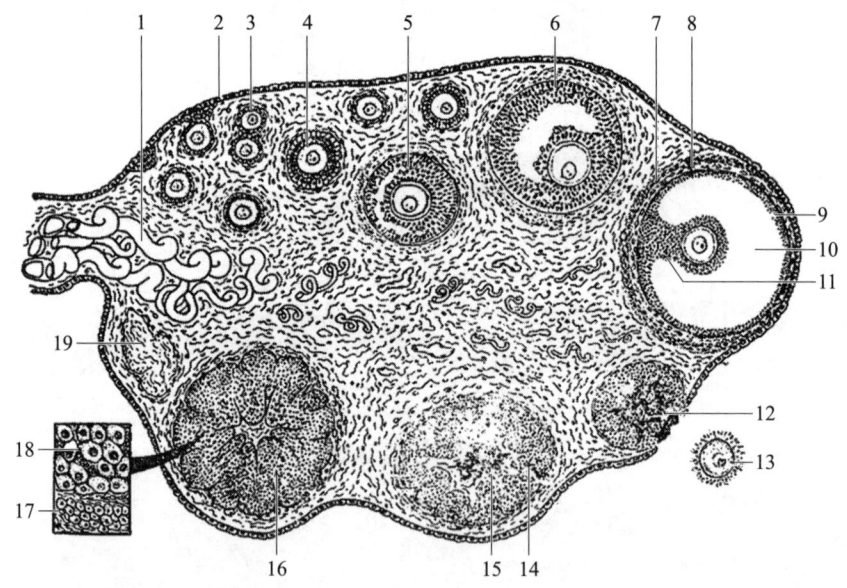

1—血管；2—生殖上皮；3—原始卵泡；4—早期生长卵泡（初级卵泡）；
5、6—晚期生长卵泡（次级卵泡）；7—卵泡外膜；8—卵泡内膜；9—颗粒膜；
10—卵泡腔；11—卵丘；12—血体；13—排出的卵；14—正在形成中的黄体；
15—黄体中残留的凝血；16—黄体；17—膜黄体细胞；18—颗粒黄体细胞；19—白体。

图2-75　卵巢结构模式图

①被膜：由生殖上皮和白膜组成。卵巢表面被覆生殖上皮，是卵细胞发生的最初部位。上皮深部是结缔组织构成的白膜。

②实质：分皮质和髓质2部分，两者没有明显的分界。一般皮质在外，内含不同发育阶段的很多卵泡，又称卵泡区；髓质在内，由结缔组织构成，含有丰富的血管、神经、淋巴管和平滑肌等，又称血管区。而马属动物卵巢的皮质和髓质位置倒置，皮质在内，髓质在外。

卵泡由中央的卵母细胞和它周围的卵泡细胞构成。根据卵泡的形态、功能，将发育的卵泡分为原始卵泡、生长卵泡、成熟卵泡（图2-76）。

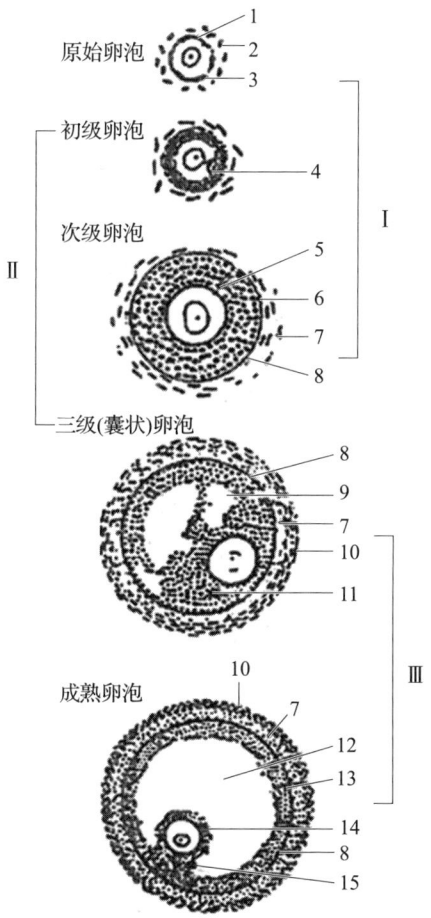

Ⅰ—无腔卵泡（腔前卵泡）；Ⅱ—生长卵泡；Ⅲ—有腔卵泡；1—卵子；
2—基质细胞；3—卵泡细胞；4—透明带形成；5—透明带；6—颗粒层；7—内膜；
8—基膜；9—窦；10—外膜；11—颗粒；12—卵泡液；13—颗粒膜；14—放射冠；15—卵丘。

图 2-76　各级卵泡结构模式图

A. 原始卵泡：原始卵泡是一种数量多、体积小、呈球形的卵泡，位于卵巢皮质表层。每个原始卵泡一般由一个大而圆的初级卵母细胞和其周围单层扁平的卵泡细胞构成。但在多胎动物，如猪和肉食动物的原始卵泡中，可看到有2~6个初级卵母细胞。

雌性动物出生前卵巢内就存在大量原始卵泡，随着发育，原始卵泡到动物性成熟后才开始陆续成长发育，但只有少数原始卵泡能发育成熟，大多数原始卵泡中途闭锁而死亡。卵泡闭锁是指卵泡及其中的卵母细胞不经排卵而退化消失。因此，原始卵泡则随着动物年龄的增长，数量不断减少。

B. 生长卵泡：静止的原始卵泡开始生长发育，称为生长卵泡。卵泡开始生长的标志是原始卵泡的卵泡细胞由扁平变为立方或柱状。根据发育阶段不同，可将生长卵泡分为初级卵泡和次级卵泡2个连续的阶段。

a. 初级卵泡：指从卵泡开始生长到出现卵泡腔之前的卵泡，所以又称为早期生长卵泡。这个阶段的变化包括初级卵母细胞增大、卵泡细胞增生和邻近结缔组织的变化。初级卵母细胞周围出现一层嗜酸性、折光强的膜状结构，叫透明带。透明带主要成分是黏蛋白和透明质酸。它是由卵泡细胞和初级卵母细胞共同分泌形成的。卵泡开始生长时，单层扁平的卵泡细胞变成立方或柱状，并通过分裂增生而成为多层。当初级卵泡体积增大时，围绕卵泡的结缔组织细胞逐渐分化成卵泡膜。

b. 次级卵泡：当卵泡体积逐渐增大，卵泡细胞有6~12层，在卵泡细胞之间开始出现一些充有卵泡液的间隙，并逐渐汇合成一个新月形的腔，称为卵泡腔。这样的卵泡叫做次级卵泡，也叫晚期生长卵泡。在卵泡腔开始形成时，卵母细胞通常已长到最大体积，并为一层透明带所包围。此后，卵母细胞不再长大，而卵泡由于卵泡液的增多和卵泡腔的扩大可继续增大。由于卵泡的扩大，使卵母细胞及其周围的一些卵泡细胞位于卵泡的一侧，并突向卵泡腔内，形成卵丘。其余的卵泡细胞密集排列成数层，构成卵泡壁，又称颗粒层。组成颗粒层的卵泡细胞亦改称为颗粒细胞。在次级卵泡的后期卵丘上紧靠透明带的卵泡细胞呈柱状，围绕透明带呈放射状排列，称为放射冠。

随着卵泡的增大，卵泡膜逐渐分化为内外2层。卵泡膜内层由较多的多边形或梭形的细胞和少量网状纤维组成，又称细胞性膜，细胞间有丰富的毛细血管。卵泡内膜细胞有分泌雌激素的功能，所分泌的雌激素可进入毛细血管或经卵泡壁扩散到卵泡液内。卵泡膜外层由胶原纤维束和成纤维细胞构成，与周围结缔组织无明显界限，血管亦较少，又称结缔性膜。

c. 成熟卵泡（图2-77）：由于卵泡液激增，成熟卵泡的体积显著增大，向卵巢表面隆起。成熟卵泡的大小，因动物种类而异，牛的直径约 15mm、羊、猪的为 5~8mm。

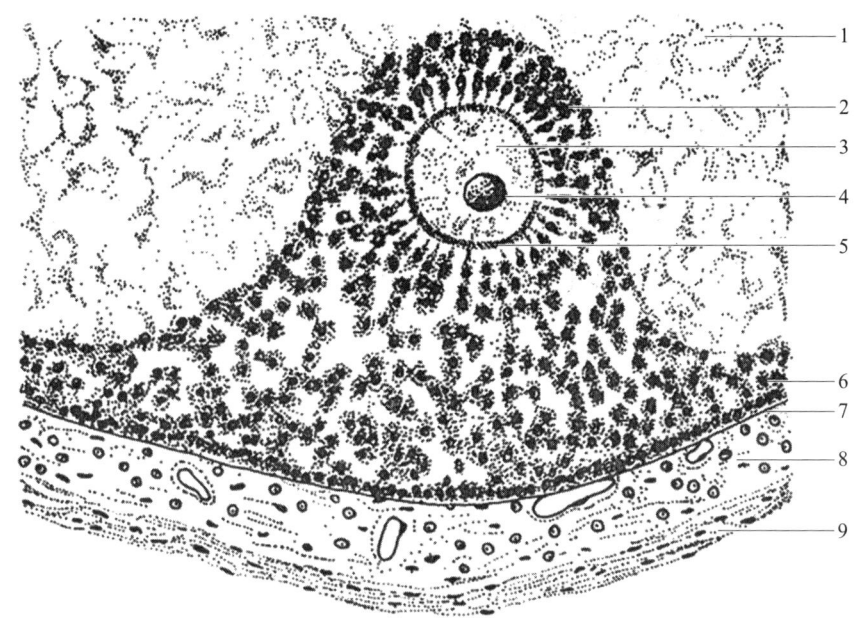

1—卵泡液；2—放射冠；3—卵母细胞；4—核；5—透明带；6—颗粒层；
7—基膜；8—卵泡内膜；9—卵泡外膜。

图 2-77　成熟卵泡卵丘放大的结构模式图

当卵泡腔形成时，初级卵母细胞直径可达 100~150μm，此后不再增大。排卵前初级卵母细胞必须完成第一次成熟分裂。分裂时，胞质的分裂不均等，形成两个大小不等的细胞，大的称次级卵母细胞，其形态与初级卵母细胞相似；小的只有极少的胞质，附在次级卵母细胞旁，称第一极体。第二次成熟分裂则在排卵受精后完成。

成熟卵泡的卵泡膜达到最厚，内外 2 层分界更明显。

卵泡成熟后在激素等的作用下破裂，将卵子释放出来。由于成熟卵泡内的卵泡液迅速增加，内压升高，颗粒层和卵泡膜变薄，卵泡体积增大，部分突出于卵巢表面，呈液泡状，与此同时放射冠与卵丘之间也逐渐脱离，最后卵泡破裂，次级卵母细胞及其周围的放射冠随同卵泡液一起排出，此过程称为排卵。排卵时，由于毛细血管受损可以引起出血，血液充满卵泡腔内，形成血体。牛和猪出血较羊和食肉动物的多，所以血体明显。

C. 闭锁卵泡：在正常情况下，卵巢内绝大多数的卵泡不能发育成熟，而在各发育阶段中逐渐退化。这些退化的卵泡称为闭锁卵泡。其中以原始卵泡退化的最多，而且退化后不留痕迹。

2. 输卵管

输卵管是每侧连接卵巢与子宫的一条多弯曲的细管，将排出的卵子输送到子宫，受精和卵裂也在管内进行（图2-78）。

输卵管分为漏斗部、壶腹部和峡部3段。

（1）漏斗部　输卵管的前端扩大成输卵管漏斗部，边缘形成许多不规则突起，称输卵管伞。

（2）壶腹部　较长，壶腹部前端较宽，称输卵管壶部，为精卵受精处。

（3）峡部　较短，细而直，以输卵管子宫口开口于子宫腔。输卵管与子宫角的分界有的家畜较明显，如马；有的则逐渐移行而无明显界限，如反刍动物和猪。

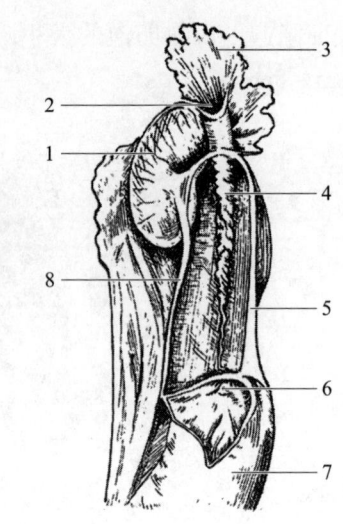

1—卵巢；2—输卵管腹腔口；
3—输卵管伞；4—输卵管；5—输卵管系膜；
6—输卵管子宫口；7—子宫角；8—卵巢固有韧带。

图2-78　卵巢与输卵管结构模式图

输卵管包于输卵管系膜内；后者也是子宫阔韧带的一部分，长短和厚薄因家畜种类而有不同。输卵管系膜与卵巢系膜之间形成卵巢囊开口朝向腹侧，将卵巢藏于其内，囊的大小和深浅因家畜种类而异。

3. 子宫

家畜的子宫是中空的肌性器官，富有伸展性，是胎儿生长发育和娩出的器官。子宫借子宫阔韧带悬于腰下，大部分位于腹腔内，小部分位于骨盆腔内，在直肠和膀胱之间。背侧为直肠，腹侧为膀胱；前接输卵管，后接阴道，两侧为骨盆腔侧壁。子宫阔韧带为一宽厚的腹膜褶，内有丰富的结缔组织、血管、神经及淋巴管。子宫阔韧带的外侧前部，靠近子宫角处有一向外突出的浆膜褶，称为子宫圆韧带。

（1）子宫的结构　子宫由子宫角、子宫体和子宫颈3部分构成（图2-79、图2-80）。子宫角一对，为子宫的前部，呈弯曲的圆筒状，其前端与输卵管相通。子宫颈为子宫后段的缩细部，位于骨盆腔内，前端与子宫体相通，后端以子宫颈外口通阴道。

牛、羊的子宫颈后部突入于阴道内，形成子宫颈阴道部，子宫颈阴道部平时闭合，发情时稍松弛，分娩时扩大。成年母牛的子宫颈阴道部呈菊花瓣状。成年猪的子宫角长，经产母猪可达1.2～1.5m；子宫颈与阴道没有明显分界，没有子宫颈阴道部，精液可直接射入母猪子宫内，因此猪为"子宫射精型动物"。

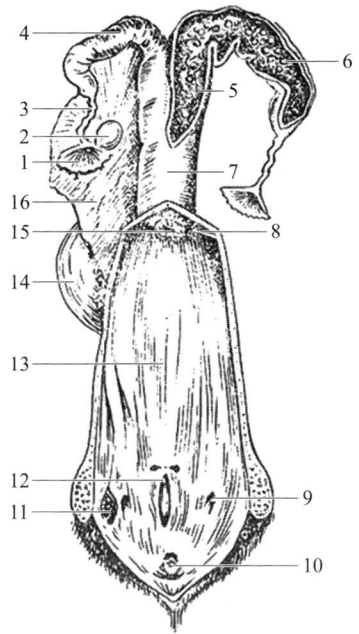

1—输卵管伞；2—卵巢；3—输卵管；4—子宫角；5—子宫内膜；6—子宫阜；7—子宫体；8—阴道穹窿；9—前庭大腺开口；10—阴蒂；11—剥开的前庭大腺；12—尿道外口；13—阴道；14—膀胱；15—子宫颈外口；16—子宫阔韧带。

图 2-79　母牛的生殖器官（背侧面）

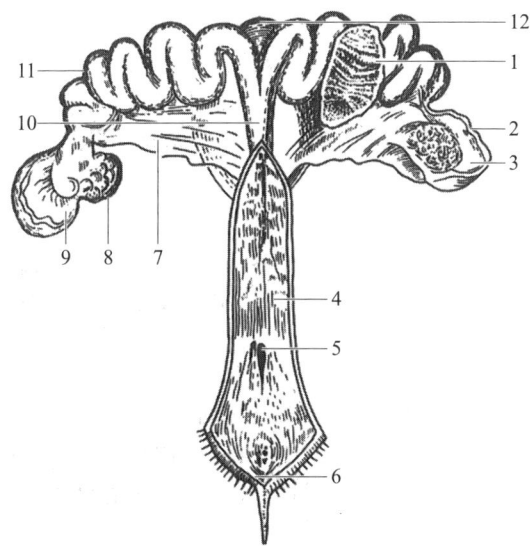

1—子宫黏膜；2—输卵管；3—卵巢囊；4—阴道黏膜；5—尿道外口；6—阴蒂；7—子宫阔韧带；8—卵巢；9—输卵管腹腔口；10—子宫体；11—子宫角；12—膀胱。

图 2-80　母猪的生殖器官（背侧面）

（2）子宫的类型（图2-81）

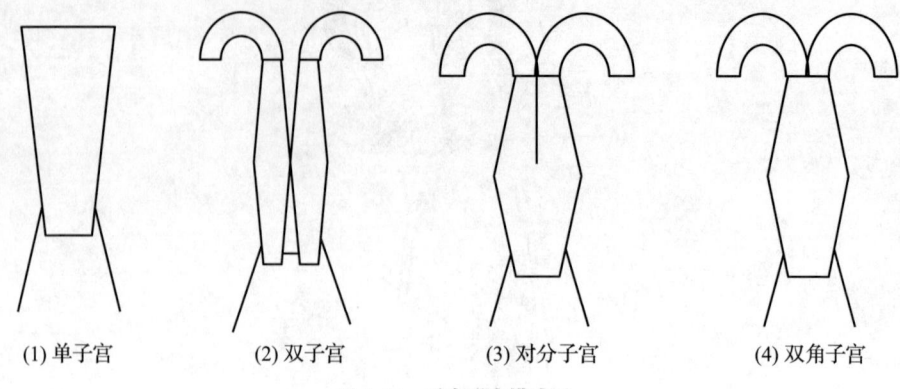

(1) 单子宫　　　(2) 双子宫　　　(3) 对分子宫　　　(4) 双角子宫

图2-81　子宫形态模式图

①单子宫：无明显的子宫角部分，子宫体直接与输卵管相连，如人、灵长类动物。

②双子宫：2个子宫体，每个子宫体单独开口于阴道，如兔。

③对分子宫：子宫体内角间沟的纵隔延续将子宫体大部分空间分成了左右2部分，但只有一个子宫颈开口于阴道，如牛、羊、梅花鹿。

④双角子宫：子宫角1对，子宫体内无纵隔，如猪、马、驴、狗、狐狸、水貂、大熊猫。

（3）子宫壁的构造　子宫壁由黏膜、肌层和浆膜构成。

①黏膜层又称子宫内膜，被覆单层柱状上皮。在黏膜固有层内分布有丰富的分支管状腺，称子宫腺，其分泌物对早期的胚泡有营养作用。子宫颈黏膜的上皮中分布有许多黏液细胞，有的家畜还具有分泌黏液的子宫颈腺。妊娠时黏液可封闭子宫颈管，形成浓稠的所谓黏液塞。子宫腺和子宫颈腺的发育及功能因性周期而有变化。

②子宫的肌膜又称子宫肌，由2层平滑肌构成，内层为较厚的环肌，外层为较薄的纵肌。在两肌层之间有发达的血管层。子宫颈的环肌层特别的发达，使子宫颈管紧闭合，而当分娩时在激素的作用下则可大大扩张，供胎儿通过。

③子宫的浆膜又称子宫外膜，沿子宫的侧缘即系膜缘移行为子宫阔韧带，将子宫悬吊于腰下方，支持子宫并使之有可能在腹腔移动。妊娠期子宫阔韧带也随着子宫增大而加长并变厚。子宫阔韧带内有到卵巢和子宫的血管通过，其中动脉由前向后有子宫卵巢动脉、子宫中动脉和子宫后动脉。这些动脉在怀孕时即增粗，其粗细和脉搏性质的变化可通过直肠检查（大动物）感觉到，可用于妊娠诊断。

牛、羊的子宫由于瘤胃的影响，在成年个体大部分位于腹腔后部的右侧。牛、羊子宫角和子宫体内膜上有特殊的隆起结构，称为子宫阜或子宫子叶，牛的子宫阜为圆形隆起，约 100 多个，排成 4 列，羊的子宫阜呈纽扣状，中央凹陷，约 60 多个，未妊娠时较小，妊娠时逐渐增大，是胎儿胎膜与子宫壁的结合部位。

4. 阴道

阴道是从子宫颈延续向后的肌膜性管，为母畜的交配器官和分娩时的产道，位于盆腔内，背侧为直肠，腹侧为膀胱和尿道。阴道前接子宫，阴道腔前部因有子宫颈突入而形成环行或半环行的隐窝，称阴道穹窿。阴道向后与尿生殖前庭相连续，以阴道口直接相通，两者在腹壁的交界处有尿道外口。

母牛的尿道外口的腹侧，有一个伸向前方的短盲囊（长约 3cm），称尿道下憩室（图 2-82），给母牛导尿时应注意不要把导尿管插入憩室内。

5. 尿生殖前庭

尿生殖前庭是阴道从尿道外口处向后连续的短管，终于阴门，为雌性的交配器官和产道，也是尿液排出的经路。尿生殖前庭的黏膜深部有前庭腺，分泌黏液，交配和分娩时增多，有润滑作用，此外还含有吸引异性的气味物质。

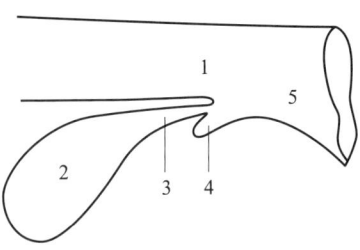

1—阴道；2—膀胱；3—尿道；
4—尿道下憩室；5—尿生殖前庭。

图 2-82 母牛尿道下憩室位置模式图

6. 阴门

阴门又称外阴，为雌性外生殖器。由左、右两阴唇构成，在背侧和腹侧互相联合，形成阴唇背侧和腹侧联合。两阴唇间为纵的阴门裂，是外生殖器的外口。背侧联合较钝圆，与肛门之间以短的会阴分开。腹侧联合较尖，向下突出。阴唇为皮肤褶，外部皮肤具有丰富的汗腺和皮脂腺，分布有细而软的短毛；内面皮肤薄而无毛和腺体，似黏膜，逐渐移行于尿生殖前庭。阴唇内有脂肪组织、平滑肌及横纹肌束，后者构成阴门缩肌。阴唇分布有非常丰富的血管和淋巴管，在发情时充血。在阴唇腹侧联合内有一小突起，称为阴蒂（相当于公畜的阴茎）。

二、生殖生理

生殖是生物繁殖后代保证种族延续的生理过程。高等哺乳动物的生殖是通过生殖器官的活动和雌雄两性生殖细胞结合来实现的。生殖过程包括生殖细胞生成、交配、受精、着床、胚胎发育、分娩和泌乳等重要环节。

(一)性成熟与体成熟

1. 性成熟

哺乳动物生长发育到一定时期,生殖器官基本发育完全,并具备繁殖能力,称为性成熟。性成熟的标准是性腺能形成成熟的生殖细胞和产生性激素;出现各种性反射,能完成交配、受精、妊娠和胚胎发育等生殖过程。

性成熟是一个发展过程,它的开始阶段称初情期。公畜的初情不易判断,一般以动物开始出现各种性行为(如阴茎勃起、爬跨母畜、交配等)为标志。母畜初情的主要表现是第一次发情。从初情期到性成熟,通常需要几个月(猪、羊等)或 1~2 年(马、牛、骆驼等)。

动物性成熟的年龄随种类、品种、性别、气候、营养、管理、遗传等情况而有所不同。一般情况下,小动物比大动物性成熟早,雌性动物比雄性动物性成熟早,早熟品种、气温较高、营养水平高和环境条件好可使性成熟的年龄提前。群体因素也常影响性成熟和初情期,有异性个体存在时,可使初情期提前,同性的群体则初情期延迟。

2. 体成熟

性成熟后,动物体器官仍在发育,直到具有成年动物固有的形态和结构特点,称为体成熟。动物性成熟时,虽然具备了生殖能力,但身体还未发育完全,不能配种和繁殖;只有在体成熟后,动物各器官系统的功能才发育较完善,才允许用于繁殖(表 2-2)。过早的繁殖,不但影响自身的生长发育,而且影响胎儿的生长发育,对后代产生不良影响,所以在畜牧生产中,一般要求动物体成熟后再用于繁殖。如果采用胚胎移植技术来繁殖,则可不考虑取卵雌性动物的配种年龄。

表 2-2　常见动物性成熟与初配年龄

动物种类	性成熟 / 月龄		适宜初配年龄 / 月龄	
	公畜	母畜	公畜	母畜
牛	10~18	8~14	24~36	18~24
绵羊	6~10	6~10	12~18	12~18
山羊	6~10	6~10	12~18	12~18
马	18~24	12~18	36~48	30~36
猪	4~8	4~8	9~12	8~10
兔	3~4	3~4	6~8	6~8
犬	10~12	7~9	12~18	12~18
猫	7~9	5~8	10~12	10~12

3. 性季节

性季节即发情季节。在性季节里，雌性动物重复多次出现发情现象，如马（一般在春节）、羊（一般在秋季）、猫（春、秋两季）等，这类发情属于季节性多次发情，在性季节以外的季节里无发情现象。有些动物，如犬（春、秋两季各发情一次）等，在发情季节仅有一个发情周期，这类发情属于季节性单次发情。有的动物（如牛、猪），在一年中除了妊娠期以外，都周期性地反复出现发情，这类发情属于终年多次发情。

在较粗放的条件下或接近原始类型的品种，动物发情的表现较明显，而集约化饲养或驯化程度高的动物，决定发情的主要因素是光照、温度及个体差异。在自然条件下，只有当外界环境的气候适宜，有丰富的食物来源，能为动物的怀孕和新生命的诞生提供良好的生活条件，才有利于刚出生动物的成活和发育，也只有在这种条件下，动物的繁殖活动才有实际意义。动物的发情是一种适应性表现。

（二）雄性生殖生理

雄性动物的生殖活动主要包括精子的产生、成熟、精液的排放等一系列生殖生理过程。

1. 雄性生殖器官的功能

（1）睾丸的功能　睾丸的功能是产生精子和分泌雄性激素。

①睾丸的生精作用：睾丸由曲细精管和间质细胞组成。曲细精管上皮又由生精细胞和支持细胞构成。原始的生殖细胞为精原细胞，从初情期开始，精原细胞分阶段发育形成精子。这一过程每种动物所需要的时间不一样，如绵羊49~50d，猪44~45d，牛60d左右。支持细胞为各级生殖细胞提供营养，并起着保护与支持作用，为生精细胞的分化发育提供合适的微环境。支持细胞形成的血睾屏障可防止生精细胞的抗原物质进入血液循环而引起免疫反应。

多数动物的睾丸藏于阴囊内，阴囊内温度比体温低3~4℃。这种温度适合精子的生成、储存。若温度升高，则不利于精子的生成。阴囊能随体温和外界环境温度的变化而收缩、松弛。当外界环境温度或体温升高时，阴囊松弛，扩大表面积，加速散热；反之，当外界环境温度或体温降低时，阴囊收缩，缩小表面积，并使睾丸紧贴腹壁，这样既可以减少散热，又能从腹壁获得热量，以保持阴囊内部温度的恒定。

②睾丸的内分泌作用：睾丸的间质细胞能合成、分泌雄激素。雄激素包括睾酮、双氢睾酮和雄烯二酮，它们都是类固醇激素，但后两种激素的生物学作用较小，因此睾酮是最主要的雄激素。

睾酮的主要生理作用是维持生精作用，刺激生殖器官的生长发育，促进雄性副性征出现并维持其正常状态，维持正常的性欲，促进蛋白质合成，特别是肌肉和生殖器官的蛋白质合成，同时还能促进骨骼肌生长与钙、磷沉积和红细胞生成等。

（2）附睾的功能 附睾的功能主要是对精子的转运、浓缩、成熟和储存。

①促使精子成熟：附睾上皮的分泌物为精子的发育提供养分，促进精子的进一步发育，从而达到生理成熟。

②浓缩精液：能吸收精子悬浮液中的水分，到附睾尾时变为极浓缩的精子悬浮液。

③储存和转运精子：精子在附睾体部成熟，输送至附睾尾部储存。在动物射精时，把精子排到输精管，最后随精清排出。

④分泌某些物质进入附睾液：如甘油磷酸胆碱、肉毒碱等。

⑤吸收睾丸液中某些成分：如衰老的精子及其崩解产物，使附睾液能维持正常的渗透压，保持其内环境的稳定，有利于精子的存活。

在附睾内储存的精子，经2个月以后还具有受精能力。但精子储存过久，则受精能力会降低甚至使精子死亡。故长期没有采精的种公畜，第一次采得的精液品质不好。如果频繁采精，会出现发育不成熟的精子，故要掌握好采精的频次。

（3）输精管的功能 输精管的蠕动将精子从附睾尾送到输精管。配种时将精子送到尿生殖道。

（4）副性腺的功能 尿道球腺、前列腺和精囊腺共同的分泌物构成精液的液体部分（精清），具有保护、运送精子和增加精子活力的作用。

雄性动物在射精时，副性腺的分泌有一定的顺序，这对保证受精有着重要的作用。尿道球腺首先分泌，以冲洗并润滑尿道，然后附睾排出精子，前列腺分泌，以促进精子在雌性生殖道内的活动能力，最后精囊腺的分泌物排出，在阴道内凝结，可防止精液从阴道外流，这对交配后保证受精有着重要的作用。

2. 精液

精液由精子和精清组成，各种动物一次的射精量和精子浓度，随不同的品种和生理状态而不相同。常见家畜射精量和精子数见表2-3。

表2-3 常见家畜的射精量及精子浓度

动物种类	1次射精量/mL		1mL中精子数/$\times 10^{10}$个		1次射精的总精子数/$\times 10^{10}$个	
	平均	最大	平均	最大	平均	最大
牛	4~5	15	1~2	6	4~10	80
羊	1~2	3.5	2~5	8	2~10	18
猪	200~400	1000	0.1~0.2	1	20~30	100

(三)雌性生殖生理

雌性动物的生殖活动主要包括排卵、受精、妊娠、分娩等一系列生殖生理过程。

1. 雌性生殖器官的功能

(1) 卵巢的功能　卵巢是雌性动物的主要生殖器官,能够产生卵子,分泌雌激素、孕激素等性激素。

①卵子的生成:卵子的生成经过繁殖期、生长期和成熟期3个阶段,经历原始卵泡、初级卵泡、次级卵泡和成熟卵泡4个发育阶段而逐渐凸出于卵巢表面。在特定条件下,成熟卵泡破裂,卵子随同卵泡液排出的过程,称为排卵。卵子的排出无管道将其输送入输卵管。

大多数动物是自发周期性排卵;而一些动物(如兔、犬、猫、骆驼等)必须经过交配刺激才能诱发排卵,称为刺激性排卵。排卵后,破裂的卵泡逐渐转化为黄体。动物未妊娠的黄体称周期黄体或假黄体,如妊娠则称妊娠黄体或真黄体。猪、牛、羊等大部分家畜的真黄体将在动物整个妊娠期分泌孕激素,维持动物的妊娠。

牛、马等动物每次发情一般只有1个卵泡发育成熟,只排出1个卵子;而猪、山羊、犬、兔等动物,每次发情有好几个卵泡同时发育成熟,排出2个以上的卵子。每次发育成熟的卵泡数在很大程度上决定着动物的产仔数。

②卵巢的内分泌功能:卵巢能分泌雌激素、孕激素、极少量的雄激素及抑制素。它们和促性腺激素相互作用,相互制约,使卵巢排卵、子宫内膜和阴道黏膜发生周期性变化。

(2) 输卵管的功能　输卵管有接纳卵子、转送卵子和精子的功能;也是精子获能、卵子受精、卵裂和早期胚胎发育的场所;其分泌细胞的分泌物参与形成管腔液,提供完成受精和早期胚胎发育的环境。

(3) 子宫的功能　子宫是胎盘形成和胎儿生长发育的场所,提供妊娠所需要的环境。发情交配时,子宫肌的收缩有助于精子向输卵管方向泳动。妊娠时,子宫肌处于相对静止状态,有利于胎儿的发育。分娩时,子宫肌强烈收缩,促进胎儿的排出。胚泡植入前,子宫分泌物滋养发育的胚泡。子宫颈能分泌黏液,在妊娠时变得黏稠,闭塞子宫颈口,可以防止感染。子宫内膜的分泌物为精子的获能提供有利的环境。

(4) 阴道的功能　阴道是交配器官,也是胎儿、胎盘产出的通道。其前庭腺在动物发情时能分泌黏液,是发情征状之一。

2. 发情周期

发情周期指本次发情开始到下次发情开始,或本次排卵到下次排卵的间隔时间。各种动物的发情周期长短不一(表2-4)。

表 2-4 常见家畜的发情周期、发情期和排卵时间

动物种类	发情周期	发情持续时间	排卵时间
牛	21d	13~17h	发情结束后 10~15h
绵羊	16~17d	30~36h	发情开始后 18~26h
山羊	19d	32~40h	发情开始后 9~19h
猪	21d	2~3d	发情开始后 30~40h，有些品种发情开始后 18h
兔	周期不明显	界限不明显	交配后 10.5h（诱导排卵）
犬	春、秋各发情 1 次	7~8d	发情开始后 12~24h 各卵泡陆续排卵，持续 2~3d
猫	周期不明显	4d	交配后 24~30h（诱导排卵）

发情周期一般可分为 4 个时期。

（1）发情前期　是发情期前的一个阶段，卵巢中有新的卵泡发育。此时，雌激素分泌增加，腺体活动开始加强，分泌增多，生殖道轻微充血、肿胀，但动物一般无交配欲。

（2）发情期　是发情征状集中表现的阶段。动物有强烈的性欲和性兴奋，能够接受公畜交配。此时卵泡也进入新的发育阶段，卵泡迅速成熟并排卵，外阴部充血、肿胀，子宫黏膜增生，腺体分泌增多，子宫颈开张，并有黏液从阴道流出，子宫和输卵管出现蠕动现象。

（3）发情后期　发情结束后，黄体形成和维持的时期称发情后期。行为上不表现性兴奋和交配欲，生殖系统的亢进逐渐消退，卵巢内形成黄体并分泌孕酮。

（4）休情期　是转入下一个发情前期的过渡时期。在此期间，动物行为正常，无交配欲。卵巢中黄体发育成熟，孕酮对生殖器官的作用更加明显。黄体在该期后期开始退化，一旦黄体完全消失，新的卵泡开始发育，就进入下一个发情周期。

3. 交配

交配是性成熟的雄性和雌性动物共同完成的一种性行为。通过交配，精液从雄性生殖道内排出并被射入雌性生殖道内，是动物生殖过程的重要环节。

（1）交配行为　交配是复杂的性行为，由雌雄两性个体协调配合，经过一系列按一定顺序出现的性反射和性行为而完成，这些反射包括求偶、性欲激发、外生殖器勃起、爬跨、插入和射精等。雌性动物发情及其伴随的各种信号，是激发求偶和性欲的有效刺激，异性的出现和接近又可诱发更强的性欲，这时雄性动物阴茎充血勃起，进行爬跨，雌性动物阴蒂和阴道前庭充血，阴门

微开，便于雄性动物阴茎插入实现交配。

（2）射精　射精是指公畜将精液射入母畜生殖道内的过程，是交配行为的最终结果。由于各种动物生殖道的结构、精液量和交配时间的不同，射精的部位也存在一定的差别。一般可分为两种类型。

①阴道射精型：将精液射至阴道深处和子宫颈附近，如牛、绵羊、山羊等。

②子宫射精型：将精液射入母畜子宫内，如猪、马、驴、骆驼等。

4. 受精

受精是精子和卵子结合而形成合子的过程。在合子形成过程中，雌雄两性个体的遗传物质融合，使双方的遗传性状在新生命中表现出来，合子是新的个体发育的起点。受精的部位在输卵管的上 1/3 处。受精的必要重要条件是精子运送到受精的部位与卵子相遇，并且精子必须获能。

（1）精子的运行　精子在母畜生殖道内由射精部位到受精部位的运动过程称为精子的运行。精子运行除靠本身的前进运动外，更主要的是借助于母畜输卵管的收缩和蠕动。在趋近卵子时，精子本身的运动十分重要。

（2）精子的受精获能过程　精子进入母畜生殖道之后，须经过一定变化后才能具有进入透明带和使卵子受精的能力，这一变化过程叫精子的受精获能过程（或受精获能作用）。精子的获能始于阴道，但最有效的部位是在子宫和输卵管。精子在子宫内获能约需 6h，在输卵管内获能约需 10h。在一般情况下，交配往往发生在发情开始或盛期，而排卵发生在发情结束时或结束后，因此，精子一般先于卵子到达受精部位，在这段时间精子可以自然地完成获能过程。

2-9　精卵相遇的过程（动画）

（3）卵子的运行　哺乳动物的卵子排出后需要运行至输卵管的壶腹部才能受精，与精子一样在运行过程中也经过了一系列变化，才具有受精能力。各种动物卵子成熟过程不同。牛、绵羊、猪排出的卵子虽然已经过第一次减数分裂，但还需要进一步发育才能达到受精所需的要求。马、犬排出的卵子仅处于初级卵母细胞阶段，在输卵管中要进行再一次成熟分裂。

（4）精子和卵子在生殖道内保持受精能力的时间　各种动物精子在生殖道内保持受精能力或存活的时间有所不同，一般来说，牛为 15～56h，羊 48h，猪 50h，犬则比较长，可存活 90h。卵子只有在壶腹部才能保持正常的受精能力，且受精能力随时间的消失而逐渐失：牛 18～20h、猪 8～10h、羊 12～16h、兔 6～8h、犬 4～5d。因此，无论是自然交配还是人工授精，都要准确掌握配种时间，这对提高繁殖率非常重要。

（5）受精过程　受精过程主要有以下 3 个步骤。

①精子与卵子相遇：精子与卵子在输卵管壶腹部相遇而受精。因此，精子

要从射精部位（阴道或子宫）运行到受精部位（输卵管壶腹部）；卵子也要从输卵管伞部运行到输卵管壶腹部，完成受精。射精时有数亿个精子进入母畜生殖道，但只有几千个精子能达到输卵管壶腹部，而最后只有一个精子能进入卵子而受精。

②精子进入卵子：精卵相遇，精子顶体释放出透明质酸酶，溶解卵子周围的放射冠，穿过透明带之后，卵子产生受精素与精子起特异性反应，使精子固定在透明带某一点上，继而精子又释放顶体素（蛋白水解酶），使精子突破透明带，而达卵黄膜，精子失去顶体，头进入卵黄膜。

当精子穿过透明带触及卵黄膜时，可激活卵子引起卵黄膜收缩，释放出物质使透明带变性硬化封闭，阻止随后到达的精子进入，这一反应称为透明带反应。兔无透明带反应，可有多个精子穿过透明带；猪透明带反应慢，也常有补充精子进入透明带，但最后都只有一个精子进入卵黄膜与卵子受精。同时，当精子头部与卵黄膜接触时，卵黄紧缩，使卵黄膜增厚，并排出部分液体进入卵黄周围，使卵黄膜不再允许其他精子通过，这一反应称为卵黄膜封闭作用。透明带反应和卵黄膜封闭作用，都是防止多精子受精，保证一精一卵结合。家畜一般都是单精子受精。

③合子形成阶段：精子进入卵子后，脱掉尾巴，头部膨大，细胞核形成雄性原核，卵子的核形成雌性原核，两个原核接近，核膜消失，各自形成染色体，进行组合，完成受精的全过程，接着发生第一次卵裂。

受精所需的时间，即从精子进入卵子至合子第一次卵裂，牛为 20~24h，猪 12~24h，羊 16~21h，兔 12h。

在受精过程中，两性生殖细胞间进行着有规律的选择，它决定着后代的生活力。公畜和母畜生活环境条件越不同，亲缘关系越远，合子的生活力越强。合子生活力不但决定合子的生长发育能力，而且也影响着新个体的生活力。只有生活力强大的合子才能发育成生活力强大的新个体。

5. 妊娠

受精卵在母体子宫内生长发育为成熟胎儿的过程称为妊娠。在妊娠期，母体和胚胎或胎儿都发生一系列生理变化。妊娠从受精完成开始，直到分娩结束。在妊娠的识别、建立和维持上，机体的内分泌系统起着重要的调节作用。

（1）卵裂和胚泡种植　受精卵（合子）沿输卵管向子宫移动的同时，进行细胞分裂，叫卵裂（图2-83）。约3d，变成32个卵裂球时，形成一个实心的球体，形似桑葚，称为桑葚胚；约4d，桑葚胚即进入子宫，继续分裂，体积扩大，形成中央含有少量液体的空腔，叫胚泡（图2-84）。在胚泡周围形成一层滋养层，供给胚泡迅速增殖所需的营养，其后胚泡逐渐埋入子宫内膜而被固定，叫种植。种植后胚泡继续生长，由母体供给养料和排出代谢产物。种植时间：牛为 45~75d，猪为 20~30d，羊为 16~22d，犬为 17~22d。成功种植前是容易发生流产的时期。

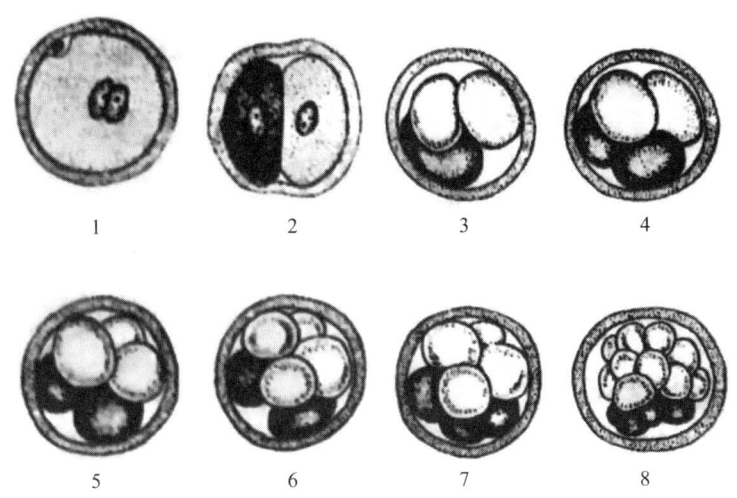

1~7—不同卵细胞数量时期；8—桑葚胚。
图 2-83 胚胎卵裂模式图

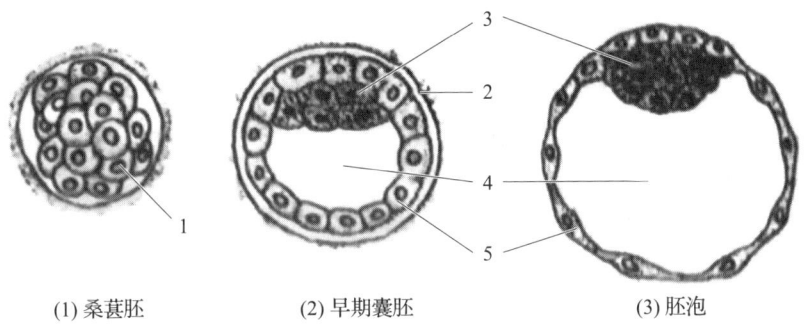

(1) 桑葚胚　　　　(2) 早期囊胚　　　　(3) 胚泡

1—卵裂球；2—透明带；3—内细胞群；4—胚泡腔；5—滋养层。
图 2-84 胚泡形成

（2）胎盘形成与胎儿发育　种植后的胚泡滋养层迅速向外增生，在其表面逐渐形成一个含胚泡血管组织由羊膜、尿囊膜和绒毛膜组成的结构，叫胎膜。与此同时，子宫内膜与胚泡相接的黏膜增生，绒毛膜的绒毛深入子宫内膜构成胎盘，从此胚胎在胎盘内发育成胎儿。

胎盘是胎儿与母体进行物质交换的器官，胎儿需要的营养物质和氧气是通过母体渗透而来，而胎儿产生的代谢产物，也是通过胎盘渗透给母体的。胎盘在胚胎发育前半期特别明显。

家畜的胎盘属于尿囊绒毛膜胎盘，由尿囊部分的绒毛膜与母体子宫壁之间建立相互联系，营养通过尿囊血管传递给胚胎。依据胎盘的形态和尿囊绒毛膜上绒毛的分布不同，家畜的胎盘可以分为4种类型（图2-85）。

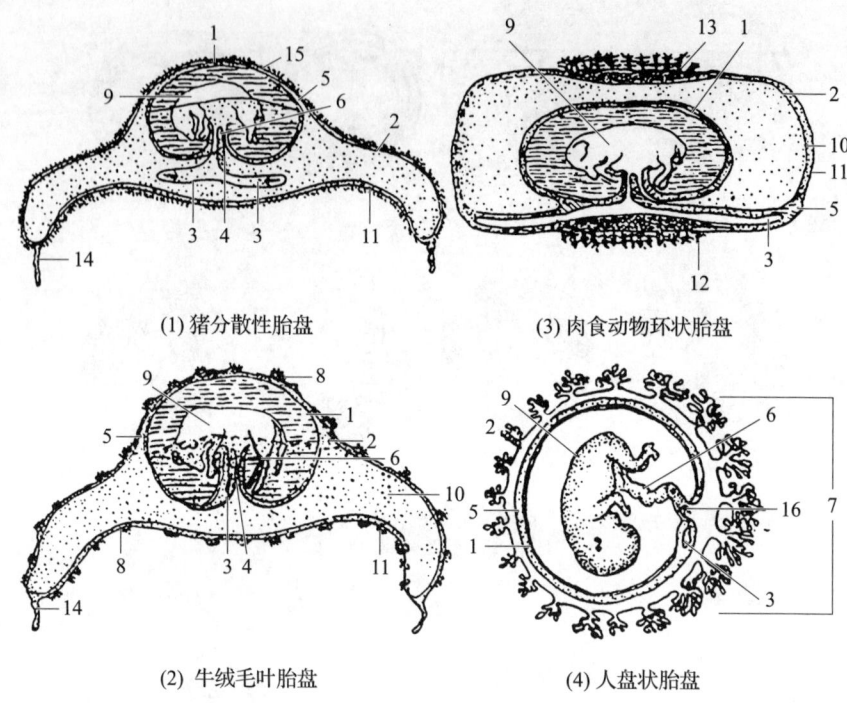

(1) 猪分散性胎盘　　　　　(3) 肉食动物环状胎盘

(2) 牛绒毛叶胎盘　　　　　(4) 人盘状胎盘

1—羊膜；2—绒毛膜；3—卵黄囊；4—尿囊管；5—胚外体腔；
6—脐带；7—盘状胎盘；8—子叶；9—胎儿；10—尿囊；11—尿囊绒毛膜；
12—绒毛环；13—环带状胎盘；14—退化的绒毛膜端；15—晕；16—尿囊血管。

图2-85　哺乳动物胎盘模式图

①分散性胎盘：如猪、马，除尿囊绒毛膜的两端外，这种胎盘的绒毛或皱褶比较均匀地分布在整个绒毛膜表面。绒毛（马）或皱褶（猪）与子宫内膜相应的凹陷部分相嵌合。

②绒毛叶胎盘：如牛、羊、山羊，胎儿绒毛膜上的绒毛，在绒毛膜构成绒毛叶或称子叶。子叶与子宫内膜上的子宫肉阜紧密嵌合。羊的子宫肉阜上有一大的凹窝，绒毛叶伸入凹窝内构成胎盘块；牛的子宫肉阜上无凹窝，由绒毛叶包裹子宫肉阜而构成胎盘块。

③环状胎盘：此类胎盘见于猫、狗等肉食动物。胎儿绒毛膜上的绒毛仅分布在绒毛膜的中段（相当胚体腰部水平位），呈一宽环带状。

④盘状胎盘：胎儿绒毛膜上的绒毛集中在一盘状区域内。兔和人的胎盘属这种类型。

另外，根据胎盘的组织结构和对母体子宫内膜的破坏程度，又可将高等哺乳动物的胎盘分为以下4类（图2-86）。

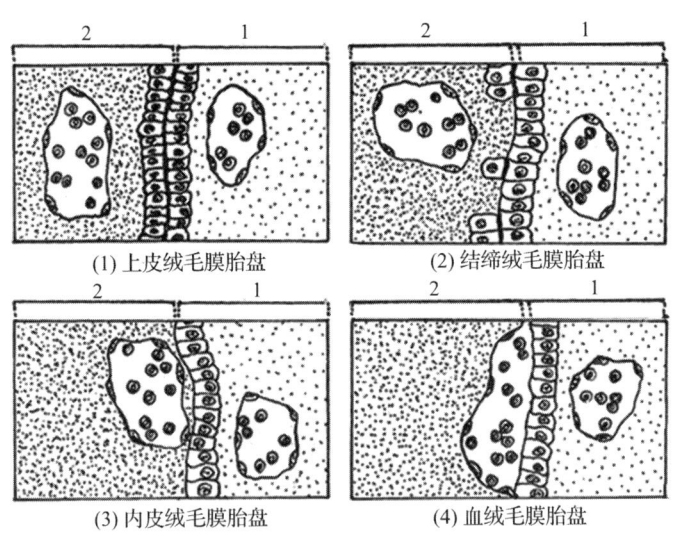

(1) 上皮绒毛膜胎盘　　　　(2) 结缔绒毛膜胎盘

(3) 内皮绒毛膜胎盘　　　　(4) 血绒毛膜胎盘

1—胎儿胎盘；2—母体胎盘。

图2-86　胎盘屏障类型模式图

①上皮绒毛膜胎盘：这种胎盘屏障的组织层次结构比较完整，物质由母体血液渗透到胎儿血液中或反向渗透时都要经过6道屏障，母体血管内皮、子宫内膜结缔组织、子宫内膜上皮、胎儿绒毛膜上皮、绒毛膜间充质、绒毛膜血管内皮。家畜中的猪、马、牛、羊属这种胎盘。这种胎盘的绒毛膜上皮和子宫内膜上皮均比较完整，绒毛嵌合于子宫内膜相应的凹陷内。电镜观察表明，绒毛膜上皮细胞和子宫内膜上皮细胞均可出现微绒毛，相互嵌合而增大物质交换的表面积。

②结缔绒毛膜胎盘：这种胎盘的子宫内膜上皮脱落，绒毛膜上皮直接接触子宫内膜的结缔组织。胎盘的联系较散布胎盘紧密，物质交换经过5道屏障，子宫血管内皮、子宫内膜结缔组织、绒毛膜上皮、绒毛膜间充质、绒毛膜血管内皮。

上述2种胎盘，胎儿绒毛膜与子宫内膜接触时，宫内膜没有破坏或破坏轻微。分娩时胎儿胎盘和母体胎盘各自分离，没有出血现象，也没有子宫内膜的脱落，又称非蜕膜胎盘。

③内皮绒毛膜胎盘：这种胎盘的绒毛深达子宫内膜的血管内皮，猫、狗等肉食动物属这种类型。物质交换经过4道屏障，子宫血管内皮、绒毛膜上皮、绒毛膜间充质、绒毛膜血管内皮。

④血绒毛膜胎盘：兔和人的胎盘属这种类型。这种胎盘的绒毛浸在子宫内膜绒毛间腔的血液中，物质渗透经过3道屏障，绒毛膜上皮、绒毛膜间充质、绒毛膜血管内皮。

上述2种胎盘，胎儿胎盘深入子宫内膜，子宫内膜被破坏的组织较多。分娩时不仅母体子宫有出血现象，而且有子宫内膜的大部分或全部脱落，所以又称蜕膜胎盘。常见家畜的胎盘类型参见表2-5。

表2-5 哺乳动物的胎盘类型

种类	胎盘类型
猪	分散性胎盘；上皮绒毛膜胎盘；非蜕膜胎盘
马	分散绒毛型胎盘；上皮绒毛膜胎盘；非蜕膜胎盘
牛、羊	绒毛叶胎盘；上皮绒毛膜胎盘；非蜕膜胎盘
狗、猫	环状胎盘；内皮绒毛膜胎盘；蜕膜胎盘
兔和人	盘状胎盘；血绒毛膜胎盘；蜕膜胎盘

（3）妊娠时母体的变化 雌性动物妊娠后，为了适应胎儿的生长发育，各器官系统的生理功能都要发生一系列的变化。

家畜妊娠后，由于妊娠黄体分泌大量的孕酮，使卵巢中的卵泡不再成熟，也不排卵，母畜的发情暂停；在雌激素的协同作用下，刺激乳腺腺泡生长，使乳腺发育完全，为泌乳作好准备。

随胎儿的发育，子宫的重量和体积都逐渐增加，子宫颈被分泌的黏液所封闭。腹腔内的脏器受到子宫的挤压向前移动，这样就引起消化、循环、呼吸、排泄等器官发生适应性的变化。这些变化可以从外部表现出来。我们常用此来作为母畜妊娠鉴定的初步依据。

妊娠期间，代谢旺盛，食欲增加，身体初期肥胖，后期如果饲料和饲养管理条件稍差，母畜会逐渐消瘦。呼吸呈胸式呼吸，呼吸变得浅而快。代偿性心肥大、肾功能紊乱，出现蛋白尿。排尿、排粪次数增加，腹下和四肢出现水肿。腹围随妊娠期增大，在妊娠后期更加明显，此时母猪腹部下垂，牛羊一般是右腹壁突出。

（4）妊娠期 妊娠期是指从受精卵开始，至胎儿的出生为止的时间。妊娠期的长短，随动物的种类、品种、胎儿的性别和数目、年龄和饲养管理条件而不同。家猪比野猪的妊娠期短，双胎的比单胎的妊娠期短，雌性胎儿比雄性胎儿的妊娠期短，年老的妊娠期比年轻的短。各种动物的妊娠期见表2-6。

表 2-6 动物的妊娠期

动物种别	平均妊娠期 / d	变动范围 / d
牛	282	240~311
水牛	310	300~327
绵羊、山羊	152	140~169
马	340	307~402
猪	114	110~140
兔	30	28~33
犬	62	59~65
猫	58	55~60

（5）假发情　母畜发情排卵后，如卵子并没有受精，而黄体继续存在，经一定时间后，出现乳腺发育、泌乳、做窝等妊娠征候，这一现象叫假妊娠。

6. 分娩

发育成熟的胎儿和胎衣通过雌性动物生殖道产出的生理过程称为分娩。分娩前雌性动物有一系列形态、生理和行为变化，以适应产出胎儿和哺育仔畜的需要。这些变化包括外阴部红肿、滑润、分泌物稀薄；子宫颈肿胀、松软，黏液塞软化、流失；骨盆韧带松弛；乳腺胀大、充实、开始分泌初乳；食欲减少，行为迟慎，喜好僻静，有的动物还有做窝现象等。

分娩主要靠子宫肌肉强烈的节律性收缩即阵缩而完成，一般可分为 3 个时期，即开口期、胎儿排出期和胎衣排出期。

（1）开口期　子宫平滑肌开始出现阵缩至子宫颈开放。起初阵缩的频率较低，收缩的时间较短而间歇时间较长，以后阵缩的频率逐渐增加，收缩时间延长，间歇时间缩短。阵缩将胎儿和胎膜挤入子宫颈，迫使子宫颈开放，部分胎膜通过子宫颈口突入阴道并因受强烈压迫而破裂，胎水经裂孔排出，胎儿前部顺着液流进入骨盆腔。

（2）胎儿排出期　从子宫颈口开放至胎儿产出。子宫阵缩更加强烈、频繁而持久，同时出现努责现象，即腹肌和膈肌也发生强烈收缩，使腹内压显著升高，这是迫使胎儿从子宫经阴道排出体外的主要动力。

（3）胎衣排出期　从胎儿产出至胎衣排出。胎儿排出后经一段时间，子宫阵缩又开始，这时的特点是收缩期短，间歇期长，收缩力较弱，使胎衣（胎膜和胎盘）从子宫中排出。各种动物胎衣排出的时间不同，狗、猫等肉食动物胎衣可随胎儿同时排出；猪在全部胎儿产出后即很快排出胎衣；牛胎衣不易脱落，排出较慢，一般也不超过 12h。胎衣排出后，子宫收缩压迫血管裂口，阻止继续出血，分娩即结束，然后进入产后期。

7. 泌乳

泌乳是家畜繁衍后代的一个重要生理功能，它包括乳的生成和排出2个既独立又相互联系的过程。泌乳不但为仔畜提供营养丰富的食物，而且将母畜的一些抗体传递给仔畜。此外，乳用动物特别是乳牛、乳山羊等，泌乳量大，与人类生活密切相关。因此，家畜的泌乳一方面是哺育仔畜的需要，另一方面则是乳业生产的基础。

雌性动物分娩后的泌乳能持续一段时间，这一时期称为泌乳期。一般动物泌乳供哺育仔畜，故又称为哺乳期。各种动物的泌乳期不同，猪约为60d，牛为90~120d，而乳牛长达300d左右。从乳腺停止泌乳到下次分娩为止的这一段时间，称为干乳期。因此，泌乳是成年动物特定时期发生的短期生理过程。

（1）乳腺的发育（图2-87） 家畜乳腺的发育具有明显的年龄特征。幼龄动物的乳腺尚未发育，雌雄两性的乳腺也没有明显的差别。

(1) 未成年动物的乳腺，只有简单导管由乳头向四周辐射

(2) 已成年未孕动物的乳腺，导管系统逐渐增生和扩大

(3) 妊娠后的乳腺，末端形成腺泡

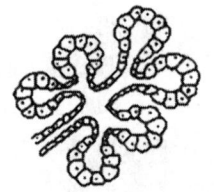
(4) 腺泡放大

(5) 分娩后腺泡上皮分泌乳汁

图2-87 不同生长期乳腺的生产发育图

①出生到初情期：该阶段雌激素水平很低，乳腺只有简单的导管，并以乳头为中心向四周辐射。

②初情期：随着性周期的建立，在雌激素的作用下，乳腺快速增长，并伴随着脂肪的积聚。这一时期的主要特点是乳导管系统生长迅速。

③妊娠期：由于妊娠期母畜分泌大量的雌激素和孕激素，乳腺迅速生长，并进一步发育，这是乳腺生长发育最明显的阶段。以乳牛为例，妊娠早期乳腺

导管系统进一步扩展并分支，形成腺小叶间的导管，并出现腺泡，此后小叶日益明显，至最后 2 个月，腺泡明显增大，并充满大量脂肪球分泌物。临产前腺泡分泌初乳。

④泌乳期：分娩后，乳腺开始泌乳活动。泌乳后期，腺泡体积逐渐缩小，分泌腔消失，乳腺导管萎缩，乳腺实质逐渐被结缔组织和脂肪组织所代替，于是泌乳量下降、乳房体积变小。当再次妊娠时，乳腺又重新生长发育。

（2）乳的生成和分泌　乳的分泌是指乳腺分泌细胞从血液摄取营养物，生成乳后分泌进入腺泡腔内的生理过程。乳的分泌过程包括 3 个阶段：乳前体的获得——血液中营养成分进入乳腺；乳的合成——乳腺细胞内合成乳的部分成分；分泌物转运进入腺泡腔内。据研究，生成 1L 乳液需要 400~500L 的血液经过乳房。

①乳前体的获得：乳的前体来源于血液，比较血液和乳中的相应组分，可发现乳中的无机盐、某些激素及一些蛋白与血液相似，它们直接来自血液。而乳糖、乳脂及大部分乳蛋白与血液不同，是由乳腺细胞合成的。

②乳的合成：乳中的乳蛋白、乳脂和乳糖等是乳腺细胞利用血液中的原料，经过复杂的生物合成而来的。

A. 糖类：乳中的糖主要是乳糖，它由 1 分子葡萄糖和 1 分子半乳糖组成。乳腺细胞中葡萄糖来源于血液，大部分半乳糖由葡萄糖转变而来。而乳腺血液中的血糖有 60%~70% 用来合成乳糖。

乳糖是维持乳中渗透压的主要因素，上皮细胞的分泌和水分重吸收很大程度上取决于乳糖的含量，因此泌乳量与乳糖浓度密切相关，当乳糖分泌不足时，乳产量下降。

B. 乳脂：乳脂中甘油三酯占 97%~98%，磷脂及其他仅占 2%~3%。乳腺细胞中乳脂主要有 3 种来源。

a. 葡萄糖：在糖酵解过程中葡萄糖转变成甘油和脂肪酸，进而合成甘油三酯，这是非反刍动物合成乳脂的主要途径。

b. 血液中脂肪：从消化道吸收的脂肪，存于血液中的乳糜微粒和低密度脂蛋白，在通过毛细血管和分泌上皮的细胞膜时被分解成脂肪酸、甘油和甘油一酯，成为合成乳脂的原料。反刍动物乳脂的脂肪酸一半直接来源于血液。

c. 乙酸：乙酸是瘤胃微生物消化代谢的产物，经吸收后运送至乳腺，进而合成脂肪酸。对于反刍动物，由乙酸合成的脂肪酸约占脂肪酸总量的 40%。

C. 蛋白质：乳中的蛋白质主要是酪蛋白和乳清蛋白。乳中蛋白质大体上有 3 种来源，大部分蛋白质（90%）是利用血液游离氨基酸合成的，另外一些蛋白质，如免疫球蛋白、血清白蛋白则直接来源于血液，还有少量可能来自废弃或完整的细胞。

③乳腺分泌的调节：泌乳期的泌乳包括启动泌乳和维持泌乳2个过程。在分娩时，催产素大量释放，诱发乳腺导管平滑肌收缩，启动泌乳，促使乳汁的排出；分娩后，催乳素持续释放，维持整个泌乳过程。

（3）乳　乳是乳腺分泌活动的产物，不但为仔畜提供充足的营养，乳用动物生产的乳汁更是人类高质量的食品。乳有初乳和常乳之分。母畜分娩后最初7d内所产的乳称为初乳。初乳期过后，乳腺分泌的乳逐渐转变为常乳。

①初乳：初乳浓稠，呈淡黄色，稍有咸味。初乳中各种成分的含量与常乳相差悬殊，与常乳比较，初乳中脂肪、蛋白质、无机盐含量较高，而乳糖含量较低。磷、钙、钠、钾含量大约为常乳的1倍，铁的含量则比常乳高10~17倍。初乳富含维生素，特别是维生素A、维生素C、维生素D分别比常乳高10倍、10倍和3倍。初乳中的蛋白质在牛达17%，绵羊和猪达20%左右，都超出常乳数倍，幼畜摄食蛋白质后能透过其肠壁而被吸收入血，有利于迅速增加幼畜的血浆蛋白，初乳中含有丰富的免疫球蛋白，新生仔畜在产后24~36h，免疫球蛋白可以通过肠壁被吸收，建立仔畜的被动免疫体系，故出生后及时吃上初乳是至关重要的。初乳成分逐日改变，乳糖不断增加，蛋白质和无机盐逐渐减少，6~15d后成为常乳（表2-7）。

表2-7　乳牛初乳化学成分的逐日变化情况

化学成分	产犊后天数 / d						
	1	2	3	4	5	8	10
干物质 / %	24.58	22.0	14.55	12.76	13.02	12.48	12.53
脂肪 / %	5.4	5.0	4.1	3.4	4.6	3.3	3.4
酪蛋白 / %	2.68	3.65	2.22	2.88	2.47	2.67	2.61
清蛋白及球蛋白 / %	12.40	8.14	3.02	1.80	0.97	0.58	0.69
乳糖 / %	3.34	3.77	3.77	4.46	4.89	3.88	4.74
灰分 / %	1.20	0.93	0.82	0.85	0.80	0.81	0.76

②常乳：常乳的营养成分十分丰富，除水分之外，还包括蛋白质、脂肪、糖、维生素、矿物质以及各种生物活性物质。

A. 脂肪：甘油三酯是乳脂最主要的成分。此外，还有甘油一酯、甘油二酯、游离脂肪酸以及磷脂和固醇。乳中脂肪呈脂肪球状，外面被脂蛋白膜所包裹。

B. 糖：乳中糖主要是乳糖，在胃肠道中要在乳糖酶作用下才能被消化、吸收。大多数幼年哺乳动物消化道中都含有乳糖酶，但成年动物（包括人）则较缺乏，乳糖进入消化道后会引起渗透压增高，若被微生物发酵，可引发胃肠道疾病。乳糖可被乳酸菌分解形成乳酸，这是乳品深加工的重要依据。

C. 蛋白质：乳中蛋白质主要是酪蛋白和乳清蛋白。此外，还有乳脂肪球蛋白。乳中蛋白质总量以及各组分含量有很大的种属差异，而且随泌乳期、季节、饲养水平而变。

D. 矿物质：乳的矿物质中钠、钾、镁大都以氯化物、硫酸盐和磷酸盐的形式存在。乳中钙、磷的含量比较丰富，两者的含量大约为 1.2∶1，有利于钙的吸收利用。乳中铁比较缺乏，特别对仔猪，为避免贫血，通常初生仔猪都需补铁。

E. 乳中的生物活性物质：通常乳中含有许多生物活性物质，包括激素和生长因子等。母体的信息通过乳中生物活性物质传递给仔畜以调节其生理功能，如生长、免疫、胃肠道和内分泌系统的发育等。

（4）排乳

①乳的蓄积：乳腺的全部腺泡腔、导管和乳池构成了蓄积乳汁的容纳系统。乳在乳腺泡的上皮细胞内形成后，连续地分泌到腺泡腔中。当乳汁充满腺泡腔和细小乳导管时，依靠腺泡周围的肌上皮和导管系统的平滑肌的反射性收缩，将乳周期性地转移到中等乳导管、粗大乳导管和乳池中。

乳牛哺乳或挤乳后 5~8h 内，乳在乳腺容纳系统逐渐蓄积，刺激压力感受器，反射性地引起乳腺肌组织紧张性下降，使乳房内压不明显升高。但当乳腺容纳系统被乳充满到一定程度后，乳汁继续蓄积就使乳腺容纳系统内压迅速升高，以致压迫乳腺中的毛细血管，阻碍乳腺的血液供应，使乳生成速率显著减弱。乳腺内乳汁积聚的程度，不但影响乳生成，也影响乳成分。当哺乳或挤乳时，乳房开始排乳，乳房内压下降，乳生成过程又得以增强。挤乳后最初的 3~4h，乳生成最为旺盛，以后就逐渐减弱。因此，乳生成与乳排放之间有密切的协作和制约关系。

②排乳过程：哺乳或挤乳可引起乳腺系统紧张性改变，使贮积在腺泡和乳导管系统的乳迅速流向乳池，这一过程称为排乳。排乳是一个复杂的反射性过程。哺乳或挤乳时刺激母畜乳头的感受器，反射性引起腺泡和细小乳导管壁外的肌上皮收缩；接着中等乳导管、粗大乳导管和乳池壁外的平滑肌强烈收缩，乳汁流入乳池，使乳池乳压迅速升高，乳头括约肌开放，于是乳汁排出体外。

最先排出的乳是乳池内的乳，当乳头括约肌开放时，乳池乳借助本身重力作用即可排出，腺泡和乳导管的乳必须依靠乳腺内肌细胞的反射性收缩才能排出，这些乳叫反射乳。奶牛的乳池乳一般约占泌乳量的 30%，反射约占泌乳量的 70%。我国黄牛和水牛的乳池乳很少，甚至完全没有乳池乳。猪的乳池不发达，挤乳或哺乳后乳房内仍留有一部分乳汁不能排尽，称为残留乳，将与新生成的乳混合，下次挤（哺）乳时一同排出。

在非条件排乳反射基础上，可以形成条件反射。挤乳的地点、时间、各种挤乳设备、挤乳操作人员等，都能成为条件刺激而形成条件性排乳反射。这些条件反射对于排乳活动有显著影响。充分利用这些条件反射，常能促进排乳和增加挤乳量。相反，异常的刺激如喧扰、闲人、新挤乳员、粗暴的操作等，都将抑制排乳，使挤乳量明显下降。

项目七 认知心血管系统

> **知识目标**

1. 掌握家畜心血管系统的组成。
2. 掌握家畜牛（羊、猪）心脏的形态、位置、结构和功能。
3. 掌握体循环和肺循环的循环路径。
4. 掌握血液的组成、理化特性及各种血细胞的形态结构和功能。
5. 了解心动周期及各时期压力变化。
6. 掌握心肌的生理特性。
7. 掌握组织液的生成及影响因素。

> **能力目标**

1. 能识别心血管系统主要器官的构造。
2. 能在临床上根据需要运用抗凝和促凝措施。
3. 能根据血液的理化特性及血细胞数量的改变判定动物机体状态。
4. 能借助听诊器正确地进行心音的听诊及心率的测定。
5. 能正确地进行脉搏检查。

> **思政目标**

1. 普及急救知识，强化健康中国理念。
2. 倡导无偿献血，强化助人为乐和无私奉献的品格。

> 工作项目

工作项目	牛创伤性网胃心包炎的诊断
前导知识	心包炎是指心包的炎症，包括心包壁层和心包脏层的炎症。按病因又可以分为创伤性和非创伤性2种。临床上，牛的创伤性网胃心包炎是一种较为常见的疾病。 　　牛采食时咀嚼粗放而又快速咽下，加上其口腔黏膜分布着许多角化乳头，对硬性刺激物，如铁钉、铁丝、玻片等感觉比较迟钝，因而易将尖锐物体摄入胃内。又由于网胃与心包仅以薄层的膈相连，故在网胃收缩时，往往使尖锐物体刺破网胃和膈，直穿心包和心脏，同时使网胃内的微生物随之侵入，因而引起创伤性网胃心包炎。
工作要求	（1）将填写任务工单一（牛创伤性网胃心包炎的诊断）的空缺部分作为本项目学习的载体之一，积极探索、深度思考，助力高质量完成任务工单二和任务工单三，为未来临床疾病诊疗打下基础。 （2）将任务工单一填写的答案拍照上传本章节的学习平台，作为平时成绩的组成部分。

> 学习任务

任务工单一

学习任务	牛创伤性网胃心包炎的诊断		
任务描述	通过流行病学调查、症状观察、临床检查，确诊牛创伤性网胃心包炎。		
任务名称	序号	操作要领	操作方法
牛创伤性网胃心包炎的诊断	1	流行病学调查	（1）饲养管理情况　自配饲料比较容易发生，尤其是饲料加工时没有彻底清除异物更容易发生。 （2）运动场情况。
	2	症状观察	食欲和反刍_____（减少/增多），表现弓背、呻吟、消化不良、胸壁疼痛、间隔性膨胀。用拳头顶压剑状软骨左后方，患畜表现疼痛、躲避。

续表

任务名称	序号	操作要领	操作方法
牛创伤性网胃心包炎的诊断	3	临床检查	（1）心区触诊、叩诊时病牛疼痛不安，抗拒检查。 （2）心脏听诊　初期可听到＿＿＿＿（摩擦/拍水）音，以后可听到心包＿＿＿＿＿（摩擦/拍水）音，心音和心搏动明显减弱。 （3）心包穿刺　在左侧第＿＿＿＿肋间，肘关节水平线上，心音听诊最清晰部，剪毛，3%碘酊消毒，以带胶管的10cm长的18G针头，直刺入心包内，进针深4～5cm，用注射器抽出淡黄色、深黄色、污灰色、暗褐色具腐臭味、遇空气易凝固的液体即可确诊。
任务要求			答案填写完成后，将此任务工单拍照上传学习平台。

任务工单二

学习任务	心脏形态构造识别和血管标本观察
任务描述	通过观察，认识心脏和心包的形态、结构和主要血管及其分支。
操作步骤	（1）牛心脏的新鲜标本识别 ①观察心包，注意心包的壁层和紧贴心脏的心外膜之间构成心包腔，腔内有少量滑液。 ②剥去心包，观察心脏的外形、冠状沟、室间沟、心房、心室及连接在心脏上的各类血管。 ③切开右心房和右心室、右房室口。观察右心房和前、后腔静脉入口，心房肌的厚度；观察右心室和肺动脉口的瓣膜，右心室的厚度、乳头肌、腱索；观察右房室瓣。 ④切开左心室、左心房和左房室口。观察左心室壁厚度并和右心室壁作比较；观察左房室口的瓣膜，并和右房室瓣作比较；观察左心房，找到肺静脉的入口；观察主动脉瓣的结构。 （2）血管观察 ①小循环的血管观察 肺动脉、肺静脉。

续表

操作步骤	②大循环的动脉观察 观察主动脉、主动脉弓、胸主动脉、腹主动脉。 观察臂头动脉总干、左锁骨下动脉、臂头动脉、右锁骨下动脉、左右颈总动脉。 观察腋动脉、臂动脉、正中动脉、指总动脉。 观察胸主动脉和腹主动脉的分支。包括肋间背侧动脉、腹腔动脉、肠系膜前动脉、肾动脉、肠系膜后动脉、睾丸动脉（或卵巢动脉）、腰动脉、左右髂外动脉和左右髂内动脉。 观察股动脉、胭动脉、胫前动脉、胫后动脉、跖背第3动脉、趾总动脉。 ③大循环的静脉观察 前腔静脉、后腔静脉、奇静脉、门静脉。

任务工单三

学习任务	蛙心活动观察
任务描述	观察蛙心搏的起点，以及心脏不同部位传导系统的自动节律性高低。
操作步骤	（1）蛙心标本制备　取蟾蜍，破坏脑和脊髓，仰卧位固定于蛙板上。从剑突下将胸部皮肤向上剪开（或剪掉），再剪掉胸骨，打开心包，暴露心脏。 （2）连接装置　将有连线的蛙心夹在心室舒张期夹住心尖、连线。 （3）观察 ①观察蛙心各部分收缩的顺序，自心脏背面观察静脉窦、心房、心室3部分，观察心脏跳动的次数，并记录每分钟的收缩次数。 ②用中等强度的刺激分别在心室收缩期和舒张早期刺激心室，观察能否引起期前收缩。 ③用同等强度的刺激在心室舒张早期之后刺激心室，观察有无期前收缩的出现。刺激如能引起期前收缩，观察其后是否出现代偿间歇。

必备知识

心血管系统由心脏、血管（包括动脉、毛细血管和静脉）和血液组成。心脏是血液循环的动力器官，在神经、体液的调节下进行有规律的收缩和舒张，使其中的血液按一定方向流动。动脉起于心脏，输送血液到肺和全身各部，沿途反复分支，管径越分越小，管壁越来越薄，最后移行为毛细血管。毛细血管是连接于动、静脉之间的微细血管，互相吻合成网，遍布全身。其管壁很薄，具有一定的通透性，以利于血液和周围组织进行物质交换。静脉收集血液回心脏，从毛细血管起始逐渐汇集成小、中、大静脉，最后通入心脏。

一、心脏

（一）心脏的形态与位置

心脏为一中空的肌质器官（图2-88、图2-89），外包有心包，呈左、右稍扁的倒立圆锥形，其前缘凸，后缘短而直。上部宽大为基，位置较固定有进

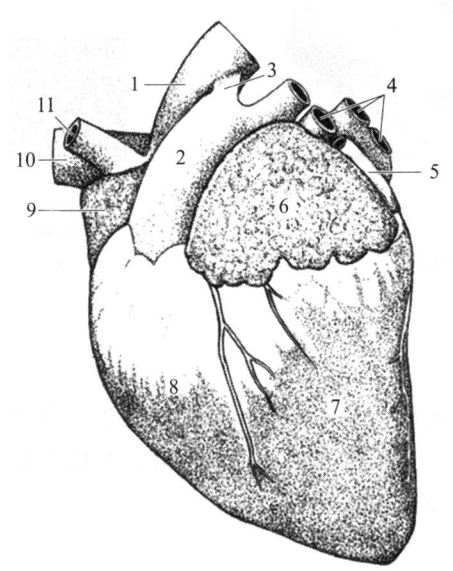

1—主动脉；2—肺动脉；3—动脉韧带；
4—肺静脉；5—左奇静脉；6—左心房；
7—左心室；8—右心室；9—右心房；
10—前腔静脉；11—臂头动脉总干。

图2-88　牛心脏模式图（左侧观）

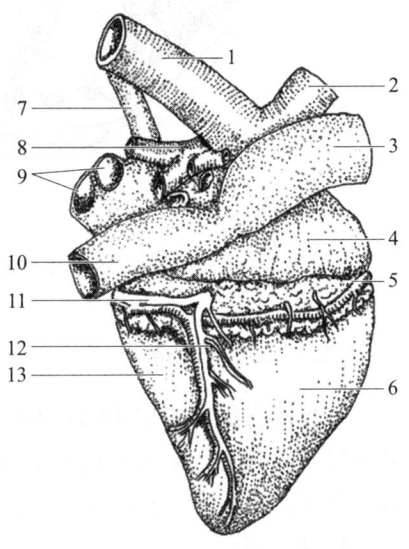

1—主动脉；2—臂头动脉总干；
3—前腔静脉；4—右心房；5—右冠状动脉；
6—右心室；7—左奇静脉；8—肺动脉；
9—肺静脉；10—后腔静脉；11—心大静脉；
12—心中静脉；13—左心室。

图2-89　牛心脏模式图（右侧观）

出心的大血管；下部小为心尖，游离于心包腔中。心脏表面有一环行的冠状沟和左、右2条纵沟，在牛心的后面还有一条副纵沟。冠状沟靠近心基，是心房和心室的外表分界，上部为心房，下部为心室。左纵沟位于心的左前方，不达心尖；右纵沟位于心的右后方，可伸达心尖。2条纵沟是左、右心室的外表分界，两沟的右前部为右心室，左后部为左心室。在冠状沟和左、右纵沟内填充有营养心脏的血管和脂肪。

心脏位于胸腔纵隔内，夹在左、右两肺之间，略偏左侧，约在胸腔下2/3部位，其前缘与第3对肋相对，后缘与第6对肋相对。牛的心基大致位于肩关节的水平线上，心尖在第6肋下端，距膈2~5cm（图2-90）。

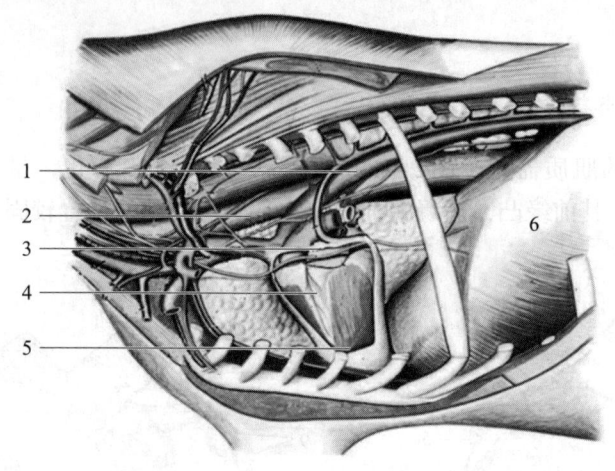

1—主动脉；2—食管；3—心基；4—左纵沟；5—心尖；6—膈。
图2-90 牛心脏的位置和形态

2-10 心脏的构造（动画）

（二）心腔的构造

心腔内有纵行的房中隔和室中隔，将心腔分为左右互不相通的两半。每半又被房室隔分为上部的心房和下部的心室，并借房室口相通。因此，心脏被分成4个腔：右心房、右心室、左心房和左心室（图2-91）。

1. 右心房

右心房占据心基的右前部，包括右心耳和静脉窦。

右心耳呈圆锥形盲囊，尖端向左向后至肺动脉前方，内壁有许多方向不同的肉嵴，称梳状肌。

静脉窦是前、后腔静脉口与右房室口之间的腔，接受前、后腔静脉与奇静脉的血液。前腔静脉开口于右心房的背侧壁，后腔静脉开口于右心房的后壁，两开口间有一发达的肉柱称静脉间嵴，有分流前、后腔静脉血，避免相互冲击的作用。后腔静脉口的腹侧有冠状窦,是心大静脉和心中静脉的开口。在后腔静脉入口附近的房间隔上有卵圆窝,是胎儿时期卵圆孔的遗迹。成年的牛、羊、猪约有 20% 的卵圆孔闭锁不全,但一般不影响心脏的功能。右心房通过右房室口和右心室相通。

2. 右心室

右心室位于心脏的右前部,不达心尖,壁薄腔小。其入口为右房室口,出口为肺动脉口。右房室口以致密结缔组织构成的纤维环为支架,环上附着有 3 个三角形瓣膜,称三尖瓣。其游离缘垂下心室,并通过腱索连于心室的乳头肌。当心房收缩时,房室口打开,血液由心房流入心室;当心室收缩时,心室内压升高,血液将瓣膜向上推使其相互合拢,关闭房室口。由于腱索的牵引,瓣膜不能翻向心房,从而可防止血液倒流。

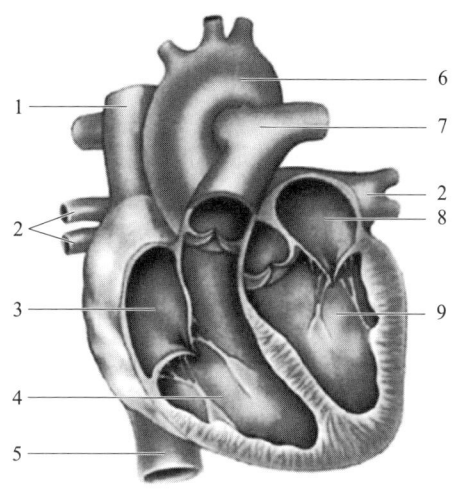

1—前腔静脉;2—肺静脉;3—右心房;
4—右心室;5—后腔静脉;6—主动脉;
7—肺动脉;8—左心房;9—左心室。

图 2-91　心脏纵切面

肺动脉口位于右心室的左上方,也有一纤维环支持,环上附着 3 个半月形的瓣膜,称半月瓣。每片瓣膜均呈袋状,袋口向着肺动脉。当心室收缩时,瓣膜开放,血液进入肺动脉;当心室舒张时,室内压降低,半月瓣关闭,防止血液倒流入右心室。

3. 左心房

左心房构成心基的左后部,由左心耳和静脉窦组成。在左心房背侧壁的后部,有 6~8 个肺静脉入口。左心房下方有一左房室口与左心室相通。

4. 左心室

左心室构成心室的左后部,室腔伸达心尖,腔大壁厚。入口为左房室口,出口为主动脉口。左房室口纤维环上附着有 2 片瓣膜,称二尖瓣,其结构和作用同三尖瓣。

主动脉口的纤维环上也附着有 3 个半月瓣,其结构及作用同肺动脉口的半月瓣。

(三) 心壁的构造

心壁由心外膜、心肌和心内膜 3 层结构组成。

1. 心外膜

心外膜紧贴于心肌外表面，由间皮和结缔组织构成，为心包腔脏层。

2. 心肌

心肌为心壁最厚的一层，主要由心肌纤维构成，内有血管、淋巴管和神经等。心肌由房室口的纤维环分为心房和心室2个独立的肌系，所以心房和心室可分别交替收缩和舒张。心房肌较薄，心室肌较厚，其中左心室壁最厚。

3. 心内膜

心内膜薄而光滑，紧贴于心肌内表面，并与血管的内膜相连续。心瓣膜是由心内膜折叠而成。心内膜深面有血管、淋巴管、神经和心传导纤维等。

（四）心脏的血管

心脏本身的血液循环称为冠状循环，由冠状动脉、毛细血管和心静脉组成。冠状动脉有左、右2支，分别由主动脉根部发出，沿冠状沟和左、右纵沟伸延，分支分布于心房和心室，在心肌内形成丰富的毛细血管网。毛细血管网与心肌细胞进行完物质交换后，汇合成心大静脉、心中静脉和心小静脉，心大静脉和心中静脉最后注入右心房的冠状窦；心小静脉分成数支，在冠状沟附近直接开口于右心房。

（五）心脏的传导系统

心脏的传导系统是由特殊的心肌纤维组成，其主要功能是自动产生并传导心搏动的冲动至整个心脏，调控心的节律性运动。心脏的传导系统包括窦房结、结间束、房室结、房室束和浦肯野纤维5部分（图2-92）。

1. 窦房结

窦房结位于前腔静脉和右心耳间界沟内的心外膜下，除分支到心房肌外，还分出数支结间束与房室结相连。窦房结能自动产生节律性的兴奋，并传导至心房肌使其收缩；同时，还能将兴奋传至房室结。

2. 房室结

房室结位于房中隔右侧的心内膜下，可将来自窦房结的兴奋传至心房和房室束。

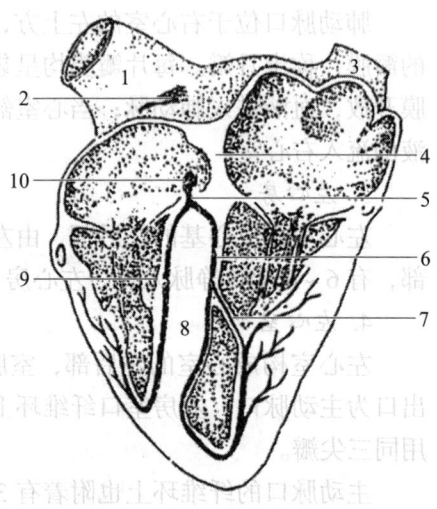

1—前腔静脉；2—窦房结；3—后腔静脉；
4—房中隔；5—房室束；6—房室束的左脚；
7—心横肌；8—室中隔；
9—房室束的右脚；10—房室结。

图2-92 心脏的传导系统示意图

3. 房室束

房室束为房室结的直接延续，位于室中隔两侧心室壁的心内膜下延伸，其小分支在心内膜下分散成浦肯野纤维，与普通心肌纤维相连接。房室束可将来自房室结的冲动传至室中隔和心室壁，并通过浦肯野纤维传导至普通心肌纤维，使心室收缩。

（六）心包

心包为包在心外面的锥形囊，囊壁由内层的浆膜和外层的纤维膜组成，可保护心脏（图2-93）。纤维膜为致密结缔组织，在心基部与出入心脏的大血管的外膜相连，在心尖部折转而附着于胸骨背侧，与心包胸膜（被覆在心包外面的纵隔胸膜）共同构成胸骨心包韧带，使心附着胸骨。浆膜衬于纤维膜里面，分壁层和脏层。壁层紧贴于纤维膜内面，在心基大血管根部折转后成为脏层，覆盖于心肌表面形成心外膜。壁层和脏层之间的裂隙称为心包腔，内含少量浆液，称心包液，可润滑心脏，减少其搏动时的摩擦。

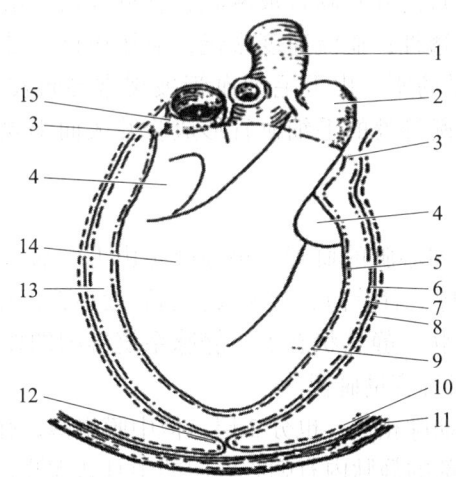

1—主动脉；2—肺动脉；3—心包脏层转到壁层的地方；4—心房肌；
5—心外膜；6—心包壁层；7—纤维膜；8—心包胸膜；9—心；10—肋胸膜；
11—胸壁；12—胸骨心包韧带；13—心包腔；14—心室肌；15—前腔静脉。

图 2-93　心包结构模式图

二、血管

（一）血管的种类和构造

血管根据结构和功能的不同，可分为动脉、毛细血管和静脉。

1. 动脉

动脉由心脏发出，并向外周分支，越分越细，可将心脏射出的血液送往全身各处。其管壁厚、管腔小，富有弹性和收缩性，距离心脏越近其弹性越好，空虚时不塌陷；血压高、血流速度快，若动脉血管破裂血液常喷射而出。

动脉管壁分为3层：外层由结缔组织构成，称外膜；中层由平滑肌、胶原纤维和弹性纤维组成，称中膜；内层由内皮细胞、薄层胶原纤维和弹性纤维组成，称内膜。

按其管径大小，动脉可分为大、中、小3类。大动脉管壁坚韧而富有弹性和扩张性，又称为弹性血管；中动脉是将血液输送至各组织器官，又称为分配血管。小动脉管壁富含平滑肌，在神经和体液的调节下可作舒缩活动以改变管径大小，从而改变血流阻力，又称阻力血管。

2. 毛细血管

毛细血管是连于微动脉和微静脉之间的血管，在体内分布广。毛细血管短而细，在组织器官内互相吻合成网状；管壁仅由一层内皮细胞构成，非常薄，具有较强的通透性；血流速度很慢，血压很低，是血液与组织细胞间进行物质交换的主要场所。皮下毛细血管破裂常导致皮下弥散性出血。另外，位于肝、脾、骨髓等处的毛细血管形成管腔大而不规则的膨大部，称为血窦。

3. 静脉

静脉是引导血液回心脏的血管，小静脉是由毛细血管汇集而成，并不断向心脏汇集成各级静脉。管壁薄、管腔大，越靠近心脏管腔越大，弹性小、易塌陷，出血时呈流水状。静息状态下，静脉系统容纳的血量可达循环血量的60%~70%，故静脉又称容量血管。

静脉管壁构造与动脉相似，也分3层，但中膜很薄，弹性纤维不发达，外膜较厚。四肢部、颈部的静脉内有朝心方向的半月状瓣膜，称为静脉瓣，可防止血液逆流。

（二）体循环血管的分布

体循环又称大循环，从左心室开始，通过主动脉及其分支，进入全身各部形成毛细血管网，而后汇集成前、后腔静脉，返回右心房。

体循环路径：左心室→主动脉→体毛细血管→前、后腔静脉→右心房。

1. 体循环的动脉

体循环起于左心室的主动脉口，其根部膨大，在此分出左右冠状动脉分布于心脏。主动脉由此开始向后方弯曲形成主动脉弓。主动脉弓根部向前分出臂头动脉总干。向后延续为胸主动脉、穿过膈到腹腔为腹主动脉、延伸至骨盆腔入口处分为左右髂外动脉和左右髂内动脉（图2-94）。

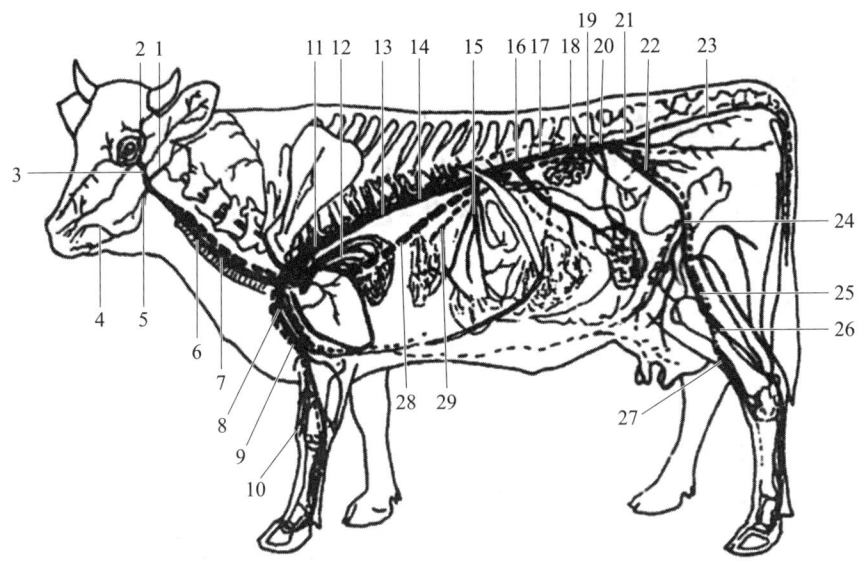

1—枕动脉；2—颌内动脉；3—颈外动脉；4—面静脉；5—颌外动脉；6—颈动脉；7—颈静脉；
8—腋动脉；9—臂动脉；10—正中动脉；11—肺动脉；12—肺静脉；13—胸主动脉；
14—肋间动脉；15—腹腔动脉；16—肠系膜前动脉；17—腹主动脉；18—肾动脉；
19—精索内动脉；20—肠系膜后动脉；21—髂内动脉；22—髂外动脉；
23—荐中动脉；24—股动脉；25—腘动脉；26—胫后动脉；
27—胫前动脉；28—后腔动脉；29—门静脉。

图2-94 牛动脉、静脉分布

（1）臂头动脉总干 是分布于头颈、前肢及胸前部的动脉主干，沿气管腹侧向前上方伸延至第3肋处，分出左锁骨下动脉，主干延续为臂头动脉。臂头动脉在气管腹侧继续前行至第1肋附近，分出一支颈动脉总干，主干向右移行为右锁骨下动脉。左、右锁骨下动脉分出一些分支后分别绕过第1肋出胸腔，移行为腋动脉。

①颈动脉总干：很短，在胸前口处分为左、右颈总动脉，并沿气管外侧向前行至头部。沿途分出许多小支，分布于气管、食管、咽喉、甲状腺和颈部腹侧的肌肉和皮肤。左、右颈总动脉在环枕关节处分为枕动脉、颈内动脉（仅犊牛存在，成年牛退化）和颈外动脉。

枕动脉在颌下腺的深面向环椎窝延伸，分布于脑、脊髓、脑硬膜及头后部的皮肤和肌肉。

颈内动脉分布于脑和脑硬膜。

颈外动脉向前上伸至下颌关节处分出颌外动脉，本身向前延伸为颌内动脉。颌外动脉移行为面动脉，分布于面部肌肉和皮肤，颌内动脉及分支分布于上颌各器官。

②锁骨下动脉及分支：向前下方及外侧呈弓状延伸，绕过第1肋骨前缘出胸腔，延续为前肢的腋动脉。在胸腔内左锁骨下动脉发出的分支有肋颈动脉、颈深动脉、椎动脉（牛、猪总称为肋颈动脉干）、胸内动脉和颈浅动脉；右侧的肋颈动脉、颈深动脉和椎动脉自臂头动脉总干发出，胸内动脉和颈浅动脉自右锁骨下动脉发出。肋颈动脉主干出胸腔分布于鬐甲部的肌肉和皮肤；颈深动脉分布于颈背侧部的肌肉和皮肤；椎动脉主要分布于脑、脊髓和脊膜；胸内动脉沿胸骨背侧向后伸延，有分支到胸腺、纵隔、心包、胸壁肌肉和膈，向后到剑状软骨与肋软骨交界处穿出胸腔，延续为腹壁前动脉，在腹直肌和腹横肌间继续向后延伸，与腹壁后动脉吻合；颈浅动脉分布于胸前和肩前方的肌肉和皮肤。

前肢动脉是由锁骨下动脉延伸而来，在肩关节内侧称为腋动脉，在臂部称为臂动脉，在前臂部位于前臂内侧的正中沟内，称为正中动脉，在掌部称为指总动脉，指总动脉分为指内、外侧动脉，分别沿指间下行至指端。前肢动脉干各段均有分支分布于相应部位的肌肉、皮肤、骨骼等处。

（2）胸主动脉　胸主动脉是主动脉弓向后的直接延续，沿途分出肋间动脉和支气管食管动脉。肋间动脉分布于胸壁肌肉和皮肤、脊柱背侧的肌肉和皮肤。支气管食管动脉分布于肺内支气管和食管。

（3）腹主动脉　腹主动脉为腰腹部的动脉主干，其分支可分为壁支和脏支。壁支主要为腰动脉，有6对，分布于腰部肌肉、皮肤及脊髓脊膜等处；脏支主要分布于腹腔、盆腔的器官上，由前向后依次为腹腔动脉、肠系膜前动脉、肾动脉、肠系膜后动脉和睾丸动脉（子宫卵巢动脉）。

腹腔动脉：在膈的主动脉裂孔稍后处由腹主动脉分出，主要分布于脾、胃、肝、胰及十二指肠。

肠系膜前动脉：在第1腰椎腹侧处由腹主动脉分出，主要分布于小肠、结肠、盲肠和胰脏。

肾动脉：在第2腰椎处由腹主动脉分出，成对，分布于肾。

肠系膜后动脉：在第4~5腰椎处由腹主动脉分出，比较细，主要分布于结肠后段和直肠。

睾丸动脉（子宫卵巢动脉）：在肠系膜后动脉附近由腹主动脉分出。公畜分布于精索和睾丸等处，母畜分布于卵巢和子宫的前部。

（4）髂外动脉　分布于后肢相应部位的骨骼、肌肉和皮肤。在第5腰椎处由腹主动脉向后左、右两侧分出，在股部为股动脉，在膝关节后为腘动脉，在胫背侧为胫前动脉。在趾背侧为趾背侧动脉。

（5）髂内动脉　腹主动脉在第6腰椎腹侧分成左、右髂内动脉，髂内动脉是骨盆部动脉的主干。主要分支有阴部内动脉和闭孔动脉，牛无闭孔动脉，仅有一些小的闭孔支。分布于骨盆腔器官、荐臀部及尾部的肌肉和皮肤。在尾椎腹侧皮下，称尾中动脉，常用于牛的脉搏检查。

2. 体循环的静脉

静脉是把血液送回右心房的血管。由毛细血管汇集成小静脉，小静脉逐渐汇集成较大的静脉，最后汇集成4条大的静脉：心静脉、前腔静脉、后腔静脉和奇静脉。

（1）心静脉系　心脏的静脉血通过心大静脉、心中静脉和心小静脉注入右心房。

（2）前腔静脉系　是汇集头颈部、前肢部和部分胸壁血液的静脉干，在胸前口处由左、右颈静脉和左、右腋静脉汇合而成，注入右心房。前腔静脉系最主要的血管是颈静脉和腋静脉。

①颈静脉：主要收集头颈部的静脉血，沿颈静脉沟向后延伸，在胸前口处汇入前腔静脉。临床上，颈静脉是静脉注射和采血的常用部位。

②腋静脉：是前肢深静脉的主干。起于蹄静脉丛，与同名动脉伴行，向上不断延伸为掌部的掌心外侧静脉，前臂部的正中静脉，到肩关节内侧称腋静脉。在胸前口处注入前腔静脉。

（3）后腔静脉系　后腔静脉在骨盆腔入口处由左右髂总静脉汇合而成，沿腹主动脉右侧向前伸延，穿过膈的腔静脉孔进入胸腔，注入右心房。后腔静脉收集后肢、骨盆及盆腔器官、腹壁、腹腔器官及乳房的静脉血。

①门静脉：位于后腔静脉的下方，是腹腔内一条大的静脉干，它收集胃、脾、胰、小肠、大肠（直肠后部除外）的静脉血，经肝门入肝，在肝内分成数支毛细血管网，再汇成数支肝静脉，汇入后腔静脉。

循环路径：门静脉→肝内小叶间静脉→中央静脉→小叶下静脉→肝静脉→后腔静脉。

②腹腔内其他属支：腰静脉、睾丸或卵巢静脉、肾静脉和肝静脉。

③髂总静脉：由髂内静脉和髂外静脉汇成。有收集后肢、骨盆及尾部的静脉。

④乳房静脉：乳房的大部分静脉血液经阴部外静脉注入髂外静脉，一部分静脉血液经腹皮下静脉注入胸内静脉。

（4）奇静脉　接受部分胸壁、腹壁的静脉血，也接受支气管及食管的静脉血，在前、后腔静脉口之间注入右心房。

（三）肺循环的血管分布

肺循环又称小循环，从右心室开始，经肺动脉进入肺，在肺内形成毛细血管网，而后汇集成肺静脉，返回左心房。

肺循环路径：右心室→肺动脉→肺毛细血管→肺静脉→左心房

1. 肺动脉

肺动脉起于右心室的肺动脉口，沿主动脉弓的左侧向后上方伸延，至心基的后上方分为左、右2支，分别与左、右支气管一起从肺门入肺。牛的右肺动脉还分出一侧支，到右肺的尖叶。

2. 肺静脉

肺静脉由肺毛细血管网经过多次汇集而成，由肺门出肺，最后以数支肺静脉注入左心房。

2-11 家畜的血液循环（动画）

（四）胎儿血液循环

胎儿在母体子宫内发育所需要的全部营养物质和氧气都是通过胎盘由母体供应，代谢产物也是由母体运走。因此，胎儿的血液循环具有与此相适应的一些特点。

1. 心血管结构特点

（1）卵圆孔 在胎儿心脏的房中隔上有一卵圆孔，使左、右心房相通。但孔的左侧有一瓣膜，且右心房的压力高于左心房，致使血液只能由右心房流入左心房。

（2）动脉导管 胎儿的主动脉和肺动脉之间有动脉导管相通。因此，来自右心室的大部分血液由肺动脉通过动脉导管流向主动脉，仅少量血液经肺动脉入肺。

（3）胎盘 胎盘是胎儿与母体进行物质交换的特殊器官，借脐带与胎儿相连。牛的脐带内有2条脐动脉和2条脐静脉。

脐动脉由髂内动脉分出，出脐孔经脐带到达胎盘，在此分支形成毛细血管网，与母体子宫上的毛细血管进行物质交换。脐静脉由胎盘毛细血管网汇聚而成，经脐带由脐孔进入胎儿腹腔，进入腹腔后合为一条，沿肝的镰状韧带延伸，经肝门入肝。

2. 血液循环路径

胎盘内从母体吸收来的富含营养物质和氧气的动脉血，经脐静脉进入胎儿的肝内，再经肝静脉（数支）出肝后注入后腔静脉，并与来自胎儿身体后部的静脉血相混合后入右心房。进入右心房的大部分血液经卵圆孔到左心房，再经左心室到主动脉及其分支，其中大部分血液分布到头颈和前肢。

来自胎儿身体前半部的静脉血，经前腔静脉入右心房到右心室，再入肺动脉。由于肺基本无活动功能，大部分血液经动脉导管入主动脉，然后主要分布到身体后半部，并经脐动脉到胎盘（图2-95）。

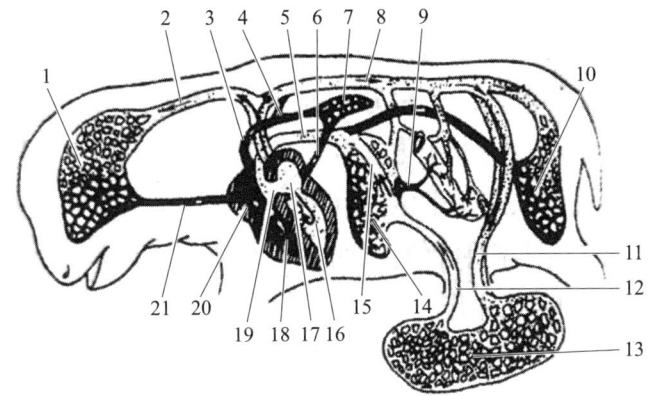

1—头颈部毛细血管；2—臂头干；3—肺干；4—动脉导管；
5—后腔静脉；6—肺静脉；7—肺毛细血管；8—腹主动脉；9—门静脉；
10—骨盆部和后肢毛细血管；11—脐动脉；12—脐静脉；13—胎盘毛细血管；
14—肝毛细血管；15—静脉导管；16—左心室；17—左心房；
18—右心室；19—卵圆孔；20—右心房；21—前腔静脉。

图 2-95 胎儿血液循环模式图

3. 胎儿出生后血液循环的变化

胎儿出生后，脐带中断，胎盘血液循环停止，脐动脉和脐静脉闭锁分别形成膀胱圆韧带和肝圆韧带；由于肺开始呼吸，动脉导管闭锁形成动脉导管锁或动脉韧带；卵圆孔闭锁形成卵圆窝。至此，左、右心房完全分开，左心房内为动脉血，右心房内为静脉血。

三、血液

（一）体液与机体内环境

1. 体液的构成

体液是指动物机体内的水以及溶解于水中的物质总称。体液占体重的60%～70%，存在于细胞内的液体为细胞内液，是细胞内进行生化反应的场所，占体重的40%～45%；存在于细胞外的液体为细胞外液，包括血浆、组织液、淋巴液和脑脊液等，占体重的20%～25%。各种体液彼此隔开而又相互联系，通过细胞膜和毛细血管壁进行物质交换。

2. 机体的内环境

细胞外液是细胞直接生活的具体环境，故又称为机体的内环境。

家畜从外界获得的氧气和各种营养物质，都先进入血液循环，然后由毛细血管扩散到组织液，以供组织细胞代谢的需要。同时，组织细胞所产生的代谢产物也是先排到组织液中，然后扩散入血液循环再排出体外。由此可见，组织液既是细胞的直接生活环境，也是细胞与外界环境进行物质交换的媒介。因此，通常把组织液或细胞外液又称为机体的内环境。

尽管机体外环境不断发生变化，但机体内环境却在神经、体液的调节下保持相对稳定，内环境的稳定是细胞进行生命活动的必要条件。血液通过不停的循环流动，能在组织与各内脏器官之间运输各种物质；血液对内环境某些理化因素的变化具有一定的缓冲作用；血液还可以反映内环境理化性质的微小变化，为维持内环境稳定的调节系统提供必要的反馈信息。因此，血液在维持内环境的稳定起重要作用。

（二）血液的基本组成

血液由血浆和悬浮在血浆内的有形成分组成，两者合起来称全血。血液的组成：

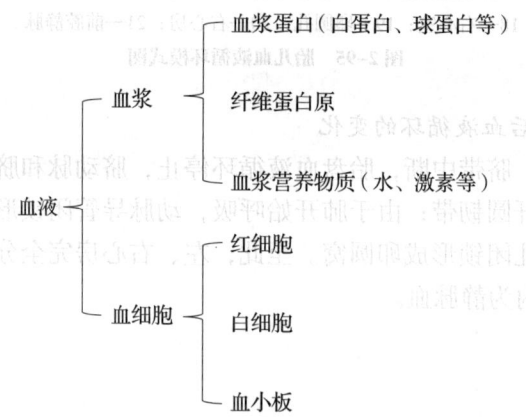

如果将加有抗凝剂（草酸钾或枸橼酸钠等）的血液置于离心管中离心沉淀后，能明显地分成3层：上层淡黄色部分为血浆；下层深红色的沉淀物为红细胞；在红细胞与血浆之间有一白色薄层为白细胞和血小板。血液离心沉淀后全血中被压紧的红细胞容积占全血容积的百分率，称红细胞比容（红细胞压积），又称为血液比容（血液压积）。大多数家畜的血液比容在34%~45%。测定红细胞比容有助于诊断脱水、贫血和红细胞增多症等疾病。

如果离体血液不作抗凝处理，将很快凝固并紧缩成血块，并析出淡黄色的透明液体，称为血清。血清与血浆的主要区别在于血浆中含有可溶性的纤维蛋白原；而血液在凝固过程中可溶性的纤维蛋白原变成不可溶的纤维蛋白而存留在血凝块中，因此血清中不含纤维蛋白原。

(三)血液的化学成分

血浆是机体内环境的重要组成部分,其中水占血浆的 90%～92%,其余为溶质。溶质中血浆蛋白占 5%～8%,其余是各种无机盐和小分子有机物。

1. 无机盐

血浆中无机盐主要以离子形式存在,少数以分子或与蛋白质结合状态存在。主要的阳离子有 Na^+、K^+、Ca^{2+} 和 Mg^{2+};主要的阴离子有 Cl^-、HCO_3^-、HPO_4^- 和 SO_4^-。主要的微量元素有铜、锌、铁、锰、碘、钴等,它们主要存在于有机化合物分子中。这些无机离子在维持血浆晶体渗透压、维持体液的酸碱平衡、维持组织细胞的兴奋性等方面起重要作用。

2. 血浆蛋白

血浆蛋白是血浆中多种蛋白质的总称。根据分子质量不同,可分为白蛋白(清蛋白)、球蛋白和纤维蛋白原等。其中白蛋白含量最多,是构成血浆胶体渗透压的主体;它还是血液中的运输载体,能与游离脂肪酸、胆色素和激素等水溶性较低的物质相结合并运输。球蛋白能与脂质结合成脂蛋白,对脂质以及脂溶性维生素的运输起重要作用,另外,其中的 γ - 球蛋白多数为免疫抗体,也称为免疫球蛋白(IgG)。纤维蛋白原参与血液的凝固过程。

3. 血浆中其他有机物

(1)非蛋白含氮化合物　它们主要是蛋白质代谢的中间产物或终末产物,包括尿素、尿酸、肌酐、氨基酸、胆红素和氨等。

(2)血浆中不含氮的有机物　如葡萄糖、甘油三酯、磷酸、胆固醇和游离脂肪酸等,它们与糖代谢和脂质代谢有关。

(3)血浆中微量的活性物质　主要包括酶类、激素和维生素等。

(四)血液的理化特性

1. 颜色、密度和气味

动物血液呈红色,颜色随红细胞中血红蛋白的含氧量而变化。含氧量高的动脉血呈鲜红色,含氧量低的静脉血则呈暗红色。

动物血液的相对密度变动于 1.046～1.052。其中红细胞相对密度最大,白细胞次之,血浆最小。血液密度的大小取决于所含红细胞数量和血浆蛋白的浓度。

血液中因含有氯化钠而呈咸味,因含有挥发性脂肪酸而具有特殊的血腥味,肉食动物腥味更重。

2. 血液的黏滞性

血液流动时,由于内部分子间相互摩擦产生阻力,表现出流动缓慢和黏着的特性，称作黏滞性。哺乳动物全血的黏滞性是水的 4~6 倍。血液黏滞性的大小主要取决于红细胞数量和血浆蛋白浓度。红细胞数量越多，血浆蛋白浓度越高，黏滞性也越大。血液黏滞性是形成血压的因素之一，并能影响血流速度。

3. 血浆的渗透压

溶液促使水向半透膜另一侧溶液中渗透的力量，称为渗透压。渗透压的高低取决于溶液中溶质颗粒的多少，而与溶质的种类和颗粒的大小无关。在单位体积的溶液中，颗粒越多，渗透压越高。

血浆的渗透压是由 2 部分溶质构成：一部分是由血浆中的晶体物质，特别是各种电解质构成，称作晶体渗透压；另一部分是由血浆蛋白质构成的胶体渗透压。血浆胶体渗透压虽小，但由于蛋白质不易透过毛细血管壁，而且血浆蛋白浓度又高于组织液，因此有利于血管中保留一定的水分。

有机体细胞的渗透压与血浆的渗透压相等。与细胞和血浆的渗透压相等的溶液，称作等渗溶液。常用的等渗溶液是 0.9% 氯化钠溶液和 5% 葡萄糖溶液，0.9% 氯化钠溶液又称为生理盐水。渗透压比它高的溶液称为高渗溶液，如 10% 的氯化钠溶液；渗透压比它低的溶液称为低渗溶液。

4. 血液的酸碱性

动物血浆的 pH 在 7.35~7.45，变动的范围很窄。生命活动能够耐受的血液 pH 最大范围为 6.9~7.8。血液酸碱度保持相对恒定，主要依赖于血液中的酸碱缓冲对物质和一些器官的代谢调节。

（1）血液中的缓冲物质　血液中含有多种缓冲物质，它们是成对存在的，通常是由弱酸和碱性弱酸盐这一对物质所组成。血浆中主要的缓冲对有 $NaHCO_3$/H_2CO_3、Na_2HPO_4/NaH_2PO_4 等，红细胞中的缓冲对有 KHb/HHb、$KHbO_2$/$HHbO_2$。这些缓冲对中，以 $NaHCO_3$/H_2CO_3 最为重要。当血液中的酸性物质增加时，碱性弱酸盐与之起反应，使其变为弱酸，于是酸性降低；而每当血液中的碱性物质增加时，则弱酸与之起反应，使其变为弱酸盐，缓解了碱性物质的冲击。生理学中常把血浆中的 $NaHCO_3$ 含量称为血液的碱贮。在一定范围内，碱贮增加表示机体对固定酸的缓冲能力增强。

（2）机体其他器官的调节　机体可以通过呼吸活动排出 CO_2 以调节血浆中的 H_2CO_3 浓度；在尿的生成过程中，既可以排泄酸性物质，又可以回收 $NaHCO_3$，这样有利于保持两者的正常比值。

（五）血量

动物体内的血液总量称为血量。血量占体重的 6%~8%，并随动物的种类、性别、年龄、营养状况、妊娠、泌乳和所处的外界环境而发生变化。

绝大部分血液在心血管系统中循环流动着，称为循环血量；其余部分（主要是红细胞）储存在肝、脾和皮肤等处毛细血管和血窦中，称为储存血量。当动物剧烈运动或大出血时，储存血量可被释放出来，以补充循环血量的不足。

机体的血量是相对稳定的，这是维持正常血压和器官供血所必需的条件。如一次失血量不超过总血量的10%，对生命活动没有明显影响，所失的水和无机盐可在1~2h内由组织间液渗入到血管得到补充，血浆蛋白由肝脏加速合成，血细胞则需较长时间恢复；如一次失血量达20%，则会影响正常的生命活动。如一次急性失血量达25%~30%，可引起血压急剧下降，导致脑和心脏等重要器官的血液供应不足而危及生命。

（六）血液的有形成分

1. 红细胞

（1）红细胞的形态与数量　哺乳动物成熟的红细胞无核，呈双面内凹的圆盘状。在血涂片标本上，周围染色较深，中央染色较浅。单个红细胞呈淡黄绿色，大量红细胞聚集在一起则呈红色。

红细胞的数量是血细胞中最多的一种，以每升血中含有多少10^{12}个表示（10^{12}个/L）。其正常数量随动物种类、品种、性别、年龄、饲养管理和环境条件而有所变化。如高产品种、幼龄动物、雄性动物、高原居住的动物、强健动物、饲养条件好的动物其红细胞的数量相对较多。

红细胞的细胞质内充满大量血红蛋白，约占红细胞成分的33%。血红蛋白由亚铁血红素和珠蛋白结合而成，具有携带O_2和CO_2的功能。血红蛋白的含量受动物品种、性别、年龄、饲养管理等因素的影响，常以每升血液中含有的质量（g/L）来表示。

成年牛、羊的红细胞和血红蛋白含量见表2-8。

表2-8　成年牛、羊的红细胞数量和血红蛋白含量

动物种类	红细胞数/（10^{12}个/L）	血红蛋白量/（g/L）
牛	7.0（5.0~10.0）	110（80~150）
绵羊	10.0（8.0~12.0）	120（80~160）
山羊	13.0（8.0~18.0）	110（80~140）

单位容积内红细胞数量、血红蛋白含量同时或其中之一显著减少而低于正常值，都称为贫血。

（2）红细胞的生理特性

①红细胞膜的通透性：红细胞膜对各种物质具有选择通透性。水、O_2和

CO_2 等分子可以自由通过；葡萄糖、氨基酸、尿素较易通过；Cl^-、HCO_3^- 和 H^+ 也较易通过；Ca^{2+} 则很难通过；Na^+ 在正常状态下进入细胞后又被推出于细胞膜外，并经 Na^+-K^+ 交换而将 K^+ 纳入细胞内，以维持细胞膜内外 K^+ 与 Na^+ 的浓度差，保持细胞的正常兴奋性。

②红细胞的渗透脆性：将红细胞置于等渗溶液中，红细胞能维持其正常形态而不变形。若将红细胞置于高渗溶液中，则红细胞由于水分逐渐外移而皱缩，严重时即丧失其功能。若将红细胞放入低渗溶液中，红细胞将因吸水而膨胀，细胞膜终被胀破并释放出血红蛋白，这种现象称为溶血。红细胞对低渗溶液有一定的抵抗力，当周围液体的渗透压降低不大时，细胞虽有胀大但并不破裂溶血，红细胞对低渗的这种抵抗力称为红细胞渗透脆性。对低渗的抵抗力大，则脆性小；反之，对低渗的抵抗力小，则脆性大。衰老的红细胞脆性大，在某些病理状态下，红细胞脆性会显著增大或减小。

③红细胞的悬浮稳定性：红细胞能均匀地悬浮于血浆中不易下降的特性，称为红细胞的悬浮稳定性，其大小可用红细胞沉降率表示。通常以 1h 内红细胞下沉的距离表示红细胞的沉降率（简称血沉）。动物种类不同血沉也不同，牛的血沉慢，1h 内红细胞仅沉降不到 1mm；马的血沉快，1h 内可下降几十毫米。当动物患某些疾病时，红细胞的沉降率会发生明显变化。因此，测定血沉具有诊断价值。

（3）红细胞的功能　红细胞的主要功能是运输 O_2 和 CO_2，并对酸、碱物质具有缓冲作用，而这些功能均靠红细胞中的血红蛋白来实现。

①气体运输血红蛋白：是红细胞内容物的主要成分，约占红细胞干重的 90%。血红蛋白能与 O_2 结合，形成氧合血红蛋白。此外，血红蛋白也可以与 CO_2 结合。因此，血红蛋白具有运输 O_2 和 CO_2 的功能。

血红蛋白与 O_2 结合形成氧合血红蛋白是氧合过程；当血液中 O_2 含量不同时，O_2 能容易地与氧合血红蛋白结合、分离。但当血液中含有亚硝酸盐成分时，血红蛋白中亚铁离子可被氧化成三价的高铁血红蛋白。此时，血红蛋白与 O_2 的结合非常牢固而不易分离，因而失去运氧功能。如果生成的高铁血红蛋白的量超过血红蛋白总量的 2/3 时，将导致组织缺氧、窒息而危及生命。蔬菜类叶、茎中硝酸盐含量较大，如果加工或者储存不当，可被硝酸菌作用而使其中硝酸盐转化为亚硝酸盐，如被动物采食后可发生亚硝酸盐中毒，如猪"烂菜叶中毒"。

血红蛋白与 CO 结合的亲和力比 O_2 大 200 多倍，空气中的 CO 浓度只要达到 0.05% 时，血液中就有 30%~40% 的血红蛋白与之结合，使血红蛋白运输氧的能力降低，严重时发生 CO 中毒死亡。

②酸碱缓冲功能：红细胞和氧合血红蛋白均为弱酸性物质，它们一部分

以酸分子形式存在，另一部分与红细胞内的 K^+ 构成血红蛋白钾盐，因而组成了 2 个缓冲对，即 KHb/HHb 和 $KHbO_2/HHbO_2$，共同参与血液酸碱平衡的调节作用。

（4）红细胞的生成与破坏

①红细胞的生成：正常情况下，红骨髓是哺乳动物出生以后生成红细胞的唯一器官。造血过程中除了需要骨髓造血功能正常以外，还需要供应造血原料和促进红细胞成熟物质。

蛋白质和铁是红细胞生成的主要原料，若供应或摄取不足，造血将发生障碍，出现营养性贫血。促进红细胞发育和成熟的物质，主要是维生素 B、叶酸和铜离子。维生素 B_1 和叶酸可促进骨髓原细胞分裂增殖；铜离子是合成血红蛋白的激动剂。

红细胞数量能保持相对恒定，主要依赖于促红细胞生成素的调节，该物质可促进骨髓内原血母细胞的分化、成熟和血红蛋白的合成，并促进成熟红细胞的释放。

②红细胞的破坏：红细胞的破坏主要是由于自身的衰老所致。衰老的红细胞变形能力减退，脆性增高，容易在血流的冲击下破裂，但大部分衰老的红细胞滞留于脾、肝和骨髓的单核 - 巨噬细胞系统中，随之被吞噬细胞所吞噬。红细胞被破坏后，释放出的血红蛋白很快被分解成为珠蛋白、胆绿素和铁。珠蛋白和铁可重新参加体内代谢，胆绿素立即被还原成胆红素经粪、尿排出。

2. 白细胞

（1）白细胞的数量和分类　白细胞不仅存在于血液中，还存在组织中。位于血液中的白细胞大多为球形；组织中的白细胞由于做变形运动，因而形态多变。根据白细胞胞浆中有无粗大的颗粒可分成粒细胞和无颗粒细胞两大类。粒细胞按其染色特点，又可分为 3 类，即中性粒细胞、嗜酸性粒细胞和嗜碱性粒细胞。无颗粒细胞包括单核细胞和淋巴细胞。

白细胞的数量以每升血液中有多少 10^9 个表示（10^9 个 /L），其变动范围较大，可随动物生理状态而变化。如下午的数量比早晨多，运动后比安静时多，但是各类白细胞之间的百分比却是相对恒定的。通常中性粒细胞和淋巴细胞的数量最多，嗜酸性粒细胞很少，最少的是嗜碱性粒细胞。

（2）白细胞的形态与功能

①中性粒细胞：胞体呈球形，胞质中有许多细小而分布均匀的淡紫色中性颗粒，可被酸性、碱性染料着色。细胞核呈蓝紫色，其形状分为杆状核和分叶形，具有很强的变形运动和吞噬能力。能吞噬入侵的细菌、坏死细胞和衰老红细胞，可将入侵微生物限定并杀灭于局部，防止其扩散。

②嗜酸性粒细胞：数量较少，细胞呈球形。胞核多分 2 叶。细胞质内充满

粗大而均匀的圆形嗜酸性颗粒，一般染成橘红色。嗜酸性粒细胞能缓解过敏反应和限制炎症过程。当机体发生抗原-抗体相互作用而引起过敏反应时，可吸引大量嗜酸性粒细胞趋向局部，并吞噬抗原-抗体复合物，从而减轻对机体的危害。

③嗜碱性粒细胞：数量最少，细胞呈球形。细胞核常呈"S"形。细胞质内含有大小不等、分布不均的嗜碱性颗粒，被染成深紫色，胞核常被颗粒掩盖。颗粒内有肝素、组胺。组胺对局部炎症区域的小血管有舒张作用，能加大毛细血管的通透性，有利于其他白细胞的游走和吞噬活动。肝素具有抗凝血作用。

④单核细胞：是白细胞中体积最大的细胞，呈圆形或椭圆形。细胞核呈肾形、马蹄形或不规则形，着色较浅，呈淡紫色。细胞质呈弱嗜碱性，内有散在的嗜天青颗粒，常被染成浅灰蓝色。巨噬细胞是体内吞噬能力最强的细胞，能吞噬较大的异物和细菌；并能激活淋巴细胞的特异性免疫功能，促使淋巴细胞发挥免疫作用。

⑤淋巴细胞：数量较多，呈球形。细胞核较大，呈圆形或肾形，呈深蓝或蓝紫色。胞质很少，仅在核周围形成蓝色的一薄层。其中B细胞参与机体体液免疫过程；T细胞参与机体细胞免疫过程。

（3）白细胞的生成与破坏　各类白细胞来源不同：颗粒白细胞是由红骨髓的原始粒细胞分化而来；单核细胞大部分来源于红骨髓，小部分来源于单核-巨噬细胞系统，经短暂的血液中生活之后进入疏松结缔组织，最后分化成巨噬细胞；淋巴细胞生成于脾、淋巴结、胸腺、骨髓、扁桃体及散在于肠黏膜下的集合淋巴结内。

白细胞的寿命比较短，只有几小时或几天。衰老的白细胞，除大部分被单核-巨噬细胞系统的巨噬细胞清除外，有相当数量的粒细胞由唾液、尿、胃肠黏膜和肺排出，有的在执行任务时被细菌或毒素所破坏。

3. 血小板

（1）血小板的形态与数量　哺乳动物的血小板很小，呈两面凸起的圆盘形或椭圆形。血小板是由骨髓中成熟的巨核细胞的胞质碎片形成。在血涂片上，其形状不规则，常成群分布于血细胞之间。

（2）血小板的生理特性

①黏附：当血管内皮损伤而暴露胶原组织时，立即引起血小板的黏着，这一过程称为血小板黏附。血小板黏附可促进血小板聚集和促进血管收缩作用。

②聚集：血小板彼此之间互相黏附、聚合成团的过程，称为血小板聚集，可使血小板聚集于破损部位。

③释放反应：血小板受刺激后，可将颗粒中的ADP、5-羟色胺、儿茶酚

胺、Ca^{2+}、血小板因子3（PF_3）等活性物质向外释放。

④收缩：血小板内的收缩蛋白发生收缩的过程可导致血凝块回缩、血栓硬化，有利于止血过程。

⑤吸附：血小板能吸附血浆中多种凝血因子于表面。血管破裂时，大量的血小板黏附、聚集于破损部位，破损局部凝血因子浓度升高，促进凝血过程。

（3）血小板的功能　血小板的主要功能是维持血管内皮的完整性，参与生理性止血和血液凝固过程。

①参与凝血过程：血小板表面能吸附纤维蛋白原、凝血酶原等多种凝血因子；另外，血小板本身也含有与凝血有关的血小板因子。因此，血小板是凝血过程的重要参与者。

②参与止血过程：血管壁受损伤后，血小板会发生黏附和聚集成团，堵塞破口，促进血栓形成；血小板释放的5-羟色胺、肾上腺素等物质，可使血管收缩。

③纤维蛋白溶解血小板：胞浆颗粒中含有纤溶酶原，经活化后可促进纤维蛋白溶解。

（七）血液的凝固与纤维蛋白溶解

机体在正常情况下，凝血、抗凝和纤维蛋白溶解过程经常处于动态平衡状态，相互配合，既有效地防止出血和渗血，又保证了血管内血流的通畅。

1. 血液凝固

血液凝固是指血液由流动的液体状态转变为不流动的胶冻状凝块的过程。凝血过程是由多个凝血因子参与的一系列酶促反应，使血浆中呈溶解状态的纤维蛋白原转变成为凝胶状态的纤维蛋白，呈丝状交错重叠，并将血细胞网罗其中，成为胶冻样血凝块。

（1）凝血因子　血浆和组织中直接参与凝血的物质统称凝血因子，已发现的凝血因子有十几种。在凝血因子中除因子Ⅳ和磷脂外，都是蛋白质。因子Ⅱ、因子Ⅶ、因子Ⅸ、因子Ⅹ、因子Ⅺ、因子Ⅻ都是蛋白酶，而且因子Ⅱ、因子Ⅸ、因子Ⅹ、因子Ⅺ、因子Ⅻ都是以酶原的形式存在于血液中，通过有限水解后被激活才能成为有活力的酶，参与凝血过程。因子Ⅱ、因子Ⅶ、因子Ⅸ、因子Ⅹ在肝脏合成还需维生素K的参与，所以缺乏维生素K将会造成出血。

（2）凝血过程　凝血过程是一个复杂的生物化学连锁反应过程，是凝血因子相继酶解激活，最终使血浆中可溶性纤维蛋白原转变为不溶性纤维蛋白，并网罗各种血细胞形成血凝块。凝血过程大体分为3个阶段。

①凝血酶原激活物的形成：凝血酶原激活物是由活化型因子Ⅹ（X_a）和其他凝血因子共同组成的复合物。因子Ⅹ活化成为因子X_a有2个途径。

内源性凝血途径：参与凝血的因子全部来自血液，当血液与心血管内膜受损处的胶原纤维，或其他粗糙而且带负电荷的表面接触时，血浆中无活性的因子Ⅻ被激活成为有活性的因子Ⅻ$_a$。至此内源性凝血系统开始启动。

因子Ⅻ$_a$可催化血浆中的因子Ⅺ转变成因子Ⅺ$_a$，因子Ⅹ与Ca^{2+}一起催化存在于血小板磷脂胶粒表面的因子Ⅸ转变成因子Ⅸ$_a$，然后因子Ⅸ$_a$和因子Ⅷ被Ca^{2+}连接于磷脂胶粒表面，共同催化因子Ⅹ，使其转变成因子Ⅹ$_a$。接着因子Ⅹ$_a$和因子Ⅴ以及Ca^{2+}在磷脂胶粒表面共同形成复合物，此复合物便是凝血酶原激活物。

外源性凝血途径：组织因子Ⅲ和血浆中因子Ⅰ以及Ca^{2+}共同参与形成凝血酶原激活物的过程。因启动凝血的组织因子不是来自血液而是来自组织，故称外源性。组织因子Ⅲ是脂蛋白复合物，含有蛋白酶的活性成分。正常时存在于血管外的组织中，以脑、肺和胎盘中含量最多。当组织损伤出血时，组织因子Ⅲ进入血管内，激活因子，并与PF_3和Ca^{2+}组成复合物，协同作用将因子Ⅹ激活为因子Ⅹ$_a$。因子Ⅹ$_a$在组织因子Ⅲ、Ca^{2+}和因子Ⅴ的作用下形成凝血酶原激活物。

内源性凝血途径由于参与的因子较多，所以反应较慢，而外源性凝血途径相对较快。在实际情况中，2种凝血途径同时存在，当组织损伤、血管破损时首先是外源性过程发挥作用，接着发生内源性凝血过程。

② 凝血酶原转变成凝血酶：凝血酶原激活形成后，在维生素K的参与下，即可催化血浆中无活性的凝血酶原（凝血因子Ⅱ）转变成有活性的凝血酶（Ⅱ$_a$）。其中，无活性的因子Ⅴ能被因子Ⅱ$_a$激活，Ⅴ$_a$又可大大提高因子Ⅱ$_a$的生成速度。Ca^{2+}的作用是将因子Ⅹ$_a$和因子Ⅱ同时连接在血小板因子Ⅲ提供的磷脂表面上。因此，缺乏Ca^{2+}和维生素K都将影响血凝过程。

③ 纤维蛋白原转变为纤维蛋白：凝血酶生成后，便脱离磷脂胶粒表面，重新进入血浆催化血浆中的纤维蛋白原转变成为纤维蛋白单体，单体互相交织成疏松的网状，可溶且不稳定，继而在Ca^{2+}和因子Ⅷ参与下，聚合形成不溶性纤维蛋白多聚体。

许多稳定的纤维蛋白多聚体相互交织成网，把红细胞、白细胞、血小板聚集在一起形成凝胶状态的血凝块，堵塞血管破损处，起止血作用。血小板释放的某些凝血因子使血凝块固缩，析出淡黄的液体，即为血清。

血液从血管流出到出现丝状蛋白所需的时间，称为凝血时间。牛的凝血时间为6.5min，绵羊为2.5min。家畜患某些疾病时，会因某些凝血因子缺乏或含量不足，导致凝血时间延长。

2. 血液中的抗凝物质和纤维蛋白溶解

正常情况下，血液在血管内流动而不凝固，除了由于血管壁光滑，无组织损伤面，不易激活相关凝血因子外；更主要原因的是血液中含有抗凝血物质和纤维蛋白溶解物质。

（1）血液中的主要抗凝血物质

①抗凝血酶Ⅲ：是由肝脏合成的一种丝氨酸蛋白酶抑制物，它能使凝血因子Ⅸ、因子Ⅹ、因子Ⅺ、因子Ⅻ失去活性，达到抗凝血作用。

②肝素：是组织中的肥大细胞和血液中的嗜碱性粒细胞产生的酸性黏多糖。肝素具有多方面的抗凝血作用，它能抑制凝血酶原激活物的形成；能阻碍凝血酶原转变成凝血酶，并能抑制凝血酶的活性；能阻止纤维蛋白的形成；还能抑制血小板发生黏着、聚集和释放反应。

③蛋白质C：有灭活因子Ⅴ和因子Ⅶ、限制因子Ⅹ的功能，以及与血小板结合增强纤维蛋白溶解等功能。

（2）血浆中的纤维溶解系统　纤维蛋白被分解液化的过程称为纤维蛋白溶解，简称纤溶。体内局部凝血过程所形成的血凝块中的纤维蛋白，当完成防止出血的保护功能后，最终需被清除，以利于组织再生和血流通畅，这就需要纤溶物质来完成。参与纤溶的物质有纤溶酶原、纤溶酶以及激活物和抑制物等，总称纤维蛋白溶解系统，简称纤溶系统。

3. 抗凝和促凝措施

在实际工作中，常采取一些措施促进凝血过程（减少出血、提取血清时）或防止、延缓凝血过程（如避免血栓形成，获取血浆等）。

（1）抗凝或延缓凝血的常用方法

①去除血中Ca^{2+}：在凝血的3个步骤中，都需要Ca^{2+}的参与。除去血浆中的Ca^{2+}就能抑制凝血。如加草酸钾、草酸铵等，可与血浆中Ca^{2+}结合成不易溶解的草酸钙。

②低温延缓血凝：凝血过程是一系列酶促反应，而酶的活力受温度影响较大，把血液置于低温环境下可延缓血液凝固。另外，低温措施还能增强抗凝剂的效能。

③接触面光滑延缓血凝：将血液置于特别光滑的容器或预先涂有石蜡的器皿内，可以减少血小板的破坏，延缓血凝。

④使用肝素：肝素是最有效的抗凝剂。

⑤使用双香豆素：双香豆素的主要结构与维生素K很相似，但作用与维生素K相对抗，它可阻止某些凝血因子在肝内合成，故注射于循环血液后能延缓血凝。

⑥搅拌：若将流入容器内的血液，迅速用木棒搅拌，由于血小板迅速破裂等原因，加快了纤维蛋白的形成，并使形成的纤维蛋白附着在木棒上。这种去掉纤维蛋白原的血液称作脱纤血，不再凝固。

此外，水蛭素具有抗凝血酶的作用。皮肤被水蛭叮咬时，常因有水蛭素的存在，出血不易凝固。

（2）加速凝血的方法

①血液加温能提高酶的活力，加速凝血反应。

②接触面粗糙，可促进凝血因子的活化，促使血小板解体释放凝血因子，最后形成凝血酶原激活物。

③一些凝血因子需要维生素 K 的参与下在肝脏内合成。因此，维生素 K 对出血性疾病具有加速血凝和止血的作用，是临床诊断上常用的止血剂。

四、心脏生理

（一）心动周期

心脏每收缩和舒张一次，称为一个心动周期。在一个心动周期中，首先是两心房同时收缩，接着心房舒张。心房开始舒张时，两心室几乎立即同时收缩。两心室收缩持续的时间要长于心房。继之，心室开始舒张，此时心房仍处于收缩后的舒张状态，即心房和心室共同舒张状态。至此一个心动周期完结，接着心房又开始收缩而进入下一个心动周期。这样，一个心动周期中可顺序出现 3 个时期：心房收缩期、心室收缩期和心房心室共同舒张期（间歇期）。以健康成年猪为例，如果每分钟心脏平均搏动 75 次，即每分钟平均有 75 个心动周期，则每个心动周期持续时间为 0.8s。其中心房收缩期 0.1s，舒张期 0.7s；心室收缩期 0.3s，舒张期 0.5s。间歇期约 0.4s，占 50%。在心动周期中，由于心房和心室收缩期都比舒张期短，所以心肌在每次收缩之后能够有效地补充消耗和排除代谢产物。这是心肌所以能够不断活动而不发生疲劳的根本原因。心动周期中的间歇期占总时间的 50%。这样就保证了心脏有充分的时间让静脉血回流和充盈心室，并使心肌本身能从冠状循环中得到足够的血液供应。由于心房的舒缩对射血意义不大，所以一般都以心室的舒缩为标志，把心室的收缩期称作心缩期，而把心室的舒张期称作心舒期。

心动周期的持续时间与心率关系密切，心率越快，心动周期越短，收缩期和舒张期均相应缩短，但舒张期缩短更显著。因此，当心率过快时，心脏工作时间延长，而休息及充盈的时间明显缩短，使心脏泵血功能减弱。

（二）心脏的泵血过程

1. 心房收缩期

心房收缩期正处于间歇期末，心室的压力低于心房的压力，房室瓣仍处于开放状态，所以心房收缩时，容积缩小，内压升高，血液便通过开放的房室瓣进入心室，使心室血液更充盈。

2. 心室收缩期

心房舒张后，心室开始收缩，室内压逐渐升高，当超过房内压时，房室瓣关闭，使血液不能逆流回心房。心室继续收缩，压力急剧上升，当超过外周动脉内压时，血液冲开动脉瓣，迅速射入主动脉和肺动脉内。

3. 间歇期

心室开始舒张，室内压急剧下降，而高压的动脉血流往回冲撞半月瓣而将其关闭，防止血液逆流回心室。而后心室内压继续下降至低于房内压时，房室瓣开放，吸引心房血液流入心室，为下一个心动周期做准备。

（三）心音

心动周期中，由于心肌收缩、瓣膜启闭，血流冲击心室壁和大动脉壁引起的振动所产生的声音称为心音。在胸壁的适当部位可以听到"通－嗒"2个声音，分别称作第一心音和第二心音，偶尔还能听到较弱的第三心音。

第一心音发生于心缩期，它标志着心室收缩开始。第一心音持续时间长、音调低，属浊音，在心尖搏动处听得最清楚。主要是由于心室收缩开始时，房室瓣突然关闭所引起的振动而引起；其次为心室肌收缩的振动及半月瓣突然开放时血液射入动脉的振动引起。第一心音的变化主要反应心肌收缩力量和房室瓣的功能状态，心室收缩力量越强，第一心音也越强。

第二心音发生于心舒期，它标志着心室舒张开始。第二心音持续时间较短，音调较高。它是由于主动脉瓣和肺动脉瓣迅速关闭，血流冲击大动脉根部及心室内壁振动而形成的。第二心音主要反映动脉血压的高低以及半月瓣的功能状态。

各种家畜心脏的位置一般都在第3～6肋之间，稍偏左侧，故听取心音时一般均站在动物的左侧来进行。

（四）心率

动物在安静状态下每分钟内心脏搏动的次数称为心跳频率，简称心率。动物的心率因种类、品种、年龄、性别以及其他生理情况不同而异。通常幼龄动物比成年动物心率快，雄性动物的比雌性动物的稍快，禽类比家畜的快。心率的快慢直接影响每个心动周期的时间，心率加快，每个心动周期持续的时间就被缩短，而且主要缩短的是间歇期。因此，过快的心率不利于心脏的舒缓休息。奶牛的心率为60～80次/min，羊的心率为70～80次/min。

（五）心输出量

1. 每搏输出量和每分输出量

一个心动周期中一侧心室射出的血量，称为每搏输出量。正常情况下，左、右心室的射血量是相等的。一侧心室每分钟射出的血量称为每分输出量，等于每搏输出量与心率的乘积。即：心输出量 = 每搏输出量 × 心率。

一般所说的心输出量即每分输出量，是评价心泵功能的一个重要指标。正常情况下，每一心动周期中，心室收缩时并没有射出心室内的全部血量。生理学上将每搏输出量占心舒末期容积的百分比，称为射血分数。通常射血分数为 55%~65%，当加强收缩时，射血分数可达到 85% 以上。

2. 心力贮备

心输出量与机体所处状况、代谢水平相适应。剧烈运动时，心输出量较平静时可成倍增加，心输出量随机体需要而相应增大的能力，称为心力贮备。

心力贮备有 2 种表现形式，一是心率贮备，是指通过加快心率来增加每分输出量；二是搏出量贮备，是指通过加强心肌收缩来增加每搏输出量。当充分动用心率贮备和搏出量贮备时，每分输出量可达平静时的 5~6 倍。

3. 影响心输出量的主要因素

心输出量等于每搏输出量与心率的乘积。因此，其大小取决于心率和每搏输出量，而每搏输出量的大小主要受静脉回流量和心室肌收缩力的影响。

（1）静脉回流量　静脉回心血量越多，心脏在舒张期容积就越大，心肌受牵拉越大，则心室的收缩力量就越强，每搏输出量也就越多；相反，静脉回心血量越少，每搏输出量也就越少。也就是说在生理范围内，心脏能将回流的血液全部射出。心脏的这种调节不需要神经和体液的参与，属自身调节。

（2）心室肌的收缩力　在静脉回流量和心舒末期容积不变的情况下，心肌可以在神经调节和体液调节下，改变心肌的收缩力量。例如，动物在使役、运动和应激时，在交感-肾上腺素的调节下，心肌的收缩力量增强，使心舒末期的体积比正常时进一步缩小，减少心室的残余血量，从而使搏出量明显增加。

（3）心率在一定范围内，心率与心输出量呈正比关系，即心输出量随心率加快而增大。但心率过快会使心动周期的时间缩短，特别是舒张期的时间缩短。这样就能造成心室还没有被血液完全充盈的情况下进行收缩，结果每搏输出量减少。此外，心率过快会使心脏过度消耗供能物质，从而使心肌收缩力降低。所以，动物心力衰竭时，尽管心率增快，但并不能增加心输出量而使循环功能好转。

(六) 心肌的生理特性

心肌细胞按结构和功能，可分为普通心肌细胞和特殊分化的心肌细胞。普通心肌细胞又称为工作细胞，是构成心房和心室的细胞。这类心肌细胞富含肌原纤维，主要功能是收缩做功，提供心泵活动的动力。特殊分化的心肌细胞又称为自律细胞，包括 P 细胞和浦肯野细胞。P 细胞主要存在于窦房结中，是窦房结中产生自动节律性兴奋的细胞，故又称为起搏细胞；浦肯野细胞广泛存在于除窦房结和房室结以外的所有心传导系统中。自律细胞无收缩能力，但具有产生自动节律性兴奋的能力，并将兴奋进行传导。

心肌细胞的生理特性包括自律性、兴奋性、传导性和收缩性。正常生理状态下，自律性是自律细胞所特有的，而收缩性是工作细胞的生理特性。

1. 自律性

心肌自律细胞在无外来刺激的情况下，能自动发生节律性兴奋的特性，称为自动节律性，简称自律性。自律细胞均具有自律性，其中窦房结 P 细胞的自律性最高，以猪为例，每分钟可发生兴奋 70 次左右；其次为房室交界和房室束及其分支，每分钟 40~60 次；浦肯野纤维自律性最低，每分钟发生兴奋不足 20 次。由于窦房结自律性最高，它产生的节律性冲动按一定顺序传播，引起其他自律细胞以及心房、心室肌细胞的兴奋，产生与窦房结一致的节律性活动，因此窦房结是心脏的正常起搏点，其所形成的节律称作窦性节律。而其他自律细胞通常处于窦房结的控制之下而不表现其自身的自律性，故称为潜在起搏点。如果窦房结功能发生障碍，潜在起搏点则可取代窦房结的功能而表现自律性，以较低的频率引发心脏活动，其表现的心搏节律称为异位节律。

2. 传导性

传导性指心肌细胞的兴奋沿着细胞膜向外传播的特性。正常生理情况下，由窦房结发出的兴奋可以按一定途径传播到心脏各部，顺次引起整个心脏中的全部心肌细胞进入兴奋状态。

兴奋在心脏不同部位的传导速度各不相同，具有快—慢—快的特点。窦房结发出的兴奋经心房传导组织，迅速传给左、右心房，激发两心房同步收缩。继之，兴奋以 1.7m/s 速度迅速通过窦房结之间的传导组织，传到房室交界。但是，兴奋通过房室交界的速度变慢，仅达 0.02m/s，兴奋在此被延搁约 0.1%，称为房-室延搁。这一延搁具有重要的生理意义，它可使兴奋到达心房和心室的时间前后分开，使心房收缩结束后才开始心室收缩，保证心室收缩之前充盈更多血液，以利泵血功能。随后，心室传导组织传导速度又变快，其中浦肯野纤维传导速度最快。这样，兴奋经房-室延搁后，迅速传到心室肌，使左、右心室同步收缩。

3. 兴奋性

心肌对适宜刺激发生反应的能力，称兴奋性。

（1）心肌兴奋时其周期性变化　当心肌发生一次兴奋后，其兴奋性也经历各个时期的变化之后，才恢复正常。

①绝对不应期和有效不应期：心肌在受到刺激而出现一次兴奋后，有一段时间兴奋性极度降低到零（从去极化开始到复极达-55mV），无论给予多大的刺激，心肌细胞均不发生反应，这一段时间称为绝对不应期。绝对不应期过后有段时间（从-55mV复极到-60mV），给予强烈刺激可使膜发生局部兴奋，但不能爆发动作电位。从去极开始到复极达-60mV这段时间内，给予刺激均不能产生动作电位，称为有效不应期。心肌细胞的绝对不应期比其他任何可兴奋细胞都长得多，对保证心肌细胞完成正常功能极其重要。

②相对不应期：在心肌开始舒张的一段时间内（相当于复极-60~80mV），给予超过阈刺激的强刺激，可引起心肌细胞产生兴奋，称为相对不应期。此期心肌的兴奋性已逐渐恢复，但仍低于正常。

③超常期：在心肌舒张完毕之前的一段时间内（-80~90mV），给予较弱的阈下刺激，就可引起兴奋，此期称为超常期。超常期过后，心肌细胞的兴奋性恢复至正常水平。

（2）期前收缩和代偿性间歇　正常心脏是按窦房结的自动节律性进行活动的，窦房结产生的每次兴奋，都在前一次心肌收缩过程完成后才传到心房肌和心室肌。如果在心室的有效不应期之后，心肌受到人为的刺激或起自窦房结以外的病理性刺激时，心室可产生一次正常节律以外的收缩，称为期外收缩。由于期外收缩发生在下一次窦房结兴奋所产生的正常收缩之前，故又称为期前收缩。期前兴奋也有自己的有效不应期，当紧接在期前收缩后的一次窦房结的兴奋传到心室时，常正好落在期前兴奋的有效不应期内，因而不能引起心室兴奋和收缩，必须等到下一次窦房结的兴奋传来，才能发生收缩。所以在一次期前收缩之后，往往有一段较长的心脏舒张期，称为代偿性间歇。代偿性间歇后的收缩往往比正常收缩强而有力。

4. 收缩性

心肌的收缩性是指心房和心室工作细胞具有接受阈刺激产生收缩反应的能力。正常情况下它们仅接收来自窦房结的节律性兴奋的刺激。心肌细胞的收缩性具有同步收缩和不发生强直收缩的特点。

（1）同步收缩　兴奋在心房或心室内传导很快，几乎同时到达所有的心房肌或心室肌，从而引起全心房肌或全心室肌同时收缩，称为同步收缩。同步收缩效果好，力量大，有利于心脏射血。

（2）不发生强直收缩　心肌一次兴奋后，其有效不应期长，相当于整个收缩期和舒张早期。在此时期内，任何刺激都不能使心肌再发生兴奋而收缩。因此，心肌不会如骨骼肌那样发生强直收缩，能始终保持收缩后必有舒张的节律性活动，从而保证心脏的射血和充盈的正常进行。

五、血管生理

（一）动脉血压

1. 动脉血压的形成

（1）血压的形成　血压是指血管内的血液对于单位血管壁的侧压力，也即压强。血管内有血液充盈是形成血压的基础。血液充盈的程度决定于血量与血管系统容量之间的相互关系：血量增多、血管容量减少，则充盈程度升高；反之，血量减少、血管容量增大，则充盈程度下降。

心脏射血是形成血压的动力。心室收缩所释放的能量，可分解为2部分：一部分以动能形式推动血液流动；另一部分以势能形式作用于动脉管壁，使其扩张。当心动周期进入舒张期，心脏停止射血时，动脉管壁弹性回缩，将储存于管壁的势能释放出来，转变为动能，继续推动血液向外周流动。

外周阻力是形成血压的重要因素。如果仅有心室收缩作功，而不存在外周阻力的话，那么心室收缩的能量将全部表现为动能，射出的血液，毫无阻碍地流向外周，对血管壁不能形成侧压力。

可见，除了必须有血液充盈血管之外，血压的形成是心室收缩和外周阻力两者相互作用的结果。

由于血液从大动脉流向外周并最后流回心房，沿途不断克服阻力而大量消耗能量，所以从大动脉、小动脉至毛细血管、静脉，血压递降，直至能量耗尽，以至当血液返回接近右心房的大静脉时，血压可降至零，甚至还是负值，即低于大气压。

（2）动脉血压的形成　通常所说的血压，就是指体循环系统中的动脉血压，它是决定其他各类血管血压的主要动力。在每次心动周期中，动脉血压随着心室的舒缩活动而发生明显波动。

在心室收缩期，动脉血压升高，其最高值，称为收缩压。在心室舒张期末，动脉血压降至最低值，称为舒张压。收缩压与舒张压的差值，称为脉压。在一定程度上，脉压可以反映动脉管壁的弹性。在一个心动周期中每一瞬间动脉血压都是变动的，其平均值称为平均动脉压，简称平均压。由于在一个心动周期中，心缩期往往短于心舒期，因此，平均压不等于收缩压与舒张压的简单平均值。平均压通常可按下式计算：

$$\text{平均动脉压} = \text{舒张压} + \frac{1}{3}(\text{收缩压} - \text{舒张压})$$

即：
$$\text{平均动脉压} = \text{舒张压} + \frac{1}{3}\text{脉压}$$

2. 影响动脉血压的因素

影响动脉血压的主要因素有每搏输出量、外周阻力、大动脉管壁弹性及循环血量等。

（1）每搏输出量　在心率和外周阻力恒定的条件下，每搏输出量增加可使动脉内容量加大，收缩压升高。与此同时，弹性管壁的扩张使舒张压也有所增大，但由于收缩压升高时血液流速加快，因此，舒张压升高不如收缩压升高那样明显。

当心率加快时，由于心舒期缩短，回心血量减少，使每搏输出量相应减少，如外周阻力不变，则使收缩压降低。

（2）外周阻力　外周阻力增加时，动脉血流向外周的阻力加大，使心舒期之末动脉内血量增加，因此，舒张压明显升高。同样，外周阻力降低时，舒张压也明显下降。

血液黏滞性是构成外周阻力的因素之一。当黏滞性增加（如动物脱水、大量出汗）时，血液密度加大，与血管壁之间以及血液成分之间的相互摩擦阻力也加大，这些因素都使血流的外周阻力加大。在其他条件恒定时，外周阻力加大，可使动脉血压升高。

（3）大动脉管壁弹性　大动脉管壁弹性扩张主要是起缓冲血压的作用，使收缩压降低，舒张压升高，脉搏压减少。反之，当大动脉硬化，弹性降低，缓冲能力减弱时，则收缩压升高而舒张压降低，使脉搏压加大。

（4）循环血量　循环血量增加可使血压升高，但主要使射血量增加，所以当其他因素不变时，也是以收缩压升高为显著变化。

在分析各种因素对血压影响时，都是在假定其他因素不变的情况下，某单个因素变化时对血压变化可能产生的影响。在整体情况下，只要有一个因素发生变化就会影响其他因素的变化，因此，血压的变化是各个因素相互作用的结果。在各种因素中，每搏输出量和外周阻力是影响血压变化最经常、最主要的因素。

（二）动脉脉搏

心室收缩时，血液射向主动脉，使主动脉内压在短时间内迅速升高，富有弹性的主动脉管壁向外扩张。心室舒张时，主动脉内压下降，血管壁又发生弹性回缩而恢复原状。因此，心室的节律性收缩和舒张使主动脉壁发生同样节律扩张和回缩的振动。这种振动沿着动脉管壁以弹性压力波的形式传播，形成动脉脉搏。通常临床上所说的脉搏就是指动脉脉搏。

由于脉搏是由心搏动和动脉管壁的弹性所产生，它不但能够直接反映心率和心动周期的节律，而且能够在一定程度上通过脉搏的速度、幅度、硬度、频率等特性反映整个循环系统的功能状态，所以检查动脉脉搏有很重要的临床意义。牛检查脉搏的部位通常在尾中动脉，而羊通常在股动脉。

(三) 静脉血压与静脉回流

1. 静脉血压

静脉血压是指静脉内血液对血管壁产生的侧压力。当循环血液流过毛细血管时，需消耗更多的能量克服外周阻力，因此到达微静脉部位的血流对管壁产生的侧压力已经很小，血压下降至 2.0~2.7kPa。由于静脉管壁薄、易扩张、容量大，较小的压力变化就能引起较大的容量改变，所以与动脉相比，在整个静脉系统中血压变化的梯度也很小。右心房作为体循环的终点，血压最低，接近于零。通常把右心房或胸腔内大静脉的血压称为中心静脉压，而把各器官静脉的血压称为外周静脉压。

中心静脉压的高低取决于心脏射血能力和静脉回心血量之间的相互关系。如果心脏功能良好，能将回心的血液及时地射入动脉，则中心静脉压较低；反之，心脏射血功能减弱时，血液淤积于右心房和腔静脉中，致使中心静脉压升高。另一方面，如果回心血量增加或静脉回液速度加快，也会使胸腔大静脉和右心房血液充盈量增加，中心静脉压升高。因此，在血量增加，全身静脉收缩，或因微动脉舒张而使外周静脉压升高等情况下，中心静脉压都可能升高。可见，中心静脉压是反映心血管功能的又一指标，有重要的临床意义。中心静脉压过低，常表示血量不足或静脉回流受阻。在治疗休克时，可通过观察中心静脉压的变化来指导输液。如果中心静脉低于正常值下限或有下降趋势时，提示循环血量不足，可增加输液量；如果中心静脉压高于正常值上限或有上升趋势时，提示输液过快或心脏射血功能不全，应减慢输液速度和适当使用增强心脏收缩力的药物。

2. 静脉回流

单位时间内由静脉回流心脏的血量等于心输出量。静脉对血流阻力很小，由微静脉回流至右心房的过程中，血压仅下降约 2.0kPa。动物躺卧时，全身各大静脉均与心脏处于同一水平，靠静脉系统中各段压差就可以推动血液流回心脏。但在站立时，因受重力影响血液将积滞在心脏水平以下的腹腔和四肢的末梢静脉中，这时需借助外在因素的作用促使其回流。主要的外在因素有骨骼肌的挤压作用和胸腔负压的抽吸作用。

(1) 骨骼肌的挤压作用　骨骼肌收缩时，对附近静脉起挤压作用，推动其中的血液推开静脉管壁上的静脉瓣，朝心脏方向流动。静脉瓣游离缘只朝心脏方向开放，因此肌肉舒张时静脉血不至于倒流。

（2）胸腔负压的抽吸作用 呼吸运动时胸腔内压产生的负压变化，也是促进静脉回流的另一个重要因素。胸腔内的压力是负压（低于大气压），吸气时更低，所以吸气时产生的负压可牵引胸腔内柔软而薄的大静脉管壁，使其被动扩张，静脉容积增大，内压下降，因而对静脉血回流起抽吸作用。此外，心舒期心房和心室内产生的较小负压，对静脉回流也有一定的抽吸作用。

（四）微循环

血液循环的主要功能是完成体内的物质运输，实现血液与组织细胞间的物质交换。血液与组织间的物质交换是在微动脉与微静脉之间的毛细血管网实现的，因此将微动脉和微静脉之间的血液循环称为微循环。

1. 微循环的组成及血流通路

典型的微循环是由微动脉、后微动脉、毛细血管前括约肌、真毛细血管、通血毛细血管、动-静脉吻合支和微静脉等部分组成（图2-96）。

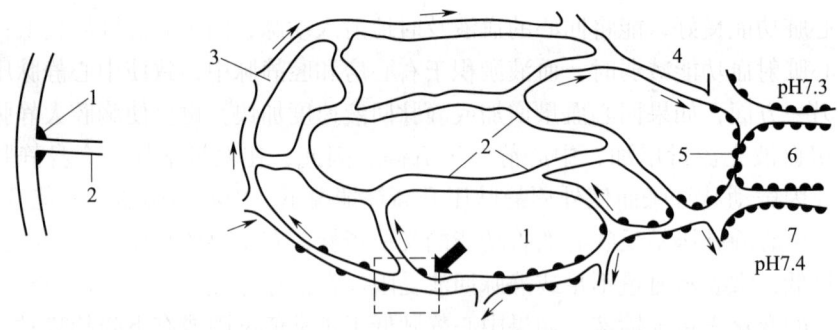

1—毛细血管前括约肌；2—真毛细血管；3—直捷通路；
4—微静脉；5—动静脉短路；6—小静脉；7—微动脉。

图2-96 微循环模式图

在微循环系统中，血液由微动脉到微静脉之间有3条不同的路径。

（1）直捷通路 血液经微动脉、后微动脉、通血毛细血管流入微静脉。此路径流程短，血流快，并经常处于开放状态，物质交换功能较小。主要功能是促使血液迅速通过微循环，以免全部滞留于毛细血管网中，影响回心血量。

（2）营养通路 又称为迂回通路，血液经微动脉、后微动脉、真毛细血管网流入微静脉。真毛细血管管壁薄，途径长，血流速度慢，通透性好，有利于物质交换，是血液与组织细胞进行物质交换的主要场所。

（3）动-静脉短路 血液经微动脉、动静脉吻合支流入微静脉。此通路管壁较厚,途径最短,血流速度快,但经常处于关闭状态。它基本无物质交换作用,但对体温调节有一定的作用。

2. 毛细血管的通透性

毛细血管壁由单层内皮细胞构成,外面由基膜包围,总厚度约为 0.5μm,位于细胞核的部位稍厚。内皮细胞之间相互连接处存在细微的裂隙,为沟通毛细血管内外的孔道。不同组织中毛细血管壁的通透性是不同的。例如,肝、脾和骨髓等处的毛细血管壁其裂隙较大,为不连续或窦性毛细血管,细胞、大分子及颗粒物质可通过其管壁。分布于皮肤、脂肪、肌肉组织、胎盘、肺及中枢神经系统等处的毛细血管,其内皮和基膜较完整,细胞之间连接紧密,为连续性毛细血管,水和脂溶性分子可直接通过内皮细胞,许多离子和非脂溶性小分子则必须由特异的载体转运。分布于肾、胃肠黏膜、胰腺、唾液腺、肠绒毛、胆囊、脉络等处的毛细血管,其内皮较薄,并有许多窗孔,为窗性毛细血管,不仅可让液体经黏合质间隙弥散,而且可通过窗孔大量转运。某些因素可改变毛细血管的通透性。例如,侵入体内的一些细菌毒素、昆虫毒和蛇毒等,可使毛细血管壁的孔隙增大,通透性增加;维生素 C 缺乏可引起内皮细胞间黏合质缺乏,毛细血管的通透性增加。

(五) 组织液和淋巴液

组织液分布在细胞的间隙内,是血液与组织细胞间物质交换的媒介。体内绝大部分组织液呈胶冻状,不能自由流动,它构成了组织细胞与血液之间进行物质交换的必需环境。

1. 组织液的生成与回流

组织液是血浆通过毛细血管管壁滤出而形成的。组织液形成后又被毛细血管壁重吸收回到血液中去,以保持组织液量的动态平衡(图 2-97)。毛细血管管壁薄,有较强的通透性,故除血细胞和大分子物质(如高分子蛋白质)外,水和其他小分子物质,如营养物质、代谢产物、无机盐等,都可以透过毛细血管壁。因此,组织液中各种离子成分与血浆相同,但蛋白质浓度明显低于血浆。

组织液的生成和重吸收,取决于以下 4 种因素:①毛细血管血压;②血浆胶体渗透压(简称血浆胶压);③组织静水压;④组织液胶体渗透压(简称组织液胶压)。其中,因素①和因素④是促使液体由毛细血管内向血管外滤过的力量,而因素②和因素③是将液体从血管外重吸收入毛细血管内的力量。滤过因素与重吸收因素之差称为有效滤过压。可用公式表示为:

生成组织液的有效滤过压 =(毛细血管血压 + 组织液胶压)-
（组织静水压 + 血浆胶压）

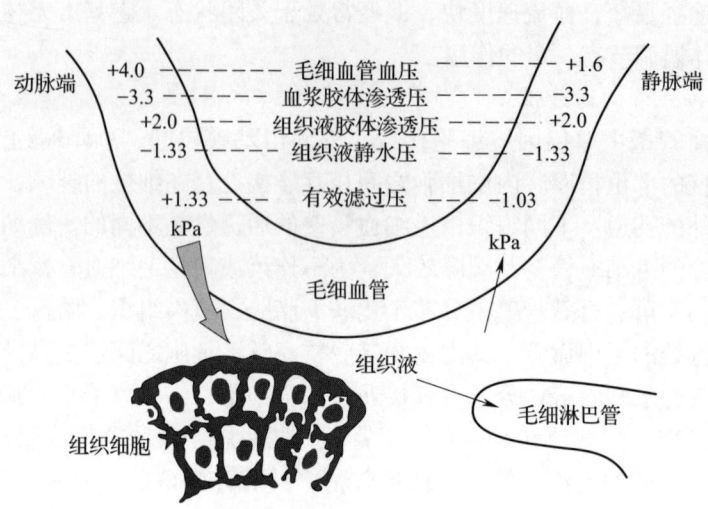

图 2-97 组织液生成与回流示意图

如果有效滤过压为正值,则血浆中的液体由毛细血管滤出,形成组织液;如果为负值,则组织液回流入血液。一般在毛细血管动脉端生成组织液,在静脉端大部分组织液回流入血液,部分组织液通过淋巴回流。

2. 影响组织液生成的因素

正常情况下,组织液生成和重吸收保持着动态平衡,使血容量和组织液量能维持相对稳定。一旦与有效滤过压有关的因素改变和毛细血管通透性发生变化,将直接影响组织液的生成。

(1)毛细血管压 凡能使毛细血管血压升高的因素都可促进组织液的生成。如肌肉运动及局部炎症时,可使组织液生成增加。

(2)血浆胶体渗透压 当血浆蛋白生成减少(如慢性消耗疾病、肝病等)或蛋白排出增加(如肾病)时,均可导致血浆蛋白减少,使血浆胶压下降,从而使组织液生成增加,甚至发生水肿。

(3)淋巴回流 由于一部分组织液经由淋巴管系统流回血液。当淋巴回流受阻(丝虫病、肿瘤压迫等)时,可导致局部水肿。

(4)毛细血管通透性 如出现烧伤、过敏反应时,可使毛细血管通透性增大,血浆蛋白可能漏出,使血浆胶压下降,组织液胶压上升,有效滤过压加大。

3. 淋巴回流

生成的组织液约90%在毛细血管静脉端回流入血,其余10%则进入毛细淋巴管,即成为淋巴液。

毛细淋巴管逐级汇集成小淋巴管和大淋巴管,在大、小淋巴管中都有瓣膜。瓣膜的作用是控制淋巴液作单向流动，即只能由外周向心脏方向流动。此外，骨骼肌收缩活动、邻近动脉的搏动等，均可推动淋巴液回流。

淋巴液回流具有重要的生理意义。首先，可以回收蛋白，因为血浆蛋白经毛细血管内皮细胞的胞吐作用转运到组织液后，不能由毛细血管壁重吸收，但能较容易地进入淋巴系统，流回血液。其次，淋巴回流可以协助消化管吸收营养物，如大部分脂质就是经过淋巴途径吸收的。此外，淋巴回流对调节体液平衡、清除组织中的异物等方面，也有重要的作用。

六、心血管活动的调节

（一）神经调节

1. 调节心血管活动的神经中枢

心血管系统的活动受到调节中枢的控制。

（1）基本中枢　心血管调节的基本中枢在延髓，维持正常血压水平和心血管反射活动。其中包括缩血管中枢、心加速中枢和心抑制中枢3个区域。当缩血管中枢、心加速中枢兴奋时，心搏动加速、血管收缩和血压升高。当心抑制中枢兴奋时，心搏动减慢、血管收缩活动降低、血压下降。正常情况下，缩血管中枢和心抑制中枢有很明显的紧张性活动，使机体全身血管保持一定程度的收缩状态，使心脏的活动速度及强度保持相对低的水平。心加速中枢很少出现紧张性活动，它们只是在特殊条件下才表现出明显的效应。

（2）高级中枢　分布在延髓以上的脑干部分以及大脑和小脑中，它们表现为心血管活动和机体其他功能之间更复杂更高级的整合。

2. 心脏和血管的神经支配

（1）支配心脏的神经　受到交感神经和副交感神经的双重支配。心交感节后神经元末梢释放的递质为去甲肾上腺素，能与心肌细胞膜上的 β 受体结合，可导致心率加快，房室交界的传导加快，心房肌和心室肌的收缩能力加强。

支配心脏的副交感神经是迷走神经的心脏支。心迷走神经节后神经末梢释放的递质乙酰胆碱作用于心肌细胞的 M 受体，可导致心率减慢，心房肌收缩能力减弱，心房肌不应期短，房室传导速度减慢。刺激迷走神经时，也能使心室肌的收缩减弱，但其效应不如心房肌明显。

（2）支配血管的神经　除真毛细血管外，血管壁都有平滑肌分布。绝大多数血管平滑肌都受植物神经支配，能引起血管收缩和舒张的神经纤维，分别是缩血管神经纤维和舒血管神经纤维。

除脑血管和心脏的冠状血管外，其余血管均受缩血管纤维支配。缩血管纤维来源于交感神经，其节后纤维末梢释放去甲肾上腺素，作用于血管平滑肌 α

受体，引起缩血管作用。

舒血管纤维主要有交感舒血管纤维和副交感舒血管纤维。交感舒血管纤维仅支配骨骼肌血管，其末梢释放乙酰胆碱，通过平滑肌 M 受体引起血管舒张。副交感神经舒血管纤维分别来源于面神经、迷走神经和盆神经，末梢递质也是乙酰胆碱，使其支配的各器官血管舒张。

3. 心血管反射

神经系统对心血管活动的调节，是通过各种心血管反射活动实现的。心血管系统本身存在压力和化学感受器，当机体处于不同生理状态如运动、姿势变换、应激等状况下，可引起心血管反射，使心输出量、各器官血管的收缩状况、动脉血压等发生相应的改变，以使循环功能与当时机体所处的状态或环境相适应。

（1）压力感受性反射 在颈动脉窦和主动脉弓处的管壁内有许多感受器，能感受到血管壁的机械牵张刺激，称为压力感受器或牵张感受器。当动脉血压升高时，动脉管壁被牵张，压力感受器传入的冲动增多，通过中枢机制，使迷走紧张加强，而心交感紧张和交感缩血管紧张减弱，其效应为心率减慢，心输出量减少，外周血管阻力降低，故动脉血压下降。反之，当动脉血压降低时，则引起相反的效应，使血压回升。

（2）化学感受性反射 在颈动脉窦和主动脉弓附近存在化学感受器，分别称颈动脉体和主动脉体。它们能感受到血液中 O_2 和 CO_2 浓度的变化。当血液中氢离子的浓度过高、二氧化碳分压过高、氧分压过低时，刺激化学感受器，冲动经传入神经传至延髓心血管中枢，使升压区兴奋，产生升压效应。正常情况下，化学感受器对日常血压调节不起重要作用，仅在低氧、窒息和酸中毒时才起调节作用。

另外，机体许多感受器的传入冲动，都可以反射性地影响心血管活动。例如，疼痛刺激能反射性引起心率加快、血管收缩、使血压上升；寒冷刺激反射性地使皮下血管收缩；运动时肌肉和关节等处的本体感受器传入冲动，也可使心率加快，内脏血管收缩，血压升高。

（二）体液调节

血液和组织中含有一些化学物质对心和血管活动进行调节称为体液调节。这些化学物质有的是内分泌腺分泌的激素，通过血液循环运送到机体各部发挥作用。有的是在组织中形成的，只对局部器官或组织起调节作用。

1. 肾上腺素和去甲肾上腺素

血液中的肾上腺素和去甲肾上腺素主要是由肾上腺髓质分泌，少量由交感神经末梢所释放。肾上腺素作用于心肌的 β 受体，使心肌活动增强和心输出量增加。作用于平滑肌的 α 受体和 β 受体，使皮肤、内脏等血管收缩，心脏和骨骼肌中的血管舒张，结果使平均动脉血压升高、骨骼肌血流量增加、皮肤和腹腔器官的血流量减少。去甲肾上腺素主要作用于血管平滑肌的 α 受体，引起血管平滑肌收缩，外周阻力增大和血压上升。

2. 肾素-血管紧张素

当肾血流量减少时，会引起肾小球旁器分泌一种酸性蛋白酶，称为肾素。肾素进入血液，与其他相应酶共同作用下，可将血浆内无活性的血管紧张素原相继转变为有活性的血管紧张素Ⅰ、血管紧张素Ⅱ及血管紧张素Ⅲ。血管紧张素Ⅰ能刺激肾上腺髓质释放肾上腺素和去甲肾上腺素，两者共同作用于心脏和血管，使血压上升；血管紧张素Ⅱ有极强的缩血管作用，约为去甲肾上腺素的40倍，它还能加强心肌的收缩力、增强外周阻力、升高血压；血管紧张素Ⅲ能刺激肾上腺皮质分泌醛固酮，醛固酮可刺激肾小管对钠的重吸收，增加体液总量，也会使血压上升。

项目八　认知免疫系统

知识目标

1. 掌握免疫系统的组成及免疫系统的功能。
2. 掌握中枢和周围免疫器官的结构、位置、形态及功能。
3. 掌握免疫细胞的分类及功能。
4. 掌握淋巴管的结构。
5. 掌握淋巴结的生理作用。

能力目标

1. 能在活体上识别畜体浅表淋巴结。
2. 能在活体或离体标本上识别各免疫器官。
3. 能在显微镜下识别淋巴结的组织结构。

思政目标

以常见动物淋巴结检疫任务为引导，培养学生积极运动和科学运动的意识，鼓励学生成为阳光健康的优秀青年。

工作项目

工作项目	家畜常见淋巴结检疫
前导知识	当病原体侵入动物机体后,首先进入管壁薄、通透性大的淋巴管,进而随淋巴液流向附近淋巴结内,在此被其吞噬、阻留或消灭,由于阻留病原体的刺激,淋巴结会呈现相应的病理变化如肿大、充血、出血、化脓、坏死等,病因不同,淋巴结的病理形态变化也不同,且往往在淋巴结中形成特殊的病变,故淋巴结的剖检在动物检疫过程中非常重要。
工作要求	(1)将填写任务工单一、任务工单二和任务工单三的空缺部分作为本项目学习的载体之一,为未来临床开展动物防疫检验及临床诊断打下基础。 (2)将任务工单一、任务工单二和任务工单三填写的答案拍照上传本章节的学习平台,作为平时成绩的组成部分。

学习任务

任务工单一

学习任务	猪胴体淋巴结检疫		
任务描述	在认识淋巴结结构、位置和形态的基础上,查阅资料,完成生猪屠宰后胴体淋巴结检疫。		
任务名称	序号	操作要领	操作方法
猪胴体淋巴结检疫	1	头部淋巴结	猪头部淋巴结主要有下颌淋巴结、腮淋巴结和咽后淋巴结。根据《生猪屠宰检疫规程》规定,必检淋巴结为下颌淋巴结,必要时剖检咽后外侧淋巴结。 猪放血致死后,烫毛剥皮前,沿放血孔纵向切开下颌区,检验者左手持钩,钩住切口左壁的中间部分,向左牵拉切口使其扩张。右手持刀将切口向深

续表

任务名称	序号	操作要领	操作方法
猪胴体淋巴结检疫	1	头部淋巴结	部_____（纵或横）切一刀，深达喉头软骨。再以喉头为中心，朝向下颌骨的内侧、左右各作一弧形切口，即可在下颌骨内沿、颌下腺下方，看到呈_____（形状）的左、右颌下淋巴结。视检有无肿大、坏死灶（紫、黑、灰、黄），切面是否呈砖红色，周围有无水肿、胶样浸润等。 1—咽喉头隆起；2—下颌骨切迹；3—颌下腺；4—颌下淋巴结。 **猪颌下淋巴结剖检术式图**
	2	胴体淋巴结	猪胴体淋巴结主要有颈浅背侧淋巴结、腹股沟淋巴结（母猪乳房淋巴结）、腹股沟深淋巴结、髂内淋巴结、髂下淋巴结和腘淋巴结等。根据《生猪屠宰检疫规程》规定，猪胴体必检淋巴结是腹股沟浅淋巴结，必要时剖检腹股沟深淋巴结、髂下淋巴结及髂内淋巴结。 　　猪腹股沟浅淋巴结位于最后一个乳头_____（上或下）方（肉尸倒挂时），3~6cm的皮下脂肪内。剖检时，检验者用钩钩住最后乳头稍上方的皮下组织向_____（内或外）侧牵拉，右手持刀从脂肪组织层正中切开，即可发现被切开的腹股沟浅淋巴结。

续表

任务名称	序号	操作要领	操作方法
猪胴体淋巴结检疫	2	胴体淋巴结	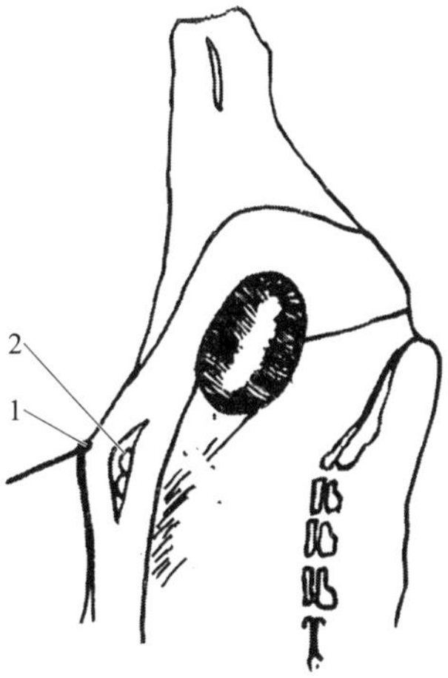 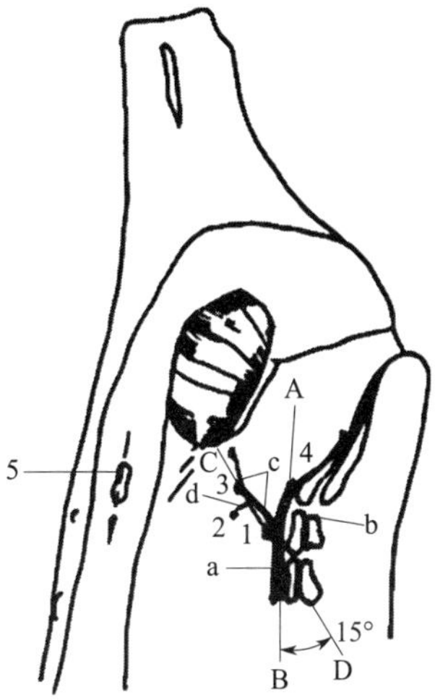 1—髂内淋巴结；2—髂内淋巴结； 3—腹股沟深淋巴结； 4—腹下淋巴结； 5—腹股沟深淋巴结； a—腹主动脉；b—髂内动脉； c—髂外动脉；d—旋髂深动脉； A—检疫钩钩住的部位； B—虚设水平线； C—股沟动脉起始部； D—虚设侧垂线。 1—检疫钩钩住部位； 2—切口中的淋巴结。 **猪腹股沟浅淋巴结检疫术式图**　　**猪腹股沟深淋巴结检疫术式图**
	3	内脏淋巴结	宰后检疫猪内脏时，主要检验支气管淋巴结、_____（器官）淋巴结、_____（器官）淋巴结和肠系膜淋巴结。
任务要求			答案填写完成后，将此任务工单拍照上传学习平台。

任务工单二

学习任务	比较猪、牛、羊脾脏的异同点
任务描述	下图中1是_____脾脏、2是_____脾脏、3是_____脾脏，结合标本、模型，试阐述猪、牛、羊脾脏的异同点。

续表

任务名称	任务内容
操作步骤	1　　2　　3
任务要求	答案填写完成后,将此任务工单拍照上传学习平台。

任务工单三

学习任务	活体触摸牛浅表常检淋巴结		
任务描述	在重点淋巴结结构、位置和形态的基础上,利用标本、图片、模型、活体动物、虚拟仿真软件等资源,找到牛常见浅表淋巴结。		
任务名称	序号	操作要领	操作方法
活体触摸牛浅表常检淋巴结	1	头部淋巴结	术者站于牛头部一侧,一手握其鼻中隔,另一手于其下颌支的_____(内或外)侧触诊下颌淋巴结。
	2	肩前淋巴结	术者站于牛颈部一侧,用一手于肩关节前方、臂头肌的_____(深或浅)层触诊肩前淋巴结。
	3	膝上淋巴结	术者站于牛一侧,一手按在脊柱作支点,另一手伸于膝关节的_____(上或下)方触诊膝上淋巴结。
任务要求	答案填写完成后,将此任务工单拍照上传学习平台。		

必备知识

免疫系统也称为淋巴系统,是机体保护自身的防御结构,由免疫器官、免疫组织和免疫细胞(核心成分是淋巴细胞)组成。淋巴细胞是经血液和淋巴液周游全身,从一处的淋巴器官或淋巴组织到另一处的淋巴器官或淋巴组织，使分散各处的淋巴器官和淋巴组织连成一个功能整体。免疫系统是生物在长期进化过程中与各种致病因子不断斗争而逐渐形成的，需抗原的刺激才能发育完善。免疫系统产生的免疫作用是机体的一种保护性反应，通过免疫防御、免疫稳定和免疫监视等抵抗病原微生物的入侵和维持机体内环境的稳定。

一、免疫器官

免疫器官包括中枢免疫器官和周围免疫器官。中枢免疫器官有骨髓、胸腺，它们是免疫细胞发生、分化和成熟的场所，其共同特点是发生早、退化早。周围免疫器官有淋巴结、脾、扁桃体和血淋巴结等，它们是T细胞、B细胞定居和抗原进行免疫应答的场所。

（一）中枢免疫器官

1. 骨髓

骨髓位于长骨的骨髓腔和骨松质的内隙内，是体内重要的造血器官。骨骼中的红骨髓可以生成血液中的一切血细胞，如骨髓中多数干细胞经过增殖和分化，成为髓系干细胞和淋巴系干细胞。髓系干细胞是粒细胞和单核吞噬细胞的前身；淋巴系干细胞则演变为淋巴细胞。淋巴细胞在骨髓内即可分化、成熟为B细胞，然后进入血液和淋巴，参与机体的免疫反应。

2. 胸腺

胸腺位于胸腔纵隔内和颈部，既是淋巴器官，又是内分泌器官。来自骨髓的淋巴干细胞在胸腺中受胸腺素和胸腺生成素等的诱导作用，增殖分化、成熟为具有免疫功能的T细胞，而后进入外周淋巴器官，参与细胞免疫活动。

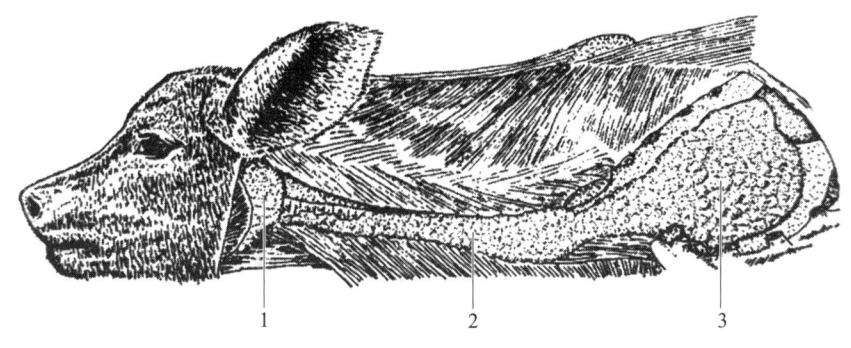

1—腮腺；2—颈部胸腺；3—胸部胸腺。

图 2-98 犊牛胸腺

小猪的胸腺很发达，位于颈部两侧和胸腔内心包的前方，呈淡粉红色，由结缔组织分隔成若干个小叶，大猪则逐渐退化。牛的胸腺为粉红色的分叶状器官，质地柔软。犊牛胸腺发达，分颈、胸2部。颈部分左、右2叶，自胸前口沿气管、食管向前延伸至甲状腺的附近；胸部位于心前纵隔内。胸腺在性成熟以后逐渐退化，即使在老年期，在胸腺原位的结缔组织中，仍可发现有胸腺遗迹。

（二）周围免疫器官

1. 脾

脾是体内最大的淋巴器官。

（1）脾的形态和位置　胎儿期脾有制造红细胞的功能，出生后失去制造红细胞的功能，开始制造淋巴细胞，参与机体免疫活动，衰老的红细胞在此处被破坏。不同家畜的脾因品种不同其形态存在差异（图2-99）。

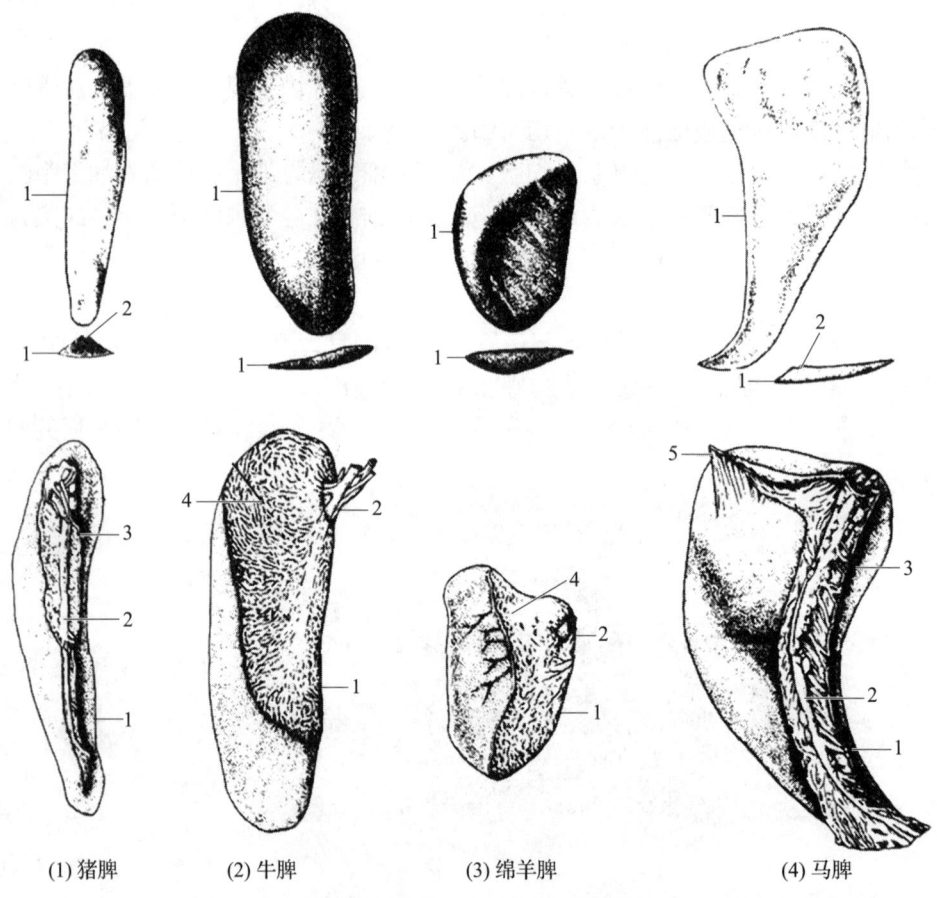

(1) 猪脾　　(2) 牛脾　　(3) 绵羊脾　　(4) 马脾

1—前缘；2—脾门；3—胃脾网膜；4—脾和瘤胃粘连处；5—脾悬韧带。

图2-99　家畜脾示意图（上图为壁面，中图为中断横断面，下图为脏面）

猪脾：长而狭窄，紫红色，质较软，位于瘤胃的左侧。

牛脾：为椭圆形，长而扁，蓝紫色，质较硬，位于瘤胃背囊的左前方。

羊脾：扁而略呈钝三角形，红紫色，质较软，位于瘤胃的左侧。

马脾：呈扁平镰刀形，上端宽大，下端狭小，蓝红色或铁青色，位于胃的左后方。

（2）脾的功能　通过淋巴细胞参与机体的免疫活动；通过巨噬细胞的吞噬作用，清除流经脾的血液中的微生物和异物。此外，脾还是体内重要的造血和储血器官。

2. 淋巴结

（1）淋巴结的形态位置　淋巴结位于淋巴管径路上，大小不一，多成群分布。形态有球形、卵圆形、扁圆形等。淋巴结在活体上呈淡红色，肉尸上略呈灰白色，淋巴结的一侧凹陷为淋巴结门，是血管、神经和淋巴管出入的地方；另一侧凸出，有多条输入淋巴管注入。淋巴结内有淋巴小结，是产生淋巴细胞和进行免疫反应的中心。当细菌或异物侵入体内，沿着淋巴管到淋巴结内，存在于淋巴结内及经血液运输来的免疫细胞聚集在一起，协同作战，消灭细菌或异物。此时，在外观上可见淋巴结肿大。

（2）淋巴结组织构造　淋巴结由被膜和实质构成。

①被膜：为覆盖在淋巴结表面的结缔组织膜。被膜伸入实质形成许多小梁并相互连接成网，与网状组织共同构成淋巴结的支架。进入淋巴结的血管沿小梁分布。

②实质：淋巴结的实质可分为皮质和髓质（图2-100）。

A. 皮质：位于淋巴结的外周，颜色较深。由淋巴小结、副皮质区和皮质淋巴窦组成。

a. 浅表皮质：由淋巴小结和薄层弥散淋巴组织组成，淋巴小结为主要结构，内含大量的B细胞和少量巨噬细胞、T细胞。淋巴小结生发中心的B细胞能分裂分化，产生新的B细胞。

b. 深层皮质：又称副皮质区，为浅层皮质与髓质之间的厚层弥散淋巴组织，主要由T细胞组成。

c. 皮质淋巴窦：包括被膜下窦和小梁周窦。被膜下窦位于被膜下，包绕整个淋巴结实质，小梁周窦位于小梁周围，窦壁由内皮细胞构成，腔内有许多网状细胞和巨噬细胞。

B. 髓质：位于中央部和门部，颜色较淡。由髓索和髓质淋巴窦组成。

a. 髓索：是排列呈索状的淋巴组织连接而成，彼此吻合成网状，其主要成分是B细胞，还有浆细胞和巨噬细胞。淋巴功能活跃时，淋巴索发达，浆细胞多，产生抗体，表现为髓索增粗。

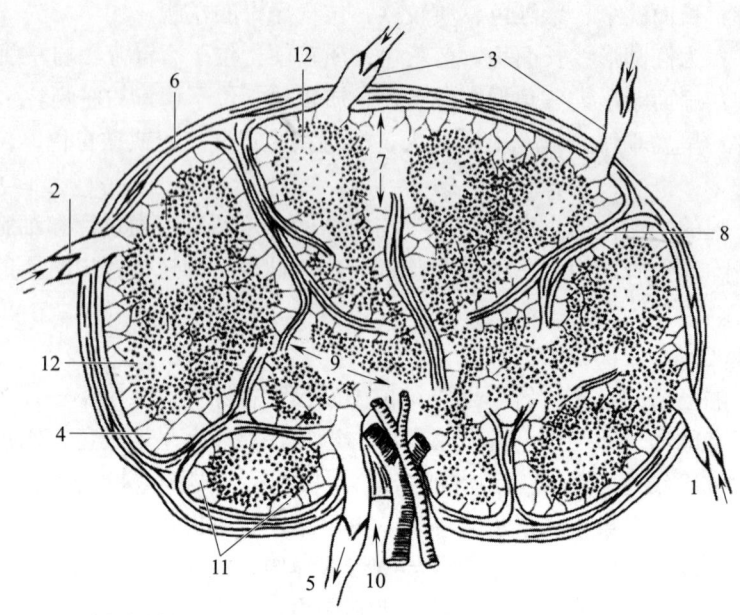

1—淋巴管；2—淋巴瓣；3—输入淋巴管；4—淋巴窦；5—输出淋巴管；6—被膜；
7—皮质；8—小梁；9—髓质；10—淋巴结门；11—小叶；12—淋巴小结。
图 2-100 淋巴结结构模式图

b. 髓质淋巴窦：位于髓索之间和髓索与小梁之间，结构与皮质淋巴窦相同，接受来自皮质淋巴窦的淋巴，并将淋巴汇入输出淋巴管。经淋巴结过滤后的淋巴中细菌和异物较少，而含有较多的淋巴细胞和抗体。

（3）淋巴结的功能 淋巴结是体内最重要、分布广泛的免疫器官，主要功能是产生淋巴细胞，滤过淋巴液，清除侵入体内的细菌和异物及产生抗体等。局部淋巴结肿大，常反映其收集区域有病变，对临床诊断如兽医卫生检疫有重要实践意义。此外，当抗原物质进入淋巴结后，即引起免疫应答，淋巴结内的 T 细胞和 B 细胞大量分裂增殖，产生效应 T 细胞和效应 B 细胞，分别参与细胞免疫和体液免疫。

（4）猪主要淋巴结分布（图 2-101、图 2-102）

①下颌淋巴结：呈卵圆形或扁椭圆形，位于下颌间隙的后部、颌下腺的前端，表面被腮腺覆盖。

②咽后外侧淋巴结：位于腮腺背侧后缘，部分或完全被腮腺后缘所覆盖，很难与颈浅腹侧淋巴结群分开。

③颈浅背侧淋巴结：位于肩关节前方、肩胛横突肌和斜方肌的下面，长 3~4cm。主要收集来自咽后外侧淋巴结、颈浅腹侧淋巴结与中侧淋巴结、前肢部分和猪体前部绝大部分组织的淋巴液，输出管走向器官淋巴管。

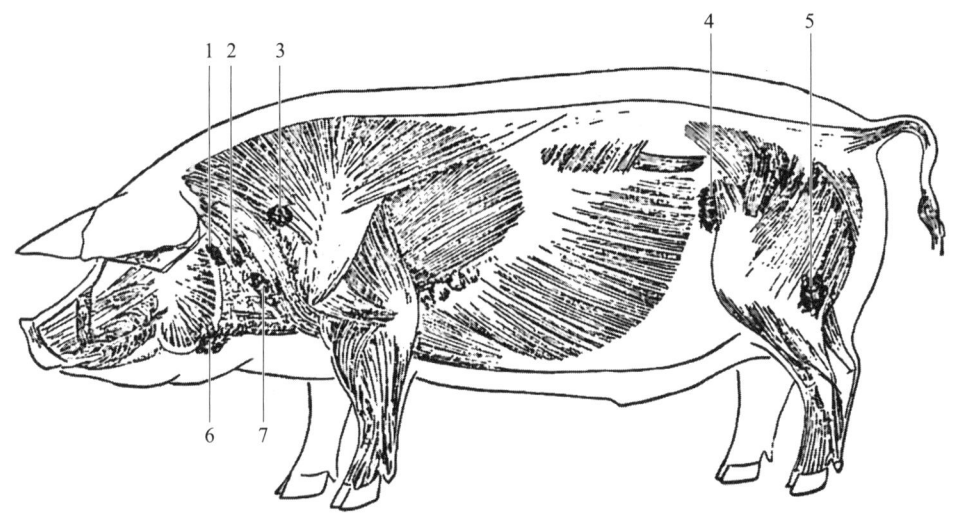

1—腮淋巴结；2—咽后外侧淋巴结；3—颈浅背侧淋巴结；4—髂下淋巴结；
5—腘淋巴结；6—下颌淋巴结；7—颈浅腹侧淋巴结。

图 2-101 猪全身浅表淋巴结

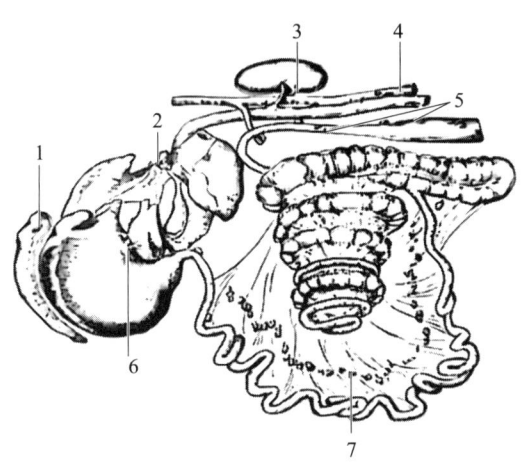

1—脾淋巴结；2—肝淋巴结；3—肾淋巴结；4—腰淋巴结；
5—结肠淋巴结；6—胃淋巴结；7—肠系膜淋巴结。

图 2-102 猪内脏淋巴结

④腹股沟浅淋巴结（母猪乳房淋巴结）：位于腹壁皮下脂肪内，在最后一个乳头稍上方 1～3cm 皮下脂肪层中部。主要收集猪后半部下方和侧方表层组织以及乳房和外生殖器官的淋巴液。输出管走向腹股沟深淋巴结、髂内淋巴结和髂外淋巴结。

⑤腹股沟深淋巴结：一般分布在髂外动脉分出旋髂深动脉后，进入股管以前的一段血管旁。有的靠近旋髂深动脉起始处，甚至与髂内淋巴结在一起，汇集猪体后半部的淋巴液，输出管走向髂内淋巴结，这组淋巴结缺少或并入髂内淋巴结。

⑥髂下淋巴结：又称股前淋巴结，位于髋关节和膝关节之间、阔筋膜张肌的前方、腹侧壁的皮下。收集腰荐部、腹侧壁、胸后侧壁和大腿外侧的皮肤和皮下组织的淋巴。输出管沿旋髂深动脉的分支向上延伸，注入髂内淋巴结。

⑦髂内淋巴结：位于倒数第1和倒数第2腰椎之间、旋髂深动脉起始部的前后，沿髂外动脉内外侧分布，或腹主动脉与旋髂深动脉的夹角中的一大群淋巴结。除了汇集腹股沟浅、深淋巴结及髂下淋巴结、腘淋巴结、腹下淋巴结和荐外侧淋巴结、肠系膜淋巴结的淋巴液外，还收集腰部、腹壁及后肢的淋巴液，输出管走向乳糜池。

⑧支气管淋巴结：分为左、右、中、尖叶4组，分别位于气管分叉的左方背面（背主动脉弓覆盖）、右方腹面、夹角的背面和尖叶支气管分叉的腹面（图2-103），通常检验的是左、右支气管两组淋巴结。

⑨肝（门）淋巴结：位于肝门周围，紧靠胰脏，被脂肪组织所包。

⑩肠系膜淋巴结：位于小肠系膜上，沿肠管走向呈串索状分布，数量较多。剖检肠系膜淋巴结，对检查肠型炭疽、肠结核以及小肠区段病原感染状况具有重要意义。

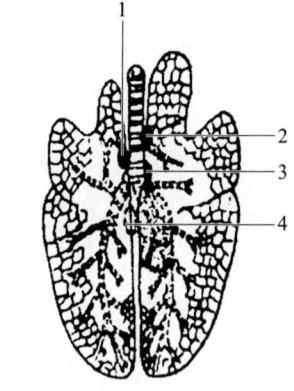

1—左支气管淋巴结；2—尖叶淋巴结；
3—右支气管淋巴结；4—中支气管淋巴结。

图2-103 猪肺脏主要淋巴结

（5）牛、羊主要淋巴结分布

①下颌淋巴结：牛有1~3个，位于下颌间隙内、血管切迹的后方，被胸下颌肌前部覆盖，其外侧与颌下腺前端相连。

②咽后外侧淋巴结：牛的咽后内侧淋巴结左右并列于咽的背外侧3~6cm处。

③颈浅淋巴结（肩前淋巴结）：位于肩关节前的稍上方、臂头肌和肩胛横突肌的下面，为脂肪层所包围，主要汇集前半部绝大部分组织的淋巴液。

④髂下淋巴结（股前淋巴结）：为一大而长的淋巴结，位于膝关节的前上方、阔筋膜张肌的前缘膝褶中。输入管收集腹侧壁、骨盆、股部、小腿部等处的淋巴，输出管汇入髂外侧淋巴结和髂内侧淋巴结。

⑤腹股沟深淋巴结：位于骨盆腔前口之旁、髂外动脉分出股深动脉起始部的上方。通常位于骨盆横经线稍下方骨盆边缘侧方2~3cm处，有时可向两侧上下移位。

⑥支气管淋巴结：分左、右、中、尖叶4组（中支气管淋巴结差不多半数的牛羊没有，约25%的牛羊还缺少右支气管淋巴结）。主要收集气管、相应的肺叶及胸部食道的淋巴液，输出管进入纵隔前淋巴结或直接走向胸导管。

⑦肠系膜淋巴结：位于肠系膜2层之间，呈串珠或彼此相隔数厘米散布在小肠系膜上。

⑧肝淋巴结：是成簇的淋巴结，位于肝门内，由脂肪和胰脏覆盖着，主要收集来自肝、胰、十二指肠的淋巴液。

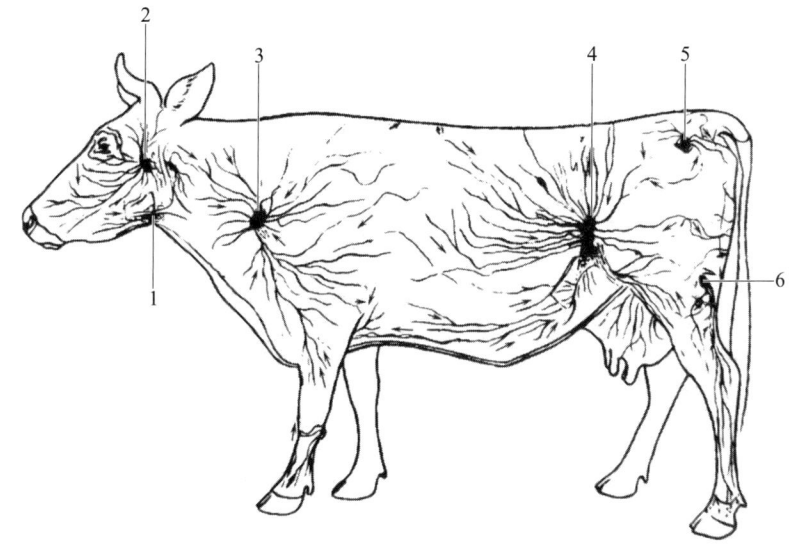

1—下颌淋巴结；2—腮腺淋巴结；3—颈浅淋巴结；
4—髂下淋巴结；5—坐骨淋巴结；6—腘淋巴结。

图 2-104　牛全身浅表淋巴结

3. 其他淋巴器官

（1）血淋巴结　呈球状，暗红色，较小，直径5～12cm，主要位于血液循环的径路上，结构与淋巴结相似，但无淋巴输入管和输出管，其中多充盈血液而无淋巴，有一定的造血和免疫功能。血淋巴结多见于牛、羊，但灵长类和马属动物也有分布。

（2）扁桃体　扁桃体在咽峡和鼻咽部的黏膜内，分为咽扁桃体和腭扁桃体，以腭扁桃体最发达。扁桃体呈卵圆形隆起，表面有很多清晰的隐窝。扁桃体无输入淋巴管又处于暴露位置，故抗原可从口腔直接感染。扁桃体的主要作用有2个，一是可产生淋巴细胞，二是对抗原起反应，构成全身防御系统的一部分。

4. 淋巴小结

在黏膜上皮下面的某些部位，有淋巴细胞密集形成的淋巴组织，称为淋巴小结。有的单个存在，称为孤立淋巴小结，有的集合成群，称为集合淋巴小结。

二、免疫细胞

（一）免疫细胞的种类

1. 淋巴细胞

淋巴细胞大小不一，一般在 $5\sim18\mu m$，胞核大，胞质少。它随血液周流全身，因而在机体的每个组织中都能找到。淋巴细胞不但能识别外来的"非己"物质，而且能辨别自己体内的成分，这种能力是淋巴细胞的主要特征，也是免疫反应的起点。现已发现的淋巴细胞有如下几种。

（1）T 细胞　是骨髓的淋巴干细胞在胸腺分化、成熟的淋巴细胞，也称胸腺依赖性淋巴细胞。该细胞成熟后进入血液和淋巴液，参与细胞免疫。

（2）B 细胞　是淋巴干细胞直接在骨髓分化、成熟的淋巴细胞，为骨髓依赖性淋巴细胞。B 细胞进入血液和淋巴后在抗原刺激下分化成浆细胞，产生抗体，参与体液免疫。

（3）K 细胞　是发现较晚的淋巴样细胞，分化途径尚不明确，具有非特异性杀伤功能。它能杀伤与抗体结合的靶细胞，且杀伤力较强。

（4）NK 细胞　又称自然杀伤细胞，它不依赖抗体，不需抗原作用即可杀伤靶细胞。尤其是对肿瘤细胞及病毒感染细胞，具有明显的杀伤作用。

2. 单核巨噬细胞系统

单核巨噬细胞系统是指分散在许多器官和组织中的一些具有很强的吞噬能力的细胞，这些细胞都来源于血液的单核细胞。主要包括疏松结缔组织中的组织细胞、肺内的尘细胞、肝血窦中的枯否氏细胞、血液中的单核细胞、脾和淋巴结内的巨噬细胞、脑和脊髓内的小胶质细胞等。血液中的中性粒细胞虽有吞噬能力，但不是由单核细胞转变而来，且只能吞噬细胞而不能吞噬较大的异物，因此不属于单核巨噬细胞系统。单核巨噬细胞系统的主要功能是吞噬侵入体内的细菌、异物以及衰老、死亡的细胞，并能清除病灶中坏死的组织和细胞；在炎症的恢复期参与组织的修复；肝脏中的枯否氏细胞还参与胆色素的制造等。

3. 抗原提呈细胞

抗原提呈细胞指在特异性免疫应答中，能够摄取、处理、传递抗原给 T 细胞和 B 细胞的细胞，其作用过程称为抗原提呈。有此作用的细胞主要有巨噬细胞、B 细胞、周围淋巴器官中的树突状细胞、指状细胞及真皮层中的朗格汉斯细胞等。

4. 粒细胞

中性粒细胞除具有吞噬细菌、抗感染能力外，尚可与抗原、抗体相结合，形成中性粒细胞-抗体-抗原复合物，从而大大加强对抗原的吞噬作用，参与机体的免疫过程；嗜碱性粒细胞主要参与体内的过敏性反应和变态反应；嗜酸性粒细胞与免疫反应过程密切相关，常见于免疫反应的部位，有较强的吞噬能力，抗寄生虫的作用也较强。

（二）免疫细胞的作用

淋巴细胞、巨噬细胞是免疫活动的骨干细胞。淋巴细胞能首先识别抗原为外来物，而后给以应答，不同的淋巴细胞采取不同的应答方式：一种是淋巴细胞分化为浆细胞，进而产生抗体；另一种是淋巴细胞分化成能执行细胞免疫的细胞，而后由这种细胞去直接破坏抗原。巨噬细胞的免疫则较少有特异性，其免疫方式主要是直接吞噬抗原，或以免疫原的形式将抗原提供给淋巴细胞群。巨噬细胞和淋巴细胞间相互作用，并与免疫系统发生广泛的联系。

三、淋巴

淋巴是无色或微黄色的液体，由淋巴浆和淋巴细胞组成（未通过淋巴结的淋巴无淋巴细胞）。淋巴是免疫系统重要的组成部分，与组织液、血液密切相关（图 2-105）。

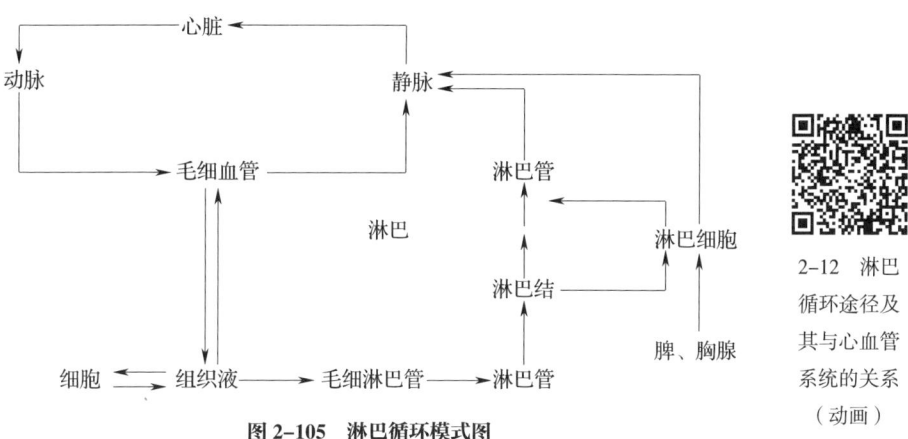

图 2-105　淋巴循环模式图

2-12　淋巴循环途径及其与心血管系统的关系（动画）

（一）淋巴的生成

淋巴是组织液透过毛细淋巴管壁进入毛细淋巴管而形成的。毛细淋巴管是以盲端起始于组织间隙，管壁极薄，通透性极强，允许较大的蛋白质分子和脂肪微粒直接进入淋巴管。在生理条件下，组织液压力大于毛细淋巴管内的压力，所以组织液可顺利进入毛细淋巴管盲端而生成淋巴。当运动时，血流量增大，静脉压升高，淋巴的生成速度也加快。

（二）淋巴管

淋巴生成后，沿毛细淋巴管—淋巴管—淋巴导管—前腔静脉或颈静脉回流到血液。

1. 毛细淋巴管

毛细淋巴管以盲端起始于组织间隙，并彼此吻合成网，通透性大于毛细血管，可使组织液中的大分子物质如细菌、异物等较易进入毛细淋巴管内。因此当动物受到感染时，其炎症病灶首先要在淋巴系统表现出来。

2. 淋巴管

淋巴管由毛细淋巴管汇合而成，其形态构造与静脉相似，但管径较细，数量较多，管壁较薄，管内瓣膜较多。淋巴管行进过程中要经过许多淋巴结。按所在位置，淋巴管可分成浅层淋巴管和深层淋巴管。前者汇集皮肤及皮下组织的淋巴液，多与浅静脉伴行；后者汇集肌肉、骨和内脏的淋巴液，多伴随深层血管和神经。

3. 淋巴干

淋巴干为机体一个区域内较大的淋巴集合管。淋巴管经过一系列的淋巴结后，汇集成较大的淋巴干，多与大血管伴行。

（1）气管淋巴干　伴随颈总动脉，分别收集左、右侧头颈、肩胛和前肢的淋巴，左气管淋巴干最后注入胸导管，右气管淋巴干注入右淋巴导管、前腔静脉或右颈外静脉。

（2）腰淋巴干　左、右侧各一条，由髂内侧淋巴结的输出淋巴管汇合而成，伴随腹主动脉和后腔静脉前行，收集部分腹壁、骨盆壁、后肢、盆腔内器官及结肠末端的淋巴，注入乳糜池。

（3）内脏淋巴干　由腹腔淋巴干和肠淋巴干汇合而成，注入乳糜池，有时两者分别单独注入乳糜池。腹腔淋巴干汇集脾、胃、肝、胰和十二指肠的淋巴，肠淋巴干汇集空肠、回肠、盲肠和大部分结肠的淋巴。

4. 淋巴导管

全身的淋巴管最后汇集成 2 条最大的淋巴导管，并与静脉血管相连接。

（1）胸导管　为全身最大的淋巴管，起始于最后胸椎到第 2、第 3 腰椎腹侧面的乳糜池（长梭形，是胸导管的起始段，收集肠道来的淋巴，因含有大量脂肪，呈乳白色，所以叫乳糜池），而后沿主动脉右侧前行，在胸腔通过食管和支气管左侧下行，注入前腔静脉左侧或左颈静脉。

乳糜池和胸导管沿途主要收集后肢、腹壁、腹腔、骨盆壁及骨盆腔内器官、左侧胸壁、左肺、左心、左头颈部、左前肢的淋巴。

（2）右淋巴导管　是由右侧头颈部、右前肢、右侧胸壁的淋巴导管汇集而成。右淋巴导管较胸导管短小，位于斜角肌深层，最后注入右颈静脉或前腔静脉右侧。

（三）淋巴的生理意义

淋巴是体液的重要组成部分，具有重要的生理意义。

1. 调节血浆和组织细胞之间的体液平衡

淋巴的回流虽然缓慢，但对组织液的生成与回流平衡却起着重要的作用。如果淋巴回流受阻，可引起淋巴淤积而出现组织液增多、局部肿胀等症状。

2. 免疫、防御、屏障作用

淋巴在循环、回流入血过程中，要经过免疫系统的许多器官，而且液体中含有大量免疫细胞，能有效地参与免疫反应，清除细菌、异物等抗原，产生抗体。所以，淋巴系统具有重要的免疫、防御、屏障作用。

3. 回收组织液中的蛋白质

由毛细血管动脉端滤出的血浆蛋白，不可能逆浓度差从组织间隙重吸收入毛细血管，只有经过淋巴回流，才不至于在组织液中堆积。据测定，每天经淋巴回流入血的血浆蛋白约占循环血浆蛋白总量的四分之一。

4. 运输脂肪

由小肠黏膜上皮细胞吸收的脂肪微粒，主要经肠绒毛内毛细淋巴管回收，然后经过乳糜池-胸导管回流入血。因而胸导管内的淋巴液呈现白色乳糜状。

项目九　认知神经系统

> **知识目标**

1. 了解神经系统的组成和功能。
2. 理解和掌握神经系统的常用术语。
3. 掌握家畜脑和脊髓的解剖结构特点。
4. 掌握交感神经与副交感神经的异同点。

> **能力目标**

1. 能识别家畜脑、脊髓的形态结构。
2. 掌握与临床疾病相关的重要的脊神经或脑神经名称和分布特点。

> **思政目标**

以中枢神经系统与外周神经系统的"支配与服从"关系为引导,帮助学生树立整体观念。

> **工作项目**

工作项目	狂犬病的认知
前导知识	狂犬病又称疯狗病,是人、畜共患的一种急性接触性传染病。特征是中枢神经系统高度兴奋,意识扰乱,随后呈现麻痹而死亡。病原是狂犬病毒。该病毒在犬体内的潜伏期一般为21d到

续表

前导知识	2个月，长的可达6个月。本病的主要易感动物是犬、人、各种家畜以及野兽，禽类也能感染本病。不分年龄和性别均对本病易感。绝大多数由咬伤传染，也可能因病犬唾液接触了损伤的皮肤和黏膜而传染。 　　牛、羊和猪的狂犬病临床症状基本相同。在病的前期表现沉郁，意识混乱，易受刺激，食欲反常，喜食异物。约经2d进入兴奋期，常咬人、畜，肌肉发生痉挛，下颌、咽喉麻痹，尾部麻痹下垂，叫声嘶哑，口流唾液。病畜口渴，但由于咽喉麻痹而不能饮水，呈紧张状态。持续2~3d转入麻痹期，机体消瘦，被毛散乱，行走摇摆，有明显的麻痹症状，如下颌下垂、舌吐出口外，肌肉持续发生痉挛。最后由于呼吸中枢麻痹而死亡。
工作要求	（1）将填写任务工单一（家畜狂犬病诊断方法）的空缺部分作为本项目学习的载体之一，积极探索、深度思考，助力高质量完成任务工单二，为未来临床开展家畜疾病诊疗打下基础。 （2）将任务工单一填写的答案拍照上传本章节的学习平台，作为平时成绩的组成部分。

> 学习任务

任务工单一

学习任务	完善家畜狂犬病诊断方法		
任务描述	在识别家畜神经系统海马角等器官的形态、构造、位置的基础上，查阅资料，完成家畜狂犬病诊断方法。		
任务名称	序号	诊断方法	操作方法
家畜狂犬病诊断方法	1	脑组织触片镜检	脑组织触片镜检：取病料的切面＿＿＿＿＿＿（部位）用载玻片轻压，制成触片，将未干的触片，浸于塞莱氏染色剂中染色1~5s（根据触片厚度而定），用水洗后，使其干燥后再镜检。内基氏小体染成樱桃红色，

续表

任务名称	序号	诊断方法	操作方法
家畜狂犬病诊断方法	1	脑组织触片镜检	嗜碱性组织与细胞核呈深蓝色，细胞浆呈蓝紫色，间质呈粉红色，红细胞呈古铜色，杂菌呈深蓝色，而神经不着色。
	2	组织学检查	触片不能见到内基氏小体，可将脑组织作病理切片后镜检。
	3	动物接种试验	在以上2种方法找不到内基氏小体后，可采取下法。将病料以1:10稀释制成乳剂（每毫升各加青霉素、链霉素1000IU），接种9只小白鼠，可在第5天和第7天各杀1只，检查内基氏小体（若有即可确诊），余者观察到第21天，若是狂犬病，经9~11d死亡，死前1~2d会出现兴奋和麻痹症状。
任务要求			答案填写完成后，将此任务工单拍照上传学习平台。

任务工单二

学习任务	脑、脊髓形态结构识别
任务描述	利用标本、图片、模型、活体动物、虚拟仿真软件等资源，识别脑、脊髓的形态、构造、位置。
操作步骤	（1）脑 ①脑的外部观察：利用标本、图片、模型、活体动物、虚拟仿真软件等资源，在脑的背侧面观察大脑半球、小脑半球、蚓部、脑沟、脑回。在脑的腹侧面观察嗅球、视神经交叉、脑垂体、大脑脚、脑桥和延髓。 ②脑的各部结构：在脑的正中矢状面上，观察胼胝体、灰质、白质、延髓、脑桥、中脑、间脑及脑室等。 （2）脊髓 利用标本、图片、模型、活体动物、虚拟仿真软件等资源，识别脊髓的外部形态和分段，观察背正中沟、腹正中裂、颈膨大、腰膨大、脊髓圆锥和马尾。

> 必备知识

一、神经系统构造

神经系统是畜体的调节系统，它既能调节畜体内各器官系统的活动，使之协调成为统一整体，又能使畜体适应外界环境的变化，保证畜体与环境间的相对平衡，以维持生命的正常进行。神经系统的组成如图2-106所示。

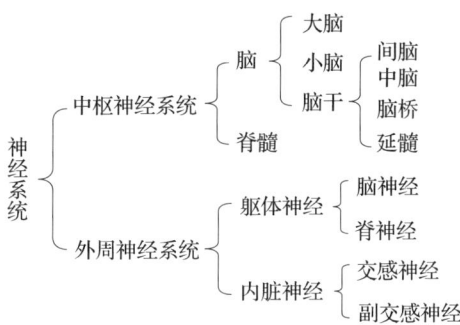

图2-106 神经系统的组成

（一）中枢神经系统

1. 脊髓

（1）脊髓的位置与形态　脊髓位于脊椎管内，呈上下略扁的圆柱状。前端经枕骨大孔与延髓相连，后端至荐骨中部，逐渐变细呈圆锥形，称脊髓圆锥。脊髓末端有一根细长的终丝。脊髓分为颈、胸、腰和荐4部分，各段粗细不一，有2个膨大：颈、胸交界处形成颈膨大，由此发出支配前肢的神经；腰、荐交界处的腰膨大，由此发出支配后肢的神经。由于脊柱比脊髓长，荐神经和尾神经要在椎管内向后延伸一段，才能到达相应的椎间孔，它们包围脊髓圆锥和终丝，呈马尾状，称为马尾，有固定脊髓的作用。

脊髓背侧有一背正中沟，腹侧有一正中裂。脊髓两侧发出成对的脊神经根，每一脊神经根又分为背侧根和腹侧根。较粗的背侧根上有一膨大部，称脊神经节，是感觉神经元的胞体所在处，在此发出感觉神经纤维，专管感觉，又称感觉根；腹侧根是由腹角运动神经元发出运动神经纤维，专管运动，称为运动根。背侧根和腹侧根在椎间孔处合并为脊神经出椎间孔。

（2）脊髓的内部结构　脊髓中部为灰质，呈蝴蝶型，颜色灰暗；外周为白质，颜色较浅。灰质中央是脊髓中央管，前通第四脑室，后达终丝的起始部，在脊髓圆锥内扩张形成终室，内含脑脊髓液（图2-107）。

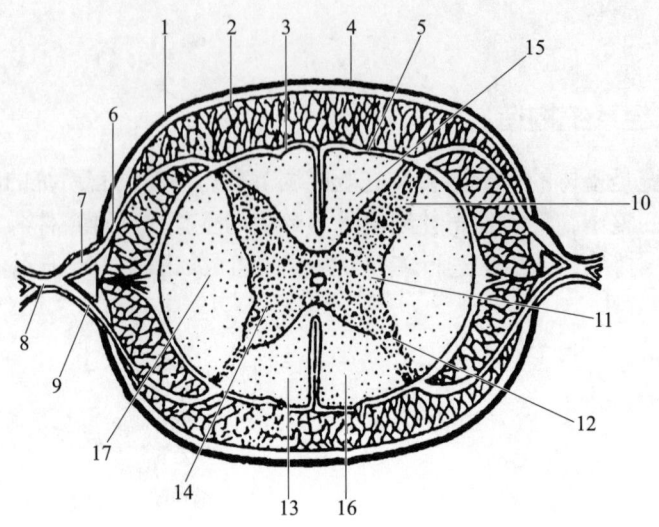

1—硬膜；2—蛛网膜；3—软膜；4—硬膜下腔；5—蛛网膜下腔；6—背侧根；7—脊神经节；
8—脊神经；9—腹侧根；10—背角；11—侧角；12—腹角；13—白质；
14—灰质；15—背索；16—腹索；17—侧索。

图 2-107 脊髓横断面模式图

①灰质：颈、胸、腰、荐各段脊髓灰质的大小、形态均不同。从横断面上看，灰质分为 1 对背角和 1 对腹角，在胸腰段脊髓灰质还形成 1 个侧角。从脊髓纵向观，背角形成背侧柱，腹角形成腹侧柱，侧角形成侧柱。灰质主要是由神经元的胞体构成。背角主要含联络神经元的胞体，腹角主要含运动神经元的胞体，侧角主要含交感神经元的胞体。

②白质：主要由神经纤维构成，被灰质分成背侧索、腹侧索和外侧索。背侧索位于 2 个背侧柱及背正中沟之间，主要由感觉神经元发出的上行纤维束构成，有传导本体感觉的作用；腹侧索位于 2 个腹侧柱及腹正中裂之间，主要由运动神经元发出的下行纤维束构成，腹侧索内的神经束主要是传导运动；外侧索位于背侧柱和腹侧柱之间，它们均由脊髓背侧柱的联络神经元的上行纤维束和来自大脑与脑干的中间神经元的下行纤维束构成。一般靠近灰质柱的白质都是一些短的纤维，主要联络各段的脊髓。

（3）脊髓的功能

①传导功能：全身（除头外）深、浅部的感觉以及大部分内脏器官的感觉，都要通过脊髓白质才能传导到脑，产生感觉。而脑对躯干、四肢横纹肌的运动以及部分内脏器官的支配调节，也要通过脊髓白质的传导才能实现。脊髓受损伤时，其上传下达功能便发生障碍，引起一定的感觉障碍和运动失调。

②反射功能：在正常情况下，脊髓反射活动都是在脑的控制下进行的。脊

髓的灰质内也有许多低级反射中枢,如肌肉的牵张反射中枢,排尿、排粪中枢以及性功能活动的低级反射中枢。

2. 脑

脑是神经系统的高级中枢,位于颅腔内,大小与颅腔相适应,在枕骨大孔处与脊髓相连。脑分为大脑、小脑和脑干3部分。大脑位于前方,脑干位于大脑和脊髓之间,小脑位于脑干背侧(图2-108、图2-109)。

(1) 脑干 脑干是由延髓、脑桥、中脑及其前端的间脑所构成。脑干后连脊髓,前接大脑,是脊髓与大脑、小脑连接的桥梁。

①延髓:脊髓向前的延续,形似脊髓,腹侧正中线两侧各有一纵行的由运动神经纤维束形成的隆起,称为锥体。锥体的大部分运动神经纤维束在其后部向对侧交叉,称为锥体交叉。延髓背侧面的前部扩展,形成第四脑室底壁后半部分。背侧及两侧各有一股纤维束,连于小脑。延髓在功能上是生命中枢所在地,呼吸、心血管活动等均直接由延髓控制,它还有与唾液分泌、吞咽、呕吐等活动有关的神经中枢。

②脑桥:脑桥位于小脑的腹侧,后端与延髓相连,前端连中脑,分为背侧部和腹侧部。腹侧为横向隆起,内含横向纤维,是连接中枢神经系统前后各部和小脑的重要通道。背侧部构成第四脑室底壁的前部。

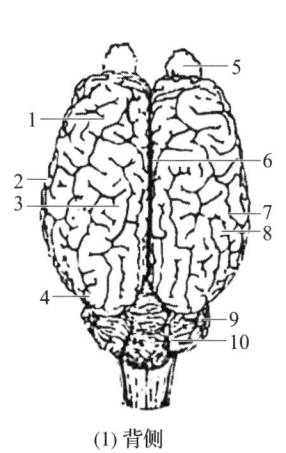 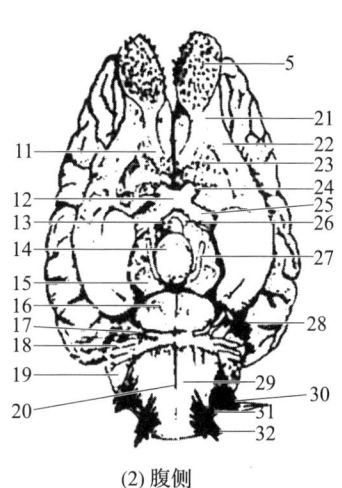

(1) 背侧　　　　　　　　　(2) 腹侧

1—额叶;2—颞叶;3—顶叶;4—枕叶;5—嗅球;6—大脑纵裂;7—脑沟;8—脑回;9—小脑半球;
10—小脑蚓部;11—内侧嗅回;12—视神经交叉;13—漏斗;14—脑垂体;15—大脑脚;16—脑桥;
17—外展神经;18—位听神经;19—小脑绒球;20—腹正中裂;21—嗅总回;22—外侧嗅回;
23—嗅三角;24—视神经;25—视束;26—灰结节;27—动眼神经;28—三叉神经;29—锥体;
30—舌咽、迷走、副神经;31—副神经脊髓根;32—舌下神经。

图2-108　牛脑(背侧、腹侧)

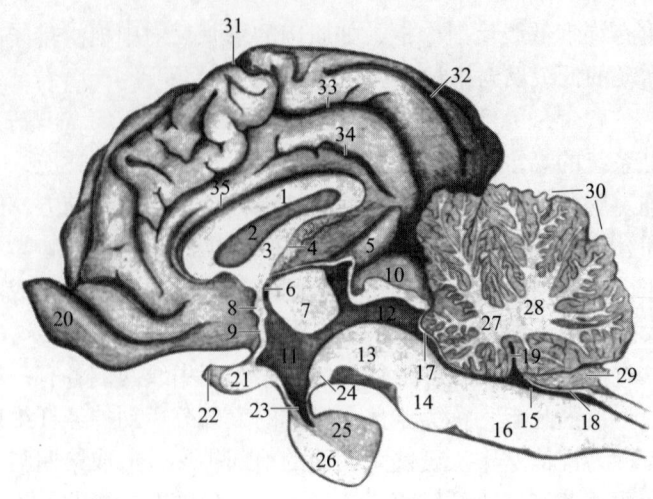

1—胼胝体；2—透明隔；3—穹窿；4—第三脑室脉络丛；5—松果体；6—室间孔；
7—丘脑中间块；8—前联合；9—灰质终板；10—中脑顶盖；11—第三脑室；12—中脑导水管；
13—大脑脚；14—脑桥；15—第四脑室；16—延髓；17—前髓帆；18—后髓帆；19—第四脑室盖隐窝；
20—嗅球；21—视交叉；22—视神经；23—神经垂体隐窝（漏斗隐窝）；24—乳头体；25—神经垂体；
26—腺垂体；27—小脑髓树前干；28—小脑髓树后干；29—第四脑室脉络丛；30—小脑；31—冠状沟；
32—压上沟；33—压沟；34—内压沟；35—胼胝体沟。

图 2-109　牛脑（正中切面）

③中脑：位于脑桥和间脑之间。腹侧面有 2 条短粗纵行纤维柱，称为大脑脚；背侧面有 4 个丘形隆起，称为四叠体。前方一对较大，称前丘，与视觉反射有关；后方的一对较小，称后丘，与听觉反射有关。四叠体和大脑脚之间有中脑导水管，前接第三脑室，后通第四脑室。

④间脑：位于中脑与大脑之间，前外侧被大脑半球所遮盖，内有第三脑室，主要包括丘脑和下丘脑。

丘脑：为一对卵圆形的灰质团块，其内侧面彼此靠近以中间块相连，在灰质块间的矢状面有一环形间隙，称为第三脑室，其前方经左、右脑室间孔，通入大脑半球内的侧脑室后方经中脑导水管与第四脑室相通。丘脑后部外侧有 2 个隆起，分别称为内侧膝状体和外侧膝状体。前者是听觉冲动通向大脑皮质的联络站，后者是视觉冲动向大脑皮质传递的联络站。在丘脑的背侧后方与中脑的四叠体之间，有一椭圆形小体，称松果体，属于内分泌腺。

下丘脑（丘脑下部）：位于丘脑腹侧，包括第三脑室侧壁下部的一些灰质核团，以及视神经交叉、灰结节、漏斗、脑垂体、乳头体等结构。下丘脑还含有视上核、室旁核，它们分别能释放抗利尿激素和催产素。下丘脑是较高级的调节内脏活动的中枢。

（2）小脑　小脑近似球形，位于大脑后方，在延髓和脑桥的背侧，其表面有许多沟和回。小脑被 2 条纵沟分为中间较窄且卷曲的蚓部和两侧膨大的小脑半球。小脑的表面为灰质，称小脑皮质；深部为白质，称小脑髓质，呈树枝状分布。髓质中有数对分散存在的神经核。小脑是运动的重要调节中枢，在维持身体平衡上也起着重要作用。

（3）大脑　大脑又称端脑，主要由左、右 2 个完全对称的大脑半球组成。2 个大脑半球由巨大的横行纤维束构成的胼胝体相连。两个大脑半球内分别有一个呈半环形狭窄腔隙，称为侧脑室，两侧脑室分别以室间孔与第三脑室相通。每侧大脑半球包括顶部的大脑皮质、内部的白质和基底核以及前底部的嗅脑等结构。

①皮质：大脑皮质是覆盖在大脑半球表面的灰质层，表面有很多沟状凹陷，称为脑沟，脑沟之间有弯曲的隆起称为脑回，可增加大脑皮质的面积。每个大脑半球根据功能和位置的不同，可分 5 个叶，即额叶、顶叶、颞叶、枕叶、边缘叶。

②白质：大脑半球的白质位于皮质深面，主要由 3 种纤维组成。

连合纤维：联系左、右大脑半球的横向神经纤维，构成胼胝体。

联络纤维：联系同侧大脑半球各部之间的神经纤维。

投射纤维：大脑皮质与皮质下中枢相联系的神经纤维，分上行（感觉）和下行（运动）2 种，这些纤维都集中通过内囊。

以上这些纤维把脑的各部分与脊髓联系起来，再通过外周神经与各个器官联系起来，因而大脑皮质能支配所有的活动。

③基底核：为大脑半球基底部的灰质核团，主要有尾状核和豆状核，两核之间有白质（上、下行的投射纤维）构成的囊。尾状核、内囊和豆状核都有灰、白质相间的条纹，称为纹状体。一般认为，纹状体是锥体外系统发放冲动的一个重要联络站。基底核在大脑皮质控制下可调节骨骼肌的运动。

④嗅脑：为大脑皮质中的古老部分，主要包括位于大脑腹侧前端的嗅球、沿大脑腹侧面延续的嗅回以及梨状叶、海马等部分。其中有些结构与嗅觉有关，有些则与嗅觉无关，属于大脑边缘系统，具有更为复杂的功能。

3. 脑脊膜、脑脊液和血管

（1）脑脊膜　脑和脊髓表面都包被有 3 层结缔组织膜，由内向外依次为软膜、蛛网膜和硬膜。它们有保护、支持脑和脊髓的作用。

①软膜：较薄，富含血管，紧贴于脑和脊髓表面，分别称为脑软膜和脊软膜。软膜上的毛细血管突入各脑室腔内形成脉络丛，可产生脑脊液。

②蛛网膜：薄而透明，以纤维与软膜相连。其与软膜之间的腔隙称为蛛网膜下腔，内有脑脊液，通过第四脑室侧孔及中间孔与脑室相通。

③硬膜：为一层较厚而坚韧的致密结缔组织。在脑部，脑硬膜紧贴颅腔

壁，无间隙。在脊髓，脊硬膜与椎管内骨膜之间形成的腔隙称为硬膜外腔，腔内充满大量的脂肪和疏松结缔组织。兽医临床上常用硬膜外腔麻醉的方法麻醉脊神经根。硬膜与蛛网膜之间的腔隙称为硬膜下腔（图2-110）。

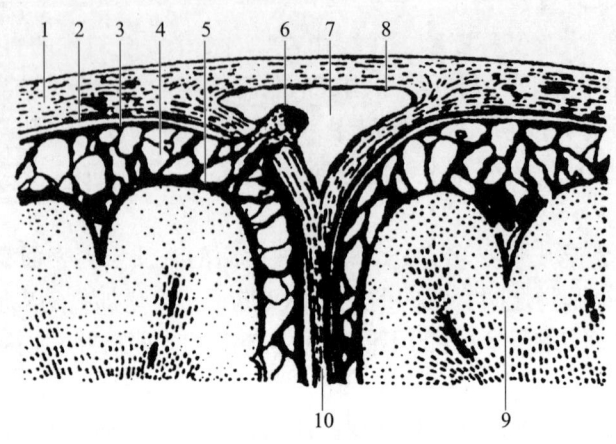

1—硬膜；2—硬膜下腔；3—蛛网膜；4—蛛网膜下腔；5—软膜；6—蛛网膜绒毛；7—静脉窦；8—内皮；9—大脑皮质；10—大脑镰。

图 2-110 脊髓及脊髓膜的形态结构

（2）脑脊液 是由各脑室脉络丛产生的无色透明液体，充满于脑室、脊髓中央管和蛛网膜下腔。脑脊液的主要作用有维持脑组织渗透压和颅内压的相对恒定；保护脑和脊髓，减少或免受外力的振荡；供给脑组织的营养；参与代谢产物的运输等。当机体发生病变时，脑脊液的成分和压力会发生变化，故临床上进行"腰穿"，抽取脑脊液进行检查，协助对某些疾病作出判断。

（3）脑、脊髓的血管 脑的血液主要来自颈动脉和枕动脉，这些动脉在脑底部吻合成一动脉环，由此分出小动脉分布于脑。脊髓的血液来自椎动脉、肋间动脉和腰动脉等脊髓分支，在脊髓腹侧汇合成一脊髓腹侧动脉，它沿腹正中裂延伸，分布于脊髓。静脉血则汇入颈内静脉和一些节段性的同名静脉。脑（脊髓）毛细血管具有特定的渗透功能，可限制某些物质进入脑组织，即为血-脑屏障。血-脑屏障可防止毒物进入脑内损害神经细胞，维持神经系统内环境的相对稳定。

（二）外周神经系统

外周神经系统是神经系统的外周部分，即除脑、脊髓以外，所有神经干、神经结、神丛及神经末梢的总称。它们一端连于脑或脊髓，另一端同畜体各器官感受器官或效应器相连。根据连接部位和分布范围不同，外周神经系统可分为脑神经、脊神经和内脏神经。

1. 脑神经

脑神经是指由脑发出的外周神经，共有 12 对，大多数从脑干发出。按其与脑相连的部位先后顺序以罗马数字Ⅰ~Ⅶ表示。根据所含纤维传递功能不同，分为感觉神经（Ⅰ、Ⅱ、Ⅶ）、运动神经（Ⅲ、Ⅳ、Ⅵ、Ⅺ、Ⅻ）及混合神经（Ⅴ、Ⅶ、Ⅸ、Ⅹ）。脑神经的基本情况见表 2-9。

表 2-9 脑神经分布简表

名称	与脑联系部位	性质	分布部位	功能
Ⅰ嗅神经	嗅球	感觉	鼻黏膜嗅区	嗅觉
Ⅱ视神经	间脑	感觉	视网膜	视觉
Ⅲ动眼神经	中脑	运动	眼球肌	眼球运动
Ⅳ滑车神经	中脑	运动	眼球肌	眼球运动
Ⅴ三叉神经	脑桥	混合	头部肌肉、皮肤、泪腺结膜、口腔齿髓、舌、鼻腔等	头部皮肤、口、鼻腔、舌等感觉，咀嚼运动
Ⅵ外展神经	延髓	运动	眼球肌	眼球运动
Ⅶ面神经	延髓	混合	鼻唇肌、耳肌、眼睑肌、唾液腺等	面部感觉、运动，唾液的分泌
Ⅷ位听神经	延髓	感觉	内耳	听觉和平衡感
Ⅸ舌咽神经	延髓	混合	舌、咽	咽肌运动、味觉、舌部感觉
Ⅹ迷走神经	延髓	混合	咽、喉、食管、胸腔、腹腔内大部分器官和腺体等	咽、喉和内脏器官的感觉和运动
Ⅺ副神经	延髓和颈部脊髓	运动	斜方肌、臂头肌、胸头肌	头、颈、肩带部的运动
Ⅻ舌下神经	延髓	运动	舌肌	舌的运动

脑神经名称的记忆口诀：一嗅二视三动眼，四滑五叉六外展，七面八听九舌咽，十迷一副舌下全。

2. 脊神经

脊神经都是混合神经，含有感觉纤维和运动纤维，由椎管中的背侧根（感觉根）和腹侧根（运动根）自椎间孔或椎外侧孔穿出汇合而成，分为背侧支和腹侧支。背侧支分布于脊柱背侧的肌肉和皮肤，腹侧支分布于脊柱腹侧和四肢的肌肉和皮肤。

脊神经按照从脊髓发出的部位，分为颈神经、胸神经、腰神经、荐神经和尾神经，与脊柱呈对应关系。脊神经分布很广，现将生产和临床中常用脊神经腹侧支的分支分布情况介绍如下。

(1) 躯干神经（图2-111）

①膈神经：由第Ⅴ、第Ⅵ、第Ⅶ对颈神经腹侧支联合而成，经胸前口入胸腔，沿纵隔后行，分布于膈。

②肋间神经：为胸神经腹侧支。在每一肋间沿肋间动脉后缘下行，分布于肋间肌。其中最后一对肋间神经在第1腰椎横突末端前下缘进入腹壁，分布于腹肌和腹部皮肤，及阴囊皮肤、包皮或乳房等处。

③髂下腹神经（髂腹后神经）：为第1腰神经腹侧支。牛的经过第2、第3腰椎横突之间进入腹壁肌肉，分布于腹肌和腹皮肤。

④腹股沟神经：为第2腰神经的腹侧支。牛沿第4腰椎横突末端的外侧缘延伸于腹肌之间，分布于腹肌、腹壁和股内侧皮肤。

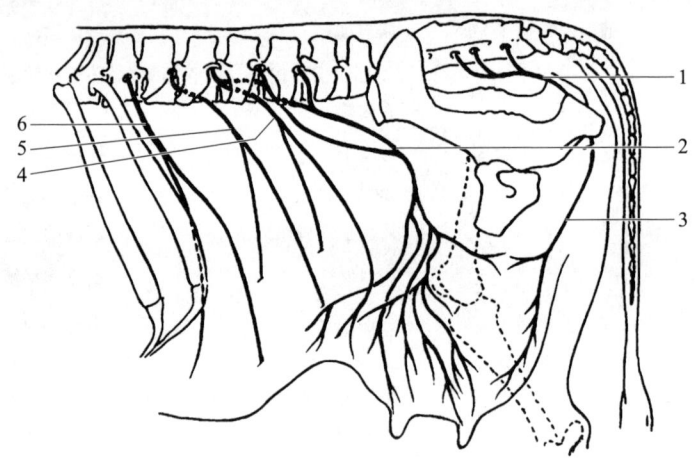

1—阴部神经；2—精索外神经；3—会阴神经的乳房支；
4—髂腹股沟神经；5—髂下腹神经；6—最后肋间神经。

图2-111 母牛的腹壁神经

(2) 前肢神经

分布于前肢的神经（图2-112）由臂神经丛发出。牛的臂神经丛是由最后3对颈神经腹侧支和第1对胸神经腹侧支联合而成，位于肩关节内侧。由此丛发出的神经有肩胛上神经、肩胛下神经、腋神经、桡神经、尺神经和正中神经等。其中正中神经是前肢最长的神经，由臂神经丛向下延伸到蹄。

(3) 后肢神经

分布于后肢的神经（图2-113）由腰荐神经丛发出。腰荐神经丛由后3对腰神经及前2对荐神经的腹侧支构成，位于腰荐部腹侧。由腰荐神经丛发出的神经有股神经、坐骨神经、胫神经、腓神经、跖内侧神经和跖外侧神经。其中坐骨神经为全身最粗大的神经。

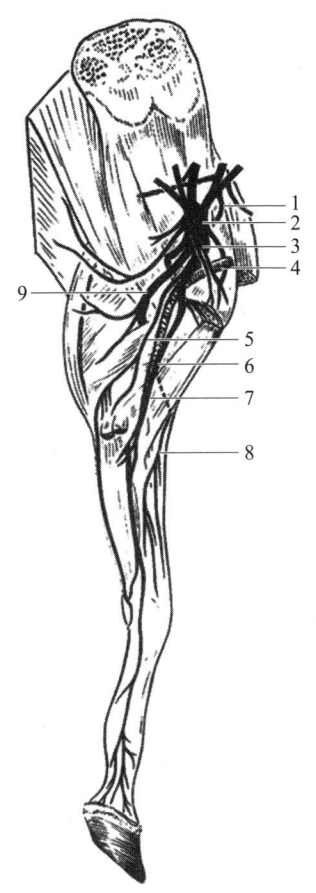

1—肩胛上神经；2—臂神经丛；3—腋神经丛；4—腋动脉；
5—尺神经；6—正中神经和肌皮神经总干；7—正中神经；
8—肌皮神经皮支；9—桡神经。

图 2-112 牛前肢神经图（内侧面）

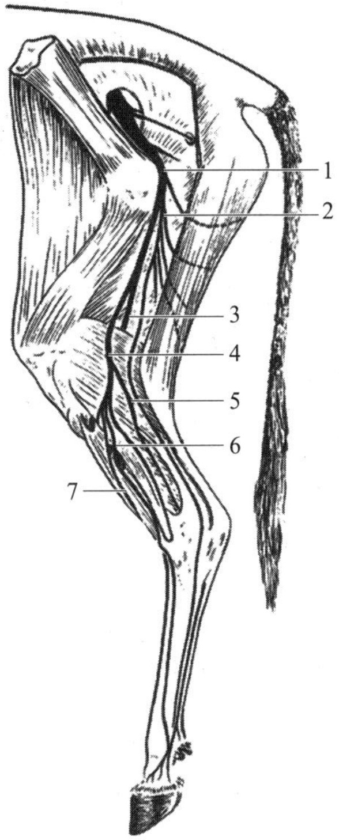

1—坐骨神经；2—肌支；3—胫神经；
4—腓总神经；5—小腿外侧皮神经；
6—腓浅神经；7—腓深神经。

图 2-113 牛后肢神经图

3. 内脏神经

主要分布到内脏的神经，称为内脏神经，由于其不受意识控制，亦称为植物神经。内脏神经也由感觉神经（传入神经）和运动神经（传出神经）组成。感觉神经的背侧根入脊髓，或随同相应的脑神经入脑。通常所讲的内脏神经是指其运动神经。内脏神经又可分为交感神经和副交感神经。

（1）内脏神经的特征 内脏神经与躯体神经的运动神经相比，在结构和功能上有以下特点。

①躯体运动神经支配骨骼肌，管理随意运动；内脏运动神经支配平滑肌、心肌和腺体，管理不随意运动。

②躯体神经从中枢发出后直接到达所支配的骨骼肌；内脏神经从中枢发

出，不直接到达效应器，需更换一个神经元，第二个神经纤维才能到达所支配的效应器。第一个神经元在中枢，发出的纤维称为节前纤维；第二个神经元在神经节中，发出的纤维称为节后纤维。

③躯体运动神经以神经干的形式分布，而内脏运动神经分布途中则常攀附于脏器血管的表面形成丛，由丛再发出分支于器官。

④在功能上，躯体运动神经受意志支配，而内脏运动神经在一定程度上不受意志的直接控制。

⑤躯体运动神经只有一种纤维成分，即躯体运动纤维，而内脏运动神经有2种纤维成分（交感神经和副交感神经）。多数器官同时接受交感及副交感神经的双重支配。

（2）交感神经 节前神经元的胞体位于脊髓胸腰段灰质侧角中，外周部分包括交感神经干、神经节（脊椎两侧椎神经节和椎下神经节）、神经丛等。节后纤维主要分布在内脏器官、血管、汗腺及竖毛肌等处。

①交感神经干分为颈部交感干、胸部交感干、腰部交感干及荐部交感干等。

②交感神经节主要有颈前神经节、星状神经节、腹腔肠系膜前神经节、肠系膜后神经节等。

颈前神经节：呈纺锤形，位于寰枕关节下方。发出的节后纤维随颈部动脉分布于唾液腺、泪腺和瞳孔开大肌。

星状（颈胸）神经节：形态不规则，位于第1肋骨上端的内侧。其节后纤维分布于胸腔器官，如心、肺、气管、主动脉和食管。

腹腔肠系膜前神经节：位于腹腔动脉和肠系膜前动脉根部。由该神经节发出的节后纤维与迷走神经一起形成许多神经丛，随腹腔动脉和肠系膜前动脉而分布于腹腔器官，如肝、胃、脾、胰、小肠、大肠和肾等器官。

肠系膜后神经节：在肠系膜后动脉根部两侧，其节后纤维分布于结肠后部及生殖器官等处。

（3）副交感神经 节前神经元的胞体位于脑干和荐部脊髓，节后神经元位于器官内或器官附近。脑干发出的节前神经纤维加入动眼神经、面神经、舌咽神经和迷走神经，荐部脊髓发出的节前神经纤维形成盆神经。

颅部副交感神经：其节前神经纤维位于动眼神经、面神经、舌咽神经和迷走神经，其中迷走神经是脑神经中分布最广，行程最长的混合神经。迷走神经由延髓发出，出颅后行，在颈部与交感神经干形成迷走交感干，经胸腔至腹腔，伴随动脉分布于胸腹腔器上。其节后纤维主要分布于咽、喉、气管、食管、胃、脾、肝、胰、小肠、盲肠及大结肠。

荐部副交感神经：荐部副交感神经节前神经元胞体位于荐部脊髓第1~4节的侧柱内，节前纤维随第2~4荐神经的腹侧支出椎管，形成1~2条盆神经。盆神经沿骨盆侧壁向腹侧伸延到直肠或阴道外侧，与腹下神经一起构成盆神经丛，节前纤维在盆神经丛中的终末神经节（盆神经节）交换神经元，节后纤维分布于结肠末段、直肠、膀胱和生殖器官。

（4）交感神经与副交感神经的区别　交感神经和副交感神经都是内脏运动神经，并且多数是共同支配一个器官，而交感神经在分布范围上更广泛一些。两者在部位、形态结构、分布范围和生理功能等方面各有特点，主要有以下几点不同：

①节前神经元位置不同；
②周围神经节的位置不同；
③节前纤维和节后纤维的比例不同；
④分布范围不同；
⑤对同一器官的作用不同。

二、神经生理

（一）神经纤维生理

神经纤维传递兴奋的一般特征。

1. 完整性

神经纤维传导冲动时，首先要求神经纤维在结构及生理功能上是完整的。如果神经纤维被切断，冲动就不能通过切口向下传递；如果神经纤维受到低温、麻醉药等作用，也可阻滞冲动的传导。

2. 绝缘性

一条神经干内含有许多神经纤维，但是任何一条纤维的冲动只能沿本身纤维传导，与相邻纤维相互隔绝，这种绝缘性使神经调节更为精确。

3. 双向性

神经纤维任何一点受到刺激，所产生的冲动可沿纤维向两端同时传导。

4. 相对不疲劳性

神经纤维始终保持其传导能力，具有相对的不疲劳性。

5. 不衰减性

冲动在一条纤维内传导时，不论传导的距离有多远，冲动的强度、频率和速度自始至终不变。这样能保证机体调节功能及时、迅速和准确。

（二）反射中枢生理

中枢是指中枢神经系统内对某一特定生理功能具有调节作用的神经细胞群。

1. 突触

（1）突触的概念　广义地说，突触就是神经元间或神经元与效应器细胞之间传递信息的结构,是细胞间传递信息的主要形式。

(2)突触的类型

①根据突触接触部位分类,可分为轴-树型突触、轴-体型突触和轴-轴型突触(图2-114)。

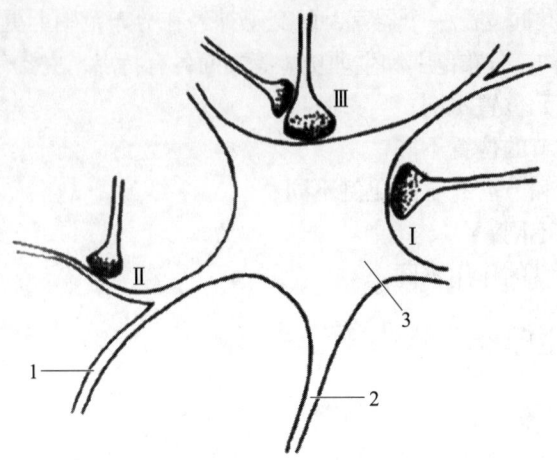

Ⅰ—轴-体型突触;Ⅱ—轴-树型突触;Ⅲ—轴-轴型突触;
1—树突;2—轴突;3—神经元细胞体。
图2-114 突触类型

轴-体型突触:前一神经元的轴突与后一神经元的胞体相接而形成的突触。这类突触较常见。

轴-树型突触:前一神经元的轴突与后一神经元的树突相接触而形成的突触。这类突触最多见。

轴-轴型突触:前一神经元的轴突与后一神经元的轴突相接触而形成的突触。这类突触较少见。

②根据突触传递信息的方式,可分为化学性突触和电突触。机体内大多数突触传递是化学性突触,通过突触前神经元的末梢分泌传递物质,使突触后膜的离子通透性发生变化,产生突触后电位。一般地说,化学传递比电传递有更大的可塑性,而且可以把较小的突触前电流放大成比较大的突触后电流。电突触的突触前膜和突触后膜紧紧贴在一起形成缝隙连接,电流经过缝隙从一个细胞很容易流到另一个细胞。

③按照突触的功能分类,可分为兴奋性突触和抑制性突触。神经冲动经过兴奋性突触的传递,引起突触后膜去极化,产生兴奋性突触后电位;经过抑制性突触的传递,引起突触后膜超极化,产生抑制性突触后电位。电突触大多是兴奋性突触,化学性突触有兴奋性的,也有抑制性的。大多数轴-体型突触是抑制性突触。

2. 反射活动

反射是神经活动的基本形式，是指机体在中枢神经系统的参与下，对内、外环境变化所作出的规律性应答。执行反射的全部神经结构称为反射弧，是反射的结构基础和基本单位。反射弧包括 5 个部分：感受器、传入神经、中枢、传出神经和效应器（图 2-115）。

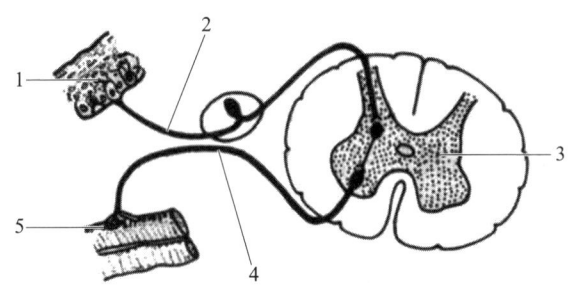

1—感受器；2—传入神经；3—神经中枢；4—传出神经；5—效应器。

图 2-115　反射弧模式图

每一个反射活动都必须经过反射弧的中枢部分。中枢传递兴奋（即突触传递）主要有以下几种特征。

（1）兴奋的单向传导　中枢内兴奋的传导，只能由传入神经元向传出神经元的方向进行，而不能逆传。这种单向传导是由突触传递的特性所决定的。

（2）中枢延搁　兴奋在神经中枢内传导较慢，耽搁时间较长，称为中枢延搁。这主要是由于兴奋越过突触要耗费比较长的时间，包括突触前膜释放递质和递质扩散发挥作用等环节所需的时间。据测定，兴奋通过一个突触所需时间为 0.3~0.5ms。因此，在反射中枢内通过的突触数越多，中枢延搁的时间就越长。兴奋通过电突触则无时间延搁，因而可在多个神经元的同步活动中起重要作用。

（3）兴奋的总和　在突触传递过程中，突触前末梢的一次冲动引起释放的递质不多，只引起突触后膜的局部去极化，产生兴奋性的突触后电位。如果同一突触前末梢连续传来多个冲动，或多个突触前末梢同时传来一排冲动，则突触后神经元可将所产生的突触后电位总和起来，待达到阈电位水平时，就使突触后神经元兴奋，产生动作电位，前者称为时间总和，后者称为空间总和，二者都称为中枢内兴奋的总和。

（4）兴奋的集中与扩散　在反射活动中，从机体不同部位传入中枢的冲动，常常在最后集中传递到中枢同一部位，这种现象称为中枢兴奋的集中。例如，食物对嗅觉、视觉、听觉、味觉等感受器所引起的刺激传入中枢后，集中传递到延髓的唾液分泌中枢，引起唾液分泌。从机体某一部位传入中枢的冲动，常常不限于中枢的某一局部，而往往可引起中枢其他部位发生兴奋，这种现象称为中枢的扩散。例如，当局部皮肤受到强烈伤害性刺激时，所产生的兴奋传到中枢后，引起机体的许多骨骼肌发生防御性收缩反应的同时，还出现心血管、呼吸、消化和排泄系统等活动的改变，这就是中枢兴奋扩散的结果。

（5）兴奋的后作用（后放） 反射活动都由刺激引起，但当刺激停止后，中枢兴奋并不立即消失，传出神经仍可在一定时间内继续发放冲动，使反射活动延续一段时间，这种现象称为后放。

（6）对内环境变化的敏感性和易疲劳性 在反射活动中，突触部位是反射弧中最易疲劳的环节。因为在经历了长时间的突触传递后，突触小泡内的递质大大减少，从而影响突触传递而发生疲劳。同时，突触部位也最易受内环境变化的影响，CO_2、缺氧、麻醉剂等因素均可作用于中枢而改变其兴奋性，即改变突触部位的传递活动。

（三）中枢神经系统的感觉功能

从功能上分，中枢神经系统又分为特异性传入系统和非特异性传入系统。

1. 特异性传入系统

从机体感受器传入的神经冲动进入中枢神经后（除嗅觉）均沿专一特定的传入通路到达丘脑，并在丘脑内更换神经元，再由丘脑发出上行纤维（投射纤维）达到大脑皮质的特定区域引起特异性的感觉，称为特异性传入系统。特异性传入系统包括一级神经元（脊神经元）、二级神经元、三级神经元（位于丘脑中）。

2. 非特异性传入系统

特异性传导系统的二级神经元的纤维途径脑干时发出侧支，与脑干网状结构内的神经元发生突触联系，传入冲动到网状结构与很多神经元作用后，失去了各种感觉的特异性，然后抵达丘脑，从丘脑再发出纤维弥散地投射于大脑皮质，不能产生特定的感觉，称为非特异传入系统。其生理作用就是激动整个大脑皮质，维持和提高其兴奋性，使大脑处于醒觉状态。特异性传入系统与非特异性传入系统互相影响、互相依存，引起大脑感觉。

（四）中枢神经系统的运动功能

大脑皮层是中枢神经系统控制和调节骨骼肌活动的最高级中枢，它是通过锥体系统和锥体外系统来实现对躯体运动的调节。

1. 锥体系统

皮层运动区内存在着许多大锥体细胞，这些细胞发出粗大的下行纤维组成锥体系统。其纤维一部分经脑干交叉到对侧，与脊髓的运动神经元相连。发放的运动性调节作用主要是启动随意运动，控制随意运动的精细性。如锥体系统受损坏，随意运动即消失。家畜的锥体系统不发达。

2. 锥体外系统

除了大脑皮层运动区外，其他皮层运动区也能引起对侧或同侧躯体某部分的肌肉收缩。这些部分和皮质下神经结构发出的下行纤维，组成锥体外系统。该系统调节肌肉群活动，主要是调节肌紧张，使躯体各部分协调一致。若锥体外系统受损伤，机体虽能产生运动，但动作不协调、不准确。家畜的锥体外系统较发达。

（五）中枢神经系统对内脏活动的调节

机体对内脏活动的调节是通过内脏神经而实现的。

1. 内脏神经的功能

内脏神经的功能是调节平滑肌、心肌和腺体（消化腺、汗腺及内分泌腺）的活动。内脏器官一般受交感神经和副交感神经的双重支配，这2种神经对同一内脏器官的调节作用是相反的，互相协调统一。

（1）交感神经　交感神经的功能活动一般比较广泛，主要作用在于促使机体适应环境的急剧变化（如剧烈运动、窒息和大失血等）。使心脏活动加强加快，心率加快，皮肤与腹腔内脏血管收缩，血压上升，血流加快，促进大量的血液流向脑、心及骨骼肌；使肺活动加强、支气管扩张和肺通气量增大；肾上腺素分泌增加，使消化系统及泌尿系统受到抑制。交感神经在应激状态下，它的主要功能是动员许多器官的潜在力量来应付环境的骤变。

（2）副交感神经　副交感神经的主要功能活动比较局限，主要在于使机体休整，促进消化，储存能量以及加强排泄，提高生殖系统功能。这些活动有利于营养物质的同化，增加能量物质在体内的积累，提高机体的储备力量。

2. 内脏神经末梢的兴奋传递

（1）内脏神经的化学递质　内脏神经末梢的兴奋传递与躯体运动神经末梢的兴奋传递一样，都是通过神经末梢释放某些化学递质来实现的。副交感神经节的节后纤维末梢所释放的化学递质是乙酰胆碱。交感神经极少数释放乙酰胆碱，多数释放去甲肾上腺素。

胆碱能纤维就是能释放乙酰胆碱的神经纤维，主要包括副交感神经纤维、躯体运动神经纤维和少数的交感纤维（及所有的交感神经节前纤维末梢）。肾上腺素能纤维就是能释放肾上腺素和去甲肾上腺素的交感神经纤维，主要包括大部分交感神经纤维末梢。

（2）受体　指细胞膜或细胞内能与某些化学物质发生特异性结合并诱发生物学效应的特殊生物分子。凡是能与乙酰胆碱结合的受体称为乙酰胆碱能受体，主要分为毒蕈碱型受体（M受体）和烟碱型受体（N受体）。凡是能与去甲肾上腺素或肾上腺素结合的受体均称为肾上腺能受体，主要分为α受体和β受体等。

（3）递质的灭活　在正常情况下，从神经末梢释放的递质一方面作用于受体,另一方面又被各自相应的酶所破坏或移除。如乙酰胆碱在几毫秒内,即被组织中的胆碱酯酶所破坏。去甲肾上腺素大部分被重新吸收回突触前膜处的轴浆中,小部分被组织中的儿茶酚胺氧位甲基移位酶破坏,被重新吸收和破坏的速度比较缓慢,所以交感神经发挥效应的时间较长。

(六)条件反射

反射活动是中枢神经系统的基本活动形式,可分为非条件反射和条件反射。

1. 条件反射与非条件反射的区别

非条件反射是通过遗传获得的先天性反射活动,是动物生下来就有的反射。条件反射则是动物出生后在一定条件下,外界刺激与有机体反应之间建立起来的暂时性的神经联系。二者的主要区别如下。

(1)非条件反射是通过遗传获得的,生来就有,而条件反射是后天形成的。

(2)非条件反射是具体事物(食物、针扎等)刺激引起的,而条件反射是由信号刺激引起的。信号刺激分成具体信号和抽象信号,具体信号如声音、外形、颜色、气味等,抽象信号指语言、文字。

(3)非条件反射由较低级的神经中枢(如脑干、脊髓)参与即可完成,而条件反射必须由高级神经中枢大脑皮层的参与才能完成。

(4)非条件反射是终生的,固定的,不会消退,而条件反射是暂时的,可以消退。

2. 条件反射的形成

条件反射是一个复杂的过程,是建立在非条件反射基础上的。例如,给狗进食会引起唾液分泌,这是非条件反射,食物是非条件刺激。给狗听哨声不会引起唾液分泌,哨声与唾液分泌无关,称为无关刺激。但是,如在每次给狗进食之前,先给哨声,这样经多次结合后,当哨声一出现,狗就有唾液分泌。这时的哨声就不再是与吃食物无关的刺激了,而成为食物到来的信号。可见,形成条件反射的基本条件,就是条件刺激与非条件刺激在时间上的结合,这一结合过程称强化。任何条件刺激与非条件刺激结合应用,都可以形成条件反射。

2-13 条件反射的形成(动画)

3. 影响条件反射形成的因素

条件反射的形成受很多条件的限制,归纳起来有2个方面。

(1)刺激 条件刺激必须与非条件刺激多次反复紧密结合;条件刺激必须在非条件刺激之前或同时出现;刺激强度要适宜;建立起来的条件反射要经常用非条件刺激去强化和巩固,否则条件反射会逐渐消退。

(2)动物机体 要求动物必须是健康的,大脑皮层必须清醒,昏睡或病态的动物是不易形成条件反射的。此外,还应避免其他刺激对动物的干扰。

4. 条件反射的生物学意义

（1）动物在后天生活过程中建立了大量的条件反射，可大大扩充机体的反射活动范围，增强机体活动的预见性和灵活性，从而提高机体对环境的适应能力。

（2）条件反射既数量无限，又有一定可塑性；既可强化，又可消退。人类可以利用这种可塑性，使动物按人的意志建立大量条件反射，便于科学饲养管理和合理使用，以提高动物的生产性能。

三、感觉器官

感觉器官主要包括触觉、嗅觉、味觉、视觉、听觉等器官。感觉器官能接受特定的刺激，并将刺激转化为冲动，通过特殊传导至中枢，经分析、综合而产生感觉。

（一）视觉器官

视觉器官能感受光的刺激，经视神经传至中枢，而引起视觉。视觉器官包括眼球和辅助器官。

1. 眼球

眼球位于眼眶内，后端有视神经与脑相连。眼球的构造分眼球壁和折光装置2部分。

（1）眼球壁自外向内依次分为纤维膜、血管膜、视网膜（图2-116）。

①纤维膜：位于眼球最外层，厚而坚韧，前部约1/5透明，为角膜；后部约4/5为巩膜。

a. 角膜：无色透明，具有折光作用。角膜内没有血管和淋巴管，但分布有丰富的感觉神经末梢，所以感觉灵敏。

b. 巩膜：由白色不透明的致密结缔组织构成，具有保护眼球和维持眼球形状的作用。巩膜内有血管、色素细胞。角膜与巩膜相连处称角巩膜缘，其深面有静脉窦，是眼房水流出的通道。

②血管膜：是眼球壁的中层，富含血管和色素细胞，有营养眼组织的作用，并形成暗的环境，有利于视网膜对光的感应。血管膜由前向后分为虹膜、睫状体和脉络膜3部分。

a. 虹膜：位于角膜与晶状体之间，是一环形薄膜，虹膜颜色因色素细胞的多少及分布而有差异。虹膜中央一小孔为瞳孔，一般为横椭圆形。

b. 睫状体：位于虹膜与脉络膜之间的增厚部分，呈环状围于晶状体周围，可分为内部的睫状突和外部的睫状肌。睫状肌受副交感神经支配，收缩时具有调节视力的作用。

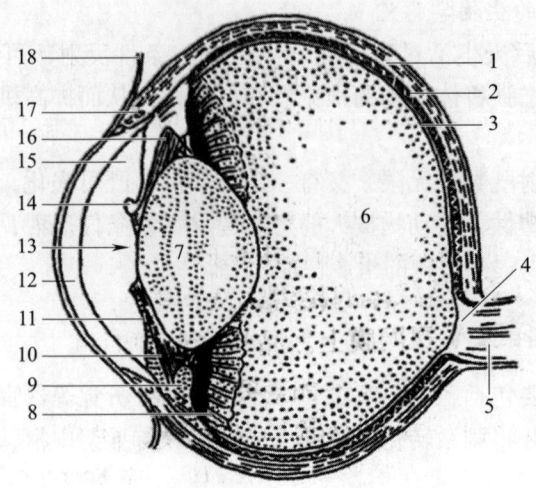

1—巩膜；2—脉络膜；3—视网膜；4—视乳头；5—视神经；6—玻璃体；
7—晶状体；8—睫状突；9—睫状肌；10—晶状体悬韧带；11—虹膜；12—角膜；
13—瞳孔；14—虹膜粒；15—眼前房；16—眼后房；17—巩膜静脉窦；18—球结膜。

图 2-116 眼球纵切面模式图

c. 脉络膜：约在血管膜的后 2/3 部分，呈暗褐色，衬在巩膜内面。在脉络膜的后部内面，视乳头上方的一半月形区域为照膜，照膜的作用是将外来光线反射到视网膜，加强光刺激作用，有助于动物在暗光下对外界的感应。

③视网膜：又称神经膜，位于眼球壁最内层，分视部和盲部，二者交界处呈锯齿状，称锯齿缘。

a. 视部：位于脉络膜内侧，具有感光作用，即通常所说的视网膜。在视网膜中央区的腹上侧，有一白色圆盘形的隆起，称视乳头，此处是视神经穿出眼球的地方，无感光作用，称为盲点。

b. 盲部：覆盖在虹膜和睫状体的内面，很薄，无感光作用。

（2）折光装置 包括晶状体、眼房水和玻璃体。其作用是与角膜一起，将通过眼球的光线经过屈折，使焦点集中在视网膜上，形成影像。

①晶状体：位于虹膜与玻璃体之间，呈双凸透镜状，透明而富弹性。晶状体的外面包有一弹性囊。晶状体借晶状体悬韧带连接于睫状体。睫状肌的收缩与松弛，可改变悬韧带对晶状体的拉力，从而改变晶状体的凸度，以调节焦距，使物体的投影能聚集于视网膜上。晶状体混浊时，光线不能透过，看不见物体，临床上称白内障。

②眼房和眼房水：眼房位于晶状体与角膜之间，被虹膜分为前房与后房，两者借瞳孔相通。眼房水为无色透明液体，充满于眼房内，由睫状突和虹膜产生，渗入巩膜静脉窦。眼房水除供给角膜和晶状体的营养外，还有维持眼内压

的作用。如果眼房水循环障碍，则眼房水增多，眼内压增高，导致青光眼。

③玻璃体：充满于晶状体与视网膜之间无色而透明的胶状物质，外包一层很薄的透明膜，称为玻璃体膜。

2. 眼球的辅助器官

眼的辅助器官有眼睑、泪器、眼球肌和眶骨膜。

（1）眼睑　位于眼球前面，分为上眼睑和下眼睑。眼睑外面覆有皮肤，内面衬有睑结膜。睑结膜折转覆盖于巩膜前部，为球结膜。在睑结膜与球结膜之间的裂隙为结膜囊。睑结膜和球结膜共同称为眼结膜，正常的眼结膜呈淡红色，在某些疾病时，常发生变化，如感冒发烧时充血变红，贫血或大失血时苍白等。眼睑缘长有睫毛。

第三眼睑又称瞬膜，为位于眼内角的结膜褶，略呈半月形，含有一三角形软骨板。家畜发生破伤风时，一刺激即瞬膜外露。

（2）泪器　由泪腺和泪道组成。泪腺位于眼球的背外侧，有十余条导管，开口于上眼睑结膜囊内。泪腺分泌泪水，有湿润和清洁眼球表面的作用。泪道为泪水排出的管道，由泪小管、泪囊和鼻泪管组成。

（3）眼球肌　附着在眼球外面的一小块随意肌，使眼球多方向转动。眼球肌具有丰富的血管、神经，活动灵活，不易疲劳。

（4）眶骨膜　是个圆锥形纤维鞘，又称眼鞘，包围眼球、眼肌、眼血管和神经及泪腺。

（二）位听器官

位听器官包括位觉器官和听觉器官两部分。由外耳、中耳和内耳3部分组成。外耳和中耳是收集和传导声波的部分，内耳是听觉感受器和平衡感受器存在的地方。

1. 外耳

外耳包括耳廓、外耳道和鼓膜3部分（图2-117）。

（1）耳廓　位于头部两侧，以耳廓软骨为支架，内外均覆有皮肤。一般呈圆筒状，上端较大，开口向前；下端较小，连于外耳道。耳廓内面的皮肤长有长毛，但在耳廓基部毛很少而含有很多皮脂腺。耳廓转动灵活，便于收集声波。

（2）外耳道　是从耳廓基部到鼓膜的一条管道，内面衬有皮肤，皮肤内含有皮脂腺和耵聍腺，其分泌物称耵聍（耳蜡）。

（3）鼓膜　位于外耳和中耳之间，是构成外耳道底的一片圆形纤维膜，坚韧而有弹性，外面覆盖皮肤，内面衬有黏膜，由鼓室黏膜折转形成。

2. 中耳

中耳包括鼓室、听小骨和咽鼓管。

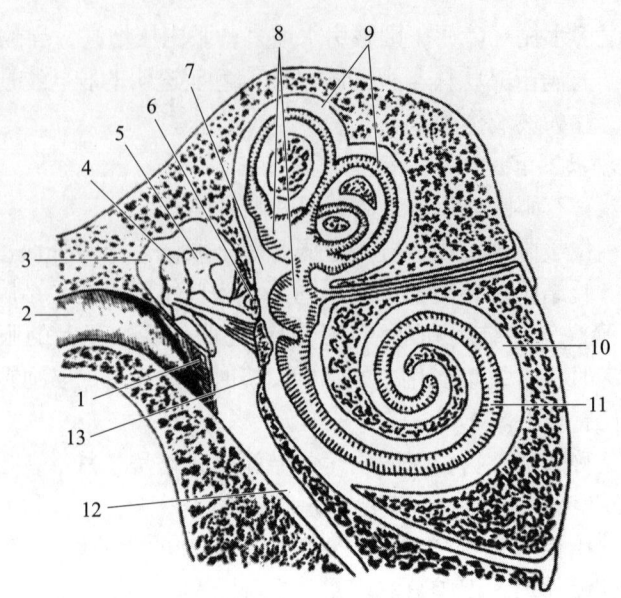

1—鼓膜；2—外耳道；3—鼓室；4—锤骨；5—砧骨；6—镫骨及前庭窗；
7—前庭；8—椭圆囊和球囊；9—半规管；10—耳蜗；11—耳蜗管；12—咽鼓管；13—耳蜗窗。

图 2-117 耳的构造模式图

鼓室为位于颞骨岩部的一个小腔，内面衬有黏膜，外侧壁有鼓膜，内侧壁与内耳为界。内侧壁上有前庭窗和耳蜗窗。

鼓室内有 3 块听小骨，由外向内顺次为锤骨、砧骨和镫骨。这 3 块听小骨以关节连成一个听骨链，一端以锤骨柄附着于鼓膜，另一端以镫骨底的环状韧带附着于前庭窗。声波对鼓膜的振动，借此骨链传递到内耳前庭窗。

咽鼓管为一衬有黏膜的软骨管，一端开口于鼓室的前下壁，另一端开口于咽侧壁。空气从咽腔经此管到鼓室，可以保持鼓膜内外两侧大气压力的平衡，防止鼓膜被冲破。

3. 内耳

内耳是盘曲于颞骨岩部内的管道系统，由骨迷路和膜迷路组成。骨迷路是外部的骨性管道，包括前庭、半规管和耳蜗；膜迷路为套在骨迷路内的膜性管道，相应地也分为膜前庭（椭圆囊、球囊）、膜半规管和耳蜗管。在膜前庭和膜半规管的内壁上有位置感觉器，在耳蜗管的内壁上有听觉感受器。在膜迷路内充满内淋巴，在膜迷路与骨迷路之间充满外淋巴。

由外耳道传入的声波使鼓膜振动，并经听小骨传至前庭，导致迷路中的内、外淋巴振动，最终使耳蜗管顶壁上的基膜发生共振，并引起基膜上的听觉感受器兴奋，冲动经耳蜗神经传到中枢，产生听觉及听觉反射。

项目十　认知内分泌系统

知识目标

1. 掌握腺垂体的位置、所分泌的主要激素及其生理功能。
2. 了解腺垂体的形态和构造。
3. 掌握甲状腺的位置、所分泌的激素及其生理功能。
4. 了解甲状腺的形态和构造。
5. 掌握甲状旁腺的位置、所分泌的激素及其生理功能。
6. 了解甲状旁腺的形态和构造。
7. 掌握肾上腺的位置、所分泌的激素及其生理功能。
8. 了解肾上腺的形态和构造。
9. 掌握胰岛素和胰高血糖素的生理功能。
10. 了解松果体的位置及其所分泌的激素。
11. 掌握激素作用的特征和激素分泌的调节。

能力目标

能在临床实验中熟练掌握家畜内分泌腺器官的具体解剖位置。

思政目标

1. 回顾中国科学家在合成人工胰岛素方面的重要贡献,鼓励学生学习老一辈科学家刻苦钻研的精神。
2. 通过学习内分泌系统对机体健康的重要性,帮助学生树立正确的健康观念和良好的生活方式。

工作项目

工作项目	母牛繁殖的内分泌机制
前导知识	肉牛养殖是当前乡村振兴的重要产业支柱。为提高产后牛的受胎率,实现养殖户饲养的肉牛一年一胎的繁殖目标,各地区规模化养牛场均致力于母牛繁殖成活率提升的研究,以提高养牛经济效益。 　　在母牛生殖内分泌调控中,激素之间的相互作用对繁殖生理起到核心作用。卵巢、垂体和下丘脑构成一个功能单位,下丘脑分泌促性腺激素释放激素,增加促性腺激素分泌,加速卵泡生长发育,同时卵巢产生的激素因子作用于下丘脑和垂体。在这一过程中,能量是影响繁殖性能的重要因素,在生长阶段低营养水平将推迟性成熟。母牛在发情周期黄体期晚期,孕酮分泌减少,氯前列烯醇使黄体退化,血浆促卵泡激素水平升高。当血液中雌激素达到一定水平时,会使得母牛发情,在卵泡发育成熟时,诱导排卵,待功能黄体在子宫分泌的前列腺素影响下发生退化之后,母牛进入下一个发情期。
工作要求	(1)将填写任务工单一(母牛繁殖成活率的影响因素)的空缺部分作为本项目学习的载体之一,积极探索、深度思考,助力高质量完成任务工单二,为未来临床开展家畜繁殖工作和产科疾病诊疗打下基础。 　　(2)将任务工单一填写的答案拍照上传本章节的学习平台,作为平时成绩的组成部分。

学习任务

任务工单一

学习任务	母牛繁殖成活率的影响因素
任务描述	在识别卵巢、输卵管、子宫、阴道等雌性生殖器官的形态、构造、位置和各器官之间的位置关系的基础上,查阅资料,完成母牛繁殖成活率的影响因素任务单。

续表

任务名称	序号	影响因素	操作方法
母牛繁殖成活率的影响因素	1	饲喂条件和营养水平	牧区或农区的改良牛饲粮中一般添加13%~18%的粗蛋白，如果营养物质和微量元素过低或过高，均会导致竞争性离子在饲料中的不平衡，_____（器官）降解蛋白对母牛繁殖性能产生负面影响，可能改变子宫内pH，或者尿素水平升高。如果磷水平小于2g/kg会导致繁殖障碍，当钙磷比为低于1.5∶1时，也会降低母牛受胎率，易发生_____（器官）脱落和_____（器官）脱垂，导致难产和胎衣不下等问题。刚出生的犊牛免疫力低于其他犊牛，因此成活率不高。同时，牛的饲草来源主要是牧场的青草，但由于季节性和地域性饲草不平衡问题，可能导致犊牛不能吃上青饲料，母牛也会出现吃不饱的问题，最终发生配种滞后和不发情现象，同时增加早期胚胎死亡和流产的情况发生，直接影响母牛下一胎繁殖成活率。
	2	发情率、受配率和受胎率	在散放饲养条件下，肉牛发情明显，但是在规模化养殖工作中，部门技术人员对母牛发情鉴定不准确，迟配、漏配现象经常发生，或者放牧员资料来源不合理，主要靠经验来判断。配种员不能完全做到适时输精，导致繁殖成活率下降6%左右。而且，在规模化、集约化养殖过程中，如果不能合理控制牛舍温度，可能导致母牛发情不明显或者发情期缩短；同时热应激也会对公牛精液品质造成负面影响，影响母牛受胎率，或者导致繁殖母牛卵泡发育提前，使繁殖母牛垂体释放的_____（激素名称）减少，到正式排卵时已经老化，降低青年母牛头胎受胎率，导致胚胎营养不足。
	3	生产过程管理	在规模化养殖场，肉牛配种管理、哺乳管理、母牛生殖系统疾病等也会对繁殖成活率造成影响。如果肉牛配种期延长，其受胎率也会增加，只有制定

续表

任务名称	序号	影响因素	操作方法
母牛繁殖成活率的影响因素	3	生产过程管理	良好的配种管理计划，有效利用优良公畜生殖细胞，缩短产犊间隔，才能提升母牛繁殖性能。犊牛在40~70日龄时提早断奶，通过限制性哺乳在一定程度上会缩短母牛发情期间隔，增加发情率，同时补充母牛营养和能量，延长青年牛的性成熟时间，促进发育、发情和排卵。母牛生殖系统疾病和其他常见病也会降低繁殖成活率，如牛流行性流产、钩端螺旋体病、牛弧菌病和布氏杆菌病等，会致使没有成熟的卵子排出，严重时母牛常年不发情，育成阶段生长发育受阻，造成受胎率低。
任务要求			答案填写完成后，将此任务工单拍照上传学习平台。

任务工单二

学习任务	识别家畜主要内分泌腺的形态、位置
任务描述	利用牛或羊的尸体标本、图片、模型、虚拟仿真软件等资源，识别甲状腺、肾上腺的形态、位置。
操作步骤	（1）利用牛或羊的尸体标本、图片、模型、虚拟仿真软件等资源，在前3~4个气管环的两侧和腹侧找到甲状腺。 （2）利用牛或羊的尸体标本、图片、模型、虚拟仿真软件等资源，在肾的内侧前缘找到肾上腺。

> 必备知识

一、概述

（一）内分泌的概念

内分泌是相对于外分泌活动而提出的概念，通常是指内分泌腺或内分泌细胞将其所产生的生物活性物质——激素，直接释放到体液中并发挥作用的分泌形式；而外分泌则是指外分泌腺将其分泌物通过特定的管道释放到体腔或体外而发挥作用的分泌形式，如唾液腺、胃腺、胰腺等消化腺及汗腺等的分泌。

（二）激素及其分类

由内分泌腺或内分泌细胞分泌的高效能生物活性物质，经血液或组织液传递而发挥其调节作用，这种化学物质称为激素。各种激素均作用于特定器官或细胞。被激素作用的器官和细胞称为靶器官或靶细胞。

激素的种类繁多，来源复杂，按其化学组成可分为两大类：①含氮激素，包括肽类激素、蛋白激素和胺类激素，如肾上腺素、甲状腺激素、垂体激素等；②类固醇激素，肾上腺皮质和性腺分泌的激素，如皮质醇、醛固酮、雌激素等。

（三）激素的作用

激素在体内主要起到以下作用。

（1）促进组织细胞的生长、增殖、分化和成熟，参与细胞凋亡过程等。

（2）调节机体的消化和代谢过程　胃肠道激素等能调节消化道运动、消化腺的分泌和吸收活动；甲状腺激素、肾上腺皮质激素、胰岛激素等能调节糖类、蛋白质和脂质的代谢。

（3）维持内环境稳态　激素通过调节电解质平衡、酸碱平衡、体温、血压等生命活动，来维持内环境的稳定。

（4）保证生殖　生殖激素对于生殖细胞的生成和成熟，以及射精、排卵、妊娠和泌乳等过程的各个环节加以调控，保证动物的正常生殖。

（5）提高机体的抗应激性　当动物受到不良环境或条件的刺激发生应激反应时，通过某些激素增强机体适应不良环境和抵御敌害的能力。

（四）激素作用的一般特征

1. 激素的信息传递作用

激素与靶细胞上相应的受体结合，将携带的信息传递给靶细胞，激素这种传递信息的方式犹如信使传递信息。

2. 激素的高效能作用

生理状态下，激素在血液中的含量很低。当激素与受体结合以后，通过引发细胞内信号转导程序，经逐级放大，以极其微小的剂量发挥巨大的生物学效应。

3. 激素作用的特异性

激素释放进入血液被运送到全身各个部位，虽然它们与各处的组织、细胞有广泛接触，但有些激素只作用于某些器官、组织和细胞，这种选择性称为激素作用的特异性。被激素作用的器官、腺体、细胞，分别称为激素的靶器官、靶腺和靶细胞。因为激素只能与被作用的细胞膜或细胞质中的特异性受体结合才能表现出激素作用的特异性。

4. 激素间的相互作用

激素与激素之间往往存在着协同作用或拮抗作用，这对维持其功能活动的相对稳定起着重要作用。例如，生长激素、肾上腺素及胰高血糖素，虽然作用的环节不同，但均能升高血糖，在升糖效应上有协同作用。

2-14 含氮类激素的作用机制（动画）

二、内分泌腺

（一）垂体

1. 垂体的位置、形态和结构

垂体是体内最重要的内分泌腺，位于颅中窝蝶骨体上的垂体窝内，借漏斗与下丘脑相连。垂体的结构和功能都比较复杂，根据它的发生和结构特点，可将它分为腺垂体和神经垂体两大部分（图 2-118）。腺垂体又分为远侧部（垂体前叶）、结节部、中间部；神经垂体分为神经部和漏斗部（包括正中隆起和漏斗柄）。腺垂体的中间部和神经垂体的神经部经常合称为后叶。神经部是一个储存激素的地方，接受由下丘脑视上核和室旁核所分泌的加压素（抗利尿激素）和催产素。

（1）神经垂体 神经垂体由无髓神经纤维、垂体细胞和丰富的毛细血管组成。垂体细胞即神经胶质细胞，形态多样，胞体常含褐色的色素颗粒，垂体细胞对神经纤维起支持营养作用；并可能对激素的释放有调节作用，神经垂体的血管主要来自左、右颈内动脉发出的垂体下动脉，进入神经部后分支形成窦状毛细血管网，最终汇入垂体静脉。

（2）腺垂体 腺垂体分为远侧部（垂体前叶）、结节部、中间部。

远侧部最大，约占垂体的 75%，腺细胞排列成团或索，少数围成小滤泡，细胞间有少量结缔组织和丰富的窦状毛细血管。根据细胞的染色性质分为嗜色细胞（嗜酸性细胞和嗜碱性细胞）和嫌色细胞。嗜酸性细胞数量较多，体积大，呈圆形

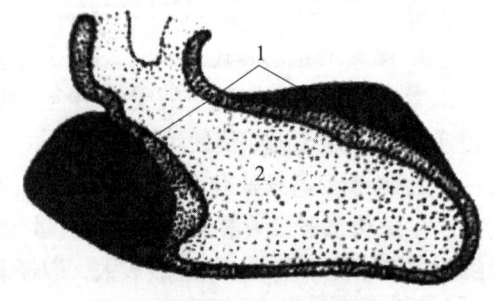

1—脑垂体；2—神经垂体。

图 2-118 脑垂体结构模式图

或多边形，胞质内充满嗜酸性颗粒，如催乳素细胞、生长激素细胞。嗜碱性细胞数量较少，呈椭圆形或多边形，胞质内含有嗜碱性颗粒，如促甲状腺激素细胞、促性腺激素细胞、促肾上腺皮质激素细胞。嫌色细胞数量最多，体积小，胞质少，着色浅，细胞轮廓不清。有些嫌色细胞含少量分泌颗粒，故认为它们多数是脱颗粒的嗜色细胞，或处于嗜色细胞形成的初级阶段。其余多数嫌色细胞有突起，伸入腺细胞之间起支持作用。

结节部呈套状包围着神经垂体的漏斗，在漏斗的前方较厚，后方较薄或缺少。结节部有丰富的纵行毛细血管，腺细胞沿血管呈索状排列，细胞较小，主要是嫌色细胞及少数嗜酸性细胞和嗜碱性细胞，此处的嗜碱性细胞分泌促性腺激素。

中间部位于远侧部与神经部之间的狭窄部分，由较小细胞围成大小不等的滤泡，腔内含有胶质。滤泡周围还散在一些嫌色细胞和嗜碱性细胞，免疫细胞化学证明这些细胞可能产生促黑激素。

2. 不同动物垂体的形态

各种家畜垂体形状大小略有不同，马的垂体呈卵圆形，上、下扁，垂体前叶位于浅层，包围着后叶，前、后叶之间无垂体腔。

牛的垂体呈一扁圆形，窄而厚、漏斗长而斜向后下方，后叶位于垂体的背侧、前叶位于腹侧。前叶与后叶之间为垂体腔。

猪的垂体略呈杏仁状，背腹侧压扁，背正中有纵向的凹沟，腹侧面稍隆凸，漏斗与垂体背侧前部相连，漏斗向后的狭窄区及腹侧面中间部为神经部，呈灰色，其余大部粉红色，为腺部。

（二）甲状腺

1. 甲状腺的位置、形态和结构

甲状腺是体内最大的内分泌腺，呈红褐色或红黄色，位于气管前部的腹侧及两侧，有时覆盖着喉。除猪以外的哺乳类家畜中，甲状腺都由左、右两叶组成，后部由延伸至气管腹侧的结缔组织索（峡）相连。甲状腺表面包有薄层结缔组织被膜，结缔组织伸入腺实质，将实质分为许多不明显的小叶，小叶内有很多甲状腺滤泡和滤泡旁细胞。滤泡呈圆形、椭圆形或不规则形，由单层排列的甲状腺滤泡上皮细胞围成，其内充满透明的胶质。胶质是滤泡上皮细胞的分泌物，主要成分为甲状腺球蛋白。滤泡上皮细胞是甲状腺激素合成与释放的部位，而滤泡腔的胶质是激素的储存库（图2-119）。滤泡上皮细胞的形态和滤泡内胶质的量与其功能状态密切相关。滤泡上皮细胞通常为立方形，当甲状腺受到刺激而功能活跃时，细胞变高呈柱状，胶质减少；反之，细胞变低呈扁平状，而胶质增多。

2. 不同动物的甲状腺

牛甲状腺的叶发达，两叶形状不规则，表面呈颗粒状，略呈锥体形，位于环咽肌和环甲肌的外侧（气管和食管前端两侧），两叶之间由横穿第 2 气管环腹侧的实质性峡（腺峡）连接。牛甲状腺叶，长 6~7cm，宽 5~6cm，厚约 1.5cm，腺小叶明显。腺峡由腺组织构成，较发达，宽约 1.5cm。

小型反刍动物的甲状腺呈纺锤形或圆柱形，位于前部气管环的背外侧。并不是所有的动物都有峡。

绵羊的甲状腺呈长椭圆形，位于气管前面两侧与胸骨甲状肌之间，为纤维峡。山羊的甲状腺左右两叶不对称，位于前几个气管环的两侧，也为纤维峡。

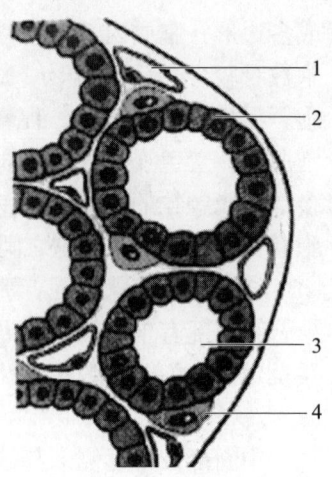

1—毛细血管；2—滤泡上皮细胞；
3—滤泡腔；4—滤泡旁细胞。
图 2-119 甲状腺结构示意图

猪甲状腺呈暗红色，左右腺叶与腺峡连成一整块，形如贝壳，位于气管的腹侧、胸骨柄前上方、前 6~8 气管环腹侧，在颈静脉及胸骨甲状肌背侧，长 4~4.5cm，宽 2~2.5cm，厚 1~1.5cm。

（三）甲状旁腺

1. 甲状旁腺的位置、形态和结构

甲状旁腺是圆形或椭圆形豆状小腺体，位于甲状腺附近或埋于甲状腺组织中。一般家畜具有 2 对甲状旁腺。其表面包有薄层结缔组织被膜，腺细胞排列呈团索状，间质中有丰富的毛细血管网。甲状旁腺由主细胞和嗜酸性细胞组成，主细胞是腺实质的主要成分，细胞为圆形或多边形，体积较小，细胞核圆形、位于中央，分泌甲状旁腺素；嗜酸性细胞体积稍大于主细胞，可单个或成群存在。犬、鼠、鸡和低等动物的甲状旁腺只含主细胞，没有嗜酸性细胞。

2. 不同动物的甲状旁腺

牛有内、外两对甲状旁腺。外甲状旁腺位于甲状腺前方，靠近颈总动脉，长 5~12mm，内甲状旁腺较小，常位于甲状腺内侧，靠近甲状腺的背缘。

猪只有一对外甲状旁腺，呈球形，色赤褐，质较硬，长 1~5mm，位于颈总动脉分颈内动脉，枕动脉和颈外动脉的分叉附近，在枕骨颈静脉突的后方、肩胛舌骨肌的前外方，有胸腺时，则埋于胸腺内。

（四）肾上腺

1. 肾上腺的位置，形态和结构

肾上腺左右各一，位于肾脏的前内侧，呈新月状覆盖在两肾的上极，肾上腺表面包有结缔组织被膜，少量结缔组织伴随神经和血管伸入肾上腺实质，其实质部分为外层的皮质和内层的髓质。两者在结构、功能和胚胎发育上均为独立存在的2个内分泌腺，皮质来源于中胚层，分泌类固醇激素；髓质来源于上外胚层，分泌含氮激素，皮质和髓质的颜色不同，皮质呈黄色，髓质呈灰色或肉色。

肾上腺皮质约占肾上腺体积的90%，根据其位置和内分泌细胞的形状、排列以及功能的不同，由外向内分为3个带，即球状带、束状带和网状带。各带分别占皮质体积的15%、80%和5%，3个带之间无明显的分界。

肾上腺髓质约占肾上腺体积的10%，位于肾上腺的中央，主要由髓质细胞组成。髓质细胞为含氮激素细胞，根据分泌颗粒内所含激素的不同，髓质细胞又分为肾上腺素细胞和去甲肾上腺素细胞，前者约80%，后者数量较少。

2. 不同动物的肾上腺

牛的2个肾上腺形状位置不同。右肾上腺呈心形，位于右肾的内侧。左肾上腺呈肾形，位于左肾的前方。

羊的左、右肾上腺均为扁椭圆形。

猪的肾上腺长而狭，位于肾内侧缘的前方。左肾上腺呈长三棱形，前小后大，外侧稍凹陷，内侧稍隆凸。右肾上腺前半呈三棱形，后半宽而薄，后端常有尖的突起。

（五）松果体

松果体又名脑上腺、松果腺，是间脑的一部分，为灰红色椭圆形小体，位于上丘脑内，结构很像一个松果。松果体是不成对的器官，其一端借细柄与第三脑室顶相连。松果体主要由松果体细胞和神经胶质构成，外有脑软膜形成的被囊。不同种类和个体之间松果体的大小差异很大。随家畜年龄的增长，松果体的结缔组织逐渐增多；成年后不断有钙盐沉着，形成一些大小不等的颗粒，称为脑沙。

（六）胰腺

胰腺可以分为外分泌部和内分泌部。胰岛又称为"朗格汉斯岛"，是胰腺的内分泌部。人体胰腺内有50万~150万个胰岛。胰腺左叶比右叶含有更多的胰岛。内分泌部位于外分泌部的腺泡群间，由大小不等的腺泡群组成，形似小岛，因此称为胰岛。胰岛的形状、大小、数量和集中的部位随动物种属而有不同。胰岛细胞成团、索状分布，细胞之间有丰富的毛细血管，细胞释放激素直接入血。外分泌部由许多腺泡和导管组成，分泌物胰液通过导管排入小肠。

三、内分泌生理

（一）垂体

1. 神经垂体释放的激素

神经垂体不含腺体细胞，不能合成激素。所谓的神经垂体激素是指在下丘脑视上核、室旁核产生而储存于神经垂体的升压素（又称抗利尿激素，ADH）与催产素（OXT），在适宜的刺激作用下，这2种激素由神经垂体释放进入血液循环。

（1）升压素　主要在视上核产生，其主要作用是使肾远曲小管和集合管上皮对水的通透性加大，促进水分重吸收，从而使尿量减小，起到抗利尿的效应。它的血压升高作用在正常生理状况下几乎体现不出来，但在失血情况下，由于升压素释放较多，对维持血压有一定的作用。

（2）催产素　主要在室旁核产生，它的主要作用是加强妊娠末期的子宫收缩，促进胎儿的排出和帮助产后子宫止血；此外，催产素还可以诱发乳腺导管平滑肌收缩，促进乳汁的排出。

2. 腺垂体激素

腺垂体主要由腺细胞构成，它们分泌多种激素。腺垂体分泌激素有生长激素（GH）、促甲状腺激素（TSH）、促肾上腺皮质激素（ACTH）、促黑激素（MSH）、卵泡刺激素（FSH）、黄体生成素（LH）和催乳素（PRL）。这些激素与畜体的生长发育有关，同时还能影响其他内分泌的功能。

（1）催乳素　催乳素与生长激素结构相似，也是一种蛋白质激素。催乳素的作用极为广泛，它的主要作用是促进妊娠期哺乳动物乳腺的发育和分娩后维持乳的分泌。另外，催乳素能促进黄体形成并分泌孕激素，大剂量催乳素使黄体溶解；催乳素促进雄性动物前列腺及精囊腺的生长，增强黄体生成素对间质细胞的作用，使睾酮的合成增加；催乳素参与应激反应，在应激状态下，血中催乳素浓度升高，与促肾上腺皮质激素及生长激素一样，是应激反应中腺垂体分泌的三大激素之一。

（2）促甲状腺激素　促甲状腺激素是一种糖蛋白激素，可促使甲状腺形态和功能发生变化，加速甲状腺细胞的增生，促进甲状腺激素的合成和释放。

（3）促肾上腺皮质激素　促肾上腺皮质激素是一种多肽类激素，它的主要作用是促进肾上腺皮质细胞增生，糖皮质激素的合成和释放。此外在鸟类，醛固酮的分泌需要促肾上腺皮质激素，在应激等情况下，促肾上腺皮质激素能促进醛固酮分泌。促肾上腺皮质激素也具有促黑素细胞产生黑色素的作用。

（4）促性腺激素　包括2种激素：卵泡刺激素和黄体生成素。

在雌性动物，促性腺激素作用于卵巢的卵泡，促进卵巢内卵泡生长发育和卵泡细胞分泌雌激素。排卵后，黄体生成素刺激已排过卵的卵泡生成黄体并使其分泌孕酮。在雄性动物，促性腺激素与黄体生成素和睾酮共同促进精子的生成。黄体生成素还可以刺激睾丸间质细胞发育并分泌睾酮，称为间质细胞刺激素。

（5）生长激素　其主要生理功能是促进动物的生长发育，并且对机体各个器官与组织均有影响，尤其对骨骼、肌肉及内脏器官的作用更为显著。如将幼龄动物的垂体切除，则生长发育停滞，躯体矮小，在人称为"侏儒症"；反之，若分泌过多，则使长骨生长过快，躯体特别高大，在人称为"巨人症"。生长激素的促生长作用是由于它能促进骨、软骨、肌肉以及其他组织细胞分裂增殖，并能够提高蛋白质的合成来实现的。

此外，生长激素对动物的三大营养物质代谢有着重要的影响。生长激素能促进体脂分解，使血中游离脂肪酸增加；能促进骨骼肌和肝脏对游离脂肪酸的氧化，以提供机体对能量的需要；能促进肝糖原分解和抑制外周组织对葡萄糖的利用，因而血糖升高。生长激素还能促进蛋白质的合成，减少蛋白质的分解。

（6）促黑激素　促黑激素是垂体中间部产生的一种肽类激素，其主要作用是刺激两栖类动物黑素细胞内黑色素的生成和扩散，使皮肤和被毛的颜色加深。对低等脊椎动物起皮肤变色以适应环境变化的作用。

（二）甲状腺

1. 甲状腺激素的合成、储存、释放

甲状腺主要由大小不等的囊状腺泡构成，甲状腺腺泡上皮细胞膜上具有高效率的碘泵，摄取碘的能力很强，在甲状腺激素合成方面具有很重要的作用。甲状腺激素主要有四碘甲腺原氨酸（T_4），又称为甲状腺素，和三碘甲腺原氨酸（T_3）2种，它们都是以碘和酪氨酸为原料在甲状腺腺泡细胞内合成的碘化物。T_4含量多，活性小，T_3含量少，活性约为T_4的5倍。T_4至靶细胞内首先脱碘成为T_3，然后与受体蛋白结合发生生理作用。

合成后的T_3和T_4仍然结合在甲状腺球蛋白（TG）分子上，以胶质的形式储存于腺泡腔内。甲状腺激素的储存有2个特点：一是储存于细胞外（腺泡腔内）；二是储存量很大，可供机体利用50～120d之久，在激素储存量上居首位,所以应用抗甲状腺药物时,用药时间需要较长才能奏效。

当甲状腺受到促甲状腺激素的刺激后,腺泡细胞将腺泡腔内的甲状腺球蛋白胞饮摄入细胞内,在溶酶体蛋白水解酶的作用下,分离出 T_3 和 T_4,释放入血。

2. 甲状腺激素的生理功能

甲状腺激素的主要功能是促进物质与能量代谢,以及动物的生长和发育。机体未完全分化与已分化的组织,对甲状腺激素的反应不同,成年后,不同的组织对甲状腺的敏感性也有差别。此外,甲状腺激素能提高中枢神经的兴奋性,促进性腺发育,心率增快等。

(1) 调节新陈代谢　甲状腺激素可促进糖和脂肪的分解代谢,提高基础代谢率,使大多数组织特别是心脏、肝脏、肾脏和骨骼肌的耗氧量和产热量增加,基础代谢率提高。当甲状腺功能亢进时,产热量增加,基础代谢率升高,动物会出现烦躁不安、心率加快、对热环境难以忍受、体重下降;而甲状腺功能低下时,产热量减少,基础代谢率降低。

在物质代谢方面,甲状腺激素能促进小肠对葡萄糖的吸收,加速肝糖原的分解和异生作用,加速外周组织对糖的利用,但总的效果是升血糖。在生理状况下,甲状腺激素能促进蛋白质合成,当甲状腺激素大幅升高时,蛋白质则会大量分解,从而变得消瘦。甲状腺激素促进脂肪酸氧化,增强儿茶酚胺与胰高血糖素对脂肪的分解作用。

(2) 对生长发育的影响　甲状腺激素还是维持动物正常生长发育和成熟所必需的激素,它可以促进组织分化,机体生长、发育和成熟,特别是对骨和脑的发育尤为重要。对幼龄动物影响最大,在胚胎期缺碘造成甲状腺激素合成不足,或出生后甲状腺功能低下,脑的发育会明显出现障碍,神经组织内的蛋白质、磷脂以及各种重要的酶与递质的含量都会减低。此外,若胎儿或初生幼畜的甲状腺功能低下,则长骨的发育受阻而使骨骼短小,脑的分化受阻,成为"呆小症"。

甲状腺激素还可以促进性腺发育,幼畜缺乏甲状腺激素可见性腺发育停止,不表现副性征。成年动物甲状腺激素不足将影响公畜精子成熟、母畜发情、排卵和受孕。甲状腺激素对泌乳有促进作用,奶牛甲状腺功能不足,可见泌乳量和乳脂率下降。

(3) 对神经和心血管的影响　甲状腺激素不但影响中枢系统的发育,而且对已分化成熟的神经系统活动也有作用。甲状腺功能亢进时,中枢神经系统的兴奋性增高,主要表现为不安、过敏、易激动、睡眠减少等;相反,甲状腺功能低下时,中枢神经系统兴奋性降低,对刺激感觉迟钝、反应缓慢、学习和记忆力减退、嗜睡等。

甲状腺激素对心脏的活动有明显影响。T_4与T_3可使心率加快，心缩力增强，心输出量增加。

3. 甲状腺功能的调节

甲状腺功能活动主要受下丘脑与垂体的调节。下丘脑、垂体和甲状腺三个水平紧密联系，组成下丘脑-垂体-甲状腺轴。此外，甲状腺还可进行一定程度的自身调节。

（1）下丘脑-腺垂体对甲状腺活动的调节　下丘脑接受神经系统其他部位传来的信息分泌促甲状腺激素释放激素（TRH），促甲状腺激素释放激素刺激腺垂体分泌促甲状腺激素。促甲状腺激素促使甲状腺增生和T_4、T_3的合成、储存、分泌。神经系统对甲状腺功能的控制，主要就是通过这一途径实现的。

（2）甲状腺激素的反馈调节　血液中游离的T_4与T_3，浓度的升降，对腺垂体促甲状腺激素的分泌起着经常性反馈调节作用。当血液中游离的T_4与T_3浓度增高时、抑制促甲状腺激素分泌。T_4与T_3比较，T_3对腺垂体促甲状腺激素分泌的抑制作用较强，血液中T_4与T_3对腺垂体这种反馈作用与促甲状腺激素释放激素的刺激作用相互拮抗，相互影响，对腺垂体促甲状腺激素的分泌起着决定性作用。

（3）甲状腺的自身调节　甲状腺细胞能根据自身腺体内碘的含量，在一定范围内调整对碘的摄取和浓缩能力，以及合成与释放甲状腺激素的能力，这称为甲状腺自身调节。食物中长期缺碘可引起甲状腺激素分泌不足，并产生代偿性甲状腺肿。

（三）甲状旁腺

甲状旁腺分泌的甲状旁腺激素（PTH）和降钙素（CT）可以参与调节钙、磷代谢，作用于骨、肾和小肠黏膜，调节血浆的钙、磷水平。

1. 甲状旁腺激素

甲状旁腺分泌的激素是甲状旁腺激素，甲状旁腺激素是甲状旁腺主细胞分泌的含有84个氨基酸的直链肽。其生理功能是使血钙升高，血磷降低。

升高血钙主要是通过如下途径实现的：

①甲状旁腺激素直接作用于骨，促进骨组织溶解，将钙、磷释放入血，从而使血钙浓度升高；

②作用于肾，促进肾小管对钙的重吸收并抑制对磷的重吸收；

③甲状旁腺激素还可以间接地促进小肠上皮对钙的重吸收。

2. 降钙素

降钙素是多肽类激素，由哺乳动物甲状腺的滤泡旁细胞（又称C细胞）分泌。其他脊椎动物或禽类的 C 细胞则聚集成单独的腺体称为鳃后体，位于甲状腺后方，颈总动脉基部附近。

降钙素的生理作用是对抗甲状旁腺激素，使血钙下降。降钙素也是通过对骨、肾和肠的作用来实现其调节钙磷代谢的：

①作用于骨，降钙素抑制破骨细胞的生成和活动，使骨的溶解过程减弱，同时促进骨中钙盐的沉积，从而降低血钙水平；

②作用于肾，降钙素抑制肾小管对钙、磷的重吸收，增加钙、磷随尿的排出，使血钙和血磷水平都下降；

③作用于小肠，间接抑制小肠对钙的重吸收。

血钙浓度是影响甲状旁腺激素和降钙素分泌的直接原因。当血浆中钙浓度升高时，甲状旁腺激素分泌减少，降钙素分泌增加；相反，血钙浓度下降时，则甲状旁腺激素分泌增多，降钙素分泌减少。因此降钙素和甲状旁腺激素共同维持机体内血钙水平的稳定。

（四）肾上腺

肾上腺位于肾脏前缘，由结构和功能不同的 2 层腺体组织构成，外层是皮质部，由外向内可分为球状带、束状带和网状带，内层是髓质部。

1. 肾上腺皮质

肾上腺皮质分泌的激素简称皮质激素，属于固醇类激素。皮质激素分为 3 类，即盐皮质激素（MC）、糖皮质激素（GC）和性激素，分别由球状带、束状带和网状带的细胞分泌。

（1）盐皮质激素　醛固酮是作用最强的盐皮质激素，其作用是调节机体的水盐代谢。醛固酮具有"排钾保钠"的作用，能促进肾远曲小管和集合管对 Na^+ 和 Cl^- 的重吸收，促进 K^+ 的排出。由于 Na^+ 的重吸收，水的重吸收也随之增加。

（2）性激素　网状带分泌少量性激素，以睾酮为主。正常时因分泌量少并不产生明显效应。

（3）糖皮质激素　最早发现此激素具有生糖效应，故称为糖皮质激素。它具有多种生理功能，是维持生命必需的激素。皮质醇是主要的糖皮质激素。主要有以下几个生理功能。

①促进糖、脂肪和蛋白质三大营养物质的代谢：促进糖异生，抑制糖的利用，引起血糖升高；促进组织中蛋白质和脂肪的分解，增加氨基酸和游离脂肪酸释放入血液。

②增强机体对不良刺激的耐受性：当机体受到各种有害刺激，如创伤、中毒、恐惧等，均能引起下丘脑–腺垂体–肾上腺皮质系统功能活动加强，使促

肾上腺皮质激素和糖皮质激素浓度升高，并由此而产生一系列代谢改变和其他全身反应，这称为机体的应激反应。

③抗炎症、抗过敏作用：大剂量使用糖皮质激素可使局部炎症过程的程度减轻，抑制抗原-抗体反应引起的一些过敏反应。但是，由于抑制炎症反应，减弱了白细胞趋向炎症部位，同时又降低了机体的抵抗力。

糖皮质激素分泌的调节主要受下丘脑-腺垂体-肾上腺皮质系统的调节。腺垂体分泌的促肾上腺皮质激素是调节肾上腺皮质功能的最重要因素。腺垂体分泌促肾上腺皮质激素的活动又受下丘脑分泌的促肾上腺皮质激素释放激素的控制。当机体受到有害刺激时，促肾上腺皮质激素释放激素由下丘脑释放，经垂体门脉到达腺垂体，促进促肾上腺皮质激素的分泌。后者通过循环到达肾上腺皮质引起束状带增生，糖皮质激素分泌增多，以适应应激时的需要。

此外，糖皮质激素还受反馈性调节。当血浆中的糖皮质激素浓度升高到一定水平时，即通过长反馈抑制下丘脑促肾上腺皮质激素释放激素的释放，同时阻断了腺垂体对促肾上腺皮质激素释放激素的反应，于是促肾上腺皮质激素分泌减少，糖皮质激素分泌也减少。

2. 肾上腺髓质

肾上腺髓质能合成肾上腺素（E）和去甲肾上腺素（NE），由于它们共同都含有儿茶酚胺的化学结构，所以总称为儿茶酚胺类激素。肾上腺髓质直接受交感神经节前纤维支配，在功能上相当于交感神经的节后神经元。因此，通常将肾上腺髓质与交感神经系统的联系，看作为交感神经-肾上腺髓质系统。

（1）肾上腺髓质激素的生理作用　肾上腺素和去甲肾上腺素由于与靶细胞膜上的不同受体起作用，因此其生理功能亦不尽相同。

①对心血管的作用：肾上腺素和去甲肾上腺素都能使心肌收缩增强，心率加快，心输出量增多，从而使血压升高，但肾上腺素对心脏的作用较强。对血管的作用，二者区别较大，肾上腺素使皮肤、内脏的小动脉收缩，冠状动脉、骨骼肌小动脉舒张，以保证机体在活动时主要器官的血液供应；去甲肾上腺素除引起冠状动脉舒张外，几乎使全身的小动脉收缩，总外周阻力增大，因此有明显的升压作用。

②对内脏平滑肌的作用：肾上腺素和去甲肾上腺素都能使胃肠管、胆囊壁和支气管平滑肌舒张；使胃肠括约肌、膀胱括约肌、扩瞳肌和竖毛肌收缩。

③对糖代谢的影响：肾上腺素促进糖原分解，减少葡萄糖的利用，使血糖升高。

（2）肾上腺髓质激素分泌的调节　髓质激素的分泌主要受交感神经的控

制。当机体受到应激刺激时，通过交感神经-肾上腺髓质系统引起髓质激素分泌增加，引起的机体活动变化，称为机体的应激反应。

（五）松果体

松果体是一个活跃的内分泌器官，松果体细胞是松果体内主要细胞，由神经细胞演变而来，它分泌的激素主要有褪黑素和肽类激素。

1. 松果体的生理作用

褪黑素有抑制促性腺激素的释放、防止性早熟等作用。松果体的分泌活动受光照的影响，光照抑制松果体合成褪黑素，从而降低了对促性腺激素释放的抑制，于是性功能活跃。延长对母鸡的光照时间可增加产蛋量就是松果体被抑制的结果。

同时松果体还具有生物钟的作用，调节着性腺季节性和每天的变化，在调节马、绵羊等动物的季节性生殖周期方面起着重要作用。对于马而言，褪黑素有抗促性腺激素生成的作用，而光线刺激则抑制褪黑素的生成。因此，随着春季白天时间的延长，褪黑素生成减少，其对性腺的抑制活动减弱。

对于绵羊而言，日光同样抑制褪黑素，因此随着夜间时间的增加，褪黑素释放增加。绵羊褪黑素具有促进性腺的功能，所以绵羊的繁殖季节在秋季。这具有很重要的临床意义，可以利用褪黑素来加快绵羊的繁殖周期。

2. 松果体激素的分泌调节

通过释放去甲肾上腺素可以控制松果体细胞的活动。褪黑素分泌的昼夜节律与交感神经活动有关。刺激交感神经可使松果体活动增强。在黑暗条件下，交感神经节节后纤维末梢释放去甲肾上腺素，褪黑素合成增加；在光刺激下，视网膜的传入冲动可抑制交感神经的活动，使褪黑素合成减少。

（六）胰岛

动物的胰岛细胞按其染色和形态学特点，可分为5类，即A细胞、B细胞、D细胞、PP细胞及D_1细胞。A细胞约占胰岛总数的20%，能分泌胰高血糖素；B细胞占胰岛细胞的60%~75%，位于胰岛的中央，分泌胰岛素；D细胞占胰岛细胞的4%~5%，散在于A细胞、B细胞之间，分泌生长抑素；PP细胞数量很少，位于胰岛周边部或散在于胰腺的外分泌部，分泌胰多肽；D_1细胞数量极少，主要分布于胰岛的周边部，分泌血管活性肠肽。

1. 胰岛素

胰岛素是蛋白质激素，是调节机体代谢的激素之一。

（1）它可以促进肝糖原生成，抑制糖原分解，增强组织对葡萄糖的摄取和利用，并促使糖转变为脂肪，因而使血糖降低。

（2）促进体内脂肪的合成及储存，抑制脂肪的分解。

（3）促进蛋白质的合成及储存，抑制蛋白质分解。

2. 胰高血糖素

胰高血糖素的生理作用与胰岛素相反，是动员机体能源物质分解的激素之一。胰高血糖素能加速糖原分解，促使血糖升高；促进脂肪分解，促进脂肪酸氧化，使酮体增多；抑制蛋白质合成，促进氨基酸转化为葡萄糖。

胰岛分泌的胰岛素和胰高血糖素是对物质代谢具有拮抗作用的2种激素，这2种激素主要受血糖水平的调节。在一定范围内，血糖浓度升高，可使胰岛素分泌增加，胰高血糖素分泌减少；反之，胰岛素分泌减少，胰高血糖素分泌增加，从而维持机体内血糖的相对恒定。参与糖代谢的一些激素，通过对血糖的影响而间接调节胰岛的功能。

四、体温

（一）正常体温

体温是指动物体内的温度，生理学中，将体温定义为身体深部的平均温度。正常情况下，机体内产生的热量主要通过体表散失到周围环境中。体内各部的温度不完全相同，体表面由于散热较快，其温度比深部组织和内脏器官的温度低。心脏、肝和肾温度较高，但由于血液不断循环，可将热量从较高部位带到全身，故机体各部温度差别不大。直肠温度接近机体深部温度，且比较稳定，又便于测定，可以代表机体体温的平均值。在生产实践中，常用体温计测量家畜直肠温度来代表体温。健康家畜的直肠温度见表2-10。

表2-10　健康动物的体温（直肠内测定）

畜别	体温/℃	畜别	体温/℃
黄牛	37.5～39.0	猪	38.0～40.0
水牛	37.5～39.5	犬	37.5～39.0
乳牛	38.0～39.3	兔	38.5～39.5
绵羊	38.5～40.5	马	37.5～38.5
山羊	37.6～40.0	骡	38.0～39.0
鸡	40.0～42.0	驴	37.0～38.0
鸭	41.0～43.0	骆驼	36.0～38.5

家畜的体温除动物种类之间有显著差别外，还受个体、品种、年龄、性别等因素的影响而有差异，如幼畜的体温比成年家畜的体温略高；公畜较母畜

高；母畜在发情和妊娠时体温升高；动物采食后体温升高；长期饥饿时体温可降低2~2.5℃；动物在剧烈工作后，体温可显著升高。在一昼夜内体温也有变化，因此在生产实践中，每次应固定在同一个时间测量体温取平均值。

（二）恒定体温的意义

体温的相对恒定是保证机体新陈代谢正常顺利进行和维持机体生命活动的重要条件。机体进行各种生理活动所需要的能量都来自体内的各种生物化学反应，而这些反应都需要有各种酶参加。家畜正常体温恰好满足了各种酶对温度的需求。如果体温过低，将降低或丧失酶的活力，使代谢减弱或停止；体温过高，酶的活力也会因蛋白质变性而降低，出现代谢障碍。新陈代谢的障碍将直接影响各器官正常生理活动的进行。当哺乳动物体温超过41℃可以出现神经系统功能障碍，甚至永久性脑损伤，超过43℃将危及生命；当温度低于34℃，意识将丧失，低于25℃时则呼吸、心跳停止，危及生命。因此，在生产实践中，应加强饲养管理，冬季注意保温，夏季注意散热，维持家畜体温的相对恒定。

（三）机体的产热和散热

在体温调节机制的作用下，恒温动物可以维持相对恒定的体温。机体在进行物质代谢时不断产生热量，同时，又通过辐射、传导和对流以及水分蒸发等方式不断地散失，使产热量和散热量取得平衡，维持体温的恒定。如果机体的产热量高于或低于散热量，将导致体温升高或降低。

1. 产热过程

机体所有组织器官都能产生热量，但它们的产热量在不同情况下有所不同。正常情况下，安静时以内脏产生热量最多，其中以肝脏代谢最为旺盛，产热较多。安静时骨骼肌产热量可占全身总产热量的20%，运动或使役时，其产热量可高达总产热量的2/3以上，成为产热的主要器官。草食家畜体内热能的主要来源，是消化道中大量的微生物发酵分解饲料时产生的大量热能。

产热多少还受环境温度的影响。若环境温度较高，体内代谢率可以有所降低，但并不会减弱得非常明显。如果此时不能及时有效地对动物进行散热，机体代谢反而有可能出现上升，动物就可能发生中暑。在寒冷环境中，为了维持体温的恒定，动物通过神经调节、体液调节使代谢加强、产热增多，以抵御寒冷，此时消耗饲料增加；如果环境温度过低，超过机体调节能力，体温就会下降，甚至发生死亡。因此，适宜的饲养温度对于动物维持体温的恒定和代谢的稳定具有非常重要的意义。这种环境温度称为动物的等热范围或代谢稳定区。各种动物的等热范围见表2-11。

表 2-11　各种动物的等热范围

畜别	等热范围/℃	畜别	等热范围/℃
牛	10~15	豚鼠	25
猪	20~23	大鼠	29~31
羊	10~20	兔	15~25
犬	15~25	鸡	16~26

在等热范围内，动物不需要增强产热或散热过程，即能维持正常体温。当环境温度低于等热范围时，动物将增强代谢，产热增加，以维持体温；反之，环境温度高于等热范围时，动物将增强散热，如体表血管舒张、汗腺分泌，以防体温上升。

2. 散热过程

动物机体产生的热量，一部分可以通过呼吸、排粪和排尿散失，另一部分主要是通过皮肤以辐射、传导、对流和蒸发等方式进行散热。

（1）辐射、对流和传导散热

①辐射散热：以红外线的形式把体热直接向外界放射。辐射散热量取决于皮肤和环境之间的温度差以及机体辐射面积等因素。当皮温与环境间的温差增大或有效辐射面积增加时，辐射散热增多。如当环境温度较低时，通过皮肤辐射放散的热量可占总散热的 70%。如环境温度高于体表温度时，机体不但不能通过辐射散热，而且还要接收辐射热。因此，炎热季节应将动物置于阴凉处，避免烈日照射导致体温升高，发生热应激。

②对流散热：机体通过与体表接触的气体或液体流动来交换和散发热量的方式，称为对流散热。对流散热多少受体表和空气之间温差的影响，即空气越冷，对流越强，带走的热量就越多。此外，对流还受风速的影响。因此，在实际工作中，冬季应减少畜舍空气的对流，夏日则应加强通风。

③传导散热：机体的热量直接传给同它接触的较冷物体的一种散热方式。因此要注意在一些情况下要避免动物长时间躺卧在湿冷的地板上，造成热量的大量散失。如新生幼畜不能长时间躺卧于冰冷的地面。

（2）蒸发散热　体表水分蒸发是一种很有效的散热途径，在通常的温度和湿度条件下，安静的哺乳动物约有 25% 的热量是由皮肤和呼吸道通过水分蒸发而散失。当外界温度等于或超过机体温度时，辐射、传导和对流方式的热交换已基本停止，蒸发就成为散热的主要形式。此时，汗腺分泌加强，体表蒸发的水分主要来自汗液。所以汗腺发达的家畜（如马属动物）出汗是重要的散热途径；而牛仅有中等程度的出汗能力；绵羊可以发汗，但热喘呼吸是主要的散热方式；犬几乎全部依靠热喘呼吸散热；而啮齿动物既不热喘呼吸也不发汗，它们向毛上涂抹唾液或水来蒸发散热。

（四）体温的调节

恒温动物之所以能够维持体温的相对恒定，这是因为机体内存在有调节体温的自动控制系统，其主要部分是下丘脑的体温调节中枢，它可调节机体的产热过程和散热过程，从而维持体温于一定水平。

1. 神经调节

（1）温度感受器

①外周温度感受器：对温度敏感的感受器称为温度感受器。机体的许多部位存在温度感受器，全身皮肤、某些黏膜及腹腔内脏等处均有温度感受器分布，它们能够感受体表和机体深部的温度变化，产生神经信息，向体温调节中枢传输信号。根据功能不同，可分为热感受器和冷感受器 2 种。

②中枢温度感受器：在动物机体的脊髓、延髓、脑干网状结构以及下丘脑等部位存在对温度变化敏感的神经元，有热敏感神经元和冷敏感神经元，统称为中枢性温度感受器。这 2 种神经元在视前区-下丘脑前部（PO/AH）区域数量最多，其中热敏感神经元较冷敏感神经元多。

（2）体温调节中枢　对恒温动物脑的分段切除的实验证明，调节体温的基本中枢在下丘脑。如切除大脑皮层及部分皮层下结构后，只要保持丘脑及其以下的神经结构完整，动物的体温就能够在冷环境中保持恒定，即仍具有维持体温恒定的能力。如进一步破坏下丘脑，直肠温度就迅速下降，以上实验说明，调节体温的基本中枢在下丘脑。但是下丘脑体温调节中枢的确切位置尚不完全清楚。

（3）体温调定点学说　生理学中，调定点学说认为，体温的调节类似恒温器的调节。视前区-下丘脑前部中的热敏感神经元可能在体温调节中起着调定点的作用，它们类似于仪器的恒温调节装置，可控制体温于一定水平。热敏感神经元对温度的感受有一定的阈值，这个阈值就是体温的稳定点。当体内温度超过阈值时，热敏感神经元兴奋，发放冲动的频率增加、促使散热活动加强。当体内温度低于阈值时，发生与上述相反的变化，于是产热增加，如骨骼肌紧张性增加、皮肤血管收缩，结果体温回升。

2. 体液调节

由于机体的代谢强度和产热量受到体内一些激素的调控，因此一些激素和体温调节有密切关系。

（1）甲状腺激素　由甲状腺分泌的甲状腺激素能加速细胞内的氧化过程，促进分解代谢，产热量增加。当动物长时间处在寒冷环境中时，通过神经调节、体液调节，甲状腺激素分泌增加，于是代谢率提高，以适应低温环境。

（2）肾上腺素　由肾上腺髓质分泌的胺类激素，其主要作用为促进糖和脂肪的分解代谢，促使产热增加。动物突然进入冷环境时由于寒冷刺激，通过交感神经，促使肾上腺髓质分泌释放肾上腺素，进而使细胞产热增加。这种反应迅速，但作用持续时间短，主要是使动物应付环境温度的急剧变化，保持体温恒定。

3. 机体体温调节过程

（1）对寒冷的调节过程　当环境温度降低时，皮肤感受器兴奋，使得产热增加，散热减少，来维持体温的正常活动。机体皮肤浅表静脉和毛细血管收缩，动静脉吻合支开放，使浅表血液循环形成短路，减少散热；分泌汗腺减少；肌肉出现不协调收缩，出现寒战，产热增加；肾上腺素、甲状腺激素分泌增加，产热增加。

（2）对炎热的调节过程　当体内外温度升高，尤其是体内温度升高时（如运动），皮肤和内脏的感受器接受到刺激，并将其转换为神经冲动，沿传入神经传入下丘脑或当血温升高时引起热敏神经元的冲动增加，通过下丘脑的体温调节中枢，使机体产热减少，增加散热。机体皮肤血管舒张，血流量增加，机体深部的热量通过血流到皮肤，使皮肤温度升高，以辐射、传导、对流方式散热；大量分泌汗液，通过蒸发散热；高温环境下，引起呼吸急促，使呼吸道蒸发散热增加。

（3）行为性体温调节　动物还存在行为性体温调节，即动物处在炎热或寒冷环境中，常通过行为的变化来调节产热和散热过程。在寒冷环境中，动物常采取蜷缩姿势或集堆以减少散热面积，长期在寒冷中，被毛增加，皮下脂肪增加，使体表的绝热作用增加。而在炎热时，则会寻找阴凉场所，减少吸收太阳辐射热，同时伸展肢体，伏卧不动尽量减少肌肉运动和降低代谢率。

模块三

家禽解剖生理特点

项目一　认知家禽运动与被皮系统

知识目标

1. 了解家禽运动系统与家畜的区别。
2. 掌握家禽骨骼的形态特征、结构和功能。
3. 熟悉家禽肌肉的特征。
4. 掌握家禽皮肤及皮肤衍生物的形态特征、结构和功能。

能力目标

1. 能识别家禽头骨、躯干骨和四肢骨的形态特征。
2. 能识别家禽皮肤及皮肤衍生物的构造。

思政目标

以吐鲁番鸡的品种识别和体尺测量任务为引导，帮助学生从家禽生产的视角进行学习和探索，提升学生的理论联系实际能力和创新思维能力。

工作项目

工作项目	吐鲁番鸡的品种识别及体尺测量
前导知识	地方品种就是在育种技术水平比较低的情况下，没有明确的育种目标，并且没有经过有计划的系统选种、选育，而在某一地区长期饲养而形成的品种。这类鸡未经杂交改良，体形体貌不一致，

续表

前导知识	生长缓慢，饲料报酬低，就巢性强，繁殖力低，但不具有环境适应性强、耐粗饲、肉质鲜美等优点，不适于集约化养殖。为了研究家禽生长发育和品种的体格特征，除用外貌观察叙述外，还可用体尺测量数据表示。
工作要求	（1）将填写任务工单一和任务工单二的空缺部分作为本项目学习的载体之一，积极探索、深度思考，助力高质量完成任务工单三和任务工单四，为未来临床开展家禽饲养与疾病防治打下基础。 （2）将任务工单一和任务工单二填写的答案拍照上传本章节的学习平台，作为平时成绩的组成部分。

学习任务

任务工单一

学习任务	吐鲁番鸡的品种识别		
任务描述	在识别家禽运动、皮肤及皮肤衍生物的形态、结构的基础上，查阅资料，完成吐鲁番鸡外貌特点及生产性能的描述。		
任务名称	序号	主要外貌特征及性能	主要特征
吐鲁番鸡的品种识别	1	外貌特征	吐鲁番鸡属斗鸡型。毛色较杂，有黑、浅麻、栗褐色3种毛色。头顶宽平而长。复冠，冠矮小，冠色为深红色。 　　喙短弯曲粗壮、强劲有力。冠色为深红色。耳垂、肉髯红色。胸部带有黑色或混有红色的羽毛，尾羽短，公鸡_____（羽毛类型）高翘，_____（羽毛类型）大多数为黑色并带有青绿色光泽。胸肌发达，胫长而直，呈白色，胫部外侧有羽毛。属晚熟的鸡型品种。

续表

任务名称	序号	主要外貌特征及性能	主要特征
吐鲁番鸡的品种识别	1	外貌特征	
	2	生产性能	成年公鸡平均体重为_____kg，母鸡为_____kg。
任务要求			答案填写完成后，将此任务工单拍照上传学习平台。

任务工单二

学习任务			完善家禽体尺测量的方案
任务描述			在识别骨骼、肌肉运动器官的形态、构造、位置和各器官之间的位置关系的基础上，查阅资料，完善家禽体尺测量的方案。
任务名称	序号	操作要领	操作方法
家禽体尺测量方案	1	体斜长	了解禽体在长度方面发育情况，用皮尺测量锁骨前上关节到坐骨结节间的距离。
	2	胸宽	了解禽体的胸腔发育情况，用卡尺测量两____（关节）间距离。
	3	胸深	了解胸腔、胸骨和胸肌发育状况，用卡尺测量____（椎骨）至____（骨骼）前缘的距离。
	4	胸骨长	了解体躯和胸骨长度的发育情况，用皮尺测量胸骨前后两端间距离。

续表

任务名称	序号	操作要领	操作方法
家禽体尺测量方案	5	胫长	了解体高和长骨的发育，通常采用测量胫的长度的方法。用卡尺测量＿＿＿＿（后肢骨骼）关节到第3趾与第4趾间的垂直距离。
	6	胸角	了解肉鸡胸肌发育情况，采用测量胸角的大小来表示。将鸡仰卧在桌案上，用胸角器两脚放在胸骨前端，即可读出所显示的角度。理想的胸角应在90°以上。
任务要求			答案填写完成后，将此任务工单拍照上传学习平台。

任务工单三

学习任务	识别家禽骨骼、肌肉的一般结构
任务描述	利用标本、图片、模型、活体动物、虚拟仿真软件等资源，识别家禽（鸡、鸭、鹅）全身骨骼、肌肉的形态、构造、位置和各器官之间的位置关系。
操作步骤	（1）利用标本、图片、模型、活体动物、虚拟仿真软件等资源，识别鸡头骨、躯干骨、全身主要肌肉（肩带肌、胸肌、腿肌、栖肌等）形态特点、位置。 （2）利用标本、图片、模型、活体动物、虚拟仿真软件等资源，识别鸭头骨、躯干骨、全身主要肌肉（肩带肌、胸肌、腿肌、栖肌等）形态特点、位置。 （3）利用标本、图片、模型、活体动物、虚拟仿真软件等资源，识别鹅头骨、躯干骨、全身主要肌肉（肩带肌、胸肌、腿肌、栖肌等）形态特点、位置。

任务工单四

学习任务	识别家禽被皮系统的一般结构
任务描述	利用标本、图片、模型、活体动物、虚拟仿真软件等资源,识别家禽皮肤及皮肤衍生物的形态、构造、位置和各器官之间的位置关系。
操作步骤	(1)利用标本、图片、模型、活体动物、虚拟仿真软件等资源,识别家禽(鸡、鸭、鹅)皮肤的结构及羽区和裸区的分布。 (2)利用标本、图片、模型、虚拟仿真软件等资源识别家禽(鸡、鸭、鹅)羽毛、冠、肉垂、耳叶、喙、爪、尾脂腺、鳞片的形态结构及位置。

必备知识

一、家禽的骨骼

家禽骨骼的主要特征是质量轻、强度大。由于禽类部分骨骼互相愈合,骨密度很高,形成了牢固的骨架。骨的内部因为气囊的扩展,取代了骨髓,成为了含气骨,因而质量也得到了减轻。家禽全身骨骼可分为躯干骨骼、头部骨骼和四肢骨骼。鸡的全身骨骼如图3-1所示。

(一)头部骨骼

禽类头部骨骼分为颅骨和面骨2部分。颅骨圆形,内有脑和听觉器官,面骨位于颅骨前方,鸡呈尖圆锥形体,鸭呈前方钝圆的长方形体。1月龄左右的雏鸡,其头部骨骼已彼此愈合,颅骨愈合的时间比面骨更早。

禽类的颅腔远比其外形小,一是颅骨的2层密质骨板间夹以厚的海绵骨,其中充满由咽鼓管输入的空气,同时颅腔壁的腹侧显著增厚,尤其以侧后壁最厚,其中存在听觉和平衡器官;二是由于极大的眶窝侵入颅腔的腹前部,颅腔前壁倾斜成45°,构成顶壁长度比底壁长1倍的比例。

(二)躯干骨骼

家禽躯干骨骼由伸屈自如的颈椎,结合强固的胸椎,愈合完全的腰荐椎和可动的尾椎4段组成。每一椎骨的椎体呈棒状,背侧由椎弓圈成椎孔,前后椎骨的椎孔相接形成椎管,供脊髓通过并保护脊髓。由于颈部活动范围最大,所以颈椎呈典型的鞍状椎骨。

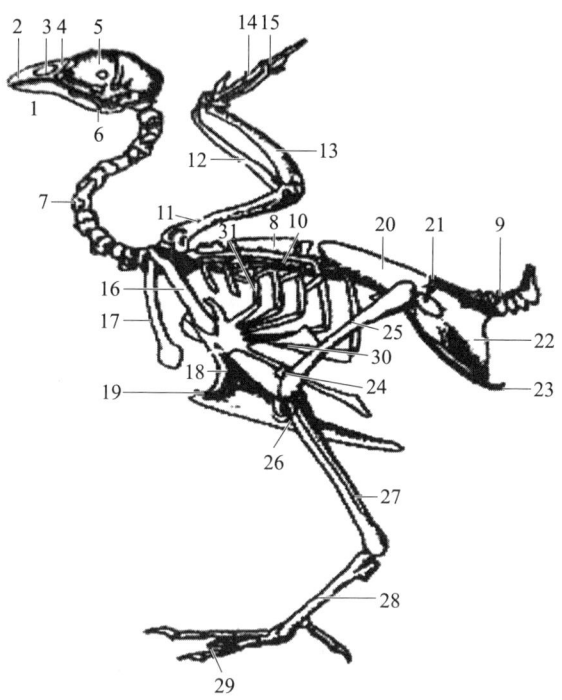

1—下颌骨；2—颌前骨；3—鼻孔；4—鼻骨；5—筛骨；6—方骨；7—颈椎；8—胸椎；9—尾椎；
10—肩胛骨；11—肱骨；12—桡骨；13—尺骨；14—掌骨；15—指骨；16—乌喙骨；17—锁骨；
18—胸骨；19—胸骨嵴；20—髂骨；21—坐骨孔；22—坐骨；23—耻骨；24—髌骨；25—股骨；
26—胫骨；27—腓骨；28—大跖骨；29—趾骨；30—肋骨；31—钩突。

图 3-1 鸡的全身骨骼

1. 颈部骨骼

禽类颈部骨骼只有颈椎，鸡 13~14 个，鸭 14~15 个。静止时，全段颈椎构成乙状弯曲，这样长的颈部，便于颈部灵活伸展转动，利于啄食、警戒和用喙梳理羽毛、衔取尾脂腺分泌物油润羽毛。

2. 胸部骨骼

禽类胸部骨骼由胸椎、肋骨和胸骨组成。

（1）胸椎　鸡通常有 7 个胸椎，偶见有 8 个，鸭有 9 个胸椎。第 1 和第 6 胸椎游离，第 2 至第 5 胸椎愈合成一整体，第 7 胸椎与腰荐骨愈合。胸椎的椎体较短，整个胸段只有颈段长度的 1/8。棘突发达，成年鸡几乎愈合成一块完整的垂直板。第 7 胸椎棘突与髂骨前缘愈合。除第 1 胸椎外，其余胸椎的椎孔均较颈椎小。

（2）肋骨　呈侧扁的长骨，排列成对，对数与胸椎数目相同。骨干弯曲，斜向后外下方，构成胸廓侧壁。鸡的每根肋骨可分为椎肋和胸肋。椎肋较长，与胸椎相接，腹段较短，与胸骨相接，称胸肋，它相当于哺乳动物的肋软骨。

肋的椎骨端有明显的半圆形肋骨头，与胸椎椎体两侧构成关节。除最前一对和最后一对的肋骨外，每对椎肋中部均发出一支斜向后上方的钩突，覆盖在后一相邻椎肋的外表面，并有韧带彼此相连，使胸廓更加坚固。鸡的肋骨，不论椎肋还是胸肋均是向后逐渐增长，因此胸廓呈顶端向前的圆锥体形。

（3）胸骨　构成胸底壁和腹底壁的骨质基础，是由胸骨体和几个突起组成的。强大的胸骨是极其发达的胸肌附着处，同时又起到协助不发达的腹肌保护内脏的作用。骨体呈背面凹的四边形骨块，表面有许多使气囊和骨内相通的气孔。胸骨体两侧有4~5个小关节面与胸肋形成关节。骨体后端发出一个长的剑突，一直伸延到骨盆部，辅助支持薄弱的腹壁肌肉，同时保护腹腔内脏。从骨体和剑突的腹侧发出强大的垂直板状突起，即龙骨。鸭的胸骨比鸡大。

家禽的胸廓主要是由胸椎、肋骨和胸骨围成的。胸椎构成其背侧壁，肋骨、乌喙骨和锁骨构成其侧壁，胸骨形成其底壁。鸡的胸腔呈顶端向前的锥体形，背腹径略大于横径，故其横断面呈纵椭圆形。鸭的胸腔比鸡大，横径略大于背腹径，故其横断面呈横椭圆形，后方附加的肋也增加了胸腔的容积。

3. 腰荐部骨骼

第7胸椎、全部腰荐椎和第1尾椎在发育早期愈合而成单块的腰荐骨。鸡的腰荐骨呈中部较宽的棱形体。腰荐骨两侧与髂骨紧密相接形成不动关节。

4. 尾部骨骼

鸡的尾椎有5~6个，鸭7个。除第1尾椎与腰荐骨愈合外，其余均游离存在。尾椎的椎体短厚，前后关节突均已经退化，故能活动自如。最后一个尾椎最大，由多块尾椎愈合而成，呈两侧压扁的三角形，称尾综骨。尾综骨是尾脂腺和尾羽的支架，在禽类飞行中起重要的作用。

（三）四肢骨骼

1. 前肢骨骼

禽类前肢由于适应飞翔而演变成翼，分为肩带部和游离部。

（1）肩带部　家禽的肩带部具有3个完整的骨块，即肩胛骨、乌喙骨和锁骨。3块骨骼由韧带坚固地接合在一起，用以支持游离部。

①肩胛骨：呈略为弯曲的扁平带状，形如马刀，位于胸廓背侧壁，紧贴椎肋，几乎与脊柱平行，从第12至第13颈椎开始后行到达最后胸椎，末端几乎接触髂骨前缘。肩峰有一气孔与颈气囊相通。近端前内侧发出突起与乌喙骨的钩突、锁骨的臂骨端共同形成了三骨孔。鸭的肩胛骨比鸡长。

②乌喙骨：是肩带骨中最强大的骨块，呈柱状，位于胸腔入口两侧，从胸骨前缘斜向外侧上前方。乌喙骨有气孔通锁骨间气囊。鸭的乌喙骨比鸡强大，它与肩胛骨形成的夹角近乎直角。

③锁骨：是一枚稍弯曲的细棒状骨，近端扁宽，接近乌喙骨钩突，通过韧带与肩臼连接。由于鸡两侧锁骨愈合成"V"形，故也称为叉骨。鸭的锁骨比鸡强大，两侧愈合成"U"形。

肩胛骨、乌喙骨和锁骨的连接处形成所谓的三骨孔，是由乌喙骨钩突形成其外缘和上缘，锁骨近端形成其内缘，肩胛骨的臂骨端形成其下缘大部分。胸大肌的止腱通过三骨孔。

（2）游离部　由臂部、前臂部和前脚部（腕部、掌部和指部）3段组成，形成翼。静止时，翼的三段折叠成"Z"形，紧贴于胸廓。

①臂部：是一个单一的略为弯曲的管状臂骨，也称为肱骨。当翼处于静止时，其位置近于水平，与肩胛骨几乎平行。

②前臂骨：由桡骨和尺骨构成。翼静止时，它与臂骨近乎平行。桡骨骨体较直而细，翼静止时，位于尺骨内侧。

③前脚部：由腕部、掌部和指部构成，但退化较多。

2. 后肢骨骼

禽类后肢有支持身体、行走和栖息等作用，因此较发达，分为骨盆和游离部。

（1）骨盆　骨盆是由左髋骨、右髋骨、最后胸椎、腰荐骨和第一尾椎愈合而成。顶壁是胸椎、腰荐骨和髂骨的大部分，侧壁由部分髂骨、坐骨和耻骨围成，腹侧开放，髋骨包括髂骨、坐骨和耻骨，三骨在髋臼处会合，禽类的骨盆与哺乳动物比较有两大特点：一是为了适应支持作用，骨盆带与腰荐骨间形成广泛而紧密的结合；二是为了适应产蛋，禽类的两侧骨盆带不像哺乳动物那样在腹侧有骨盆联合，而呈现禽类特有的开放性的骨盆，两侧间距离很大。

髂骨最大，呈不正长方形的板状，前方到达后几个肋骨处，构成腹腔和骨盆腔的背壁。坐骨位于髂骨后部腹侧，呈三角形的骨板，其背缘与髂骨愈合，构成骨盆腔的侧壁。坐骨前部与髂骨间形成卵圆形的坐骨孔。耻骨细长，从髋臼沿坐骨腹缘向后延伸，末端向内弯曲并突出于坐骨后方。耻骨和坐骨仅部分愈合，两骨间有狭窄的骨间隙。耻骨形成髋臼腹侧的一部分和闭孔的下界。左右耻骨末端间的距离是母鸡产蛋率高低的一种判断标志。

（2）游离部　由股部、小腿部和后脚部（跗部和趾部）3段组成的。

二、家禽的肌肉

家禽的肌肉包括骨骼肌、平滑肌和心肌。禽类的肌纤维较细，肌肉内没有脂肪沉积。横纹肌纤维分为红肌纤维和白肌纤维，以及中间型的肌纤维。红肌纤维收缩持续时间长，幅度小，不易疲劳，白肌纤维收缩快而有力，但是易疲劳。因此各种肌纤维的含量在不同部位的肌肉和不同生活习性的禽类可有大的差异。鸭、鹅等水禽和擅飞的禽类如鸽，红肌纤维较多，肌肉大多呈暗红色。

飞翔能力差或不能飞的禽类，有些肌肉则主要由白肌纤维构成，如鸡的胸肌，颜色显著较淡（图3-2）。

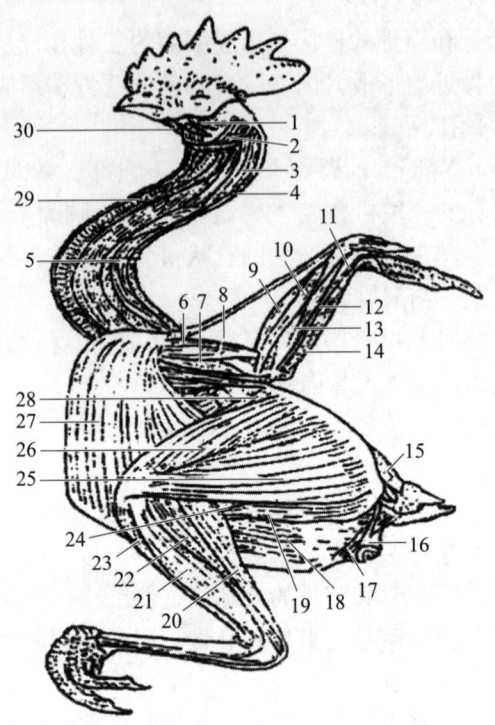

1—咬肌；2—枕下颌肌；3—头半棘肌（复肌）；4—颈二腹肌；5—颈半棘肌；
6—翼膜张肌；7—臂三头肌；8—臂二头肌；9—腕桡侧伸肌；10—旋前浅肌；
11—指浅屈肌；12—指深屈肌；13—旋前伸肌；14—腕尺侧屈肌；15—尾提肌；
16—肛提肌；17—尾降肌；18—腹外斜肌；19—半膜肌；20—腓肠肌；21—腓骨长肌；
22—第3趾、第2趾节骨穿孔屈肌；23—胫骨前肌；24—半腱肌；25—股二头肌；
26—股阔筋膜张肌；27—胸浅肌；28—缝匠肌；29—胸骨舌骨肌；30—颌舌骨肌。

图3-2 鸡的全身肌肉

（一）皮肌

家禽的皮肌薄而发达。从羽毛竖立、沙地上扬沙以及抖动的情况可见其发育程度。部分皮肌是平滑肌，止于皮肤羽区的羽囊，控制羽毛活动，另一部分皮肌终止于翼的皮肤褶（翼膜），称翼膜肌，以辅助翼的伸展，飞翔时有紧张翼膜的作用，部分皮肌起着支持嗉囊的作用。皮肌主要根据其所在部位命名。

（二）前肢肌肉

肩带肌中最发达的是胸肌（又称胸浅肌、胸大肌）和乌喙上肌（又称胸深肌、胸小肌）2块胸部肌，善飞的禽类可占全身肌肉总重的一半以上。胸肌的作用是将翼向下扑动；乌喙上肌则是将翼上举。位于臂部和前臂部的翼部肌肉，主要起着展翼和收翼的作用。前臂外侧面的腕桡伸侧肌和指总伸肌是重要的展翼肌，如在腕部切断两肌的腱，可以限制禽的飞翔活动。

（三）后肢肌肉

后肢盆带肌不发达，腿部肌肉是禽体内第二群最发达的肌肉。大部分位于股部，作用于髋关节和膝关节，小腿部肌肉作用于跗关节和趾关节。由于趾屈肌腱的经路，当髋关节、膝关节在禽下蹲栖息而屈曲时，跗关节和所有趾关节也同时被屈曲，从而牢固攀持栖木。参与此作用的还有小的耻骨肌，又称迂回肌或栖肌，起于耻骨突，向下绕过膝关节的外侧面而转到小腿的后面并加入趾浅屈肌腱内。

三、禽类的皮肤及皮肤衍生物

禽类的被皮系统是禽体的屏障，具有保护机体内部器官、调节体温、排除废物及感觉外界刺激等作用。禽类皮肤很薄，但其厚度在羽区、裸区等不同部位均有所差别。禽类皮肤除尾部有一对尾腺外，缺其他皮肤腺，如汗腺、皮脂腺等。皮肤在翼部形成的皮肤褶称翼膜，飞羽相连，用于飞翔。水禽趾间皮肤形成蹼，用于划水。

3-1 鸡的外貌特征（动画）

（一）皮肤

禽类皮肤的颜色有白色、黄色和黑色之分。黄皮肤禽类的皮肤颜色主要来源于饲料中的叶黄素。

禽类的皮肤分为表皮、真皮和皮下组织。表皮与真皮之间是含有多糖类的基底膜。真皮由致密结缔组织构成。家禽的真皮层内有羽肌，但在羽区和裸区的分布略有不同。羽肌是平滑肌，有3种类型，即竖肌、降肌和缩肌，起着竖羽、降羽和退缩羽的作用。禽的皮下组织疏松，一般不分层，但在有的部位如龙骨部的皮下组织较厚，则可分浅、深2层。皮下组织空气区与肺、气囊相通。禽类的脚垫皮肤增厚，特化成抗压和抗磨损的角质化组织。

（二）羽毛

羽毛是禽类表皮特有的衍生物，活禽体表全被羽毛所覆盖。羽毛是按一定区域生长的。有羽毛植入的部位称羽区，在羽区之间或在羽区内，没生羽毛的部位称裸区。裸区的存在是为了在飞翔时，便于皮肤活动和肌肉收缩（图3-3）。

1. 羽的类型

（1）正羽　正羽覆盖体表的绝大部分，如翼羽、尾羽及覆盖头、颈、躯干的羽毛，它形成了禽体外形基础，构成了流线型轮廓，在防止机械伤害和体热散失方面起重要作用。

（2）绒羽　被正羽所覆盖，位于翼的基部，密生皮肤表面，外表见不到。绒羽只有短而细的羽茎，柔软蓬松的羽枝直接从羽根发出，呈放射状，形如绒而得名。绒羽有羽小支，羽小支构成隔温层，起保温作用。

（3）纤羽　分布于身体各部。长短不一，细小如毛发状，比绒羽还细小，在拔去正羽和绒羽后，就可见到纤羽。

（4）刚毛　刚毛又称刷毛、鬃。鸡的睫毛是唯一真正的刚毛，有羽茎，基部厚，向远端逐渐变尖。

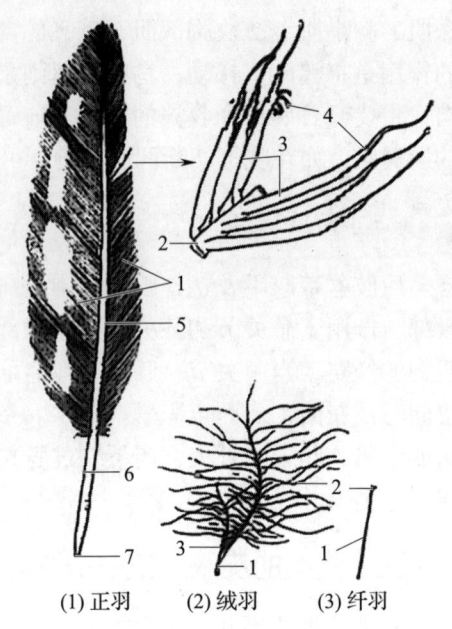

1—羽片；2—羽支；3—羽小支；4—小钩或突起；
5—羽干；6—羽根；7—下脐

图3-3　禽羽毛模式图

（5）耳羽　耳羽分前耳羽和后耳羽，其顶端在耳孔外形成耳盖。能防止昆虫和污物的侵入。

（6）尾腺羽　拔去尾羽后，可见尾的尖端周围圈状小羽，即尾腺羽。结构简单，是典型的绒羽，但比普通的体绒羽小。

2. 羽衣

包于整个体表的羽毛称羽衣，因生长部位不同，其名称、形状、大小也不尽相同，如有头羽、颈羽、翼羽、鞍羽、尾羽、胫羽等。最大而复杂的是翼羽和尾羽。

（1）翼羽　翼羽是用于飞翔的主要羽毛。翼羽由飞羽、覆羽、小翼羽3部分组成。

（2）尾羽　禽尾羽为7~8枚，两侧羽片近于等宽，其基部存于尾覆羽之中。公鸡的第1尾羽最大，弯曲如镰刀形，亦称镰羽。尾羽亦有尾上覆羽和尾下覆羽等之分。

3. 羽毛的颜色

家禽羽毛呈现不同颜色，而且还形成一定的图案。羽毛图案大部分取决于黑色素的分布，即取决于黑色素与其他色素之间的平衡，特别是与类胡萝卜素的平衡。羽毛颜色和图案是由遗传决定的，故可作为某些品种的外貌特征。雌、雄之间的羽毛形态、颜色的差异还与性激素有关。

4. 换羽

鸡从出壳到成年要经过3次换羽。雏鸡刚出壳的时候，除了翼和尾外，全身覆盖绒羽。这种羽毛保温性能差，出壳不久就开始换羽，由正羽代替，通常在6周龄左右换完，换羽的顺序为翅、尾、腹、头。第2次换羽发生在6~13周龄，换为青年羽。第3次换羽发生在13周龄到性成熟期，换为成年羽。更换成羽后，从第3次开始，每年秋冬换羽一次。在换羽时，需要大量的营养物质，故蛋鸡在换羽期间停止产蛋。养鸡生产中，为了利用第2个产蛋年，缩短换羽的时间，往往实施强制换羽。

（三）皮肤的其他衍生物

1. 尾脂腺

家禽尾脂腺分2叶，位于尾综骨背侧。鸡的尾脂腺较小，呈豌豆形，水禽的尾脂腺较发达，如鸭则呈卵圆形。尾脂腺分泌物含有脂肪、卵磷脂、高级醇，但缺乏胆固醇。禽类当整梳羽毛时，用喙压迫尾脂腺，挤出分泌物，用喙涂于羽毛上，起着润泽羽毛并使羽毛不被水所浸湿的作用。这在水禽中是很重要的。尾脂腺分泌物中的麦角固醇在紫外线作用下能变为维生素D，可以被皮肤吸收利用。

2. 冠

冠是由皮肤褶形成的，公鸡特别发达，是雄性第二性征。冠的结构、形态可作为辨别鸡的品种、成熟程度和健康情况的标志。鸡冠的种类很多，如单叶冠、玫瑰冠、豌豆冠。冠的质地细致，柔润光滑，鲜红色。冠的真皮中间层是厚的纤维黏液性组织，内含玻尿酸和少量硫化黏多糖，充填于中间层的所有间隙内，以维持公鸡和产蛋期母鸡的鸡冠直立。去势公鸡和停蛋母鸡的冠内黏液性物质消失，所以冠倾倒。

3. 髯

髯又称肉垂，位于喙的下方，左右各一，两侧对称，鲜红色，是第二性征。髯是由皮形成的。组织结构与冠近似。

4. 耳垂

耳垂位于颊后、耳孔开口的下方，呈椭圆形，多为红色或白色。它也是由皮肤真皮结缔组织增生产生的皮肤褶形成的，缺纤维黏液层。

5. 喙

喙包围于颌前骨和齿骨，其表皮形成厚的粗糙的角质套，角蛋白钙化而显得特别坚硬。

项目二　认知家禽内脏系统

知识目标

1. 掌握家禽消化系统的组成及各器官形态特征和功能。
2. 掌握家禽呼吸系统的组成及各器官形态特征和功能。
3. 掌握家禽泌尿系统的组成及各器官形态特征和功能。
4. 掌握家禽生殖系统的组成及各器官形态特征和功能。
5. 掌握雄性和雌性家禽生殖生理的规律及特点。
6. 掌握蛋的形成及产蛋过程及对生产实践的意义。

能力目标

1. 能识别家禽内脏（消化、呼吸、泌尿、生殖）各器官的形态特征、结构和位置关系，并了解其功能。
2. 掌握禽类消化、呼吸、泌尿、生殖（雌、雄）生理特点，为畜牧业生产实践服务。

思政目标

1. 以家禽传染病防治技术任务为动力，培养学生临床兽医必备的严谨务实的职业素养。
2. 通过进行家禽内脏器官观察，引导学生遵守解剖操作规程，树立生物安全意识，培养医者仁心的职业操守。

模块三 家禽解剖生理特点

工作项目

工作项目	常见家禽传染病防治技术
前导知识	近年来，随着动物及其产品贸易的全球化和我国养禽业的快速发展，家禽传染病有其新的流行特点，首先是旧病未除，又添新病，影响较大的是禽流感、新城疫、鸭病毒性肝炎等。其次，如禽流感、传染性法氏囊、传染性支气管炎等病发生抗原漂移、抗原变异，导致临床症状和病理变化非典型化。因此，家禽传染病要坚持"预防为主，防治结合"的方针，依靠科学，依法防治，群防群控，及时处理，切断家禽传染源、宿主和环境3个环节的传播途径，健全和完善禽病防疫体系，制定并落实疫病的净化和扑灭措施及实施方案。
工作要求	（1）将填写任务工单一和任务工单二的空缺部分作为本项目学习的载体之一，积极探索、深度思考，助力高质量完成任务工单三，为未来临床开展家禽生产及疾病防治工作打下基础。 （2）将任务工单一和任务工单二填写的答案拍照上传本章节的学习平台，作为平时成绩的组成部分。

学习任务

任务工单一

学习任务	禽流感病理变化识别			
任务描述	在识别家禽消化、呼吸、泌尿、生殖等内脏器官的形态、构造、位置和各器官之间的位置关系的基础上，查阅资料，完成禽流感的病理变化识别。			
任务名称	序号	疾病分型	主要病理变化	
禽流感病理变化识别	1	高致病性	高致病性毒株引起的病变主要是肌肉、组织器官黏膜和浆膜以及脂肪的广泛出血。胸肌、心外膜有出血点，心肌坏死，坏死的白色心肌纤维与正常的粉红色心肌纤维红白相间；腹部脂肪有出血点；＿＿＿＿＿＿（消化腺）有黄白色坏死斑点或周边出	

续表

任务名称	序号	疾病分型	主要病理变化
禽流感病理变化识别	1	高致病性	血；_____（消化器官）乳头出血，腺胃与肌胃交界处、腺胃与食道交界处、肌胃角质膜下、十二指肠黏膜出血；_____（呼吸器官）有黏性分泌物，病鸡经常摇头，企图甩出分泌物，严重者可引起窒息；盲肠扁桃体肿大及出血。病死率可达50%~100%。
	2	低致病性	低致病性毒株引起的病例往往看不到明显的病变，表现为轻微的窦炎，窦中可见卡他性、纤维素性、黏液脓性或干酪性炎症；喉气管充血、出血，气管下段和支气管内有黄白色纤维素栓子堵塞；气囊炎，表现气囊壁增厚，并有纤维素性或干酪样渗出物附着；有时可见纤维素性心包炎、纤维素性腹膜炎或卵黄性腹膜炎；肠黏膜充血或轻度出血，胰腺有斑状灰黄色坏死点；产蛋鸡常见_____（雌性生殖器官）退化、出血和卵泡畸形、萎缩和破裂；_____（雌性生殖器官）黏膜充血水肿，内有白色黏稠纤维素渗出物，似蛋清样。
任务要求			答案填写完成后，将此任务工单拍照上传学习平台。

任务工单二

学习任务	传染性支气管炎病理变化识别
任务描述	在识别家禽消化、呼吸、泌尿、生殖等内脏器官的形态、构造、位置和各器官之间的位置关系的基础上，查阅资料，完成传染性支气管炎的病理变化识别。

任务名称	序号	疾病分型	主要病理变化
传染性支气管炎病理变化识别	1	呼吸型	主要病变见于鼻腔、_____（呼吸器官）、____（呼吸器官）等呼吸器官。表现为气管环出血，管腔中有黄色或黑黄色栓塞物。

续表

任务名称	序号	疾病分型	主要病理变化
传染性支气管炎病理变化识别	1	呼吸型	幼雏鼻腔、鼻窦黏膜充血，鼻腔中有黏稠分泌物，肺脏水肿或出血。产蛋鸡则多表现为母鸡卵泡充血、出血、变形、破裂，甚至发生卵黄性腹膜炎。患鸡_____（雌性生殖器官）发育受阻，变细、变短或呈囊状。产蛋鸡的卵泡变形，甚至皮裂。若在雏鸡阶段感染过此病，则成年后鸡的_____（雌性生殖器官）发育不全，管腔狭小或出现节段状。
	2	肾型	主要病变为_____（泌尿器官）苍白、肿大、小叶突出。_____（泌尿器官）扩张，沉积大量尿酸盐，使整个肾脏外观呈斑驳的白色网线状，俗称"花斑肾"。 在严重病例中，病鸡挤堆、厌食、脱水、饮水增加，排白色稀便，粪便中几乎全是尿酸盐。白色尿酸盐不但弥散分布于肾表面，而且会沉积在其他组织器官表面，即出现所谓的内脏型"痛风"。 有时还可见____（禽类特殊免疫器官）黏膜充血、出血，囊腔内积有黄色胶冻状物；肠黏膜呈卡他性炎变化，全身皮肤和肌肉发绀，肌肉失水。
任务要求			答案填写完成后，将此任务工单拍照上传学习平台。

任务工单三

学习任务	家禽内脏器官观察
任务描述	利用标本、图片、模型、活体动物、虚拟仿真软件等资源，识别鸡的消化、呼吸、泌尿、生殖系统各器官形态、构造、位置和各器官之间的位置关系。
操作步骤	（1）把鸡仰卧保定于解剖板上，由口腔后部硬腭放血致死。用水把颈、胸、腹部羽毛刷湿，以免被毛飞扬。 （2）观察气囊　由喙腹侧开始，沿颈、胸、腹正中直至泄殖孔附近将皮肤剪开。向两侧剥皮至翼根和腹股沟部。在切开胸前口两锁骨间皮肤时，一定要小心不要切太深，观察锁骨间气囊的前

操作步骤	部。后切除胸肌，沿胸骨两侧剪断肋骨，将胸腔露出，观察前胸气囊和后胸气囊。再小心打开腹腔观察腹气囊。 （3）观察颈部 气管：较长较粗，在皮肤下偏至颈的右侧向后延伸，进入胸腔，在心基上方分为2条支气管，分叉处形成鸣管。 食管：颈段长，管径较大易扩张。开始位于气管的背侧，然后和气管一起偏至颈的右侧，直接位于皮下。在锁骨前膨大形成袋状的嗉囊。 胸腺：幼鸡明显，位于颈部两侧的皮下，每侧一般有7叶，淡黄色或肉红色。性成熟前发育至最大，后逐渐萎缩，但总保留一些。 甲状腺：成对、不大，椭圆形，暗红色，位于胸腔入口附近气管的两旁。 （4）观察胸、腹腔内的器官 肝：位于腹腔的前下部，较大，分左、右2叶；右叶略大，有一胆囊。左叶没有胆囊，其肝管直接开口于十二指肠的末端。右叶的肝管注入胆囊，再由胆囊发出胆管开口于十二指肠的末端。 腺胃：短纺锤形，位于腹腔左侧，肝两叶间的背侧。胃壁较厚，但内腔不大。 肌胃：发达，椭圆形双凸透镜，质坚实，呈红色。位于腹腔左侧，在肝的两叶之间。 脾：不大，呈球形，质软呈红褐色。位于腺胃的右侧。 胰：位于十二指肠肠袢内，淡黄色或淡红色，长条形，可分为三叶。鸡有2~3条胰管，均与胆管一起开口于十二指肠的终末。 肠：十二指肠形成长的"U"字形肠袢，位于肌胃右侧，并可由腹腔后部转至左侧。空肠以肠系膜悬挂于腹腔右侧，回肠短而直，鸡有两条盲肠，而且较长。位于回肠的两旁。鸡没有明显的结肠，因此有时称直肠为盲结肠。 泄殖腔：是消化、泌尿和生殖3个系统的共同通道，略呈球形。由腹侧剪开泄殖腔，可以看到有2个黏膜褶将其分为粪道、泄殖道和肛道3部分。5月龄前，在泄殖腔的后上侧可看到呈圆形的腔上囊，腔上囊开口于肛道。

续表

操作步骤	上述器官观察结束，将食管与胃相连处分离，再将肝与周围器官剥离，把消化器官及脾取出，以便进一步观察。 鸣管：是鸡的发音器官，位于胸腔入口后方。鸣管的支架为气管的最后几个气管环和支气管最前的几个气管环，以及气管分叉处的鸣骨。在鸣骨与支气管之间，气管与支气管之间，有2对弹性薄膜，称内、外鸣膜。 支气管：分为左、右支气管，经心基上方进入肺门。其支架为"C"字形的软骨环。 肺：两侧位于胸腔背侧，其背侧面嵌入椎肋骨之间，形成几条肋沟。鸡肺不大，呈鲜红色，为扁平的椭圆形。左、右肺均不分叶。肺有与各气囊相通的口。 肾：较发达，淡红色至褐色，质软而脆，形狭长。位于腰荐骨两旁和髂骨腹侧的凹陷内分前、中、后三叶，每侧肾由许多小叶构成。肾周围没有脂肪囊，其背侧与骨之间有腹气囊形成的肾周憩室。 输尿管：为一对细管，从肾中部走出，沿肾的腹侧面向后延伸，开口于泄殖道顶壁两侧。 肾上腺：成对，为不正的三角形，很小，乳白色至橙黄色。位于两肾前端。 公鸡生殖器官： 睾丸：成对，位于腹腔内，以短的系膜悬挂在同侧肾前部的腹侧，在最后肋骨的上方。小鸡的睾丸只有米粒大小，黄色。成年鸡的睾丸具有明显的季节变化，生殖季节发育最大，其颜色也由黄色转为淡黄色或白色。 附睾：很小，呈长纺锤形，紧贴在睾丸的背内侧缘，被睾丸系膜覆盖。 输精管：是一对弯曲的细管，与输尿管并列而行，末端形成输精管乳头，开口于泄殖腔内输尿管口的略下方。 母鸡生殖器官： 卵巢：以系膜和结缔组织附着于左肾前部和肾上腺腹侧。成年母鸡的卵巢如一串葡萄状。幼鸡的卵巢为扁平椭圆形，表面呈颗粒状。

续表

操作步骤	输卵管：其管径的大小和长度，与年龄和生殖周期有密切关系。在产蛋期可达躯干长的一倍。根据构造和功能，可顺次分为漏斗部、膨大部、峡部、子宫部和阴道部5部分。漏斗部中央有输卵管腹腔口；膨大部是最长、弯曲最多的部分；峡部为膨大部后方缩细的部分；子宫部壁较厚，扩大成囊状；阴道部弯曲呈"S"形，最后开口于泄殖腔的左侧。 阴道：是输卵管的末端，较窄，开口于泄殖腔。

必备知识

一、家禽消化系统

家禽的消化系统由消化管和消化腺2部分组成。消化管包括口、咽、食管、嗉囊、腺胃、肌胃、小肠、大肠、泄殖腔及肛门，消化腺主要包括胰和肝（图3-4）。

（一）口咽部

家禽的口咽部缺唇、齿、软腭，颊极短小，因此口腔与咽腔之间无明显界限，口腔可直通喉头。

1. 喙

家禽喙的形态各异，鸡的喙呈圆锥形，组织坚硬、边缘光滑，适于摄取细小饲料和撕裂大块食物。家禽口腔无齿，食物经过口腔不加咀嚼。鸭喙长而宽，末端钝圆。鸭上喙内的真皮结缔组织较多，形成柔软的蜡膜。上、下喙的角质板与口咽内的各种乳头相咬合，形成过滤结构，使其在采食时，能将固体食物或颗粒留在口腔内，而让水从喙的两侧流出。

2. 口咽顶壁和底壁

禽类以舌表面明显的横排乳头和硬腭最后一排乳头作为口腔与咽腔之间的分界线。硬腭位于口咽顶壁，形状与上喙相似。鸡的口咽顶壁中线有2个开口，前方一个是鼻后孔裂，呈纵裂状，后方一个是短的耳咽管孔，通中耳。

3. 舌

舌的形态与下喙相一致，因禽的种类而不同。可分为舌尖、舌体、舌根3部分，舌体内有舌内骨，舌体与舌根之间以舌乳头为界。舌无固有肌，主要由

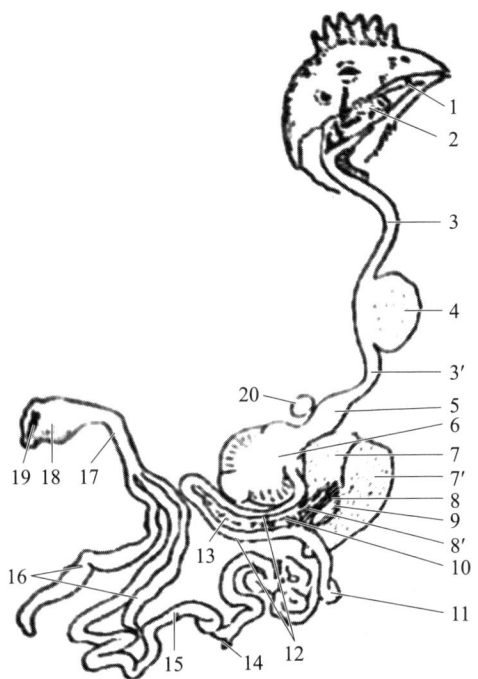

1—口腔；2—咽；3、3′—食管颈段和胸段；4—嗉囊；5—腺胃；6—肌胃；
7、7′—肝左叶和右叶；8、8′—胆囊和肝管；9—胆管；10—胰管；11—空肠；12—十二指肠；
13—胰腺；14—卵黄囊憩室；15—回肠；16—盲肠；17—直肠；18—泄殖腔；19—肛门；20—脾脏。

图 3-4 鸡的消化器官

舌骨、结缔组织、脂肪组织构成。禽的舌没有味觉乳头；在口腔和咽黏膜里仅分布有少量的味蕾，多在唾液腺管开口附近。由于味蕾构造简单，数量较少，而且食料一般不经咀嚼就较快吞咽，所以味觉对禽的采食作用不大。

4. 唾液腺

唾液腺虽不大但分布很广，在口咽腔的黏膜内几乎连成一片。口腔顶壁有上颌腺、腭腺和蝶翼腺；底壁有下颌腺、口角腺、舌腺和环杓腺。导管多，开口于黏膜表面，肉眼可见。腺全由黏液细胞构成，分泌黏液，滑润口腔黏膜，并使食团滑润，便于吞咽。

5. 口腔内消化

家禽主要依靠视觉、触觉寻觅食物，靠喙采食。禽类采食后不经咀嚼，吞咽动作主要是靠头部向上抬举，在食物的重力和反射活动作用下，食管扩大，经食管的蠕动推动食物下移并进入嗉囊或食管的扩大部。口腔壁和咽壁分布有丰富的唾液腺，它的导管直接开口于黏膜，主要分泌黏液，有润滑食物的作用。唾液呈弱酸性反应，平均 pH 为 6.75，含有少量淀粉酶。

（二）食管及嗉囊

1. 食管

家禽食管是薄壁、易于扩张的肌性管道。位于咽后与腺胃之间。与哺乳动物比较，禽类的食管腔较大，便于吞咽较大的食团。家禽的食管可分为2段：颈段和胸段。颈段长，管径易扩张，开始在气管的背侧，然后与气管一同偏在颈的右侧，直接位于皮下。食管壁由黏膜、肌膜和外膜组成。黏膜固有层内分布有较大的食管腺，为黏液腺。

2. 嗉囊

鸡和鸽在食管中段膨大成袋状，即嗉囊。鸡的嗉囊相当发达，弹性很强。嗉囊不分泌消化液，其主要功能是储存、浸泡和软化食物，为进入腺胃进行消化做准备。嗉囊外膜与皮肤紧贴，有皮肌或邻近肌肉来的横纹肌纤维附着，起固定作用。鸡的嗉囊略呈球形，鸽的分为对称的2叶。鸭、鹅无真正的嗉囊，但食管颈段可扩大成长纺锤形，后端具有括约肌与胸段为界。

嗉囊是食物的暂时储存处。嗉囊内的食物由于唾液和食管黏液的渗入，可使混有细菌的饲料保持适当的温度和湿度，利于进一步发酵和软化。当肌胃空虚一段时间后，口腔摄取的食团可直接进入肌胃，当肌胃充满食物时，食团则转而进入并储存于嗉囊内，当肌胃内食物排至十二指肠时，嗉囊就发生间歇性收缩，把食物排入肌胃，以保持肌胃消化的连续性。在正常情况下，食物在嗉囊内停留3～4h，最久可达6～8h。多种疾病会引起嗉囊积物充气而膨大。

（三）胃

家禽的胃分为2部分：腺胃和肌胃（图3-5）。

1. 腺胃

（1）腺胃的位置形态 腺胃呈短纺锤形，位于腹腔的背侧，前连食管，又称前胃。腺胃的左侧和腹侧与肝相接，肝左叶在与腺胃连接处有一压迹，右背后侧与脾脏相邻。腺胃外表呈淡红色，腺胃内腔比食管内腔略大，但腺胃壁明显比食管壁厚。

腺胃黏膜层有腺体可分泌含有盐酸和胃蛋白酶原的黏液，并随食物进入肌胃，在肌胃内发挥消化作用。

（2）腺胃的消化 禽类的胃液呈连续性分泌，鸡每小时分泌5～30mL。饲喂可使分泌增加，反之，则使其减少。禽类胃液中的盐酸浓度和胃蛋白酶量均高于哺乳动物。腺胃虽然分泌胃液，但因为体积小，食物停留时间短，所

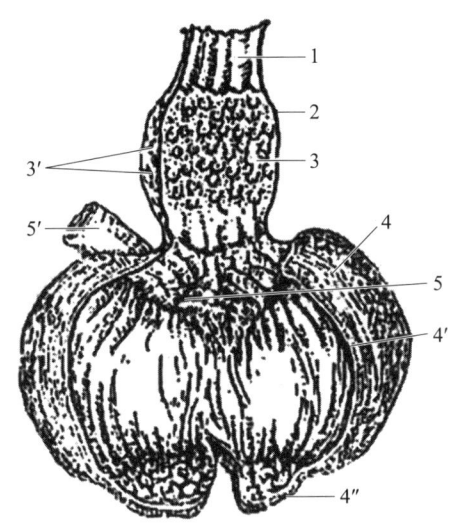

1—食管；2—腺胃；3—前胃深腺开口及乳头；3′—深腺小叶；
4—肌胃的侧肌；4′—肌胃的类角质膜；4″—肌胃后囊的薄肌；5—幽门；5′—十二指肠。
图 3-5 鸡胃（剖开）

以胃液的消化作用并不在腺胃，而主要在肌胃内进行。腺胃分泌受神经调节和体液调节，其神经调节主要受迷走神经调节，刺激迷走神经，分泌增加，而交感神经作用很小。饮水量、饲料、兴奋、麻醉和某些药物可影响胃液分泌。

2. 肌胃

（1）肌胃的位置形态　肌胃是家禽特有的消化器官。家禽主要以谷粒为食，具有发达的肌胃，俗称肫或胗，相当于哺乳动物单胃的幽门部。肌胃呈圆形或椭圆形的双凸透镜，质坚实而呈红色。位于腹腔左侧，肝的两叶之间。肌胃黏膜被覆柱状上皮。在肌胃的黏膜固有层中有单管状的肌胃腺，以单个或小群（10~30个）开口于黏膜表面的隐窝。黏膜上皮的分泌物与脱落的上皮细胞一起，在酸性环境下硬化形成一层厚的胃角质层紧贴于黏膜上，俗称肫皮，有保护胃黏膜之作用。

（2）肌胃的消化　肌胃不分泌消化液，里面经常含有吞食的沙砾，因此又有砂囊之称。它的主要功能是依靠发达的肌性胃壁、内衬坚厚的类角质膜和吞食的砂砾对来自嗉囊的粗硬食物进行机械性消化。同时，当食物经腺胃进入肌胃时，也混有胃液，所以也进行有限的化学消化。肉食和以浆果为食的鸟，肌胃很不发达；长期以粉料饲养的家禽，肌胃也较薄弱。

（四）肠和泄殖腔

禽的肠分小肠和大肠。与哺乳动物比较，禽类的小肠较短，亦可分十二指肠、空肠和回肠。家禽肠与躯干长（最后颈椎至最后尾椎）之比，鸽为5~8倍，鸡为7~9倍，鸭为8.5~11倍，鹅为10~12倍。

1. 小肠

（1）十二指肠　鸡的十二指肠呈淡灰红色，位于腹腔右侧；形成长的"U"字形肠袢（包括降支和升支2段），两支的转折处为骨盆曲。胰位于十二指肠袢内。

（2）空回肠　十二指肠升支在幽门附近移行为空回肠。禽空肠颜色较暗，大部分空肠排列成一定数目的呈花环状的肠环，位于背系膜的游离端，悬吊于腹腔右侧，但其近端和远端较平直。空肠右侧紧靠右腹气囊，左侧是性腺、盲肠、十二指肠升袢和胰腺，腹侧是肝脏。在空肠后半段起始部、肠系膜前动脉和肠系膜前静脉相对处，有一个呈短尖形，长约1cm，直径约0.5cm的小突起，称作卵黄囊憩室，是胚胎时期卵黄囊柄（胚胎通过卵黄囊柄附着于蛋壳）的遗迹。空回肠中部常以此作为空肠和回肠的分界，壁内含有淋巴组织。回肠的末段较直，以系膜与一对盲肠相连。

（3）小肠的消化　小肠黏膜表面形成绒毛，黏膜内有小肠腺，但无十二指肠腺。食物在肠管内停留约8h，消化作用主要在肠内进行。已进入小肠的大而坚硬的食物可返回肌胃磨碎后，再进入小肠进行消化。

（4）小肠的吸收　家禽对营养物质的吸收与哺乳动物并无多大区别。主要通过小肠绒毛进行。母禽在产蛋期间，小肠吸收钙的作用增强。

2. 大肠

大肠分为盲肠和直肠。大肠肠壁具有较短的绒毛和较少的肠腺。

（1）盲肠

①盲肠的位置构造：禽类的盲肠长，有2条，沿回肠两旁向前延伸；可分为盲肠基（底）、体、尖（颈）3部分。盲肠壁内含有丰富的淋巴组织，在盲肠颈处的淋巴小结集合成所谓的盲肠扁桃体，鸡较明显。盲肠扁桃体病理状态下有不同程度的出血，如传染病初期及脂肪肝可见出血症状。肉鸡饲养过程中常见脂肪肝，因此剖检时可见盲肠扁桃体出血。

②盲肠的消化与吸收：禽类的盲肠具有消化和吸收的功能。其主要作用是将小肠内未被酶所分解的食物进一步消化，并吸收水和电解质。盲肠内微生物的大量繁殖，使食物尤其是纤维素得到分解和吸收。禽类盲肠内的细菌还能分解饲料中的蛋白质和氨基酸，产生氨，并能利用非蛋白含氮物合成菌体蛋白质，也能合成B族维生素和维生素K供禽体利用。直肠内容物可以因其逆蠕动

而倒流入盲肠，但不会倒流入回肠。盲肠内容物正常时呈褐色，水分比直肠内容物和粪便低。家禽的大肠还有吸收水分和溶于水中的营养物质的作用，大肠的消化对食草、食菜的家禽有重要意义。

（2）结直肠

①结直肠的位置构造：禽没有明显的结肠，仅有一短的直肠，因此有时也称结直肠。禽类直肠呈长8～10cm的直形管道，淡灰绿色，前接回盲直接合部，向后逐渐变粗，接泄殖腔。左盲肠位于直肠左腹侧，右盲肠位直肠右背侧。产蛋母鸡的直肠位于体中线，背侧紧靠左输卵管，腹侧靠肌胃，右侧靠空肠。直肠由与回肠系膜相连的短系膜悬吊于腹腔背侧。直肠与泄殖腔衔接处略窄。

②结直肠的消化：禽类的直肠很短，食糜在其中停留时间也不长，因此消化作用不重要。主要是吸收一部分水和盐类，形成粪便后排入泄殖腔，与尿混合后排出体外。

3. 泄殖腔

泄殖腔是消化、泌尿和生殖3个系统后端的共同通道，略呈球形，向后以泄殖孔开口（图3-6）。泄殖腔被2个环形的黏膜褶分为前、中、后3部分。前部：粪道，直肠的连续，较宽大。中部：泄殖道，最短，有输尿管、输精管、输卵管的开口。后部：肛道，背侧在幼禽有腔上囊（法氏囊）的开口，向后以泄殖孔开口于体外。泄殖孔是泄殖腔的对外开口，亦可称肛门。泄殖孔呈一横行裂缝，两侧略向腹侧弯曲，终止于左、右泄殖孔外联合。泄殖孔由背唇和腹唇围成。排粪时，泄殖腔部分外翻，使泄殖孔扩展成圆形。静止时，背唇和腹唇倒翻于肛道内，形成向前伸展的短圆锥体。

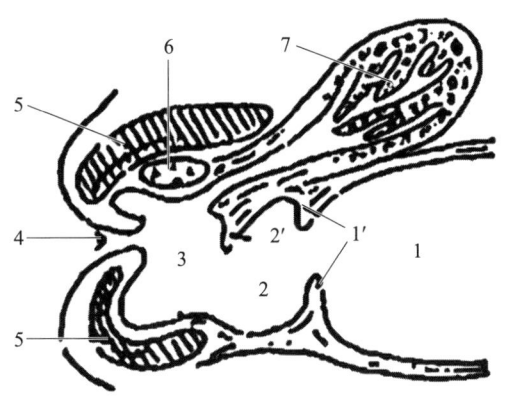

1—粪道；1′—环形褶；2—泄殖道；
2′—环形褶；3—肛道；4—肛门；5—括约肌；6—肛腺；7—腔上囊。

图3-6 幼禽泄殖腔正中矢状面示意图

(五)肝和胰

1. 肝

（1）肝脏的位置构造　家禽的肝脏相对较大，位腹腔前腹部、胸骨背侧，前方与心脏接触，剖开腹腔即可见到。家禽肝脏质地脆弱。成年禽的肝脏正常时呈红褐色。胚胎期由于大量吸收卵黄的色素而呈黄色，孵出15d后逐渐变成红褐色，老年鸡呈暗褐色。鸡肝脏分左、右两大叶，右叶略大。

（2）胆囊的位置构造　除鸽外家禽肝脏均具有胆囊。鸡的胆囊呈长椭圆形，位于肝右叶脏面、脾的下方。小叶间胆管向肝门汇合，在肝门处形成左右肝管。胆囊只与肝右叶的肝管相连，并从胆囊发出胆囊管到达十二指肠的末端，肝左叶的肝管不经胆囊，而是直接与胆囊管共同开口于十二指肠末端。鸭的胆囊呈三角形。

（3）胆汁的分泌和作用　胆汁由肝脏分泌，呈酸性，鸡胆汁pH为5.88、鸭胆汁pH为6.4，含有胆酸盐、淀粉酶和胆色素。禽类胆汁中所含胆汁酸主要是鹅胆酸、胆酸和别胆酸，而缺乏哺乳动物胆汁中普遍存在的脱氧胆酸。胆色素主要是胆绿素，胆红素很少。胆汁的分泌是连续性的。迷走神经参与家禽胆汁输出的神经反射性调节。

2. 胰

（1）胰腺的位置构造　家禽胰腺呈长条分叶状的淡黄色或淡红色腺体，位于十二指肠祥中，与胆囊管共同以一总乳头开口于十二指肠末端。鸭胰腺只有背叶、腹叶，2条导管开口于十二指肠末端。

（2）胰液的分泌和作用　胰液由胰腺分泌，经胰导管输入十二指肠，胰液呈酸性，含有蛋白分解酶、胰脂肪酶、胰淀粉酶和其他糖类分解酶等重要的消化酶。纯净胰液的性状、组成以及消化酶种类与哺乳动物相似。胰液的分泌是连续的。

3-2 鸡的消化道（动画）

二、家禽呼吸系统

禽类呼吸系由肺和呼吸道2部分组成。呼吸道包括鼻、咽、喉、气管、鸣管（雄性）、支气管及其分支、气囊及某些骨骼中的气腔。禽类的肺约1/3嵌于肋间隙内，扩张性不大，肺各部均与各个气囊直接相通。

（一）喉

禽类的喉也称前喉，位于咽腔底壁，在舌根的后方，与鼻后孔相对；后喉即鸣管，位于气管末端。喉向背侧有显著的突起，称喉突。鸡的喉突呈尖端向前的心形，相当于哺乳动物的会厌，平时开放，仰头时关闭，鸡吞食时常仰头下咽，故能防止食物进入喉内，也有控制空气流动和异物进入的作用。禽类的喉声带缺失，不能发声，但是喉有调节发音的作用。

（二）气管

禽类颈部较长，因此气管也长，公鸡的气管比母鸡长。气管前接喉，后连鸣管，起始部位于食管腹侧正中，有疏松结缔组织紧密相连。气管在皮肤下伴随食管向下行。鸡的气管是由108~126个完整的软骨环组成的。软骨环之间有膜状韧带连接，气管肌又沿着气管纵行，加上软骨环前后相互交错重叠的装置，防止气管受到压挤而塌陷，同时也适应于颈部的伸长和屈曲运动。气管是借蒸发散热而调节体温的较重要的部位。

（三）鸣管

禽鸣管也称后喉，位于胸前口、气管分叉处，被锁骨气囊包裹。鸣管（图3-7）是禽的发声器官，由中间的鸣管软骨和内外侧的鸣膜构成。支架为气管的最后几个气管环和支气管最前的几个软骨环，以及气管叉处呈楔形的鸣骨（鸣管托）。

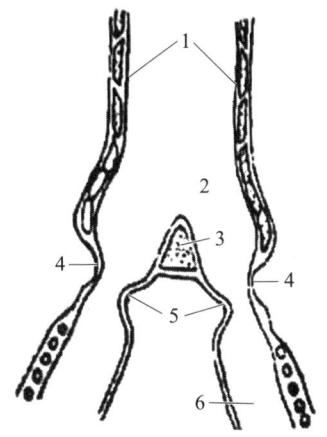
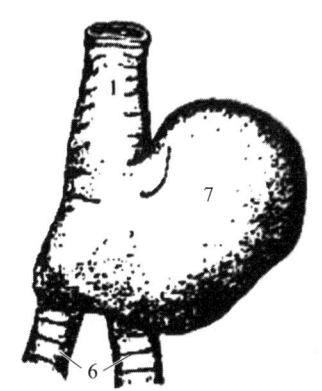

(1) 鸣管断面模式图　　(2) 公鸭的骨质鸣泡

1—气管；2—鸣腔；3—鸣骨；4—外鸣膜；5—内鸣膜；6—支气管；7—骨质鸣泡。

图3-7　禽类鸣管和骨质鸣泡

鸣骨位于正中平面处，把左、右支气管隔开，在鸣骨与支气管之间以及气管与支气管之间，有2对弹性薄膜，称内、外鸣膜。内外鸣膜之间形成的狭窄管道，相当于哺乳动物声带的鸣腔。

公鸭的鸣管因为大部分软骨环互相愈合，并形成膨大的骨质鸣泡向左侧突出,缺少鸣膜,因此发声嘶哑。

(四)支气管

气管进入胸腔后,分叉成左、右支气管。禽类支气管分肺外、肺内2段。肺内支气管即初级支气管,肺外支气管很短,位于心脏基部的背侧、肺膈的腹侧。气管软骨环不完整,呈C形,内侧开放,因此,支气管内侧壁是由结缔组织膜构成的。

(五)肺

禽类肺的结构与哺乳动物截然不同。第一,禽类的肺约有三分之一是深埋于肋间隙内,受外界支架的限制,因此扩张性不大。第二,禽类的肺不形成支气管树,各级支气管间相互通连,形成迷路状结构。第三,禽类肺内导管,除初级支气管起始部具有片段透明软骨外,肺内各级支管的管壁内均无软骨支撑。第四,禽类肺的各部均与易于扩张的气囊直接通连。

禽类的肺不大,鸡的左、右肺各呈扁平长四边形的海绵样结构,粉红色,内侧缘厚,外侧缘和后缘薄,一般不分叶,嵌入肋骨之间,形成数条压迹很深的肋沟。此外,肺上还有一些与气囊相通的开口。

(六)气囊

气囊是禽类特有的器官(图3-8),是肺的衍生物。气囊容积很大,比肺大

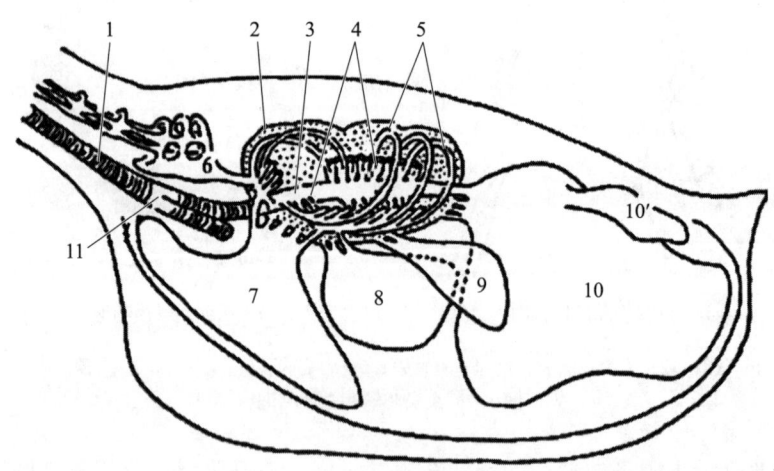

1—气管;2—肺;3—初级支气管;4—次级支气管;5—三级支气管;6—颈气囊;
7—锁骨间气囊;8—前胸气囊;9—后胸气囊;10—腹气囊;10′—肾憩室;11—鸣管。

图3-8 禽气囊及支气管分支模式图

5~7倍，气囊可作为空气储存器。它可加强肺的气体交换，减轻体重，平衡体位，加强发音气流，发散体热调节体温，并且因为大的腹气囊与睾丸紧靠，而使睾丸能维持较低温度，保证精子正常生成。

气囊是极薄的膜性囊，观察内脏时易被损坏而塌陷，不易见到。要充分观察气囊需用新鲜材料，并用以下2种方法制得。一是将气管中段切断，插入玻璃吸管，用线扎紧，徐徐吹入空气，使其充分膨大，然后根据需要，小心地把胸骨、肋骨等轻轻除去。二是从气管尽量把肺内气体吸出后，将禽体置于热水中，一边旋转，一边徐徐注入带色的动物胶或腊液，使其充分进入各个气囊，待冷却凝固后再进行观察。

气囊在胚胎发生时共有5对，但在孵出前后，一部分气囊合并，因而多数禽类气囊只有9个（鸡颈气囊只有1个，共8个）。颈气囊1对，锁骨间气囊1个，前胸气囊、后胸气囊、腹气囊各一对。颈气囊、锁骨间气囊和前胸气囊均与内腹侧群的次级支气管相通，共同组成前气囊。后胸气囊与外腹侧群的次级支气管相通，腹气囊直接与初级支气管相通，共同组成后气囊。

气囊有多种功能，如减轻体重、调整重心位置、调节体温、共鸣作用等，但主要作为空气的储存器官参与肺的呼吸作用。禽类每呼吸1次就能在肺内进行2次气体交换，这是禽类呼吸生理最突出的特征，其意义在于使禽类有足够的机会满足气体交换的需要。

（七）呼吸生理特征

1. 禽类不具有像哺乳动物那样明显完善的膈肌

禽类胸腔和腹腔之间仅由一层薄膜相隔，胸腔内的压力与腹腔内压几乎完全相等，不存在经常性负压，即使造成气胸，也不像哺乳动物那样导致肺萎缩。

2. 禽类的肺比较小，弹性较差

禽肺紧贴在胸腔的背侧面，被相对固定在肋骨间。禽类的呼吸运动主要靠强大的吸气肌和呼气肌的收缩来完成。

3. 气囊是禽类特有的器官

气囊有储存气体、减少体重，增大发音气流和散发体温等功能。

（1）气囊的空气在呼气和吸气时能进入肺，增大了肺通气量，从而能够适应禽体旺盛的新陈代谢需要。

（2）对于水禽，气囊内储存有大量空气，在其潜水寻觅食物呼吸暂停情况下仍可利用气囊的气体在肺部进行气体交换。

（3）气囊的位置都偏向身体背侧，既可调节飞禽在飞翔时的重心，又利于水禽在水上漂浮。

（4）在呼气时能呼出气囊内的一定水汽，可带走一定的体热，协助调节体温。

（5）腹气囊紧贴着睾丸，能降低睾丸的温度，有利于精子的形成。

3-3 家禽的呼吸（动画）

三、家禽泌尿系统

公鸡的泌尿和生殖器官见图3-9。

（一）肾脏

禽类肾脏具有较低等脊椎动物肾脏的特征，如具有肾门静脉系统、不发达

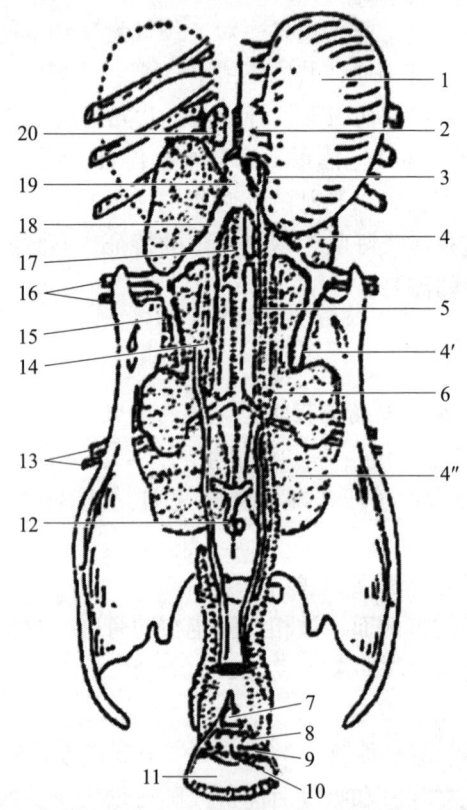

1—睾丸；2—睾丸系膜；3—附睾；4—肾前部；4'—肾中部；4"—肾后部分；
5—输精管；6—输尿管；7—粪道；8—输尿管口；9—射精管乳头；10—泄殖道；
11—肛道；12—尾肠系膜静脉；13—坐骨动脉和静脉；14—肾后静脉；15—肾门后静脉；
16—股动脉和静脉；17—主动脉；18—髂总静脉；19—后腔静脉；20—肾上腺。

图 3-9 公鸡的泌尿和生殖器官（腹侧观）
（右侧睾丸和部分输精管已除去，泄殖腔从腹侧剖开）

的髓质，以及肾单位有皮质型和髓质型之分等。禽肾与体重的比例比哺乳动物大，其重量占体重的 1%~2.6%。

家禽肾脏呈红褐色的长条豆荚状，质软而脆，易于破碎。位于腰荐骨与髂骨形成的凹陷内的腹膜外侧，从肺及第 6 肋后方的主动脉两侧后行，一直延伸到腰荐骨的后端。家禽肾脏外表面无肾脂囊，它的背侧与骨骼之间由腹气囊的前、中、后肾周憩室隔开，起保护作用。每侧肾脏按其位置可明显分为前、中、后 3 部。禽肾缺肾盏、肾盂，也无明显的肾门，血管、神经和输尿管也不在同一部位进出肾脏。肾前部略圆，肾中部较狭长，肾后部略为膨大。

（二）输尿管

禽类的输尿管两侧对称，起自髓质集合管，可分沿着肾实质内侧行进的肾部和离开肾以后的骨盆部。在公禽是与输精管，在母禽则与输卵管一起位于腹膜褶内。输尿管管腔内因含有尿酸盐结晶，故呈白色。输尿管的血液由阴部动脉供应，回流入阴部静脉。由腰荐丛后部来的神经支配输尿管，输尿管蠕动受交感神经支配。

（三）家禽泌尿系统的生理特点

家禽的新陈代谢较为旺盛，皮肤中没有汗腺，代谢产生的废物，主要通过肾来排出。尿的生成过程与家畜的基本相似，但具有以下特点。

1. 原尿生成的量较少

家禽的肾小球不发达，滤过面积小，有效滤过压较低。禽类肾小球有效滤过压低于哺乳动物，为 1~2kPa，生成尿液过程中滤过作用不如哺乳动物重要。

2. 肾小球分泌尿酸

肾小管上皮细胞向小管液中分泌尿酸而不是尿素，另外还分泌马尿酸、鸟便酸、肌酸、肌酐、K^+ 以及其他有关成分。尿酸在尿液中有高度的不溶性，极易在肾小管和输尿管中发生沉积，尿液需以较多的水分，将其冲运到泄殖腔加以排泄。

3. 禽无肾盂和膀胱

禽类肾小管液通过集合管汇入输尿管，在进入泄殖腔与粪混合，形成浓稠灰白色的粪便一起排出体外。鸟类粪便中的白色半固体部分即是尿酸。

4. 肾小管浓缩尿的能力较低

禽类因肾小管浓缩尿的能力低，而泄殖腔却有很强烈的重吸收水的能力，尿到此处渗透浓度较高但尿液的排出量较少。

5. 水禽有鼻腺

在鸭、鹅和一些海鸟等水禽中，具有一种叫作鼻腺的组织。鼻腺并非都位于鼻腔内，多数海鸟是位于头顶或眼眶上方，只是其分泌物是从鼻腔中流出而已。鼻腺能分泌大量的氯化钠，可以补充肾脏的排盐功能，对维持体内水盐和渗透压平衡起重要作用。

四、家禽生殖系统

（一）公禽生殖器官的形态结构和功能

公禽生殖器官由睾丸、睾丸旁导管系统、输精管和交媾器组成（图3-10）。

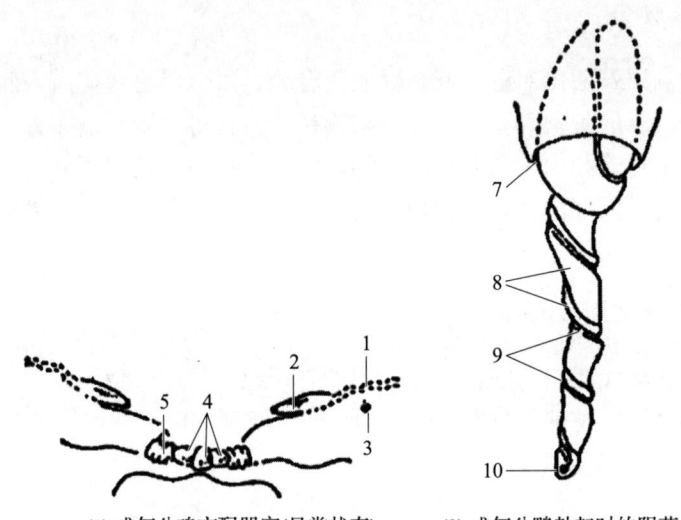

(1) 成年公鸡交配器官(日常状态)　　(2) 成年公鸭勃起时的阴茎

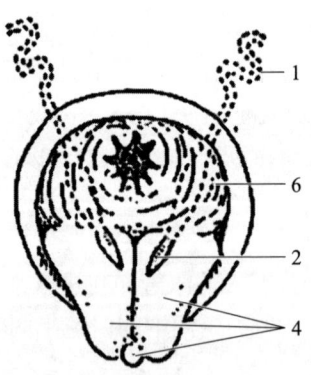

(3)成年公鸡交配器官(勃起时)

1—输精管；2—输精管乳头；3—输尿管口；4—阴茎体；
5—淋巴褶；6—环形褶；7—肛门；8—纤维淋巴体；9—射精沟；10—腺管开口。

图3-10　公禽交配器官

1. 睾丸

（1）睾丸的形态　鸡的睾丸呈豆形。左右对称的 2 个睾丸，由短的睾丸系膜悬吊于腹腔体中线背系膜两侧的肠体腔背侧。通常左侧的睾丸比右侧略大。

（2）睾丸的位置　睾丸位于肾前部的前腹侧。左睾丸的腹面接腺胃和部分肌胃，右睾丸腹面与十二指肠、小肠末段、盲肠和肝脏相邻。

（3）睾丸的生长发育　禽睾丸发育的阶段性，随种类、品种、品系以及健康、饲养条件等不同而有所差异。未达到性成熟的家禽睾丸一般呈乳酪色，但有的品种如乌骨鸡（绒毛鸡）的睾丸则部分或全部呈黑色。睾丸的大小、质量随品种、年龄和性活动期的不同，区别很大。未成年家禽的睾丸，只有绿豆样至黄豆样大小，随着年龄增长而增大。禽类的睾丸位于腹腔内，周围被内脏器官所包围，因此它的温度接近于体内深部的体温，约 43℃。但由于腹气囊紧挨睾丸，呼吸过程中，由于气囊内的气体交换，会使睾丸温度比体温低 3~4℃，有利于精子的发生。

公鸡在 12 周龄开始生成精子，但直到 22~26 周龄才产生受精率较高的精液。精液的质量可受年龄、机体状态、营养、交配次数、环境、温度、光照、内分泌等因素的影响。在正常情况下，1~2 岁的公禽精液质量最佳。公鸡每天可交配 30~40 次，但受精率随着射精次数增加而降低。

2. 睾丸旁导管系统

家禽缺少明显的头、体、尾之分的附睾，而是由位于睾丸背内侧缘全长上、紧密与其连接的呈长纺锤形的膨大物，即睾丸旁导管系统组成的附睾区。睾丸旁导管系统有储存、浓缩、运输精子，分泌精清等功能。睾丸和附睾与较大的血管相邻，在进行阉割手术时，要特别注意。

3. 输精管

输精管是睾丸的一对排出管，呈极端旋卷状的导管。输精管前接附睾管，沿着肾脏内侧腹面与同侧的输尿管在同一结缔组织鞘内后行。输精管在骨盆部伸直一短距离后，形成一略为膨大的圆锥形体（约 3.5mm），最后形成输精管乳头，突出于泄殖道腹外侧壁的输尿管开口的腹内侧。输精管末端处环肌特别发达，形成括约肌，强大的射精力量可能与此有关。

输精管有丰富的肾上腺能神经分布。输精管是精子的主要储存器官，其上皮能分泌较多的酸性磷酸酶。

4. 交媾器

公鸡虽无真正的阴茎，但却有一套完整的交媾器，位于泄殖腔后端腹区。性静止期，它隐匿在泄殖腔内，由输精管乳头、脉管体、阴茎和淋巴襞 4 部分组成。

（二）母禽生殖器官的形态结构和功能

母禽生殖器官是由卵巢和输卵管组成的。成年后，仅左侧的卵巢和输卵管发育正常，右侧卵巢在早期个体发生过程中，停止发育并逐渐退化（图3-11）。

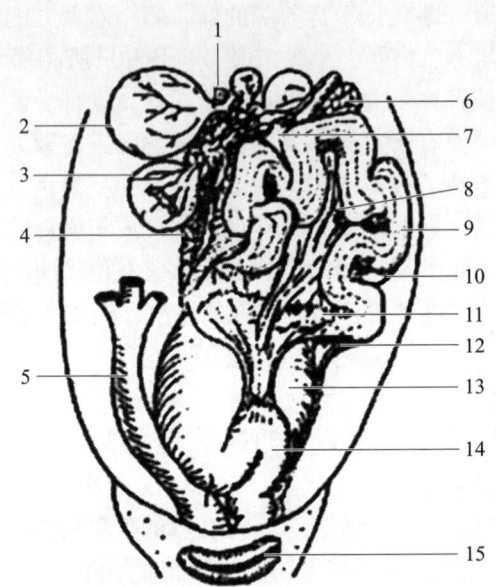

1—卵黄柄；2—成熟卵泡；3—排卵后的卵泡膜；4—漏斗部；5—直肠；
6—左肾前叶；7—背侧韧带；8—腹侧韧带；9—蛋白分泌部；10—背侧韧带；
11—峡部；12—背侧韧带；13—子宫及临产的卵；14—阴道；15—泄殖孔。

图3-11　母鸡生殖系统

1. 卵巢

（1）卵巢的位置　左卵巢以短的卵巢系膜悬吊于腹腔背侧，背系膜的左侧，前端与左肺紧接，腹侧接腺胃和脾，背侧略偏左，与左肾前部及主动脉、后腔静脉相接触。

（2）卵巢的形态结构　左卵巢的体积和外形随年龄的增长和功能状态的发展而有很大的变化。幼禽的卵巢小，呈扁椭圆形，黄白色，表面呈桑葚状。随着年龄逐渐增长，到性成熟时，卵巢的前后径可达3cm，横径约2cm，重2~6g，卵细胞小，灰白色。进入产蛋期时，其直径可长达5cm，质量大为增加，可达40~60g；由于卵泡的迅速生长，常见到4~6个体积依次递增的大的卵泡，最大的充满卵黄的卵泡的直径可达4cm。在卵巢腹面还有成串似葡萄样的小卵泡（直径1~2mm），呈珠白色，以极短的柄与卵巢紧接。产蛋期将结束时，卵巢又恢复到静止期时的形状和大小。再次产蛋期到来时，卵巢的体积和质量又大为增加。

（3）卵巢的组织构造　家禽的卵巢表面覆以生殖上皮，分为皮质与髓质。家禽卵巢的特点是成熟卵泡不是位于卵巢基质内，而是完全突出于卵巢表面，仅借卵泡柄与其相接连，成熟卵泡内无卵泡腔，也没有卵泡液，只在卵泡膜中分布有大量毛细血管，排卵后，不形成黄体，卵泡结构很快就退化了。

2. 输卵管

成体的左输卵管长而弯曲，起自卵巢正后方，它与卵巢之间由周围器官所围成的腔隙，称卵巢袋。

输卵管根据其形态结构和功能特点，由前向后，可分为漏斗部、蛋白分泌部、峡部、子宫部和阴道部5个区段。

（1）漏斗部　位于卵巢正后方，是精子与卵子受精的场所。输卵管漏斗部前端扩大呈漏斗状，其游离缘呈薄而软的皱襞，称输卵管伞，向后逐渐过渡成为狭窄的颈部。伞部和颈部在产蛋母鸡长4~10cm，平均7cm。输卵管伞部开口，即输卵管腹腔口呈长裂隙状，长约9cm，紧接卵巢后方，但仍有卵巢袋隔开，不与卵巢直接通连。输卵管腹腔口的前方较窄而尖。当卵子排到腹腔时，由于宽大的输卵管腹腔口及其伞部的强烈活动，将卵收集到输卵管腹腔口，并吞入输卵管，吞没卵所需的时间为2~25min。

（2）蛋白分泌部　又称膨大部，是输卵管最长且最弯曲的一段。蛋白分泌部的特征是管径大、管壁厚，虽然它的肌层比漏斗部厚，但整个管壁的增厚主要是由于存在大量腺体所造成的。卵子在膨大部停留3h，其分泌物形成浓厚的白蛋白（鸡蛋的蛋白）。

（3）峡部　略窄且较短，居于蛋白分泌部与子宫部之间，其管壁比蛋白分泌部薄而坚实，在产蛋母鸡，长4~12cm，平均8cm，直径约1cm。分泌颗粒含中性黏多糖和含硫蛋白质（角蛋白），主要形成卵内、外壳膜。

（4）子宫部　又称壳腺部，子宫部前方以窄短的连接部与峡部衔接，在性成熟前和未产蛋时是较窄小的管。卵在子宫内停留时间长达8~20h，形成蛋壳。壁厚且多肌肉，管腔大，黏膜淡红色。其皱襞长而复杂，多为纵行，间有环形，故呈螺旋状。卵在此停留时间最长，达18~20h，有水分和盐类透过壳膜加入蛋白而形成稀蛋白；子宫腺的分泌物则沉积于壳膜外形成蛋壳。蛋壳色素也是在此处分泌形成的。

（5）阴道部　是位于子宫与泄殖腔之间的厚壁窄管，呈特有的"S"状弯曲。阴道肌层发达，卵经过阴道的时间极短，仅几秒钟至1min。

（三）禽的生殖生理

1. 雄禽生殖生理

雄禽的生殖生理活动由其生殖系统来完成。在雄禽方面，缺乏附属生殖器官，没有真正的阴茎。其特点是睾丸位于腹腔内，形成精子和分泌雄激素；精子主要在输精管中成熟和储存；没有精囊腺、前列腺、尿道球腺等副性腺，生殖器一般发育不全。影响雄禽生殖的因素主要有光照、环境温度、年龄、遗传、营养等。

（1）精液　精液由精子和精清组成。禽类的精子呈细长的纤维状，体积较小。精子在精细管内形成后，即进入附睾管和输精管，获得使禽卵受精的能力。公鸡一次排出的精液量平均为 0.12~1mL。禽类频繁交尾时，射精量和精子数都会减少。禽类的精子射出后，在体外有较强的活力，对温度变化的耐受范围较宽（2~34℃）。禽类的精子在雌禽生殖道内保持受精能力可达数周之久。精清是精液的液体部分。禽类没有副性腺，其精清主要是阴茎海绵组织中的淋巴过滤液。

（2）交配与受精　就禽类而言，交配对于雌禽产蛋并非必需。但为了繁殖后代，则一定要通过交配或人工受精形成合子，才能孵化出幼雏。禽类卵受精的部位仅限于漏斗部，卵排入输卵管漏斗部后，如在 15min 内与精子相遇，即可受精，鸡在交配或受精后 2~3d 内受精率最高，在最后一次交配或受精后的 5~6d 内仍有良好的受精率。一般认为，鸡在下午进行交配或受精较为适宜，有利于提高受精率。

2. 雌禽生殖生理

雌禽生殖生理活动由雌禽生殖系统来完成，其突出特点是卵生。雌禽为适应卵生的需要，在蛋的形成过程中发生一系列显著变化，主要表现为没有发情周期；只有左侧卵巢和输卵管发育完全；胚胎不在母体内发育，而在体外孵化，没有妊娠过程；在一个产卵周期，能连续产卵；卵泡排卵后不形成黄体；卵内含有大量卵黄，卵外包有坚硬的卵壳。

（1）卵的形成、发育　雌雏在胚胎孵化的中期，卵巢生殖上皮就开始繁殖，并生成许多卵原母细胞。雌雏出壳后，形成初级卵母细胞，至排卵前形成次级卵母细胞。处于次级卵母细胞阶段的卵排出后，在输卵管漏斗部与精子相遇并受精，则次级卵母细胞转变为成熟卵。

（2）排卵　在激素和神经系统的控制下，当产蛋时，卵巢体积增大，迫使这些肠管退出卵巢袋附近，并使输卵管漏斗控制着卵巢。排卵时，输卵管漏斗极度活跃，吞没排出的卵。卵的吞没，涉及卵巢和输卵管之间的相互协调过程，其机制尚不清楚。鸡产卵于腹腔的现象并不少见，尤其是当其开产和将停产时。误入腹腔的卵母细胞可在 24h 内被吸收。

在自然光照条件下，排卵常在早晨进行，午后排卵现象较为少见。排卵时间在上次产蛋之后，母鸡一般在产蛋后的 15~75min 开始排卵。

（3）蛋的形成　蛋黄是在卵巢形成的。蛋白、壳膜和蛋壳是在输卵管各段形成的。在排卵时,输卵管前端的伞状漏斗开始活跃,将卵巢排出的卵细胞卷入,并将卵细胞沿输卵管向后端移送。卵在漏斗部停留时间为 15~25min,此处也是受精部位。在输卵管壁肌肉收缩的作用下,卵黄被后移。在此过程中,卵黄外依次形成蛋白、壳膜和蛋壳。

①蛋黄:蛋黄是由肝脏合成,经血液循环转运到卵巢的卵泡中逐渐蓄积形成的卵黄物质。主要成分是卵黄蛋白和磷脂。卵黄物质在卵中以同心圆的层排列方式沉积,每昼夜可形成相间排列的一层色深的黄卵黄和一层色浅的白卵黄。这 2 种卵黄物质呈相间排列方式沉积,与体内物质代谢尤其是叶黄素含量的昼夜间差异有关。

②蛋白:卵到子宫膨大部,并在此处停留 3h,膨大部的大量腺体分泌浓稠的胶状蛋白围绕在卵黄的四周,构成蛋的全部蛋白。其中卵蛋白占 54%;卵铁传递蛋白占 13%;卵类黏蛋白占 11%;卵球蛋白占 3%;溶酶菌(细菌细胞壁有溶解作用)占 3.5%;卵黏蛋白(一种蛋白酶抑制剂,鸡的卵类黏蛋白可抑制胰蛋白酶)占 2%;还有一些其他物质。

③壳膜:卵在输卵管推动下至峡部,并在此处停留约 1.25h,形成主要由角蛋白和少量碳水化合物组成的内外壳膜。在蛋白的钝端部,2 层壳膜互相分离,形成气室,其内储有空气,满足禽胚在早期发育阶段对氧的需求。

④蛋壳:卵在子宫部停留 19~20h。子宫黏膜下有壳腺细胞,能分泌大量钙盐和少量蛋白质。在壳膜上有许多小突起,是钙盐沉积的部位。当卵到达壳腺部后,壳腺细胞即开始从血液中转运钙,沉积在壳膜上形成蛋壳。蛋壳的色素在子宫内最后 4~5h 形成。

(4)产蛋 家禽产蛋大多数是连续性的。蛋产出时,阴道和泄殖腔外翻,蛋不与泄殖腔直接接触,使产出的蛋表面比较干净。

(5)抱窝 抱窝也称就巢性,是指雌禽的母性行为,表现为愿意孵卵和育雏,在抱窝期间,停止产蛋。就巢性受激素控制,催产素能引起就巢,注射雌激素或雄激素能终止就巢。

3-4 蛋的形成过程(动画)

项目三 认知家禽心血管、免疫系统及体温

知识目标

1. 掌握家禽心血管系统的组成及各器官形态结构特征和功能。
2. 掌握家禽免疫器官形态、位置和主要作用。
3. 掌握家禽体温的正常值及产热、散热特点。

能力目标

1. 识别出家禽腔上囊和胸腺。
2. 掌握禽类静脉注射和采血的部位和方法,为畜禽疾病诊断奠定基础。
3. 掌握家禽体温的测量方法,为家禽生产实践服务。

思政目标

通过"鸡生蛋,蛋生鸡"的研讨,引导学生理解唯物辩证思维方式。

工作项目

工作项目	家禽采血技术
前导知识	由于集约化规模化养禽的迅速发展,疫病频繁爆发,所以,计划免疫十分重要,同时,为了做好春防和秋防的监测,需要做实验室血清学检查,为了保证血清学检测结果的准确性,采血技术十分关键。
工作要求	(1)将填写任务工单一(家禽的采血技术)的空缺部分作为本

续表

工作要求	项目学习的载体之一，积极探索、深度思考，助力高质量完成任务工单二，为未来临床开展家禽生产及疾病临床诊疗工作打下基础。 （2）将任务工单一填写的答案拍照上传本章节的学习平台上，作为平时成绩的组成部分。

学习任务

任务工单一

学习任务	家禽的采血技术			
任务描述	在识别家禽心脏、血管、血液等心血管系统器官的形态、构造、位置和各器官之间的位置关系的基础上，查阅资料，完成鸡的采血方案的制定。			
任务名称	序号	操作方法	操作要领	
家禽的采血技术	1	翼下静脉采血	将家禽保定好，用酒精棉球消毒翅膀内侧的采血部位，酒精干燥后用针头刺破_____（采血部位），待血液流出后吸取。也可用细的针头刺入静脉内，让血液自由流入瓶内。采血后，用干棉球压迫采血部位，进行止血。	
	2	鸡冠采血	将家禽保定好，用75%的酒精棉球消毒_____（采血部位），待酒精干燥后，在消毒部位用针头刺破鸡冠，待血液流出后采取。采血后用干燥棉球进行压迫止血。	
	3	心脏采血	将家禽右侧卧保定，用手触摸胸部心搏动最明显处，用75%的酒精棉球消毒，待酒精干燥后，用注射器在胸骨嵴前端至背部下凹处连接线的1/2点进针，针头与皮肤垂直，刺入2~3cm即可采到_____（采血部位）血液。再用酒精棉球消毒进针部位。	

续表

任务名称	序号	操作方法	操作要领
家禽的采血技术	4	跗骨内侧静脉采血法	对于鸭子和鹅，我们一般采用此方法。让助手一手固定两翼，一手擒住一只脚，而采血者则擒住另一只。背侧靠近助手，便可清晰发现静脉暴露。采血开始前，先对跗骨内侧的静脉区域进行消毒，消毒后，选用 5 号注射器，并且需要让注射器与皮肤的倾斜度保持在 10°，然后顺血管进针，血液回流时，将针芯缓慢抽出，并且对采血区域消毒，按压 30s 后放走。
	5	注意事项	（1）注射器或盛血容器要注意消毒，保持清洁、干燥，采血区域也要消毒。 （2）整个工作过程应本着尊重和爱护动物之心，操作前应熟记器官位置、形态和操作要领，操作时动作应干脆利落，为避免因家禽的顽强抵抗损伤翅膀，或者造成对采血者的伤害，采血工作待动物平静后方可进行，力求把动物的应激反应降到最低。 （3）静脉采血时抽血速度要保持缓慢。 （4）采血过程中，采血者要认真做好自身防护工作。
任务要求	答案填写完成后，将此任务工单拍照上传学习平台。		

任务工单二

学习任务	识别家禽心血管、免疫系统器官的一般结构
任务描述	利用标本、图片、模型、活体动物、虚拟仿真软件等资源，识别家禽（鸡、鸭、鹅）心脏、血管、血液和腔上囊、胸腺等器官的形态、构造、位置和各器官之间的位置关系。
操作步骤	（1）利用标本、图片、模型、活体动物、虚拟仿真软件等资源，识别家禽（鸡、鸭、鹅）心脏、血液、血管的形态、位置和各器官之间的位置关系。 （2）利用标本、图片、模型、虚拟仿真软件等资源识别家禽淋巴组织（盲肠扁桃体、食管扁桃体）形态构造及位置。 （3）利用标本、图片、模型、虚拟仿真软件等资源识别家禽淋巴器官胸腺、腔上囊、脾、淋巴结、哈德腺的构造。

必备知识

一、家禽心血管系统

(一) 家禽的心脏

禽类心脏和体重的相对比例较大,鸡的心脏质量占体重的 4%~8%,大家畜和人的心脏质量仅占体重的 1.5%~1.7%。家禽心脏平均质量为 15~17g,与体重相比,较小型的禽类具有相对较大的心脏。

1. 心脏的外形和位置

家禽的心脏是呈圆锥形的肌性器官,外覆心包。心基部下界有一环行的冠状沟,此沟即房室沟为心房与心室的分界线。上部小是心房,下部大是心室。鸡的心脏位于胸腔前下部,心基部朝向前背侧,与第 1 对肋骨相对,除心尖外,心脏的长轴几乎与体中轴平行,心尖斜向后腹侧,略偏左伸延。心尖部正对第 5 对肋骨处,夹在肝脏的左、右两叶之间。心脏胸骨面前半部以锁骨气囊的薄叶状的胸心憩室与胸骨背面相隔开,两侧是前、后胸气囊,前背侧是支气管、食管和大血管。

2. 心包

心包是薄的半透明的强韧纤维囊,包绕于心脏之外。心包可分脏层和壁层,脏层即心外膜,紧贴心肌层外面,剥离困难,壁层由外面强韧的纤维层和内面极薄的浆膜层组成。纤维层在心基部与大血管根部的外膜融合,并与胸腹膈及胸骨接连。心包壁层与脏层之间的狭隙称心包腔,内含少量浆液,即心包液,以保持两层间的滑润,减少摩擦。

(二) 家禽的血液

1. 血液的理化特性

(1) 颜色 新鲜禽血呈红色,动脉血含氧多,呈鲜红色;静脉血含氧少,呈暗红色,不透明。

(2) 黏滞性、相对密度和渗透压 禽全血的黏滞性,公鸡为 3.67,母鸡为 3.08;相对密度在 1.045~1.060;血浆总渗透压相当于 0.93% 的氯化钠溶液。

2. 血浆和血清

禽的血液具有一定的黏稠性,有形成分混悬于血浆中。全血、血浆、血清是 3 种常用的血样品,彼此间的区别:全血(能凝固)= 血浆 + 有形成分;血浆(能凝固)= 全血 - 有形成分;血清(不能凝固)= 血浆 - 纤维蛋白原。

二、家禽免疫系统

（一）家禽的淋巴组织

家禽从咽部到泄殖腔的消化管黏膜固有层或黏膜下层内，有不规则分布的、具有生发中心的弥散性淋巴组织集团，其中少数肉眼可见。较大而明显的有如下2种（图3-12）。

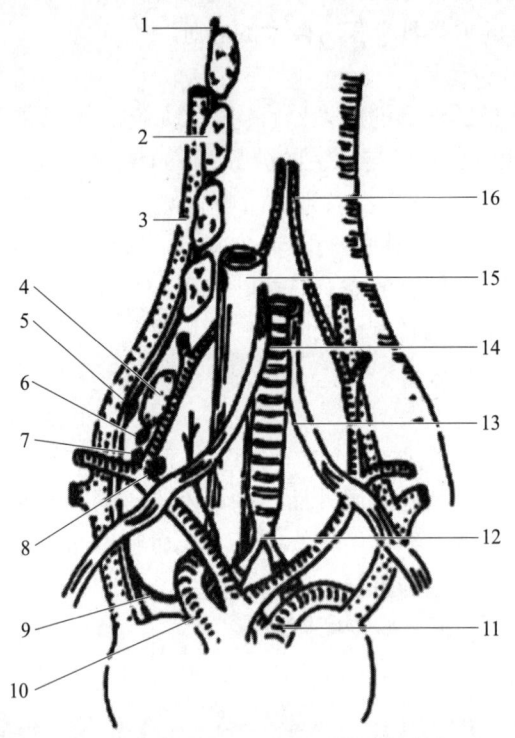

1—迷走神经；2—胸腺；3—颈静脉；4—甲状腺；5—结状节；6—甲状旁腺；
7—颈静脉体；8—腮后腺；9—喉返神经；10—主动脉；11—肺动脉；
12—鸣管；13—胸骨喉肌；14—气管；15—食管；16—颈总动脉。
图3-12　鸡颈部的淋巴结

1. 回肠淋巴集结

回肠淋巴集结几乎普遍存在于鸡的回肠后段，约在与其平行的盲肠中部，可见直径约1cm的弥散性淋巴团，相当于哺乳动物的淋巴集结，有局部免疫作用。

2. 盲肠扁桃体

盲肠扁桃体位于回-盲-直肠连接部的盲肠基部黏膜固有层和黏膜下层中，

很发达，从外表肉眼可见该处略为膨大。弥散性淋巴组织的细胞分为小淋巴细胞和成熟及未成熟的浆细胞。盲肠扁桃体有许多较大的生发中心，是抗体的一个重要来源，对肠道内细菌和其他抗原物质起局部免疫作用。

3. 其他器官的淋巴组织

鸡的淋巴组织团分散存在于体内许多器官组织内，如眼旁器官、鼻旁器官、骨髓、皮肤、心脏、肝脏、胰腺、喉、气管、肺、肾以及内分泌腺和周围神经等处。它们通常都是不具被膜的弥散性淋巴组织，其界限有时很清楚，或浸润于周围细胞之间可见有生发中心，可能有局部免疫作用。

（二）家禽的淋巴器官

1. 胸腺

家禽胸腺呈黄色或灰红色，鸡约有14叶（鸭约10叶，最后一叶最大），每侧7叶，从颈前部到胸前部分别沿着颈静脉延伸，似一长链。在近胸腔入口处、后部胸腺常与甲状腺、甲状旁腺紧密相接并穿入其中，彼此间无结缔组织隔开，所以完全切除家禽胸腺是有一定困难的。

胸腺退化时，表现为皮质消失，只留下含有少量淋巴细胞的髓质。禽类胸腺功能与家畜相似，主要是产生与细胞免疫活动有关的T细胞。造血干细胞经血液迁入胸腺后，经过繁殖，发育成近于成熟的T细胞。这些细胞可以转移到脾脏、盲肠扁桃体和其他淋巴组织中，在特定的区域定居、繁殖，并参与细胞免疫活动。

2. 腔上囊（法氏囊）

腔上囊为鸟类所特有的淋巴上皮器官，4~5月龄鸡的腔上囊达到最大体积，长3cm、宽2cm、背腹厚1cm，质量约3g，但不同个体有很大差异。椭圆形盲囊状的腔上囊位于泄殖腔背侧，以短柄开口于肛道。鸭的腔上囊呈筒形，3~4月龄时达到最大体积。腔上囊和胸腺一样，在幼年家禽较发达，到性成熟前（鸡为4~5月龄）达到最大体积，性成熟后开始退化，随着年龄增长，体积逐渐缩小，到10月龄时，近乎完全消失，但其极小的开口仍可在肛道背顶壁观察到。

3. 脾脏

（1）脾脏的形态位置　鸡脾呈球形（鸭脾脏呈三角形，背面平，腹面凹），棕红色，位于腺胃与肌胃交界处的右背侧，直径约1.5cm，母禽脾脏质量约3g，公禽脾脏质量约4.5g，占其体重的0.2%~0.3%，在应激条件下，脾脏的质量有所变化。

（2）脾脏的功能　家禽脾脏功能主要是造血、滤血和参与免疫反应等，与哺乳动物不同，家禽的脾脏没有储血和调节血量的作用。

4. 淋巴结

鸡缺淋巴结。

鸭、鹅（图3-13）等水禽主要有2对淋巴结。一对是颈胸淋巴结，呈纺锤形，长1.5~3cm，宽2~5cm，位于颈基部、颈静脉与椎静脉所形成的夹角内，常紧靠颈静脉。一对是腰淋巴结，长条状，长约2.5cm，宽约5mm，位于肾与腰荐骨之间的主动脉两侧、胸导管起始部附近，常被肾前部所掩盖，后端可达坐骨动脉。家禽淋巴结的功能与哺乳动物相同，但其过滤作用不强，或无过滤作用。

三、家禽的体温

禽类可以维持身体的体温在一个恒定的状态，属于恒温动物。禽类获取热量来调节体温的方式与哺乳动物间仍有许多不同。如禽类有羽毛，是绝佳的绝缘物；禽类体内脂肪的分布与哺乳动物也不相同；禽类缺乏汗腺，其呼吸结构可以帮助它进行散热；在体温调节方面还有很多的不同之处。

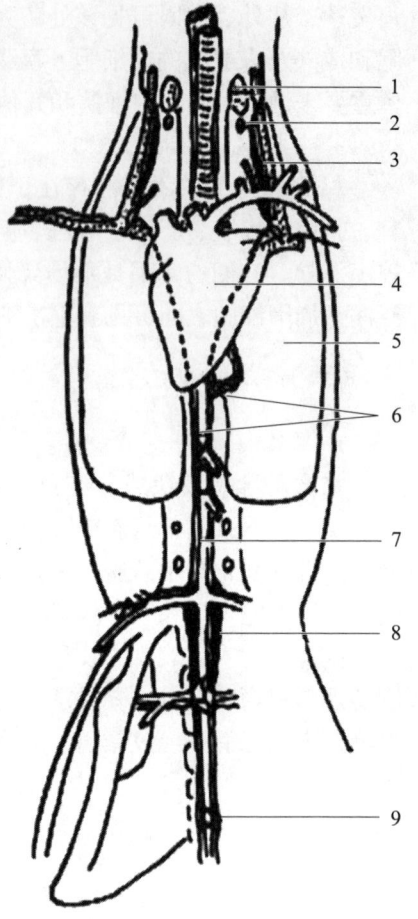

1—甲状腺；2—甲状旁腺；3—颈胸淋巴结；
4—心脏；5—肺；6—胸导管；7—主动脉；
8—腰淋巴结；9—淋巴心。

图3-13 鹅淋巴管和淋巴结模式图

（一）家禽体温概述

家禽的体温比家畜高，正常的成年家禽直肠温度：鸡39.6~43.6℃，鸭41.0~42.5℃，鹅40.0~41.3℃，鸽41.3~42.2℃，火鸡41.0~41.2℃。雏禽刚出壳时，体温较低，在30℃以下。体温随着雏禽的生长发育逐渐升高，至2~3周，可达成年禽水平。成年鸡的体温有昼夜规律，下午5:00时体温最高，可达41~44℃，午夜最低，为40.5℃。成年鸡的等热范围是16~26℃，温度过高或温度过低都会对鸡造成不良的影响。

家禽的正常体温受品种、气候、光照、营养、羽毛、禽体的活动和内分泌等因素的影响。如在白天，气候温度高，光照强，禽体活动频繁，体温会随之升高。

(二)家禽体温调节的特点

家禽为恒温动物,因此必须不断的在体内产热及向体外散热,以维持体温处于恒定状态。家禽产热和散热的方式基本与哺乳动物相同,但是由于家禽被覆羽毛,因此可以利用羽毛的竖立与否来进行散热的调节。

1. 体温的神经调节

家禽的下丘脑有体温调节中枢进行体温调节。初生幼禽的甲状腺与体温调节有关,甲状腺分泌的甲状腺激素控制着家禽的新陈代谢。当环境温度高时,食欲减退而饮水量增加,使家禽产热减少;反之,环境温度低时,进食量多而饮水量少,使家禽产热增加。家禽体温的神经调节除了下丘脑的体温调节中枢,在家禽喙部、胸腹部的温度感受器也与家禽的体温调节有关。

2. 体温的物理调节

家禽没有汗腺,体表又被覆羽毛,散热的能力差。当外界温度过高时,会出现翅膀下垂、站立、热喘息、咽喉颤动等异常表现,以加强散热,减少产热。当外界温度过低时,家禽出现单腿站立、坐伏、头藏于翅膀下、相互拥挤、争相下钻、肌肉寒战、羽毛蓬松等表现,以减少散热,加强产热。幼禽的体温调节能力较差,在育雏时,应特别注意温度的控制。

模块四

小型常见家畜解剖生理特点

项目一　认知犬解剖生理特点

> **知识目标**

1. 掌握犬各系统的组成和生理功能。
2. 掌握犬主要器官的形态、位置、构造和功能。
3. 掌握犬的主要生理指数。

> **能力目标**

1. 使学生能在活体上识别选育和诊断治疗中常用的骨性和肌性标志。
2. 使学生能在活体上确认犬主要器官的体表投影位置。
3. 使学生能在显微镜下正确识别犬主要器官的组织结构。
4. 使学生能进行犬解剖技术，能在尸体或标本上正确阐明各系统主要器官的位置、形态、构造和功能。
5. 使学生能够准确测定犬的生理常数（心音、胃肠蠕动音；脉搏检查；呼吸、心率和体温测定）。

> **素质目标**

1. 通过"忠犬八公"的故事，深化学生对忠诚、友谊和爱的理解，强调人与动物和谐相处的重要性。
2. 通过开展"宠物义诊"课外活动，促进学生的仁爱之心。

工作项目

工作项目	犬胃切开术
前导知识	胃切开术是指通过手术手段切开胃壁对动物进行诊断或治疗的技术，适用于胃内异物的取出、胃内肿瘤的切除、坏死胃壁的切除和胃壁的活组织检查等。
工作要求	（1）将填写任务工单一的空缺部分作为本项目学习的载体之一，积极探索、深度思考，助力高质量完成任务工单二和任务工单三，为未来临床开展犬胃切开术打下基础。 （2）将任务工单一填写的答案拍照上传本章节学习平台，作为平时成绩的组成部分。

学习任务

任务工单一

学习任务	完善犬胃切开术手术方案			
任务描述	在识别皮肤、皮下组织、腹壁肌肉、腹白线、腹膜、胃肠形态、位置、组织结构等基础上，查阅资料，完成犬胃切开术的手术方案。			
任务名称	序号	操作要领	操作方法	
犬胃切开术手术方案	1	术前准备	（1）术者准备　术前戴一次性手术口罩和手术帽→洗必泰刷洗手、臂→穿无菌手术衣，戴一次性灭菌手套。 （2）动物准备 ①胃部疾病可引起呕吐或厌食，呕吐的动物常出现脱水和低血钾，应该在诱导麻醉前给予纠正。胃液丢失可引起碱中毒；有时也可引起代谢性酸中毒。呕血可以提示胃糜烂、溃疡或凝血异常，如果治疗不及时或不彻底，坏死或溃疡可引起腹膜炎。呕吐的动物也可以发生吸入性肺炎或食管炎，如果可能，胃手术诱导麻醉前应治疗严重的吸入性肺炎。	

续表

任务名称	序号	操作要领	操作方法
犬胃切开术手术方案	1	术前准备	②非紧急情况下，术前应禁食8~12h以保证胃的排空。动物病情稳定后应尽快进行胃切开的手术。 ③埋置留置针，手术前15min肌注阿托品（0.05mg/kg）、皮下注射止血（0.25~0.5g/kg）。 （3）器械和用品准备 手术器械高压蒸汽灭菌消毒（121℃，30min），手术室术前半小时紫外灯灭菌。呼吸麻醉机调好动物体重后正常运作5~10min。
	2	手术通路	自剑状软骨后方2~3cm至脐部间，沿腹中间线切口。
	3	手术过程	（1）术部准备 腹底部剑状软骨前方至脐后部进行大范围的剃毛和消毒。 （2）打开腹腔 在剑状软骨后方与脐部间沿中线切开皮肤，分离皮下组织，暴露腹白线。切开腹白线的腱膜和腹膜，打开腹腔。 （3）将胃牵出 术者手先伸入腹腔探查，再将胃引出体外，并在其周围围上大块的无菌湿纱布。 （4）胃的切开 胃的切开部位常在胃的大弯与小弯之间，沿胃_____轴（长/短）切开。助手用组织钳或双手提起切开线两侧的胃壁，先用刀尖切一小口，再剪开2~3cm长切口。 （5）冲洗 吸出胃液，取出胃内异物或进行其他处置。

续表

任务名称	序号	操作要领	操作方法
犬胃切开术手术方案	3	手术过程	（6）缝合胃壁 用温生理盐水冲洗局部，进行两层缝合，第一层用3~0号可吸收线进行康乃尔氏缝合，清除胃壁切口旁的血凝块及污物后，用3号可吸收线进行第二层的连续伦贝特氏缝合。再用温生理盐水冲洗胃壁，将胃还纳回腹腔，并将一部分大网膜覆盖在胃切口处。 （7）常规闭合腹壁切口，消毒。
任务要求	答案填写完成后，将此任务工单拍照上传学习平台。		

任务工单二

学习任务	犬全身主要肌肉的观察识别
任务描述	利用犬肌肉标本、图片、模型、虚拟仿真软件等资源，识别犬全身主要肌肉。
操作步骤	（1）头部肌 观察鼻唇提肌、犬齿肌、颊肌、口轮匝肌和眼轮匝肌、咬肌和二腹肌。 （2）躯干肌 观察背腰最长肌、髂肋肌、夹肌、胸头肌、胸骨甲状舌骨肌和肩胛舌骨肌的形态位置。观察肋间外肌、肋间内肌和膈肌的形态、位置和结构。观察腹外斜肌、腹内斜肌、腹直肌、腹横肌、腹股沟管和腹白线的结构。 肋间外肌收缩时引起吸气、肋间内肌收缩时引起呼气。 胸头肌和臂头肌之间形成了颈静脉沟。 腹股沟管位于腹底壁后部，耻骨前腱的两侧，为腹外斜肌和腹内斜肌之间的一个楔形裂隙。 （3）前肢肌 观察斜方肌、菱形肌、背阔肌、臂头肌、肩胛横突肌、胸肌和腹侧锯肌的形态位置。观察冈上肌、冈下肌、三角肌、肩胛下肌、大圆肌和喙臂肌。观察前臂筋膜张肌、臂三头肌、臂二头肌和臂肌。观察腕桡侧伸肌、腕斜伸肌、指总伸肌、指内伸侧肌、指外侧伸肌、腕外侧屈肌、腕尺侧屈肌、腕桡侧屈肌、指浅屈肌和指深屈肌。

续表

操作步骤	（4）后肢肌　观察臀肌、髂腰肌、股四头肌、阔筋膜张肌、缝匠肌、股薄肌、内收肌、半膜肌、半腱肌、臀股二头肌、第三腓骨肌、趾长伸肌、趾外侧伸肌、胫骨前肌、腓肠肌、趾浅屈肌和趾深屈肌的形态位置。

任务工单三

学习任务	犬消化系统的观察识别
任务描述	利用犬消化系统标本、图片、模型、虚拟仿真软件等资源，识别犬消化系统各器官。
操作步骤	（1）观察口腔，舌、齿、唾液腺等。 （2）观察咽、软腭、扁桃体、食管。 （3）观察胃的位置、形态、组织结构。 （4）观察小肠（十二指肠、空肠、回肠）；大肠（盲肠、结肠、回肠）；肝分叶、胆总管、胰、胰管（或副胰管）等。 （5）观察大网膜、小网膜、肠系膜等。

必备知识

一、犬运动系统与被皮系统

（一）骨骼

犬的全身骨骼约有230多块，分为头骨、躯干骨、前肢骨和后肢骨（图4-1）。

1. 头骨

犬的头骨外形特点与品种密切相关。长头型的品种面骨较长，颅部较窄；短头型的品种面骨很短，颅部较宽。一些中间型的品种，头骨外形介于两者之间。犬在颅部和面部之间常形成一凹陷，称鼻额角。在短头型犬中，短宽脸型会与加深的凹痕和更朝向前方的眼相结合。从上、下颌长度来说，短头型犬总体上说是凸颌的，下颌突出；长头型犬通常是短颌，下颌缩进。

（1）颅骨　颅骨包括成对的额骨、顶骨和颞骨，以及不成对的枕骨、顶间骨、蝶骨和筛骨，共7种、10块。

（2）面骨　面骨包括成对的鼻骨、泪骨、颧骨、上颌骨、切齿骨、腭骨、

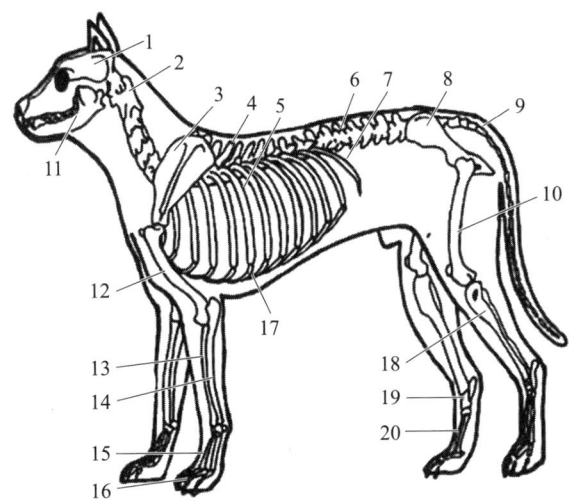

1—颅骨；2—第二颈椎；3—肩胛骨；4—胸椎；5—肋骨；6—腰椎；
7—浮肋；8—髋骨；9—尾椎；10—股骨；11—下颌骨；12—肱骨；13—桡骨；
14—尺骨；15—掌骨；16—指骨；17—肋软骨；18—胫骨；19—跗骨；20—跖骨。

图 4-1 犬全身骨骼

翼骨、上鼻甲骨、下鼻甲骨和下颌骨，还有不成对的犁骨和舌骨，共 12 种 22 块。

（3）鼻旁窦　肉食动物中鼻甲水平处鼻腔的大憩室，也称上颌隐窝，相当于家畜的上颌窦，经鼻上颌口通中鼻道。

犬的额窦占额骨的大部分，位于额骨嘴侧 2/3 处，外界一直延伸至额骨的颧突内。分前室、侧室和内室，经筛鼻道通鼻腔，大型犬的额窦可延伸到下颌关节处。

2. 躯干骨

颈椎有 7 块，长度比牛、猪的长。寰椎翼宽大，前缘有翼切迹，背侧前有椎外侧孔，后有横突孔。枢椎的椎体长，呈圆筒状（图 4-2）。棘突比牛薄，长而平直。横突比牛的尖细。第 3~6 颈椎的椎体长度逐渐变短。棘突高度变化和牛相似，横突没有牛的发达。第 7 颈椎特征与牛相似，形态与胸椎相似。胸椎 13 对，椎体宽，上下扁。腰椎 7 个，很发达，是脊椎中最强大的椎骨，因此犬腰部常比其他家畜更灵活。荐骨由 3 枚荐椎愈合而成，形似短宽的方形。尾椎椎骨小，尾中动脉从尾椎腹侧血管弓经过。

4-1 犬椎间盘结构及腰椎间盘突出的原因（动画）

肋有 13 对，前 9 对为真肋，3 对假肋，最后一对为浮肋。肋骨窄而弯曲，肋间隙比牛的宽，胸廓呈圆筒状（图 4-3）。

胸骨有 8 节，胸骨柄较钝，最后胸骨节的剑状突前宽后窄，后接剑状软骨（图 4-3）。

3. 前肢骨

前肢骨的组成包括肩胛骨、锁骨、肱骨、桡骨、尺骨、腕骨、掌骨、指骨和籽骨（图4-4）。

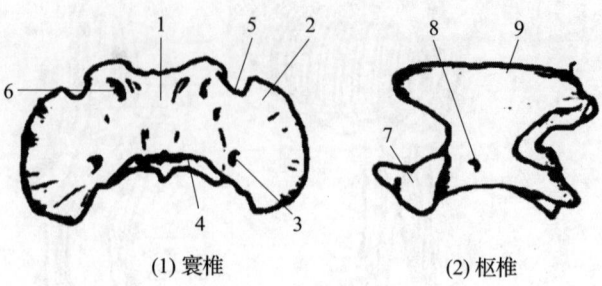

(1) 寰椎　　　　　(2) 枢椎

1—椎弓；2—寰椎翼；3—横突孔；4—后关节凹；
5—椎前切迹；6—椎外侧孔；7—齿突；8—横突孔；9—棘突。

图4-2　犬的寰椎、枢椎

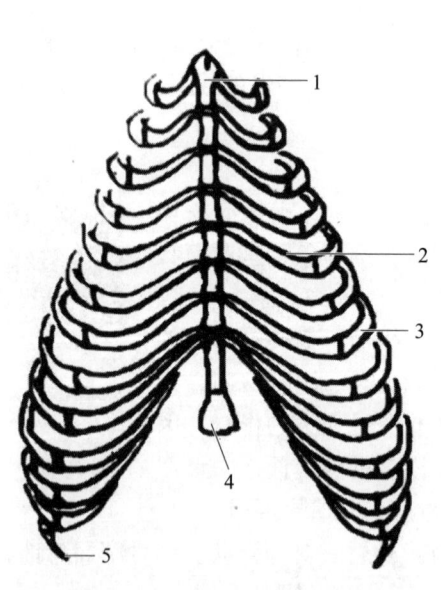

1—胸骨柄；2—肋软骨；
3—肋骨；4—剑状软骨；5—浮肋。

图4-3　犬的胸骨和肋软骨（腹侧观）

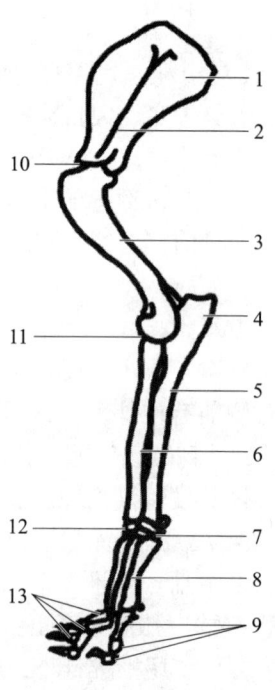

1—肩胛骨；2—肩胛冈；3—肱骨；
4—肘突；5—尺骨；6—桡骨；7—腕骨；
8—掌骨；9—指骨；10—肩关节；
11—肘关节；12—腕关节；13—指关节。

图4-4　前肢外侧图

肩胛骨比牛的长，前角钝圆，背缘只附着有软骨缘，无肩胛软骨；肩胛冈上窝与冈下窝大小差不多。犬的锁骨呈三角形薄骨片和软骨板，或完全退化不易找见，一般位于肩前的臂头肌腱划内。

肱骨比牛细长、扭曲（图4-5）。前臂骨中桡骨较纤细，近端后面、远端外侧均有关节面，与尺骨形成可活动的关节。尺骨较牛发达，两骨斜行交叉，近端尺骨位于桡骨内侧，而远端尺骨位于桡骨外侧（图4-6）。

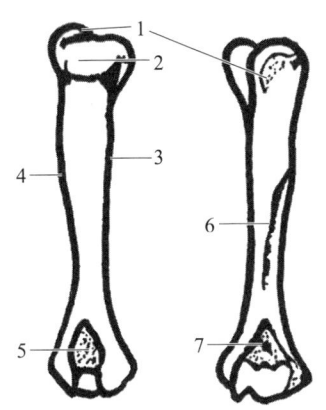

1—大结节；2—肱骨头；
3—大圆肌粗隆；4—三角肌粗隆；
5—鹰嘴窝；6—臂肌沟；7—髁上窝。

图4-5　犬的肱骨

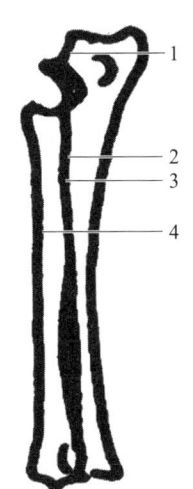

1—鹰嘴；2—尺骨；3—桡尺联合；4—桡骨。

图4-6　犬的前臂骨

前脚骨由7块腕骨、5块掌骨、5块指骨、14块籽骨构成（图4-7）。犬的第一指骨最短，行走时并不着地。各指的远指节骨形态特殊，呈钩（爪）状，故又称爪骨。

4. 后肢骨

后肢骨包括髋骨、股骨、膝盖骨（髌骨）、胫骨、腓骨、跗骨、跖骨、趾骨、籽骨（图4-8）。

髋骨比牛的粗厚，髋结节和荐结节均分前、后两部，弓状线明显，缺腰小肌结节。坐骨弓浅而宽。耻骨联合处较厚，且愈合较迟（图4-9）。

股骨比较长，股骨头发达，大转子较小，比股骨头低，股骨颈较长与体几乎呈直角（图4-10）。腓骨和胫骨一样长，胫骨较粗大，呈"S"形弯曲。胫骨远端有腓骨切迹，与腓骨形成关节。腓骨细长，远端形成外侧踝。

后脚骨由7块跗骨、5块跖骨构成，无第1趾骨，其他趾骨与前肢的指骨形态相似（图4-11）。

另外，犬的阴茎还有1块阴茎骨。

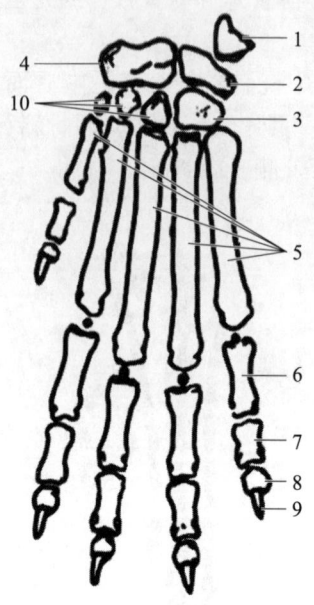

1—副腕骨；2—尺腕骨；
3—第四腕骨；4—中间桡腕骨；
5—掌骨；6—第1指节骨；
7—第2指节骨；8—第3指节骨；
9—爪突；10—第1、2、3腕骨。

图 4-7　左前脚部骨（背面观）

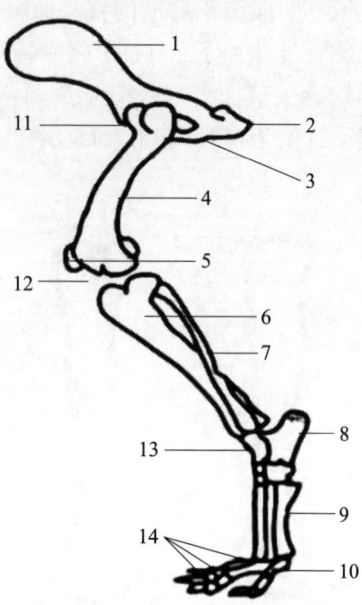

1—髂骨；2—坐骨；3—耻骨；4—股骨；
5—髌骨；6—胫骨；7—腓骨；8—跟骨；
9—跖骨；10—趾骨；11—髋关节；
12—膝关节；13—跗关节；14—趾关节。

图 4-8　后肢外侧图

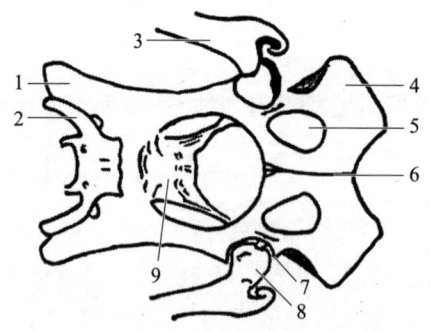

1—髋骨；2—第6腰椎；3—股骨；4—坐骨；
5—闭孔；6—耻骨；7—圆韧带；8—股骨头；9—荐椎。

图 4-9　髋骨腹侧观

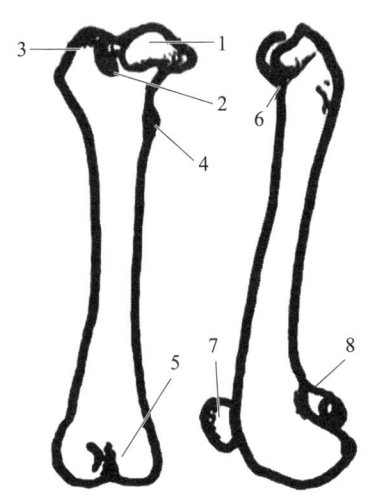
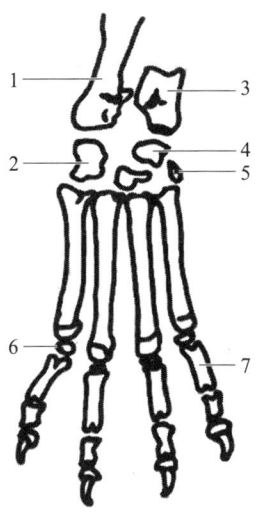

1—股骨头；2—转子窝；3、6—大转子；
4—小转子；7—髌骨；5—髁间窝；8—髁上粗面。

图 4-10　股骨

1—跟骨；2—第 4 跖骨；
3—距骨；4—中央跖骨；
5—第 1 跖骨；6—背侧籽骨；7—近趾节骨。

图 4-11　右后脚骨

（二）肌肉

按所在部位，犬全身肌肉可分为头部肌肉、躯干肌肉、前肢肌肉和后肢肌肉，此外，在有些部位的浅筋膜中，还有薄层的皮肌，如躯干皮肌、颈皮肌和面皮肌（图 4-12）。

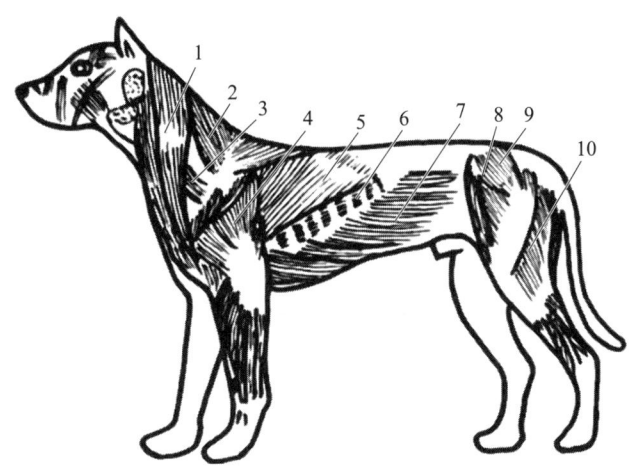

1—臂头肌；2—斜方肌；3—肩胛横突肌；4—臂三头肌；5—背阔肌；
6—肋间外肌；7—腹外斜肌；8—缝匠前肌；9—臀中肌；10—股二头肌。

图 4-12　犬全身肌肉

1. 头部肌

头部肌包括咀嚼肌、面肌和舌骨肌。

（1）咀嚼肌 是使下颌运动的强大肌肉，均起于颅骨，止于下颌骨，可分为闭口肌和开口肌。闭口肌很发达，且富有腱质，位于颞下颌关节的前方，包括咬肌、翼肌和颞肌。开口肌只有二腹肌。

（2）面肌 位于口腔、鼻孔和眼裂周围的肌肉，可分为开张自然孔的张肌和关闭自然孔的环形肌。张肌主要包括鼻唇提肌、颧肌、犬齿肌等。环形肌位于自然孔周围，主要包括颊肌、口轮匝肌、眼轮匝肌。

（3）舌骨肌 舌骨肌是附着于舌骨的肌肉，由许多小肌组成，主要通过舌的运动参与吞咽动作，其中下颌舌骨肌和茎舌骨肌最为重要。

2. 躯干肌

躯干肌包括脊柱肌、颈腹侧肌、胸壁肌和腹壁肌。

（1）背腰最长肌 是体内最大的肌肉，呈三棱形，表面覆盖一层腱膜。具有伸展腰背、协助呼吸、跳跃时提举躯干的前部和后部的作用（图4-13）。

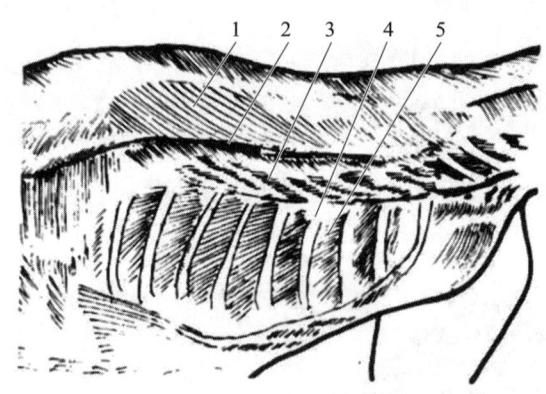

1—背腰最长肌；2—髂肋肌沟；3—髂肋肌；4—肋骨；5—肋间外肌。

图4-13 背最长肌

（2）髂肋肌 位于背腰最长肌和腹外侧，狭长而分节，由一系列斜向前下方的肌束组成。髂肋肌与背腰最长肌之间有较深的沟，称髂肋肌沟，沟内有针灸穴位。

（3）夹肌 呈薄而阔的三角形，位于颈侧部的皮下，在鬐甲部与颈椎和头部之间。其作用两侧同时收缩可举头颈，一侧收缩则偏头颈。

（4）腰小肌 狭而长的肌肉，位于腰椎椎体的腹侧面的两侧，起于最后胸椎和腰椎椎体的腹侧，止于髂骨腰小肌结节。作用为屈腰和下降骨盆。

（5）腰大肌 位于腰小肌的外侧，较发达。作用是屈髋关节。

(6) 胸头肌　位于颈部腹侧皮下，臂头肌的下缘。具有屈或侧偏头颈的作用。胸头肌和臂头肌之间形成颈静脉沟（图4-14）。

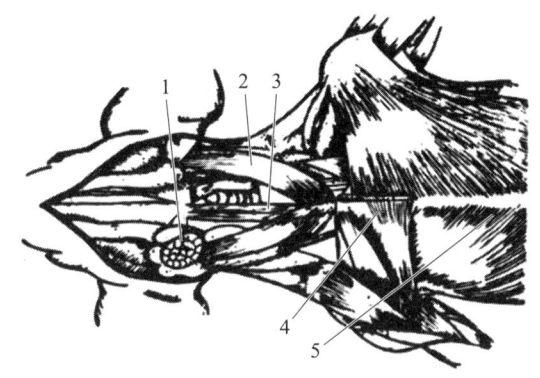

1—颌下腺；2—胸头肌；3—胸骨甲状舌骨肌；4—胸浅肌；5—胸深肌。
图4-14　颈腹侧肌

(7) 胸骨甲状舌骨肌　呈扁平狭带状，位于气管腹侧，在颈的前半部位于皮下，后半部被胸头肌覆盖。作用为吞咽时向后牵引舌和喉，吸吮时固定舌骨，利于舌的后缩（图4-14）。

(8) 胸壁肌　主要分布于胸腔的侧壁。该肌运动引起呼吸活动。主要包括肋间外肌、肋间内肌、膈肌。肋间外肌使胸腔扩大引起吸气。膈肌位于胸、腹腔之间，呈圆顶状，突向胸腔，是重要的吸气肌。肋间内肌使胸腔缩小引起呼气。

(9) 腹壁肌　均为板状，构成腹腔的侧壁和底壁。由内向外依次分为腹外斜肌、腹内斜肌、腹直肌、腹横肌4层。腹壁肌的作用是形成坚韧的腹壁，容纳、保护和支持腹腔脏器；当腹壁肌收缩时，可增大腹压，协助呼气、排粪、排尿和分娩等（图4-15）。

(10) 腹股沟管　位于腹底壁后部，耻骨前腱的两侧为腹外斜肌和腹内斜肌之间的一个裂隙。该管有内、外2个口。公犬的腹股沟管明显，是胎儿时期睾丸从腹腔下降到阴囊的通道，内有精索、总鞘膜、提睾肌、脉管和神经通道。母犬的腹股沟管仅供脉管、神经通过。

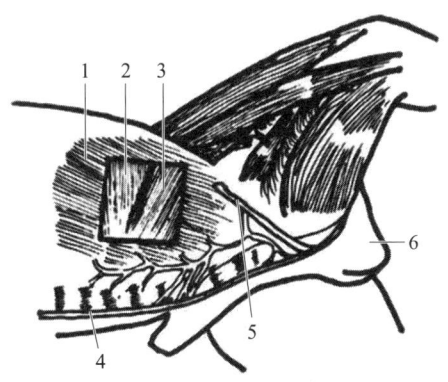

1—腹外斜肌；2—腹横肌；3—腹内斜肌；
4—腹直肌；5—腹股沟管；6—阴囊。
图4-15　腹壁肌模式图

3. 前肢肌

（1）肩带肌　是前肢与躯干连接的肌肉，包括位于浅层的斜方肌、臂头肌、肩胛横突肌、背阔肌和胸浅肌及深层的菱形肌、腹侧锯肌和胸深肌（图4-16）。

（2）肩部肌　肩关节的伸肌主要是冈上肌，屈肌有三角肌、大圆肌和小圆肌，内收肌主要是肩胛下肌和喙臂肌，外展肌主要是冈下肌（图4-17）。

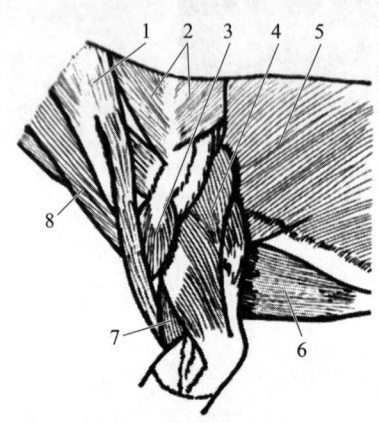

1—臂头肌；2—斜方肌；3—三角肌；
4—臂三头肌；5—背阔肌；6—胸肌；
7—臂肌；8—胸头肌。

图4-16　肩带肌

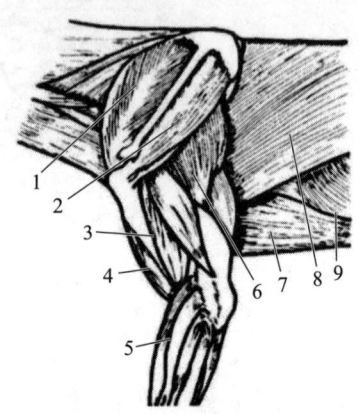

1—冈上肌；2—冈下肌；
3—臂肌；4—臂二头肌；
5—腕桡侧伸肌；6—臂三头肌；
7—胸肌；8—背阔肌；9—腹外斜肌。

图4-17　肩部肌

（3）臂部肌　肘关节的伸肌主要包括臂三头肌、前臂筋膜张肌和肘肌，屈肌主要包括臂二头肌和臂肌。

4. 后肢肌

作用于后肢关节的肌肉，较前肢肌发达，是推动身体前进的主要动力。分布在荐臀部的肌肉主要作用于髋关节，分布于股部的肌肉主要作用于膝关节，分布于小腿部和后脚部的肌肉主要作用于跗关节和趾关节（图4-18、图4-19）。犬的主要后肢肌肉有以下几种。

（1）臀中肌　是臀肌中的最大肌，起于髂骨的外侧面和臀筋膜，止于股骨大转子。该肌对于髋关节具有强大的伸展作用，同时还具有外旋作用。

（2）臀股二头肌　又称股二头肌，位于臀部的后外侧，分别起于荐骨、荐结节髋韧带和坐骨结节。于坐骨结节的下方两个头合并后，再分为前、中、后3部：前部止于髌骨和膝外侧副韧带；中部以腱膜止于胫骨脊；后部止于小腿筋膜和跟结节。

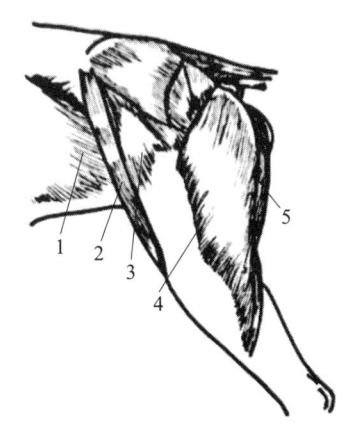

1—腹外斜肌；2—缝匠前肌；
3—股阔筋膜张肌；4—股二头肌；5—半腱肌。

图 4-18　臀股部肌（浅层）

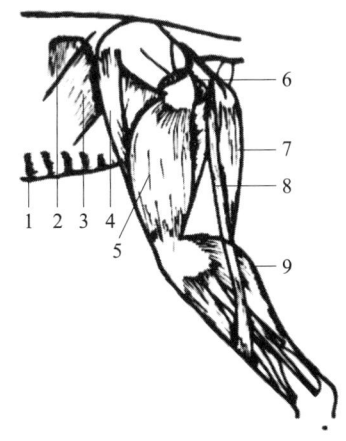

1—腹直肌；2—腹横肌；3—腹内斜肌；
4—缝匠前肌；5—股四头肌；6—臀中肌；
7—半腱肌；8—小腿后展肌；9—腓肠肌。

图 4-19　后肢肌

（三）犬的被皮

1. 皮肤

犬皮肤是其机体最大的器官，覆盖于动物的全身体表，起着稳定机体内环境的重要作用。犬的皮肤厚度为 0.5~5mm。有毛的背部和体侧皮肤最厚，腹皮最薄。皮肤的 pH 为 5.5~7.5。不同区域的皮肤，如耳朵、眼睑、包皮、脚垫和趾甲都有着不同的功能和结构。皮肤由表皮、真皮及皮下脂肪组成脂腺、丰富的血管、淋巴管和神经。此外，皮肤还有其附属器，包括毛囊、皮大汗腺、小汗腺、趾爪等。

2. 皮脂腺

皮肤有保护犬体、产生感觉、分泌汗液与皮脂以及调节体温的作用。犬的皮肤汗腺不发达，因此犬的散热机制不同于人类，不以发汗为主，而是以皮肤毛细血管扩张和张口喘息时依靠口腔的唾液分泌散发体内多余热量，所以汗的分泌很少。但趾垫内的汗腺较发达，鼻尖有鼻端腺的特殊组织，经常分泌透明的分泌物。因此，在炎热季节，若进行体温调节，只有张口吐舌，流出唾液，急促呼吸。

3. 被毛

犬毛分为被毛和触毛。被毛以长短可分为长毛、中毛、短毛、最短毛 4 种，以短毛和最短毛为最佳。以毛质度可分为直毛、卷毛、波状毛、滑状毛、刚毛、针尾毛等。以毛的颜色可分为虎皮色、黑底黄褐色、稻草色、淡红色、黄红色、白色、黑白色、黄褐色等。犬毛每年晚春季节冬毛脱落，逐渐地更换为夏毛，晚秋初冬季节更换夏毛，每一年有 2 个换毛期。营养不良和老弱病犬不按时换毛，常为病态。

4. 枕和爪

枕是犬脚掌和地面接触的部分（腕枕除外）。犬的枕很发达，可分为腕（跗）、掌（趾）枕和指（趾）枕，分别位于腕（跗）、掌（趾）枕和指（趾）部的内侧面、后面和底面。枕的结构和皮肤相同，分为枕表皮、枕真皮和枕皮下组织。枕表面厚而无毛，表面有柔软的角质层，枕的表皮还有许多汗腺排泄管。枕真皮内有丰富的血管、神经和汗腺。犬的掌枕和指枕对犬的行走和站立都起着很重要的作用，而腕枕只有当犬处于腹卧姿势时才与地面接触，起一定的支撑作用（图 4-20）。

爪是包裹犬指（趾）骨末端的皮肤衍生物，可分为爪轴、爪冠、爪壁和爪底。爪的表面演化成釉质覆盖，具有钩取、挖穴和防卫功能（图 4-21）。

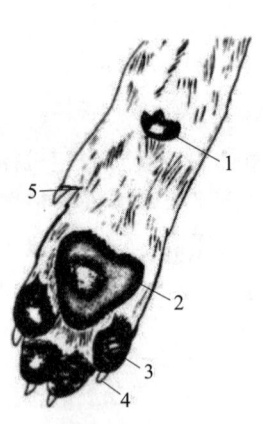

1—腕枕；2—掌枕；
3—指枕；4—爪；5—悬指。

图 4-20 枕（前脚）

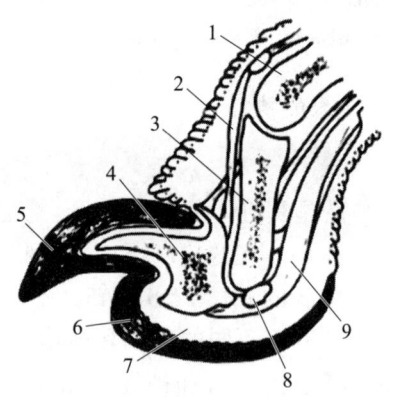

1—近指（趾）节骨；2—指（趾）伸肌腱；
3—中指（趾）节骨；4—远指（趾）节骨；
5—爪；6—指枕；7—真皮；8—远籽骨；
9—指（趾）屈肌腱。

图 4-21 爪

二、犬内脏系统

（一）消化系统

犬的消化系统如图 4-22 所示。

1. 口腔

犬的口裂大，唇薄而灵活，有触毛，上唇与鼻融合，形成鼻镜，正中有纵形浅沟称为人中。下唇靠近口角处边缘呈锯齿状，硬腭有腭褶，前有切齿乳头及切齿管，无齿枕。舌后部厚，前部宽而薄，有明显的舌背正中沟。舌黏膜有丝状乳头、圆锥状乳头、菌状乳头，每侧还有 2～3 个轮廓乳头。牙齿尖而锋利，犬齿长（图 4-23）。

恒齿式：$2\left(\dfrac{3\ 1\ 4\ 2}{3\ 1\ 4\ 3}\right)=42$　乳齿式：$2\left(\dfrac{3\ 1\ 3\ 0}{3\ 1\ 3\ 0}\right)=28$

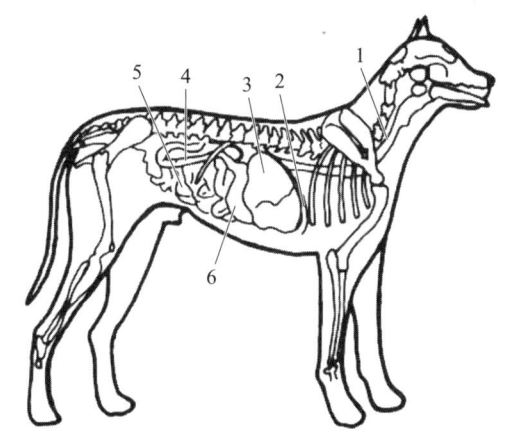

1—食管；2—膈；3—肝脏；4—十二指肠；5—空肠；6—胃。
图 4-22　犬的消化系统（右侧）

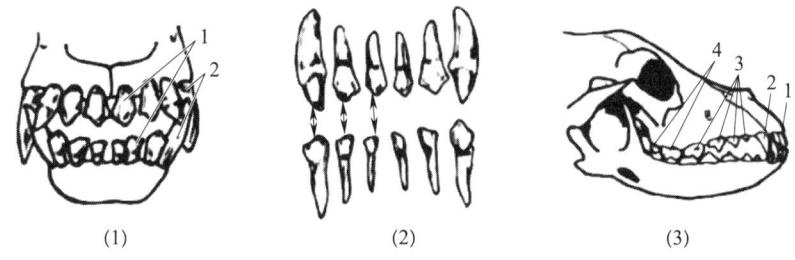

1—切齿；2—犬齿；3—前白齿；4—后白齿。
图 4-23　犬齿

腮腺小，呈不规则三角形。下颌腺较大，淡黄色，上部被腮腺覆盖。舌下腺淡红色，分单口舌下腺和多口舌下腺（图 4-24）。

舌对于犬有着十分重要的作用。不仅采食、饮水，而且还调节体温。当犬需要降低体温时，就会张开嘴，伸出舌头，以便挥发水分，散放热量。舌上有味蕾，具有感受味觉的功能。犬的味觉比较迟钝，这可能与其采食方式有关。犬在吃食时，咀嚼很粗糙，因而对于食物的味道不可能仔细品味，对犬来说食物的味道远没有食物的气味重要。

2. 咽和食管

咽腔较窄，咽壁黏膜向咽腔凸出，是消化道和呼吸道的共同通道。食管除起始处较狭窄外，一般较宽，弹性很大，平时管腔闭塞，当食物通过时管腔张开、扩大。

3. 胃

犬的胃属单室胃，容积较大，并随体格大小而变化，位于腹腔内，在膈和肝的后方。呈弯曲的梨形。左端膨大，由胃底部和胃黏膜上分布有腺体（图4-25）。这些腺体分泌胃液，其主要含有黏液、盐酸和胃蛋白酶。

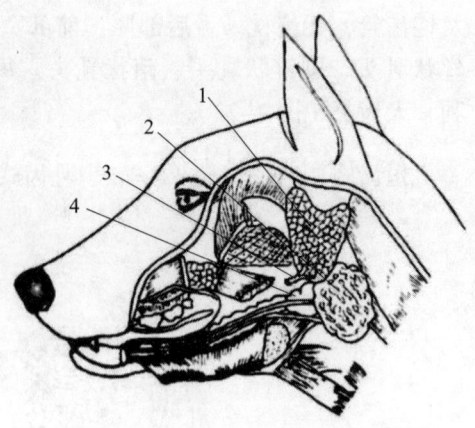

1—腮腺；2—颌下腺；3—腮腺管；4—舌下腺。
图4-24 犬的唾液腺

胃壁收缩与舒张，改变着胃的形状和容积，从而使食物与胃液充分混合。犬的胃液中所含盐酸的浓度为 0.4%~0.6%。

在进食后 3~4h 内，开始将消化物推向肠管，经过 5~10h 内容物全部排空。胃有暂时储存食物、分泌胃液、进行初步消化和推送食物进入十二指肠等作用。

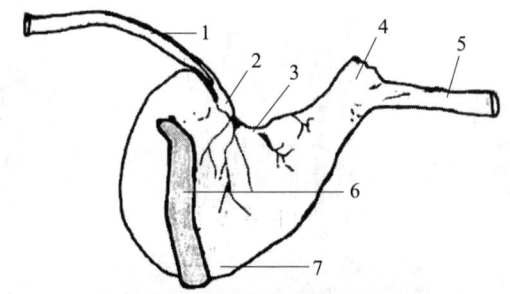

1—食管；2—贲门；3—胃小弯；4—幽门；5—十二指肠；6—脾；7—胃大弯。
图4-25 犬胃形态模式图

网膜为连系胃的浆膜褶，分为大网膜、小网膜。犬的网膜很发达，由浅层和深层构成扁平囊状，介于肠和腹腔底之间。犬的小网膜连接胃小弯和肝脏之间，向右侧与十二指肠系膜相连。

4. 肠

小肠（图4-26）包括十二指肠、空肠和回肠3段，是食物消化和吸收的主要部位。犬的小肠较短，铁、钙等物质主要在小肠内被消化吸收。

犬的小肠为体长的 3~4 倍，管径较小，是食物进行消化和吸收的主要部位。

在各种家畜中，犬的小肠绒毛最长，因而大幅度地扩大吸收面积。小肠内除本身腺体所分泌的液体外，尚有来自肝脏的胆汁和来自胰脏的胰液，因此小肠液具有种类最全、数量最多的消化酶，消化能力最强。蛋白质、糖、脂肪、维生素等主要营养物质均在此被分解吸收。

肉食动物大肠比小肠短，但管径较细。由盲肠、结肠和直肠构成。盲肠以盲结口起于结肠起始部，较细小，呈螺旋状。结肠位于腰下部，相对较细，甚至以从外观上与小肠相区别。直肠位于骨盆腔内，在脊柱和尿生殖褶、膀胱（雄性）或子宫、阴道（雌性）之间，后端与肛门相连。主要作用是消化纤维、吸收水分、形成和排出粪便等，直肠末端连接肛门。

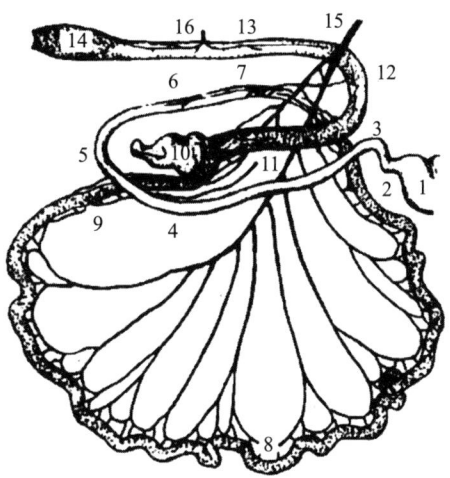

1—胃；2—幽门部；3—十二指肠前曲；
4—十二指肠降部；5—十二指肠后曲；
6—十二指肠升部；7—十二指肠空肠交界处；
8—空肠；9—回肠；10—盲肠；11—升结肠；
12—横结肠；13—降结肠；14—直肠；
15—肠系膜前动脉；16—肠系膜后动脉。

图 4-26 犬的肠管模式图

5. 肛门

肛门位于直肠的末端，后端开口于尾巴根部下方。肛管表面自前分为黏膜区、中间区、皮区，皮区两侧各有一个小口通入肛旁窦。肛旁窦通常为榛子大小，含灰褐色脂肪分泌物，难闻。

犬的消化道具有很多肉食动物的特征，如肠管短、蠕动较快、腺体发达等。因而，犬对蛋白质和脂肪能很好地消化吸收，但对粗纤维的消化能力差。因此，应将含粗纤维较多的食物切碎，煮熟后再喂。

6. 肝脏

肝脏（图 4-27）是犬体内最大消化腺，其质量相当于体重的 3%。肝脏质软而脆，呈红褐色，位于腹腔前部、脏面有胆囊管，胆囊管和肝管相汇合成总胆管，开口于十二指肠，向十二指肠内分泌胆汁，以利于脂肪的消化吸收和刺激小肠的蠕动。肝脏的功能十分复杂，也很重要，能分解、合成、储存营养物质，分泌胆汁、解毒、参与体内防卫体系，以及形成纤维蛋白原、凝血酶原等。在胎儿时期，肝脏还是造血器官。

7. 胰脏

胰脏（图 4-28）位于十二指肠、胃和横结肠之间，呈"V"字形，粉红色。其分泌物叫胰液，内含许多消化酶，经胰管导入十二指肠，对食物有重要的消化水解作用。胰腺内还有胰岛，能分泌激素。

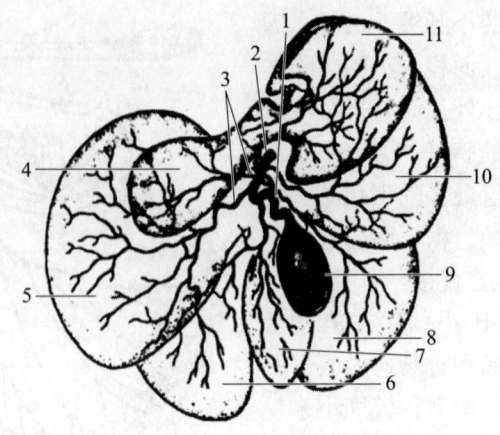

1—胆囊管；2—胆管；3—肝管；4—尾叶乳头状突；5—左外叶；
6—左内叶；7—方叶；8—右内叶；9—胆囊；10—右外叶；11—尾叶尾状突。

图 4-27 犬肝脏模式图

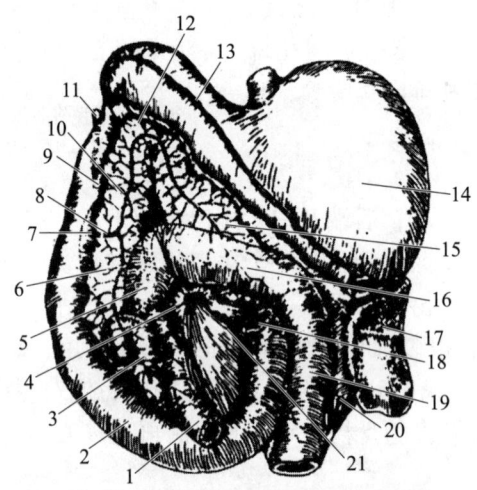

1—回肠（已切断）；2—十二指肠；3—盲肠；4—肠系膜淋巴结；5—升结肠；
6—胰的右叶（虚线为右肾）；7—十二指肠小乳头；8—副胰管；9—十二指肠大乳头；
10—胰管；11—胆管；12—大网膜深叶；13—大网膜浅叶；14—胃；15—胰左叶；
16—横结肠；17—脾；18—空肠；19—降结肠；20—左肾；21—肠系膜根。

图 4-28 犬胃、肠、胰、脾关系图

（二）呼吸系统

呼吸系统由鼻、咽、喉、气管、支气管和肺组成。鼻、咽、喉、气管和支气管是气体出入肺的通道，称为呼吸道，由骨或软骨作为支架，围成开放性的管腔，保证气体畅通。

1. 鼻

鼻尖前的鼻孔呈逗点形，鼻镜下没有腺体，分泌物来自鼻腔内的鼻外侧腺（图4-29）。鼻腔内宽，上鼻道窄通往嗅区；中鼻道后部分上、下2部分，上部通往嗅区，下部通下鼻道；下鼻道中部小。犬的嗅区黏膜富含大量的嗅细胞，嗅觉十分灵敏。

2. 咽

参见消化系统。

3. 喉

喉较短，喉口较大，声带大而凸起。甲状软骨板短而高，喉结发达。环状软骨宽广。杓状软骨小。会厌软骨呈四边形，下部狭窄。

4. 气管与支气管

气管以软骨、肌肉、结缔组织和黏膜构成。软骨为"C"字形的软骨环，缺口向后，各软骨环以韧带连接起来，环后方缺口处由平滑肌和致密结缔组织连接，保持了持续张开状态。犬的气管前端呈圆形，中央段的前侧稍扁平，软骨环的背侧缺口明显，由软组织相连。管腔衬以黏膜，表面覆盖纤毛上皮，黏膜分泌的黏液可黏附吸入空气中的灰尘颗粒，纤毛不断向咽部摆动将黏液与灰尘排出，以净化吸入的气体。

5. 肺

肺位于胸腔内，在纵隔两侧，左、右各一（图4-30）。犬肺很发达，分为7叶。右肺显著大于左肺，分前叶、中叶、后叶和副叶；左肺分为前叶和后叶，

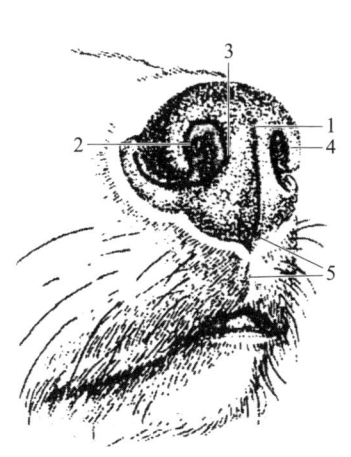

1—鼻尖；2—外侧鼻翼；
3—内侧鼻翼；4—鼻孔；5—上唇沟。

图4-29 犬的外鼻

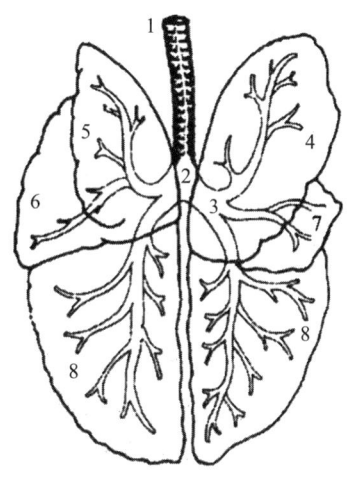

1—气管；2—气管分支部；
3—气管干；4—右前叶前部；5—左前叶前部；
6—左前叶后部；7—中叶；8—后叶。

图4-30 犬的支气管树模式图（背侧观）

其前叶又分为前、后2部。在心压迹的后上方有肺门,为支气管、肺血管、淋巴管和神经进入肺的地方。这些结构被结缔组织包成一束,称为肺根。健康犬的肺呈粉红色的海绵状,质软而轻,富有弹性。健康犬的呼吸方式为胸式呼吸,15~30次/min。犬在夏季炎热的天气和运动后,伸舌流涎,张口呼吸,以加快散热。

(三)泌尿系统

公犬、母犬的泌尿器官和生殖器分别如图4-31、图4-32所示。

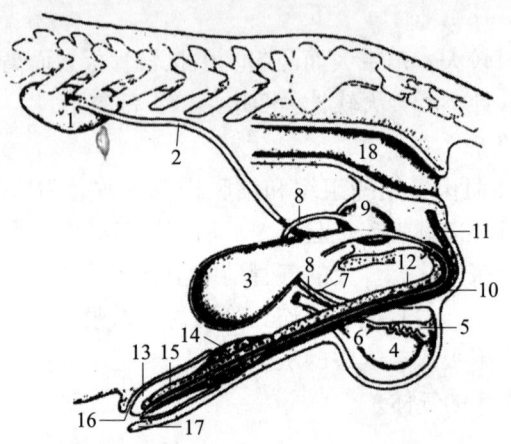

1—左肾;2—输尿管;3—膀胱;4—睾丸;5—附睾;6—精索;
7—腹股沟管;8—输精管;9—前列腺;10—尿道海绵体;11—阴茎退缩肌;
12—阴茎海绵体;13—阴茎龟头;14—龟头球;15—阴茎骨;16—包皮憩室;17—包皮;18—直肠。

图4-31 公犬的泌尿器官和生殖器官

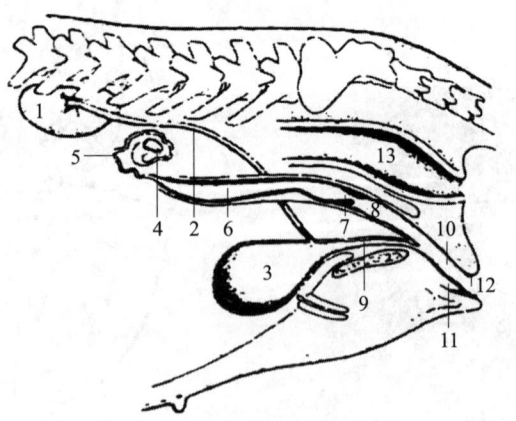

1—右肾;2—输尿管;3—膀胱;4—卵巢;
5—输卵管;6—子宫角;7—子宫颈;8—阴道;
9—尿道;10—阴道前庭;11—阴蒂;12—阴门;13—直肠。

图4-32 母犬的泌尿器官和生殖器

1. 肾

肾较大，蚕豆形，红褐色。右肾位于前3个腰椎腹侧，左肾靠后，位于第4腰椎腹侧。两肾的位置不在一个水平面，右肾靠前，比较固定（图4-33）。犬肾与马肾结构相似，表面光滑，属于平滑单乳头肾。营养良好的犬类肾脏由肾周脂肪囊包裹。肾的内侧缘凹陷称肾门，是输尿管、血液、淋巴管和神经出入肾脏的部位。

2. 输尿管、膀胱和尿道

输尿管为一般肌性管道。犬的输尿管从肾门腹侧向后移行至膀胱，可分为腹腔部和盆腔部。犬的膀胱容积大，其大小和位置因贮尿量而不同，当充盈时膀胱颈在耻骨前缘处，而膀胱体移位于腹腔；若充盈充分，其顶部可伸至脐部。当膀胱空虚或缩小时，则全部退入骨盆腔内。尿道参见生殖系统。

4-2 母犬膀胱结石形成（动画）

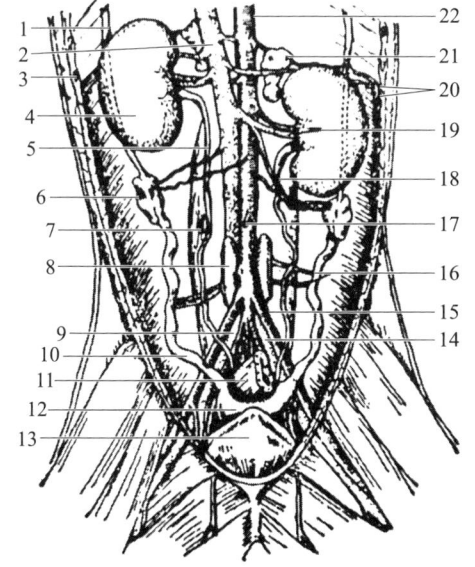

1—子宫悬韧带；2—后腔静脉；3—第13肋；4—右肾；5—输尿管；6—卵巢；7—腰大肌；8—髂内淋巴结；9—髂总静脉；10—子宫角；11—直肠；12—子宫体；13—膀胱；14—荐中动脉；15—髂外动脉；16—旋髂深动脉、静脉；17—肠系膜后动脉；18—子宫卵巢动脉、静脉；19—左肾动脉、静脉；20—左膈腹动脉、静脉；21—肾上腺；22—腹主动脉。

图4-33 母犬泌尿生殖器官

（四）生殖系统

1. 公犬的生殖器官（图4-31）

（1）睾丸 犬的睾丸较小，位于阴囊内，左右各一，呈椭圆形，是产生精子和雄性激素的器官。在繁殖期，睾丸膨大，富有弹性，功能旺盛，能产生大量的精子。在乏情期，睾丸体积缩小、变硬，不具备繁殖能力。雄性激素的作用是促进生殖器官的发育、成熟，维持正常的生殖活动。缺乏雄性激素将导致生殖器官发育不良，丧失繁殖能力。

（2）附睾　犬的附睾较大，紧密附着于睾丸外侧面的背侧方。精索及鞘膜都很长，斜行于阴茎的两侧。鞘膜上端有时闭锁，所以无鞘膜环的构造。输精管膨大部较细。去势时切开阴囊后，必须切断阴囊韧带，才能摘除睾丸和附睾。

（3）输精管和精索　输精管是输送精子的管道。由附睾管直接延续而成，附睾尾沿附睾体至附睾头附近，进入精索后缘内侧的输精管褶中，经腹股沟管入腹腔，然后折向后上方进入骨盆腔，在膀胱背侧的尿生殖褶内继续向后延伸，开口于尿生殖道起始部背侧壁的精阜上。犬的输精管在尿生殖褶内形成不明显的壶腹，其黏膜内有腺体分布，又称输精管腺部。精索是一个扁平的圆锥形结构，其基部附着于睾丸和附睾，上端达鞘膜管内环，由神经、血管、淋巴管、平滑肌束和输精管等组成，外表有固有鞘膜。

（4）尿生殖道　尿液和精液排出的共同通道。犬的尿生殖道骨盆部比较长，前部包藏在前列腺内（可因前列腺肥大而影响排尿）。坐骨弓外的尿道特别发达，呈球形，称尿道球或阴茎球，这是由于该部尿道海绵体特别发达。

（5）副性腺　犬只有前列腺，没有精囊腺和尿道球腺。前列腺位于耻骨前缘，十分发达，呈黄色坚实球形，老龄犬常增大。前列腺的分泌物具有营养精子和增强精子活力的作用。

（6）阴茎　阴茎是雄性动物的交配器官，附着于两侧的坐骨结节，经左、右股部之间向前延伸至脐部皮下，可分阴茎根、阴茎体和阴茎头3部分。犬的阴茎有2种特殊构造，就是阴茎骨和龟头球。在阴茎后部有2个很清楚的海绵体，正中由阴茎中膈分开。中膈的前方有一块骨，称阴茎骨，大型犬骨的长度10cm以上。阴茎骨后端膨大，伸达阴茎体前部，前端变细，形成纤维软骨突。阴茎头球由尿道海绵体扩大而成，充血后形成球形，可延长交配时间。

（7）包皮　犬的包皮在阴茎的前部围绕成一个完整的环套，最外层即普通皮肤，内层薄，稍呈红色，缺腺体。包皮阴茎层紧密附着于龟头突，内部含有多数淋巴结，包皮腔底部的结比较大，常凸出于包皮腔内。

（8）阴囊　阴囊为腹壁形成的袋状囊，内有睾丸、及部分精索。犬的阴囊位于两股间的后部，常有色素并生有细毛，阴囊缝不甚明显。

4-3　公犬尿道结石（动画）

2. 母犬的生殖器官（图 4-34）

（1）卵巢　位于第 3 或第 4 腰椎的腹侧，较小，呈长卵圆形，稍扁平，是产生卵子和雌性激素的器官。性成熟后的母犬，每到发情季节，卵巢表面多个卵泡突起，隆凸不平，将成熟卵泡排出，具有繁殖能力。

（2）输卵管　细小，是输送卵子和受精的管道，长 5～8cm，大部分位于卵巢囊内，输卵管腹腔口大，子宫口小。

（3）子宫　是胎儿发育的场所。犬的子宫属于双角子宫，子宫角细长而直，左右分开呈"V"字形；子宫体短小，2～3cm；子宫颈很短，与子宫体分界不清，1.5～2cm。有 1/2 凸入阴道，形成子宫阴道部（图 4-35）。

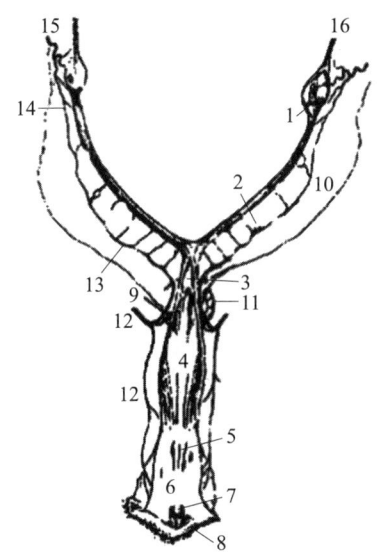

1—右卵巢；2—右子宫；3—子宫颈；4—阴道；
5—尿道外口；6—阴道前庭；7—阴蒂；
8—阴唇；9—背侧褶；10—子宫阔韧带；
11—膀胱；12—阴道动脉；
13—子宫动脉；14—卵巢动脉子宫支；
15—卵巢动脉；16—卵巢系膜。

图 4-34　母犬的生殖器官及其血管分布

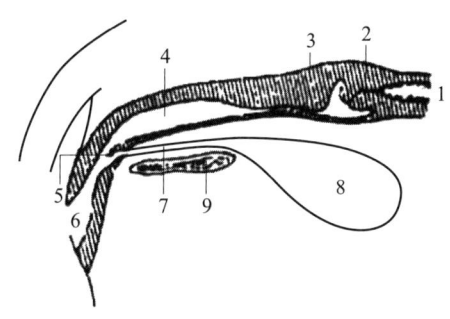

1—子宫；2—子宫颈；3—背侧褶；
4—阴道；5—尿道外口；6—阴道前庭；
7—尿道；8—膀胱；9—骨盆联合。

图 4-35　母犬子宫、阴道和尿生殖前庭

（4）阴道　是交配器官和胎儿产出的通道。犬的阴道比较长，环形肌发达。背侧是直肠，腹侧与膀胱、尿道相邻。阴道的结构有 2 层：一层是纵向肌纤维层，一层是环向肌纤维层，其黏膜多褶富有弹性，但无腺体（图 4-35）。

（5）阴门　为外生殖器官，包括阴唇和阴蒂。在发情期呈规律性变化，是识别发情与否的重要标志。

雌犬8月龄成熟，一般每年发情2次，属季节性单次发情动物。多在春秋两季发情，持续时间一般为12～14d。妊娠期59～65d。

（五）心血管系统

1. 心脏

犬的心脏呈卵圆形，中等体型犬的心脏质量170～200g，约占体重的1%，一般猎犬心脏比较大；而运动少、又富有脂肪的犬，其心重仅为体重的0.5%。心脏位于胸腔纵隔内，夹于左、右两肺之间，略偏左侧。心底朝向前上方，正对胸前口，在第3肋下部。心尖钝圆，朝向腹后方的左侧，在第6肋间隙或第7肋软骨处，与膈的胸骨部相接触。心腔的右房室瓣由2个大尖瓣和3～4个小尖瓣构成，左房室瓣由2个大尖瓣和4～5个小尖瓣构成。心包纤维层与膈相连，形成膈心包韧带（图4-36、图4-37）。

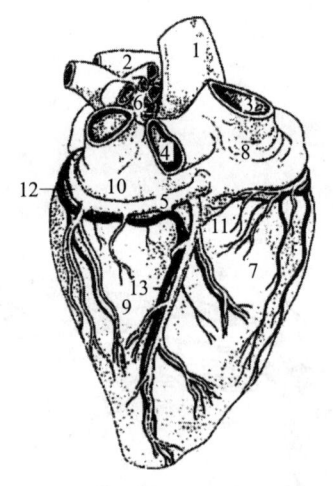
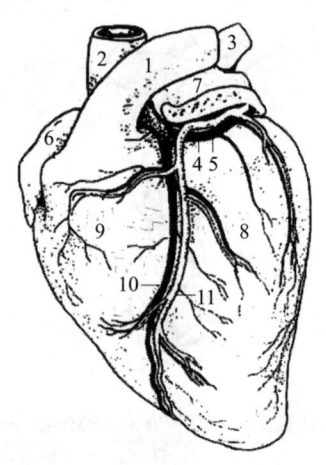

1—主动脉；2—肺动脉；3—前腔静脉；
4—后腔静脉；5—冠状静脉窦；
6—肺静脉；7—右心室；8—右心房；
9—左心室；10—左心房；11—心中静脉；
12—左冠状动脉的回旋支；
13—冠状动脉的右纵沟支。

图4-36 犬的心脏（右侧观）

1—肺动脉；2—主动脉；3—肺动脉；
4—冠状动脉的回旋支；5—心大静脉；
6—右心耳；7—左心耳；8—左心室；
9—右心室；10—冠状动脉的左纵沟支；
11—心大静脉的左纵沟支。

图4-37 犬的心脏（左侧观）

心脏的外面包了2层很薄而又光滑的膜，称作心包膜。2层心包膜之间有一空隙，称之为心包腔，其中含有少量淡黄色至透明的液体，称为心包液。心包液在心脏跳动时起着滑润的作用，可以减少摩擦和阻力。心包膜在心脏的外围，有保护心脏不致过度扩张的功能。

犬心脏不停地收缩、舒张，形成了有节奏有规律的搏动，人们把这种搏动的规律称作心律；而把心脏的每一次收缩，加上相应的一次舒张所经历的时间，称为一个心动周期。心率是指每分钟的心跳次数。犬心率平均为每分钟120次左右（80~140次），但有时在某些药物或神经、体液因素的影响下，会使心率发生加快或减慢的变化。

心音是在心动周期中，心肌收缩，瓣膜启闭，血液流动对心血管壁的机械性振动而发生的声音。它可通过周围组织传递到胸壁，如将听诊器放在胸壁某些部位，就可以听到。

2. 血管

（1）动脉 由左心室主动脉口发出升主动脉，向后弯曲延续为主动脉弓和降主动脉，后者又按部分为胸主动脉和腹主动脉。升主动脉分出左、右冠状动脉，分布于心脏。

主动脉弓先分出臂头干，然后分出左锁骨下动脉。臂头干分出左、右颈总动脉后延续为右锁骨下动脉。左、右锁骨下动脉在胸腔内分出椎动脉、肋颈干、胸廓内动脉和肩颈动脉，出胸腔后延续为腋动脉。

颈总动脉伸达寰枕关节处分支为颈内动脉和颈外动脉。

胸主动脉支似牛，壁支为肋间背侧动脉，脏支为支气管动脉和食管动脉。腹主动脉脏支似牛，分为腹腔动脉、肠系膜前动脉、肾动脉、睾丸动脉或者卵巢动脉、肠系膜后动脉5支；壁支除腰动脉、膈后动脉外，尚有旋髂深动脉。

髂外动脉及延续干为后肢动脉的主干，其名称似牛依次为股动脉、腘动脉、胫前动脉、足背动脉、趾背侧动脉。其中有比牛相对粗大的隐动脉，并分为前支和后支。

髂内动脉及延续干为盆腔动脉主干，分出脐动脉、臀前动脉后延续为阴部内动脉。而髂腰动脉、臀后动脉、会阴背侧动脉皆为臀前动脉发出的分支。

（2）静脉 犬的静脉和牛也相似，分为心静脉、前腔静脉、后腔静脉和奇静脉。

心静脉与牛的相近。奇静脉为右奇静脉。前腔静脉由左、右臂头静脉汇合而成，臂头静脉由锁骨下静脉和颈静脉汇合而成。锁骨下静脉为前肢静脉的主干、前肢的浅静脉为头静脉和副头静脉，均较粗，临床上常常将此作为静脉注射的部位。犬的颈静脉有粗的颈外静脉和较细的颈内静脉2条，两者先合并后注入臂头静脉。后腔静脉也似牛，由左、右髂总静脉汇合而成，髂总静脉的属支为髂内静脉和髂外静脉。髂外静脉为后肢静脉主干，后肢浅静脉有隐内侧静脉和隐外侧静脉，其中隐外侧静脉粗大，由跖背侧静脉和跖底外侧静脉汇合而成，临床上常在此处进行静脉注射。

犬的正常生理值为体温 37.5~39.5℃，心率 80~120 次/min。

正常条件下，同种犬的动脉血压相当稳定（表4-1），但常因品种、年龄、性别及其他生理情况而不断改变。一般来说，幼龄期动脉血压比较低，随年龄增长血压逐渐增高，公犬比母犬略高，剧烈活动血压暂时升高等。

表 4-1 犬动脉血压平均值

部位	收缩压/mmHg	舒张压/mmHg
颈动脉	140	120
股动脉	120	100

（六）淋巴系统

犬的淋巴管及淋巴结见图 4-38。

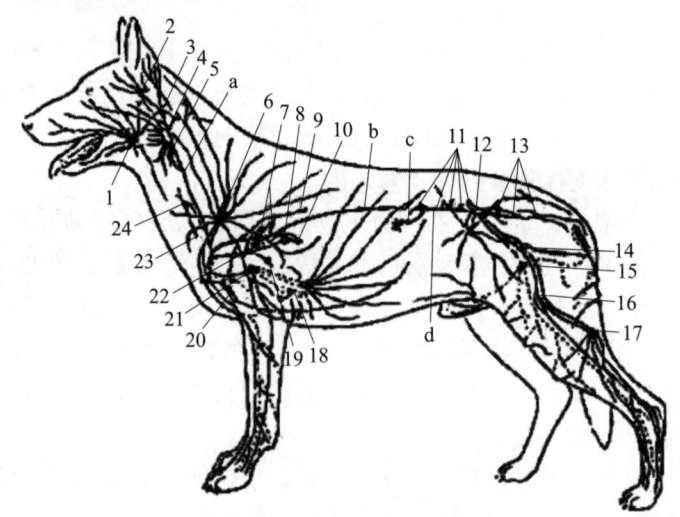

1—下颌淋巴结；2—腮腺淋巴结；3—咽后外侧淋巴结；
4—咽后内侧淋巴结；5—颈深前淋巴结；6—颈浅淋巴结；
7—纵隔前淋巴结；8—气管支气管左淋巴结；9—肋间淋巴结；
10—气管支气管中淋巴结；11—主动脉腰淋巴结；12—髂内侧淋巴结；
13—荐淋巴结；14—髂股淋巴结；15—腹股沟浅淋巴结（阴囊淋巴结，乳房淋巴结）；
16—股淋巴结；17—腘浅淋巴结；18—腋副淋巴结；19—纵隔前淋巴结；20—胸骨前淋巴结；
21—固有腋淋巴结；22—纵隔前淋巴结；23—颈深后淋巴结；24—颈深前淋巴结；
a—颈干（气管干）；b—胸导管；c—内脏干；d—腰干。

图 4-38 犬的淋巴管及淋巴结示意图

1. 淋巴管

（1）右淋巴导管细，与右颈内静脉伴行，注入右臂头静脉。

（2）胸导管起始部的乳糜池大，呈纺锤形，位于第1腰椎和最后胸椎腹侧、腹主动脉与右膈脚之间。胸导管前端常分为 2 支，合并处膨大，由左气管干和左前肢的淋巴管汇注该处。

2. 淋巴中心和淋巴结

犬全身淋巴中心和各淋巴结特点如下。

（1）腮腺淋巴中心　只有腮腺淋巴结，常有 2~3 个，长约 1.0cm。位置似牛。

（2）下颌淋巴中心　只有下颌淋巴结，位于下颌角腹侧皮下。

（3）咽后淋巴中心　只有咽后内侧淋巴结，常有一个较大（5cm）淋巴结，位置似牛。

（4）颈浅淋巴中心　只有颈浅淋巴结，一般 1~3 个，长约 2.5cm。

（5）颈深淋巴中心　只有颈深淋巴结，为 1 个小（1.0cm）的淋巴结。

（6）腋淋巴中心　有腋淋巴结和腋副淋巴结。腋淋巴结常为 1 个，少数 2 个，约 2.0cm 长，位于大圆肌下端内侧的脂肪内。犬缺第 1 肋腋淋巴结和冈下肌淋巴结。

（7）胸背侧淋巴中心　只有肋间淋巴结，位于第 5 或第 6 肋间的小淋巴结，缺胸主动脉淋巴结。

（8）胸腹侧淋巴中心　只有胸骨淋巴结，位于心前纵隔内，左侧 1~6 个，右侧 2~3 个，均为直径约 1cm 的小淋巴结。缺纵隔中、后淋巴结和项淋巴结。

（9）纵隔淋巴中心　只有纵隔前淋巴结，位于心前纵隔内，有 2~6 个，在气管、食管和血管的腹侧及内侧。输入管来自肩带部、胸壁、食管、气管、心和大血管以及支气管淋巴结。输出管走向胸导管、右淋巴导管或气管淋巴干。

（10）支气管淋巴中心　有气管支气管左、中、右淋巴结，其中气管支气管中淋巴结发达，呈 "V" 字形。犬缺气管支气管前淋巴结和肺淋巴结。

（11）腰淋巴中心　有主动脉腰淋巴结和肾淋巴结。犬缺固有腰淋巴结和膈腹淋巴结。主动脉腰淋巴结体积小，数目多，位置与牛相似。

（12）腹腔淋巴中心　有腹腔淋巴结、脾淋巴结、胃淋巴结、肝淋巴结、胰十二指肠淋巴结。腹腔淋巴结 2~7 个，位于腹腔动脉起始处附近。脾淋巴结大小不等，数目不定，沿脾动、静脉分布。犬是单室胃，胃淋巴结位于胃小弯处。肝淋巴结 1~2 个，位于肝门附近。胰十二指肠淋巴结分布于胰腹侧，十二指肠系膜中。

（13）肠系膜前淋巴中心　有肠系膜前淋巴结、空肠淋巴结、结肠淋巴结。肠系膜淋巴结位于肠系膜前动脉根部。空肠淋巴结是位于空肠系膜根部附近、空肠动静脉沿途的一些淋巴结。结肠淋巴结有 5~8 个，分布于升结肠、横结肠、降结肠沿途的结肠系膜内。

（14）肠系膜后淋巴中心　只有位于肠系膜后动脉根部的 2~5 个淋巴结。

（15）髂荐淋巴中心　有髂内淋巴结、腹下淋巴结。髂内淋巴结位于髂外动脉分叉处附近，其中位于两髂内动脉夹角处的又称荐淋巴结。腹下淋巴结为髂内动脉侧支处的一些小淋巴结。

（16）髂股淋巴中心　有髂股淋巴结和股淋巴结。髂股淋巴结位于股深动脉的起始部。股淋巴结位于股骨近端。

（17）腹股沟股淋巴中心　有腹股沟浅淋巴结和髂下淋巴结。腹股沟浅淋巴结在公犬称阴囊淋巴结，位于阴茎背外侧；母犬为乳房淋巴结，常为 2 个，有时 3~4 个，位于耻骨前缘乳房外侧。

（18）腘淋巴中心　只有 1 个腘浅淋巴结，长 0.5~5cm。

3. 骨髓

红骨髓是肉食动物形成各类淋巴细胞、巨噬细胞和各种血细胞的场所。淋巴细胞在骨髓内即可分化、成熟为 B 细胞，然后进入血液和淋巴，参与机体的免疫反应。

4. 脾

脾是最大的外周免疫器官，犬的脾为狭长的镰刀形，深色红质软，质量约为 50g。上端稍窄而弯曲，与最后肋骨椎骨和第 1 腰椎横突腹侧相对，在胃左侧与左肾之间。下端较粗大，向下延伸，可达肋弓以下，甚至到右侧肋软骨内侧。壁面凸，与左腹壁相贴；脏面凹，近中央处有一条沟，是神经、血管出入之处，称脾门。脾有造血、藏血、调节血量、参与识别和清除衰老死亡的红细胞等功能。

脾实质由红髓和白髓构成，具有造血和血液过滤功能，也是淋巴细胞迁移和接受抗原刺激后发生免疫应答、产生免疫效应分子的重要场所。脾脏由脾动脉供血，是腹腔动脉最大的分支。

5. 胸腺

胸腺是形成成熟 T 细胞的中枢淋巴器官，犬的胸腺小，几乎全部位于胸前纵隔内，呈红色或粉红色，质地柔软。出生 2 周内逐渐增大，以后 2~3 月间萎缩很快，2~3 岁时仅留残余，老龄时仍有少量活性腺组织。

胸腺是犬的重要淋巴器官。其功能与免疫紧密相关，分泌胸腺激素及激素类物质，具内分泌功能。

项目二　认知猫解剖生理特点

> **知识目标**

1. 掌握猫各系统的组成和生理功能。
2. 掌握猫主要器官的形态、位置、构造和功能。
3. 掌握猫的主要生理指数。

> **能力目标**

1. 能在活体上识别在选育和诊断治疗中常用的骨性和肌性标志。
2. 能在活体上确认识猫主要器官的体表投影位置。
3. 能在显微镜下正确识别猫主要器官的组织结构。
4. 能进行猫解剖技术，能在尸体或标本上正确阐明各系统主要器官的位置、形态、构造和功能。
5. 能够准确测定猫的生理常数（心音、胃肠蠕动音；脉搏检查；呼吸、心率和体温测定）。

> **素质目标**

以猫的起源与进化历史为引导，帮助学生深入理解人与自然和谐共生的自然规律，树立生态中国理念，促使动物保护观念深入人心。

工作项目

工作项目	猫剖腹产手术
前导知识	近年来，随着家庭饲养的宠物猫不断增多，因各种原因导致猫难产的病例逐年增多，猫难产在兽医临床中成为常见病和多发病。在动物门诊中实施猫剖腹产手术也越来越多。猫剖腹产手术是猫发生分娩困难时切开腹壁和子宫壁取出胎儿的手术，是治疗猫难产的主要方法之一，是动物临床常见手术之一，其作用越来越受到广大兽医工作者的重视。
工作要求	（1）将填写任务工单一的空缺部分作为本项目学习的载体之一，积极探索、深度思考，助力高质量完成任务工单二，为未来临床开展猫剖腹产手术打下基础。 （2）将任务工单一填写的答案拍照上传本章节的学习平台，作为平时成绩的组成部分。

学习任务

任务工单一

学习任务	完善猫剖腹产手术方案		
任务描述	在识别皮肤、皮下脂肪、腹白线、子宫的位置、形状、构造等基础上，查阅资料，完成猫剖腹产手术方案的制定。		
学习任务	序号	操作要领	操作方法
猫剖腹产手术	1	术前准备	（1）麻醉　麻醉是剖腹产手术中非常重要的一步，一般做吸入麻醉，这样会比较安全。此外在手术之前需要禁食6h左右，禁水2h左右。 （2）剃毛消毒　手术之前，需要对术部进行剃毛消毒。 （3）监护　时刻监视猫咪的各项生理指标，其中包括体温、心率、血氧、血压、呼吸速率等。

续表

学习任务	序号	操作要领	操作方法
猫剖腹产手术	2	手术过程	（1）手术切口　一般选择腹部正中＿＿＿线切口，出血少，易于拉出子宫角，术后愈合较好。在耻骨前缘约2cm的腹壁正中皮肤上，向前做一长4～6cm的纵向切口。腹壁切口长度的选择，因患猫个体差异较大，要灵活掌握，如果切口过小，不利于牵拉和子宫暴露；如果切口过大，容易导致腹腔肠管脱出。 （2）打开腹腔　首先用手术刀一次性切开皮肤、脂肪和腹壁肌肉，向两侧分离，充分止血，然后用镊子提起＿＿膜，轻轻剪开腹膜，打开腹腔。 （3）托出子宫　打开腹腔后，用食指和中指深入腹腔和骨盆进行探查，当触摸到子宫后，小心地将怀孕一侧的子宫＿＿＿（颈、体、角）缓慢的拉出切口外，周围用大块浸蘸生理盐水的无菌纱布填塞。 （4）切开子宫　托出子宫后，在最靠近胎儿的子宫角大弯少血管处纵向一次切开子宫全层，切口长度为3～5cm，一般要以能够取出胎儿的长度为宜，这样有利于取出两侧子宫角的胎儿。切开子宫后，要将子宫壁切口充分结扎止血。在操作子宫切口时，要考虑便于子宫切口缝合，并且不影响下一次的妊娠和分娩。 （5）取出胎儿　切开子宫后，要仔细分离切口附近的胎膜，小心切开胎膜，让胎水经胎膜切口外流，然后经子宫切口用手指深入宫内，握住胎儿的某一部位，缓慢拉出胎儿。取出胎儿后，迅速用消毒纱布清理胎儿鼻腔和口腔内的黏液，使之呼吸，随后结扎剪断脐带，用碘伏消毒，助手擦干胎儿全身黏液。然后继续取出靠近子宫切口的胎儿，最后推压子宫，依次取出宫内的全部胎儿。取出全部胎儿后，一定要检查两侧子宫角内有无残留的胎水、血液和胎衣等等，然后用生理盐水冲洗残留物，直至排除干净，然后向子宫内撒上抗生素，如青霉素粉等。

续表

学习任务	序号	操作要领	操作方法
猫剖腹产手术	2	手术过程	（6）缝合子宫　取出胎儿后，先用生理盐水清洗子宫切口血迹，再用灭菌纱布拭净切口，对齐两侧创缘，采用连续螺旋式方法全层缝合子宫切口，取出创腔内的填充纱布，再用垂直内翻缝合子宫浆膜和肌层，最后用生理盐水充分清洗子宫外的血迹，将子宫放入腹腔内，回归原位。把腹腔中的血液清理干净后，缝合腹膜、肌肉、皮肤，两端对齐创口皮肤后，在切口涂抹碘伏、结扎绷带，防止创口污染。
任务要求			答案填写完成后，将此任务工单拍照上传学习平台。

任务工单二

任务名称	猫生殖系统的观察识别
任务描述	利用猫生殖系统的新鲜器官、浸渍标本、组织切片等资源，识别猫生殖系统的位置、结构和功用。
操作步骤	（1）生殖系统大体结构的观察识别 ①雄性生殖器官 阴囊：包在睾丸和附睾的外面。 睾丸：位于阴囊内、近似于垂直，椭圆形，睾丸头、睾丸尾、游离缘、附睾缘。 附睾：附睾头、附睾尾。 精索：位于腹股沟管内，扁平圆锥形。 输精管：起于附睾尾，组成精索后部。 尿生殖道：分为骨盆部和阴茎部。 阴茎：起于坐骨结节腹侧，分为阴茎根、阴茎体和阴茎头。 ②雌性生殖器官 卵巢：由卵巢系膜悬挂于腹腔中、周围包被着卵巢囊，形态和位置因年龄和生理时期而异。 输卵管：位于卵巢和子宫之间，分为输卵管漏斗部、壶腹部和狭部。

操作步骤	子宫：位于腰下部和骨盆腔内，绵羊角状，分为子宫角、子宫体和子宫颈。 阴道：位于直肠腹侧。 尿生殖前庭：位于阴道后方，阴瓣、尿道外口的开口。 阴门：位于肛门腹侧，阴唇、阴蒂窝、阴蒂。 （2）生殖系统主要器官的组织结构观察识别 ①睾丸的组织结构观察识别 低倍物镜观察睾丸的结构：被膜、睾丸纵隔和睾丸小隔、曲精小管。 高倍物镜观察睾丸的结构：曲精小管、间质细胞、直精小管和睾丸网。 ②卵巢的组织结构观察识别 低倍物镜观察卵巢的结构：被膜、皮质、髓质。 高倍物镜观察卵巢的结构：原始卵泡、生长卵泡、成熟卵泡（或近于成熟的卵泡）、闭锁卵泡。

必备知识

一、猫运动系统与被皮系统

（一）骨骼

猫的全身骨骼与其他哺乳动物一样，由头骨、躯干骨、前肢骨和后肢骨组成，共230~247块（图4-39）。

1. 头骨

头骨由颅骨和面骨组成。猫的颅顶圆突，两侧颧弓间距很宽，眼眶很大，使猫具有所有肉食动物所具有的高度发达的双目视觉。颅腔和额窦腔比较明显，相对较大。下颌骨也比较强大，咬肌窝与翼肌窝明显。头骨与颈椎连接灵活，活动范围较其他动物大。

2. 躯干骨

躯干骨包括脊柱、肋、胸骨。脊柱有7块颈椎，其中寰椎的寰椎翼宽大，前有翼切迹；枢椎较长，椎体的前端形成一尖锥，形如三角，称作牙状突。胸椎13块。腰椎7块，椎体发达。荐骨由3枚荐椎愈合而成，形似短宽的方形。尾椎有21~23块（不同品种有较大变异），由前向后逐渐变小，失去了椎体的基本特征。

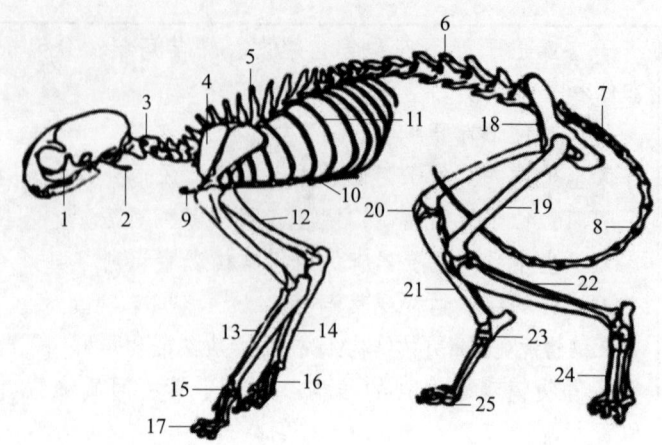

1—头骨；2—舌骨；3—颈骨；4—肩胛骨；5—胸椎；6—腰椎；7—荐椎；
8—尾椎；9—锁骨；10—胸骨；11—肋；12—臂骨；13—桡骨；14—尺骨；
15—腕骨；16—掌骨；17—指骨；18—髋骨；19—股骨；20—膝骨；
21—胫骨；22—腓骨；23—跗骨；24—跖骨；25—趾骨。

图4-39 猫全身骨骼

肋有13对，包括上部的肋骨和下部的肋软骨，肋骨窄而弯曲，肋间隙比牛的宽，前9对肋骨与胸骨相连称为真肋，3对假肋，最后一对为浮肋。胸椎、肋骨、肋软骨和胸骨围成胸廓。猫胸廓狭小，但弹性较大。

3. 前肢骨

前肢骨由肩胛骨、锁骨、肱骨、前臂骨（桡骨、尺骨）、腕骨、掌骨、指骨和籽骨组成。其中肩胛骨较小，为三角形扇骨，肩峰明显。锁骨小，为一弧形骨棒，埋于臂头肌腱内。

肱骨粗长，无滑车上孔，而具有保上孔，是肱动脉和正中神经的通路。桡骨发达，尺骨是一细长的骨，两骨斜行交叉。腕骨7块，粗而长。掌骨与人相似，有5块，其中第1掌骨较短小，第3、第4掌骨最发达。指骨除第1指仅有2块短小的指节骨，其余4指均有3块指节骨，末节骨有尖而弯曲呈鸟嘴状的突起，为爪的支架。

4. 后肢骨

猫的后肢较长，由髋骨、股骨、膝盖骨、小腿骨、跗骨、跖骨和趾骨组成。跗骨7块。跖骨5块，与掌骨相似。有4趾，每趾有3节。

5. 猫的骨骼特点

骨骼特点主要为头部关节灵活，活动幅度大，头可向左右敏捷地旋转180°。脊柱弯曲度大，各关节活动性大而灵活，能迅速屈曲和伸直前肢骨和后肢骨，关节屈曲大，所以在强健肌肉的收缩下，能迅速起跳、奔跑，其冲刺速度达 50km/h，弹跳高度达体长的 5 倍，跳跃距离远，可达 2m 以上，以适应捕鼠的需求，猫有条长尾，跳跃、奔跑时摆动灵活，协调姿势。猫胸廓弹性好，碰撞时不易受伤，但胸廓狭窄，胸腔内心、肺较小，所以猫不及犬耐疲劳，当剧烈运动后，需要较长时间休息恢复体力。

猫的每只脚掌下有很厚的肉垫，因此猫行步时无声无息，从高空跳下踏地时起者极好的缓冲作用。每个脚趾上长有锋利的三角形尖爪，尖爪平时行步时收缩在内，而在攀岩、抓取猎物时伸出，能抓住树干表面、墙壁凹凸缝隙快速登高或爬下，当获取猎物时，利爪能迅速刺入猎物的皮肤，牢牢地抓住猎物，同时利爪是争斗的武器，能抓撕敌人从而保护自己。猫爪生长较快，为保持爪的锋利，防止爪过长影响行走和刺伤肉垫，常进行磨爪。猫的前肢腕关节灵活。猫的骨骼与其功能密切相关。

（二）肌肉

猫的皮肌发达，几乎覆盖全身。全身肌肉共 500 多块，收缩力很强，尤其是后肢和颈部肌肉（图 4-40）。所以猫行动快速，灵活敏捷。

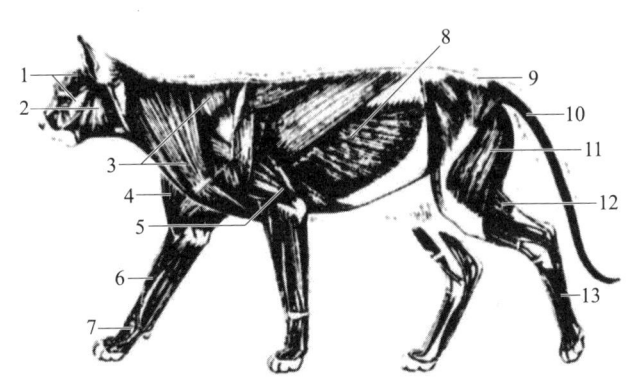

1—面肌；2—咀嚼肌和下颌肌；3—肩带肌；4—肩关节肌；
5—肘关节肌；6—腕关节肌和指长肌；7—指短肌；8—腹部肌；
9—臀肌；10—尾肌；11—股二头肌；12—跗关节和趾关节肌；13—趾短肌。

图 4-40 猫的全身浅层肌肉

1. 前臂和胸部的肌肉特征

胸前壁肌构成胸肌群最浅的扁平肌，较小，起于胸骨柄的外侧面，止于肱骨远端。胸大肌分为浅层与深层，变化较大，有时可分三四个部分，因为它们有相同的起点、终点和几乎平行的纤维，所以实际上是一块肌肉。起于胸骨腹侧中线，止于臂二头肌和臂肌之间。胸小肌是大块扁平的扇状肌，比胸大肌略厚，起于胸骨体最前面的侧半部或剑突，止于肱骨的正中央或胸大肌终点的下面，与胸大肌一起插入肱肌与肱二头肌之间，分为头部与尾部，它们的肌纤维以薄腱止于终点。剑肱肌是一块窄长而薄的肌肉，可以认为是胸小肌的一部分，起于胸骨剑突的中缝或腹直肌中线的角上，以长腱止于肱骨，恰好在胸小肌终点的内侧面，被胸大肌的终点覆盖。

2. 胸壁肌的特征

肋横肌是一小块薄的扁平肌，贴于胸前部的侧面，覆盖腹直肌的前端，极易与腹直肌前端的薄腱相混，起于第 3~6 肋之间胸骨侧面的腱上，止于第 1 肋及其肋软骨的外侧部。肋提肌是一系列的小块肌肉，其延续部分与肋间外肌相接，起于胸椎横突，止于紧接起点后部的肋骨角。胸横肌相当于腹横肌的胸部，由 5 个或 6 个扁平的肌纤维束组成，位于胸壁的内表面，起于胸骨背面的外侧缘，对着第 3~8 肋的肋软骨附着点，止于肋软骨。膈的中央由腱所组成，此腱薄而不规则，呈新月状，称半月腱。腱腹面有一大孔，即后腔静脉裂孔。从中央腱到体壁为放射状的肌纤维，称为肌部。膈脚分左、右 2 个，右膈脚较大。

（三）被皮

猫的皮肤和被毛不仅使猫美观漂亮，对机体还有十分重要的生理作用。皮肤和被毛是猫的一道坚固的屏障，保护机体免受有害因素的损伤。猫的被毛稠密，可分为针毛和绒毛 2 种。在寒冷的冬天，具有良好的保温性能；在夏天，又是一个大散热器，起到降低体温的作用。

皮肤的皮下层发达使皮肤移动性大。被毛因品种不同而呈现不同的颜色，尽管毛色千差万别，一般可分为 8 个色系，即单色系（无杂色斑的白色、蓝色、黑色、红色和淡金黄色）、斑纹色系（斑纹底色中央有红色和黄色斑的毛色）、点缀式斑纹色系、混合毛色系（体毛由几种颜色混合而成）、浸渍毛色系（体毛尖和底色不同）、烟色系（体毛尖毛色深）、复式毛色系和斑点色系。猫的皮脂腺发达，其分泌物能润泽皮肤，使被毛变得光亮。猫汗腺不发达，只分布于鼻尖和脚垫。猫散热主要通过皮肤辐射散热和呼吸散热。因此，猫既喜暖，又怕热。

皮肤感受器发达。猫的皮肤内有椭圆形环层小体，能感受到人类既看不到又听不到的小鼠活动而引起的微小振动。

猫的胡须不是只分布在嘴巴周围，眼睛上的眉毛、脸颊上的毛，以及前脚内侧的触毛都可以称为胡须。胡须与丰富的感觉神经末梢相连，胡须不但能测出物体、空间大小，而且能根据空气振动、风向及大气压变化，察知物体大小，所以胡须受损则感觉功能大大降低，胡须千万不能修剪，当胡须损伤时，应将其拔除，让其重新长出新胡须。

猫四肢足部枕部发达，缓冲消音效果好，前肢有5个爪，后肢有4个爪，呈长钩状，很锋利，能随意伸缩，平时缩在趾球套中，攻击或攀援时立即伸出，经常用爪抓挠木板等，将爪磨得更加锋利。

二、猫内脏系统

（一）消化系统

猫的消化系统由消化道和消化腺两大部分组成（图4-41）。消化道包括口腔、咽、食管、胃、小肠、大肠和肛门。消化腺包括5对唾液腺（耳下腺、颌下腺、舌下腺、臼齿腺、眶下腺）、肝脏、胰腺、胃腺、肠腺。

1. 口腔

口腔较窄，上唇中央有一条深沟直至鼻中隔，沟内有一系带连着上颌。下唇中央也有一系带连着下颌。上唇两侧有长的触毛，是猫特殊的感觉器官，两侧共有16～20根，伸展总宽度恰与身体宽度接近，用以感知事物，干扰猎物的视觉。

猫舌头薄而灵活，表面很粗糙，因为猫舌头表面由黏膜覆盖，其表面黏膜隆起，形成很多独特的乳头状突，而这些乳头状突都具有其特殊的生理功能。中间有一条纵向浅沟，舌腔面及外侧缘光滑，质地也很柔软，没有乳头。

猫舌头表面的乳头可分为3类，即丝状乳头、菌状乳头和轮廓乳头。其中舌的丝状乳头数量很多，表面被一层很硬的角质层膜覆盖着，尖端向后，呈挫齿状。这种乳头是构成猫舌头表面非常粗糙的主要因素。菌状乳头主要位于舌的两侧及后部，在舌边缘对着轮廓乳头有一行特别大的菌状乳头。轮状乳头粗短，每个乳头被一沟包围着，沟又被隆起的皱壁所环绕，集中靠近舌根，"V"字形排成2行，每行2～3个。这些乳头也是造成猫舌头表面凹凸不平、粗糙异常的原因。

猫舌头上的丝状乳头主要用来采食，似锉刀样，猫可用它舔食附在骨头上的肉。这些向后倾斜的乳突对猫也有不利之处，即凡

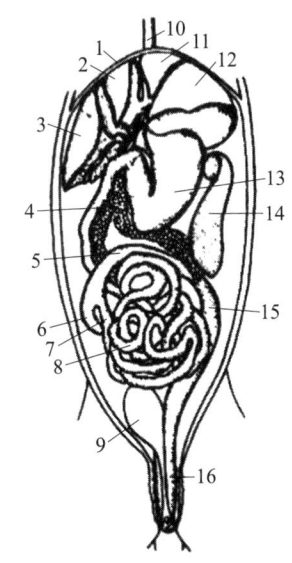

1—膈；2—肝右内叶；3—肝右外叶；4—胰；5—横结肠；6—盲肠；7—回肠；8—空肠；9—膀胱；10—食管；11—肝左内叶；12—肝左外叶；13—胃；14—脾；15—降结肠；16—直肠。

图4-41 猫的腹腔浅层器官

是进入口腔的食物只可咽下,不能返逆,因此常因误咽一些尖锐物体,如钢针、发卡、鸡骨和鱼刺等,造成胃肠内部的创伤。猫的舌头并非仅用在帮助咀嚼食物上,还能用来理毛和舔伤口,从而使被毛光泽漂亮,并可防止伤口感染。它的舌头十分长,还能弯曲形成勺状,以便于舔喝液体;还可舔除被毛上的污垢,梳理杂乱被毛,使其舒展平顺,捕捉身上的跳蚤、虱子。

猫的味觉器官是位于舌根部的味蕾和软腭、口腔壁上的味觉小体。猫不光能感知酸、苦、辣、咸味,选择适合自己口味的食物,还能品尝出水的味道,这一点是其他动物所不及的。不过,猫对甜味并不敏感。总的来说,猫的味觉还不是十分完善的。

成年猫口腔内牙齿一般为 30 颗,幼猫口腔内有乳齿 26 颗。

恒齿齿式:$2\left(\dfrac{3\ 1\ 3\ 1}{3\ 1\ 2\ 1}\right)=30$ 乳齿齿式:$2\left(\dfrac{3\ 1\ 3\ 0}{3\ 1\ 2\ 0}\right)=26$

猫齿齿冠边缘很尖锐,特别是前臼齿的齿冠上有 4 个齿尖,上颌第 2 和下颌第 1 前臼齿齿尖较大且尖锐,能把猎物的皮肉撕裂,故称为裂齿。

猫唾液腺很发达,包括耳下腺、颌下腺、舌下腺、臼齿腺、眶下腺。吃食时分泌的大量稀薄唾液,不但能湿润食物,有利于吞咽和消化,而且唾液里的溶菌酶还能杀菌、消毒、除臭,保持口腔的清洁卫生,防止极易腐败、变质的肉类危害口腔器官。

2. 食管

猫食管是一个较直的管道,位于气管的背侧,由肌层、黏膜下层和黏膜所组成。猫的食管可反向蠕动,能将囫囵吞下的大块骨头和有害物呕吐出来。

3. 胃

猫胃为单胃,呈弯曲的囊状,左端大,右端窄。位于腹前部,大部分偏向左侧,在肝和膈之后。贲门与食道相接,幽门与十二指肠相通。

猫的胃腺很发达,整个胃壁上都有胃腺分布,而猪、兔等动物的胃中约有 1/3 的胃壁上没有胃腺(无腺部)。胃腺能分泌盐酸和胃蛋白酶原。盐酸是一种强酸,具有很强的腐蚀作用,能将吃到胃里的肉、骨头等食物加工成糊状的食糜,以利于肠道对食物中的营养物质的进一步消化吸收。盐酸还能使胃蛋白酶原转变成胃蛋白酶,分解、消化蛋白质。而当食糜进入肠道后,在各种酶的作用下营养物质就被充分地分解、吸收,其余不能被机体利用的物质形成粪便排出体外。正常情况下,猫排粪均是定时定点的。其排粪次数,粪便形状、数量、气味、色泽都是很稳定的。

4. 肠

小肠包括十二指肠、空肠和回肠。大肠包括盲肠、结肠、直肠。猫小肠较短,约为 100cm,总长度是猫本身体长的 3 倍,仅为家兔小肠的一半(家兔小肠约为190cm）。猫的盲肠不发达（1.5～1.8cm），只有家兔的1/40～1/20，但肠壁较宽厚。猫的结肠长度为家兔的1/8（约13cm）。猫肠管的这种短厚的特点，具有明显的肉食动物特征。

5. 网膜

猫大网膜非常发达，质量约为35g，由十二指肠开始，沿胃延伸，经胃底而连接于大肠。猫的脾和胰脏都在大网膜上面，中间形成一个大的腔囊。大网膜上下2层的脂肪形如被套覆盖在大小肠上，后面剩余部分将小肠包裹。发达的大网膜起着固定胃、肠、脾、胰脏和保护胃肠器官的重要作用。因此猫在激烈地跳跃时，内脏能够不晃动。大网膜厚厚的脂肪层，还具有保温作用。

6. 肝

猫的肝脏很发达，位于腹腔前部、膈的后方，伸展至胃的腹面，遮盖除幽门部外的整个胃壁面。肝脏质量平均约为95.5g，占体重的3.11%。肝脏被背腹悬韧带区分为左、右2叶，左叶分为左内叶和左外叶，右叶分为右内叶和右外叶。左、右2叶之间的部分被肝门分为后上方的尾叶和前下方的方叶。猫的肝脏形成左、右2个肝管，胆囊比较发达，位于肝门腹侧，方叶和右内叶之间。

猫肝脏生理功能具有以下独有重要的特征。

（1）在肝脏糖异生过程中持续大量利用蛋白质。即使蛋白质摄入缺乏，源于氨基酸的糖异生也不减少。

（2）相对缺乏葡萄糖醛酸基转移酶，这使其代谢药物和毒素能力下降。

（3）不能合成精氨酸（肝脏尿素循环的重要部分），在长期禁食时易发高氨血症。

（4）无类固醇诱导性碱性磷酸酶同工酶（即猫使用类固醇治疗该酶活性不升高）。

（5）总胰管在进入十二指肠前与总胆管结合，这使得胰腺和胆管疾病经常并发。

7. 胰

猫的胰腺为边缘不规则、扁平的腺体，它的中部弯曲几乎成直角。胰腺可以分为2部，即胃部和十二指肠部（图4-42）。健康猫为浅粉红色，位于十二指肠"U"形弯曲之间，有大胰管和副胰管开口于十二指肠。

猫的消化与犬完全相同，消化解剖生理构造保持了肉食动物的特性，因此，在猫的饲养上，尤其是家养的名贵玩赏猫，由于捕鼠能力差或不捕鼠，所以应在饲料中添加较高比例的动物性饲料，以保持猫正常的消化生理功能和保证营养物质的需要。但应注意的是，猫缺乏唾液淀粉酶，因此不能大量消化淀粉类食物。

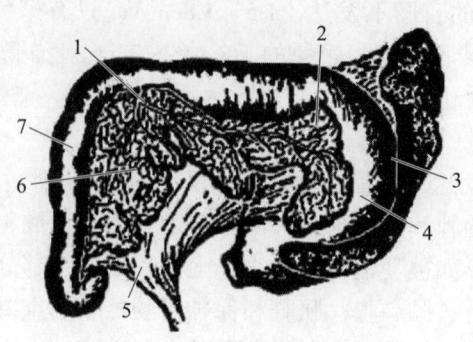

1—胰管；2—胰的胃部；3—脾；4—胃；5—十二指肠网膜；6—胰的十二指肠部；7—十二指肠。
图4-42 猫的胰和脾（食管已切除，胃转向后）

（二）呼吸系统

呼吸系统包括鼻腔、咽、喉、气管支气管和肺。

1. 鼻腔

鼻腔由中膈分成2部分，鼻中隔的前端有一条沟，将上唇分为两半。鼻内表面覆有黏膜、鼻后部由分布着嗅神经的嗅细胞所覆盖，是猫的嗅觉部。鼻腔嗅区黏膜有褶，内有2亿多嗅细胞，因此嗅觉特别灵敏，凭嗅觉可辨别食物，判断猎物、辨别主人、同类和住处等。

2. 喉

喉由甲状软骨、环状软骨和会厌软骨组成，其骨架也是发音器官。喉腔分为3部分。上部为喉的前庭，它的尾缘为假声带，空气进出时振动假声带，使猫不断发出低沉的"呼噜呼噜"像打鼾的声音。这是猫假声带震动时发出声音，俗称"猫念佛"。后一对声褶与声韧带、声带肌共同构成真正的声带，是猫的发音器官。猫声带发音轻柔、动听。

假声带和真声带之间的空腔是喉的第二部分。第三部分是声带和软骨环间的空腔，很狭窄。

3. 气管和支气管

气管和支气管是气体进出的通道，气管壁被软骨环所支撑，猫气管的第1软骨环比其他软骨环宽些，内表面衬以纤毛上皮的黏膜。

4. 肺

猫的肺分为2叶，右肺比左肺大。肺质量约为19g，不如犬那样能长时间剧烈奔跑。肺泡展开后，总面积可达7.2m^2。健康猫为胸腹式呼吸，即呼吸时胸部和腹部同时起伏，每分钟的呼吸次数为15~32次。环境温度增高或活动之后呼吸次数可出现生理性增加。

（三）泌尿系统

猫泌尿生殖系统由肾脏、输尿管、膀胱和尿道组成。

肾表面光滑呈蚕豆状，不分叶，位于腹腔脊柱的两侧，贴近背体壁、第3和第5腰椎之间。右肾比左肾稍靠前一些。肾质量约为体重的0.34%。肾被膜上有丰富的被膜静脉，这是猫所独有的特征。膀胱呈梨形，位于腹腔后方直肠的腹面。尿液在肾脏形成后，从肾乳头顶端进入肾盂，经输尿管下行进入膀胱，最后经尿道排出。猫24h的排尿量为100~200mL，尿的密度为1055g/cm^3，尿液呈淡黄色的透明液体。

（四）生殖系统

1. 公猫生殖器官

公猫生殖器官主要由睾丸、附睾、输精管、副性腺（前列腺、尿道球腺）和阴茎构成（图4-43）。

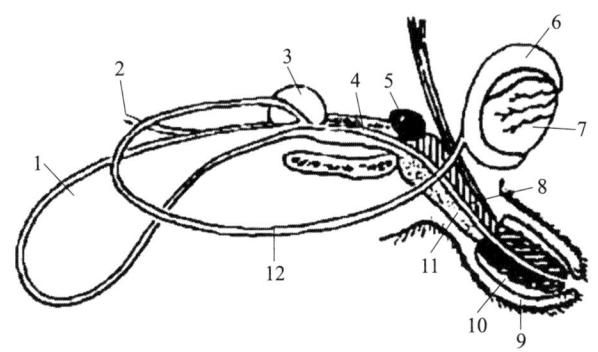

1—膀胱；2—输尿管；3—前列腺；4—尿生殖道；5—尿道球腺；
6—附睾；7—睾丸；8—尿道海绵体；9—包皮；10—阴茎；11—阴茎海绵体；12—输精管。

图4-43　公猫的生殖系统

（1）睾丸　位于肛门下侧阴囊内，左右各一个，阴囊紧贴身体，其皮肤上有被毛。成年公猫的睾丸呈椭圆形，体积为14mm×8mm。前列腺体积为5mm×2mm。分成左右两叶，位于尿道背侧部。

（2）尿道球腺　有一对，体积为4mm×2mm，位于前列腺后尿道上。

（3）输精管　是由睾丸附睾尾起，至开口于尿道的2条细长管道，起输送精子的作用。

（4）阴茎　猫的阴茎尖端指向后方，其末端有100~200个角化小乳突。小乳突指向阴茎基部。当公猫达到6~7月龄时，这种小乳突发育到最大，可能对母猫发情时的刺激排卵有一定的作用。

2. 母猫生殖器官

母猫生殖器官包括卵巢、输卵管、子宫、阴道。

（1）子宫　由子宫角、子宫体和子宫颈构成。猫的子宫颈和前庭有腺体。子宫角长达9~10cm，子宫体长约2cm。子宫是胎儿发育的场所。子宫颈与阴道相连，是子宫的门户，发情时子宫颈口打开，怀孕时子宫颈口关闭很严。

（2）卵巢　1对，长6~9cm。位于第3~4腰椎下。发情期卵巢上有3~7个卵泡发育，卵泡直径可达2~3mm。卵巢是卵泡生长发育和成熟的场所。卵泡发育过程中分泌雌激素导致母猫发情，排卵后形成黄体分泌孕酮以维持妊娠需要。

（3）输卵管　管长4~5cm，是卵子进入子宫的通道。

（4）阴道　母猫的交配器官，也是分娩时胎儿排出的通道。

性成熟公猫生长到7~8月龄时，性腺开始成熟，睾丸内即产生精子，具有繁殖后代的能力。母猫生长到6~8月龄时，卵巢上的卵泡开始发育，并有发情表现，一般认为这时就达到了性成熟。但由于猫的品种不同，性成熟的时间也有些区别。

母猫的性成熟时间一般在7~14月龄，公猫在7月龄以上也就达到了性成熟。配种年龄公、母猫达到性成熟时，虽然具有了产生精子和卵子的能力，但这时猫的身体并没有长成，也就是身体还没有发育成熟，猫的骨骼、肌肉、内脏还在生长发育。刚进入性成熟，最好不要配种，如果这时配种，对公母猫及其后代的身体健康均不利，不仅影响公猫的生长发育，使其早衰，而且其后代生长发育慢、体小、多病，其品种的优良特性可能退化。因此作为种用猫，一定要等到身体成熟时才能配种。母猫比公猫体成熟早，一般来说，公猫短毛品种出生一年，长毛品种1~1.5岁配种为宜，母猫10~12月龄配种为宜，即在母猫第2次或第3次发情时配种。

猫的寿命为15年左右，最长可达20年。繁殖年龄最高可达到14岁，但一般为7~8年。无论是公猫还是母猫，其繁育年限超过7~8年之后，生殖生理功能会有明显衰退，母猫不再有发情表现，公猫也不再有配种能力，把这个年龄段称为繁殖机能停止期。为了提高种母猫的利用年限，要适当控制母猫的产仔窝数，一般每年产2窝仔为好，最多不能超过3窝，以春秋产仔为佳。发情周期14~21d，发情持续时间为3~7d。发情周期的长短受品种、年龄、季节的影响，长者达30~75d。猫属于诱发排卵动物，即通过交配刺激才排卵。一般在交配后24h卵子排出并受精。在发情持续期内交配，均有较高的受孕率。

妊娠猫的妊娠期平均为66d。

（五）心血管系统

猫的心血管系统由心脏、动脉、毛细血管、静脉组成。

1. 心脏

猫心脏由左、右心房和左、右心室构成，较小，呈卵圆形，位于胸腔纵隔内，外有心包包裹，在第4（5）~8肋处，偏左。

4-4 猫心脏结构及肥厚性心肌病（动画）

2. 血管

全身动脉主要有胸主动脉（胸部、胸椎腹侧）、腹主动脉（腹部、腰椎腹侧）、颈总动脉（颈侧、颈静脉沟深层、气管两侧）、锁骨下动脉（前肢动脉主干）、髂外动脉（后肢动脉主干）和髂内动脉（盆腔动脉主干）等。各发出侧支到相应部位肌肉、皮肤及内脏器官。

静脉除与动脉伴行的深静脉外，还有分布于皮下的浅静脉，兽医临床上常用的浅静脉有颈外静脉（颈侧皮下、颈静脉沟浅层）、头静脉（前臂内侧皮下）、隐大静脉（小腿内侧皮下）和隐小静脉（小腿外侧皮下）。

由于猫心脏较小，每次输出量较少，因而心率较快，120~140次/min，当兴奋、运动、恐惧、发热时，心率明显加快，这也是猫不能长时间奔跑、容易疲劳的原因之一。

3. 血型

猫有3种血型：A型、B型和AB型。但血型因地区不同而有很大的差异。如几乎所有的瑞士猫都是A型血，而在英国这个比率下降到97%，在法国是85%。大多数种类的猫都是A型血，其他的会不同程度地出现B型血，AB型血类极少出现，而且与猫种无关。

（六）感觉器官

猫的眼很特别：一是眼大；二是曲度大；三是瞳孔大而圆，其调节肌十分发达；四是视网膜感受弱光的视杆细胞多；五是两眼视野宽大（200°以上）；六是第三眼睑发达；七是猫眼色彩多样，有的品系两眼色彩不同。如同多数肉食动物，它们眼睛都在脸上朝正前方，赋予其辽阔的视野。因此，猫眼十分敏锐，在夜晚能视物，能正确判定猎物的位置和距离，从而准确无误地抓捕猎物。猫眼睛内的瞳孔与一般哺乳类相同，在强光下会收缩，以防止过强的光热伤害视网膜；在昏暗光线下会放大，以收集接受更多的光线。但猫咪瞳孔的形状会因品种的不同而有所差别，大型野生猫科动物的瞳孔多为卵圆形（如美洲狮为圆形），而一般家猫则为垂直裂缝状；垂直裂缝状的瞳孔比圆形的瞳孔更能有效且完全地闭合，瞳孔闭合的作用主要是保护极为敏感的视网膜。

视网膜上的视杆细胞主要对光线明暗变化敏感，而视锥细胞主要负责解析影像。猫的视杆细胞比较多，而视锥细胞较少，所以夜视能力比人好，但视力却只有人的 1/10，因此无法像人一样具有识别细小事物的能力。但是它的动态视力却非常好，就算猎物在 50m 外移动，猫咪也捕捉得到。猎物每秒移动 4mm，都能被它发现。

猫的眼睛没有感知红色的视杆细胞，所以只能分辨蓝色、绿色，无法辨别红色。因此，猫咪看到的红色可能会变成灰色。

猫在只有微弱光线状况下，它们会使用胡须来改善行动力与感知能力，主要分布于鼻子两侧、下巴、双眼上方、两颊也有数根。胡须可感受到非常微弱的空气波动，所以在看不太清的情况下也能辨识阻碍在哪，胡须尖端与双耳连线而成的，正好是身体能通过障碍的最小范围，因此可以在黑夜中快速判断地形是否可以通过。

猫听觉发达，外耳十分灵活，能像雷达那样转动，搜索猎物动静。猫内耳听觉范围广，能感受 20kHz 以上人类无法听到的超声波。猫的每只耳朵都有 32 条独立的肌肉控制耳壳转动，因此两只耳朵可以单独的朝向不同的音源转动，使其在向猎物移动时仍旧能对周遭的其他音源保持直接的接触。除了苏格兰折耳猫这类基因突变的猫以外，狗类常见的"垂耳"在猫是非常罕见的，多数的猫耳是向上直立的。当猫愤怒或是被惊吓时，耳朵会贴向后方，并会发出咆哮与"嘶"声。蓝色眼睛的白猫，因为基因上缺损，造成内耳构造的皱褶而有耳聋的倾向，这种形式的耳聋是无法治疗的。不过，猫即使耳聋，也能很快地适应环境而生存下去。

猫与人类对低频的声音有类似的灵敏度，人类除了极少数的调音师能听到 20kHz 以上的高频的声音，猫在高频则可达 64kHz，比人类要高 1.6 个八度音，甚至比狗要高 1 个八度。

家猫的嗅觉是人类的 14 倍。和视觉相比，更是依靠嗅觉来判断各种各样的东西的。如猫只是闻了其他猫的尿和臭腺气味，就能知道那只猫是公的还是母的，小猫未开眼前也是靠闻母猫的气味来找到乳头的。这些都可以用嗅觉来分辨，甚至 500m 以外的微弱气味，猫也能够闻得到。它的鼻子对含氮化合物的臭味特别敏感，因此放置过久的食物以及腐败的食物，都无法引起食欲。

当猫嗅到一些特别或刺激的味道时，会将头往上扬，并有卷唇、皱鼻以及嘴巴张开的特殊表情。一般认为这种看似微笑的表情是为了让某些气味进入嘴内，与上颚内的鼻梨器接触，它具有嗅觉及味觉的功能，使得猫可以分辨这些味道。

对猫而言，鼻梨器的主要作用是在发情期间接收发情母猫发出的信息素气味。猫在早期的进化中由于基因的突变，失去了对甜味的感觉，但猫不光能感知酸、苦、咸味，选择适合自己口味的食物，还能品尝出水的味道，这一点是其他动物所不及的。

项目三　认知家兔解剖生理特点

> 知识目标

1. 掌握家兔的骨骼、肌肉、皮肤及其衍生物的形态和结构。
2. 掌握家兔消化、呼吸、泌尿、生殖系统的组成及生理特点。
3. 掌握家兔的肝、胃、肠、心、肺、肾、膀胱、脾、睾丸、卵巢、子宫、阴囊的形态、位置和构造特点。

> 能力目标

1. 能在家兔活体、家兔骨骼标本上识别出重要骨性标志和关节。
2. 能熟练识别家兔的肺、肝、胃、肠、肾等主要内脏器官的形态、位置及构造。
3. 能运用家兔解剖结构特点为畜牧兽医学科科研实践服务。

> 思政目标

宣传"世界动物日",提高学生尊重与保护实验动物的意识。

> 工作项目

工作项目	家兔性别鉴定及公兔去势
前导知识	商品肉兔在出售或屠宰前,为了能在短期内迅速增加体重,提高肉产量,改善肉品质,必须进行育肥,才能提高养兔效益,增加收入。在影响肉兔育肥的因素中,公兔去势是一个很重要的因素。公

续表

前导知识	兔性成熟后会出现好动、相互爬跨、撕咬等现象，导致公兔3月龄后只能单笼饲养，而商品兔及淘汰的种兔单笼饲养则成本较高。 研究发现，公兔去势后性情温顺，不好运动，减少对兔笼的啃咬破坏，大多数不再咬斗抗病力强；肉兔和獭兔通过去势可提高增重速度和皮张质量，毛兔可提高产毛量；去势后的公兔体内代谢、氧化作用均降低，有利于降低饲料消耗和体脂肪积累，育肥速度可增快15%，生产性能提高；去势后的公兔性腺萎缩，基本除去了公兔性腺特有的臊臭味，提高了肉品质量；同时，也避免了散养兔群胡乱交配。因此，在肉兔养殖中，通常会对兔场中不作种用的公兔在2.5~3月龄时去势，以提高养兔的经济效益。 在对公兔进行去势前，需要先对家兔进行性别鉴定再行去势术。不同阶段的家兔（初生仔兔、开眼后仔兔、青年兔、成年兔）性别鉴定方法不同；目前常用的公兔去势方法有手术法、结扎法和注射法（化学去势法）。
工作要求	（1）将填写任务工单一的空缺部分和按任务工单二步骤进行实操作为本项目学习的载体之一，积极探索、深度思考，助力高质量完成任务工单三和任务工单四，为未来临床开展家兔疾病诊疗打下基础。 （2）将任务工单一和任务工单二填写的答案拍照上传本章节的学习平台，作为平时成绩的组成部分。

学习任务

任务工单一

学习任务	完善家兔性别鉴定方法		
任务描述	在识别家兔生殖系统睾丸等器官的形态、构造、位置的基础上，查阅资料，完成家兔性别鉴定方法。		
任务名称	序号	阶段	操作方法
家兔性别鉴定方法	1	初生仔兔	根据阴部孔洞形状及与肛门之间的距离进行识别。母兔的阴部孔洞呈扁形而略_____（大或小）于

续表

任务名称	序号	阶段	操作方法
家兔性别鉴定方法	1	初生仔兔	肛门,且距离较_____(远或近);公兔的阴部孔洞呈圆形而略_____(大或小)于肛门,且距离较_____(远或近)。在操作时应注意不要简单的以留大去小作为留母去公的依据,以免造成失误。
	2	开眼后仔兔	检查外生殖器。左手抓住仔兔耳颈部,右手食指和中指夹住尾巴,用大拇指轻向上推开生殖器孔,可见公兔局部呈现_____(形状),并可翻起_____(形状)突起;母兔则局部呈_____(形状),下端裂缝延至肛门,无明显突起。
	3	青年兔	轻压阴部皮肤就可翻开生殖孔。公兔可看到有_____(形状)突起;母兔则有_____(形状)裂缝延至肛门。
	4	成年兔	公兔阴囊已经形成,_____(器官)下坠入囊,按压外阴即可露出阴茎头部;母兔则无。
任务要求			答案填写完成后,将此任务工单拍照上传学习平台。

任务工单二

学习任务	公兔手术去势术
任务描述	在识别家兔生殖系统阴囊、睾丸等器官的形态、构造、位置和各器官之间的位置关系的基础上,查阅资料,完成公兔手术去势术方案的制定。

任务名称	序号	操作要领	操作方法
公兔手术去势术	1	阴囊处理	对于阴囊去势,两个阴囊皮肤都要准备无菌手术。阴囊皮肤毛发稀少,非常脆弱,为防止术后过度理毛对皮肤造成刺激,剃毛需非常仔细。

续表

任务名称	序号	操作要领	操作方法
公兔手术去势术	1	阴囊处理	尾巴 （准备手术的兔阴囊）
	2	阴囊切口	若睾丸已经缩入腹腔，则需要先在动物仰卧的情况下，通过对后腹部轻轻滚动施压，把睾丸拉回_____（器官）内。同时在阴囊腹侧做 1~1.5cm 的切口，打开阴囊皮肤和上方的腹股沟管。且切口必须同时穿过皮肤和睾丸下的壁膜。 （兔子阴囊的初始切口）

续表

任务名称	序号	操作要领	操作方法
公兔手术去势术	2	阴囊切口	（切口必须延伸到壁膜）
	3	暴露组织	手指轻用力提拉睾丸，暴露出睾丸、附睾和附睾脂肪垫的通路。用干纱布轻柔牵拉将连接壁膜与附睾尾的韧带切断。 （颠倒的鞘膜和睾丸之间的韧带必须手动破坏，以暴露睾丸和相关的血管结构）
	4	切除	将睾丸和附睾从脂肪垫上剥离，分离出输精管和睾丸血管。结扎输精管和精索血管，然后切断，以取出睾丸和附睾。

续表

任务名称	序号	操作要领	操作方法
公兔手术去势术	4	切除	（把睾丸与脂肪垫和鞘膜分离后，在睾丸远端放置一个止血钳穿过血管结构）
	5	注意事项	（1）摘除睾丸时，动作要迅速，防止出血过多。 （2）手术后要护理好去势的公兔，将其放于温暖、安静的室内，笼中要清洁干燥，以防创口感染。 （3）适当加喂精料。
任务要求			答案填写完成后，将此任务工单拍照上传学习平台。

任务工单三

学习任务	识别家兔运动系统与被皮系统的一般结构
任务描述	利用标本、图片、模型、活体动物、虚拟仿真软件等资源，识别家兔骨骼、肌肉、皮肤及其衍生物的形态、构造、位置。
操作步骤	（1）利用标本、图片、模型、活体动物、虚拟仿真软件等资源，识别家兔头骨、躯干骨、前肢骨、后肢骨的形态与位置。 （2）利用标本、图片、模型、虚拟仿真软件等资源识别家兔肌肉中皮肌、头部肌、躯干肌、前肢肌和后肢肌的形态和位置。 （3）利用标本、图片、模型、虚拟仿真软件等资源识别家兔皮肤及其衍生物，包括毛、爪和皮肤腺的形态、位置。

任务工单四

学习任务	识别家兔内脏系统的一般结构
任务描述	利用标本、图片、模型、活体动物、虚拟仿真软件等资源，识别家兔消化系统、呼吸系统、泌尿系统、生殖系统的形态、构造、位置和各器官之间的位置关系。
操作步骤	（1）利用标本、图片、模型、活体动物、虚拟仿真软件等资源，识别消化系统，包括口腔、咽和软腭、食管、胃、肠、肝、胰的形态、位置和各器官之间的位置关系。 （2）利用标本、图片、模型、虚拟仿真软件等资源，识别家兔呼吸系统，包括鼻腔、咽喉、气管、肺的形态、构造、位置和各器官之间的位置关系。 （3）利用标本、图片、虚拟仿真软件等资源，识别家兔泌尿系统，包括肾、输尿管、膀胱、尿道的形态、构造、位置和各器官之间的位置关系。 （4）利用标本、图片、虚拟仿真软件等资源，识别家兔生殖系统，包括母兔的生殖系统（卵巢、输卵管、子宫、阴道和阴道前庭、阴门）和公兔的生殖系统（睾丸和附睾、输精管和精索、副性腺、阴茎、尿生殖道、阴囊）的形态、构造、位置和各器官之间的位置关系。

> 必备知识

一、家兔运动系统与被皮系统

（一）兔的骨骼

兔的全身骨骼见图4-44。

1. 头骨

兔头骨的种类和数量与牛等家畜的相似。

（1）枕骨构成颅腔的后壁和底壁的后部，包括1块上枕骨、1块基枕骨和2块外枕骨，年幼时骨缝清楚，成年兔则4块骨愈合而界限不清；枕外侧结节明显，颈静脉突可见。

（2）顶骨与顶间骨构成颅腔的顶壁，内无压迹。额骨宽阔平直，构成头骨背侧中部，眶上突不与颧弓相接，形成嵴，分为眶前突和眶后突。

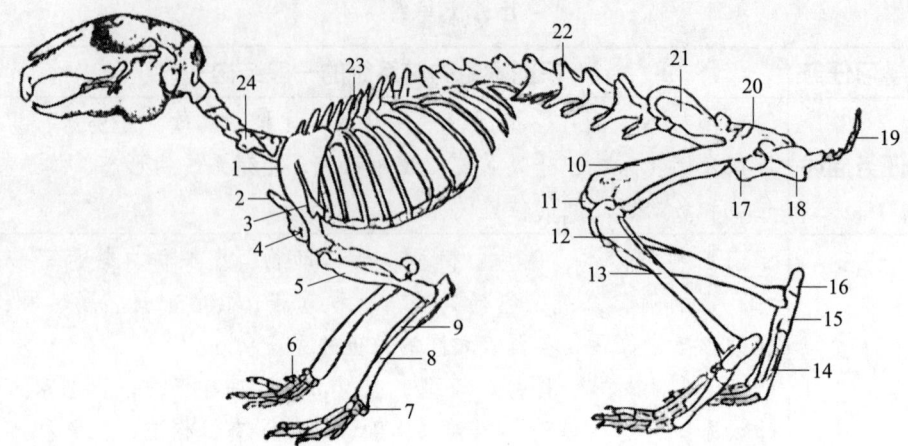

1—肩胛骨；2—胸骨；3—肩胛冈；4—乌喙骨；5—肱骨；6—掌骨；
7—腕骨；8—尺骨；9—桡骨；10—股骨；11—髌骨；12—腓骨；13—胫骨；
14—跖骨；15—距骨；16—跟骨；17—耻骨；18—坐骨；19—尾椎；20—荐椎；
21—髂骨；22—腰椎；23—胸椎；24—颈椎。

图 4-44 兔的全身骨骼

（3）筛骨构成颅腔的前壁，筛板有较深的筛窝。

（4）颞骨构成颅腔的侧壁，有发达的鼓泡。

（5）蝶骨构成颅腔底壁的前部，包括基蝶骨、翼蝶骨、前蝶骨和眶蝶骨。

（6）家兔面部较长，鼻骨发达，前端稍窄，后端稍宽。

（7）切齿骨位于鼻骨的腹侧，稍突出于鼻骨的前方；每侧切齿骨有 2 切齿槽。

（8）上颌骨呈多孔海绵状，与泪骨、颧骨呈直角。颧弓较大，其内面形成较大的眶窝。颞窝较小。下颌支向后向上倾斜，后腹侧有角状突。

其他面骨无显著特点。

2. 躯干骨

脊柱弯曲呈 S 形，脊柱式为 C7、T12、L7、S4 和 CY16。

（1）颈椎 7 枚，第 3~7 颈椎形态相似，椎弓短而扁，横突为上下 2 支，均有发达的横突孔，棘突矮，第 7 颈椎的棘突稍高。

（2）胸椎通常 12 枚，偶有 13 枚，棘突发达，第 1~9 胸椎的棘突斜向，第 10、第 11 胸椎的棘突垂直，第 12 胸椎的棘突斜向前，后 4 枚胸椎的横突有乳状突。

（3）腰椎一般 7 枚，偶有 6 枚，棘突宽，向前倾斜。横突长而大，斜向前腹外侧，横突基部的后方有小的乳状突（又称副突）。前关节突与棘突等高，并与前一椎骨的乳状突结合。4 枚荐椎愈合成荐骨，棘突矮而不愈合，荐骨腹侧有 4 对较大的腹侧孔。

（4）尾椎常为 16 枚，偶见 15 枚。

（5）肋骨通常 12 对，偶见 13 对，7 对真肋，5 对或 6 对假肋（后 2 对或 3 对为浮肋）。

（6）胸骨由 6 个胸骨节构成，胸骨柄明显，剑突附有上下压扁的剑状软骨。胸廓不大，呈截顶的圆锥形。

3. 前肢骨

（1）肩带骨中的肩胛骨完整，肩胛冈较长，肩峰发达，与很长的后肩峰突成直角。

（2）乌喙骨退化成为肩胛骨的乌喙突。

（3）锁骨退化为一细骨埋于臂头肌中，两端分别连于胸骨柄和肩胛骨。肱骨细长而直，三角肌结节不发达，远端形成滑车关节面，滑车的内侧呈嵴状突起。

（4）桡骨与尺骨不愈合，略呈 S 形。前者较短；后者较长，肘突明显。

（5）腕骨有 3 列 9 枚，近列 4 枚（即桡腕骨、中间腕骨、尺腕骨和副腕骨）；中列 1 枚，为中央腕骨；远列 4 枚，即第 1、第 2、第 3 和第 4 腕骨。

（6）掌骨有 5 块，分别是第 1、第 2、第 3、第 4 和第 5 掌骨，其中第 1 掌骨很短。

（7）兔有 5 指，第 1 指由 2 个指节骨组成，其余指各有 3 个指节骨。除第 1 指外，其余各指有近籽骨 2 枚，远籽骨 1 枚。

4. 后肢骨

（1）左右髋骨前后等宽。髂骨较宽大，髂骨翼也较大。

（2）坐骨平直，坐骨结节较发达，坐骨弓较深。

（3）耻骨与髋臼之间可见 1 块长五角形的小骨，称髋臼骨，闭孔呈长椭圆形。

（4）股骨长而直，大转子、小转子和第 3 转子均十分明显，转子窝清楚。远端内侧髁和外侧髁的后上方，各有 1 枚小籽骨。

（5）髌骨较小，呈楔形。

（6）胫骨较粗，近端呈三棱柱状，远端为圆柱状。腓骨较细，其近端与胫骨的外侧髁愈合，后者附有 1 枚小籽骨。腓骨远端与胫骨愈合。小腿间隙明显。

（7）跗骨有 3 列 6 枚，近列 2 枚，即距骨和跟骨；中列 1 枚，为中央跗骨；远列 3 枚，分别是第 2、第 3 和第 4 跗骨。

（8）跖骨有第 2、第 3、第 4 和第 5 跖骨，共 4 枚。

（9）兔有 4 趾，为第 2、第 3、第 4 和第 5 趾，每趾有 3 个趾节骨、2 枚近籽骨和 1 枚远籽骨。

（二）兔的肌肉

兔全身共有300多块肌肉，总质量约占体重的35%，可分为皮肌、头部肌、躯干肌、前肢肌和后肢肌（图4-45、图4-46）。

躯干的脊柱肌（如背腰最长肌）和后肢的臀部肌与股部肌特别发达，以适应其跳跃、奔跑的生活习性。

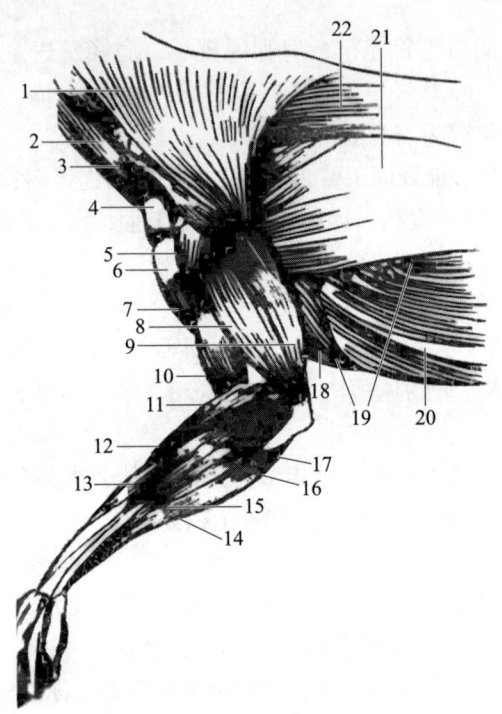

1—颈斜方肌；2—锁骨乳突肌；3—肩胛横突肌；4—锁骨枕肌；5—肩峰三角肌；
6—锁骨三角肌；7—臂肌；8—臂三头肌外侧头；9—臂三头肌长头；10—臂二头肌；
11—腕桡侧伸肌；12—指总伸肌；13—拇长外展肌；14—腕尺侧屈肌；15—腕尺侧伸肌；
16—第5指固有伸肌；17—第4指固有伸肌；18—胸深肌；19—腹侧锯肌；
20—腹外斜肌；21—背阔肌；22—胸斜方肌。

图4-45 兔的前肢肌外侧观

1. 皮肌
皮肌较薄，又可分为面皮肌、颈皮肌、肩臂皮肌和躯干皮肌4部分。

2. 头部肌
头部肌包括面肌和咀嚼肌。面肌主要有口轮匝肌、颊肌、颧肌、鼻唇提肌、上唇固有提肌、下唇降肌和颏肌等。咀嚼肌主要有咬肌、翼肌、颞肌和二腹肌等。其中，二腹肌只有前肌腹，后肌腹退化。

3. 躯干肌

躯干肌包括脊柱肌、颈腹侧肌、胸壁肌和腹壁肌。

(1) 脊柱肌的背侧组主要有背腰最长肌、髂肋肌、背多裂肌、背半棘肌、夹肌、颈最长肌、头寰最长肌、头半棘肌、颈半棘肌等；腹侧组主要有腰大肌、髂肌、腰小肌、腰方肌、颈长肌和头长肌等。

(2) 颈腹侧肌有胸头肌和胸骨甲状舌骨肌。

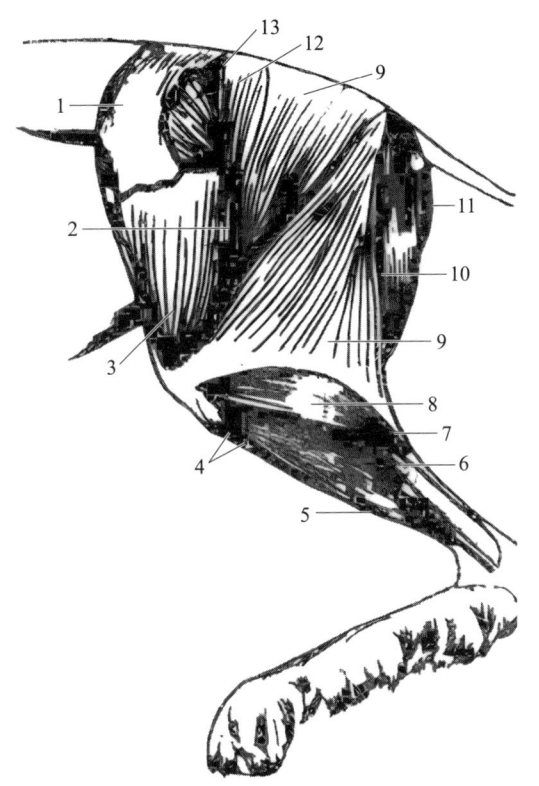

1—阔筋膜张肌；2—股四头肌中间头；3—股四头肌外侧头；4—腓骨肌；
5—趾长伸肌；6—趾长屈肌；7—比目鱼肌；8—腓肠肌；9—臀股二头肌；
10—半膜肌；11—内收大肌；12—臀浅肌；13—臀中肌。

图 4-46 兔的后肢肌外侧观

(3) 胸壁肌主要有肋间外肌、肋间内肌、背侧锯肌、斜角肌和膈等。其中，斜角肌有前斜角肌、中斜角肌和后斜角肌3块。前斜角肌起于第4~7颈椎横突，止于第1肋前外侧；中斜角肌起于第5颈椎横突，止于第3~5肋外侧；后斜角肌起自第4~6颈椎横突，止于第1肋上端。

(4) 腹壁肌有腹外斜肌、腹内斜肌、腹直肌和腹横肌4层。

4. 前肢肌

前肢肌（图4-45）包括肩带肌、肩部肌、臂部肌和前臂前脚部肌。

（1）肩带肌主要有斜方肌、菱形肌、头菱形肌、背阔肌、臂头肌、肩胛横突肌、胸浅肌、胸深肌和腹侧锯肌等。其中，头菱形肌位于菱形肌的深面，在夹肌的外侧，呈细带状，起于颞骨鼓泡的上方，止于肩胛软骨的后部。

（2）肩部肌主要有冈上肌、冈下肌、三角肌、肩胛下肌、大圆肌、小圆肌和喙臂肌等。其中，三角肌有3块，第1三角肌又叫锁骨三角肌，起于锁骨，止于臂骨；第2三角肌也称肩峰三角肌，起于肩峰，止于臂骨三角肌结节；第3三角肌即肩胛三角肌，起自冈下肌肌腱，经后肩峰突的下面，止于臂骨三角肌结节。

（3）臂部肌包括臂三头肌、前臂筋膜张肌、臂二头肌和臂肌等。

（4）前臂前脚部肌主要有腕桡侧伸肌、腕尺侧伸肌、拇长展肌、腕尺侧屈肌、腕桡侧屈肌、旋前圆肌、掌肌、指总伸肌、第1指伸肌、第2指伸肌、第4指固有伸肌、第5指固有伸肌、指浅屈肌、指深屈肌、第5指屈肌、骨间肌和蚓状肌等。其中，腕桡侧伸肌有长、短两肌腹，腕长桡侧伸肌位于前臂骨最前方，起于臂骨外侧上髁，止于第2掌骨近端；腕短桡侧伸肌大部分与前肌愈合，也起于臂骨外上髁，但止于第3掌骨近端。掌肌位于前臂的后内侧、腕尺侧屈肌与指浅屈肌之间，细小，起于臂骨内侧上髁，止于掌筋膜。蚓状肌为3条细小的纺锤形肌，起于指深屈肌腱鞘，止于第3、第4、第5指近指节骨的内侧。

5. 后肢肌

后肢肌（图4-46）包括臀部肌、股部肌和小腿后脚部肌。

（1）臀部肌主要有臀浅肌、臀中肌和臀深肌。

（2）股部肌包括臀股二头肌、半腱肌、半膜肌、股方肌、股四头肌、阔筋膜张肌、股薄肌、缝匠肌、耻骨肌和内收肌等。其中，内收肌分为内收大肌、内收长肌和内收短肌3部分，分别起于坐骨联合及坐骨结节、耻骨联合后部和耻骨联合前部，止于股骨远端的内侧面及胫骨内侧髁、股骨后面和股骨小转子下方。

（3）小腿后脚部肌主要有腓肠肌、比目鱼肌、腘肌、胫骨前肌、腓骨肌、趾长伸肌、拇长伸肌、趾浅屈肌、趾长屈肌（趾深屈肌）、骨间肌和蚓状肌等。其中，腓骨肌位于小腿的前外侧、胫骨前肌与趾长伸肌的深面，起于腓骨头和胫骨外侧髁，可分为腓骨长肌、腓骨短肌、腓骨第3肌和腓骨第4肌4条肌肉，分别止于第1跖骨、第5跖骨近端的结节、第5跖骨远端及趾骨近端和第4跖骨远端。

（三）兔的被皮

兔的皮肤厚度为1.2～1.5mm，全身皮肤总质量占体重的8%～12%，通常冬季稍重，夏季稍轻；公兔比母兔的重。在耳根后部、股内侧等处的皮肤因皮下组织特别发达而松弛，故常作皮下注射部位。

1. 毛

毛密布于全身（除爪、鼻端和阴囊等处以外）的体表，可分为绒毛、针毛和触毛 3 种。

（1）绒毛细而短，数量最多，被覆于皮肤表面，起保暖作用。

（2）针毛粗而长，突出于绒毛层，耐摩擦，有保护作用。

（3）触毛长在嘴上，为粗而硬的长毛，有触觉功能。

毛有一定的寿命时间，故兔会周期性换毛。新生兔无毛，第 4 天开始长出绒毛，1 个月时所有被毛长齐；1~3 个月和 3~6 个月时各换毛 1 次。成年兔春、秋两季各换毛 1 次；夏季绒毛较少，而针毛较多，易于散热；冬季绒毛较多，而针毛较少，则利于保暖。

2. 爪

兔每一指（趾）的末端指（趾）节骨上都附有爪。爪分为爪缘、爪冠、爪壁（爪体）和爪底 4 部分。爪的功能主要是挖土打洞和防御。

3. 皮肤腺

（1）汗腺不发达，主要分布于唇边和腹股沟部的真皮内。因此，兔的散热能力差，夏季应注意防热。皮脂腺遍布全身真皮内近毛根处，其导管开口于毛囊，分泌的皮脂可滋润皮肤和被毛，防止皮肤的干燥和水分的侵入。

（2）乳腺埋于乳房内。母兔的乳房有 3~6 对，位于胸部及腹部腹侧正中线的两侧。每个乳房有 1 个乳头，每个乳头有 5 条乳头管。在泌乳期，母兔每日的泌乳量为 50~220mL。

（3）特殊皮肤腺包括由汗腺衍变而来的位于外阴部皮下的褐色鼠鼷腺（又叫腹股沟腺，较大，呈卵圆形），直肠末端侧壁的直肠腺，下颌前端外侧的浅下颌腺；皮脂腺衍变而来的白色鼠鼷腺（也称腹股沟腺）。后者在公兔位于阴茎体背侧皮下；在母兔位于阴蒂背侧皮下，较小，近圆形，可分泌具有异臭味的黄色分泌物，通过导管输入腹股沟隙，并有吸引异性的作用。

二、家兔内脏系统

兔的内脏如图 4-47 所示。

（一）消化系统

1. 口腔

上唇正中线上有纵裂，称唇裂。硬腭有 16~17 条腭褶，在最前腭褶的前方约 1mm 处有鼻腭管口。兔舌短而厚，舌体背后部有稍硬而光滑的隆起，称舌隆起（图 4-48）。舌黏膜上的乳头共有 4 种，分别是丝状乳头、菌状乳头、轮廓乳头和叶状乳头。丝状乳头呈绒毛状密布于舌背面；菌状乳头较少，散布

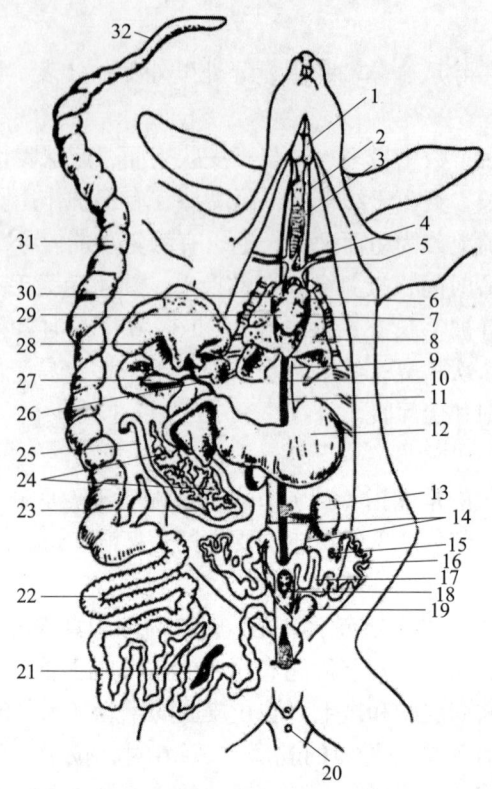

1—颌下腺；2—左颈静脉；3—气管；4—左锁骨下静脉；5—左锁骨下动脉；
6—左心房；7—左心室；8—左肺；9—食管；10—后腔静脉；11—主动脉；
12—胃；13—肾；14—输尿管；15—卵巢；16—输卵管；17—子宫；18—阴道；
19—膀胱；20—肛门；21—脾；22—结肠；23—胰管；24—胰；25—小肠；
26—胆管；27—胆囊；28—肝；29—右心室；30—右心房；31—盲肠；32—蚓突。

图 4-47 兔的内脏

于丝状乳头之间；轮廓乳头 1 对，位于舌隆起的后缘；叶状乳头 2 个，较大，呈椭圆形，长 5～6mm，位于舌后部背外侧，在轮廓乳头的前外侧。兔齿具有草食动物的共性，切齿发达，无犬齿，臼齿的咀嚼面宽阔有横嵴，其咀嚼研磨能力很强，能以 100～200 次/min 的速度将饲料磨得很细。兔的上切齿有 2 对，分前后 2 排，形成兔特有的双切齿型。前排为大切齿，齿上有一条纵沟；后排为小切齿，呈钉子状。切齿与前臼齿之间有较宽大的齿槽间缘（图 4-49）。

$$恒齿齿式：2\left(\frac{2033}{1023}\right)=28 \quad 乳齿齿式：2\left(\frac{2033}{1020}\right)=16$$

2. 咽和软腭

软腭较长，口咽部较宽大，扁桃体窦（窝）明显，腭扁桃体发达。鼻咽部后侧壁的咽鼓管咽口呈斜裂隙状。

3. 食管

食管为细长的扩张性管道，位于器官的背侧。食管前段管壁肌层为横纹肌，中后段肌层为平滑肌。

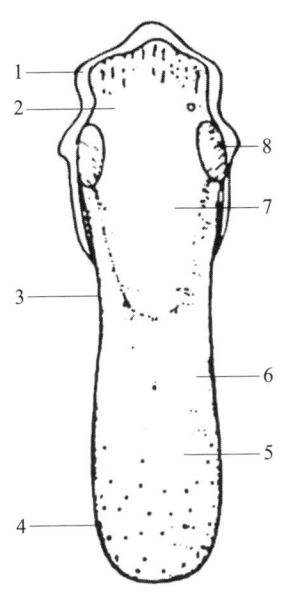

1—舌根；2—轮廓乳头；
3—舌体；4—舌尖；5—菌状乳头；
6—丝状乳头；7—舌隆起；8—叶状乳头。

图 4-48　兔的舌

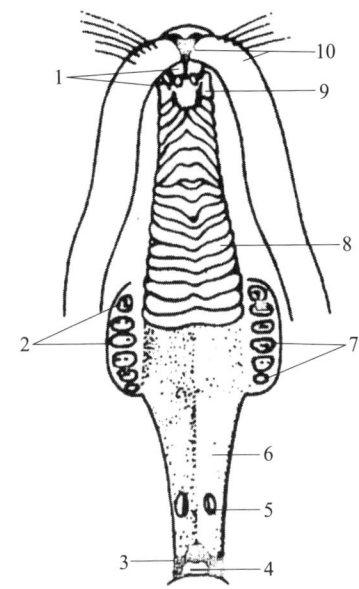

1—切齿；2—前白齿；3—鼻咽管开口；
4—会厌软骨；5—腭扁桃体；6—软腭；
7—后白齿；8—硬腭；9—鼻腭管孔；10—唇裂。

图 4-49　兔的口腔顶壁

4. 胃

胃为单室胃，横位于腹腔前部。贲门与幽门很接近，因而大弯很长，小弯很短。胃腺及平滑肌发达。胃液酸度较高，消化力很强。

5. 肠

肠管较长，为体长的 10 倍以上，容积较大，具较强的消化吸收功能。

（1）小肠　包括十二指肠、空肠和回肠，总长达 3m 以上。十二指肠长约 50cm，呈"U"字形弯曲，有总胆管和胰腺管的开口。空肠长约 2m，由较长的肠系膜悬吊于腹腔的左侧前半部，形成很多弯曲的肠袢。回肠较短，约 40cm，以回盲褶连于盲肠。回肠与盲肠相接处肠壁增厚膨大，称为圆小囊。圆小囊为兔特有的淋巴器官，长约 3cm，宽约 2cm，囊壁色较浅，呈灰白色，从表面可隐约透见囊内壁的蜂窝状隐窝，黏膜上皮下充满淋巴组织。

（2）大肠　包括盲肠、结肠和直肠，总长度约 1.9m。盲肠特别发达，为卷曲的锥形体，可分为基部、体部和尖部。基部粗大，壁薄，黏膜表面有螺旋瓣，黏膜中有盲肠扁桃体；盲肠尖部有狭窄的、灰白色的蚓突，长约 10cm，表面光滑，蚓突壁内有丰富的淋巴滤泡。结肠管径由粗变细，起始部管径粗大，外表有 3 条纵肌带和 3 列肠袋。盲肠和结肠均位于腹腔右后下部，二者无明显界限，二者间形成"S"形弯曲（图 4-50）。在直肠末端的侧壁有直肠腺，分泌物带有特殊臭味。

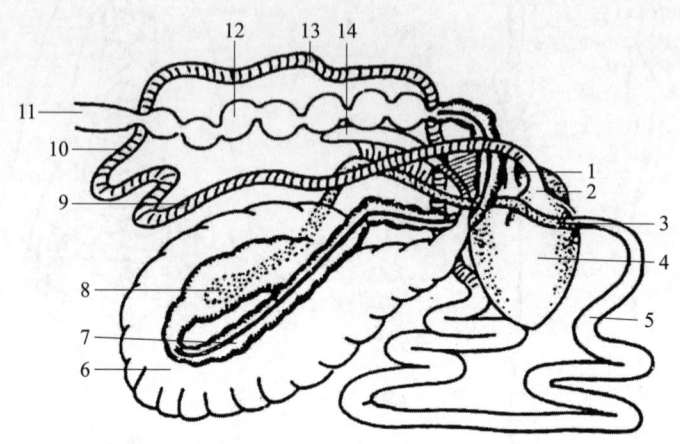

1—食管；2—幽门；3—回肠；4—胃；5—空肠；
6—盲肠；7—结肠；8—圆小囊；9—十二指肠降支；
10—十二指肠横支；11—肛门；12—直肠；13—十二指肠升支；14—蚓突。

图 4-50 兔肠管走向模式图

6. 肝

肝位于腹腔前部，在膈之后，胃之前，重约 60g，占体重的 3% 左右，呈红褐色，分为 6 叶，即左外叶、左内叶、右内叶、右外叶、方叶和尾叶（图 4-51）。其中，左外叶最大；尾叶最小，有明显的尾状突和乳突；方叶也较小，位于左内叶与右内叶之间。胆囊位于右内叶，胆囊管与各肝叶的肝管汇合成胆总管开口于十二指肠距幽门约 1cm 处。

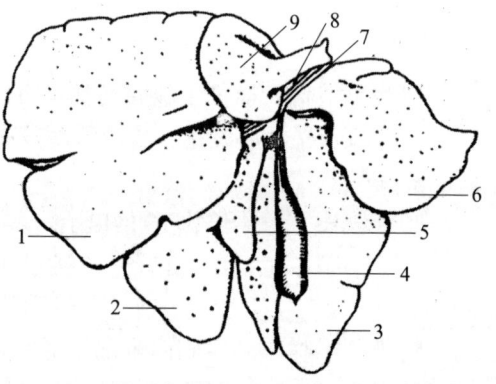

1—左外叶；2—左内叶；3—右内叶；4—胆囊；
5—方叶；6—右外叶；7—胆管；
8—肝门静脉；9—尾叶。

图 4-51 兔肝的脏面

7. 胰

胰较小，呈粉红色或淡黄色，可分为左叶和右叶。左叶沿胃小弯伸达脾；右叶位于十二指肠袢的肠系膜内，每叶由分散的小叶组成。只有 1 条胰管，开口于十二指肠距末端约 14cm 处。

兔的消化生理特点是兔口腔的特异构造，使门齿易显露，便于啃食短草和较硬的物体；发达的盲肠和结肠内有大量的微生物，具有较强的消化粗纤维能力。兔对饲料中粗纤维的消化率为 60%~80%，仅次于牛羊。

兔有摄食粪便的习性。兔排软、硬 2 种不同的粪便，软粪中含较多的优质粗蛋白和水溶性维生素。正常情况下，兔排出软粪时，会自然地弓腰用嘴从肛门摄取，稍加咀嚼便吞咽至胃。摄食的软粪与其他饲料混合后，重入小肠消化。

（二）呼吸系统

1. 鼻腔

鼻孔与唇裂相连，鼻端随呼吸而活动。鼻腔内有上鼻甲、下鼻甲和筛鼻甲作为支架，鼻道构造较复杂。嗅区黏膜分布有大量嗅觉细胞，对气味有较强的分辨力。

2. 咽和喉

咽呈漏斗状，为消化管和呼吸道的交叉要道。兔的喉较小，会厌软骨较大。甲状软骨腹侧较长，背侧较短。杓状软骨为 1 对三棱形软骨，声带不发达，因此兔发音很单调，有时在被捉拿时发出刺耳的尖叫声。环状软骨连接气管。

3. 气管和支气管

气管由 48~50 个不闭合的软骨环连接而成，气管末端分为左、右支气管，经肺门进入左、右肺。

4. 肺

兔肺（图 4-52）不发达，左肺较小，可分为尖叶、心叶和膈叶（后叶），有时尖叶和心叶合并为前叶。右肺稍大，明显分为尖叶、心叶、膈叶和副叶。成年兔的呼吸频率在平静时为 30~60 次/min，但天气热时或运动后，增至 282 次/min，以通过呼吸散发热量和排出水分。

呼吸是兔体蒸发水分和散发体温的主要途径。皮肤也有呼吸作用。

（三）泌尿系统

1. 肾

兔肾（图 4-53、图 4-54）为表面平滑的单乳头肾，左、右肾均呈卵圆形，大小约 3.5cm×2.0cm，色暗红而质脆。右肾在第 11 肋上端至第 2 腰椎横突的腹侧；左肾在第 2~4 腰椎横突的腹侧。在正常情况下肾被膜容易剥离，肾外常见肾脂囊。肾的皮质厚 0.2~0.3cm，可见颗粒状的肾小体；髓质较厚，色淡，髓放线明显，只有 1 个肾总乳头，有许多乳头管开口于肾盂。

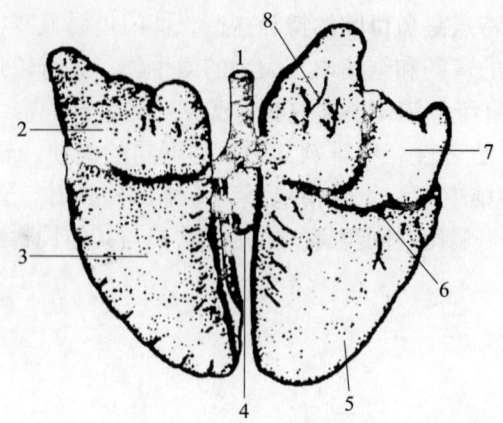

1—气管；2—左肺尖叶与心叶；3—左肺膈叶；4—右肺副叶；
5—右肺膈叶；6—叶间切迹；7—右肺心叶；8—右肺尖叶。

图 4-52　兔肺的背侧面

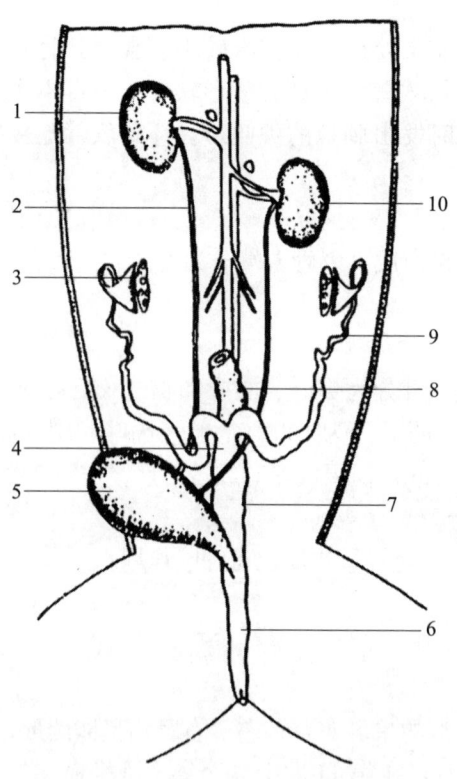

1—右肾；2—输尿管；3—卵巢；
4—子宫；5—膀胱；6—阴道前庭；
7—阴道；8—直肠；9—输卵管；10—左肾。

图 4-53　母兔的泌尿、生殖系统

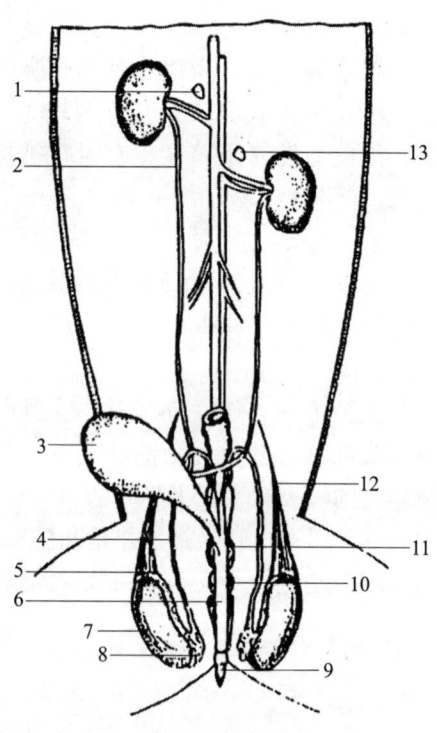

1—右肾上腺；2—输尿管；3—膀胱；
4—输精管；5—附睾头；6—尿道；
7—睾丸；8—附睾尾；9—阴茎；
10—尿道球腺；11—前列腺；
12—精索；13—左肾上腺。

图 4-54　公兔的泌尿、生殖系统

2. 输尿管

输尿管是肾盂的直接延续，左右各一，呈白色，经腰肌与腹膜之间向后延伸至盆腔，在膀胱颈背侧开口于膀胱。

3. 膀胱

膀胱呈盲囊状，无尿时位于骨盆腔内，充盈尿液时突入腹腔。公兔的膀胱位于直肠腹侧，母兔的则在子宫腹侧。

4. 尿道

公兔尿道细长，起始于膀胱颈，开口于阴茎头端，兼有排尿和输送精液的双重功能。母兔尿道宽短，开口于尿生殖前庭。

（四）生殖系统

1. 母兔的生殖系统（图4-55）

（1）卵巢　卵巢左右各一，呈竖椭圆形，长1.0~1.7cm，宽0.3~0.7cm，重0.3~0.5g，呈浅粉红色，以卵巢系膜固定在腹腔背侧壁、肾的后方。其中，左侧卵巢位于第4腰椎横突端部的腹侧；右侧稍前。幼兔卵巢表面光滑；成年兔卵巢表面有凸出的透明圆形的成熟卵泡或暗色丘状的黄体。兔的排卵方式属诱发排卵。母兔卵泡发育成熟后并不马上排卵，当接受公兔交配或其他原因引起冲动时方可诱发排卵，常在交配后10h左右或肌肉注射黄体酮（P）10h后引起排卵。

（2）输卵管　输卵管左、右各一条，输卵管前端有输卵管伞和漏斗，稍后处增粗为壶腹，后端以峡与子宫角相通。输卵管兼有输送卵子和受精的功能。

（3）子宫　属双子宫，左右子宫完全分离，两侧的子宫各以单独的外口开口于阴道中。

（4）阴道和尿生殖前庭　紧接于子宫后面，其前端有双子宫颈管外口，口间有嵴，后端有阴瓣。尿生殖前庭位于

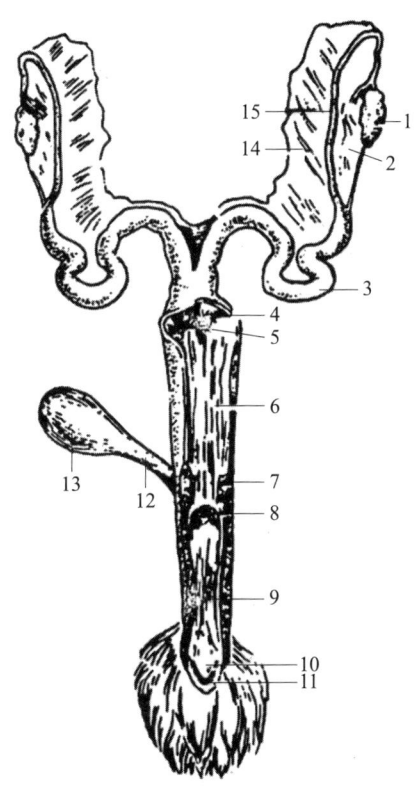

1—卵巢；2—卵巢囊；3—子宫；4—子宫颈；
5—子宫颈间膜；6—阴道；7—阴瓣；
8—尿道口；9—前庭；10—阴蒂；11—外阴；
12—尿道；13—膀胱；
14—子宫阔韧带；15—输卵管。

图4-55　母兔的生殖系统（背侧面）

阴瓣与阴门之间。

（5）阴门　阴门位于肛门腹侧，阴门裂约长 1cm，两侧隆起形成阴唇。阴唇背连合呈尖形，腹连合则呈圆形，阴蒂发达，长约 2cm。

2. 公兔生殖器官（图 4-56）

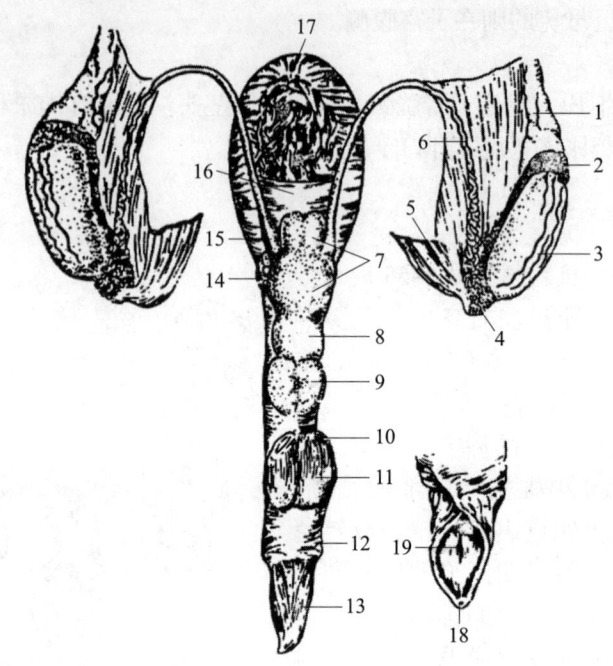

1—静脉丛；2—附睾头；3—睾丸；4—附睾尾；5—睾提肌；6—输精管；7—雄性子宫；8—精囊腺；9—前列腺；10—尿道球腺；11—球海绵体肌；12—包皮；13—阴茎；14—前尿道球腺；15—输精管壶腹；16—生殖褶；17—膀胱；18—尿道外口；19—尿道。

图 4-56　公兔的生殖系统（背侧面）

（1）睾丸和附睾　睾丸呈卵圆形，长约 2.5cm，宽约 1.2cm。胚胎时期，睾丸位于腹腔内，出生后 1~2 个月移行到腹股沟管。性成熟后，在生殖期间睾丸临时下降至阴囊。因兔腹股沟管宽短，加之鞘膜仍与腹腔保持联系及管口终生不封闭，故睾丸可自由地下降到阴囊或缩回腹腔。附睾发达，呈长条状，附睾头和尾均超出睾丸的头尾，附睾尾部折转向上移行为输精管。

（2）输精管和精索　输精管起于附睾尾，经腹股沟管进入腹腔，向后走至骨盆腔，与输尿管交叉后在膀胱背侧变粗形成输精管壶腹，之后管径又变细，与对侧并列共同开口于尿生殖道起始处背侧壁的精阜。兔精索较短，呈圆索状，内有输精管和血管、神经。

（3）副性腺　副性腺包括精囊、精囊腺、前列腺、旁前列腺和尿道球腺。

①精囊又叫雄性子宫，位于膀胱颈和输精管壶腹的背侧，呈扁平囊状，其前端分成 2 叶，向后开口于两输精管口之间的尿生殖道背侧壁。

②精囊腺 1 对，呈椭圆形，位于精囊的后方、前列腺的前方。腺管开口于精阜的两侧。

③前列腺呈半球形，位于精囊腺的后方，被结缔组织中隔分为左、右 2 部分，各有 3、4 条腺管开口于尿生殖道的背侧壁。

④旁前列腺又称前尿道球腺，较小，长 3~6cm，呈指状突起，每侧约有 3 个，位于精囊基部的两侧，腺管开口于尿生殖道。

⑤尿道球腺位于尿生殖道的背侧、前列腺的后方，色暗红，分为 2 叶，每叶呈长柱状，有 4 条导管开口于尿生殖道的背侧壁。腺的后端有薄的球海绵体肌覆盖。

（4）阴茎与包皮　阴茎呈圆柱状，阴茎头细而稍弯，不形成膨大的龟头。在平静时阴茎长约 2.5cm，向后伸至肛门的腹侧；但在勃起时阴茎长达 4~5cm，且因坐骨海绵体肌收缩，牵引阴茎游离端向前。阴茎头外面被覆包皮，包皮连于阴囊的皮肤，包皮开口处有包皮腺，在交配时可分泌黏液。

（5）尿生殖道　起于膀胱颈，止于阴茎头的尿道外口，分为骨盆部和阴茎部，兼有排尿和输送精液的功能。

（6）阴囊　2.5 月龄后方能显现，位于股部后方，肛门两侧。

一般母兔性成熟年龄为 3.5~4 月龄，公兔为 4~4.5 月龄。刚达性成熟年龄的公、母兔不宜立即配种，初配年龄应再推后 1~3 个月。兔为刺激性排卵动物，排卵发生于交配刺激后 10~12h，排卵数为 5~20 个。妊娠期 30~31d。孕兔一般在产前 5d 左右开始衔草做窝，临近分娩时用嘴将胸腔部毛拔下垫窝。分娩多在凌晨，有边分娩边吃胎衣的习性。

兔的正常生理值：体温 38.5~39.5℃，心率 120~140 次 /min，呼吸数 32~60 次 /min。

模块五
综合技能训练与生理实验

项目一　综合技能训练

综合技能训练一　羊解剖及结构特点观察

一、实训目的

通过对羊的解剖,从整体出发正确识别羊的被皮、运动、循环、免疫、神经、内分泌等系统主要器官的位置、形态和结构特点;熟悉和掌握羊的消化、呼吸、泌尿、生殖系统的大体结构特点;帮助学生建立职业道德观,培养团队合作和组织协调能力。

二、实训内容

识别羊被皮、运动、循环、免疫、神经、内分泌等系统主要器官的位置、形态和结构特点,熟悉和掌握羊的消化、呼吸、泌尿、生殖器官系统的大体结构特点。

三、实训依据

在充分理解和认识羊各系统器官形态结构和位置的基础上,对活体羊进行屠宰并仔细观察各系统器官的准确位置。

四、实训准备

活羊、羊内脏标本、保定绳、解剖器材等。

五、实训方法及步骤

教师指导学生将实验动物保定、屠宰和解剖后,分组完成团队和个人观察识别。

(一)羊的解剖

1. 羊的保定
2. 羊被皮系统的观察识别
(1)被皮系统　皮肤、被毛、角、鼻唇镜或鼻镜、蹄、乳腺的结构特点的观察。
(2)颈静脉沟　胸头肌和臂头肌的识别。
3. 羊的致死和剥皮
(1)致死方式　按压住颈静脉沟的颈基部,让颈静脉鼓起,用刀迅速于颈静脉沟的后1/3处切开皮肤约6cm长,钝性分离皮下组织,把颈静脉挤向上方,将结缔组织分离后,在气管的侧面摸到搏动的颈动脉。把颈动脉拉出,分离迷走交感干,用止血钳夹住颈动脉的近心端和远心端,用小剪刀将颈动脉在距离近心端约3cm处剪一个小口,将动脉插管(塑料或铜管都可以)向近心端插入2cm左右,用缝合线将动脉壁与动脉插管牢固地缠绕在一起,松开近心端的止血钳,血液即沿着连在动脉插管上的橡胶管流出。动物抽筋几分钟后,用手触摸睫毛,如果睫毛不动、瞳孔放大,则表示已经死亡。

(2)剥皮　将羊放血致死后,使尸体仰卧(解剖羊通常采用右侧卧位),用刀从下唇正中线向后切开皮肤,经颈部和胸部,沿腹侧正中矢状线向后方切开(图5-1)。至脐部、乳房或阴茎时,向左、右分为两线,绕过这些器官后,切线又合并为一。经肛门和母畜的阴门时,各作一个环形切线,然后再合并为一,直至尾根部。四肢的切线与正中线(腹正中线)垂直,沿四肢内侧面的正中切开皮肤,在系关节(或腕跗关节)部作一个环形切线。头部剥皮可将上述第一道切线从颌间向两侧翻转,将上、下唇、鼻翼、眼睑和外耳部连在皮上,一起剥离,再从上述切线剥下全身皮肤。将尾根部皮肤剥离,露出一小段后,从椎间软骨处切断尾部。剥皮时应小心操作,以免破坏皮肌和位于浅表的血管、神经、肌腱和淋巴结等结构。

(3)解剖　依次打开腹腔和胸腔,观察

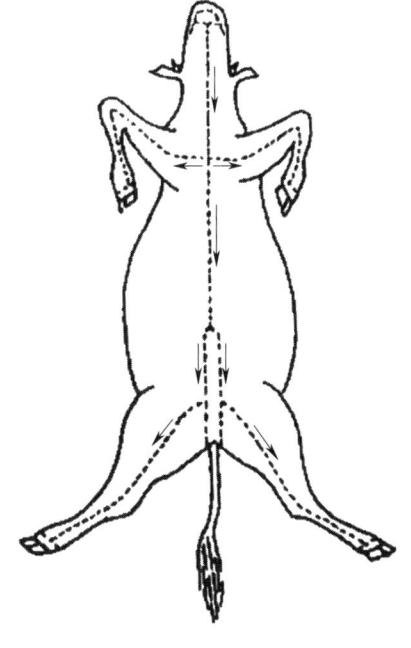

图5-1　剥皮法

腹腔、胸腔和膈的结构特点。

(二) 羊全身结构的观察识别

1. 皮肤及皮肤衍生物

被毛、角、蹄、乳腺观察识别。

2. 运动系统

(1) 头颈部　头部主要观察鼻唇镜、齿槽间隙、面结节、咬肌、下颌间隙、下颌淋巴结；颈部主要观察臂头肌、胸头肌、颈静脉沟、夹肌、项韧带和肩前淋巴结；观察胸头肌、臂头肌、肩胛舌骨肌、颈静脉沟、颈静脉、颈动脉、迷走交感神经干和颈深淋巴结。

(2) 胸背部及前肢　胸背部及前肢主要观察鬐甲、肩胛软骨、肩胛骨、肩峰、肩关节、肘关节、肘突、前臂正中沟、腕关节、掌内外侧沟、系关节 (球节)、屈腱、指内侧沟、指外侧沟、肋间隙和肋弓。

(3) 腰腹部、荐臀部和后肢　腰腹部、荐臀部和后肢主要观察腰椎横突顶点、髋结节、荐结节、腰荐十字部、臀肌、荐坐韧带后缘、髋关节、坐骨结节、股二头肌沟、股阔筋膜张肌前缘、膝上淋巴结、膝盖骨、膝关节、小腿外侧沟、小腿内侧沟、跟腱、跟结节、跗关节、系关节 (球节)、屈腱、跖内外侧沟、趾内外侧沟。奶牛还要观察乳房、乳头、乳头管口、腹壁皮下静脉。

3. 消化器官

(1) 腹腔脏器的采出　左手将大网膜提起，右手执刀切离其与十二指肠 "S" 状曲部、皱胃大弯、瘤胃左、右沟等处的附着部，再将小网膜从其附着部 (肝脏的脏面、瓣胃的壁面、皱胃的幽门部和十二指肠起始部) 切开，即可将网膜取出，露出胃和小肠，此时应观察腹腔脏器的位置。

(2) 空肠和回肠的采出　在右侧骨盆腔前缘提起盲肠，沿盲肠体向前见一处连接盲肠和回肠的三角韧带，即回盲韧带。切断回盲韧带，分离回肠，距盲肠约 15cm 处作双重结扎并切断，由此断端向前，分离回肠和空肠至空肠起始部，即十二指肠空肠曲，再作双重结扎并切断，取出空肠和回肠。

(3) 大肠的采出　直肠作双重结扎并切断，手捏直肠断端，由后向前将结肠从背侧脂肪组织中分离出，并切离肠系膜直至前肠系膜根部，再将横结肠、结肠盘与十二指肠回行部之间的联系切断，最后把前肠系膜根部的血管、神经、结缔组织一同切断，取出大肠。

(4) 胃、十二指肠和脾的采出　先分离十二指肠系膜，切断胆管、胰管和十二指肠的联系。将瘤胃向后方牵引，露出食管，在其末端双重结扎并切断，助手用力向后下方牵引瘤胃，用刀分离瘤胃与背部相连的结缔组织，并切断脾膈韧带，即可将胃、十二指肠、胰腺、脾脏同时采出。

（5）胰脏、肝脏、肾脏的采出　胰脏可由左叶开始逐渐切下，或将胰脏附于肝门部和肝脏一同取出，也可随腹腔动脉、肠系膜一并采出。采出肝脏时，先切断左叶周围的韧带及后腔静脉，然后切断右叶旁边的韧带，门静脉和肝动脉（不要破坏右肾），便可将肝取出。采出肾脏和肾上腺时，首先检查输卵管的状态，然后先取左肾，即沿腰肌剥离周围的脂肪囊，并切断肾门处的血管和输尿管，便可将左肾取出。右肾用同样的方法采出，肾上腺与肾脏同时采出，也可单独取出。

4. 泌尿器官

对腹主动脉、后腔静脉、肠系膜前神经节、肠系膜后神经节、迷走神经、腹后神经、间支、肾脏、输尿管、肾上腺和各主要淋巴结进行清理观察。

5. 生殖器官

用刀切离直肠与盆腔上壁的结缔组织。清理观察直肠、输精管、副性腺、输尿管、膀胱、髂内动脉、髂外动脉、髂内淋巴结、髂外淋巴结和腰荐神经丛。母羊还应切离子宫和卵巢、阴道及生殖腺等，最后切断附着于直肠的肌肉，取出骨盆腔脏器，观察膀胱的大小、蓄尿情况等，观察子宫的情况及子宫的位置，切开子宫，观察黏膜及分泌物情况。

6. 呼吸器官

观察右侧肺胸膜和膈胸膜，观察肺的形态、位置、分叶和颜色，触摸其质地。尽量将右肺向前移开，观察腔静脉褶、后腔静脉、右侧的膈神经和右肺的副叶，将副叶从腔静脉褶中拉出，切断肺根，取下右肺，放入方磁盘中。观察肺的颜色、质地和结构（肋面、膈面、纵隔面、背缘、腹缘和后缘等），将整个右肺或切下一小块肺叶放入水中，观察其浮沉情况。

7. 心血管

切开心包，观察心包液，观察心脏形态位置，切下心脏，观察心耳等表面结构。找到肺动脉，沿动脉圆锥剪开右心室，观察肺动脉瓣后，剪开右房室口，观察三尖瓣、右心室和右心房。自心尖沿两侧纵沟之间向上剪开左心室，观察二尖瓣后，剪开左房室口，观察左心房。剪开主动脉口，观察主动脉瓣和冠状动脉的开口等结构；观察心包、膈、纵隔、前腔静脉、后腔静脉等结构。

8. 免疫器官

胸腺、脾脏、淋巴结的观察识别。

9. 神经、内分泌器官

先沿两眼的后缘用锯横行锯断，再沿两角外缘与第一锯相接锯开，并于两角的中间纵锯一正中线，然后两手握住左右两角，用力向外分开，使颅顶骨分成左右两半，这样即可看见脑。

由于新鲜脑组织质地比较柔软，解剖颅骨时注意垂体窝的解剖，清理观察脑膜。分离嗅球与嗅神经的联系，切断视神经等脑神经，切断脑与脊髓的联系，将脑从颅腔取出并进行清理解剖，观察脑及脑室的结构；甲状腺、甲状旁腺、肾上腺的观察识别。

（三）考核

1. 考核标准

羊解剖及结构特点观察考核标准见表 5-1。

表 5-1 羊解剖及结构特点观察考核标准

序号	考核细分项目		标准分数
1	羊解剖及被皮系统的观察识别	正确识别羊被皮系统器官、颈静脉沟	10
		正确保定、致死、剥皮、解剖	10
2	羊解剖结构的观察识别	准确识别重要的消化、呼吸、泌尿、生殖器官的位置、形态和结构特点	60
		正确识别运动、循环、免疫、神经、内分泌系统主要器官的位置、形态和结构特点	20
合计			100

2. 考核方法

根据学生团队和个人操作的表现和结果，采用现场考核的方式进行综合评价。成绩按"优、良、中、及格、不及格"五个等级，用 A、B、C、D、E 或百分制来评价。

六、实训注意事项

1. 注意正确保定动物，安全、规范操作。
2. 屠宰羊时注意安全。

七、实训作业

羊内脏系统主要器官的位置、形态和结构特点。

综合技能训练二　猪解剖及结构特点观察

一、实训目的

通过对猪解剖及结构特点观察，对比牛羊器官的结构特点，掌握猪的被皮、运动、消化、呼吸、泌尿、生殖、循环、免疫、神经和内分泌系统主要器官的位置、形态和构造特点；培养学生的观察和实践动手能力，提高团队合作和组织协调能力。

二、实训内容

掌握猪的被皮、运动、消化、呼吸、泌尿、生殖、循环、免疫、神经和内分泌系统主要器官的位置、形态和构造特点。

三、实训依据

在充分理解和认识猪各器官系统形态结构和位置的基础上，借助实训室猪的各器官系统标本和对活猪的解剖进行本次技能训练。

四、实训准备

活猪、猪内脏标本、解剖器材、图谱等。

五、实训方法及步骤

教师引导学生，分组完成团队和个人观察识别。

（一）被皮器官结构特点的观察

1. 观察皮肤
2. 观察皮肤衍生物
（1）毛　毛干、毛根。
（2）乳腺　成对排列在腹白线两侧。
（3）蹄　主蹄和悬蹄。
3. 致死方式

一般猪解剖时选择腋动脉（左、右都可以）放血，将待解剖的猪用鼻绳保定，然后用解剖刀沿腋窝处划开。解剖猪时一般多采用仰卧位。先切断左右肩胛骨和大腿内侧的肌肉以及肱关节的关节囊和圆韧带，然后用力向外侧按压，使四肢摊开。猪的皮下有大量脂肪堆积，剥皮应注意脂肪中的浅层淋巴结等结构，在温度较低的时候，直接将皮肤和皮下脂肪一并剥下。清理观察全身浅层肌肉和淋巴结。

（二）解剖及全身结构特点的观察

1. 头颈部解剖

主要观察吻突、咬肌、下颌间隙、下颌淋巴结；清理残余的肩带肌，解剖观察颈深淋巴结。清理观察气管、食管和甲状腺；清理观察面神经、腮腺、腮淋巴结和咬肌；清除一侧下颌骨，清理观察口腔、咽和喉等器官；去掉外侧部分眼眶，解剖观察眼的结构。解剖观察耳的结构。解剖颅骨，分离嗅球与嗅神经的联系，切断视神经等脑神经，切断脑与脊髓的联系，将脑从颅腔取出并进行清理解剖，观察脑及脑室的结构。

2. 四肢解剖

清理浅层各肩带肌之间的界线，清理观察肩前（颈浅）淋巴结，切断胸头肌、背头肌、肩胛横突肌和背阔肌。切断胸肌并向外侧抬起前肢游离部，清理肩胛下间隙内结缔组织和脂肪组织，解剖观察腹主动脉、腹静脉、臂神经丛。切断斜方肌，清理观察切断菱形肌，切断腹主动脉、腹静脉、臂神经丛和下锯肌，取下前肢。

清理观察一侧臀肌等有关肌肉，露出荐结节阔韧带，髂骨，锯断髂骨体前上部，清理股薄肌等，在闭孔内侧缘的侧矢面上锯断耻骨和坐骨，清理肌肉和软组织，取下该侧后肢（清理观察骨盆腔各器官）。清理解剖观察后肢各部的皮肤、肌肉、血管、神经、关节和骨骼。

3. 胸壁、胸腔和骨盆腔的解剖观察

（1）胸壁　解剖并观察肋间外肌、肋间内肌、肋胸膜和肋间的血管神经。剪断右侧肋骨的椎骨端，并切断肋骨与肋软骨的连接，观察胸腔液，取下胸壁，观察肋胸膜和血管神经。

（2）胸腔器官　用解剖刀在下颌部紧靠下颌骨内缘切入口腔，切断所有附着于下颌骨的肌肉，直至下颌骨角，并切断（或用骨剪剪断）舌骨大支与中间支的连接部，然后左手从切口伸入口腔，抓住舌尖向外拉引，用刀切开软腭，再切断与喉连接的组织，连同气管与食管一起取出直至胸腔入口。

观察右侧肺胸膜和膈胸膜，观察肺的形态、分叶和颜色。肺的副叶从腔静脉褶中拉出，切断肺根，取下右肺，放入方磁盘中，观察肺的颜色、质地、分叶和各种结构。后将整个右肺或切下一小块放入水中，观察其漂浮情况。原位观察心包、肺、纵隔、食管、气管、肺神经、迷走神经、胸腺、纵隔淋巴结，观察前、后腔静脉。

按同样的方法解剖左侧胸壁，观察并切下左肺，观察心包、肺、纵隔、迷走神经、胸腺、纵隔淋巴结。清理观察臂神经丛、膈神经、迷走神经、交感神经、臂头动脉总干、主动脉弓和胸主动脉。

在胸腔入口处，用手向左右分离纵隔，切断锁骨下动脉和静脉及臂神经丛，此时用左手握住颈部器官向后上方牵引，分离附着于脊椎的组织，在肺部用刀切断食道、后腔静脉和动脉，剥离开心包与胸骨的联系，则将颈部和胸腔器官全部摘出。

切开心包，观察心包液，切下心脏，观察心脏外形，剪开左、右两侧心脏，分别观察左，右心房和左，右心室的结构。

4. 腹壁和腹腔的解剖观察

（1）腹壁　从剑状软骨后方，沿腹白线由前向后切开腹壁至耻骨前缘。观察腹腔中渗出液，腹膜及腹腔器官浆膜，再沿肋弓将腹壁两侧切开，暴露全部腹腔器官。

（2）腹腔脏器的采出　腹腔脏器的采出，可先取出脾脏与网膜，其次为空肠、回肠、大肠、胃和十二指肠。

①脾脏和网膜的采出：在左季肋部可见脾脏，提起脾脏，在接近脾脏根部切断网膜和其他联系后取出脾脏，然后将网膜从其附着部分分离采出。

②空肠和回肠的采出：将结肠圆锥向右侧牵引，盲肠拉向左侧，暴露回盲韧带与回肠。在离盲肠约15cm处，将回肠作双重结扎并切断。然后握住回肠断端，用刀切离回肠、空肠上附着的肠系膜，直至十二指肠空肠曲。在空肠起始部作双重结扎并切断，取出空肠和回肠。

③大肠的采出：在骨盆腔口分离直肠，将其中粪便挤向前方作一次结扎，并在结扎后方切断直肠。从直肠断端向前方分离肠系膜，至前肠系膜根部。分离结肠与十二指肠、胰腺之间的联系，切断前肠系膜根部血管、神经和结缔组织，以及结肠与背部之间的联系，即可取出大肠。

④胃和十二指肠采出：将食道做双重结扎并切断，将胃和十二指肠取出。

⑤胰脏、肝脏、肾脏的采出：胰脏可由左叶开始逐渐切下，或将胰脏附于肝门部和肝脏一同取出，也可随腹腔动脉、肠系膜一并采出。采出肝脏时，先切断左叶周围的韧带及后腔静脉，然后切断右叶旁边的韧带，门静脉和肝动脉（不要破坏右肾），便可将肝取出。采出肾脏和肾上腺时，首先检查输卵管的状态，然后先取左肾，即沿腰肌剥离周围的脂肪囊，并切断肾门处的血管和输尿管，便可将左肾取出。右肾用同样的方法采出，肾上腺与肾脏同时采出，也可单独取出。对腹主动脉、后腔静脉、肠系膜前神经节、肠系膜后神经节、迷走神经、腹后神经、间支、肾脏、输尿管、肾上腺和各主要淋巴结进行清理观察。

（3）骨盆腔　清理观察直肠、子宫后段（或输精管和副性腺）、输尿管、膀胱、髂内动脉、髂外动脉、髂内淋巴结、髂外淋巴结和腰荐神经丛。此外，解剖公猪时先观察体外的阴囊、阴茎和包皮的形态结构，再清理观察睾丸，附睾、精囊、副性腺、精阜等的形态结构。解剖母猪时首先观察体外乳房形态和构造，再清理观察子宫和卵巢、阴道及生殖腺形态、结构、位置。

（三）考核

1. 考核标准

猪解剖及结构特点观察考核标准见表 5-2。

表 5-2　猪解剖及结构特点观察考核标准

序号	考核细分项目		标准分数
1	猪的解剖和脏器摘除	猪解剖，正确得 10 分，脏器摘除，正确得 10 分	20
2	猪消化系统主要器官观察识别	食管、网膜、十二指肠、空肠、回肠、盲肠、回盲瓣、结肠、直肠、胃、胰腺、肝脏	20
3	猪呼吸系统主要器官观察识别	肺、喉、气管、膈	10
4	猪泌尿系统主要器官观察识别	肾、输尿管、膀胱、尿道	10
5	猪生殖系统主要器官观察识别	卵巢、输卵管、子宫（或输精管）、睾丸、附睾、阴囊、阴茎、包皮、副性腺	20
6	猪其他器官观察识别	下颌淋巴结、腮淋巴结、肩前淋巴结、支气管淋巴结、纵隔淋巴结、髂内淋巴结；膈神经、迷走神经；四肢的骨、关节和肌肉等	20
合计			100

2. 考核方法

根据学生团队和个人操作的表现和结果，采用现场考核的方式进行综合评价。成绩按"优、良、中、及格、不及格"五个等级，用 A、B、C、D、E 或百分制来评价。

六、实训注意事项

1. 注意安全、规范操作。
2. 区别理解猪解剖构特点结构特点与牛羊解剖结构特点。

七、实训作业

猪与牛、羊在解剖结构上的主要区别。

综合技能训练三　家禽解剖及结构特点观察

一、实训目的

通过对鸡、鸭的解剖及虚拟仿真实训软件的使用，了解家禽各系统的解剖特点，掌握家禽被皮系统以及消化、呼吸、泌尿、生殖系统各器官的位置、形态和结构特点；帮助学生建立职业道德观，培养团队合作和组织协调能力。

二、实训内容

对鸡、鸭进行解剖，掌握家禽被皮系统以及消化、呼吸、泌尿、生殖系统各器官的位置、形态和结构特点。

三、实训依据

在充分理解和认识家禽各器官系统形态结构和位置的基础上，对家禽进行屠宰并仔细观察各器官系统的准确位置。

四、实训准备

活鸡、活鸭、解剖器材、图谱等。

五、实训方法及步骤

教师引导学生，分组完成团队和个人操作和观察识别。

（一）家禽的解剖及被皮系统的观察识别

1. 被皮系统的观察

皮肤衍生物的观察识别：全身羽毛（正羽、绒羽、纤羽）、冠、喙、耳垂、肉髯、爪、距、鳞片的位置、形态和构造特点。

2. 致死和拔毛

致死的方式有 3 种，一是口腔内放血，将鸡倒置保定，将手术刀或剪刀伸入口腔后部两侧，切断颅底部桥静脉，血液从口腔流出，放血致死；二是颈部脱臼法，将鸡的两个翅膀打结后，右手全部握住鸡头，用拇指按住鸡头与脖颈的连接处，寻找第 1 颈椎与头骨连结处有一小凹，左手保定好鸡的双腿，右手大拇指按住小凹，感觉到头骨和颈部脱臼即可，继续保定好鸡，直至不再抽搐为止；三是颈部放血，左手的中指、无名指和小拇指抓住鸡的一对翅膀（从上方），右手把鸡头往左手处推（注此时左手已抓住了翅膀），左手的大拇指与食指捏住鸡冠和其后颈，让喉颈部皮肤不能滑动，拔掉喉颈部羽毛，右手操刀在鸡颈部右侧迅速切一个小口（事先要准备一个盛鸡血的容器），切口处对准容器，放血致死后，立即浸入70~80℃的热水中不断地搅动，拔净羽毛、去掉脚部的鳞片和爪及头部的角质喙，并将尸体洗净，置于解剖盘内。

3. 家禽的解剖

（1）剖开体腔 将腹壁和大腿内侧的皮肤切开，用力将大腿按下，使髋关节脱臼，将两大腿向外展开，将鸡尸体仰卧固定。由喙的腹侧沿正中线向后至肛门剪开皮肤，并向两侧剥离（到胸前口时，注意不要伤及嗉囊）。观察胸肌，并沿龙骨两侧切开胸大肌和其深层的胸小肌。自龙骨后端至肛门切开腹壁，再小心用骨剪沿胸骨两侧向前剪至锁骨，注意勿伤气囊。掀起胸骨后端，小心分离其与心肝之间的连接，并翻转胸骨至前方，以暴露胸腹部体腔内器官。

（2）气囊的解剖观察 从一侧口角处剪开口腔，观察口腔顶部的腭裂和鼻后孔，咽底部的纵裂即喉门。将硬胶管（或塑料插管）从喉口插入气管，慢慢向肺和气囊内吹气，使之膨胀鼓起。分别观察9个气囊。

（二）家禽主要内脏器官的观察识别

1. 体腔内的浅层器官

在胸骨两侧的体壁上向前延长作纵形切口，将两侧体壁剪开。用骨剪剪断乌喙骨和锁骨，握住龙骨，向上前方掀拉，割离肝、心与胸骨的联系及其周围的软组织，摘除胸骨。体腔打开后，清理观察肝脏、胆囊、腺胃、肌胃、脾、十二指肠、胰脏、空肠、肠系膜、回肠、盲肠、盲肠扁桃体、直肠和泄殖腔的位置、颜色、浆膜的状况。

（1）腺胃 腺胃纵向剖开观察其壁内胃腺和黏膜面的腺胃乳头。

（2）肌胃 沿肌胃的凸缘切开胃壁，注意其肌层的厚度、黏膜面的类角质膜及胃内的砂粒等。观察内部角质层（又称鸡内金）、胃壁肌肉的变化及内容物的性状。

（3）脾脏 要注意其大小、颜色、硬度以及横断面的状况。

（4）肠道 可先从外观察肠神经、肝门静脉、胆管、胰脏和盲肠扁桃体、肠壁及肠系膜颜色及粗细程度，分辨十二指肠、空肠、回肠、盲肠、直肠。也可以剪开一段小肠和大肠，用刀背轻轻刮掉其内容物，观察肠内壁情况。

（5）胰腺 胰脏呈长条分叶状，淡黄或红色，位于十二指肠"U"形肠袢内。

（6）肝 解剖观察肝的颜色、大小，触摸质地。

（7）泄殖腔　从肛门一侧剪开泄殖腔，用干脱脂棉球沾去其内部的粪便，观察泄殖腔。可见泄殖腔被2个环形黏膜褶分为粪道、泄殖道和肛道。观察泄殖道上的输尿管开口、射精管乳头和输卵管开口，如果是幼龄鸡，还要注意观察位于泄殖腔背侧的腔上囊，呈球形，开口于肛道。

2. 体腔内的深层器官

观察心脏、肺脏、脾脏、卵巢（或睾丸）、输卵管（或输精管）、肾上腺、肾脏、输尿管、腹腔动脉和坐骨神经的形态位置结构。

（1）心脏　解剖观察心包腔、心外膜、心肌、心房、心室、心内膜的状态。

（2）肺和肾　嵌于肋间隙内及腰荐骨凹陷处的肺和肾，可用外科刀柄或手术剪剥离取出。观察肺的颜色和质地。取出肾脏时，注意观察输尿管。肺和肾也可在原位观察。

（3）卵巢和睾丸　卵巢可在原位检查，注意其大小、形状、颜色（注意和同日龄鸡比较），卵黄发育状况。输卵管仅有左侧，右侧已退化，只见一水泡样结构，输卵管观察也可在原位进行。睾丸观察可在原位进行，位于体腔肾前叶腹侧，淡黄白色，注意其形状、大小、颜色、表面、切面和质地，二者是否一致。

（三）其他器官的解剖观察

1. 头颈部

观察食管、气管、血管、甲状腺、甲状旁腺和嗉囊。如果是幼禽，还应注意解剖观察颈部两侧呈串珠状分布的胸腺。剪开喉、气管、食管及嗉囊，观察黏膜面的正常形态、结构和颜色。解剖口腔，解剖舌唾液腺开口。在眼与鼻孔之间，横向剪断头部，观察眶下窦和鼻腔的横断面，注意其形状、颜色和黏液附着量等性状。打开颅腔，可先用刀剥离头部皮肤，再剪除颅顶骨（大鸡用骨剪或普通剪，小鸡用手术剪），即可露出大脑和小脑，将头顶部朝下，剪断脑下部神经，将脑取出，观察脑的形态。

2. 翼和后肢

解剖观察翼的前脚部、前臂部和臂部的皮肤及肌肉的形态结构。观察翼膜和翼下静脉的正常形态结构。解剖观察两侧锁骨之间以及乌喙骨、肩胛骨与胸骨、臂骨和胸廓之间的关系。解剖观察肋和胸廓的结构特征。在大腿内侧股骨稍后方纵向切开并分离内收肌，暴露出坐骨神经。解剖观察坐骨神经的来源、位置、正常形态结构和分支分布。此外，观察脊柱两侧、肾脏后部的腰荐神经，肩胛骨和脊椎之间的臂神经，颈椎两侧、食管两旁的迷走神经。

（四）考核

1. 考核标准

家禽解剖及结构特点观察考核标准见表 5-3。

表 5-3　家禽解剖及结构特点观察考核标准

序号	考核细分项目		标准分数
1	被皮器官的观察识别	被皮系统器官的正常位置、形态和结构特点	20
2	家禽的解剖	能对鸡进行正确解剖和脏器摘除	10
3	内脏器官的观察识别	消化、呼吸、泌尿和生殖器官的正常位置、形态和结构特点	60
4	其他器官的观察识别	其他器官的正常位置、形态和结构特点	10
合计			100

2. 考核方法

根据学生团队和个人操作的表现和结果，采用现场考核的方式进行综合评价。成绩按"优、良、中、及格、不及格"五个等级，用 A、B、C、D、E 或百分制来评价。

六、实训注意事项

1. 注意安全、规范操作。
2. 注意理解家禽与家畜解剖结构上的主要区别。

七、实训作业

家禽与其他动物解剖结构上的主要区别。

综合技能训练四　宠物活体触摸和主要内脏器官体表投影位置的确定

一、实训目的

通过本次实验，使学生认识和记忆犬、猫被皮特点及全身骨骼、主要肌肉的名称、位置、特点，识别生产和临床中常用的骨性和肌性标志；帮助学生建立职业道德观，培养团队合作和组织协调能力。

二、实训内容

了解犬、猫的正确保定方法并熟悉犬、猫主要内脏器官在动物体表的投影部位，借助肌性和骨性标志标识主要内脏器官的位置，了解健康犬、猫的心音、体温、脉搏指数，初步掌握犬、猫基本生理指数测定的方法。

三、实训依据

在充分了解犬、猫的正确保定方法并熟悉犬、猫主要内脏器官在动物体表的投影部位的基础上，在动物活体上借助肌性和骨性标志标识主要内脏器官的位置。

四、实训准备

犬、猫活体、保定绳、伊丽莎白圈、听诊器、温度计、酒精棉等。

五、实训方法及步骤

将实验动物保定，保证人和动物安全；教师示范讲解，学生分组和个人操作。

（一）犬、猫的保定

1. 扎口保定法

用绷带（或细的软绳）在犬嘴中间绕两次，打一活结圈，套在嘴后颜面部，在下颌间隙系紧，然后将绷带两游离端沿下颌拉向耳后，在颈背侧枕部收紧打结。这种保定方法可靠，一般不易因自抓松脱。本方法适合保定长嘴犬。

2. 口笼保定法

用牛皮革制成的犬口笼给犬套上，将其带子绕过耳扣牢。市场上或宠物用品商店售有各种型号和不同形状的口笼，此法主要用于大型犬。

3. 项圈保定法

用大小适宜的伊丽莎白项圈套在犬、猫颈部，从而遮挡住犬、猫头部，防止其撕咬伤口或咬人，本法适用于中小型犬和猫。

（二）体表投影

1. 心脏

（1）心底　第3肋下部。

（2）心尖　第6肋间隙（或第7肋）。

2. 肺脏

（1）左肺　从第 11 肋的上端至第 2、第 3 肋下端凸向后下方弧线。

（2）右肺　从第 12 肋的上端至第 2、第 3 肋间隙下端凸向后下方弧线。

3. 肝脏

从第 6、第 7 肋下端伸至第 2、第 3 腰椎腹侧。

4. 肾脏

（1）右肾　第 1~3 腰椎横突腹侧。

（2）左肾　第 2~4 腰椎横突腹侧。

（三）基本生理指数测定

1. 心音

（1）心音听诊部位　犬为肩关节水平线下、第 3~6 肋之间，稍微偏左侧；猫为肩关节水平线下、第 4~8 肋之间，稍微偏左侧。

（2）心音听诊　保定后，将听诊器头紧贴心区，听诊第一心音和第二心音的特征，记录心跳次数用次 /min 表示。犬、猫正常心率 80~140 次 /min。

2. 体温

（1）体温测量部位　直肠。

（2）体温检查方式　先将体温计水银柱甩到 35℃以下，用酒精棉擦拭消毒，并涂以润滑剂后备用。对被检测的犬、猫进行确实保定后，检测人员一手将犬、猫的尾根向上举，另一手将体温计渐渐地插入犬、猫的肛门内。体温计后端用一细绳与一夹子相连，把夹子固定在犬、猫后部的被毛上，可防止体温计由肛门脱落。经 3~5min 后取出体温计读取体温读数。

（3）测量体温，记录体温　犬、猫正常体温 37.9~39.9℃。成年犬的正常体温为 37.5~38.5℃，幼犬的正常体温为 38.5~39℃。猫的正常体温为 38~38.5℃。犬、猫的体温通常早晨低，晚上高，日差约为 0.2~0.5℃。

3. 呼吸

（1）呼吸频率测定方式　站在动物胸部前侧方，观察胸部起伏，一呼一吸为一次，犬、猫正常呼吸 15~30 次 /min。

（2）呼吸方式　胸腹式。

（四）考核

1. 考核标准

宠物活体触摸考核标准见表 5-4，宠物体表投影及基本生理指数测定考核标准见表 5-5。

表 5-4 宠物活体触摸考核标准

序号	考核细分项目		标准分数
1	全身主要骨骼及骨连接	能正确识别头部主要骨骼	10
		能正确识别躯干部主要骨骼	20
		能正确识别前肢主要骨骼	10
		能正确识别后肢主要骨骼	10
2	全身主要的肌肉	能正确识别肩带部主要肌肉	10
		能正确识别躯干部主要肌肉	20
		能正确识别后肢主要肌肉	10
		能正确识别头部主要肌肉	10
合计			100

表 5-5 宠物体表投影及基本生理指数测定考核标准

序号	考核细分项目		标准分数
1	犬、猫内脏器官的体表投影	正确保定动物，安全、规范操作	10
		心脏和肺脏的体表投影	30
		肝脏和肾脏的体表投影	30
2	基本生理指数测定	心音、体温测定	30
合计			100

2. 考核方法

根据学生团队和个人操作的表现和结果，采用现场考核的方式进行综合评价。成绩按"优、良、中、及格、不及格"五个等级，用 A、B、C、D、E 或百分制来评价。

六、实训注意事项

1. 注意正确保定动物，安全、规范操作。
2. 心脏、肺脏和肾脏的体表投影的准确界限。

七、实训作业

记录所测得的心音、呼吸、体温指标值。

综合技能训练五　家兔解剖及结构特点观察

一、实训目的

通过对家兔的解剖和内脏器官的观察，了解家兔自然状态下各器官的解剖特征，掌握家兔的消化、呼吸、泌尿、生殖器官系统的位置、形态和构造特点；帮助学生建立职业道德观，培养团队合作和组织协调能力。

二、实训内容

了解家兔自然状态下各器官的解剖特征，掌握家兔的消化、呼吸、泌尿、生殖器官系统的位置、形态和构造特点。

三、实训依据

在充分理解和认识家兔各器官系统形态结构和位置的基础上，对活体兔进行解剖并仔细观察各器官系统的准确位置。

四、实训准备

活兔、标本、解剖器材、图谱等。

五、实训方法及步骤

教师引导学生，分组完成团队和个人操作和观察识别。

（一）家兔的解剖

1. 家兔外部观察

外部观察主要查看天然孔、被毛、皮肤和营养状况。

（1）营养状况　根据肌肉的丰满程度判断，营养不良常表现为被毛杂乱、无光泽、肌肉薄，脊椎和骨骼明显。

（2）皮肤观察　注意皮肤的颜色、厚度、硬度及弹性。

（3）天然孔观察　天然孔观察包括耳、鼻、眼、口、肛门、阴门等的颜色，有无分泌物或排泄物以及流出液的性状。

2. 家兔的致死

可采用空气栓塞法、注射法、棒击法、头颈移位法、颈动脉放血法致死。

兔子处死一般采用空气栓塞法。将兔置于笼内，头伸出笼外，兔笼盖扣紧。在兔耳外缘静脉远端进针处剪毛，用酒精棉球消毒并使血管扩张。用左手食指和中指夹住耳缘静脉近心端，使其充血，并用左手拇指和无名指固定兔耳。右手持注射器（针筒内已抽有10～20mL空气）将针头平行刺入静脉，刺入后再将左手食指和中指移至针头处，协同拇指将针头固定于静脉内，右手推进针栓，缓慢注入空气。若针头在静脉内，可见随着空气的注入，血管由暗红变白。如注射阻力大、血管未变色或局部组织肿胀，表明针头未刺入血管，应拔出重新刺入。首次注射应从静脉的远心端开始，注射完毕，抽出针头，用干棉球按压进针处。向耳外缘静脉注入空气后，在血管形成空气栓塞，空气栓塞随血流右心室，然后进入肺动脉，造成肺栓塞，导致死亡。

3. 家兔的解剖及观察

剥皮时，从下颌角开始，沿颌间中线经过颈部腹面，沿胸腹壁正中线做一纵切口至肛门。用镊子提起皮肤，用剪子或手术刀剥离皮肤，一般只剥离腹侧皮肤。若全剥，则在口角稍后部，做一环形切口与纵切口会合。前肢在桡骨中部、后肢在跗关节处做环形切口，在四肢内侧垂直于纵切口切开皮肤，将尸体皮肤全部剥掉。剥皮时观察皮下组织脂肪的多少及颜色。也可以不剥皮，但为了防止兔毛飞扬，沾染组织，可用清水或消毒液将尸体浸湿。

（二）家兔内脏器官的观察识别

1. 观察腹腔内器官的解剖结构特点

已剥皮或未经剥皮背侧卧位的尸体，将两前肢与胸壁附着处少许切割，使两前肢充分向两侧伸展，对两后肢往下施加压力，使耻骨联合稍有断裂，骨盆腔充分暴露。在腹壁正中松弛部位，用镊子提起腹壁，剪开一小孔，用圆头剪子插入腹腔内，剪开腹壁，前方止于胸骨的剑状软骨，后方止于肛门。在胸骨剑状软骨处，垂直于第一切口，紧靠着最后肋骨后缘，剪开左右侧腹壁到腰肌为止，使整个腹腔充分暴露出来。

摘除腹腔器官，先摘出脾和网膜。用镊子提起胃贲门部，切断贲门和食道，向后一边牵拉一边分离，将胃肠从腹腔内一起摘出。用镊子夹住静脉根部，小心将肝脏摘出。用剪子剥离肾脏周围脂肪，将肾脏和肾上腺一同摘出。最后摘出膀胱与生殖器官（可在原位观察）。摘出的器官按一定顺序摆放在盘中（为防止干燥，可在上面盖一块浸有生理盐水的纱布）。

（1）观察自然状态下腹腔内各器官的位置　消化器官、泌尿器官、生殖器官的位置特点。

（2）解剖观察腹腔内各器官的解剖结构特点

①消化器官：口腔、咽、食管、胃、小肠、大肠、肛门、唾液腺、肝脏、胰腺，重点观察识别胃、盲肠的结构特点及圆小囊和蚓突形态和内部结构特点。

②泌尿器官：肾脏、输尿管、膀胱、尿道的结构特点。
③生殖器官：公兔睾丸、附睾、输精管、尿生殖道的结构特点。母兔卵巢、输卵管、子宫、阴道、尿生殖前庭、阴门的结构特点。
④循环、神经、内分泌和免疫器官的结构特点。

2. 观察胸腔内器官的解剖结构特点

在肋上端、肋与胸骨交接处，由后向前剪断两侧肋，提起胸壁，暴露胸腔器官。在喉部剪断气管，先摘出胸腺，牵拉气管并剪断肺脏、心脏与其他组织的联系，即可将肺、心脏、气管及喉头一同摘出。

（1）观察自然状态下胸腔内各器官的位置　膈、呼吸器官、循环器官的位置特点。

（2）观察胸腔内各器官的解剖结构特点
①呼吸器官：鼻、咽喉、气管、支气管、肺的结构特点。
②膈、心脏、血管、神经的结构特点。

（三）家兔口腔及颅腔的解剖结构特点观察

如要打开口腔及颅腔进行检查，通常在观察完内脏器官之后进行。

1. 口腔的观察

从颏部做纵行切口，然后将一侧下颌支剪断，向外侧翻转，使舌及口腔全部暴露出来，可观察口腔结构、黏膜及牙齿、舌头等情况。

2. 颅腔的观察

在枕骨与第1颈椎的关节处切断，将头与体腔分离，把头放入解剖盘，以两内眼角连成一条直线，在此直线两端向枕骨大孔各连一条线，用外科刀沿这三条直线破坏骨组织。去掉头盖骨后，用镊子提起脑膜，用剪刀剪开，即可观察颅腔液体的数量、颜色、透明度以及脑膜等情况。

3. 脑的观察

钝性剥离大脑与周围连接，然后将大脑从颅腔内取出进行观察。

（四）考核

1. 考核标准
家兔解剖及结构特点观察考核标准见表5-6。

2. 考核方法
根据学生团队和个人操作的表现和结果，采用现场考核的方式进行综合评价。成绩按"优、良、中、及格、不及格"五个等级，用A、B、C、D、E或百分制来评价。

表 5-6　家兔解剖及结构特点观察考核标准

序号	考核细分项目		标准分数
1	家兔的解剖	家兔的保定、屠宰、解剖	20
2	家兔内脏解剖结构特点的观察识别	消化、呼吸、泌尿和生殖系统主要器官的位置、形态和结构特点	60
3	家兔其他器官解剖结构特点的观察识别	被皮、运动、循环、免疫、神经和内分泌主要器官解剖结构特点	20
合计			100

六、实训注意事项

1. 安全、规范操作。

2. 注意准确理解家兔、呼吸、泌尿和生殖系统主要器官的位置、形态和结构特点。

七、实训作业

家兔与其他动物解剖结构上的主要区别。

项目二 生理实验

实验一 小肠吸收观察

一、实验目的

通过本次实验，让学生观察溶液浓度对小肠吸收速度的影响；帮助学生建立职业道德观，培养团队合作和组织协调能力。

二、实验内容

认识不同溶液浓度对小肠吸收速度的影响。

三、实验依据

在充分理解和掌握家畜消化系统生理的前提下进行小肠吸收的观察。

四、实验准备

兔、解剖器械、结扎线、20%戊巴比妥钠溶液、蒸馏水、0.9%氯化钠溶液、5%氯化钠溶液等。

五、实验方法及步骤

教师示范讲解，学生分组完成团队和个人操作。

（一）实验准备及操作

先将家兔用20%戊巴比妥钠溶液麻醉，仰卧固定在手术台上，沿腹中线切开，暴露其小肠，选取其中一段，将内容物挤向一侧，然后用结扎线将无内容物的部分结扎成等长的3段，用注射器将蒸馏水、0.9%氯化钠溶液、5%氯化钠溶液分别等量地注射到每一段中，然后，将腹腔用止血钳闭合，半小时后观察结果。

（二）实验项目

观察 3 段肠管中溶液量的变化。

（三）考核

1. 考核标准

小肠吸收观察考核标准见表 5-7。

表 5-7　小肠吸收观察考核标准

序号	考核细分项目		标准分数
1	家兔的麻醉操作	能正确保定家兔	20
		能准确操作戊巴妥钠溶液的注射	30
2	溶液吸收的观察	正确地进行结扎操作	20
		能准确判断 3 段肠管中溶液吸收速度不同，并分析原因	30
合计			100

2. 考核方法

根据学生团队和个人操作的表现和结果，采用现场考核的方式进行综合评价。成绩按"优、良、中、及格、不及格"五个等级，用 A、B、C、D、E 或百分制来评价。

六、实验注意事项

在家兔充分麻醉的基础上，开展实验。

七、实验作业

记录实验结果并对结果进行分析。

实验二　尿分泌观察实验（影响尿产生因素实验）

一、实验目的

通过本次实验，使学生了解一些生理因素对尿分泌的影响和调节；帮助学生建立职业道德观，培养团队合作和组织协调能力。

二、实验内容

认识和分析尿液的分泌，及生理因素对尿分泌的影响和调节。

三、实验依据

在充分理解和掌握家兔泌尿系统的前提下进行尿的分泌观察。

四、实验准备

兔、注射器、手术台、手术器械、膀胱套管、20%戊巴比妥钠溶液、20%葡萄糖溶液、0.1%肾上腺素溶液、生理盐水、烧杯、手套等。

五、实验方法及步骤

教师示范讲解，学生分组完成团队和个人操作。

（一）实验准备及操作

动物在实验前应给予足够的饮水（或多给予多汁青绿饲料）。以20%戊巴比妥钠溶液静脉注射（20mg/kg体重），麻醉后，再固定于手术台上。尿液的收集可选用膀胱套管法或输尿管插管法。

膀胱套管法：在耻骨联合前方找到膀胱，在其腹面正中作一荷包缝合，再在中心剪一小口，插入膀胱套管，收紧缝线，固定膀胱套管，并在膀胱套管及所连接的橡皮管和直套管内充满生理盐水，将直套管下端连上记滴装置（对雌性动物为防止尿液经尿道流出，影响实验结果，可在膀胱颈结扎）

输尿管插管法：找到膀胱后，将其移除体外，再在膀胱底部找出两侧输尿管，在输尿管靠近膀胱处分离输尿管，用细线在其下扣一松结，在结下方的输尿管上剪一小口，向肾脏方向插入一条适当大小的塑料管，并将松结抽紧以固定插管，另一端则连至记滴器上，以便记滴。

（二）实验项目

1. 记录对照情况下每分钟尿分泌的滴数。可连续计数5~10min，以求平均数。
2. 静脉注射38℃的0.9%氯化钠溶液20mL，记录每分钟尿分泌的滴数。
3. 静脉注射38℃的20%葡萄糖溶液10mL，记录每分钟尿分泌的滴数。
4. 静脉注射0.1%肾上腺素0.5~1mL后，记录每分钟尿分泌的滴数。

（三）考核

1. 考核标准

尿的分泌观察考核标准见表5-8。

表 5-8 尿的分泌观察考核标准

序号	考核细分项目		标准分数
1	家兔的麻醉操作	能正确保定家兔	20
		能准确操作戊巴比妥钠溶液的注射	30
2	尿液的收集	正确地进行插管操作	20
		能正确记录每分钟尿分泌的滴数并作出判断	30
合计			100

2. 考核方法

根据学生团队和个人操作的表现和结果，采用现场考核的方式进行综合评价。成绩按"优、良、中、及格、不及格"五个等级，用 A、B、C、D、E 或百分制来评价。

六、实验注意事项

在进行每一实验步骤时必须待尿量基本恢复或者相对稳定以后才开始，而且在每项实验前后，要有对照记录讨论实验结果，分析其原因。

七、实验作业

记录实验结果并对结果进行分析。

实验三 反射弧分析

一、实验目的

通过本次实验，证明任何一个反射，只有在反射弧存在并完整的情况下才能实现。

二、实验内容

观察和分析正常的反射活动，通过破坏反射弧，观察反射消失。

三、实验依据

在理论上掌握反射弧的组成等相关知识，对反射弧进行观察和理解。

四、实验准备

蛙（蟾蜍）、解剖器械、铁架台、烧杯、滤纸片、纱布、1% 可卡因溶液、

0.5% 和 1% H_2SO_4 溶液等。

五、实验方法及步骤

教师示范讲解，学生分组完成团队和个人操作。

（一）实验操作

从蛙的鼓膜前缘剪去全部脑髓，使其成为脊蛙，悬于铁架台上，进行实验。

（二）观察和记录

1. 正常反射活动观察

将蛙的一只后腿浸入 0.5% H_2SO_4 溶液中，可见有屈腿反射出现（当反射出现后，迅速用清水将后腿皮肤上的 H_2SO_4 洗净）。

2. 皮肤剥离后反射活动观察

用剪刀在同一侧后肢股部皮肤做一个切口，并将皮肤剥离，再用上述方法刺激，观察并记录结果。

3. 神经阻断后反射活动观察

在另一侧后肢股部背侧，沿坐骨神经的方向将皮肤做一个切口，将坐骨神经分出，并在下面穿一条线，以便将坐骨神经提起，然后将蘸有 1% 可卡因溶液的小棉球放在神经干上，数分钟后，再以上述方法进行刺激，观察并记录结果。

用探针将脊髓破坏，再刺激机体任何部位，观察并记录结果。

（三）考核

1. 考核标准

表 5–9 反射弧分析

序号	考核细分项目		标准分数
1	剪去全部脑髓	正确保定蛙	10
		自蛙的鼓膜前缘剪去全部脑髓	20
2	正常反射活动观察	屈腿反射出现	20
3	破坏反射弧，观察反射消失	正确进行实验操作，并记录蛙的反应	50
合计			100

2. 考核方法

根据学生团队和个人操作的表现和结果，采用现场考核的方式进行综合评价。成绩按"优、良、中、及格、不及格"五个等级，用 A、B、C、D、E 或百分制来评价。

六、实验注意事项

毁脑时不可伤及脊髓，以免破坏脊髓反射中枢。分离坐骨神经应尽量向上，以便麻醉与其相连的分支。每次酸刺激后应立即用清水洗净脚趾，并用纱布揩干。剥脱脚趾皮肤要完全，若剩留少量皮肤会影响实验结果。

七、实验作业

记录实验结果，并对各结果进行分析。

附录　马、猪和鸡的血液涂片显微模式图

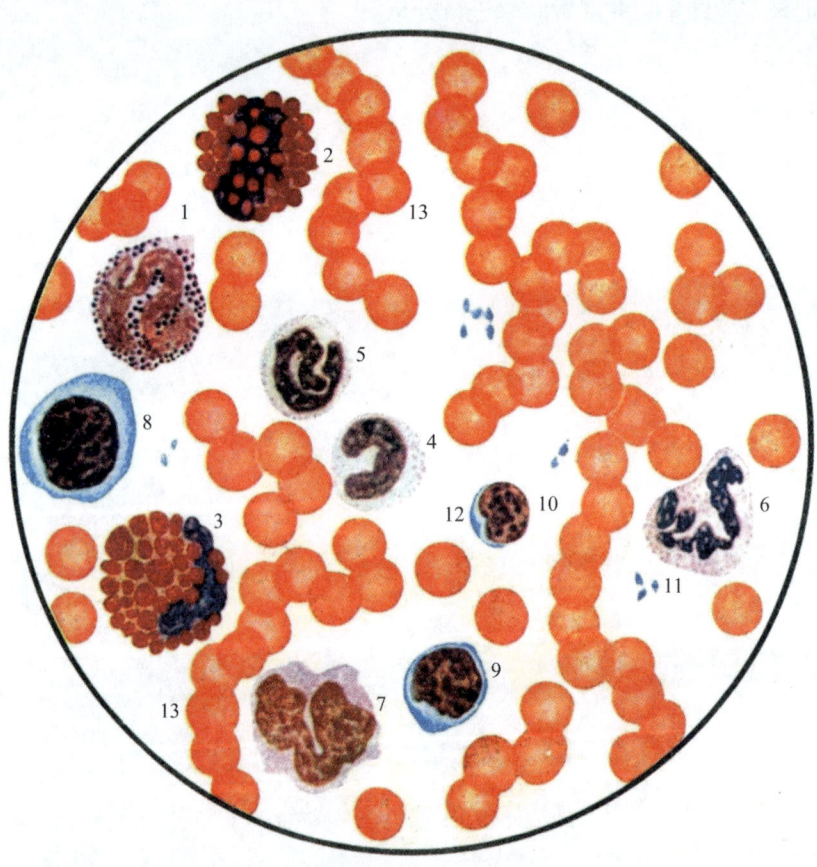

1—嗜碱性粒细胞；2、3—嗜酸性粒细胞；
4—幼稚型嗜中性粒细胞；5—杆状核型嗜中性粒细胞；
6—分叶核型嗜中性粒细胞；7—单核细胞；
8—大淋巴细胞；9—中淋巴细胞；10—小淋巴细胞；
11—血小板；12—单独的红细胞；13—串状红细胞。

马血涂片

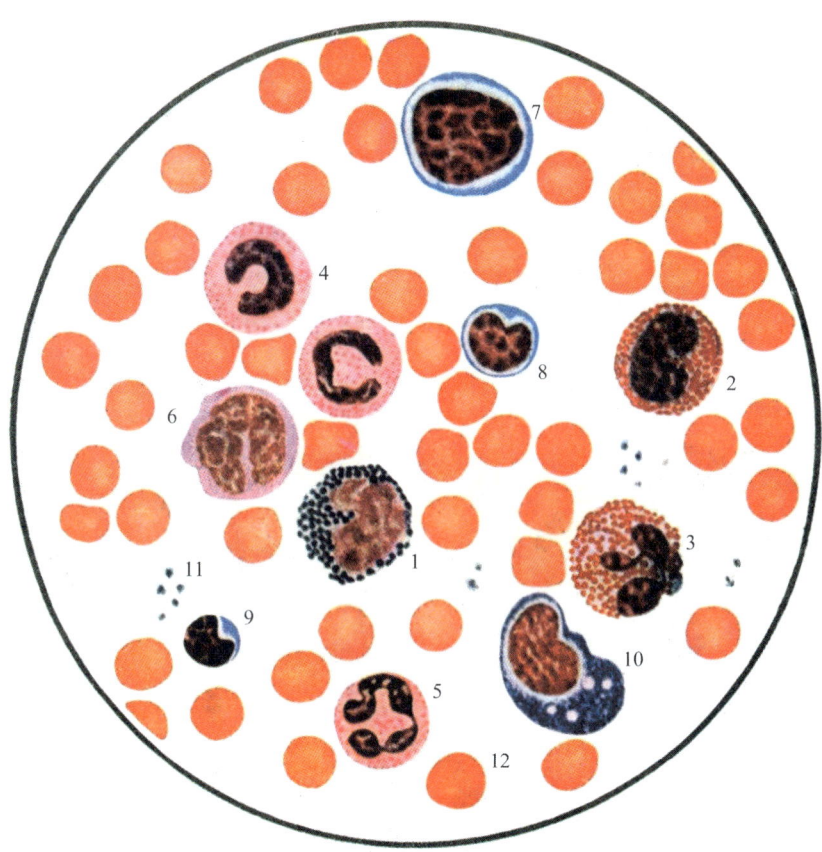

1—嗜碱性粒细胞；2—幼稚型嗜酸性粒细胞；
3—分叶核型嗜酸性粒细胞；4—幼稚型嗜中性粒细胞；5—分叶核型嗜中性粒细胞；
6—单核细胞；7—大淋巴细胞；8—中淋巴细胞；9—小淋巴细胞；
10—浆细胞；11—血小板；12—红细胞。

猪血涂片

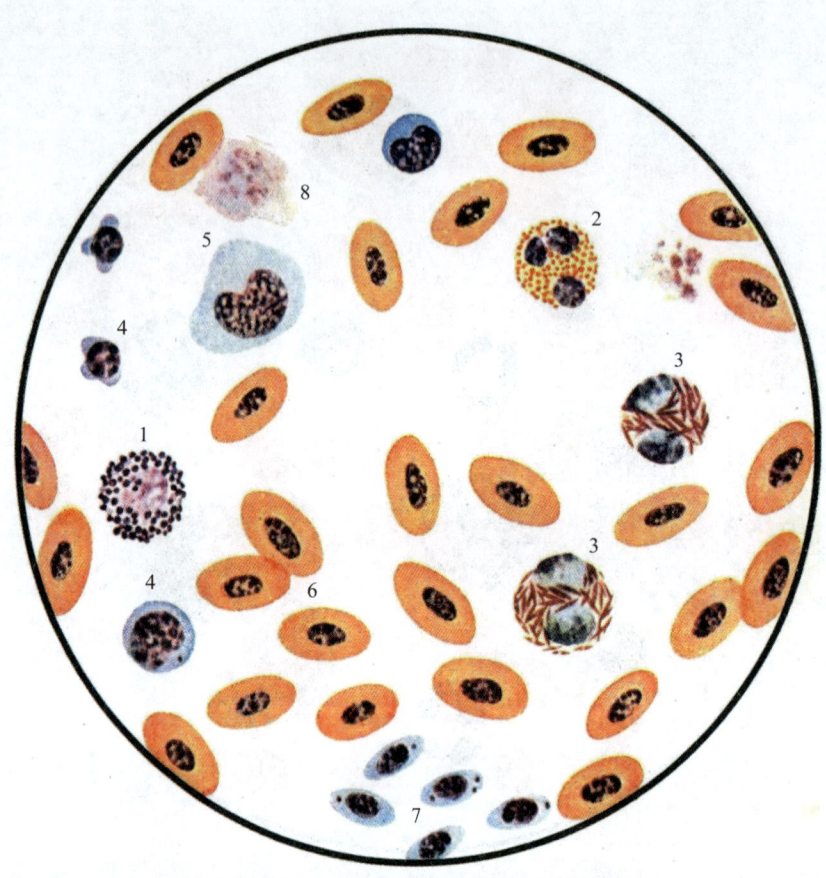

1—嗜碱性粒细胞；2—嗜酸性粒细胞；3—嗜中性粒细胞；
4—淋巴细胞；5—单核细胞；6—红细胞；7—血小板；8—核的残余。

鸡血涂片

参考文献

[1] 山东省畜牧兽医学校. 家畜解剖生理[M]. 北京：中国农业出版社，1979.

[2] 罗克. 家禽解剖学与组织学[M]. 福州：福建科学技术出版社，1983.

[3] 季培元. 家禽解剖生理学[M]. 北京：国立编译馆，1984.

[4] 郭和以. 家畜解剖学[M]. 北京：中国农业出版社，2000.

[5] 董常生. 家畜解剖学[M]. 北京：中国农业出版社，2001.

[6] 范作良. 家畜生理[M]. 北京：中国农业出版社，2001.

[7] 马仲华. 家畜解剖学及组织胚胎学[M]. 北京：中国农业出版社，2002.

[8] 蒋春茂，孙裕光. 畜禽解剖生理[M]. 北京：高等教育出版社，2003.

[9] 杨慧芳. 养禽与禽病防治[M]. 北京：中国农业出版社，2006.

[10] 范作良. 家畜生理[M]. 北京：中国农业出版社，2007.

[11] 李静. 宠物解剖生理[M]. 北京：中国农业出版社，2007.

[12] 朱金凤，陈功义. 动物解剖[M]. 重庆：重庆大学出版社，2007.

[13] 李福昌. 兔生产学[M]. 北京：中国农业出版社，2008.

[14] 周其虎. 动物解剖生理[M]. 北京：中国农业出版社，2008.

[15] 徐明. 犬解剖生理学[M]. 北京：中国人民公安大学出版社，2008.

[16] 谷子林. 实用家兔养殖技术[M]. 北京：金盾出版社，2009.

[17] 滑静. 动物生理学[M]. 北京：化学工业出版社，2009.

[18] 黄安培. 组织学与胚胎学精编实验教程[M]. 北京：科学出版社，2010.

[19] 张庆茹. 动物生理[M]. 北京：中国农业出版社，2010.

[20] 彭克美. 畜禽解剖学[M]. 北京：高等教育出版社，2011.

[21] 程会昌. 动物解剖生理[M]. 郑州：河南科学技术出版社，2012.

[22] 韩行敏. 宠物解剖生理[M]. 北京：中国轻工业出版社，2012.

[23] 曲强，程会昌，李敬双. 动物解剖生理[M]. 北京：中国农业出版社，2012.

[24] 尹洛蓉. 动物解剖生理实训教程[M]. 西南：西南交通大学出版社，2013.

[25] 于洋. 特种经济动物解剖学[M]. 辽宁科学技术出版社，2013.

[26] 周大薇. 养禽与禽病防治[M]. 成都：西南交通大学出版社，2014.

[27] 雷治海. 动物解剖学实验教程[M]. 北京：中国农业出版社，2014.

[28] 刘小明，尹洛蓉，周凌博. 动物解剖生理[M]. 西安：西安交通大学出版社，2014.

[29] 郑万来，徐英. 养禽生产技术[M]. 北京：中国农业大学出版社，2014.

[30] 刘太宇. 畜禽生产技术实训教程[M]. 北京：中国农业大学出版社，2015.

[31] 田应华, 王锐. 动物解剖 [M]. 北京：中国农业大学出版社, 2015.

[32] 尚学俭, 敬淑燕. 动物解剖生理 [M]. 北京：中国农业大学出版社, 2016.

[33] 蔡吉光, 王星. 家禽生产技术 [M]. 3版. 北京：化学工作出版社, 2017.

[34] 张平, 白彩霞, 杨慧超. 动物解剖生理 [M]. 北京：中国轻工业出版社, 2017.

[35] 周其虎. 动物解剖生理 [M]. 西安：中国农业出版社, 2019.

[36] 刘小明, 尹洺蓉, 周凌博 [M]. 成都：西南交通大学出版社, 2019.

[37] 廖清华, 马翠芳. 禽生产 [M]. 北京：中国农业大学出版社, 2020.

[38] 张凡建, 孙健. 动物解剖 [M]. 北京：中国农业大学出版社, 2021.

[39] 雷治海. 动物解剖学 [M]. 北京：科学出版社, 2021.

[40] 白彩霞. 动物解剖生理 [M]. 北京：北京师范大学出版社, 2022.

[41] 程会昌, 王军. 动物解剖学与组织胚胎学 [M]. 北京：中国农业大学出版社, 2022.

[42] 王申锋, 王一明, 周凌博. 动物解剖生理 [M]. 武汉：华中科技大学出版社, 2023.

[43] 何英俊. 草食家畜生产 [M]. 北京：科学出版社, 2023.

[44] 邱文然. 畜禽生产 [M]. 3版. 成都：西南交通大学出版社, 2023.

[45] 苏丹萍, 蒋爱翔, 贺东生. 猪的免疫器官及其生理作用 [J]. 猪业科学, 2010, 10：26-29.

[46] 程泽信, 魏鹏义, 罗维坤, 等. 野猪与长白猪内脏器官的解剖学比较分析 [J]. 金陵科技学院学报, 2014, 30（4）：83-85.

[47] 郭小参, 方剑玉, 杜根成, 等. 一例因免疫失败诱发猪蓝耳病的诊治探讨 [J]. 国外畜牧兽医 – 猪与禽, 2015, 35（11）：58-60.

[48] 史志恒. 淋巴结检验在生猪屠宰检疫中的意义 [J]. 新疆畜牧业, 2016, 5：45-46.

[49] 贾崇瑞. 如何通过检查家畜的被毛和皮肤诊断疾病 [J]. 现代畜牧科技, 2019, 03：70-71.

[50] 白彩霞.《动物解剖生理》专业课中融入思政元素的探索与实践 [J]. 中国畜禽种业, 2022, 18（09）：59-61.